LABORATORIO DE NEUROCIENCIA SOCIAL:
DE LAS CIENCIAS DE LA VIDA A LA TRAMA
DE LA INTERACCIÓN HUMANA

SERIE II - N.º 8

JORGE
MARTÍNEZ COTRINA
CRISTIAN
RINCÓN MENDIETA
(EDITORES GENERALES)

LABORATORIO DE NEUROCIENCIA SOCIAL:

DE LAS CIENCIAS DE LA VIDA A LA TRAMA DE LA INTERACCIÓN HUMANA

UNIVERSIDAD EXTERNADO DE COLOMBIA
CENTRO DE INVESTIGACIONES SOBRE DINÁMICA SOCIAL

Laboratorio de neurociencia social : de las ciencias de la vida a la trama de la interacción humana / Jorge Martínez Cotrina, Cristián Rincón Mendieta (editores generales). -- Bogotá : Universidad Externado de Colombia. Centro de Investigaciones sobre Dinámica Social,. 2022.
719 páginas : ilustraciones, gráficos ; 24 cm. (Cuadernos del CIDS. Serie 2 ; n. 8)

Incluye referencias bibliográficas.

ISBN: 9789587908657 (impreso)

1. Neuropsicología 2. Laboratorios de psicología 3. Pruebas psicológicas 4. Psicología social 5. Interacción social I. Martínez Cotrina, Jorge, editor II. Rincón Mendieta, Cristián Camilo, editor III. Universidad Externado de Colombia IV. Título V. Serie

153 SCDD 21

Catalogación en la fuente -- Universidad Externado de Colombia. Biblioteca. Área de Procesos Técnicos.
julio de 2022

ISBN 978-958-790-865-7

Calle 12 n.º 1-17 Este, Bogotá
Teléfono (601) 342 0288
publicaciones@uexternado.edu.co
www.uexternado.edu.co

Primera edición: julio de 2022

Diseño de cubierta: Departamento de Publicaciones
Corrección de estilo: Óscar Torres Angarita
Composición: Marco Robayo
Impresión y encuadernación: DGP Editores S.A.S.
Tiraje de 1 a 1.000 ejemplares

Impreso en Colombia
Printed in Colombia

A la doctora Lucero Zamudio Cárdenas,
maestra y gestora.

CONTENIDO

FIGURAS

TABLAS

AUTORES

JORGE MARTÍNEZ COTRINA. Licenciado en Química y Biología. Magíster en Gestión Ambiental para el Desarrollo Sostenible. Estudiante de Doctorado en Estudios Sociales. Docente investigador Laboratorio Interdisciplinar de Ciencias y Procesos Humanos, Facultad de Ciencias Sociales y Humanas, Universidad Externado de Colombia.

ALEJANDRO OSORIO FORERO. Ingeniero biomédico. Magíster en Ingeniería Biomédica. Docente investigador Laboratorio Interdisciplinar de Ciencias y Procesos Humanos, Facultad de Ciencias Sociales y Humanas, Universidad Externado de Colombia.

ÁLVARO VARGAS PABÓN. Trabajador social. Asistente del Laboratorio Interdisciplinar de Ciencias y Procesos Humanos, Facultad de Ciencias Sociales y Humanas, Universidad Externado de Colombia.

CARLOS FELIPE BUITRAGO PANADER. Psicólogo. Pasante voluntario Laboratorio Interdisciplinar de Ciencias y Procesos Humanos, Facultad de Ciencias Sociales y Humanas, Universidad Externado de Colombia.

CHRISTIAN CAMILO GARCÍA LÓPEZ. Psicólogo. Magíster en Psicobiología. Docente del Laboratorio Interdisciplinar de Ciencias y Procesos Humanos, Facultad de Ciencias Sociales y Humanas, Universidad Externado de Colombia.

CRISTIAN CAMILO RINCÓN MENDIETA. Psicólogo. Magíster en Neurociencia Cognitiva y Necesidades Específicas de Apoyo Educativo. Docente investigador Laboratorio Interdisciplinar de Ciencias y Procesos Humanos, Área de Familia, Infancia y Sociedad del Centro de Investigación sobre Dinámicas Sociales, y docente programa de Psicología, Facultad de Ciencias Sociales y Humanas, Universidad Externado de Colombia.

CRISTINA ACEVEDO TRIANA. Ingeniera biomédica. Asistente del Laboratorio Interdisciplinar de Ciencias y Procesos Humanos.

Fabio Ballén Párraga. Físico. Docente del Laboratorio Interdisciplinar de Ciencias y Procesos Humanos.

Juan Carlos Caicedo Mera. Médico. Doctor en Ciencias Biomédicas. Investigador en la Línea de Cerebro Social, Ecología y Convivencia del Área de Salud, Conocimiento Médico y Sociedad, del Centro de Investigaciones sobre Dinámica Social. Docente del Laboratorio Interdisciplinar de Ciencias y Procesos Humanos, Facultad de Ciencias Sociales y Humanas, Universidad Externado de Colombia.

Juan Felipe Torres Garzón. Psicólogo. Asistente del Laboratorio Interdisciplinar de Ciencias y Procesos Humanos, Facultad de Ciencias Sociales y Humanas, Universidad Externado de Colombia.

Jonathan David Rodríguez Chacón. Economista. Docente del Laboratorio Interdisciplinar de Ciencias y Procesos Humanos.

María Alejandra Tangarife Cabrera. Psicóloga. Pasante voluntaria, Laboratorio Interdisciplinar de Ciencias y Procesos Humanos, Facultad de Ciencias Sociales y Humanas, Universidad Externado de Colombia.

Melissa Andrea Cárdenas Molano. Psicóloga. Estudiante de Maestría en Neurociencia. Docente del Laboratorio Interdisciplinar de Ciencias y Procesos Humanos, Facultad de Ciencias Sociales y Humanas, Universidad Externado de Colombia.

Nicolás Alejandro Rodríguez Cardona. Estudiante del programa de Psicología de la Universidad Externado de Colombia. Auxiliar del Laboratorio Interdisciplinar de Ciencias y Procesos Humanos, Facultad de Ciencias Sociales y Humanas, Universidad Externado de Colombia.

Nicolás Flórez Torres. Ingeniero electrónico. Ingeniero de Sistemas y Computación, opción en Ingeniería Biomédica. Magíster en Ingeniería Biomédica. Docente investigador del Laboratorio Interdisciplinar de Ciencias y Procesos Humanos, Facultad de Ciencias Sociales y Humanas, Universidad Externado de Colombia.

Sandra Paola Agudelo Orjuela. Psicóloga. Doctora en Psicología y Neurociencia Cognitiva. Investigadora en la Línea de Cerebro Social, Ecología y Convivencia del Área de Salud, Conocimiento Médico y Sociedad, del Centro de Investigaciones sobre Dinámica Social. Docente del Laboratorio Interdisciplinar de Ciencias y Procesos Humanos, Facultad de Ciencias Sociales y Humanas, Universidad Externado de Colombia.

Roberto Antonio Suárez Ariza. Médico neurólogo. Magíster en Educación. Docente del Laboratorio Interdisciplinar de Ciencias y Procesos Humanos.

Sandra Carolina Valencia Lara. Psicóloga. Docente del Laboratorio Interdisciplinar de Ciencias y Procesos Humanos, Facultad de Ciencias Sociales y Humanas, Universidad Externado de Colombia.

Monitores Laboratorio Interdisciplinar de Ciencias y Procesos Humanos, Facultad de Ciencias Sociales y Humanas, Universidad Externado de Colombia:

Álvaro Javier Vargas Pabón – Trabajo Social
Ana María Malagón – Sociología
Ana María Rodríguez Romero – Historia
Cielo Paola Salgado Riaño – Psicología
Cristhian Felipe Fuentes – Geografía
Cristian Andrés Sánchez Rodríguez – Filosofía
Daniel Pinilla Ramírez - Sociología
Daniela Martínez Díaz – Sociología
Daniela Robayo Rivera – Psicología
Elex Antony Ahue Moran – Geografía
Elizabeth Motta Ramírez – Filosofía
Guillermo D'aleman Navarrete – Historia
Jacobo Bermúdez Quintero – Antropología
Javier Guillermo Olaya Villamil – Psicología
José Luis Prada – Geografía
Juan David Gómez Fajardo – Trabajo Social
Juan Felipe Torres Garzón – Psicología
Juan Manuel Acevedo Peralta – Historia
Juan Pablo Altamar Lozano – Historia
Juan Sebastián Guerrero Gómez – Filosofía
Juliana Villareal Montenegro – Filosofía
Laura Daniela Guevara – Trabajo Social
Laura Valentina Penagos Ávila – Sociología
Lina María Duarte Cerón – Trabajo Social
Lina Yineth López Lara – Antropología
Marco Cortés Ramírez – Filosofía
María Alejandra Grisales Franco – Antropología
María Camila González Moreno – Trabajo Social
María Luisa Rodríguez – Trabajo Social
María Paula Ramírez Rodríguez - Antropología

Mónica Alejandra Romero Pérez – Sociología
Natalia Lizarazo Castellanos - Psicología
Nikolás Gordillo Cruz – Sociología
Santiago Alberto Acosta Martínez – Historia
Sebastián Arturo Remolina Rincón – Psicología
Sofía Niño Peña – Psicología
Verónica Parada Román – Antropología

Pasantes del Laboratorio Interdisciplinar de Ciencias y Procesos Humanos, Facultad de Ciencias Sociales y Humanas, Universidad Externado de Colombia:

Alejandro Montenegro Taborda – Lingüística, Universidad Nacional de Colombia
Camila Murillo Fúquene – Psicología, Universidad Externado de Colombia
Carlos Felipe Buitrago Panader – Psicología, Pontificia Universidad Javeriana
Christian Camilo García López – Psicología, Universidad de los Andes
Diana Lorena Báez Sotelo – Psicología, Universidad Externado de Colombia
Juan David Agudelo – Psicología, Universidad Externado de Colombia
Juan Felipe Torres Garzón – Psicología, Universidad Externado de Colombia
María Alejandra Tangarife – Psicología, Universidad de los Andes
Natalia Katherine Baracaldo Donoso – Psicología, Universidad Externado de Colombia

El libro *Laboratorio de neurociencia social: de las ciencias de la vida a la trama de la interacción humana* reconstruye la historia pedagógica, académica y científica del proceso de diseño, implementación y sostenibilidad de un laboratorio que propende a la praxis interdisciplinar y transdisciplinar en la construcción de conocimiento desde la discusión del método y la integración de las ciencias sociales y humanas y las ciencias de la vida. El libro inicia con la historia del laboratorio como modelo para el trabajo interdisciplinar y transdisciplinar con equipos multidisciplinares. Luego presenta los primeros desarrollos del Laboratorio Interdisciplinar de Ciencias y Procesos Humanos (Linciph) en el campo de la neurociencia social en temas como cognición social, teoría de juegos y las técnicas electrofisiológicas usadas en dicho campo. Continúa con los aportes de la biología interaccionista al estudio del comportamiento social, haciendo especial referencia a las hormonas como biomarcadores. Posteriormente aborda el problema de la medición en ciencias desde plataformas epistemológicas y metodológicas, con lo cual da paso a los planteamientos de la matemática de la complejidad utilizados para la modelización en ciencias. El libro cierra con la discusión de la comprensión de los procesos psicológicos y los procesos sociales y sus aportes para entender eso que llamamos *lo social*.

Es pertinente y relevante declarar que este proyecto llamado Linciph ha evolucionado por la interacción de un equipo diverso de pensamiento, respetuoso de la divergencia, con capacidad de escucha y con trato y sentido de pares, integrado por muchas manos y varios cerebros sociales en interacción.

UN LABORATORIO PARA LA HISTORIA

¿UN LABORATORIO PARA LO SOCIAL? BREVE HISTORIA DEL LINCIPH

FABIÁN DAVID VARELA GÓMEZ
JORGE MARTÍNEZ COTRINA

Pensar un laboratorio para lo social implica preguntarse ¿qué se está entendiendo por lo social? y, a la vez, ¿cómo podemos comprender lo social? A partir de estas preguntas, que más que respuestas lo que lograron fue generar múltiples interrogantes sobre el vasto mundo de lo social, fue que se empezó a estructurar una idea de laboratorio que permitiese a los estudiantes de psicología de la Facultad de Ciencias Sociales y Humanas (FCSH) acercarse a la sociedad; sin embargo, aunque en un primer momento se pensó en un Laboratorio de Psicología, la misma dinámica que implica la FCSH llevó a los profesores a cargo de este proyecto a pensar, hacia el futuro, en un laboratorio interdisciplinar para lo social.

A continuación, un breve recorrido sobre este proyecto que, a lo largo de su historia, se ha ido adaptando a las discusiones que se daban a partir de la interacción entre los espacios del laboratorio y otras unidades académicas de la Facultad de Ciencias Sociales y Humanas y de la Universidad Externado Colombia.

LABORATORIO DE PSICOLOGÍA, 2004

La formación integral de los estudiantes de la Facultad de Ciencias Sociales y Humanas, pensada como uno de sus ejes más importantes, implicó, para el 2004, satisfacer las exigencias legales e institucionales que se imponían a los psicólogos en formación de la facultad, específicamente la Resolución 3641 de diciembre del 2003 del Ministerio de Educación Nacional (MEN), en donde se establece que todo programa de psicología que busque condiciones de calidad superior debe contar con un laboratorio para el apoyo a la actividad académica y de investigación de los estudiantes.

En este contexto, los docentes e investigadores de la FCSH Diego Mauricio Aponte Canencio y Jorge Martínez Cotrina consolidaron una propuesta de laboratorio que, entre sus muchos aportes a la formación profesional de psicólogos, se fundamentara en el trabajo interdisciplinario. Un trabajo a partir de "*ejercicios, observaciones y prácticas en ambientes controlados, semicontrolados y naturales, investigación formativa e investigación propositiva, todo esto con énfasis en la psicología social*" (Proyecto Laboratorio de Psicología, 2005, p. 3).

A partir de este momento se empieza a hablar del Laboratorio de Psicología como propuesta que articulaba los componentes teóricos y metodológicos que hacían parte de la formación del psicólogo, pero también de la formación del psicólogo en el contexto de la FCSH, la cual, desde sus inicios en el Centro de Investigaciones sobre Dinámica Social (CIDS), le apostaba a la interdisciplinariedad como enfoque que permite la comprensión de lo social desde diferentes campos de estudios en interacción. De igual manera, se definieron los tres ejes que iban a caracterizar al laboratorio y su apertura a otras unidades académicas diferentes a la FCSH: servicios en docencia, investigación y extensión.

Sin embargo, es importante recalcar que la construcción de un proyecto que posteriormente se consolidaría con la creación del laboratorio implicó, para ese momento, conocer las propuestas de laboratorios de psicología que tenían universidades como la Nacional de Colombia, la Pontificia Javeriana, los Andes, la Católica y la Konrad Lorenz. A partir de esta fase exploratoria es que se empieza a conocer un panorama que permite innovar frente a lo que se necesitaba y se quería, con proyección al futuro, para el laboratorio de la FCSH y del programa de Psicología; fue también la primera vez que se empezaron a preguntar, los encargados de este proyecto, cómo sería el construir un laboratorio para lo social.

Como ya se mencionó, este primer proyecto de laboratorio se dio en el marco de discusiones curriculares, académicas, metodológicas y teóricas que lo que buscaban era consolidar una propuesta que se adecuara a las necesidades del programa curricular de Psicología de la FCSH. De igual manera, se buscaba perfilar un espacio que se fortaleciera con el pasar de los años y que se convirtiese, más que un laboratorio, en una de las propuestas innovadoras tanto de la Facultad de Ciencias Sociales como de la Universidad Externado.

En esta primera fase, cuatro fueron los componentes –que después pasarían a llamarse campos de desarrollo– que caracterizaron el Laboratorio de Psicología y que servirían, de manera interna, para el desarrollo de competencias en análisis, investigación e intervención en diversos campos de acción del psicólogo. Estos cuatro componentes eran: Psicología Social, enfocado a la investigación del comportamiento humano, con una variedad de métodos. Procesos Psicológicos, centrado en el estudio de procesos como memoria o lenguaje y la interacción social que se da a partir de estos entre individuos. Evaluación y Medición, ligado a los desarrollos en el campo de la psicometría y a la investigación de características o atributos del comportamiento humano. Biología del Comportamiento y Neurociencia, fundamentado como un componente que trabaja desde las perspectivas ontogenética y filogenética para preguntarse por los procesos biológicos inherentes al comportamiento humano.

A partir de la definición y delimitación del campo de acción de cada uno de estos componentes, el equipo encargado inició un proceso de creación de servicios que se pudieran ofertar a las unidades académicas de la Universidad Externado. El principal objetivo que se perseguía era lograr que la propuesta a mediano y largo plazo fuera sostenible por sí misma, por lo cual una de las principales premisas que se tuvo fue el acompañamiento y asesoramiento en materia de investigación a instituciones gubernamentales, no gubernamentales y académicas, por medio de convenios.

Esta propuesta de Laboratorio de Psicología, a partir de este momento, lo llevó a posicionarse frente a otros laboratorios de la ciudad. Es así como queda la evidencia en la publicación del libro *Los laboratorios de la psique, una historia de la psicología experimental en Colombia*, publicado en el año de 2008. En este libro, el profesor Jorge Martínez Cotrina publica un capítulo titulado "Contruyendo un laboratorio para lo social: experiencia de la Universidad Externado de Colombia".

LABORATORIO INTERDISCIPLINAR DE ANÁLISIS PSICOSOCIAL, 2011

Como ya se vio, la primera etapa de este laboratorio estuvo más vinculada al desarrollo del programa de Psicología y a las necesidades que se iban detectando dentro de su estructura curricular. Durante estos siete años, se puede decir, el laboratorio lo que logró fue consolidar esa relación y convertirse en un referente dentro de la formación de los estudiantes de psicología de la FCSH; esto, a su vez, fue la razón por la cual muchos de los desarrollos adelantados de este espacio se debieron a la participación desinteresada de estudiantes del programa de Psicología.

El 2011 representó un año interesante para el laboratorio, pues implicó una reestructuración respecto a las necesidades que se iban detectando dentro del plan curricular de la FCSH. Es decir, si un primer momento implicó responder a las necesidades del programa de Psicología, esta segunda etapa consistió en apuntar al proyecto interdisciplinar de la Facultad de Ciencias Sociales y Humanas, es decir, en buscar espacios que permitieran al laboratorio acompañar los componentes teóricos que hacían parte de la formación de estudiantes de la FCSH, desde herramientas conceptuales, metodológicas y técnicas.

Fue así como bajo la asesoría visionaria de la doctora Lucero Zamudio Cárdenas, decana de la FCSH, se definió para el laboratorio una plataforma que aporte desde la interdisciplina espacios de formación en docencia, investigación y extensión. Este aspecto, que ya se había definido en el primer proyecto de laboratorio, va a seguir trabajándose de la mano de los campos de desarrollo –anteriormente llamados componentes–, que para esta segunda fase se van a ampliar a seis, lo cual va a ensanchar en gran medida el tipo de servicios que se ofertaban a las unidades académicas de la Facultad de Ciencias Sociales y Humanas y a otras unidades académicas de la Universidad Externado.

Esta segunda fase del laboratorio implicó también un reajuste a los servicios ofertados durante años, pues el acompañamiento pedagógico a los estudiantes en formación de la FCSH exigía, principalmente, una serie de competencias que el laboratorio debía asumir. Como ya se mencionó, la estrategia utilizada fue la reestructuración y ampliación de los componentes, que pasaron a llamarse campos de desarrollo, definidos como plataformas que permitían comprender lo social desde diferentes campos teóricos y metodológicos.

Los seis campos de desarrollo que se definieron en esta segunda etapa se proyectaron para potencializar los servicios ofertados a las diferentes unidades académicas que componen la Universidad Externado de Colombia. De igual manera, la decisión de ampliar estas plataformas estuvo respaldada también por el creciente interés del proyecto de la FCSH por este espacio; concretamente, se abrió la posibilidad de aplicar en espacios prácticos las discusiones sostenidas por estudiantes en los seminarios centrales[1], por ejemplo. Estos seis campos son:

1. Procesos Psicológicos: *parte de que estos pueden ser comprendidos como imbricadas elaboraciones históricas y evolutivas, tanto de las culturas como de la especie en diversas ecologías y territorios. Con ello se entiende que, si bien lo psicológico se ha referenciado a los individuos como unidades de estudio, el fenómeno de lo psíquico ha reseñado diversos dominios de la vida, y de la vida humana* (Proyecto Linaps, 2011, p. 9).

2. Procesos Sociales: *parte de la comprensión de que la realidad social no está compartimentada ni segmentada conforme los recortes disciplinares y/o dividida de acuerdo a los objetos que han construido las disciplinas durante su desarrollo; en consecuencia, busca permitir la convergencia de herramientas tradicionalmente utilizadas de manera restringida por distintas "especialidades" para generar un espacio complementario que permita la praxis de los investigadores sociales, además de proponer una plataforma interdisciplinar para llevar a cabo ejercicios prácticos que permitan el abordaje de fenómenos sociales desde distintas comprensiones* (Proyecto Linaps, 2011, p. 10).

3. Biología del Comportamiento: *trabaja los procesos biológicos inherentes al comportamiento desde una perspectiva coevolutiva que estudia los aspectos ontogenéticos, epigenéticos y filogenéticos. Se parte de la comprensión de lo vivo como sistemas biológicos complejos que en su interacción con el ambiente intercambian materia, energía e información, estableciendo relaciones ecológicas, sociales y culturales* (Proyecto Linaps, 2011, p. 10).

4. Neurociencia Social: *trabaja a partir de los avances de la neurociencia básica con respecto a la pregunta ¿cómo funciona el cerebro?; centra sus desarrollos en la escala infraorganísmica desde las moléculas y sus componentes (nivel bioquímico y neuroendocrino), neuronal, hasta el sistema, subsistemas y niveles de integración que lo conforman. En este contexto, la neurociencia social es una nueva interdisciplina que surge de la combinación entre la investigación en psicología social y las neurociencias cognitivas* (Proyecto Linaps, 2011, pp. 10-11).

---

1 Espacios curriculares definidos dentro de la malla curricular de la Facultad de Ciencias Sociales y Humanas que permiten abordar las principales discusiones sobre el método en las ciencias sociales y cómo este se ha abordado desde múltiples perspectivas.

5. Medición y Evaluación: *busca el análisis crítico de la estructura, contenido y enfoque de pruebas psicológicas, al igual que su diseño y validación, así como el de otros instrumentos y procedimientos, por ejemplo, cuestionarios, encuestas, observaciones, autoobservaciones, entrevistas, registros psicofisiológicos* (Proyecto Linaps, 2011, p. 11).

6. Modelizaciones de Dinámicas Sociales: *busca analizar, simular y proponer algunas correlaciones lineales y no lineales entre las variables que pueden configurar el comportamiento de los fenómenos sociales. Se entiende la modelación como una herramienta que permite abordar determinados escenarios problemáticos a diferentes escalas de resolución espacio-temporal* (Proyecto Linaps, 2011, p. 11).

Hay que mencionar que varios de estos campos fueron parte de la primera estructura que se definió para el laboratorio, por lo cual se les dio continuidad gracias a sus aportes y desarrollos en diferentes áreas. El caso de Neurociencia Social es interesante puesto que en el primer proyecto de laboratorio este componente hacía parte de Biología del Comportamiento; sin embargo, gracias a los desarrollos mismos de esta interdisciplina en diferentes áreas de investigación, se tomó la decisión de convertirlo en un campo que permitía el diálogo e interacción de diversos saberes para la comprensión del comportamiento humano y su manifestación en conductas sociales.

Al igual que el Laboratorio de Psicología, estos campos iniciaron un proceso de construcción de una serie de servicios que les permitiesen abrirse espacios para el trabajo colaborativo con diferentes unidades académicas de la Universidad Externado. Es así que, por ejemplo, campos recién creados como Neurociencia Social, Modelización de Dinámicas Sociales y Procesos Sociales se valieron de los desarrollos logrados por los otros campos para identificar espacios concretos que les permitiesen ofertar una serie de prácticas orientadas a la docencia, investigación y extensión.

Interesante también observar cómo estos campos, gracias a sus dinámicas internas y equipo de trabajo, iban encontrando nichos que los empezaban a caracterizar institucionalmente. Un ejemplo de esto es la adquisición de una serie de equipos orientados a la toma de registros electrofisiológicos de diverso orden que implicaron una capacitación por parte del equipo para el manejo de estos equipos y sus posibles usos e impactos dentro de la comunidad estudiantil, docente e investigadora; caso similar ocurrió con la adquisición de la Cámara de Gesell que permitió al equipo de Procesos

Sociales y Procesos Psicológicos explorar otros posibles usos de esta herramienta, más allá de los pactados con Psicología, principalmente.

Otro aspecto importante a resaltar en esa fase es la creación de lo que se va a conocer como Laboratorio Virtual, pues se entiende la necesidad de encontrar herramientas que facilitaran la interacción con los estudiantes, investigadores y docentes usuarios del laboratorio. Es así que se construye una propuesta que, apoyándose en el campus virtual de la Universidad Externado, define una serie de espacios virtuales llamados aulas que permitían al equipo de laboratorio disponer de la virtualidad como medio de comunicación y divulgación de los productos que surgían de los campos. De igual manera, las aulas virtuales del laboratorio se convierten también en una herramienta para hacer más eficientes espacios concretos como las prácticas de laboratorio ofertadas a los seminarios centrales de la FCSH, pues el disponer allí de herramientas metodológicas como guías y del inventario del Laboratorio facilitaba muchas veces el trabajo o los objetivos que se querían realizar en estos encuentros.

A partir de este momento fue que se empezó a proyectar el laboratorio como un escenario presencial y virtual que permitiera el acompañamiento en los procesos de aprendizaje de estudiantes, docentes, investigadores y funcionarios de la Universidad Externado de Colombia y de otras instituciones oficiales y no oficiales, por medio de una serie de herramientas pedagógicas que se caracterizan por la aplicación de diversos contenidos teóricos en espacios prácticos desde las ciencias de la vida, las ciencias de la mente y las ciencias de la complejidad.

LABORATORIO INTERDISCIPLINAR DE CIENCIAS Y PROCESOS HUMANOS, 2015

Entre el 2011 y el 2015 el laboratorio va a lograr consolidarse como espacio generador de *estrategias pedagógicas que permiten la comprensión de los procesos humanos desde diversos horizontes explicativos* (Linciph, 2015, p. 3). Esto, gracias a las diferentes transformaciones que se dieron según las demandas contextuales que surgían de parte de la Facultad de Ciencias Sociales y Humanas y el proyecto que ha caracterizado a esta; se puede afirmar que la construcción del laboratorio ha sido de constante ires y venires en donde siempre lo ha caracterizado la apertura al conocimiento desde una perspectiva transdisciplinar que entiende que la realidad no es cognoscible de manera segmentada.

Es así como el 2015 representa para este proyecto una consolidación de lo que ya se había venido trabajando y una incesante apuesta por abrir a más espacios y unidades académicas las herramientas que los campos de desarrollo habían venido perfeccionando. De igual manera, esta tercera fase del laboratorio se perfila como la más sólida al lograr fortalecer un equipo de trabajo pluridisciplinar que propende a la praxis interdisciplinar. Es decir que, desde sus conocimientos, aportan a las discusiones teóricas y del método tanto de los campos de desarrollo como del laboratorio mismo; el respaldo de la decana de la Facultad de Ciencias Sociales y Humanas, la doctora Lucero Zamudio, fue fundamental para el crecimiento de este proyecto llamado Linciph, pues ha dado el voto de confianza para ampliar los horizontes explicativos que confluyen en el laboratorio por medio de la formación del equipo y la adquisición de una serie de herramientas técnicas y tecnológicas, lo que ha implicado una gran inversión financiera, que ha respaldado el trabajo realizado al día de hoy. Aquí cabe resaltar que desde sus inicios el laboratorio contó con el apoyo del rector, el maestro Fernando Hinestrosa y, posteriormente, con el respaldo del rector Juan Carlos Henao.

En cuanto a su estructura, se puede decir que no ha variado mucho de la definida en el proyecto de laboratorio del 2011, con la salvedad que, para esta tercera fase, los campos de desarrollo han ido virando a la interdisciplina y, por qué no, a la transdisciplina, y la capacidad que tienen desde esta perspectiva para comprender los campos problémicos que los definen. Es así como las discusiones de constante ajuste y moldeamiento permitieron dar cuenta del sentido de pensar las tensiones propias del momento actual de las ciencias, en las cuales, siendo coherentes con la perspectiva interdisciplinar de la FCSH, se consideraron tres ejes transversales en los cuales se agruparon los problemas de investigación de los que se ocupan los campos de desarrollo del Linciph:

1. Las ciencias de la vida
2. Las ciencias de la mente
3. Las ciencias de la complejidad

Esta taxonomía representó tanto un universo de elementos teóricos y conceptuales como un norte de trabajo desde la discusión del método, que dio lugar a repensar las grandes preguntas sobre las cuales se establecen los fundamentos, propósitos y visión del Linciph.

En consecuencia, el Linciph consolidó como criterio orientador la interdisciplinariedad[2], que exige como punto de partida problemas y proyectos, y no solo contenidos disciplinares, y por tanto se articula al debate sobre ciencias nomotéticas/ciencias ideográficas[33], lo que marcó el comienzo de taxonomías como ciencias sociales, ciencias humanas y ciencias naturales, que han llevado a la segregación del conocimiento en la comprensión de los procesos humanos. En este contexto, se puede comprender la interdisciplinariedad en tres niveles: uno puede ser de aplicación de métodos, otro es el epistemológico cuando lo que se transfiere es la lógica formal que está detrás de las prácticas y de los conceptos, y el otro es el de gestación de nuevas disciplinas[4].

A partir de este momento el Linciph asume como objetivo, según lo establecido en el Proyecto Académico de la Facultad de Ciencias Sociales y Humanas (PAF), 2012, contribuir desde la interdisciplinariedad a la prestación de servicios en docencia, investigación y extensión como estrategia pedagógica que aporte a la generación de conocimiento y a la articulación de componentes teóricos e investigativos en la comprensión de los procesos humanos y sociales a partir de los campos de desarrollo que integran el laboratorio.

Esta evolución del proyecto Linciph permitió el diseño de un plan de desarrollo estratégico 2015-2020 para la consolidación de la estructura teórica, funcional y productiva que describe la figura 1.

---

2 Proyecto Académico Facultad de Ciencias Sociales y Humanas (PAF), 2012.

3 WALLERSTEIN, I. *Las incertidumbres del saber*. Barcelona: Gedisa, 2004.

4 HERNÁNDEZ, Á. Documento de trabajo basado en Edgar Morin y Basarab Nicolescu en su texto *La transdisciplinarité* (1996).

FIGURA 1.
ESTRUCTURA DEL LABORATORIO INTERDISCIPLINAR DE CIENCIAS Y PROCESOS HUMANOS, 2015

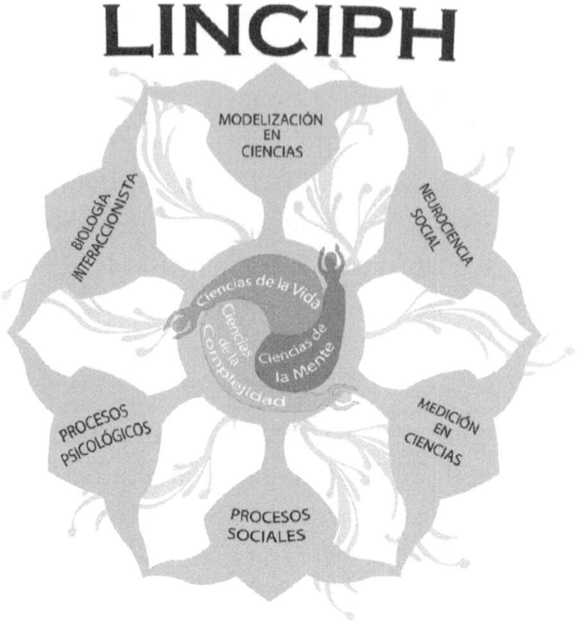

Referencia: construcción propia.

EL LINCIPH HOY, 2020

Las exigentes demandas de la Facultad de Ciencias Sociales y Humanas en sus primeros veinte años de historia y los avances del Centro de Investigaciones sobre Dinámica Social (CIDS) llevaron a que en el año 2019 se realizara un ajuste al plan de desarrollo del Linciph 2015-2020, centrando su misión y visión en propender a consolidarse como un Laboratorio Interdisciplinar de Neurociencia Social, reconocido nacional e internacionalmente por sus aportes epistemológicos, teóricos y metodológicos, contribuyendo de esta manera a la consolidación del Proyecto Académico de la Facultad de Ciencias Sociales y Humanas (PAF).

El Laboratorio Interdisciplinar de Ciencias y Procesos Humanos, hoy, es un espacio pedagógico presencial y virtual que contribuye a la generación de conocimiento y a la articulación de componentes teóricos e investigativos desde las ciencias de la vida, las ciencias de la mente y las ciencias de la complejidad para el abordaje de las dinámicas humanas y sociales. De esta manera, desde la perspectiva de la neurociencia social se apoya la formación interdisciplinar de los programas de la Facultad de Ciencias Sociales y Humanas y el Centro de Investigaciones sobre Dinámica Social y se convierte en uno de los pilares del desarrollo de las ciencias básicas en la Universidad Externado de Colombia.

FIGURA 2.

NEUROCIENCIA SOCIAL EN EL LINCIPH

Referencia: construcción propia.

El Linciph tiene como objetivo contribuir desde la interdisciplinariedad a la generación de conocimiento sobre la comprensión de los procesos humanos y sociales desde la perspectiva de la neurociencia social, aportando así al desarrollo de la investigación, la praxis pedagógica para la docencia y la prestación de servicios de extensión en el contexto de la Facultad y la Universidad.

Para cumplir con los fundamentos, misión, visión y objetivos, el Linciph establece una estructura académico-administrativa a partir de tres campos de desarrollo: Neurociencia Social, Procesos Humanos y Modelización en Ciencias, que se integran a partir de tres pilares fundamentales: Ciencias de la Vida, Ciencias de la Mente y Ciencias de la Complejidad.

El campo de desarrollo de Neurociencia Social trabaja en la integración crítica de teorías y métodos de las ciencias de la vida y las ciencias sociales y humanas, para indagar sobre el *continuum* y la ecología del cerebro social.

FIGURA 3.
NEUROCIENCIA SOCIAL EN EL LINCIPH

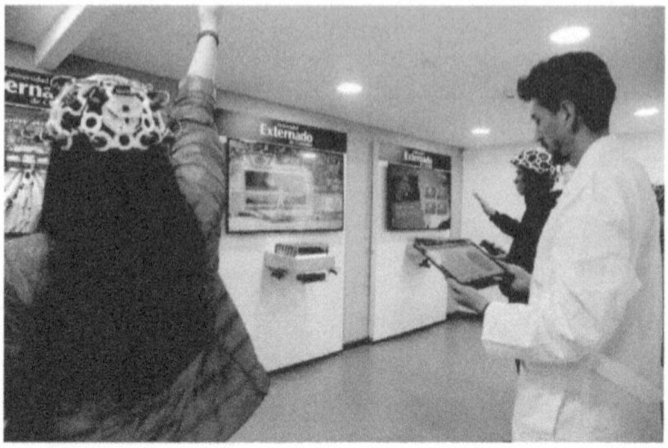

Referencia: construcción propia.

El campo de desarrollo de Modelización en Ciencias se dedica al diseño y aplicación de modelos matemáticos complejos que aportan a la investigación interdisciplinar en neurociencia social.

FIGURA 4.
NEUROCIENCIA SOCIAL EN EL LINCIPH

Referencia: construcción propia.

El campo de desarrollo de Procesos Humanos tiene como objetivo dar cuenta de la condición humana en el mundo y los desafíos propios del siglo XXI, considerando los aspectos filogenéticos, ontogenéticos y epigenéticos que permiten el estudio de la mente humana.

FIGURA 5.
NEUROCIENCIA SOCIAL EN EL LINCIPH

Referencia: construcción propia.

El equipo de trabajo del Linciph desarrolla hoy una investigación marco titulada "Procesos de construcción e interacción política de las juventudes colombianas mediados por las redes sociales. Una perspectiva desde la neurociencia social", así como un proyecto editorial en triangulación de métodos y técnicas para la investigación en neurociencia social: Rutas metodológicas de diseños integrativos y multinivel para investigación en neurociencia social, Rutas metodológicas de modelizaciones matemáticas en neurociencia social, Manual de prácticas del Linciph, y su historia: *Un laboratorio de neurociencia social.*

Al llegar al cumplimiento de la ventana temporal del plan de desarrollo 2015-2020 del Linciph se continuará con el proceso de evaluación autocrítico y permanente para construir y diseñar el plan de desarrollo 2021-2023 en miras de una acreditación internacional en 2025.

Para cerrar, es pertinente y relevante decir que este proyecto llamado Linciph ha evolucionado por la interacción de un equipo diverso de pensamiento, respetuoso de la divergencia, con capacidad de escucha y con trato y sentido de pares, integrado por muchas manos y varios cerebros sociales en interacción.

REFERENCIAS

Labpsi. (2005). *Proyecto de Laboratorio de Psicología*. Bogotá: Universidad Externado de Colombia.

Linaps. (2011). *Proyecto de Laboratorio de Análisis Psicosocial*. Bogotá: Universidad Externado de Colombia.

Linciph. (2015). *Proyecto de Laboratorio Interdisciplinar de Ciencias y Procesos Humanos*. Bogotá: Universidad Externado de Colombia.

Linciph. (2016). *Documento Fundamentación Teórica Linciph*. Bogotá: Universidad Externado de Colombia.

Linciph. (2019). *Proyecto de Laboratorio Interdisciplinar de Ciencias y Procesos Humanos*. Bogotá: Universidad Externado de Colombia.

Oyuela Vargas, R., Ardila, R. y Andrade Jaramillo, V. (Eds.). (2008). *Los laboratorios de la psique: una historia de la psicología experimental en Colombia*. Pontificia Universidad Javeriana.

NEUROCIENCIA SOCIAL

EDITORES DE SECCIÓN:
JORGE MARTÍNEZ COTRINA,
CHRISTIAN CAMILO GARCÍA LÓPEZ

La neurociencia social aborda cuestiones fundamentales sobre la mente y sus interacciones dinámicas con los sistemas biológicos del cerebro y del mundo social en el que reside (Cacioppo y Berntson, 1992; Cacioppo, 1994). Este campo estudia la relación entre los procesos neuronales y sociales, incluyendo los componentes intermedios de procesamiento de la información y las operaciones en los niveles de análisis neural y computacional. La neurociencia social se basa en el trabajo de las neurociencias, las ciencias cognitivas y las ciencias sociales (Cacioppo y Berntson, 2002).

La neurociencia social puede definirse ampliamente como la exploración de los fundamentos neurológicos de los procesos tradicionalmente examinados por, pero no limitado a, la psicología social. Esta amplia descripción proporciona un punto de partida desde la cual se puede examinar la neurociencia del comportamiento social y la cognición. En la investigación de la neurociencia social, cualquiera que sea la definición que se elija, debe ser con el interés de la comprensión de la dinámica y compleja relación entre el cerebro y sus sistemas relacionados y su interacción social (Decety y Keenan, 2006).

Según Cacioppo (2010), los seres humanos son una especie social y las especies sociales, por definición, crean organizaciones emergentes más allá de las estructuras individuales, desde familias, grupos, comunidades y culturas. Estas estructuras emergentes evolucionaron de la mano con mecanismos neuronales, neuroendocrinos, celulares y genéticos, ya que los comportamientos sociales resultantes ayudaron a estos organismos a sobrevivir y reproducirse. La neurociencia social es un campo de investigación que ha surgido en las últimas dos décadas para investigar estos mecanismos neuronales, neuroendocrinos, celulares y genéticos y las estructuras sociales, factores y procesos con los que interactúan. Entre las cuestiones que se investigan activamente en la neurociencia social están, por ejemplo, los efectos de los factores sociales en el funcionamiento cerebral y biológico, la supuesta existencia de circuitos especializados para funciones sociales, la naturaleza de las interdependencias entre genes y entornos sociales y los mecanismos biológicos, la cognición social subyacente, las interacciones sociales y los procesos grupales. De hecho, descubrir los mecanismos biológicos subyacentes a las interacciones sociales es uno de los principales problemas que las neurociencias deben abordar en el siglo XXI (Cacioppo, 2010).

La Línea de Cerebro Social, Ecología y Convivencia del Área de Salud, Conocimiento Médico y Sociedad y el Laboratorio Interdisciplinar de Ciencias y Procesos Humanos definen la neurociencia social como una interdisciplina que permite la integración crítica de teorías y métodos de las ciencias de la vida y las ciencias sociales y humanas para indagar sobre el *continuum* del cerebro social.

En este contexto, el aporte del campo de desarrollo de Neurociencia Social es la posibilidad de repensar el debate sobre la continuidad o discontinuidad de los procesos mentales involucrados en los actos colectivos, y el alcance de la interacción como modeladora radical del aparato psicológico y de sus substratos materiales. De modo paradójico, el carácter estrictamente neurocéntrico de la investigación en neurociencia podría ser más un artefacto o distorsión inducida por el abordaje metodológico actual, que una visión irrefutable y suficiente. Este debate, que se abre paso entre la obviedad de la pertenencia social del ser humano y la enorme dificultad para concebir los puentes intangibles entre los individuos desde una perspectiva de las ciencias de la vida, puede ser un terreno fértil para las indagaciones que se extienden más allá de las fronteras tradicionales de las ciencias. Posiblemente estas deban acoplar muchos de sus intereses y lenguajes para ampliar sus alcances comprensivos frente a la realidad de lo social y desplegar su quehacer y su impacto epistémico.

PARTE I.
ASPECTOS GENERALES E INTRODUCTORIOS A LA NEUROCIENCIA SOCIAL, COGNICIÓN SOCIAL Y TOMA DE DECISIONES

UNA APROXIMACIÓN A LA NEUROANATOMÍA Y LA NEUROFISIOLOÍA

CHRISTIAN CAMILO GARCÍA LÓPEZ

Para poder entender la relación entre el funcionamiento del sistema nervioso, sus estructuras y su entorno social es necesario disponer de los conocimientos básicos de su función, las partes que lo componen y los procesos involucrados. Este capítulo tiene el objetivo de hacer una introducción a las principales estructuras del sistema nervioso y su fisiología, con la finalidad de profundizar en diversas técnicas y mediciones periféricas sobre la actividad cerebral y sus relaciones con el contexto social de los seres humanos, que se explicarán con mayor detalle en apartados venideros.

En la primera parte se presentará el desarrollo embrionario del sistema nervioso. En la segunda, la clasificación macroscópica y funcional del sistema nervioso. En la tercera se nombrarán y explicarán las funciones de algunas estructuras relacionadas con el comportamiento social. Para finalizar, se explicarán las diferentes células del sistema nervioso y el proceso de comunicación neuronal.

DESARROLLO EMBRIONARIO DEL SISTEMA NERVIOSO

Después de la fecundación y comienzo del desarrollo del feto, aproximadamente en el día 15 empieza un proceso de división conocido como gastrulación. En esta etapa aparecen tres capas germinativas que van a dar lugar a todos los órganos y extremidades del feto; estas capas son: *endodermo*, *mesodermo* y *ectodermo*. De la primera capa, el endodermo, van a salir el páncreas y el hígado y los revestimientos para los tractos respiratorio y digestivo. Del mesodermo se van a desarrollar el aparato circulatorio, músculos, huesos, gónadas y riñones, entre otras. De la tercera capa, del ectodermo, las células encargadas se desarrollarán principalmente en la piel, los ojos, los oídos internos, la nariz, la boca y el sistema nervioso (Snell, 2010).

Del ectodermo, aproximadamente durante la tercera semana, se va a hundir para formar la *placa y el surco neural*; debido a este hundimiento, el surco neural se va a ver limitado por los bordes neurales, en un proceso conocido como neurulación (figura 6). A continuación, los bordes neurales se van a fusionar por la línea media para dar lugar al tubo neural (Snell, 2010).

FIGURA 6.
REPRESENTACIÓN DEL PROCESO DE NEURULACIÓN

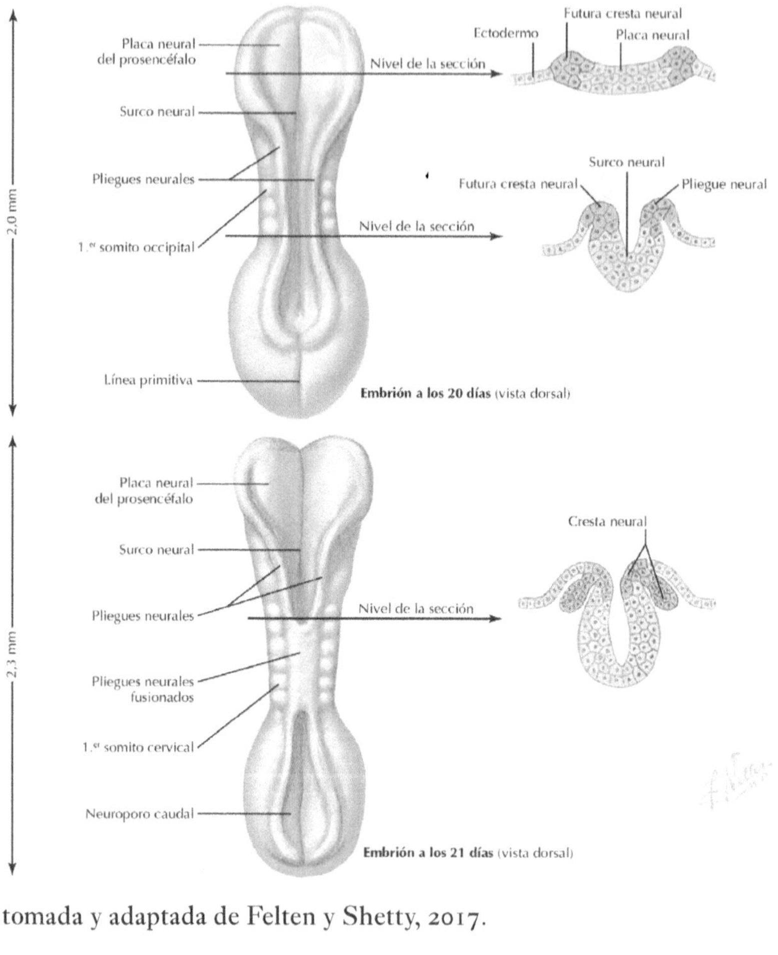

Fuente: tomada y adaptada de Felten y Shetty, 2017.

Ya para el día 28, aproximadamente, un grupo de células, pertenecientes al borde exterior, no se unen al tubo neural; en vez de eso, se sitúan entre la capa externa del ectodermo y el tubo neural para formar la *cresta neural*. De esta cresta neural se diferencian después los ganglios posteriores, anteriores y autónomos de los nervios raquídeos del sistema nervioso periférico. De igual forma, el tubo neural se secciona en tres vesículas primarias: *prosencéfalo*, *mesencéfalo* y *rombencéfalo*. El resto del tubo neural se alarga para finalmente dar lugar a la médula espinal (figura 7). Estas tres vesículas primarias conforman todas las estructuras que dan lugar al encéfalo (Snell, 2010).

FIGURA 7.
REPRESENTACIÓN DE LAS TRES VESÍCULAS ENCEFÁLICAS PRIMARIAS

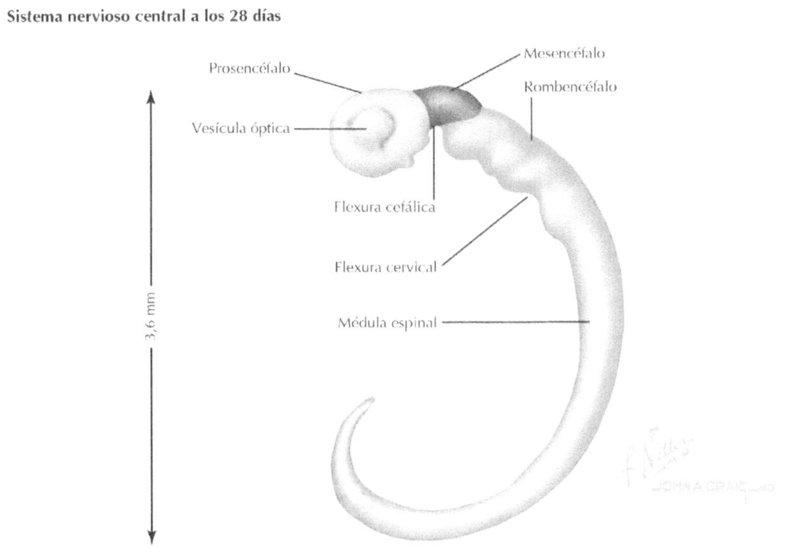

Referencia: tomada y adaptada de Felten y Shetty, 2017.

El propósito de esta sección es el de mostrar cómo se da el desarrollo embrionario del sistema nervioso, y cómo este desarrollo nos sirve para poder dividirlo de forma anatómica y funcional.

DIVISIONES DEL SISTEMA NERVIOSO

El sistema nervioso se divide macroscópicamente en dos grandes divisiones: el *sistema nervioso periférico* (SNP) y el *sistema nervioso central* (SNC). El SNP se encarga de transportar la información desde y hacia el encéfalo, al resto del cuerpo (como se expuso anteriormente, el SNP se forma principalmente de la cresta neural formada durante el proceso neurulación). El SNP consta de los 12 pares de nervios craneales y 31 pares de nervios raquídeos. Los 12 pares craneales, como su nombre lo indica, nacen en el encéfalo y salen por diferentes orificios del cráneo. Estos cumplen diferentes funciones sensoriales (visión, audición o señales internas del cuerpo), motores voluntarios (como movimiento de los músculos de los ojos, músculos faciales o del cuello, entre otros) o involuntarios (tales como control de glándulas salivales y lacrimales, o control de músculos lisos como el corazón, por nombrar algunos). Los pares raquídeos nacen de la médula espinal y salen por diferentes agujeros intervertebrales de la columna. Estos pares raquídeos se agrupan dependiendo de la sección vertebral por la cual salen. Entonces, de arriba para abajo, se tienen 8 pares cervicales, 12 pares torácicos, 5 lumbares, 5 sacros y 1 coccígeo. Estos pares raquídeos se encargan de recibir y transmitir la información desde las extremidades y el tórax al SNC, y viceversa, del SNC al resto del cuerpo (Snell, 2010).

La segunda división macroscópica, el SNC, se encarga de procesar la información proveniente del cuerpo y del entorno para mandar la respuesta correspondiente para cada caso. Proviene del desarrollo embrionario del tubo neural. Así mismo, el SNC se compone por el encéfalo y la médula espinal (imagen 3). La médula espinal desciende por la columna vertebral para recibir y transmitir la información del SNC al resto del cuerpo. Aunque la médula espinal no tiene un procesamiento *per se* de la información, sí puede generar una respuesta inmediata ante un estímulo externo; el reflejo patelar (donde un golpe en la rodilla genera una respuesta de patada) es un buen ejemplo para ver esta respuesta inmediata. Este reflejo mediado por la médula espinal ayuda a que ante situaciones perjudiciales la información no tenga que "demorarse" subiendo hasta el encéfalo para generar una respuesta (Snell, 2010).

El encéfalo son las estructuras que van a desarrollarse a partir de las tres vesículas primarias (*prosencéfalo*, *mesencéfalo* y *rombencéfalo*; figura 8). El rombencéfalo lo componen el bulbo raquídeo, la protuberancia y el cerebelo. El mesencéfalo se encuentra entre las dos otras vesículas primarias. Así mismo, el prosencéfalo se divide en: *diencéfalo* y *telencéfalo*. El diencéfalo se encuentra oculto casi en su totalidad por la corteza cerebral y lo componen principalmente el tálamo y el hipotálamo. El telencéfalo, por su parte, se va a desarrollar en los hemisferios cerebrales, el cuerpo calloso y los ganglios basales (o ganglios de la base; Snell, 2010).

Otra división del sistema nervioso central se basa en su función y se conoce como *sistema nervioso autónomo* (SNA). El SNA tiene por función el control por parte del SNC de las acciones involuntarias del cuerpo (músculos lisos y control de glándulas). Las principales estructuras del SNC en el control del

SNA son la médula espinal, estructuras del rombencéfalo (bulbo raquídeo, protuberancia y cerebelo) y el hipotálamo. El SNA de igual forma se puede dividir en *sistema nervioso autónomo simpático*, *sistema nervioso autónomo parasimpático* y *sistema nervioso entérico*. El sistema autónomo se encarga de preparar al cuerpo para un gasto energético grande como la liberación de azúcar, dilatación de pupilas o frenar la digestión y el sistema inmunológico, para conductas de lucha o huida. El sistema parasimpático tiene la finalidad de conservar energía en momentos de descanso. El sistema entérico se encarga del control directo del sistema gastrointestinal (Snell, 2010).

FIGURA 8.
REPRESENTACIÓN DE LAS PRINCIPALES DIVISIONES
DEL SISTEMA NERVIOSO CENTRAL

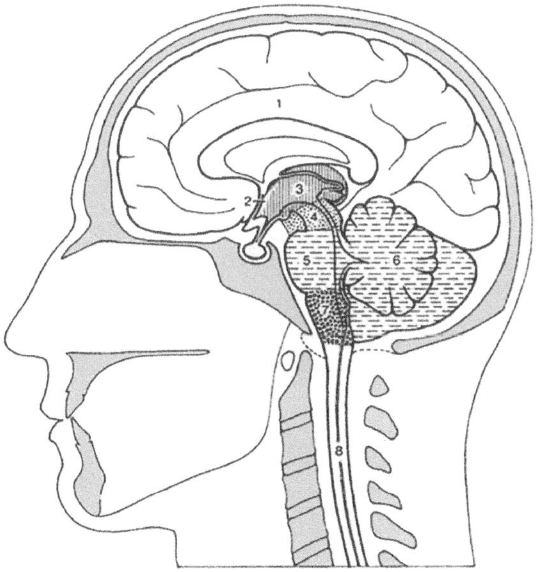

1. Telencéfalo (cerebro)		Prosencéfalo		Encéfalo	Neuroeje (sistema nervioso central)
2. Telencéfalo impar					
3. Diencéfalo					
4. Mesencéfalo			Tronco encefálico		
5. Puente (protuberancia)	Metencéfalo	Rombencéfalo			
6. Cerebelo					
7. Mielencéfalo (Médula oblongada o bulbo raquídeo)					
8. Médula espinal					

Referencia: Nieuwenhuys, Voogd y Van Huijzen, 2009.

Estas divisiones del sistema nervioso sirven como base para ubicarse en capítulos posteriores en los que se van a explicar con mayor detalle algunos registros para medir la actividad de ciertas estructuras involucradas en procesos sociales.

PRINCIPALES ESTRUCTURAS CORTICALES Y SUBCORTICALES ASOCIADAS AL COMPORTAMIENTO SOCIAL

Entre las estructuras que forman el sistema nervioso central existen unas que se han relacionado, en repetidas ocasiones, con comportamientos sociales, ya sea desde expresión emocional hasta empatía o altruismo. Del telencéfalo sale una gran parte de estas estructuras relacionadas, principalmente los dos hemisferios cerebrales, de los cuales salen varias áreas relacionadas con este ser social (Snell, 2010).

FIGURA 9.
REPRESENTACIÓN DE CINCO DE LOS SEIS LÓBULOS CEREBRALES (FRONTAL, TEMPORAL, PARIETAL, OCCIPITAL E INSULAR). EL LÓBULO CINGULAR SOLAMENTE ES VISIBLE HACIENDO UN CORTE POR LA MITAD DEL CUERPO CALLOSO

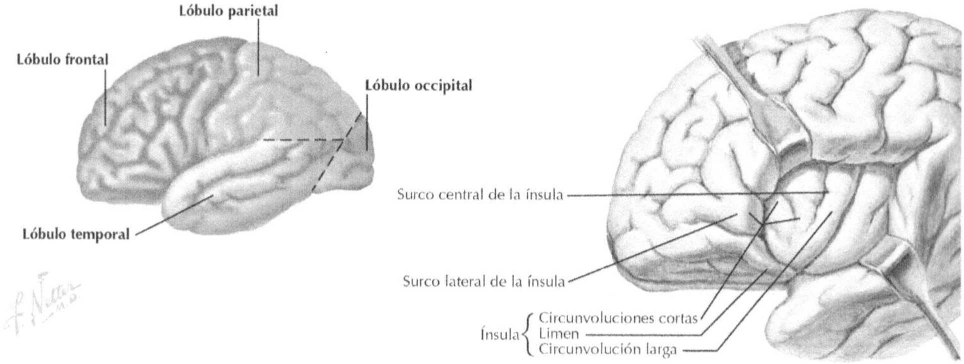

Referencia: tomada de Felten y Shetty, 2017.

Los hemisferios cerebrales se pueden dividir en seis lóbulos principales: frontal, temporal, parietal, occipital, lóbulo insular y cíngulo (figura 9). En el lóbulo frontal se encuentran dos áreas relacionadas con el control motor voluntario por medio de las áreas motora primaria y premotora; en estas dos áreas se genera el primer potencial para mover las extremidades. De igual forma, en el área premotora se han encontrado unas neuronas especiales llamadas neuronas espejo, las cuales se relacionan con la imitación de los movimientos de otros; se ha llegado a vincularlas con la empatía. Así mismo, se encuentra la corteza prefrontal, dentro de la cual están: la corteza orbitofrontal prefrontal, la corteza prefrontal ventromedial y la corteza dorsolateral del prefrontal. Las cortezas orbitofrontal y ventromedial se han relacionado principalmente con el control de las emociones, sensibilidad a la recompensa e impulsividad. La corteza dorsolateral se ha vinculado a la planificación y la memoria procedimental (Snell, 2010; Purves *et al.*, 2014).

El lóbulo temporal se relaciona principalmente con el proceso de audición por las áreas auditivas primarias y secundarias. Dentro del lóbulo temporal se encuentran el hipocampo y la amígdala cerebral. El hipocampo se asocia a la formación de nuevas memorias; en él no se almacena la memoria, pero sirve como medio para que se almacenen en otras áreas de la corteza. Así mismo, se relaciona el hipocampo con el procesamiento de emociones por el sistema límbico. La amígdala cerebral ubicada cerca del hipocampo se relaciona con el procesamiento del miedo y de otras emociones (Snell, 2010; Purves *et al.*, 2014).

El lóbulo parietal tiene que ver con el procesamiento de las señales sensoriales por el área somatosensorial primaria y secundaria. Otra función importante es la asociación de la información proveniente de los otros lóbulos en un área llamada de asociación temporoparietal, que se encuentra entre el lóbulo temporal y el parietal. El lóbulo occipital se ha restringido principalmente al procesamiento de la información visual (Snell, 2010; Purves *et al.*, 2014).

El lóbulo cingular o cíngulo está ubicado en la parte superior del cuerpo calloso y se extiende desde el límite del lóbulo frontal al occipital. El cíngulo se relaciona con el procesamiento de las emociones; dentro del cíngulo cabe resaltar la importancia de la corteza cingular anterior, la cual se relaciona con procesos de dolor y afecto. Por su parte, el lóbulo insular se encuentra ubicado dentro de la fisura lateral. La ínsula se ha vinculado con la experiencia subjetiva de las emociones. Estos dos lóbulos (cingular e insular) se encuentran asociados al sistema límbico (Snell, 2010; Purves *et al.*, 2014).

En el diencéfalo existen dos estructuras que vale la pena resaltar: el tálamo y el hipotálamo. El tálamo se encarga principalmente de retransmitir información sensorial hacia el cerebro, excepto la información olfativa. Dentro del tálamo se encuentra el núcleo anterior, el cual retransmite información de carácter emocional al cerebro. Por su parte, el hipotálamo se encarga, entre otras funciones, de la regulación del sistema endocrino y de comportamientos motivacionales, como dormir, beber, comer o el impulso sexual. Adicionalmente, se da la producción de dos neurohormonas muy importantes para el apego, crianza y confianza: la oxitocina y la vasopresina (Snell, 2010; Purves *et al.*, 2014).

Aunque son muchas las estructuras relacionadas con el ser social, se intentó dar una claridad de las principales estructuras corticales y subcorticales involucradas en el proceso. En la tabla 1 se condensan las principales regiones involucradas en cada uno de los dominios y el correlato de estas con cierto tipo de funciones y tareas.

TABLA 1.

DOMINIOS DE LA COGNICIÓN SOCIAL CON SUS CORRESPONDIENTES ESTRUCTURAS Y EL TIPO DE TAREAS EN LAS QUE INTERVIENEN

Dominio	Estructura	Tarea
Inferencias y representaciones propias	Cíngulo anterior	Autorreferencia
		Juicios autorreferenciados positivos y negativos
		Juicios personales y heterorreferenciados
	Cíngulo posterior	Autorreferencia
	Giro frontal medial	Autorreferencia
		Reconocimiento del propio rostro y de rostros conocidos
	Giro frontal inferior	Autorreferencia
		Reconocimiento del propio rostro y de rostros conocidos
Inferencias y representaciones de otras personas	Amígdala	Atribución de estados emocionales
		Reconocimiento de emociones
		Juicios y estimaciones sobre la edad
	Lóbulo prefrontal medial	Referenciar a otros
	Giro frontal medial	Inferencias sobre otras personas
	Giro orbitofrontal	Juicios empáticos
	Giro frontal superior	Juicios empáticos
	Giro frontal inferior	Juicios empáticos
	Giro frontal medial	Teoría de la mente
	Región rostral anterior del cíngulo	Empatía por dolor físico
	Región rostral del giro fusiforme	Reconocimiento de rostros
	Corteza somatosensorial	Implicada en empatía
	Giro temporal superior	Teoría de la mente
	Surco temporal superior anterior	Teoría de la mente
	Lóbulo temporal anteromedial	Percepción de emociones de otros
Conocimiento social	Amígdala	Moral
		Confianza y desconfianza
		Implicada en conocimiento de reglas sociales
	Lóbulo frontal medial	Juicios morales
	Giro frontal inferior	Reconocimiento de personas
	Giro frontal superior	Reconocimiento de personas
	Corteza prefrontal dorsolateral	Formación de impresiones
	Surco frontal superior	Confianza
	Lóbulos prefrontales	Conocimiento interpersonal
	Lóbulo temporal superior	Reconocimiento de personas
	Giro temporal superior	Juicios de confianza

Referencia: realización propia basada en Beer y Ochsner, 2006.

PRINCIPALES CÉLULAS DEL SISTEMA NERVIOSO Y LA COMUNICACIÓN SINÁPTICA

Para comprender cómo se da el procesamiento de la información, es necesario entender los tipos de células que conforman el sistema nervioso y cómo se comunican entre ellas para generar ese procesamiento.

El sistema nervioso se encuentra conformado por dos tipos de células: la glía y las neuronas. La glía se encarga de darles sostén y soporte a las neuronas. Hay cuatro células gliales principales: (a) los astrocitos, que tienen forma de estrella –de ahí el *astro* en su nombre– y sirven para mantener un medio adecuado para las neuronas, ya sea por la eliminación de desechos o brindarles elementos necesarios a las neuronas; (b) las células microgliales, las cuales se encargan del proceso de cicatrización y de señalización celular para el sistema inmune; (c) los oligodendrocitos, que recubren a los axones de las neuronas del SNC con una sustancia grasa llamada mielina (la cual facilita el transporte de la información eléctrica hacia otras neuronas); por último, (d) las células de Schwann, las cuales tienen la misma función que los oligodendrocitos, pero para las células del SNP. La figura 10 representa la forma como las células gliales interactúan con las neuronas y sus alrededores (Snell, 2010).

Por su parte, las neuronas son células especializadas para la recepción y conducción del estímulo nervioso. Las neuronas se pueden diferenciar principalmente de otras células por la presencia de dos tipos de prolongaciones: dendritas y axones. Estas prolongaciones ayudan a transmitir los impulsos nerviosos o recibir la información de otras neuronas (este proceso de “comunicación” con otras neuronas, se conoce como sinapsis y se va a explicar con mayor detalle adelante). Otra diferencia importante entre las neuronas y otro tipo de células es que estas no se pueden dividir ni replicar, esto no quiere decir que no se puedan tener neuronas nuevas, un mito bastante común en lo que respecta al sistema nervioso. Este proceso de nacimiento de nuevas neuronas a partir de células madre especializadas se conoce como neurogénesis (Snell, 2010).

Las neuronas se pueden diferenciar morfológicamente por la longitud o modo de ramificación de los axones, dentro de las principales se encuentran: (a) las neuronas unipolares, las cuales solo poseen una única ramificación a poca distancia del cuerpo celular, para luego dividirse en dos ramas; una de estas ramas se introduce en el sistema nervioso central, mientras la otra se dirige hacia alguna estructura periférica; este tipo de células se encuentra principalmente en el sistema nervioso periférico; (b) las neuronas bipolares, las cuales poseen un axón y una prolongación dendrítica larga, un ejemplo de donde se encuentra este tipo de neuronas es en las retinas; (c) las neuronas multipolares, las cuales poseen un axón largo y varias prolongaciones, o dendritas, originadas en el cuerpo celular. La gran mayoría de las células en el SNC son de este tipo (Snell, 2010).

La comunicación entre neuronas se conoce como sinapsis y existen dos tipos: La sinapsis eléctrica y química. La sinapsis eléctrica se da cuando dos neuronas diferentes se conectan por medio de sus axones y por medio de canales de membrana especializados se da la transferencia de iones (pequeñas partículas cargadas eléctricamente, de ahí que sea llamada sinapsis eléctrica) de forma pasiva (Snell, 2010; Purves *et al.*, 2014).

FIGURA 10.
REPRESENTACIÓN DE LA INTERACCIÓN ENTRE LOS DIFERENTES TIPOS DE CÉLULAS GLIALES Y LAS NEURONAS EN EL SNC

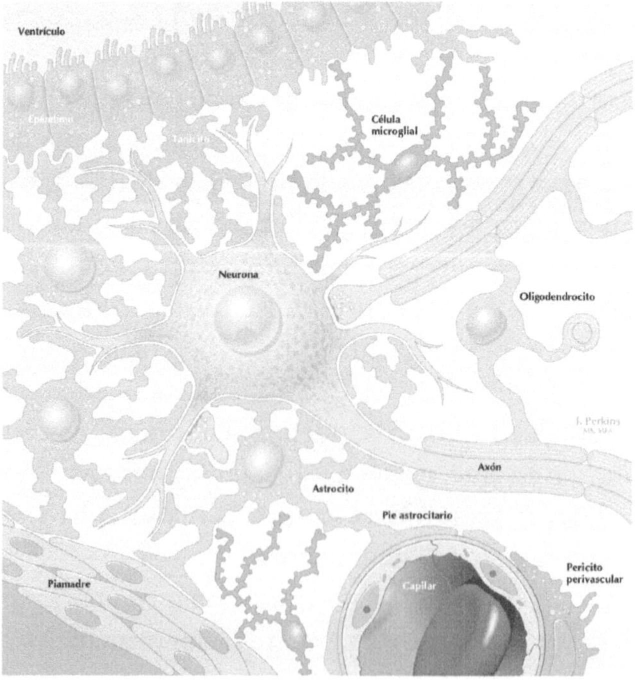

Referencia: tomada de Felten y Shetty, 2017.

Por otra parte, en la sinapsis química una neurona presináptica lleva un potencial de acción por medio del axón hasta la parte final de este en el botón axónico; este impulso fomenta la liberación de vesículas cargadas con neurotransmisores o moléculas químicas (de ahí que sea llamada sinapsis química) desde la neurona presináptica a un espacio intermedio entre dos neuronas, conocido como espacio intersináptico (aproximadamente de 20 nanómetros). En este espacio las moléculas van a viajar hasta la membrana de la neurona postsináptica, cuando lleguen a los receptores correspondientes (cada neurotransmisor tiene unos receptores específicos para poder actuar de forma adecuada). Esta acción puede generar un efecto inhibitorio (terminando el potencial de acción) o excitatorio activando un cambio de voltaje dentro de la neurona postsináptica, ya sea por medio de la apertura directa de canales iónicos, o generando acciones metabólicas paralelas para abrir estos canales iónicos permitiendo el ingreso de iones y "cargar" a la neurona postsináptica para continuar con el potencial, viajando desde el cuerpo de la neurona para poderse propagar a otra. Debido a que los axones con mielina favorecen la transferencia de este impulso nervioso, es más rápido que la sinapsis química. En el capítulo 5, dedicado a la actividad cerebral, se va a profundizar en detalle sobre este proceso de comunicación neuronal (Snell, 2010; Purves *et al.*, 2014).

Este capítulo es una introducción muy general sobre el funcionamiento del sistema nervioso y de las diferentes áreas y estructuras que lo componen. Por consiguiente, se invita al lector a profundizar sobre estos temas en otros libros de neurofisiología, a fin de lograr un mayor entendimiento sobre cómo funciona este sistema tan complejo.

LA SISTEMATIZACIÓN DEL ESTUDIO DE LA MENTE

CARLOS FELIPE BUITRAGO PANADER

A través de la historia ha persistido un constante interés por entender el comportamiento humano. Este ha sido un proyecto que se remonta a la filosofía de la antigua Grecia y se extiende hasta los desarrollos científicos y apuestas epistemológicas de la actualidad (Varela, 1990; Medina, 2008; Thagard, 2008). Para tal fin, se ha propuesto la idea de *mente* como entidad que se encarga de estas funciones del comportamiento humano, tarea que en principio era puramente filosófica y especulativa, pero, dado el interés científico actual, se han venido consolidando diferentes disciplinas que han formulado un estudio sistemático de tal fenómeno humano (Medina, 2008). Thagard (2008) menciona que, dentro de estas disciplinas interesadas por la mente humana, han aparecido a lo largo de la historia algunas como la psicología experimental, el conductismo, las ciencias cognitivas y más recientemente las neurociencias.

Este capítulo tiene como objetivo realizar una contextualización de los campos que se han adentrado en el estudio de la cognición, para así rastrear sus genealogías, transformaciones y reinterpretaciones. De esta forma, se propone una primera revisión de las ciencias cognitivas, antes de entrar a abordar las neurociencias y los desarrollos que han surgido desde allí, puntualmente desde los trabajos de la neurociencia social.

DE LAS CIENCIAS COGNITIVAS: HISTORIA, CONTEXTUALIZACIÓN Y DEFINICIÓN DE COGNICIÓN

Para iniciar, es importante aclarar cómo se establece la equivalencia de mente y cognición, tal y como la expone Medina (2008), para luego sí poder abordar las ciencias cognitivas a cabalidad. El concepto de mente, como ya se había mencionado, era la forma de referirse al elemento causante del comportamiento humano (Thagard, 2008), pero su uso ha tenido un carácter polisémico, refiriendo a múltiples equivalencias como *intelecto*, *espíritu*, *psique* u *operaciones psíquicas*, cuya idea general siempre había implicado una distinción con el cuerpo, asumiendo que cada uno eran entidades con diferente composición, la primera inmaterial y la segunda material, planteando el clásico problema del dualismo cuerpo-mente (Medina, 2008).

De esta manera, el intento por conocer la mente y su funcionamiento era una tarea netamente especulativa cuyo estudio se le concedió por muchos siglos a la filosofía (Medina, 2008; Thagard, 2008). Sin embargo, llegada la época en que se gestan y consolidan las ciencias modernas, aparecen disciplinas tales como la psicología experimental de Wundt, que pretenden darles un carácter objetivo, medible y cuantificable a las experiencias subjetivas y, específicamente, a los procesos mentales (Thagard, 2008). Lo anterior implicó una reconceptualización de la naturaleza de los hechos, que, en última instancia, apela a que la forma en la que sea comprendido el fenómeno, por parte del científico, será una justificación suficiente para abordarlo y estudiarlo. Es entonces que, dentro de esta reconceptualización epistemológica de la mente, comienza a ser entendida como una serie de computaciones o procesos sobre representaciones mentales, que a su vez generan una serie de pensamientos y de acciones (Medina, 2008), perspectiva que da origen al campo de las ciencias cognitivas.

Con este interés positivista surgen las ciencias cognitivas, las cuales han sido entendidas por algunos autores como campo interdisciplinar que estudia la mente y la cognición humanas de forma científica (Varela, Thompson y Rosch, 1992); como campo de intersección entre diferentes disciplinas que pretenden encontrar explicaciones de cómo se realizan ciertas formas de pensamiento, como el resolver problemas, tomar decisiones o inferir las motivaciones de otros (Thagard, 2008); o como un campo interdisciplinario, de corte empírico, que se preocupa por estudiar la naturaleza de la mente humana (Medina, 2008). De esta manera, se ha dicho que algunas de las disciplinas que integran las ciencias cognitivas son: lingüística, psicología, neurociencias, antropología, filosofía de la mente (Varela *et al.*, 1992), tecnologías de la información (Varela, 1990), inteligencia artificial (Thagard, 2008), biología evolucionista, etología y robótica (Medina, 2008). A partir de las definiciones anteriores, se pueden entender las ciencias cognitivas como un espacio de encuentro de diferentes saberes teóricos y metodológicos de disciplinas interesadas por conocer las habilidades o funciones cognitivas de los seres humanos.

Los orígenes del campo datan de la década de los 50 del siglo pasado, a partir de las propuestas teóricas de George Miller y Noam Chomsky en contra del conductismo, al plantear una alternativa que reivindicaba el interés por el concepto de mente, pero abogando por un estudio científico de esta. A esto se le unieron los aportes de John McCarthy, Marvin Minsky, Allen Newell y Herbert Simon sobre inteligencia artificial, área fundada por ellos a partir del naciente interés por las primeras computadoras (Thagard, 2008). Thagard los reconoce como los fundadores del campo y propone en su texto un análisis de los desarrollos posteriores que han surgido a partir de las teorías de dichos autores. Sin embargo, el análisis de Thagard (2008) incurre en la tendencia mencionada por Varela y colaboradores (1992), en la que la propuesta del cognitivismo, como estos últimos autores la denominan, es asumida como la totalidad de las ciencias cognitivas, dejando de lado otros aportes e interpretaciones que han surgido desde este campo interdisciplinar. Por tanto, es pertinente resaltar una primera clasificación ya formulada por Varela (1990) y Varela y colaboradores (1992), donde se propone una división del campo a partir de tres periodos o propuestas teóricas que han dado como fruto nuevas comprensiones de lo cognitivo; estas tres etapas son el *cognitivismo*, la emergencia o *conexionismo* y la *postura enactiva*, las cuales se expondrán a continuación con mayor detalle.

El *cognitivismo* fue la primera apuesta que surgió, y se basó en gran medida en la inteligencia artificial y su relación con la computación, generando así la analogía de la mente como procesador de información que funciona por medio de diferentes programas, idea que ha sido la de mayor envergadura y tradición (Thagard, 2008). Al ser la mente un elemento que funciona como un computador, genera operaciones (o computaciones) con la información o los datos que dispone, donde para efectos de los humanos se hablaría de representaciones mentales. Lo anterior implica que la mente crearía imágenes del mundo exterior que fueran entendibles para sí misma, ya que no puede tener un acceso directo a él sino solamente por la mediación de los símbolos. En este orden de ideas, la cognición, que sería la forma en que opera la mente, sería la manipulación y procesamiento de símbolos, que a su vez generarían representaciones mentales que servirían para dar origen a pensamientos y comportamientos específicos del individuo (Thagard, 2008; Varela *et al.*, 1992). Por último, cabe mencionar que a esta propuesta se le denomina en términos generales el *modelo computacional-representacional de la mente* (MCRM) (Thagard, 2008).

Posteriormente aparece como una alternativa la *emergencia o conexionismo*; este se distancia del cognitivismo en tanto critica el procesamiento de símbolos como único vehículo para generar representaciones (Varela *et al.*, 1992). Su idea de base es que las tareas cognitivas, que dan como resultado una conducta global, se componen y se presentan gracias a la conjunción de varios sistemas que se integran adecuadamente y bajo ciertas reglas; de esta manera, las representaciones se dan como operaciones específicas que apelan más al significante que al significado, ya que una representación será tomada como un elemento que emerge de unas propiedades concretas de dichos sistemas en interacción. Se plantea entonces que dicha manipulación de las características físicas de los símbolos implica que el sentido de estas se halla en función del estado global del sistema, en tanto las conexiones que haya establecido entre diferentes subsistemas y las reglas que rigen dichas uniones; lleva así a un abandono del énfasis en las representaciones, dado que su aporte es insignificante al lado de las densas redes de símbolos que interactúan (Varela, 1990).

Finalmente, la propuesta *enactiva* critica la base misma de las representaciones como centro de las ciencias cognitivas, a la vez que las pone en tela de juicio como centro de la cognición humana. Ello se debe a la inconsistencia de que las representaciones no toman en cuenta las propiedades físicas del mundo en el que se vive, pero que al recobrar dicha información sí se apela a esas características; además que dicha perspectiva asume una fragmentación del individuo, donde una parte de este es quien realiza la labor representacional (Varela *et al.*, 1992). En esta misma línea, se puede entender a la propuesta enactiva como una "puesta en obra de un mundo y una mente a partir de una historia de la variedad de acciones que un ser realiza en el mundo" (Varela *et al.*, 1992, p. 34), lo cual implica una corporeización de lo cognitivo, donde la mente no funciona con representaciones de una realidad a la que no se tiene acceso, sino que esta se va construyendo a partir de las experiencias del sujeto y le van dando un panorama de un mundo que emerge desde las acciones efectivas que la persona realiza (Varela, 1990). De esta manera, la cognición será entendida como una historia de adaptaciones estructurales que permiten que emerja un mundo para el individuo (Varela, 1990).

La anterior idea podrá unirse con las comprensiones más complejas sobre el estudio de las habilidades cognitivas de la especie humana y la relación evolutiva que se establece con el entorno físico y cultural, propuestas por Tomasello (2007), quien a su vez intenta conjugar la psicología cognitiva y del desarrollo dentro de una perspectiva evolucionista. Esa apuesta iría en la misma dirección de lo dicho por Varela (1990) al afirmar que "la orientación enactiva va [...] [a] abarcar también la temporalidad del vivir, trátese de una especie (evolución), del individuo (ontogenia) o de la estructura social (cultura)" (p. 110). Esto va en contra de la perspectiva de un funcionamiento cognitivo en el que la mente y los procesos funcionan basados en representaciones de una realidad externa, lo cual entre líneas referiría a una noción dualista de sujeto, y plantea en su lugar la idea de mente como espejo de la naturaleza (Varela *et al.*, 1992). Además, abandona la idea de que existen unos módulos y sistemas previos a la experiencia del sujeto, los cuales le permiten crear una imagen del mundo, y postula en su lugar una comprensión de la realidad basada en las experiencias personales (Varela, 1990).

En este último enfoque, cuya apuesta pretende distanciarse de una perspectiva que asume la realidad como externa al sujeto y que intenta ser conocida mediante las representaciones mentales (Varela *et al.*, 1992), se formula una cognición como acción corporizada. Esta apuesta es recogida en el enfoque experiencialista de la cognición que proponen Lakoff y Johnson, el cual se basa en que las estructuras conceptuales emergen de la experiencias corporal y social, junto con la capacidad innata para generar proyecciones imaginativas que dan origen a conceptos abstractos (Varela *et al.*, 1992). Se propone así el conocimiento como un elemento que se halla en la interfaz de mente, sociedad y cultura, dándole al conocimiento un estatus más situacional que preexistente (Varela *et al.*, 1992).

Como complemento a esta primera clasificación, Medina (2008) propone una distinción por los cuatro principales modelos que han surgido dentro de las ciencias cognitivas, donde los dos primeros coinciden con los propuestos por Varela (1990) y Varela y colegas (1992) –el modelo simbólico clásico, basado en las representaciones mentales, y el modelo conexionista o de procesamiento distribuido en paralelo–, pero ofrece una interpretación complementaria a lo que se consideraría la propuesta enactiva o realismo incorporado, aduciendo que:

> El lugar exacto de la experiencia, del significado y del pensamiento, es una serie continua de interacciones entre el organismo y el medio ambiente, que da como

> resultado nuestra comprensión del mundo. De acuerdo con esa concepción, no existe una separación entre la mente y el cuerpo, y siempre estamos "en contacto" con el mundo que nos rodea, mediante nuestros actos incorporados y experiencias. (Medina, 2008, p. 194).

La anterior afirmación comienza a proponer una relación bidireccional entre cognición y experiencia, que considerarán con mayor profundidad los representantes del cuarto modelo que propone Medina (2008) y que se denomina de la *cognición incorporada*. Al respecto, se menciona el cuerpo como una entidad con un papel central para la formación de la mente, ya que el primero demanda la existencia de la segunda para poder funcionar. Es en esta perspectiva donde el papel del cerebro cobra mayor relevancia, ya que, como menciona Thagard (2008), los aportes de la neuroimagen en la década de los 90 hicieron surgir un interés por la relación mente-cerebro, siendo este último la entidad biológica donde se asentarían las funciones cognitivas. Además, Medina (2008) complementa diciendo que para entender el funcionamiento de la mente es necesario tomarla en relación con un cuerpo físico y un contexto o mundo con el que interactúa.

Lo ya mencionado permitiría el surgimiento de nuevos modelos que combinan las explicaciones de los modelos cognitivos con el funcionamiento fisiológico del cerebro, creando así nuevos modelos explicativos que integran los modelos computacionales con estructuras, regiones y hormonas presentes en el cerebro (Thagard, 2008). Por otro lado, Thagard (2008) resalta el hecho de que dentro de las ciencias cognitivas los conceptos de cultura, sociedad y grupos han sido relegados como interés de estudio; sin embargo, nuevas apuestas, como la epistemología social, la cognición distribuida y los sistemas multiagentes, pretenden aportar una mirada más completa de cómo opera el pensamiento humano, a partir de una ampliación del MCRM. Es así como surge entre estos el concepto de la cognición social, que lo rescata Thagard (2008) desde un interés por conocer cómo las personas entienden y se mueven en su mundo social, a partir de los procesamientos de razonamiento e inferencia de los estados cognitivos de otros. Esta idea se ampliará adelante en la historia por otros teóricos y desde otras disciplinas que se enmarcan bajo el rótulo de las neurociencias.

NEUROCIENCIA COGNITIVA: EL ESTUDIO DEL CEREBRO

Para entender cómo surge el estudio de la mente y la cognición desde el estudio del cerebro, es necesario ver cómo se comienzan a integrar dichos intereses investigativos, donde Zapata (2009), desde la psicología, menciona la relevancia de un acercamiento hacia la biología con el fin de integrar los saberes de ambas. Menciona que este acercamiento le puede proveer a la psicología, y a su estudio de la mente, un carácter de ciencia natural al facilitarle una base material para su estudio, la cual sería el cerebro. De igual forma, este acercamiento a la biología plantea una posición en la que el estudio de la mente debe tomar más en serio el componente evolutivo que traería consigo el considerar su base material y orgánica, ya que "si nos interesa conocer el cerebro, tenemos que remitirnos a la evolución, porque este órgano, materia que se piensa a sí misma, se ha formado, estructurado y cambiado por selección natural en el largo proceso evolutivo" (Zapata, 2009, p. 108).

Este enlace con las *teorías evolucionistas* posibilita tanto una materialidad del objeto de estudio al abordar temáticas de interés como la cognición, afectividad, emoción, subjetividad y conciencia, entre otros, como también toma en cuenta las evidencias paleoantropológicas de la evolución, donde se demuestra la correlación entre tamaño del encéfalo y los cambios en el cuerpo y contexto de los organismos –tamaño de grupos sociales, cambio de dieta, producción de herramientas y mayor complejidad cognitiva– (Zapata, 2009). Así, las consideraciones evolucionistas irían de la mano de la postura enactiva de las ciencias cognitivas, que propone una visión de la mente como una función que emerge de la interacción de un organismo, un sistema cognitivo y un contexto (Medina, 2008; Varela *et al.*, 1992), ya que, tal y como se pregunta Zapata (2009), "¿cómo habría podido sobrevivir el hombre sin la cognición?" (p. 108). Lo anterior permite asumir la cognición humana como un mecanismo emergente de la interacción de hombre con su entorno, que, gracias a un proceso de selección natural, se pudo ir consolidando con el paso del tiempo como función adaptativa que cumplía un papel central en la supervivencia de la especie.

Sin embargo, en los orígenes de la neurociencia, tal y como lo exponen Redolar (2014) y Gazzaniga, Ivry y Mangun (2014), no había una comprensión del cerebro desde los modelos cognitivos, sino desde modelos médicos-diagnósticos, donde las alteraciones en el comportamiento eran interpretadas como síntomas de algún tipo de daño orgánico. Esta comprensión desde la patología relegaba el papel de lo cognitivo a un segundo plano, situación que cambió en cierta medida con los aportes de la frenología, comenzando el siglo XIX, y las regiones del lenguaje establecidas por los hallazgos de Paul Broca y Carl Wernicke a mediados del siglo XIX (Gazzaniga *et al.*, 2014; Redolar, 2014). Aunque la primera perspectiva está totalmente rebatida por su validez, significó un paso hacia la consideración de un estudio sistemático que consideraba las funciones cognitivas y el comportamiento con relación al cerebro; mientras que los segundos aportes, aun cuando mantienen su perspectiva médica, consideraron la relación de la estructura cerebral con la función de la producción y comprensión del lenguaje desde análisis *post mortem* de pacientes con daños en esas regiones (Gazzaniga *et al.*, 2014; Redolar, 2014). Ambas perspectivas comenzaban a dar cuenta de las bases orgánicas y su funcionamiento, principalmente del cerebro, que explicarían diferentes formas de comportamiento, tanto humano como animal.

Posteriormente, a finales del s. XIX y comienzos del s. XX, con los aportes desde el descubrimiento de las neuronas y la química del cerebro, por parte de personajes como Santiago Ramón y Cajal, Jan Purkinje y Camilo Golgi, surge la *doctrina de la neurona* al considerarla como la unidad mínima para el estudio de las funciones nerviosas y la actividad cerebral (Gazzaniga *et al.*, 2014). De igual forma, subsecuentes descubrimientos, como el de la importancia de la conexión sináptica por parte de Charles Sherrington, y algunas de las funciones de los neurotransmisores descritas por Henry Dale y Otto Loewi, fueron integrándose en el panorama de la comprensión del funcionamiento del cerebro (Redolar, 2014). Sin embargo, no fue sino hasta la década de los 50 cuando, desde la psicología y las ciencias cognitivas, la crítica de George Miller al conductismo como única forma de estudiar el comportamiento humano inicia nuevas comprensiones de la conducta humana que intentarán congeniar los modelos cognitivos con los conocimientos sobre el cerebro (Gazzaniga *et al.*, 2014).

De esta forma, Redolar (2014) propone que los inicios de la neurociencia cognitiva se basan en el encuentro entre las disciplinas de la neurociencia y la psicología cognitiva, siendo en principio dos cuerpos de conocimiento con desarrollos teóricos y metodológicos totalmente independientes, pero cuya madurez epistemológica permitió su encuentro. Parte de lo que contribuyó a crear estos puentes fueron los desarrollos tecnológicos de la neuroimagen y los registros electrofisiológicos, herramientas que, junto con un detallado y riguroso análisis en diferentes niveles de complejidad (molecular, celular, sistemas, redes neurales o conductuales), permiten crear nuevas comprensiones sobre el ser humano (Redolar, 2014). Es así como, recurriendo a la definición de Cacioppo y Decety (2011), se puede comprender a la neurociencia cognitiva actual como un campo interdisciplinar que, debido a la complejidad de su objeto de estudio, se basa en aportes de la psicología, ciencias cognitivas, biología y medicina, entre otras, para comprender la estructura y el funcionamiento del sistema nervioso central y el periférico; valiéndose al mismo tiempo de estudios desde diferentes perspectivas, tales como modelos animales, casos clínicos e investigaciones con sujetos sanos, para así dar cuenta en mayor medida de los alcances del terreno.

Surge entonces el interés por definir la apuesta de las neurociencias cognitivas respecto al entendimiento y estudio de la cognición humana. De esta manera, Redolar (2014) hace hincapié en que el cerebro es el centro de toda la experiencia subjetiva humana, gracias a la cual se experimenta desde las emociones y sentimientos hasta el aprendizaje y los conocimientos. Para tal fin, se han hecho innumerables estudios que pretenden establecer una relación entre estructuras cerebrales y funciones cognitivas, intentando establecer una relación cerebro-cognición a partir de evidencias que han correlacionado la actividad de determinadas regiones cerebrales o procesos fisiológicos, con el despliegue de funciones cognitivas específicas (Baars y Gage, 2013). Sin embargo, hay que tener en cuenta que estas regiones demarcadas no son totalmente exactas, sino que tienen un componente más bien difuso y que, gracias a las nuevas investigaciones que van surgiendo, sus fronteras se pueden ir modificando.

Considerando esta salvedad de que el conocimiento científico no es estático, sino que se transforma, Baars y Gage (2013) proponen una serie de debates actuales que implican los estudios sobre el encéfalo, donde aparecen diversas tendencias y posiciones, a menudo totalmente opuestas. Introducen así la ya mencionada tensión *mente-cerebro*, donde el centro de la discusión gira en torno a la capacidad de explicar los estados conscientes desde la actividad neuronal. Otro debate implica la *relación causal entre biología y mente*, donde, considerando la base evolutiva del ser humano, se plantea que su procedencia de especies mamíferas determina en amplia medida su comportamiento. Igualmente relevantes son las explicaciones que proponen una actividad cerebral localizacionista, en oposición a actividades más globales o distribuidas, en las cuales se plantea que regiones puntuales se encargan de procesos cognitivos muy específicos, mientras que otros argumentan a favor de una cognición emergente de la interacción de diferentes áreas o circuitos. Un cuarto debate está vinculado con el interés de determinar en qué consiste la *experiencia consciente* de los individuos y las maneras técnicas como se puede establecer este estado, lo que implica determinar si los autorreportes, entre otros métodos, son fiables para dar cuenta del fenómeno. Por último, Baars y Gage (2013) mencionan la *condición de ciencia* como la producción constante de nuevos conocimientos, que a su vez tanto amplía los debates ya existentes como también propone nuevas tensiones, tales como lo genético y lo ambiental, o la base biológica de las emociones, entre otros.

Dentro de este panorama, se puede asumir, a grandes rasgos, que el cerebro es una estructura la cual ha desarrollado la capacidad de producir una serie de procesos cognitivos que dan como resultado conductas que pretenden ser adaptativas para el organismo, permitiéndole responder de mejor forma a su medio. Es así como algunos autores han comenzado a hablar de una arquitectura cognitiva en el cerebro, por ejemplo, Ruiz y Fernández (2011), quienes proponen que es un conjunto de componentes de un sistema que permite brindar un marco conceptual que explique los procesos cognitivos, junto con sus divisiones modulares y la relación entre ellos. Este conocimiento aporta a la comprensión del funcionamiento del sistema a la hora de abordar un evento o un problema para el sujeto, y es bajo esta idea, inicialmente propuesta por Newell y Simon, que surge el modelo ACT-R, recuperado por Ruiz y Fernández (2011), que se caracteriza por plantear una relación entre la arquitectura cognitiva y la neuroanatomía funcional.

Desde el modelo ACT-R se propone la mente como una serie de programas que ejecutan y analizan representaciones mentales, de carácter simbólico y presimbólico, estableciendo una relación modular, que puede ser tanto en paralelo como serial, que se encargan de procesar diferente información desde niveles muy básicos (ej.: percepción de estímulos) hasta instancias más complejas (ej.: abstracciones). De ahí parten algunos módulos específicos que se correlacionan con estructuras y regiones corticales concretas, tales como los ganglios basales y sus conexiones, los cuales se encargan del reconocimiento de patrones; las cortezas prefrontales dorso y ventrolaterales que se encargan de la fijación de metas y la evocación de información, respectivamente; o las vías ventral y dorsal en la percepción visual, entre otras estructuras y funciones (Ruiz y Fernández, 2011).

A esto se le adicionan las propuestas que unen lo genético y la herencia con la organización cognitiva de las personas, como la que plantean Hermo, Giráldez y Saura (2014), quienes pretenden establecer una base genética de heredabilidad de funciones cognitivas, partiendo desde el supuesto de que la cognición humana se forma de manera jerárquica desde módulos de análisis de información específicos, hasta procesos complejos, y donde dichos módulos tienen sus respectivos correlatos neuronales. Estos autores sugieren que hay cierta correlación en el desarrollo ontogenético del cerebro y la complejidad de las funciones ejecutivas en la que las estructuras participan, y encuentran cierto patrón donde, mientras más complejas sean las funciones cognitivas, estas serán procesadas en partes más anteriores del encéfalo, manteniendo así la relación jerárquica cognitiva incluso a nivel estructural. Además de estos planteamientos, hallaron en su revisión teórica que sí existía cierta correlación entre la heredabilidad genética y las funciones cognitivas más complejas de los humanos, como el nivel de inteligencia general, habilidades verbales, velocidad de procesamiento, memoria de trabajo y memoria, entre otras, y postularon que habría una organización jerárquica en la arquitectura genética de la cognición humana (Hermo *et al.*, 2014).

Otro elemento que se rescata de la propuesta de Hermo *et al.* (2014) es que dejan abierta la discusión sobre la interacción entre el control genético y las influencias ambientales, donde los viejos debates sobre cuál de los componentes era más relevante, si lo genético o lo ambiental, pierden su utilidad explicativa. Sin embargo, aun cuando surjan propuestas como el modelo del ACT-R y el de la relación entre el componente genético y las funciones cognitivas, que proponen miradas integradoras entre la diada naturaleza-ambiente, estas no llegan a ser suficientes para explicar la relación de los componentes biológicos que entran en juego en el proceso de emergencia de la cognición humana, sobre todo cuando se trata de interacciones sociales. Esta afirmación se basa en que las posturas mantienen una fuerte base teórica cognitivista, con una marcada influencia de los modelos de procesamiento de la información, donde prima una visión desde el individuo para intentar comprender la interacción entre el funcionamiento cognitivo y el funcionamiento biológico y genético.

Es así como, dentro del panorama de la neurociencia cognitiva, lo cognitivo es entendido como *el conjunto de las funciones que realiza el encéfalo, y en las cuales participan diferentes estructuras, circuitos y neuromoduladores según el tipo de proceso específico que se lleve a cabo*. Dentro de estas funciones se han incluido, en términos generales, la percepción, atención, memoria, aprendizaje, emoción, lenguaje y pensamiento, conceptualizados y desarrollados por varios autores (Baars y Gage, 2013; Gazzaniga *et al.*, 2014; Redolar, 2014). No obstante, los mismos autores reportan que en años recientes ha surgido un nuevo tema de interés que se deslinda de otras funciones cognitivas que pueden llegar a ser afines, y emerge con el nombre de *cognición social*.

El interés surge a partir de las condiciones especiales que implica la vida en sociedad, la cual se caracteriza por su complejidad y los diferentes tipos de demandas que este entorno exige; ello requiere de la movilización de recursos en aras de generar consensos, apoyo, protección o incluso comprensión de los eventos sociales en los que se vea implicado el individuo (Redolar, 2014). Este comportamiento social exige entonces el despliegue de una serie de procesos cognitivos, tanto para la comprensión del entorno social como para formar una noción de sí mismo o del *self*. En esos procesos, aun cuando tengan de base otro tipo de funciones o se puedan interpretar como funciones cognitivas "tradicionales" (ej.: memoria o lenguaje), su componente social modifica la forma en que son procesados e interpretados los estímulos. Por lo anterior, este concepto comenzará a ser dotado de una importante carga como puente que vincula diferentes saberes disciplinares y aportará al origen de nuevos campos, idea que se desarrollará adelante en este capítulo.

Volviendo a la condición social de estas funciones cognitivas, Redolar (2014) explica que se da un despliegue conjunto de otras funciones, ya que, a juicio del autor, "al inferir acerca del contenido mental de otra persona [deberán] reclutarse regiones cerebrales implicadas generalmente en procesos de inferencia y razonamiento de objetos no sociales" (p. 696). Esto da cuenta de que la información obtenida en un contexto social implica la movilización de diferentes recursos y estrategias que, aun cuando ya se han estudiado y teorizado de manera independiente, se presentan de manera coordinada en tareas de interacción social.

Bajo este interés investigativo aparece la *neurociencia social cognitiva* como campo interesado en las funciones cerebrales que soportan y determinan la conducta social de los individuos (Baars y Gage, 2013; Gazzaniga *et al.*, 2014). A lo anterior se le adiciona la delimitación propuesta por Grande-García (2009), en la que menciona que el interés se restringe a los mecanismos neurobiológicos de los procesos cognitivos superiores, como la teoría de la mente, empatía, autoconciencia, razonamiento moral e intencionalidad, los cuales en general se caracterizan por estar bajo el control cortical, no son modulados por hormonas, se alteran por trastornos psicológicos o lesiones focales y se dan casi exclusivamente en primates humanos y no humanos.

De esta manera, y retomando la idea de la modularidad, el procesamiento de información es uno de los intereses del campo, dirigiendo los estudios por lo cognitivo en esta misma lógica de comprensión modular, en la cual elementos como regiones y estructuras cerebrales y sus relaciones interdependientes son fundamentales. No obstante, aunque el ejercicio de determinar áreas de la corteza que hacen parte de los diferentes procesos de la cognición social es un elemento relevante dentro del amplio proyecto de conocer el funcionamiento del cerebro, al intentar explicar la cognición social a partir solo de este tipo de evidencia, resulta ser muy limitado respecto a las bases biológicas que intervienen en las interacciones sociales. Es así como surgen nuevos campos que intentan ampliar la comprensión de las neurociencias, la cognición y los procesos de socialización entre individuos de una misma especie, yendo más allá de la corteza cerebral, para involucrar comprensiones desde la teoría de la evolución, epigenética, neurotransmisores, sistema neuroendocrino, estructuras subcorticales y estudios comparados, campo que recibirá el nombre de *neurociencia social*.

NEUROCIENCIA SOCIAL: EL ESTUDIO DEL CEREBRO SOCIAL EN INTERACCIÓN

Antes de abordar directamente este nuevo campo, vale la pena resaltar la idea de base que sostiene esta nueva empresa. Para ello, Cacioppo y Berntson (2002) resaltan la vida social como un elemento inherente al ser humano, donde en definitiva nuestra especie se podría considerar como un animal que solo puede existir dentro de una red de relaciones. Esta importancia de la vida social radica en la complejidad de la misma, siendo el humano el único ser con instituciones sociales, culturales, adaptaciones del medio ambiente (también con impactos de este sobre los genes) y modificaciones tecnológicas del entorno, con tal nivel de desarrollo que no es equiparable con ninguna otra especie (Cacioppo y Decety, 2011).

Este marco en el cual se desarrollan los sujetos es entonces un elemento de vital importancia para su consolidación como individuo dentro de una sociedad, ya que este medio, con sus amplias y complejas demandas, le permitirá y obligará a generar estrategias que le posibiliten sobrevivir en dicho entorno. Sin embargo, con el fin de simplificar el estudio sistemático de lo humano, se han analizado de forma independiente los elementos biológicos de los sociales, sin considerar el hecho de que el cerebro humano y su biología han evolucionado de manera conjunta y en paralelo a los cambios socioculturales (Cacioppo y Berntson, 2002). Es así como los aportes de autores como Tomasello (2007) cobran relevancia para comprender la vinculación que se establece entre lo sociocultural y la estructuración del ser humano desde sus capacidades cognitivas.

Tomasello (2007) menciona la importancia de la cultura, como marco social en el que se nace inmerso y que comienza a ser apropiado por parte de las crías humanas poco a poco gracias al contacto con otros seres humanos mayores que les transmiten los símbolos y herramientas culturales, al ser estos últimos representantes de su cultura. Este proceso de enseñanza y aprendizaje se lleva a cabo gracias al fenómeno de la *transmisión cultural*, el cual ayuda a fijar algunos preceptos o conocimientos mínimos de lo que la especie o grupo han creado y aprendido hasta ahora (*efecto trinquete*), como también permite que las personas tengan un margen de creatividad, generando creaciones novedosas a partir de lo ya conocido. Según el autor, ese proceso de estar inmerso en un medio y en contacto con algunos de sus miembros le permitirá al niño ir interiorizando ciertos conocimientos que le ayudarán a estructurar sus funciones cognitivas. Así mismo, Tomasello (2007) menciona que el fenómeno en el que lo cultural moldea lo cognitivo no solo se da en el ámbito ontogenético, sino también en el filogenético (de la especie) e histórico (de un periodo de tiempo sustancial en el que se han presentado cambios significativos).

La anterior idea es soportada más recientemente por Rule, Freeman y Ambady (2013), quienes plantean que lo cultural influye en los mecanismos neuronales, principalmente en el *comportamiento cotidiano*, la *percepción* y el *procesamiento cognitivo*. Para dar cuenta de esto, los autores recopilan una serie de investigaciones que dan cuenta de esta influencia en los niveles conductual, perceptual y cognitivo. Para el primer caso, *comportamiento cotidiano*, se mencionan los procesos de selección de cierto tipo de comportamientos deseables en culturas específicas y esto a su vez se refleja en una activación neuronal diferenciada (Freeman, Rule, Adams y Ambady, 2009, citado en Rule *et al.*, 2013).

Respecto a lo *perceptual*, Rule *et al.* (2013) afirman que lo cultural también moldea la forma de interpretar el mundo. Los autores reportan artículos que mencionan que los orientales tienden a hacer un análisis más holístico de la situación observada, integrando actores y contexto, mientras que los occidentales hacen una fragmentación entre esos dos componentes (Gutchess, Hedden, Ketay, Aron y Gabrieli, 2010; Kitayama, Duffy, Kawamura y Larsen, 2003, citado por Rule *et al.*, 2013). De igual forma, a la hora de reconocer emociones en rostros, el desempeño es mejor si las personas hacen parte del mismo grupo cultural (Elfenbein y Ambady, 2002, citado por Rule *et al.*, 2013).

Finalmente, respecto a la *cognición*, Rule *et al.* (2013) recogen los aportes de la neurociencia cognitiva y la psicología cultural para dar cuenta de cómo lo cultural influye en el pensamiento. En el ejemplo del lenguaje, los hablantes del mandarín describen el tiempo en una forma vertical, mientras que los angloparlantes lo hacen desde una noción horizontal (Boroditsky, 2001, citado por Rule *et al.*, 2013). En la memoria, orientales y occidentales varían en el grado en que codifican los objetos a nivel neuronal; para los primeros depende más de las claves contextuales (Park y Gutchess, 2006, citado por Rule *et al.*, 2013). Por último, para el caso de la representación del sí mismo, en personas de culturas colectivistas se da una activación similar al hablar de sí mismo o de un familiar cercano, donde los autores afirman que el *self* está interrelacionado con los otros (Markus y Kitayama, 1991; Zhu, Zhang, Fan y Han, 2007, citado por Rule *et al.*, 2013).

Los anteriores hallazgos, a pesar de que son muy recientes, no hacen sino ratificar la postura ya defendida por Cacioppo y Berntson en 1992, quienes plantearon la necesidad de estudiar la vinculación que se establecía entre el cerebro y el entorno social en el que se desenvuelve. Suena entonces coherente que se plantee un nuevo campo a partir de la década de los 90, cuyo propósito será vincular los conocimientos de la neurociencia, la psicología social, las ciencias cognitivas y las ciencias sociales, denominado *neurociencia social* (Cacioppo y Berntson, 1992; Cacioppo y Berntson, 2002; Grande-García, 2009). De esta manera se puede entender, en términos generales, como un campo interdisciplinar interesado en los procesos neurobiológicos que les permiten a los sujetos interactuar con su entorno social (Grande-García, 2009).

A esta manera de entenderla se le pueden sumar las apreciaciones de Cacioppo y Decety (2011), quienes puntualizan en el *interés del campo por los mecanismos neuronales, hormonales, celulares y genéticos que funcionan como base de las conductas sociales*, esto con el fin de entender la relación e influencia entre los niveles biológicos y sociales para aportar nuevas comprensiones del individuo. Para tal cometido, Grande-García (2009) resalta la importancia de emplear diferentes técnicas y metodologías de estudio que permitan *estudiar fenómenos desde niveles micro*, como los genes, hormonas y neuronas, *hasta niveles macro*, como la conducta social; dentro de los cuales se pueden listar las técnicas de neuroimagen, técnicas neuroquímicas, mediciones neuroinmunológicas y test neuropsicológicos, junto con aportes investigativos de las ciencias sociales, psicología social, economía y ciencia política.

Sin embargo, aun cuando las definiciones acotan en cierta medida los alcances del campo, surgen otras apuestas que se solapan, y vale la pena establecer diferencias con ellas. Este es el caso de la neurociencia social cognitiva, área independiente de la neurociencia social que ya se había mencionado brevemente arriba, pero cuyos intereses investigativos suelen confundirse; es por ello que Emery y Easton (2005, citado en Grande-García, 2009) propone una distinción entre ambas, donde:

> La *neurociencia cognitiva social* se restringe al estudio de los mecanismos neurobiológicos de los procesos superiores (p. ej., teoría de la mente, empatía, autoconciencia, razonamiento moral, intencionalidad e imitación) que intervienen en la cognición social. Estos procesos superiores (1) están controlados principalmente por las áreas corticales de asociación como la corteza prefrontal, (2) no están bajo la influencia hormonal, (3) se pueden alterar por desórdenes psicopatológicos o lesiones cerebrales focales y (4) se encuentran sobre todo (aunque no exclusivamente) en el humano y en los primates no humanos. En cambio, la *neurociencia social* se encarga del estudio neurobiológico de la conducta social desde una perspectiva comparada y estudia los sistemas motivacionales

> (agresión, conducta paterna y sexual, y juego) controlados por la interacción de sistemas neuronales y endocrinos (amígdala, hipotálamo, tallo cerebral, ganglios basales) y que se presentan en la mayoría de los vertebrados, desde los anfibios y reptiles hasta los mamíferos [cursivas añadidas] (Grande-García, 2009, p. 2).

Esta distinción se relaciona a la perfección con la última característica del campo, la necesidad de un *análisis integrativo multinivel*, la cual ya había sido planteada por Cacioppo y Berntson en 1992, y vuelta a resaltar por Cacioppo y Decety en el 2011. Ella se podría considerar como uno de los pilares de la propuesta interdisciplinar de la neurociencia social. La anterior afirmación se basa en una idea que resulta transversal a todas las definiciones ya aportadas; esta generalidad es la necesidad, y requisito, de establecer nuevas comprensiones del ser humano a partir de la conexión de elementos disímiles, donde se pueden encontrar diferentes niveles de análisis, disciplinas, metodologías y aportes teóricos. Cada uno de ellos, por sí solo, aporta solo una parte del panorama desde sus áreas de desempeño, pero al integrar sus descubrimientos se podrán comprender los fenómenos de forma más holística y amplia. Se hace necesario entonces romper las fronteras disciplinares para unir los diferentes conocimientos en pro de responder a la pregunta de la relación entre lo biológico y lo social, la cual desborda cualquier empresa investigativa desde una sola área de conocimiento.

Es igualmente indispensable considerar que esta unión y acumulación de conocimientos se deberá ir ligando de manera paulatina entre un nivel y el otro, ya que es de vital importancia que las conexiones explicativas que se establezcan se hagan con sumo cuidado, a fin de ir uniendo los conocimientos y hallazgos con total mesura, sin dar saltos explicativos tan abruptos entre expresiones genéticas y conductas sociales, o sin antes haber establecido las apropiadas relaciones en niveles celulares, hormonales, neuronales, estructurales y funcionales, por mencionar algunos. De esta manera, el hecho de comprender un simple fenómeno implicará abordarlo por separado y por diferentes flancos, desde niveles micro hasta niveles macro, donde los estudios se podrán hacer por parte de diferentes profesionales en áreas de conocimiento disímiles, pero donde sus descubrimientos se irán acercando poco a poco para dar cuenta de todos los elementos involucrados en el proceso.

Siendo así, se rescatan las consideraciones de Cacioppo y Berntson (1992) a la hora de estudiar los complejos problemas de la unión entre lo biológico y lo social, donde en primera instancia la comprensión de los hechos no puede ser entendida desde una simple extrapolación de las propiedades elementales que la componen, sino desde el abordaje de diferentes componentes que proveen de una mirada complementaria de los hechos. Un segundo elemento que se liga al anterior es que, al integrar diferentes niveles de análisis o de organización, se puede establecer cómo cada uno constituye una representación particular de la condición humana que se desea explorar, estableciendo en su unión una comprensión más profunda del fenómeno estudiado. Finalmente, recurriendo a Fodor y McLaughlin (1990, citado en Cacioppo y Berntson, 1992), se resalta que la precisión en la comprensión de los hechos va en la capacidad que se tenga de comprenderlos a partir de establecer generalizaciones tanto desde elementos molares hasta microelementos.

Desde estas acotaciones, Cacioppo y Berntson (1992) proponen la *doctrina del análisis multinivel*, la cual postula que el microanálisis de los fenómenos psicológicos puede ser muy efectivo siempre y cuando se dé en conjunción con análisis molares. Esta doctrina se compone de cuatro principios: (1) determinismo múltiple (el evento de interés tiene múltiples antecedentes en los diferentes niveles del organismo), (2) corolario de proximidad (el panorama de elementos involucrados en un fenómeno se va ampliando conforme se incremente el nivel de organización), (3) determinismo no aditivo (las propiedades de todo el conjunto, a menudo, no se pueden predecir a partir de las características de las partes, y menos cuando lo que se ha hecho son estudios que documentan cada uno de los niveles), y (4) el determinismo recíproco (pueden existir influencias mutuas entre los elementos de un micro y macronivel, a la hora de determinar el procesamiento cerebral y conductual). Lo relevante será entonces que cada uno de los niveles en los que se investigue irá creando microteorías que proporcionan una forma de comprender el fenómeno desde una parte que lo compone, ya que cada uno de ellos da forma a los fenómenos en cierta medida (Cacioppo y Berntson, 1992).

Estos principios, que tienen su base en los hallazgos de la psicología social, aportan en gran medida para comprender y analizar hechos complejos, multideterminados, donde los aportes de la neurociencia pueden ampliar el espectro de análisis al tomar en cuenta los factores y procesos sociales (Cacioppo y Berntson, 1992). Ya que, como resaltan Cacioppo, Berntson,

Sheridan y McClintock (2002), lo social y lo cultural no solo están afectando la conducta del individuo, sino que también influyen y modifican los procesos biológicos subyacentes. Al respecto de esta postura, Cacioppo y Berntson (1992) comentan que rompe con las limitaciones analíticas del reduccionismo, dado que este último restringe la comprensión a eventos puntuales y, aunque ha permitido a lo largo de la historia responder a múltiples problemas e interrogantes, puede resultar contraproducente presumir que una postura así va a transformar fenómenos abstractos de las ciencias psicológicas en objetos de estudio de las ciencias "reales" o "fuertes" bajo las perspectivas de conocimiento científico que se tienen en este nuevo milenio.

Lo anterior para resaltar que el campo de la neurociencia social intenta integrar conocimientos producidos desde diferentes disciplinas que se han concentrado en objetos de estudios puntuales, pero que en ningún punto niegan los aportes de ellas ni abogan por su fin, sino, por el contrario, hacen un llamado a la integración. De esta forma, Norman, Hawkley, Cole, Berntson y Cacioppo (2012) recogen los principales niveles y temáticas que se encuentran vinculados recíprocamente, dibujando una propuesta del panorama de conocimientos que deben estar cobijados y cooperando al hacer un trabajo desde la neurociencia social (figura 11).

FIGURA 11.
ESPACIO DE CAUSALIDADES RECÍPROCAS ENTRE LOS NIVELES DE ANÁLISIS, JUNTO CON ALGUNOS EJEMPLOS

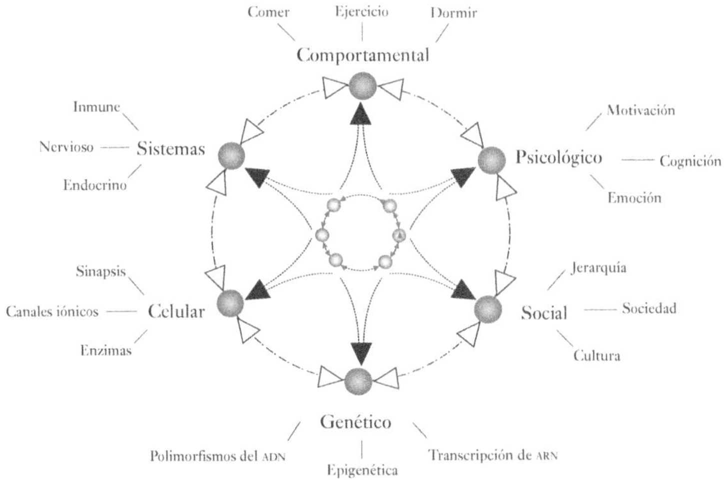

Referencia: tomada y adaptada de Norman *et al.*, 2012.

Para ejemplificar esta relación que se establece entre lo biológico y lo social en diferentes vías y niveles, Cacioppo *et al.* (2002) evidenciaron, ya hace un tiempo, la relación entre factores sociales y variaciones en la expresión genética, actividad inmunológica y funcionamiento cardiovascular, y encontraron diversas relaciones entre factores y sistemas, tanto en modelos animales como en humanos. La necesidad de este tipo de estudios radica en el interés por conocer las dinámicas entre procesos biológicos, cognitivos e interaccionales (Dunbar, 2014), ya que los mecanismos que soportan lo cognitivo y lo conductual no pueden ser explicables por una sola aproximación, biologicista o social, sino que se requiere de ambas (Cacioppo *et al.*, 2002).

Se podría concluir que esta nueva empresa de la neurociencia social pretende brindar comprensiones más holísticas de fenómenos problemáticos o de interés investigativo en los que la frontera de lo social y lo biológico se comienza a difuminar, y donde se ve cómo lo cognitivo y lo mental han ido evolucionando en su interpretación y su estudio a partir de varias disciplinas o campos de trabajo. Esto se sustenta en las múltiples relaciones de los niveles de análisis que existen, donde paulatinamente se han ido vinculando más y más componentes, y se ha llegado a recurrir a formas de explicación que van más allá de una relación lineal. Un ejemplo de esta postura se puede ver reflejado en investigaciones más recientes, en las cuales surgen nuevas aproximaciones sobre fenómenos puntuales desde diferentes niveles de análisis, desde lo genético hasta lo conductual, pasando incluso por lo sociocultural, y con preguntas desde el desarrollo de los individuos hasta el uso de modelos tanto animales como humanos. Por otra parte, se propone que el cambio de un componente repercute en diferentes niveles de análisis. Sin embargo, se hace un especial llamado de atención para guardar cautela sobre los hallazgos, ya que, aun cuando se intente establecer relaciones de causalidad entre unas y otras dimensiones, puede que sea la combinación simultánea de todas ellas la que dé origen a tipos de respuestas específicas en cada uno de los individuos al interactuar con su entorno social.

COGNICIÓN SOCIAL: ABORDAJES, COMPRENSIONES Y TEMÁTICAS

CARLOS FELIPE BUITRAGO PANADER
JORGE MARTÍNEZ COTRINA

Dentro del panorama de campos que se abordaron en el capítulo anterior aparece, como de vital interés para el presente volumen, el campo de la neurociencia social, cuyos aportes recientes han proporcionado nuevas interpretaciones a fenómenos de la condición humana que se venían estudiando desde tiempo atrás. Dentro de ese campo, este capítulo pretende ahondar más en sus contribuciones investigativas, puntualmente respecto al tema de la cognición social, describiendo una serie de trabajos y hallazgos que se han hecho en los últimos años. Para tal propósito, se consultaron libros clave sobre neurociencia cognitiva y social, junto con una revisión de 24 revistas indexadas y especializadas en temas de neurociencia, varias de ellas de libre acceso.

En cuanto a la búsqueda, se emplearon los criterios de temáticas relacionadas con la cognición social que propone Grande-García (2009) en su revisión teórica de la neurociencia social, junto con otros focos de interés que, según la literatura, también se han encontrado relacionados con la temática principal, a saber: cognición social (*social cognition*), autorregulación (*self-regulation*), reconocimiento facial (*facial recognition*), teoría de la mente (*theory of mind* –ToM–), juicio moral (*moral judgment*), toma de decisiones morales (*moral decision making*), empatía (*empathy*) y altruismo (*altruism*). De esta forma, se presentarán primero algunas generalidades del tema de la cognición social, antes de abordar funciones o componentes más puntuales que van desde los más autorreferenciales hasta otros más complejos que abarcan otras funciones que están de base; para finalmente concluir con un ejemplo conductual específico que ya implica el despliegue de un tipo de comportamiento particular y al cual le subyace toda una serie de procesos cognitivos de orden social. Siendo así, se proponen los siguientes apartados: cognición social, procesos de autoconciencia y autorregulación, reconocimiento facial, teoría de la mente o mentalización, empatía y conductas prosociales (puntualmente el caso del altruismo). Cabe resaltar que los procesos de juicios morales y la toma de decisiones morales se abordarán a profundidad en otro capítulo.

LO COGNITIVO EN LA NEUROCIENCIA SOCIAL

Parte de los focos de interés al estudiar las interacciones entre individuos, desde la neurociencia social, son los procesos cognitivos que sustentan dichos encuentros, los cuales tendrán características distintivas que irán más allá de las funciones tradicionalmente estudiadas por la neurociencia cognitiva (percepción, atención, memoria, lenguaje y pensamiento), ya que, al responder a estímulos y demandas sociales, su conformación y su ejecución serán diferentes.

Con esta base, resulta indispensable mencionar una nueva categoría para la cognición, la cual ya no solo incluirá capacidades del sujeto para responder a estímulos o tareas puntuales (percepción, atención y memoria, entre otras), sino que ahora considera el responder a estímulos y tareas que tienen un componente social explícito que despliega diferentes habilidades a fin de resolver ese tipo de situaciones. Se habla entonces de la *cognición social*, concepto introducido hace ya varias décadas por teóricos de la psicología social que fueron influenciados por la revolución cognitiva de los años 60 y 70 del siglo pasado, tanto desde una fuerte perspectiva del procesamiento de la información como desde un paradigma experimental (Singer, Wolpert y Frith, 2004).

Así, al estudiar la cognición social lo que les interesaba era explicar y dar cuenta de cómo los pensamientos, emociones y conductas de los individuos son influenciados por la presencia real, imaginada o implícita de otros (Allport, 1985, en Singer *et al.*, 2004). De esta manera, en su momento, Singer *et al.* (2004) recogieron una serie de temáticas investigativas comunes en el campo de la cognición social, como la formación y cambio de actitudes, percepción de otros, estereotipos, atribuciones causales, inferencias sociales, autoconocimiento, autoconcepto y la influencia de la motivación. Al respecto se debe precisar que, aunque se conservan en gran medida aquellas temáticas, se han incluido otras o se han planteado nuevos conceptos que engloban los temas ya mencionados.

Referente a estos primeros trabajos, Varela (1990) afirma que la cognición social era entendida desde la lógica del cognitivismo, puntualmente desde el procesamiento de la información en tanto su adquisición, retención y uso (Oliveira, 2013). Esta forma de comprensión teórica permite ciertos modos de abordaje metodológico para su estudio, donde, al asumir que la cognición es una serie de computaciones sucesivas de información, se pueden formular experimentos que fragmenten dichos procesos en cada uno de sus componentes. Ello permite diseñar pruebas que estudien cada uno de los componentes del fenómeno, para luego, a partir de los resultados parciales, explicar la generalidad del proceso. Estas características de los primeros trabajos en cognición social, introducidas por la psicología social (perspectiva de procesamiento de la información y paradigma experimental), se pueden insertar dentro de las diferentes formas de abordaje que hay en la actual neurociencia social.

Esta idea de retomar los trabajos de la psicología social desde la neurociencia social se puede considerar como parte del proceso de integración teórico-metodológico de diferentes disciplinas dentro del nuevo campo de estudio, a saber, un encuentro entre la neurociencia cognitiva y la psicología social (Norman *et al.*, 2012; Grande-García, 2009). Esta integración de saberes, junto con el interés de estudio sobre un tema común, da como resultado nuevos abordajes y desarrollos a los fenómenos específicos que ya se habían estudiado y que fueron mencionados arriba por parte de Singer y colaboradores (2004).

Ejemplo de este ejercicio de integración en torno a la cognición social, desde una perspectiva de procesamiento de la información, se encuentra en el artículo de Canessa *et al.* (2012), quienes compilan las regiones que se activan cuando las personas ejecutan cierto tipo de tareas sociales, asociadas con el despliegue de determinadas funciones cognitivas, las cuales se registraron mediante resonancia magnética funcional (fMRI, por sus siglas en inglés). Allí encuentran que diferentes regiones corticales se activan simultáneamente cuando se ejecutan procesos cognitivos puntuales. Sin embargo, al revisar en detalle los datos, se observa que varias de estas regiones, que habían sido teorizadas para diferentes funciones cognitivas específicas, se activan de manera semejante al ejecutar tareas que aparentemente involucran funciones disímiles.

Este tipo de observaciones es uno de los ejemplos que ha servido como argumento para comenzar a cuestionar la idea de que las funciones de la cognición social no se encuentran focalizadas en un solo punto, sino que implican la activación de toda una red o circuito neuronal. Ello ha generado que surjan y se materialicen nuevas apuestas por entender lo cognitivo, sin que esto implique el total abandono de las perspectivas anteriores, sino que ambas subsisten, conviven y se retroalimentan en medio de unas tensiones constructivas. Al comprender la cognición como un proceso que implica la interacción de múltiples componentes, la visión sobre ella se comienza a complejizar y sus funciones ya no se delimitan por la activación de nodos puntuales, sino por la coordinación de diferentes estructuras, lo que da origen a redes neuronales difusas que originan dichas respuestas (Oliveira, 2013).

Lo anterior llama la atención para abordar desde otro foco algunos trabajos que ya se venían realizando tiempo atrás, de manera simultánea a la perspectiva cognitivista, y que le apuntaban a esta forma diferente de entender lo cognitivo. Uno de estos primeros trabajos, que resultó muy significativo, fue el ya mencionado de Varela (1990), quien afirma que una comprensión más sistémica y enactiva de la cognición es necesaria para dar cuenta del fenómeno en términos de un *continuum*, el cual emerge de la interacción entre unas bases biológicas del organismo y el contexto social en el que habita y se desarrolla (Medina, 2008; Varela *et al.*, 1992; Varela, 1990). Otro autor relevante por su nueva apuesta fue Tomasello (2007), quien ya postulaba la cognición como una habilidad que había surgido de la necesidad de una adaptación a una forma de vida socio-cultural, específica de la especie humana, en la que se nace inmerso y donde a partir de ella se interiorizan símbolos culturales que han surgido por procesos de sociogénesis que, al ser apropiados por el sujeto, le permitirán un mayor grado de abstracción y adaptación que los que pueden tener otras especies o incluso otros primates.

La propuesta de Tomasello (2007) resulta de gran valor en tanto plantea un marco de relación entre el desarrollo filogenético de la especie humana, el desarrollo ontogenético, los procesos de sociogénesis y el aprendizaje cultural, en medio de los cuales surge una nueva forma de cognición enfocada en las demandas sociales. Esto le permite al humano reconocer al otro como un igual y aprender de él, logrando así, en el ámbito individual, formas de comunicación más complejas y precisas, a la vez que nuevas formas de representación del entorno; y, en el plano social, permite crear sistemas de transmisión de conocimiento intergeneracional. Dos temáticas de estudio que se alinean a esta perspectiva son el sistema espejo, descubierto por el grupo de Rizzolatti en los años 80 a partir de un modelo con macacos Rhesus (Marshall y Meltzoff, 2011; Grande-García, 2009) y el estudio de la decodificación de intenciones de otros (Coudé *et al.*, 2016).

El sistema espejo se estableció a partir de determinar que hay dos tipos de neuronas visomotoras en la región premotora, donde un subtipo se activaba cuando un primate observaba que otro macaco realizaba una acción, determinando que su actividad solo se da ante la percepción visual de un tipo de estímulo específico (acciones ejecutadas por otros). Estos descubrimientos se estudiaron luego en modelos humanos en quienes se encontró que había una respuesta en las áreas premotoras, corteza parietal posterior y área de Broca, especialmente en esta última (Marshall y Meltzoff, 2011; Grande-García, 2009). Ello dio lugar para formular hipótesis en que las neuronas espejo participaban en el entendimiento de las acciones de otros, a partir de la creación de esquemas motores propios que permiten comprender acciones de terceros (Coudé *et al.*, 2016; Grande-García, 2009). Esta capacidad es fundamental para decodificar intenciones de otros, establecer relaciones sociales, y es considerada como pilar de desarrollo de otro tipo de capacidades de cognición social, debido a que sus neuronas se ubican en zonas corticales sensitivas (surco temporal superior) que tienen fuertes conexiones con áreas que se han reportado como parte de procesos cognitivos más complejos de orden social (región intraparietal lateral y corteza prefrontal) (Coudé *et al.*, 2016).

Simultáneamente, autores como Bender y Beller (2013) formulan críticas a la validez de los aportes del cognitivismo y proponen una perspectiva más cultural para entender lo cognitivo, dado que el cognitivismo es una postura caduca que se ha mantenido casi inalterada como abordaje teórico y forma de comprensión del fenómeno desde que surgió en la revolución cognitiva. Las ideas de esta pueden ser problemáticas, puesto que las conclusiones sobre la cognición carecen de validez en tanto generan un punto de comparación globalizante a partir de muestras y procedimientos que por excelencia representan la cultura occidental, tomándolos como el referente de "la mente humana". Ello asume a la cognición como algo universal, independiente de la comunidad de la que se haga parte, y por lo tanto habría que estudiar la cognición con otros grupos para entenderla más cabalmente y hacer generalizaciones de ese estilo.

Estos mismos autores plantean contraargumentos a cada uno de los tres principios del cognitivismo, a saber, que la cognición es algo que está en el *interior del sujeto*, que hay una *separación entre la manera de procesar y el contenido* de lo que se procesa y que el *procesamiento es independiente del bagaje cultural* que se tenga (Bender y Beller, 2013). Respecto al primero, afirman que las representaciones simbólicas externas, tales como el sistema de números, son específicos de lo cultural e implican formas diferentes de operar la información. Para el segundo, sustentan que el contenido sí afecta la manera en que este es procesado, al recurrir al ejemplo del razonamiento inductivo en que, dependiendo de los estímulos y la historia personal de cada sujeto, se toma la información como cualitativamente diferente, lo cual posiblemente genera resultados muy diversos. Por último, las prácticas y hábitos culturales afectan el procesamiento, en tanto que las personas no solo razonan, sino que aprenden a razonar; por ejemplo, asumen cierto tipo de información como más relevante que otra a la hora de analizar un hecho concreto (Bender y Beller, 2013). Estos argumentos dan cuenta de que lo cultural no solamente origina y mejora lo cognitivo, sino que es inherente a ello (Bender y Beller, 2013).

Por otra parte, autores como Przyrembel, Smallwood, Pauen y Singer (2012) retoman puntualmente los trabajos en teoría de la mente (ToM por sus siglas en inglés), para cuestionar los paradigmas experimentales clásicos que se emplean para estudiar cómo un individuo "lee la mente" de otro. Aquí hacen la observación de las dificultades que tienen los modelos experimentales para dar cuenta de lo que implica la interacción social, ya que, aun cuando es un fenómeno ampliamente presente en la vida, no se ha podido estudiar directamente debido a las limitaciones instrumentales que se tienen actualmente. Es así como los autores matizan los aportes de las anteriores investigaciones, ya que *sus resultados no dan cuenta del fenómeno de la interacción social de manera directa, sino por la intermediación de constructos epistemológicos, que permiten una comprensión desde paradigmas experimentales* (Przyrembel *et al.*, 2012). Reconociendo la incapacidad de acceder directamente al fenómeno desde las limitantes técnicas y conceptos epistemológicos, plantean la necesidad de formular estudios que empleen escenarios más cercanos a una realidad social concreta, y no solo mediante estímulos que no presentan las mismas exigencias de la vida social (Przyrembel *et al.*, 2012). Sin embargo, ellos no desestiman los aportes de las investigaciones clásicas sobre la cognición social, ya que gracias a ellas se han podido establecer algunos de los componentes neurobiológicos y conductuales que permiten la vida en comunidad, pero hacen el llamado de atención para avanzar hacia nuevos desarrollos.

Con un propósito similar, pero con una propuesta más abarcadora, León y Cárdenas (2016) plantean críticas hacia los supuestos cognitivistas con que se ha estudiado la cognición social, tales como el desconocimiento de la implicación del cuerpo, las dinámicas de afecto, el desarrollo ontogenético y el contexto social, además del procesamiento modular endógeno que ya habían abordado Bender y Beller (2013). En su artículo, exponen diferentes modelos neurocognitivos desde la integración de diferentes redes de funcionamiento, para comprender funciones de la cognición social desde la enacción, análisis ecológicos y sistemas dinámicos. De esta manera, León y Cárdenas (2016) proponen que la cognición actúa bajo la lógica de sistemas dinámicos, donde se integran por diferentes componentes que interactúan entre sí de tal forma que no se puede predecir su comportamiento a partir de la simple adición de las partes, sino que estos emergen de la interacción entre los componentes y se mantienen en orden gracias a mecanismos de autorregulación.

Haciendo un recuento de diferentes sistemas que componen la cognición social, los autores los reformulan a fin de integrarlos en un único modelo que pretende explicar cómo emergen algunas habilidades sociales, que a su vez están vinculadas con elementos socioafectivos del individuo (León y Cárdenas, 2016). Proponen entonces cuatro grandes categorías que agrupan los diferentes sistemas y que se dan a lo largo del tiempo cuando una persona procesa una situación social en la que está inmersa, a saber: *percepción-acción*, *afectivos*, *atribuciones intencionales y mentales*, y *ejecutivos*. Ellas agrupan los sistemas de *mapeo somático* (construcción de imágenes sociales sobre las señales socialmente relevantes), *resonadores sensorio-motores somáticos* (imitación, sintonización y comunicación no verbal), *mapas viscerales* (generadores de respuestas con valor afectivo), *resonadores afectivos* (contagio y acoplamiento emocional), *interés empático*, *discriminación implícita* (autorreconocimiento e identificación de otros), *corporización de intenciones* (simulación de acciones ajenas), *atribución de intenciones previas*, *atribuciones mentales*, *inhibición afectiva* y *control cognitivo* (León y Cárdenas, 2016; véase figura 12).

FIGURA 12.
ACTIVIDAD NEURODINÁMICA DE LOS CIRCUITOS ASOCIADOS A LOS DIFERENTES SISTEMAS DE COGNICIÓN SOCIAL

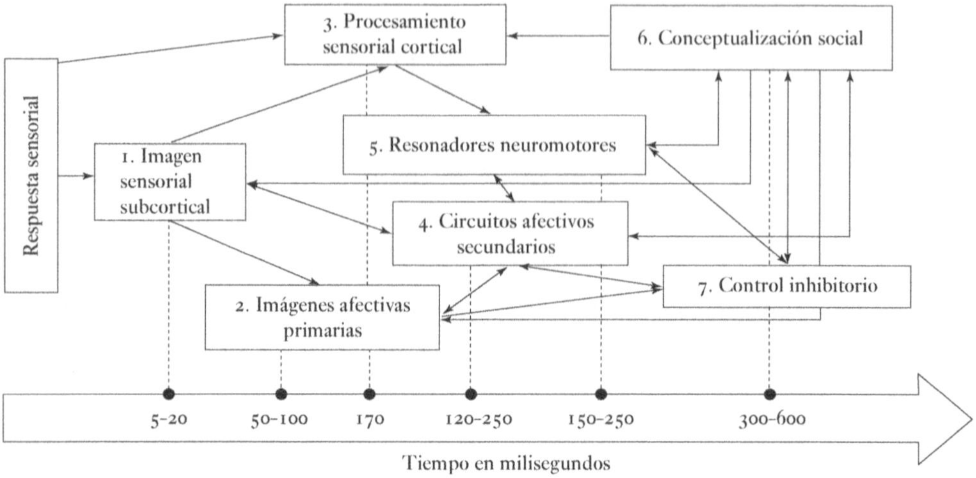

Referencia: León y Cárdenas, 2016.

La anterior propuesta resulta de gran interés para evidenciar algunos esfuerzos teóricos por comprender la cognición social más allá de las propuestas de procesamiento de la información, como lo pueden ser los sistemas dinámicos, la perspectiva enactiva y el análisis ecológico, subsanando algunas dificultades del modelo clásico (León y Cárdenas, 2016). Esto va en línea también con el componente adaptativo y emergentista de la cognición que mencionaba Tomasello (2007), donde daba cuenta del interjuego entre unas bases biológicas y un entorno sociocultural en medio del cual se gesta lo cognitivo, en que las primeras son un marco de posibilidades para que se inserten los elementos culturales con los que convive el individuo. Estos y otros desarrollos teóricos aportan en el entendimiento de la cognición desde otros puntos de vista que ahondan en su visión y abordaje, al igual que en los demás constructos teóricos que se han derivado, ampliando el entendimiento del fenómeno sin desconocer los aportes de los primeros trabajos experimentales.

Como se ha mencionado, esas producciones ulteriores han enriquecido el panorama conceptual, y parte de esto ha sido introduciendo nuevos términos que serán de interés para abordar en el presente capítulo. Ello se hará de manera muy breve, dando una definición de lo que se ha entendido por cada uno, resaltando algunos componentes neurobiológicos e instrumentales y mencionando las poblaciones en las que se ha estudiado.

COGNICIÓN SOCIAL

A partir de todos los elementos anteriores se puede entender la *cognición social*, desde los abordajes de la neurociencia social, como *el conjunto de mecanismos subyacentes, tanto automáticos como voluntarios, presentes en seres que viven en formas complejas de organización social (especialmente humanos y otros primates), que pretenden orientar la conducta del propio individuo hacia un ajuste más adaptativo de las demandas sociales del medio, al ayudarle a reconocer claves contextuales socialmente relevantes y actuar conforme a ellas, y que simultáneamente cuentan con un correlato biológico y situacional. Ello alude tanto al reconocimiento de estados emocionales y motivacionales propios, como también infiriendo estados de los demás individuos con los que se interactúa* (Happé, Cook y Bird, 2017; León y Cárdenas, 2016; Gazzaniga *et al.*, 2014; Redolar, 2014; Baars y Gage, 2013; Frith y Frith, 2012; Grande-García, 2009; Beer y Ochsner, 2006; Singer *et al.*, 2004).

La anterior definición cuenta con varios elementos de interés que vale la pena analizar con detenimiento. Lo primero es hacer referencia a un grupo de procesos presentes en animales sociales, tal como indican Tomasello (2007) y Grande-García (2009), ya que este tipo de ambiente plantea exigencias específicas que promueven la generación de cierto tipo de habilidades, permitiéndoles responder a este tipo de demandas. Dichas habilidades son de carácter cognitivo y su función es permitirle al individuo discriminar los tipos de señales que emiten los otros, a fin de ajustar la propia conducta a ese medio social que se establece (Happé *et al.*, 2017; León y Cárdenas, 2016; Frith y Frith, 2012; Beer y Ochsner, 2006), de manera que se produce una interacción en la que constantemente se regula el comportamiento de cada uno de los implicados.

Otra característica es que estas funciones pueden ejecutarse de manera voluntaria o involuntaria por parte del organismo, en tanto que hay situaciones en las que se demanda que ejecute cierto tipo de tareas, mientras que en otros casos se dan sin mayores esfuerzos en condiciones naturales (León y Cárdenas, 2016; Frith y Frith, 2012; Beer y Ochsner, 2006). Estas funciones tienen un correlato con la activación neuronal de ciertas estructuras

(Gazzaniga *et al.*, 2014; Redolar, 2014; Baars y Gage, 2013), pero para autores como Frith y Frith (2012) implican también las situaciones en la que se despliegan, estableciendo un vínculo entre ambos elementos, medio y organismo, lo que origina una nueva comprensión de las funciones cognitivas.

Dentro de este panorama, autores como Adolphs (2002) y Beer y Ochsner (2006) ya recogieron hace años una serie de estructuras cerebrales que estaban implicadas dentro de los procesos de la cognición social. Adolphs (2002) menciona que hay una serie de estructuras que se han vinculado con la cognición social a partir de análisis de casos clínicos, dando cuenta de una comprensión modular de la cognición, ya que incluso el autor asigna funciones específicas a estructuras concretas. Para él, las principales estructuras de la cognición social son la *amígdala*, la *corteza prefrontal ventromedial* y la *corteza somatosensorial derecha*. Es así como Adolphs (2002) postula que la amígdala es un núcleo que se encarga de procesar la información proveniente de otros sujetos y de enmarcarla en el contexto social en el que se esté interactuando; la corteza prefrontal ventromedial se establece como una región que participa directamente en los procesos decisorios y de razonamiento que tengan una función social; y la corteza somatosensorial interviene en los sentimientos de empatía y simulación de situaciones sociales futuras.

Por otro lado, Beer y Ochsner (2006) recuperan varias investigaciones, de las cuales extraen las principales estructuras involucradas, pero las ligan con una propuesta de comprensión de la cognición social que divide a esta en dominios y donde las estructuras se vinculan también con tipos de tareas o actividades. Los dominios que postulan son el *conocimiento sobre sí mismo*, el *conocimiento sobre los otros* y el *conocimiento sobre las convenciones sociales*, los cuales en su conjunto dan cuenta de lo que se aborda cuando se emplea el concepto de cognición social, a partir de esta delimitación.

En el capítulo 1 se explicaron unas estructuras corticales y subcorticales relacionadas con el ser humano social; dentro de estas aparecen estructuras como la *amígdala* y el *cíngulo* junto con diferentes regiones de los *lóbulos frontales*, *temporales* y *parietales*, así como la ínsula, el *precúneo* y el *sistema límbico* que mencionan más recientemente Bertone, Aristizábal Díaz-Granados, Vallejos y Muniello (2017). Pero no se puede entender el funcionamiento de estos mecanismos solo desde una serie de situaciones y estructuras, sino que también es necesario involucrar hormonas y neurotransmisores, con sus respectivos circuitos, para entender la activación en el sistema nervioso central. Por lo tanto, se resaltan las implicaciones de la *oxitocina* como el principal neurotransmisor que interviene en los procesos de cognición social y que por ende ha sido ampliamente reportado en la literatura científica de los últimos años (Reuter *et al.*, 2017; Melchers, Montag, Felten y Reuter, 2015; Chang y Platt, 2014; Evans, Dal Monte, Noble y Averbeck, 2014; Martino, 2014).

Por mencionar algunas generalidades sobre la oxitocina (en otro volumen se abordará con mayor detalle), este es un neurotransmisor oligopéptido, es decir que está compuesto por una cadena de nueve aminoácidos, la cual es sintetizada y secretada en los *núcleos supraópticos y paraventriculares del hipotálamo* y de allí es conducida y almacenada en la *hipófisis/pituitaria* desde la cual se distribuye a regiones más periféricas en cuanto recibe una señal proveniente del hipotálamo (Martino, 2014). De igual forma, se ha reportado que existen conexiones entre los núcleos paraventriculares del hipotálamo y estructuras como el *hipocampo* y la *amígdala*; es por tanto un neuromodulador que actúa tanto en el sistema nervioso central como en el periférico (Martino, 2014).

La relevancia que tiene esta sustancia para la cognición social se ha documentado a partir de una gama de conductas sociales, tales como la interacción madre-hijo, apego, relaciones de pareja, comportamiento sexual, recuerdo de hechos sociales y reconocimiento social, además de implicaciones en la regulación de la respuesta del estrés y la ansiedad (Martino, 2014); en este contexto, la oxitocina es la hormona social más importante y más ampliamente estudiada en sus efectos sobre la conducta social (Reuter *et al.*, 2017). Igualmente, otros estudios han ahondado en situaciones particulares. Chang y Platt (2014) reportan la relación de la oxitocina con el apoyo de miembros del propio grupo de pertenencia, disminución en la vigilancia de la conducta social y aumento de la observación de la conducta de otros; Reuter *et al.* (2017) la asocian con el procesamiento emocional y con la consolidación de recuerdos que implican una interacción social, y Melchers *et al.* (2015) la vinculan con la percepción social, como una importante estrategia para identificar conductas, pensamientos y emociones en la interacción social con otros. Es de anotar que dichos comportamientos se dan principalmente en especies que conforman vidas en sociedad bastante complejas; es principalmente el caso de humanos y primates no humanos, lo cual da para entender la relevancia de estudios en modelos animales a la hora de conocer los mecanismos fisiológicos de este neurotransmisor (Reuter *et al.*, 2017).

Retomamos aquí, en un plano general, las investigaciones sobre cognición social que se han llevado a cabo con diferentes tipos de población, dentro de las que se encuentran tanto modelos humanos como animales. Algunas de las muestras con humanos han sido adultos sin ningún reporte de patología física o mental (Startin *et al.*, 2015), comparaciones entre adultos por sexo y entre sujetos sanos y con trastornos del espectro autista (Hall *et al.*, 2012), población carcelaria con rasgos de personalidad antisocial y/o trastorno psicótico (Bertone *et al.*, 2017), pacientes con demencia frontotemporal y trastorno bipolar (Báez *et al.*, 2017), pacientes con epilepsia (Reuter *et al.*, 2017), pacientes con esquizofrenia (Tsang *et al.*, 2013), personas con trastorno de personalidad *borderline* (Roepke, Vater, Preißler, Heekeren y Dziobek, 2013) y jóvenes universitarios con síntomas de un cuadro de esquizotipia (Wang *et al.*, 2015). En cuanto a los modelos animales, se destacan los monos Rhesus (Reynaud, Guedj, Hadj-Bouziane, Meunier y Monfardini, 2015; Chang y Platt, 2014), los lémures (MacLean *et al.*, 2013) y los peces cebra (Oliveira, 2013).

Respecto a las técnicas empleadas, estas también divergen según el tipo de población y los niveles de análisis (desde lo cognitivo y conductual hasta lo molecular y genético); hay estudios en humanos que emplean morfometría basada en voxeles y pruebas neuropsicológicas (Báez *et al.*, 2017); tareas de imágenes en forma de historieta de cómic mientras a la persona le hacen una resonancia magnética funcional (fMRI), aplicando posteriormente una escala de autorreporte de empatía (The Interpersonal Reactivity Index, IRI; Wang *et al.*, 2015); tareas de dilemas morales (Hall *et al.*, 2012) y herramientas neuropsicológicas como el Hinting Task, Reading the Mind in the Eyes Test y el Cambridge Mind Reading Test, para evaluar la cognición empática y la emoción empática (Bertone *et al.*, 2017); administración de oxitocina intranasal (Chang y Platt, 2014); análisis de la expresión fenotipo del gen OXTR, extraído de células hipocampales (Reuter *et al.*, 2017); análisis del segmento 3,551-bp, delimitado por los polimorfismos de nucleótidos simples rs655647 y rs187269 en el genoma del ADN y del ARN (Tsang *et al.*, 2013) y análisis de ADN de muestras de saliva, posteriormente analizadas con ensayos KASP (Startin *et al.*, 2015). En los modelos animales aparecen tareas de desempeño cognitivo con monos Rhesus, ejecutando la tarea solos o en presencia de otro que realiza la misma tarea u otro que observa (Reynaud *et al.*, 2015); tareas de control inhibitorio en lémures en situaciones de presencia de competidores (MacLean *et al.*, 2013) y administración de oxitocina intranasal en macacos Rhesus(Chang y Platt, 2014).

Tal y como se puede ver en este panorama general de la investigación neurocientífica de la cognición social, esta es una temática muy amplia, razón por la cual se hace necesario hacer un desglose del concepto, empleando componentes o dominios más puntuales que den cuenta de los diferentes elementos que se ven involucrados al hablar de la cognición social. Sim embargo, hay que tener en cuenta que muchos de los temas comparten elementos comunes y que las distinciones aquí planteadas son demarcaciones arbitrarias hechas por los autores y sus temáticas de interés, hecho que no niega la complejidad del funcionamiento cerebral, donde diferentes redes interactúan de forma simultánea. De esta manera, se han planteado múltiples componentes y subdivisiones de la cognición social, donde en algunos casos hay un cierto consenso así como también múltiples debates todavía vigentes (Happé *et al.*, 2017; Frith y Frith, 2012; Beer y Ochsner, 2006), pero para efectos del presente escrito se utilizará en gran medida la clasificación propuesta por Grande-García (2009), además de darle cierto orden temático que va desde las funciones más autorreferenciales hasta las que ya implican condiciones de interacción entre individuos.

PROCESOS DE AUTOCONCIENCIA Y AUTORREGULACIÓN

La cognición social no solo implica un conocimiento sobre los otros y sobre el mundo social que rodea al individuo, sino que también implica una mirada hacia sí mismo, ayudando a delimitar la noción de *self* y a regular la propia conducta en aras de un ajuste al medio social en el que se encuentre. Tal y como mencionan Gentsch, Weiss, Spengler, Synofzik y Schütz-Bosbach (2015), esta propuesta de investigar el fenómeno de construcción de sí mismo y sus implicaciones para las interacciones es una apuesta más bien reciente dentro de la neurociencia social. Es así como algunos autores proponen entender esta temática bajo el concepto de *metacognición*, la cual se entiende como *la capacidad para reflexionar sobre estados mentales, tanto propios como de otros, brindando la posibilidad de construir y reconocer un sí mismo independiente de los demás que se estructura y pone en juego en todas las interacciones que se tengan, viéndose implicado tanto aspectos emocionales como cognitivos de las conductas que se ejecutan. Esto permite la generación de habilidades que se asume que están presentes en todos, por ejemplo, el sentimiento y juicio de agencia, sentido de pertenencia, autorreconocimiento y autorregulación* (Caruana, de Lissa y McArthur, 2017; Gentsch *et al.*, 2015; Tougas, Hayden, McGrath, Huguet y Rozario, 2015; Frith y Frith, 2012; Grande-García, 2009).

Esta capacidad para reflexionar sobre los estados mentales propios y de los demás (Frith y Frith, 2012) permite crear una distinción entre el sí mismo y los otros, que da para reconocer características propias y compartidas entre ambos (Caruana *et al.*, 2017; Gentsch *et al.*, 2015; Grande-García, 2009). Esto se estructura a partir de la experiencia individual, donde los resultados conductuales son evaluados en términos cognitivos y afectivos, aportando una serie de representaciones y valoraciones de los actores del mundo social (Gentsch *et al.*, 2015; Tougas *et al.*, 2015). A su vez, de allí deriva una serie de estrategias que despliega el individuo para controlar, monitorear y corregir la propia conducta, tales como el sentido de pertenencia (Grande-García, 2009), sentimiento y juicio de agencia (Caruana *et al.*, 2017; Gentsch *et al.*, 2015; Grande-García, 2009), percepción de sí mismo (Gentsch *et al.*, 2015) y autorregulación (Grande-García, 2009), dentro de la cual Tougas *et al.* (2015) distinguen las tres subcategorías de automonitoreo, autojuicios y autoevaluación.

En la literatura científica se han reportado algunas regiones cerebrales implicadas en procesos de metacognición, los cuales implican funciones perceptivas, ejecutivas o cognitivas superiores (Gentsch *et al.*, 2015) y atencionales (Caruana *et al.*, 2017), las cuales se vinculan directamente con regiones *frontotemporales*, *occipitotemporales* y *parietales dorsales* (Caruana *et al.*, 2017; Gentsch *et al.*, 2015). Así mismo, autores como Northoff *et al.* (2006) proponen regiones de la corteza que se encargan de funciones puntuales, afirmando que la *corteza sensorial* se encarga de una noción de *self* desde lo perceptivo-corporal, mientras que la *corteza medial* procesa información autorreferencial y la *corteza lateral* se encarga de funciones autobiográficas, emocionales, espaciales y verbales del *self*. Más puntualmente, Northoff *et al.* (2006) hablan de estructuras tales como la corteza prefrontal ventromedial (VMPFC), corteza prefrontal dorsomedial (DMPFC), corteza cingulada posterior/precuneus (PCC), corteza retroesplenial (RSC) y corteza cingulada pregenual anterior (PACC), relacionadas con el autocontrol y la autorreferenciación.

De igual forma se menciona a la ínsula y su función como centro de integración de diferentes tipos de información, como la cognición, emoción y motora, ya que se conecta en gran medida con otras áreas como la corteza sensorio-motora, corteza cingulada anterior, corteza prefrontal medial, corteza prefrontal ventrolateral, núcleo ventromedial del tálamo y núcleo central de la amígdala (Pavuluri y May, 2015). En esta misma línea, Grande-García (2009) menciona la participación de estructuras como la corteza cingulada, corteza cingulada dorsolateral y corteza prefrontal lateral, implicadas en el control y la autorregulación, mientras que estructuras como la corteza prefrontal lateral y ventromedial se relacionan con procesos de resignificación. Sin embargo, respecto a los neurotransmisores que puedan estar relacionados, no hay claras y directas vinculaciones entre aspectos neuroendocrinos y procesos de metacognición, pero se encuentran algunos estudios como el de Lieberwirth y Wang (2014), quienes mencionan el papel de la oxitocina y la vasopresina en procesos de reconocimiento social y tendencias a realizar conductas prosociales, junto con el vínculo.

Dentro de la población con la que se han descrito estudios de metacognición en neurociencia social se encuentra que en mayor medida se trata de adultos y jóvenes sanos o a quienes no se les ha diagnosticado con ninguna patología médica o psiquiátrica (Caruana *et al.*, 2017; Gentsch *et al.*, 2015; Guan, Qi, Zhang y Yang, 2014). Sin embargo, Kurtz y Richardson (2012) realizaron un estudio con pacientes con trastornos psicóticos y Pavuluri y May (2015) reportan otros estudios que han trabajado con población diagnosticada con patologías psiquiátricas, pero es necesario hacer la salvedad que dichos estudios no abordan directamente el tema desde la neurociencia social. Lo anterior contrasta con un amplio despliegue de técnicas de estudio donde se encuentran tareas de interacciones con personajes virtuales (avatares) que son controlados ya sea por otras personas o por un programa (Caruana *et al.*, 2017), el uso del Ambiguous Intentions Hostility Questionnaire (AIHQ) para dar cuenta de los estilos atribucionales (Kurtz y Richardson, 2012) y un test de asociación implícita de autoestima (Grundy, Benarroch, Lebarr y Shedden, 2015). De igual forma, se han hecho registros empleando fMRI, PET (Northoff *et al.*, 2006), EEG para ver los potenciales relacionados con eventos (ERP) que dan cuenta de un componente emocional ante los estímulos (Caruana *et al.*, 2017; Gentsch *et al.*, 2015; Grundy *et al.*, 2015; Guan *et al.*, 2014) y, finalmente, se han hecho registros con *eye tracking* (Caruana *et al.*, 2017).

RECONOCIMIENTO FACIAL

Pasando a otro nivel, el cual ya implica un mayor grado de interacción con otros individuos, aparece una de las funciones más elementales de la cognición social, el reconocimiento de rostros, habilidad que se vuelve pilar fundamental dentro de los demás procesos y que por lo tanto ha tenido un amplio despliegue investigativo en torno suyo. El primero en dar cuenta de este fenómeno fue Gross en el 2002, al descubrir la función selectiva de ciertas células para el reconocimiento de rostros, idea que inspiró subsecuentes trabajos en el campo (Freiwald, Duchaine y Yovel, 2016). Después de ello se abrió un debate para postular modelos que hicieran más comprensible el mecanismo bajo el cual actuaba el reconocimiento facial, en el que los modelos computacionales jerárquicos se impusieron en un primer momento, pero esta tendencia ha sufrido algunos cambios (Freiwald *et al.*, 2016).

De esta manera, se puede entender el reconocimiento facial como *una función ampliamente relacionada con el sistema visual, pero que también puede incluir el análisis multimodal de otros sistemas perceptuales, emocionales y semánticos, los cuales intentan ser integrados para poder decodificar la expresión emocional de los rostros o la familiaridad de los mismos. Esta decodificación es un proceso que se da de manera rápida y casi automática, esencial para las interacciones sociales y presente en otras especies de primates no humanos, lo cual da cuenta de su importante componente filogenético* (Freiwald *et al.*, 2016; Karl, Hewig y Osinsky, 2016; Diéguez-Risco, Aguado, Albert e Hinojosa, 2013; Prochnow *et al.*, 2013; Latinus, Van Rullen y Taylor, 2010; Grande-García, 2009).

Según Freiwald *et al.* (2016), hay una fuerte correlación entre actividad neuronal y las funciones de detección de rostros, análisis espacial y representación holística de estos, donde esta última implica la integración de múltiples tipos de información perceptiva (Latinus *et al.*, 2010), emocional (Diéguez-Risco *et al.*, 2013) y contextual (Karl *et al.*, 2016). De esta manera, varios autores coinciden al considerar que este tipo de información, proveniente de un lenguaje corporal, es una importante fuente de claves contextuales para una adecuada interacción social (Freiwald *et al.*, 2016; Karl *et al.*, 2016; Diéguez-Risco *et al.*, 2013; Prochnow *et al.*, 2013). Lo anterior se evidencia al lograr discriminar entre rostros conocidos y desconocidos (Freiwald *et al.*, 2016) o entre los diferentes estados emocionales que puede estar experimentando el otro (Grande-García, 2009), operación que los individuos logran hacer de manera rápida y cuyo significado es casi universal (Prochnow *et al.*, 2013).

De las estructuras cerebrales que se han estudiado sobresale el *giro fusiforme*, región que se correlaciona con el procesamiento de rostros (Grill-Spector, Weiner, Kay y Gómez, 2017; Prochnow *et al.*, 2013; Trontel *et al.*, 2013; Derntl *et al.*, 2012; Grande-García, 2009). Pero también resaltan otras estructuras como la corteza cingulada posterior o precuneus (PCC) que se vincula con el análisis de rostros familiares (Grande-García, 2009), mientras estructuras del sistema límbico, como la amígdala o el hipocampo, se relacionan con las primeras impresiones que se tienen al percibir un rostro desconocido o que tiene una expresión amenazante, a partir del procesamiento mnésico y emocional (Diéguez-Risco *et al.*, 2013; Prochnow *et al.*, 2013; Trontel *et al.*, 2013; Derntl *et al.*, 2012; Grande-García, 2009). Además, se han reportado áreas como la corteza premotora y la somatosensorial, debido a que son regiones que cuentan con la presencia de neuronas espejo y que por ende ayudan en el reconocimiento emocional (Balconi, Canavesio y Finocchiaro, 2014; Prochnow *et al.*, 2013).

Otras de las regiones implicadas son las cortezas occipital y temporal, que son de interés para la función del procesamiento de rostros, dentro de las que se mencionan las partes ventral y medial del lóbulo occipital, además de la corteza temporal inferior y el surco temporal superior (Grill-Spector *et al.*, 2017; Balconi *et al.*, 2014; Derntl *et al.*, 2012; Grande-García, 2009). Más recientemente se han encontrado otras regiones como la ínsula (Diéguez-Risco *et al.*, 2013) y partes de la corteza prefrontal como la dorsolateral, orbitofrontal y el giro prefrontal inferior (Balconi *et al.*, 2014; Prochnow *et al.*, 2013; Derntl *et al.*, 2012) que también se vinculan con el análisis de rostros. Todo ello ha dado paso a que autores como Freiwald *et al.* (2016) propongan la existencia de dos vías de funcionamiento para el reconocimiento facial, una dorsal y otra ventral, donde la primera tendrá una preferencia en el análisis de rostros que están en movimiento y que incluye estructuras como el surco temporal superior, mientras la vía ventral plantea regiones especializadas para el análisis de componentes puntuales del rostro que luego son integrados en otras estructuras.

Al hablar de los componentes moleculares y endocrinos de la función, Blandón-Gitlin, Pezdek, Saldivar y Steelman (2014) e Hirosawa *et al.* (2015) concuerdan en afirmar que la oxitocina es el neuromodulador más importante a la hora de mediar funciones sociales, tal y como ya se había indicado arriba. Para estos autores, la oxitocina tiene un papel relevante en la respuesta de discriminación de estímulos, tales como la raza, donde Blandón-Gitlin *et al.* (2014) encontraron que ante una dosis intranasal las personas tenían dificultades para discriminar entre caucásicos y afroamericanos en imágenes en blanco y negro. Lo anterior se determinó mediante una activación neuronal casi indiferenciada ante los dos tipos de estímulos, contrario a lo esperado donde el nivel de intensidad se supone que es menor cuando se perciben rostros de personas consideradas dentro del mismo grupo de pertenencia (*in-group*) y mayor cuando los rostros pertenecen a personas consideradas como miembros de otros grupos sociales (*out-group*) (Blandón-Gitlin *et al.*, 2014). En la investigación de Hirosawa *et al.* (2015) se encontró una relación entre los niveles de oxitocina en el cuerpo y conductas de atención conjunta, al haber un incremento en la frecuencia y duración de ejecución de este tipo de conductas después de una dosis de oxitocina intranasal, ya que este neuropéptido se involucra tanto en procesos emocionales como en conductas sociales. De igual forma, Hirosawa *et al.* (2015) proponen que dicho cambio se debe a la regulación que el neuropéptido facilita en la corteza prefrontal medial, estructura encargada de procesos de control atencional e inhibitorio. Además, vale la pena resaltar que en el plano molecular y genético no se encontraron investigaciones que dieran cuenta de una relación entre este nivel de análisis y la función de interés de este capítulo.

En las muestras con las que se ha estudiado el reconocimiento facial se encuentra un amplio corolario donde aparecen humanos adultos y jóvenes sin patologías (Karl *et al.*, 2016; Balconi *et al.*, 2014; Diéguez-Risco *et al.*, 2013; Prochnow *et al.*, 2013; Noll, Mayes y Rutherford, 2012; Grande-García, 2009), personas escogidas por su avanzada edad pero sin ningún tipo de alteraciones médicas ni neuropsicológicas (Fölster, Hess, Hühnel y Werheid, 2015), personas con diferentes orígenes culturales (Derntl *et al.*, 2012) e incluso madres en periodo de lactancia (Barrett *et al.*, 2012). Igualmente, se encuentran estudios con pacientes con esquizofrenia (Suslow *et al.*, 2013), fobia social (Danti *et al.*, 2010), trastorno bipolar (Ibanez *et al.*, 2012), primeros episodios psicóticos, personalidad límite (Catalán *et al.*, 2016), con deterioro cognitivo moderado y demencia tipo Alzheimer (Elferink, Van Tilborg y Kessels, 2015). También resaltan estudios con niños con trastorno del espectro autista (Caulfield, Ewing, Burton, Avard y Rhodes, 2014; Trontel *et al.*, 2013; Sato, Toichi, Uono y Kochiyama, 2012), niños con trastorno por déficit atencional con hiperactividad (TDAH) (Taracena, Ramos-Loyo, Matute y González-Garrido, 2014) y con primates, puntualmente con macacos Rhesus (Tomeo, Ungerleider y Liu, 2017; Grande-García, 2009).

Entre las técnicas empleadas aparecen tareas de cambio gradual de la expresión emocional en el rostro (Karl *et al.*, 2016), tareas de reconocer emociones y posibles estímulos que las hayan desencadenado (Caulfield *et al.*, 2014; Ibanez *et al.*, 2012; Danti *et al.*, 2010), así como pruebas estandarizadas, tales como el Test of Memory and Learning (Tomal) (Trontel *et al.*, 2013), el Degraded Facial Affect Recognition Task (DFAR) o el Benton Facial Recognition Test (BFRT) (Catalán *et al.*, 2016). Así mismo, aparecen herramientas de registro ampliamente utilizadas como la fMRI en humanos mientras observan rostros familiares y desconocidos o dan cuenta de expresiones emocionales (Grill-Spector *et al.*, 2017; Prochnow *et al.*, 2013; Trontel *et al.*, 2013; Barrett *et al.*, 2012; Sato *et al.*, 2012; Danti *et al.*, 2010; Grande-García, 2009), la magnetoencefalografía (Diéguez-Risco *et al.*, 2013), el EEG haciendo tareas de discriminación de estímulos (Karl *et al.*, 2016; Diéguez-Risco *et al.*, 2013; Ibanez *et al.*, 2012; Noll *et al.*, 2012; Latinus *et al.*, 2010), la estimulación magnética transcraneal (Balconi *et al.*, 2014), el *eye tracking* y la pupilometría (Wu, Laeng y Magnussen, 2012). Sin embargo, autores como Diéguez-Risco *et al.* (2013) y Trontel *et al.* (2013) abogan por realizar estudios más ecológicos, donde se empleen señales contextuales, entornos o situaciones más reales, o incluso escenas donde los estímulos que se presentan se encuentren en movimiento. Ejemplo de esto último es la investigación de Fölster *et al.* (2015) en la que se les pedía a los participantes reconocer la expresión de una emoción en particular (tristeza) en actores que interpretaban una escena de video que los participantes tenían que ver.

TEORÍA DE LA MENTE / MENTALIZACIÓN

Con lo dicho anteriormente se hace necesario introducir una función cuya implicación en cuanto a interacción con otros individuos es esencial; esta es la teoría de la mente (ToM, por sus siglas en inglés), también conocida como mentalización. Según Martino (2014), este concepto es el que se relaciona más estrechamente con el de cognición social cuando se emplea este último término; sin embargo, su surgimiento data de mucho tiempo después, más exactamente en 1978 por parte de Premack y Woodruf, quienes realizaron experimentos con chimpancés a los cuales les pedían predecir conductas de humanos (Martino, 2014; Grande-García, 2009). Ellos acuñaron el término para referirse a la capacidad cognitiva para lograr alcanzar objetivos sociales a partir de la adquisición de información que le permita al individuo dar cuenta de las ideas, creencias y sentimientos de los otros, en aras de ajustar la propia conducta (Byom y Mutlu, 2013; Grande-García, 2009).

Por todo lo anterior, la ToM se ha ligado en gran medida al concepto general de cognición social, ya que abarca un amplio espectro de procesos cognitivos cuya función principal es la de acople del individuo al medio social (Grande-García, 2009). Ese primer estudio de Premack y Woodruf abrió la puerta a un amplio despliegue investigativo sobre la ToM, el cual implicó una transformación en la forma de comprender el término, con lo que al día de hoy se han formulado nuevas comprensiones sobre el concepto, entendiéndolo, en términos generales, como *una compleja habilidad que va apareciendo en el desarrollo ontogenético de una persona, pero que también puede estar presente en otros primates no humanos, la cual integra diferentes procesos cognitivos en aras de producir representaciones de los estados mentales y emocionales propios y de los demás, es decir, generando metarrepresentaciones, las cuales pretenden atribuir dichos estados a los otros con los que se interactúa (deseos, creencias, metas, intenciones y emociones), tanto de manera implícita como explícita a partir de la identificación e integración de diferentes claves conductuales que se perciban en ese otro* (Happé *et al.*, 2017; Martino, 2014; Byom y Mutlu, 2013; Moran, 2013; Frith y Frith, 2012; Grande-García, 2009; Singer *et al.*, 2004).

La anterior idea la resume Martino (2014) al decir que la ToM es "la capacidad que posee un sistema cognitivo de conocer otros sistemas cognitivos" (p. 205), idea que secundan Krach *et al.* (2009) cuando mencionan que la

ToM refiere al aspecto más cognitivo de la inferencia de intenciones, metas y deseos de los otros. Estas afirmaciones se limitan a dar cuenta de los estados cognitivos de los demás, pero para otro grupo de autores, la ToM involucra tanto las atribuciones de aspectos cognitivos como afectivos o emocionales que se les hacen a otros (Martino, 2014; Frith y Frith, 2012; Grande-García, 2009; Singer *et al.*, 2004). Para lograr esto, Moran (2013) menciona que la ToM emerge dentro del proceso de desarrollo del individuo, a partir de la maduración de diferentes habilidades cognitivas que se integran entre sí para responder a tareas sociales; es así como formulan que la ToM también está presente en otros primates no humanos. En esta misma línea, Byom y Mutlu (2013) postulan que el individuo capta e integra diferentes claves sociales y conductuales del otro, no solo para comprenderlo, sino también para lograr predecir la conducta futura de este, logrando dicho cometido de manera implícita o explícita (Frith y Frith, 2012), lo cual dará como resultado una representación tanto de los otros como de sí mismo, tal y como mencionan Happé *et al.* (2017).

Dentro de estas comprensiones de la ToM, las investigaciones han reportado diferentes regiones del cerebro cuya actividad se correlaciona con ciertas situaciones y tareas que implican la movilización de recursos cognitivos para responder a situaciones sociales de interacción. Es el caso de Mahy, Moses y Pfeifer (2014) quienes mencionan dos grandes sistemas neurales que soportan la ToM, los cuales son las estructuras corticales mediales y el sistema de neuronas espejo. Más puntualmente, Cacioppo y Decety (2011) indican la participación de la corteza prefrontal medial y la parte posterior del surco temporal superior, estructuras con las que concuerdan otros autores, pero los cuales adicionan la *unión* temporo-parietal derecha, el precúneo (Lee, Horan, Wynn y Green, 2016; Jenkins, Dodell-Feder, Saxe y Knobe, 2014) y la corteza cingulada anterior (Krach *et al.*, 2009). A estos hallazgos, Grande-García (2009) adiciona la amígdala y la corteza orbitofrontal, así como Bejanin *et al.* (2017) incluyen el polo temporal, la región medial del temporal izquierdo, la parte anterior del hipocampo y el giro parahipocampal. Es así como algunas de las principales áreas, que han sido reportadas ampliamente en la literatura científica, han sido foco de interés investigativo en recientes investigaciones y siguen siendo reafirmadas como estructuras directamente implicada en los procesos de la ToM (figura 13).

FIGURA 13.
ÁREAS ASOCIADAS A LA TOM. EN VERDE APARECE LA UNIÓN TEMPORO-PARIETAL, LA CORTEZA PREFRONTAL VENTROMEDIAL EN ROJO Y EL PRECUNEUS EN AZUL

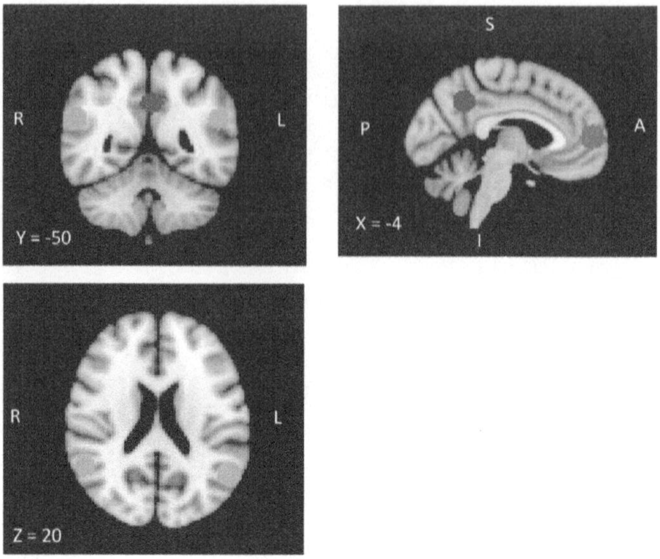

Referencia: Lee *et al.*, 2016.

Contrario a ese gran acuerdo, existe un gran debate actual respecto a la relación que existe entre la ToM y la actividad fisiológica del cuerpo, puntualmente respecto a la relación entre procesos cognitivos implicados en la interacción social y las ramas simpática y parasimpática del sistema nervioso autónomo (Okruszek, Dolan, Lawrence y Cella, 2017). Se ha encontrado evidencia parcial sobre la relación entre las medidas de variabilidad cardiaca (HRV) y funciones de atribución de estados emocionales de otros individuos, pero sin resultados concluyentes con otro tipo de procesos de cognición social (Okruszek *et al.*, 2017). Esto concuerda con los estudios que ya habían llevado a cabo Habota *et al.* (2015), quien intentaba establecer una relación entre aspectos del reconocimiento emocional en otros y actividad cardiaca en personas que presentaban problemas en su sistema cardiovascular.

Al buscar estudios que aborden variables endocrinas, aparece el artículo de Sundström Poromaa y Gingnell (2014) donde recopilan una amplia serie de investigaciones que abordan los cambios en el desempeño cognitivo de mujeres a partir de la etapa del ciclo menstrual en la que se encuentren.

En este abordan diferentes funciones cognitivas, incluidas la atribución y reconocimiento de estados emocionales, a partir de las cuales concluyen que hay una mayor vinculación en los cambios del desempeño cognitivo debido a altos niveles de progesterona, puesto que esta se correlaciona con el incremento de la actividad de la amígdala y el mejor desempeño en tareas de memoria emocional (Sundström Poromaa y Gingnell, 2014). Por otro lado, Zahavi *et al.* (2016) estudian el vínculo que pueden tener los niveles de serotonina y dopamina en el individuo y su desempeño en tareas de atribución de estados emocionales, para lo cual intentan asociar variaciones en el código genético de fragmentos responsables de la expresión de receptores de estas sustancias (Zahavi *et al.*, 2016).

Entre las muestras con las que se ha trabajado se pueden encontrar adultos sanos de ambos sexos (Okruszek *et al.*, 2017; Krach *et al.*, 2009), pero también pacientes con patologías que implican daños en ToM (Byom y Mutlu, 2013), dentro de los que se encuentran pacientes con esquizofrenia (Debbané *et al.*, 2016; Lee *et al.*, 2016; Koelkebeck *et al.*, 2013), con delirio de Dios (Norenzayan, Gervais y Trzesniewski, 2012), con depresión mayor (Zahavi *et al.*, 2016), con demencia tipo Alzheimer (Fliss *et al.*, 2016) y con fibromialgia (Di Tella *et al.*, 2015). De igual forma, aparecen otros grupos como jóvenes universitarios y adolescentes sin diagnóstico de patologías médicas o psiquiátricas (Kovács, Kühn, Gergely, Csibra y Brass, 2014; Mahy *et al.*, 2014), niños pequeños sin problemas en el neurodesarrollo (Mahy *et al.*, 2014; Byom y Mutlu, 2013; Moran, 2013; Grande-García, 2009), niños con trastorno del espectro autista (Grande-García, 2009) y chimpancés (Martino, 2014; Grande-García, 2009).

Por último, entre las técnicas empleadas se mencionan pruebas como el Ekman Face Test, el Mind in Eyes Test (Habota *et al.*, 2015), el Belief Attribution Task, el Emotion Attribution Task (Lee *et al.*, 2016), el Facial Emotion Identification Test (FEIT), el Trait Emotional Intelligence Questionnaire, el Ambiguous Intentions Hostility Questionnaire (AIHQ) y el Hinting Task (Okruszek *et al.*, 2017). También se han empleado tareas sobre ironía, chistes, envidia y vergüenza, junto con el dilema del prisionero (Krach *et al.*, 2009), dilemas morales (Moran, 2013), identificación de falsas creencias (Grande-García, 2009) y la predicción de intenciones de otros (Martino, 2014; Grande-García, 2009). Para esto se han empleado instrumentos de medición neurofisiológicos como la fMRI, junto con tareas de lectura y de atribución de intenciones (Lee *et al.*, 2016; Jenkins *et al.*, 2014), además de pulsera y fotopletismógrafo para medir HRV (Okruszek *et al.*, 2017). Sin embargo, Byom y Mutlu (2013) mencionan la necesidad de plantear nuevos métodos de investigación para una mejor aproximación al estudio de la ToM y la cognición social, en general, en busca de métodos que permitan mayor nivel de interacción entre individuos. Entre los que se plantean están las plataformas virtuales y robóticas, ya que ambas pueden proveer situaciones de mayor validez ecológica, en términos de interacción, sin perder el control experimental.

EMPATÍA

Este cuarto dominio de la cognición social tiene la dificultad de no contar con una definición que sea ampliamente compartida por diferentes teóricos o por quienes la han investigado (Bernhardt y Singer, 2012), puesto que algunos la consideran directamente como una función de la cognición social, mientras que otros la consideran más como una manifestación comportamental. Es así como nuevamente se propone en este escrito una definición que intente ser más amplia y que se base en algunos antecedentes de la literatura científica.

Se entenderá entonces por empatía un *constructo multifactorial que refiere a la capacidad para compartir y entender las emociones e ideas de otros, integrando elementos emocionales-motivacionales y cognitivos de orden abstracto (razonamiento deliberado, representaciones, funciones ejecutivas y lenguaje) o social (teoría de la mente, normas personales, valores y juicios morales), con información social* (Decety y Yolder, 2016; Schipper y Petermann, 2013; Buchanan, Bagley, Stansfield y Preston, 2012; Decety y Svetlova, 2012; Reiners *et al.*, 2012). Se compone de tres dominios que son el *contagio emocional* (capacidad para compartir o ser afectado por los estados emocionales de otros), la *preocupación empática o empatía afectiva* (motivación hacia el cuidado o bienestar del otro) y la *toma de perspectiva o empatía cognitiva* (habilidad para adoptar el punto de vista del otro y entender lo que piensa o siente) (Bertone *et al.*, 2017; Decety y Yolder, 2016; Roepke *et al.*, 2013; Buchanan *et al.*, 2012).

Así mismo, es un proceso que tiene fuertes bases evolutivas, bioquímicas y neurológicas (Decety y Svetlova, 2012), generando respuestas como reportes de angustia, arousal autonómico, mimetismo facial y activación neuronal similar, cuando se ha estudiado en entornos experimentales (Happé *et al.*, 2017; Buchanan *et al.*, 2012); pero donde también estas reacciones pueden ser moduladas por condiciones del neurodesarrollo, personalidad, pertenencia o afiliación a grupos sociales y situaciones sociales de intercambio equitativo (Decety y Yolder, 2016; Huang y Han, 2014; Shen, Jin y Ma, 2013). Por lo anterior, es un proceso que se ha ligado principalmente con la percepción de eventos displacenteros, tales como el dolor físico, la exclusión social, situaciones de injusticia y en el inicio de la ejecución de conductas prosociales o de cuidado hacia otros; esto ha evidenciado una estrecha relación con otras funciones cognitivas y ha llevado a que se postule como marcador de ciertas psicopatologías que aparecen en la adultez (Schipper y Petermann, 2013; Shen *et al.*, 2013; Buchanan *et al.*, 2012).

Las múltiples investigaciones que se han llevado a cabo sobre la temática han establecido una serie de estructuras neuronales que se activan cuando se experimenta empatía, haciendo la salvedad de que cada autor la entiende de forma diferente. Se encuentra entonces cierto consenso con las partes dorsomedial, dorsolateral y ventromedial de la corteza prefrontal, corteza cingulada anterior, ínsula anterior, amígdala anterior, unión temporo-parietal, corteza somatosensorial, cuerpo estriado y núcleo accumbens (Eres *et al.*, 2017; Schwenck *et al.*, 2017; Decety y Yoder, 2016; Huang y Han, 2014; Kawamichi, Tanabe, Takahashi y Sadato, 2013; Prochnow *et al.*, 2013; Bernhardt y Singer, 2012; Cacioppo y Decety, 2011). Sin embargo, vale rescatar algunas consideraciones adicionales, como las hechas por Schwenck *et al.* (2017), quienes hacen la precisión de que se trata específicamente de las porciones anteriores de la ínsula y la amígdala del hemisferio izquierdo; así como Bernhardt y Singer (2012) incluyen el precúneo o la parte posterior del cíngulo, y Cacioppo y Decety (2011) agregan el eje hipotálamo-hipófisis/pituitaria-adrenal por la conexión que se establece entre los sistemas nervioso y endocrino.

En lo que respecta a las muestras con las que se ha investigado, figuran estudiantes universitarios (Georgi, Peterman y Schipper, 2014; Shen *et al.*, 2013), adultos sanos o sin patologías (Decety y Yolder, 2016; Abu-Akel *et al.*, 2015; Kret y De Dreu, 2013; Reiners *et al.*, 2012), parejas (Kawamichi *et al.*, 2013), adultos pertenecientes a diferentes grupos sociales y raciales (Huang y Han, 2014; Smith *et al.*, 2014), adultos con preferencias homosexuales y heterosexuales (Perry, Walder, Hendler y Shamay-Tsoory, 2013) y padres de familia (Guevara, Cabrera, González y Devis, 2015; Ho, Konrath, Brown y Swain, 2014). Igualmente se han hecho estudios con personas con diagnóstico del espectro autista (Bernhardt y Singer, 2012), personas con diagnóstico de trastorno de estrés postraumático (Mazza *et al.*, 2015) y hombres con síndrome Klinefelter (47, XXY) (Van Rijn, Barendse, Van Goozen y Swaab, 2014); o con personas que tienen antecedentes de vulnerabilidad o de violencia, como adolescentes con problemas conductuales (Schwenck *et al.*, 2017), población carcelaria de transgresores criminales (Mariano, Pino, Peretti, Valenti, Mazza, 2017; Arbuckle y Shane, 2017) y excombatientes guerrilleros (Tobón *et al.*, 2015).

Con todos ellos se han empleado diferentes instrumentos para dar cuenta del fenómeno, ya sea de manera directa con pruebas conductuales o autorreportes, como con medidas indirectas que dan cuenta de los componentes fisiológicos subyacentes al fenómeno. Es así que se listan dentro de las medidas fisiológicas los análisis genotípico (Smith *et al.*, 2014), análisis de testosterona prenatal mediante la razón 2D:4D (Kret y De Dreu, 2013), niveles de cortisol y alfa amilasa en saliva (Ho *et al.*, 2014; Buchanan *et al.*, 2012), administración de oxitocina intranasal (Abu-Akel *et al.*, 2015; Kret y De Dreu, 2013), eye-tracking (Van Rijn *et al.*, 2014), actividad electrodérmica (Smith *et al.*, 2014; Van Rijn *et al.*, 2014), EEG para hallar potenciales relacionados con eventos (ERP) (Tobón *et al.*, 2015; Huang y Han, 2014; Shen *et al.*, 2013) o para análisis de actividad Mu en la banda alfa (Hoenen, Schain y Pause, 2013) y fMRI (Arbuckle y Shane, 2017; Schwenck *et al.*, 2017; Mazza *et al.*, 2015; Kawamichi *et al.*, 2013; Reiners *et al.*, 2012).

En cuanto a escalas y protocolos estandarizados, aparecen el Trier Social Stress Test (TSST) con o sin variaciones en su protocolo de aplicación (Buchanan *et al.*, 2012), la escala Interpersonal Reactivity Index (IRI) con algunas o todas sus respectivas subescalas (Mariano *et al.*, 2017; Decety y Yolder, 2016; Guevara *et al.*, 2015; Tobón *et al.*, 2015; Ho *et al.*, 2014), el Questionnaire of Cognitive and Affective Empathy (QCAE; Georgi *et al.*, 2014; Reiners *et al.*, 2012), el Questionnaire on Situations and Emotions (Guevara *et al.*, 2015), la Basic Empathy Scale (BES; Mariano *et al.*, 2017), la escala de autorreporte Empathy quotient (EQ; Mariano *et al.*, 2017), el Multifaceted Empathy Test (MET; Mazza *et al.*, 2015) y la prueba de *pain evaluation task* (Abu-Akel *et al.*, 2015). Pero también se han empleado otra serie de pruebas como complemento a los instrumentos anteriormente mencionados, como la escala de psicopatía Psychopathic Personality Inventory (PPI-SF; Decety y Yolder, 2016), la escala de Levinson de autorreporte de psicopatía (LSRP; Reiners *et al.*, 2012), la escala para sentido de justicia Justice Sensitivity-Inventory (Decety y Yolder, 2016), presentación de rostros que expresan emociones (Huang y Han, 2014), el Emotion attribution task (Mariano *et al.*, 2017), el Reading the mind in the eyes test (Mariano *et al.*, 2017), las observación de videos con escenas que tengan algún contenido de daño físico hacia otro (Smith *et al.*, 2014; Preston, Hofelich y Stansfield, 2013), el Moral Judgement Task de Lind (Reiners *et al.*, 2012) y variaciones de juegos económicos, por ejemplo el juego del ultimátum (Schwenck *et al.*, 2017; Shen *et al.*, 2013).

CONDUCTAS PROSOCIALES (EMPATÍA Y ALTRUISMO)

La relevancia del presente apartado radica en su clara vinculación entre los componentes cognitivos y la conducta de cada individuo respecto a los otros con quienes interactúa directamente. En este tema se puede observar cómo las funciones cognitivas se van complejizando cada vez más en aras de servir al individuo como estrategias adaptativas exitosas para el contexto que habitan. El especial entorno social en el que cohabitan los humanos trae consigo claras consecuencias para el organismo, ya que la condición de sociedad le exige y aporta, simultáneamente, elementos como mantener la unidad del grupo, protegerse ante adversidades, reducir la propensión de padecer algunas enfermedades y preservar la especie (Alexander, 1974).

Sin embargo, esta temática no ha estado al margen de las discusiones y controversias científicas (Keltner, Kogan, Piff y Saturn, 2014), ya que su estudio experimental exige grandes retos teóricos y metodológicos para su abordaje. Por lo anterior, a partir de las definiciones de algunos autores, aquí se va a entender por conductas prosociales aquellos *comportamientos de orden intuitivo, automatizado y que dependen en gran medida del feedback o retroalimentación que reciba el individuo por parte de su entorno, permitiéndole mantener o modificar su conducta. Dentro de estas condiciones externas se encuentran las emociones, normas sociales, reputación, valores y el tipo de relaciones que se tenga con los que se interactúa, orientando al individuo para que lleve a cabo este tipo de acciones que pretende beneficiar a los otros, incluso a veces por encima de sí mismo. Por tal motivo, abarca conductas como ayudar, compartir, hacer sentir cómodo a otro y cooperar, repertorios que tienen un vínculo directo con procesos empáticos y toma de decisiones morales* (Van der Meulen, Van Ijzendoorn y Crone 2016; Simpson y Willer, 2015; Kuss *et al.*, 2015; Balconi y Canavieso, 2014; Keltner *et al.*, 2014; Fahrenfort, van Winden, Pelloux, Stallen y Ridderinkhof, 2012).

La definición invita a hacer una subdivisión mucho más específica de diferentes tipos de conducta, semejante al modelo que ya proponían Keltner *et al.* (2014), denominado SAVE (Sociocultural, Appraisals, Values and Emotions), el cual subdivide las conductas prosociales en otra serie de procesos, donde incluyen: altruismo, cooperación, confianza, compasión y empatía. Estas tienen en común ser conductas generalizables a diferentes escenarios, ser intuitivas y tener componentes biológicos, con lo cual se justifica su abordaje desde la neurociencia social. Ello implica un marco conceptual evolucionista, donde la conducta prosocial es un repertorio más que se despliega en función de una mejor adaptación al medio y que da algún tipo de ventaja evolutiva que ha permitido la supervivencia de la especie. De igual forma, el modelo SAVE toma en cuenta los niveles de análisis intrapsíquico, diádico, grupal y cultural, yendo en consonancia con las primeras apuestas de un análisis multinivel para la construcción de la neurociencia social (Cacioppo, Berntson, Sheridan y McClintock, 2002).

Investigaciones sobre la temática han identificado estructuras cerebrales que se activan ante la ejecución de este tipo de conductas; han encontrado a la ínsula y el área dorsal del cíngulo anterior en procesos que tienen un componente emocional; la unión temporo-parietal, la corteza prefrontal medial, dorsolateral y orbitofrontal en procesos de razonamiento social; y el núcleo accumbens, área tegmental ventral y sustancia gris periacueductual como partes del circuito de refuerzo que se activan en situaciones sociales (Van der Meulen *et al.*, 2016; Balconi y Canavieso, 2014; Keltner *et al.*, 2014; Fahrenfort *et al*, 2012). Los descubrimientos han avanzado hasta tal punto que se ha descrito la vinculación de neurotransmisores, como la oxitocina y la vasopresina, en procesos de motivación, vínculo, confianza, cooperación y empatía (Keltner, *et al.*, 2014; Gordon, Martin, Feldman y Leckman, 2011), y de dopamina y serotonina en regulación emocional, noción de justicia y castigo altruista (Keltner *et al.*, 2014). Igualmente, autores como Stoltenberg, Christ y Carlo (2013) establecieron una relación entre una variación del gen que codifica para la producción de serotonina y la respuesta de miedo o de evitar brindar ayuda en un escenario social.

Por todo lo anterior, se hace necesario desglosar este tipo de conductas en otras mucho más específicas, pero, por cuestiones de extensión y de abordajes temáticos, aquí se limitará a exponer lo referente al altruismo.

ALTRUISMO

Continuando con una línea en la que se van complejizando las funciones cognitivas involucradas, aparece la cuestión del altruismo como un punto de unión entre funciones de la cognición social y conductas de interacción prosocial mucho más evidentes en términos de observación conductual directa. Es así como Alexander (1974) hace unas primeras delimitaciones del término, donde establece que el altruismo *es un acto que se da solamente dentro de una condición de reciprocidad entre organismos que no cuentan con vínculos consanguíneos*, manifestando un tipo de conducta social altruista, en oposición a conductas sociales egoístas, o donde una aboga por una cohesión de grupo mientras que la otra está en función de la protección de recursos para el propio individuo.

Esta primera definición da algunas luces sobre condiciones que debe cumplir la conducta para poder ser catalogada como altruista, pero para llevar a cabo un estudio más minucioso del fenómeno es indispensable ahondar en su comprensión, sobre todo si se va a formular dentro de una disciplina como la neurociencia, cuyo interés de estudio está sustentado en el principio de que el fenómeno que se estudia es un hecho que tiene bases neuroquímicas y evolucionistas que lo hacen de interés para la aproximación. En general, al hablar de altruismo se menciona que *es un acto que ejecuta un individuo que busca beneficiar a otro por encima de su propio bienestar* (De Waal y Preston, 2017; Tsang *et al.*, 2013; Decety y Svetlova, 2012); esto tiene diferentes manifestaciones culturales y por ende se ha catalogado como un tipo de respuesta que se ha decantado en la especie, la cual versa sobre el hecho de otorgarle recursos a otro individuo (Dimick, Rueda y Stegmueller, 2018; Kurzban, Burton-Chellew y West, 2015); pero también se ha considerado al altruismo como un *estado emocional* que orienta cierto tipo de conductas que dan recursos a otros, como las donaciones o la caridad (Filkowski, Cochran y Haas, 2016; Khalil, 2004).

También se ha complejizado y se ha interpretado como un *proceso cognitivo* que depende de otra serie de subprocesos que se encargan de vincular la información social con componentes emocionales y mnésicos antes de dar una respuesta (Filkowski *et al.*, 2016; Mohtashemi y Mui, 2003). Ante tal ejecución, las personas reportan experimentar una sensación placentera por el acto benéfico realizado, aun cuando no hayan recibido una retribución directa por parte del otro, al cual a su vez se percibe como un sujeto que experimenta dificultades o carencias (Harms, Liket, Protzko y Scholmerich, 2017). Este fenómeno está modulado por rasgos de personalidad, creencia y valores personales, al igual que por condiciones contextuales y de reconocimiento de status o de quién es el otro al que se le va a dar un recurso propio, lo cual hace que se relacione con otro tipo de fenómenos como la cooperación, caridad, reciprocidad y castigo altruista –mecanismo social de sanción para mantener conducta de cooperación y disuadir a quienes no deseen hacerlo– (Ekström, 2018; Harms *et al.*, 2017; Filkowski *et al.*, 2016; Hill, 2016; Oda *et al.*, 2014).

Otros autores hacen mucho más explícita la unión del altruismo con otras formas de conductas prosociales, como es el caso de Kazemi, Törnblom y Mikula (2015), quienes lo relacionan con la noción de *justicia*, concepto que implica a las conductas prosociales en tanto su interés y función es mantener cohesionado al grupo, pero en cuanto se comete una infracción o injusticia, se despliega una gama de recursos que buscan restablecer el estado armónico previo, convirtiendo al tema de la justicia en un campo de amplio interés investigativo y de aplicación. A su vez, Roberts (2008) habla del altruismo como una forma de reciprocidad indirecta, entendiéndolo como una tendencia a ayudar a quienes ayudan, hecho que liga al altruismo con la función de crear *reputación* dentro de los procesos cooperativos.

Lo anterior ayuda a vislumbrar cómo las funciones de la cognición social se solapan y conforman niveles de análisis más complejos, ya a nivel comportamental, como lo son las conductas prosociales, las cuales requieren de un mayor esfuerzo investigativo para su comprensión. Pero este vínculo no es tan claro ni tan directo para todos los autores y sigue teniendo material para el debate. Ejemplo de ello son las afirmaciones de Hwang y Bowels (2012), quienes hacen la salvedad de la relación entre un tipo de altruismo (el incondicional) y la cooperación, donde el primero interfiere con la aplicación de una sanción ante la no cooperación, haciendo que el castigo altruista pierda eficacia y se termine deteriorando el nivel de colaboración entre las partes, lo que exacerba sentimientos negativos sobre la ayuda al otro. Es así como, para esos autores, el altruismo únicamente soporta a la cooperación si los individuos internalizan los beneficios que el hecho de ser altruista puede traer para el grupo (Hwang y Bowels, 2012).

Dejando de lado las discusiones teóricas en torno al concepto, las investigaciones neurocientíficas también han reportado la activación diferenciada de regiones cerebrales cuando se ejecutan o presencian conductas altruistas, como son la ínsula, estriado, corteza cingulada anterior, unión temporoparietal y corteza prefrontal dorsolateral (Cáceda *et al.*, 2017; Filkowski *et al.*, 2016; Kawamichi *et al.*, 2016; Cáceda, James, Gutman y Kilts, 2015). Estas estructuras se caracterizan por hacer parte de otros circuitos neuronales, como lo son la autorreferencia, la planeación, la ToM/mentalización y el procesamiento emocional (Cáceda *et al.*, 2017; Filkowski *et al.*, 2016), lo cual implicaría que el fenómeno del altruismo, en términos cognitivos y neuronales, se puede entender como un proceso emergente que conlleva el despliegue de una serie de subprocesos que lo conforman, esto desde el solapamiento de funciones y estructuras del sistema nervioso central que lo soportan. Adicionalmente, hay autores que incluyen otras estructuras como amígdala, núcleo accumbens, área tegmental ventral y corteza prefrontal medial (Filkowski *et al.*, 2016), las cuales se vinculan tanto a los procesos ya descritos de la ToM y procesamiento emocional, como también tienen que ver con el refuerzo frente al intercambio de recursos o de bienes.

Los anteriores datos son coherentes con algunos de los hallazgos hechos en los estudios de las sustancias neuroquímicas que modulan este tipo de conducta, ya que autores como Kawamichi *et al.* (2013) mencionan el papel del sistema de recompensa que se activa después de ejecutar la acción, generando un estado placentero para el individuo que evidencia el papel de la dopamina y el refuerzo de la ocurrencia de conductas altruistas. Por su parte, Aydogan y colegas (2017) dan cuenta del papel de la oxitocina al ejecutarse un castigo altruista, conducta que tiene como función la solución de conflictos y la conformación o mantenimiento de un grupo.

Estos datos se han extraído de investigaciones realizadas en su mayoría con población universitaria (Osiński y Karbowski, 2017; Hill, 2016; Kawamichi *et al.*, 2016; Oda *et al.*, 2014), adultos sanos (Aydogan *et al.*, 2017; Cáceda *et al.*, 2017; Christov-Moore, Sugiyama, Grigaityte y Iacoboni, 2017;

Cáceda *et al.*, 2015; Sartori, Cavallo, Bucchioni y Castiello, 2012; Reuter *et al.*, 2011) y adultos provenientes de diferentes grupos étnicos (caucásicos, chinos y del sur de Asia) (Galizzi y Nieboer, 2015). Igualmente, se ha investigado en niños preescolares (Angerer, Glatzle-Rutzler, Lergetporer y Sutter, 2015), víctimas (Fehse, Silveira, Elvers y Blautzik, 2015), con modelos computarizados (Kurzban *et al.*, 2015; Mohtashemi y Mui, 2003) de los que se resalta su tendencia a emplear modelos matemáticos que se usan en disciplinas como la ciencia política y la economía (Dimick *et al.*, 2018), y por último se han hecho análisis longitudinales de registros de donaciones (Ekström, 2018).

En el aspecto técnico, la mayoría de las pruebas que se llevan a cabo giran en torno a la idea de juegos económicos como paradigma experimental privilegiado para observar el altruismo en su componente conductual, e infiriendo la concepción afectiva de este, donde además se ve expresamente la condición de dar a otro algún bien personal, principalmente de tipo económico. Ejemplo de ello es el uso de juegos como el ultimátum (Filkowski *et al.*, 2016), el dictador (Harms *et al.*, 2017; Filkowski *et al.*, 2016; Angerer *et al.*, 2015; Galizzi y Nieboer, 2015), de la confianza (*trust game*) (Cáceda *et al.*, 2017; Filkowski *et al.*, 2016; Tzieropoulos, 2013), el dilema del prisionero (Aydogan *et al.*, 2017; Kurzban *et al.*, 2015) y el *public goods game* (PGG) (Filkowski *et al.*, 2016).

También se han usado paradigmas de reciprocidad directa e indirecta de bienes económicos (Reuter *et al.*, 2011; Roberts, 2008), donde se han hecho variaciones presentando una recompensa tardía o aplazada, la cual demostró ser una forma de incrementar la tendencia a ejecutar conductas altruistas (Osiński y Karbowski, 2017). De manera menos común, se han hecho pruebas virtuales de *ball-toss* (Kawamichi *et al.*, 2016), estandarización de pruebas en las que se hace una presentación de escenarios con problemas de la vida cotidiana donde se causa daño a alguien (Fehse *et al.*, 2015) y ejecución de pruebas conductuales después de la aplicación de oxitocina intranasal (Aydogan *et al.*, 2017), para lo cual se hace una salvedad por parte de los mismos autores, quienes afirman que, aun cuando se han publicado metaanálisis que dan cuenta de la eficacia del uso de oxitocina intranasal para generar conductas más prosociales, este procedimiento cuenta con serias dificultades en su replicabilidad.

Por último, aparecen técnicas que apelan a la medición de variables fisiológicas que se hacen en compañía de los paradigmas ya mencionados, como son el caso de la razón 2D:4D (Galizzi y Nieboer, 2015); la estimulación magnética transcraneal (TMS) sobre regiones de corteza prefrontal (Christov-Moore *et al.*, 2017) y en la parte más posterior y caudal del cerebro (Sartori *et al.*, 2012); así como la fMRI (Cáceda *et al.*, 2017; Kawamichi *et al.*, 2016; Cáceda *et al.*, 2015; Fehse *et al.*, 2015). De manera complementaria a las pruebas ya mencionadas, se ha utilizado cuestionarios de autorreporte (Filkowski *et al.*, 2016) como la escala de *self-report altruism* (SRA; Hill, 2016; Oda *et al.*, 2014); pruebas de personalidad como el *big five inventory* (Hill, 2016; Oda *et al.*, 2014), una versión abreviada de la *NEO personality inventory* (Cáceda *et al.*, 2017; Cáceda *et al.*, 2015) y el *temperament and character inventory* (TCI; Reuter *et al.*, 2011). Así mismo, se mencionan otras pruebas estandarizadas de funciones vinculadas al altruismo, como la escala sobre donación de órganos *organ donation attitudes scale* (ODAS; Hill, 2016), el *defining issues test* (DIT) para esquemas morales (Cáceda *et al.*, 2017; Cáceda *et al.*, 2015), el BIS-11 para impulsividad (Cáceda *et al.*, 2017; Cáceda *et al.*, 2015) y el *dysfunctional attitudes for depression* (DAS; Cáceda *et al.*, 2015).

CONCLUSIÓN

Con esta compilación, que no deja de ser breve respecto al volumen de publicaciones que se hacen constantemente, se quiso brindar un panorama de cómo se ha entendido e investigado la cognición desde las neurociencias y más puntualmente desde la neurociencia social, dando cuenta de sus aristas, debates, hallazgos parciales y actuales técnicas de estudio. Se ha podido ver entonces cómo ha evolucionado el término y como se ha llegado a consensos en su definición y estudio, al tiempo que se ha dividido en subcomponentes que abarcan nuevos fenómenos y que han sufrido los mismos procesos, siempre con miras a establecer acuerdos entre la comunidad científica y buscando los modelos que mejor describan la realidad que se observa. En este proceso ha sido indispensable el diálogo colaborativo y crítico entre diferentes disciplinas, con el fin de abarcar los distintos niveles de análisis en los cuales es posible abordar un fenómeno, intentando crear puentes entre ellos que den un panorama más general de comprensión.

Este interés, que va más allá de disciplinas puntuales y que ha sido tan fecundo en los últimos años en perspectivas, subdivisiones conceptuales, herramientas de investigación y descubrimientos, sigue abogando por una comprobación científica que busca patrones recurrentes, generalizables y demostrables en distintos modelos. Ello sigue siendo de suma importancia, pero también lo es el hecho de ir mudando hacia formas de conocimiento científico que integre diversos aportes para brindar comprensiones más globales de los fenómenos, en vez de fragmentarlos en partes tan puntuales que ya luego parecen perder todo vínculo con el resto de los componentes. Es el caso de campos como el de la neurociencia social que, tomando en cuenta los aportes de otras áreas de conocimiento, ha intentado formular un marco conceptual más abarcador que reconoce la complejidad de los hechos que se estudian, sin perder la rigurosidad científica que esto le implica. Vale la pena entonces seguirle la pista a este campo y apoyar en la construcción de nuevas perspectivas de abordaje que den respuesta de manera más satisfactoria a viejos y nuevos cuestionamientos que siguen esa curiosidad permanente de todos los seres humanos.

TEORÍA DE JUEGOS: TOMA DE DECISIONES INDIVIDUALES Y EN INTERACCIÓN SOCIAL

MARÍA ALEJANDRA TANGARIFE CABRERA
JORGE MARTÍNEZ COTRINA

La teoría de juegos es un modelo ampliamente utilizado en las ciencias económicas para explicar la toma de decisiones individuales y sociales. Sin embargo, el desarrollo de sus explicaciones ha sido fuertemente criticado por no ser capaz de contemplar la influencia del entorno social. Desde otras perspectivas ofrecidas por la misma ciencia, la teoría de juegos comenzó a ser cuestionada y luego adecuada para analizar la toma de decisiones en situaciones que, por ejemplo, no implicaban riesgo para los participantes (Kahneman y Tversky, 1979) o cuyos resultados no se acoplaban teóricamente con los preceptos neoclásicos.

El presente capítulo tiene como objetivo ofrecer una introducción sobre el comportamiento de toma de decisiones desde una perspectiva interdisciplinar. En el primer apartado se describen los inicios del interés por el estudio de toma de decisiones, a partir de la descripción de la importancia de este asunto para la economía. Posteriormente, en el siguiente apartado, se suman los aportes de la economía comportamental, cuyo contenido describió procesos y sesgos individuales frente a los juicios y la toma de decisiones. Luego se expone la relevancia del juicio moral, la cooperación, el altruismo y la empatía como aspectos relevantes durante la toma de decisiones. Por último, se recopilan los desarrollos de la neurociencia social con respecto a la teoría de juegos.

CONTEXTO GENERAL DE LA TEORÍA DE JUEGOS DESDE LAS CIENCIAS ECONÓMICAS

La teoría de juegos es un conjunto de herramientas que tiene el propósito de explicar las condiciones en las que las personas toman decisiones y la influencia que dichas decisiones ejercen sobre las decisiones de otras personas. La teoría de juegos se encarga de estudiar, por medio de análisis matemáticos, los componentes de las interacciones entre personas que se relacionan entre sí de manera estratégica. Como concepto, la teoría de juegos fue introducida por Von Newman y Morgenstern (1944) en su libro *Theory of Games and Economic Behavior*. Sin embargo, según Dresher (1956), uno de los primeros intentos de situarla como una teoría matemática de estrategia fue gracias al trabajo del francés Emile Borel en 1921. Posteriormente, fue reforzada gracias al concepto de equilibrio de John Nash (Smith, 2000), el cual será descrito adelante.

La necesidad de conceptualizar el comportamiento de los individuos que constituyen un grupo o comunidad (Von Newman y Morgenstern, 1944) no solo es una base principal de la teoría de juegos, sino también una rama importante de la ciencia económica *per se*. Hoy en día, la economía es una ciencia inherentemente social que tiene el propósito de estudiar el comportamiento de administración de los recursos en las sociedades, y sus primeros acercamientos devienen de los trabajos de Aristóteles, quien la discutió mediante sus nociones de justicia en la Ética a Nicómaco (Lowry, 1997). Según Lowry, la economía de Aristóteles se basaba en la división voluntaria de los bienes de dos actores. Lowry afirma que en su libro V Aristóteles trata el tema de la *justicia particular*, es decir, de cómo funcionan las decisiones justas en situaciones particulares de intercambio. Era importante que un intercambio de un bien fuese voluntario, pues de esa manera se consideraría una transacción justa y consecuente. El intercambio era justo si el precio de los productos a intercambiar beneficiaba tanto al que vende como al que recibe. Los productos debían ser proporcionales en valor y en cantidad (Lowry, 1997; Smith, 2000).

Siglos después, la economía empezó a consolidarse con las publicaciones de Paul Samuelson a mediados del siglo XX (Smith, 2000). En las distintas ediciones de su libro, *Textbook of Economics*, pretendió promover la idea de que la ciencia de la economía debía ser libre, sencilla y fácil de entender para aquellos que no la conocían. La escritura de su libro estuvo influenciada por las coyunturas históricas internacionales de la época, por lo que destacó temas económicos desarrollados a partir de situaciones como las grandes guerras y diferentes aspectos administrativos y políticos en Europa de la época (Smith, 2000).

El modelo neoclásico propuesto por Samuelson consideró que, en un sistema de individuos, todos tienen la intención de maximizar su satisfacción o utilidad según sus expectativas para producir y consumir bienes y servicios (Keita, 1992). El proceso por el cual los sujetos elegían la decisión más correcta fue teorizado y estudiado por medio de la llamada *teoría de la utilidad* (Fishburn, 1970), cuyo objetivo era explicar la toma de decisiones de los individuos de acuerdo con sus preferencias y la incertidumbre de las consecuencias. Se consideraba que todos los individuos poseen un número de variables u opciones para escoger que describen sus acciones dentro del sistema económico al que pertenecen. Si el número de personas dentro de dicho sistema aumentaba, se tendía a observar la formación de coaliciones que igualmente permitían la libre competencia y la obtención de la máxima utilidad para los intereses del grupo (Dresher, 1956).

Ciertamente, la teoría de juegos partió de modelos neoclásicos económicos para estructurar sus supuestos y explicar la toma de decisiones económicas individuales en sociedad y la manera en la que los individuos se agrupaban con la finalidad de maximizar sus beneficios (Stone, 1948). El caso más simple se obtuvo a partir de la situación de Robinson Crusoe, quien encaró diferentes dilemas los cuales eran, sin embargo, distintos a aquellos observados en una economía social (Stone, 1948). El problema de Crusoe radicaba en que el sujeto se hallaba frente a la necesidad de emplear las herramientas que tenía a la mano para mejorar su condición de vida en una isla desierta (Von Newman y Morgenstern, 1944). No obstante, para quien participa de una economía social, la posición de Crusoe no es conveniente; un individuo, dependiendo de sus preferencias, bienes, servicios y sus expectativas (para obtener su máximo de satisfacción) generalmente entra e intercambia estratégicamente relaciones con otros (Stone, 1948).

Por medio del concepto de *juego,* considerado como la abstracción de una circunstancia de la vida real, en la cual se les da a los sujetos, o jugadores, un control de las posibles variables que se derivan de una o más eventualidades (Wagner, 1958), la naturaleza de las eventualidades fue influenciada por medio de la manipulación de las herramientas que cada jugador tenía a la mano en sus diferentes fases. Así pues, un jugador poesía el conocimiento de la naturaleza de las posibilidades, entonces las decisiones que podía tomar se daban con respecto a sus creencias de que los resultados asociados con cada evento sucederían. Sin embargo, la consecuencia proporcionada es proveída en términos de la probabilidad de que un evento suceda o no, dada la decisión del jugador (Wagner, 1958). Es importante tener en cuenta que en el juego no solo se consideran las acciones de un actor, sino más bien del mismo actor y de su interacción con las jugadas de otros adversarios, quienes podrían estar ejecutando las mismas jugadas.

Más específicamente, se definen juegos cooperativos y no cooperativos. Los juegos cooperativos son aquellos en los cuales los jugadores eligen estrategias de juego de manera conjunta, pues tienen un fin en común. Por otro lado, en los juegos no cooperativos, los jugadores compiten entre sí al elegir estrategias con el propósito de ganar (Zapardiel, 2014). El campo de los juegos no cooperativos resulta interesante dentro del panorama de la teoría de juegos, ya que parten del axioma que el fin último de un individuo o empresa racional es maximizar sus beneficios. Después de tomar decisiones dentro del juego, hacen uso de esta racionalidad para predecir los posibles comportamientos de otros jugadores (Zapardiel, 2014). Dentro del juego, las reglas definen las *jugadas* que se pueden o se deben hacer durante todas las circunstancias que sean posibles. Los jugadores hacen uso de *estrategias* o planes que se formulan de acuerdo con las reglas del juego con base en cada movimiento durante el juego. También, por medio de un plan completo de jugadas desde el inicio hasta el final (Dresher, 1956). Cada vez que el jugador elige una estrategia, suponiendo que la actual es mejor a la anterior, es llamado un *equilibrio de Nash* (Álvarez Causelo, 2013).

Ahora bien, Von Newman (1944) ofreció una definición del juego por medio de la elaboración de la noción de partición de sets. Cada juego es determinado según el número de jugadores, la suma de sus estrategias planeadas y sus formas de pago. Por lo tanto, si un jugador posee *n* estrategias diferentes, entonces este identificaría su número de estrategias *1, 2, …, n*. Cada combinación de estrategias suele determinar una ganancia que se va a medir de acuerdo con el pago de los otros jugadores y sus planes para jugar el juego (Dresher, 1956). Con el propósito de facilitar su explicación de la probabilidad de la elección de estrategias, von Newman utilizó un tipo de juego llamado juego de suma cero para dos personas (*two-person zero sum game*), en el cual se definía el valor de ganancias y pérdidas de los jugadores desde el principio. En otras palabras, dentro del juego el número de ganancias de un jugador iba a ser igual que el número de pérdidas de otro (Dufwenberg, 2011).

Lo anterior se representó matemáticamente con el propósito de simplificar el modelo. Las dinámicas de las cuatro actividades esenciales eran comprometidas cada vez que una persona tomaba decisiones de manera racional y elegía entre un número de posibles alternativas desde diferentes escenarios antes de tomar la decisión más correcta (Oliveira, 2007). Frente a esto, Kahnemann y Trvesky (1979) exponen que las alternativas desde las cuales deviene la utilidad esperada (*U)* son las probabilidades de ocurrencia para cada uno de los posibles resultados, para escoger la opción que tenga un mayor beneficio, con el menor riesgo.

A lo largo de la historia, varios estudiosos han considerado que las sociedades de la antigüedad se construían a partir de un sistema parecido, debido a la presencia de relaciones de beneficio mutuo entre coaliciones de individuos que ocupaban espacios distintos (Smith, 2000).

Mas-Colell y Hart (2004) afirmaron que, cuando más de un jugador estaba involucrado en el juego, la posibilidad de ganancias simultáneas y los incentivos para coludir hacían necesaria la cooperación, a pesar de la calidad de las personas de ser infinitamente egoístas. De ahí, el concepto de equilibrio de Nash cobró relevancia, ya que según su teoría era posible que un jugador maximizara su utilidad con la máxima previsión, pues contemplaba que cada jugador maximiza su utilidad de acuerdo con sus expectativas de lo que los otros jugadores van a hacer y, en efecto, este está en lo correcto sobre las expectativas de lo que los otros van a hacer. En seguida, se considera que las expectativas se encuentran coordinadas. Se propuso y se aceptó lo anterior dentro del juego porque situaciones se repetían una y otra vez con las mismas dinámicas. Por lo tanto, se asumía que los jugadores dentro de un juego, y en cualquier situación, tenían esta tendencia de coordinar (Mas-Colell y Hart, 2004).

Todo intento de obtener un máximo beneficio, ya sea económico o social, sería considerado como un acto racional (Von Newman y Morgenstern, 1944). Se afirmaba que "un hombre económico racional es aquel que maximiza su utilidad". En el caso de no ser guiado por la búsqueda de la máxima utilidad, se consideraría la consecuente ejecución de actos irracionales (Goodwing, Harris, Nelson y Weisskopf, 2014). Bajo este modelo de racionalidad suponía la manera en la cual las personas se comportaban y cómo se comportaban para alcanzar un objetivo definido (Wilkinsom y Klaes, 2012).

Un tercer estado del juego, definido por el *jugador Harsanyi,* se alejó de los preceptos clásicos con el propósito de aumentar el nivel explicativo de la teoría en otras situaciones. Este estado asume que los jugadores son racionales, pero tienen muy poca o ninguna información sobre sus contrincantes. Posteriormente, bajo este modelo de juego los pagos son dados en función a la manera en la que los jugadores estructuran creencias sobre los posibles pagos y creencias de los otros. Se argumentó que la toma de decisiones se establecía con base en modelos clásicos racionales sobre la formación de creencias dentro del juego, pero también por medio de un enfoque evolutivo que consideraba que los jugadores tenían la tendencia de imitar los comportamientos exitosos observados de los otros jugadores. La "conclusión racional" del juego se derivaba de la capacidad cognitiva del responsable para tomar decisiones y de la complejidad de la situación de decisión (Holler, 2002).

APORTES Y TENSIONES DE LA ECONOMÍA COMPORTAMENTAL CON RELACIÓN A LA TEORÍA DE JUEGOS

Partiendo de lo explicando anteriormente, llegaron nuevas formas de explicar las tomas de decisiones que no se tenían en cuenta en el modelo neoclásico económico para la teoría de juegos. De estas incógnitas no resueltas, se postuló una no tan nueva rama de la economía, *la economía comportamental*, cuyo propósito fue incrementar el poder explicativo de la economía al proveer explicaciones más realistas desde la psicología (Camerer, Loewenstein y Rabin, 2004). En su sentido más puro, su componente comportamental le permitió realizar acercamientos a las ciencias del comportamiento, como la psicología, la sociología y la biología (Oliveira, 2007). Además de relacionar la toma de decisiones con procesos complejos de pensamiento y reacciones subjetivas ante el mundo externo.

Los inicios de la economía comportamental se estructuraron con base en el análisis de las debilidades principales desde las cuales la economía neoclásica fundamentaba sus modelos para explicar el comportamiento, y que en muchos sentidos causaba confusión. El modelo de racionalidad económica o de comportamientos racionales explicado en el apartado anterior fue un tema cuestionado, ya que las consecuencias psicológicas derivadas de la "jugada", o cualquier decisión, integraban inmensas cantidades de variables que eran negadas o simplemente no se contemplaban por no ser lógicamente válidas; entre estas, se destacaban las creencias, los valores, las expectativas y las experiencias de vida de los jugadores (Oliveira, 2007).

Aunque el modelo racional de la economía neoclásica se encargaba de describir la manera en la que las personas toman decisiones, no existía claridad sobre bajo qué sistemas de creencias se estructuraba la toma de decisiones económicas (Caplan y Miller, 2012). Dos tipos de creencias básicas que conflictuaban entre sí y generaban la famosa confusión teórica; eran las llamadas *positivas* y *normativas*. Lo anterior, aludiendo a que la economía tradicional ha mantenido una estricta dicotomía entre lo positivo, que empíricamente atribuye lo que "*es de ser*", y lo normativo, que hace apelación a consideraciones éticas sobre lo que "*debería ser*" (Friedman, 1970; Hands, 2012). Se consideraba que ambas eran fundamentalmente diferentes e ilegitimaban el análisis basado en la normatividad de la ciencia económica, mas no en la política económica (Hands, 2012).

La perspectiva positiva, fuertemente influenciada por criterios del positivismo lógico, afirmaba mantener la rigurosidad científica esperada en la ciencia para establecer sus modelos. Dicha perspectiva se estructuró como un lenguaje metódico para referenciar lo "correcto" o "incorrecto" (Friedman, 1970). Posteriormente, establecían preceptos de obediencia relacionados con sistemas de estrategias desde las cuales los mejores fines siempre se podían lograr (Boland, 1991).

De ahí, la motivación de la economía experimental de explicar los supuestos neoclásicos comenzó a recaer en la explicación de proposiciones del estilo, por ejemplo, si el mundo tiene una forma *X* y las personas se comportan de acuerdo con la proposición *Y*, entonces se va a observar un fenómeno *Z*. Generalmente, las respuestas se enfocaban en ofrecer una explicación positiva para el fenómeno *Z*, pero no establecían acercamientos que determinaran si los individuos implicados realmente se comportaban de acuerdo con la proposición *Y* para observar el fenómeno *Z*. Las limitaciones metodológicas fueron confrontadas por varias escuelas positivistas que propusieron crear situaciones de la vida real que representaran un mundo con forma *X* y determinaran en qué momento un comportamiento es influenciado por la posición *Y* para observar el fenómeno *Z*. Todo esto fue estructurado con el propósito de obtener evidencia experimental que confirmara de manera apropiada cualquier fenómeno en la sociedad (Boland, 1991).

Por otro lado, las preguntas del análisis normativo eran abordadas según la estructura de los sistemas de valores por fuera de los modelos económicos clásicos, pues eran contempladas desde las estructuras sociales, la ética y los valores morales. Al final, no contaban con proposiciones reales desde las cuales se pudiese proceder con un análisis lógico deductivo y predictivo, como lo pretendían los economistas positivistas. Sin embargo, brindaban información provechosa para explicar los fenómenos comportamentales que los axiomas neoclásicos no eran capaces de abordar (Landsburg, 2007). El análisis normativo se preocupó por entender la naturaleza de la lógica racional de la toma de decisiones (Kahneman y Tversky, 1984; Hands, 2012), pero estructuró sus argumentos de acuerdo con las consecuencias de los actos, y no con las predicciones de estos mismos (Boland, 1991).

La raíz de la confusión entre las dos recayó en el juicio de validez sobre las situaciones explicadas. Posteriores análisis identificaron que las creencias normativas y positivas no eran tan diferentes como aparentaban ser, debido a que la teoría de toma de decisiones racionales era una rama de la investigación normativa que pretendía responder preguntas sobre cómo un sujeto ideal racional debería actuar (Kahneman y Tversky, 1984; Hands, 2012). En otras palabras, se estableció una relación fundamental entre las dos con base en la siguiente información: el *debería* normativo es constituido por situaciones posibles, y el *es* positivo es, en efecto, la representación de una situación posible; por lo tanto, el *debería* necesariamente *es lo posible* que determina los límites de los comportamientos no racionales (Hands, 2012).

Ciertamente, lo anterior resultaba problemático para la explicación de los conceptos relacionados con la teoría de juegos, que estaba fuertemente influenciada por los preceptos positivos de la economía neoclásica. Los principios económicos de cómo realizar ganancias desde el intercambio y cómo articularlas mutuamente sujetas a la cooperación mutua (Caplan, 2002; Mas-Colell y Hart, 2004) comenzaron a demostrar dificultades metodológicas que llevaron a repensar tanto el diseño como la explicación de las consecuencias comportamentales que estaban tan bien definidas en el sistema neoclásico. En los siguientes apartados se van a exponer estas nuevas formas de análisis.

La necesidad de incorporar preceptos psicológicos en las teorías económicas para la toma de decisiones resulta conveniente para explicar el comportamiento desde diferentes niveles de análisis: biológico y neurológico, por un lado, y sociocultural, por el otro (Angner y Loewenstein, 2007). Teniendo en cuenta lo anterior, la no tan nueva economía comportamental sugirió maneras de investigar la toma de decisiones desde la psicología.

Este campo se encargó de acomodar el comportamiento paradójico de los individuos dentro del plano psicológico y económico clásico (Glimcher, Camerer, Fehr y Poldrack, 2009). La labor principal recaía en el intento de unir empíricamente las disciplinas positivas de los teóricos neoclásicos con los teóricos normativos, dado que los preceptos eran el punto de partida para analizar los fenómenos comportamentales (Kahneman y Tversky, 1984; Glimcher *et al.*, 2009). Particularmente, los psicólogos Kahneman y Tversky (1979) cuestionaron las aproximaciones de la economía neoclásica para la toma de decisiones por medio de ejemplos experimentales que comprobaron en varias ocasiones sus falencias. Los nuevos conceptos que comenzaron a discutir reconstruyeron el análisis de la teoría de juegos y ofrecieron nuevas formas de explicar la toma de decisiones en diferentes contextos.

En primer lugar, Kahneman y Tversky (1984) consideraron importante evaluar tanto el *riesgo* como situaciones poco riesgosas en la toma decisiones. En el pasado era natural estudiar la toma de decisiones bajo riesgo debido a la facilidad de evaluar y predecir las ganancias de los jugadores (Kahneman y Tversky, 1979). Se tenía previsto desde el principio que los sujetos que deben tomar una decisión eran, por lo general, *aversos al riesgo*, incluso si esto significaba no obtener la máxima utilidad.

Paralelamente, las situaciones atribuidas a la *búsqueda de riesgo* se relacionaban con el contenido de las opciones y las consecuencias esperadas a raíz de la decisión. Nuevamente, Kahneman y Tversky (1979) propusieron que el valor subjetivo de la toma de decisiones debía ser tenido en cuenta a partir de las ganancias y pérdidas, más que los activos totales obtenidos al final del juego o situación. En cierto sentido, argumentaban que la aversión a perder un valor $X era en la mayoría de los casos más aversiva que la ganancia del valor $X atractiva. A todas estas suposiciones sobre el tratamiento de la toma de decisiones bajo riesgo las llamaron *teoría de la expectativa (prospect theory*; Kahneman y Tversky, 1984).

La información anterior ejemplificaba una situación que ofrece otras maneras de analizar la evaluación subjetiva en eventos que significaban riesgo. Era difícil para los teóricos neoclásicos aproximarse a este tipo de situaciones, pues de todas las maneras se violaban los axiomas principales para establecer un comportamiento racional. Esto mismo llevó a revaluar la rigurosidad teórica con la cual los experimentos se aproximaban a cualquier situación, y se consideraba necesario hablar sobre conceptos como las creencias, las emociones, los heurísticos, etc. (Angner y Loewenstein, 2007).

También se trató de explicar la toma de decisiones por medio de las cuestiones o preguntas fundamentales que una persona se podía hacer a la hora de tomar una decisión. Yates y Tschirhart (2006) propusieron que una *decisión* era un compromiso a un curso de acción que era destinado a producir resultados satisfactorios para personas específicas. Así mismo, manifestaron que lo anterior era posible gracias a la existencia de diferentes tipos de preguntas, los cuales generaban una serie de pasos que guiaban a las personas a tomar una decisión. En primer lugar, se expresaba que estas preguntas guiaban la selección de alternativas desde un set de alternativas posibles de mayor tamaño. En segundo lugar, establecían la aceptación o el rechazo de las posibles consecuencias que el sujeto evaluaba. En tercer lugar, provocaban la evaluación de los argumentos, los cuales normalmente se encuentran respaldados por el compromiso de actuar. Para finalizar, en cuarto lugar, hacían el intento de crear una solución ideal que dependía de los recursos disponibles del sujeto en cuestión.

Según March (1978), existían dos tipos de conjeturas con las cuales se analizaba la toma de decisiones: las conjeturas sobre las futuras consecuencias de las acciones que un sujeto realiza en el presente y las conjeturas sobre las preferencias futuras de esas consecuencias. El concepto, inicialmente introducido por Herbert Simon en 1955 (March, 1978), argumentó que los humanos eran seres limitados en sus capacidades cognitivas para resolver problemas complejos y para procesar grandes cantidades de información. Es por eso por lo que a la hora de tomar decisiones tenían la tendencia de escoger a partir de la información que tenían a la mano, lo que creían que era conveniente, lo que debían ignorar y, finalmente, con base en heurísticos, tomaban una decisión (Romanycia y Pelletier, 1985).

El caso particular de los *heurísticos* como marco de análisis para los juicios y la toma de decisiones también fue fundamental para la explicación de todas aquellas situaciones cuya explicación no era alcanzable bajo los preceptos de los axiomas sobre comportamientos racionales de búsqueda de utilidad. Los heurísticos son definidos de manera simplificada como tipos de operaciones o atajos mentales hechos por las personas para resolver problemas y tomar decisiones en situaciones en las cuales tienen información limitada para establecer inferencias (Romanycia y Pelletier, 1985). También se definen como tipos de estrategias simples para acceder y manipular la información, con el propósito de proveer respuestas rápidas que no requieran de esfuerzo cognitivo para juzgar situaciones y tomar decisiones (Bhatia, 2015).

Para Kahneman y Tversky (1974), las afirmaciones "*pienso que…*", "*existe el chance de que…*", "*es poco probable que…*", etc., representaban probabilidades que podían explicarse por medio del uso de heurísticos, aunque existiera el riesgo caer en sesgos que eliminan la validez sistemática de los experimentos. Aun así, presentaron los heurísticos de *representatividad, accesibilidad* y *ajuste o anclaje,* cuyo contenido aún es analizado en condiciones experimentales. A continuación, se van a exponer los tres heurísticos junto con sus respectivos sesgos.

El primer heurístico, el de *representatividad,* se encargaba de calificar situaciones en las cuales los sujetos, por falta de información, evaluaban la probabilidad de que un evento *A* perteneciera o se originara a partir de un evento *B*. Según Kahneman y Tversky (1974), quienes toman decisiones normalmente no consideran las relaciones lógicas o probabilísticas entre los eventos, sean *A* y *B* –*para este propósito*–, para responder preguntas. Por el contrario, se realizaban juicios de acuerdo con la medida en la que *A* podía ser similar a *B*. En este tipo de situaciones el concepto en sí mismo representaba un atajo mental que posteriormente podía llegar a verse sesgado por la semejanza entre el mismo y otros conceptos. Para la teoría de toma de decisiones, este heurístico se visibilizaba cuando las personas tenían la tendencia a realizar conclusiones sobre cómo proceder a partir de las generalizaciones que obtenían de una muestra limitada de información (Gál, Mrva y Meško, 2013).

Ahora bien, Kahneman y Tversky (1974) definieron los siguientes sesgos derivados del heurístico de la *representatividad*. El primer sesgo se relacionaba con las *equivocaciones relacionadas con el chance*. Estas equivocaciones están vinculadas con la expectativa de las personas de que una secuencia de eventos generada por un proceso aleatorio siempre iba a representar las características esenciales del proceso, siempre y cuando sea corto. El segundo sesgo, *la insensibilidad de la predictibilidad*, se relacionaba con la generación de predicciones numéricas para el futuro de un evento particular. El tercer sesgo, la *ilusión de validez*, como su nombre lo indica, hace referencia a que las personas tienden a elegir consecuencias relacionadas con la característica que consideran más representativa de la consecuencia observada. La ilusión de validez se cumplía, por ejemplo, cada vez que una persona predecía la personalidad de alguien más con base en estereotipos. El cuarto sesgo, o *equivocación de regresión*, fue ejemplificado en situaciones del estilo de: Un sujeto examina el rendimiento de un grupo de niños en dos versiones equivalentes de un examen. Si el sujeto selecciona a los 10 niños con el mayor rendimiento para una segunda examinación, después del examen considerará que su rendimiento fue decepcionante. Si el sujeto escoge a 10 estudiantes con los peores resultados, encontrará, por el contrario, un mejor rendimiento.

El segundo heurístico, de *accesibilidad*, se estructura con base en las evaluaciones de la frecuencia de una probabilidad de un evento sujeto a las instancias y ocurrencias que este mismo traiga a la mente del sujeto (Gál *et al.*, 2013). Se consideran soluciones evocadas relacionadas con este sesgo, si las personas tienen un estado emocional específico, si los eventos que se van a evaluar evocan estados emocionales, si son poco claros o difíciles de imaginar (Mas-Bazerman y Moore, 2008; Gál *et al.*, 2013).

Los sesgos relacionados con este heurístico son los siguientes. El primero, o *recuperabilidad de instancias*, expone que el impacto de percibir una situación particular siempre es mayor que el impacto de leer o escuchar sobre la misma. En segundo lugar, *el sesgo debido a la efectividad de un conjunto de búsqueda* supone que la representación de algunos conceptos es más fácil de recuperar que la de otros. Por ejemplo, si a un sujeto se le pide que evalúe la frecuencia en la que palabras abstractas (pensamiento, amor) y palabras concretas (puerta, casa) aparecen escritas en inglés, resulta más sencillo para el sujeto evocar recuerdos relacionados con los contextos en los cuales se identifican las palabras abstractas, en comparación con las concretas (Kahneman y Tversky, 1974). El *sesgo de imaginabilidad* se refiere a la evaluación de situaciones en las cuales no existe información disponible en la memoria para establecer juicios y tomar decisiones (Williams, 2011). El sesgo de *correlaciones ilusorias* se conoce como la correlación que un sujeto establece ante dos sucesos. Esto se debe al vínculo que el sujeto mantiene con las situaciones similares almacenadas en su memoria (Williams, 2011).

Por último, el *heurístico de ajuste o anclaje* se refiere a la toma de decisiones basadas en estimaciones sobre un valor inicial que se ajusta a un sistema de creencias que guía sus posteriores decisiones para la formulación de la solución de un problema (Kahneman y Tversky, 1974). Desde el *anclaje*, se deriva *el sesgo de la evaluación de eventos conjuntivos y disyuntivos.* Un evento *conjuntivo* representa la sobreestimación de la probabilidad de ocurrencia de una situación global de probabilidad baja, por estar compuesta de pequeños eventos de probabilidad individual alta. Por otro lado, las estructuras *disyuntivas* equivalen a la subestimación de que eventos complejos de probabilidad baja sucedan. El segundo sesgo es el *anclaje en la evaluación de distribuciones de probabilidad subjetivas.* Este sesgo es observado cuando una estimación de una probabilidad de un evento se ajusta hacia arriba para llegar a un percentil 90.

Llegado a este punto, se observan las diversas maneras alternativas al modelo de utilidad que se habían generado para explicar el comportamiento de toma de decisiones. Con esto en mente es posible afirmar que la economía comportamental optaba por explicar las razones por las cuales la toma de decisiones no debía ser en definitivo tan racional como pretendía ser en el pasado. Así pues, como se expuso al principio de la sección, la labor principal de la economía comportamental recaía en intentar visibilizar el modelo normativo para la toma de decisiones y unirlo con las disciplinas positivas. Todo con el fin de desarrollar teorías sobre cómo la identidad personal de un individuo afectaba su toma de decisiones en escenarios distintos (Kahneman y Tversky, 1984; Glimcher *et al.*, 2009). Esto mismo llevó a conjeturar que todos los individuos podían ser tan racionales como normativos, pero esto dependía del curso de acción por el cual se guiaban para tomar decisiones. En la mayoría de los casos imperaban los impulsos inconscientes, las emociones y las experiencias previas, a diferencia de la asignación numérica de valores para alternativas de decisión (Jonassen, 2012).

Toda esta información representa un agregado de suposiciones desde la teoría económica comportamental ya que complejiza los niveles de análisis con los cuales una persona normalmente toma una decisión. Dichos aportes establecieron nuevos parámetros desde los cuales se interpretó la racionalidad o su ausencia en situaciones dinámicas y de interacciones estratégicas (Camerer y Richards, 1995). Sin embargo, aun siendo útiles para ofrecer explicaciones convenientes sobre la manera en la que los humanos procesan la información que reciben de un ambiente determinado, se comenzó a contemplar la necesidad de explorar los anteriores apartados en situaciones de interacción con otros –competencia y cooperación– desde los aportes de la psicología cognitiva.

TEORÍA DE JUEGOS Y TOMA DE DECISIONES, APORTES DESDE LA PSICOLOGÍA: JUICIO MORAL

Como se ha presentado a lo largo del presente texto, esta tendencia de generalizar el comportamiento es solamente útil en contextos acotados y muy controlados que, ciertamente, se alejan de la realidad y no cuentan con las herramientas para explicar conductas más complejas como la cooperación, el altruismo, el castigo, entre otras. El aporte de la economía comportamental ha exhibido ideas interesantes que aumentan el rango de información previa para responder a las preguntas relacionadas con la toma de decisiones por medio de un acercamiento a los procesos cognitivos y emocionales de los humanos.

El papel de la psicología y la economía comportamental ha ejemplificado y medido en qué momento es más probable que una persona tome decisiones sesgadas o no y el tipo de situaciones que pueden influencia r dicha toma de decisiones. El trabajo conjunto de los atajos cognitivos, el pensamiento estratégico, la evocación de emociones, las características del entorno y el efecto de terceros son algunas de las variables que han aportado información sugestiva sobre las diferentes maneras con las cuales una persona podría decidir sobre un curso de acción u otro (Akerlof y Kranton, 2010; Dolan Hallsworth, Halpern, King y Vlaev, 2010; Treadway *et al.*, 2014).

La creciente necesidad de explicar estos conceptos en situaciones sociales ha motivado el diseño de experimentos basados en juegos económicos que intentan manipular –y en lo posible definir– la toma de decisiones con base en la presentación de diferentes tareas. En los siguientes párrafos se va a exponer una serie de situaciones particulares desde las cuales se puede observar la inmensa variedad de elementos que motivan la generación los patrones comportamentales en entornos sociales. Todo esto nos demuestra que la cooperación entre las áreas de la psicología y la economía comportamental permiten generar situaciones medibles y análisis más apropiados para el mejor entendimiento del comportamiento individual y social.

Como se explicó, los conceptos que comenzaron a estremecer los argumentos neoclásicos por su complejidad se encuentran estructurados con base en sistemas de preferencias sociales (Akerlof y Kranton, 2010; Dolan *et al.*, 2010). Las normas sociales son capaces de guiar el comportamiento individual de maneras explícitas e implícitas al estructurar cuáles eventos son más considerados como correctos o incorrectos para los individuos, en sí mismos y en los demás (Gouldner, 1960; Dolan *et al.*, 2010). Más específicamente, la identidad de un individuo considera la categoría social a la que pertenece y el comportamiento que establece para obtener una utilidad consistente con su personalidad (Akerlof y Kranton, 2010). Esta definición generalizada ha hecho posible la observación del papel que podrían ejercer las normas sociales sobre el comportamiento; sin embargo, existe evidencia de otras tendencias de conducta generalizadas que también se pueden llevar a cabo dependiendo de la situación en la que los individuos se ven involucrados (Gouldner, 1960).

Se sabe que la influencia de la normatividad sobre el comportamiento es un tema que juega un papel en muchas áreas del conocimiento. Por ejemplo, esta se ha visto fuertemente influenciada por principios morales y la presencia de heurísticos que guían a los individuos hacia la aceptación de teorías ambiguas, que consecuentemente dirigen sus acciones a través de errores significativos derivados del juicio de algunos comportamientos (Sunstein, 2005). Sin embargo, la toma de decisiones basadas en el juicio de situaciones morales no se observa en todas las situaciones, sino en contextos particulares que provocan estos comportamientos sesgados (Treadway *et al.*, 2014).

Llegados a este punto, podemos emplear situaciones relacionadas con la evocación de juicios morales de diferentes tipos con el propósito de ejemplificar cómo el entorno social ofrece información de base para justificar ciertos caminos de acción al tomar decisiones por encima de otros. Luego pasaremos a exponer otros conceptos que, al mismo tiempo, ofrecen información sugestiva que se debe tener en cuenta para estudiar la toma de decisiones en entornos sociales.

Por un lado, se conoce que el juicio moral responde a dilemas con contenido moral por medio de principios *deontológicos* o *utilitaristas*. El principio *deontológico* justifica las acciones de acuerdo con un set particular de deberes y derechos que declaran cuándo una acción o inacción es necesaria (Whittier, Williams y Dewett, 2006). Por lo tanto, la moralidad dependería de la naturaleza intrínseca de los actos como principios prácticos subjetivos que definirían y diferenciarían las buenas prácticas de las malas prácticas dentro de un marco normativo (Conan y Gawronski, 2012; Gawronski, Armstrong, Conway, Friesdorf y Hütter, 2017) En otras palabras, una acción sería determinada como categóricamente correcta o incorrecta, no dependiendo de los resultados o las consecuencias, sino de la distinción de un acto como bueno o malo en sí según la buena voluntad del actor (Conan y Gawronski, 2012; Gawronski *et al.*, 2017). Por otro lado, el principio *utilitarista* afirma que la moralidad de una acción es determinada con fundamento en sus consecuencias (Conan y Gawronski, 2012) Este es también llamado *consecuencialista* (Whittier *et al.*, 2006). Este principio, por otro lado, incorpora la noción de que un acto es moralmente correcto si y solo si maximiza la totalidad de felicidad y minimiza el sufrimiento para la mayor cantidad de personas después de ser ejecutado (Whittier *et al.*, 2006).

Más afines a las observaciones contempladas por los principios deontológicos, Neff, Turiel y Anshel (2002) han identificado dos criterios formales para el juicio moral establecidos por Kohlberg y colegas en su *modelo de desarrollo moral*. El primero es la *prescriptividad*, es decir que los juicios son guiados mediante obligaciones categóricas para actuar. El segundo es el de *generalidad*, que quiere decir que la evaluación de los juicios debe ser aplicada de la misma manera por cualquier persona en una situación similar, independientemente de sus valores sociales e individuales. Se asume que estos dos criterios hacen parte de un proceso de aprendizaje inherente del desarrollo en todos los individuos a lo largo de la vida. Así mismo, cada comportamiento hace parte de un proceso de transición por etapas o niveles ascendentes bajo los cuales, a cortas edades, los niños comienzan a organizar su comportamiento moral en sociedad (para más información, léase Kohlberg y Hersh, 1977). Esta observación se basa en la idea de que las obligaciones morales se encuentran inmersas bajo un principio de justicia universal (Keller, Edelstein, Krettenauer, Fu-xi y Ge, 2005).

Esta observación ha sido fuertemente criticada, debido a la falta de consenso sobre la importancia de los valores morales de culturas no occidentales. Por ejemplo, Snarey (1985) se pregunta si todas las personas entienden de la misma manera los mismos dilemas morales generales, en vista de que cada dilema esencialmente evoca patrones de respuesta definidos por la cultura. En segundo lugar, con respecto a su modelo de desarrollo moral, Kohlberg argumenta que cada estado del desarrollo es invariante y secuencial, sin ningún tipo de regresión. Pese al problema del orden secuencial de paso de un estado a otro, se cuestiona que, por ejemplo, un sujeto perteneciente a otra cultura no desarrolle uno de sus pasos.

Otras maneras de evaluar los principios de moralidad, sean de origen deontológico o utilitarista, pueden depender de la influencia de factores ambientales que intervienen en el curso de acción por el cual una persona responde ante una decisión (Valdeoso y DeSteno, 2006). Como se observa en el heurístico de *accesibilidad*, en presencia de un dilema moral, las emociones previas pueden demostrar con eficacia la escogencia de un camino específico para tomar una decisión por encima de otro. Dicha guía no reside de forma absoluta en las respuestas evocadas por el dilema considerado, sino también por los estados afectivos presentes en el ambiente en donde este se produce. Sea de este último la influencia que optimiza o sesga la decisión, de acuerdo con la relevancia personal del estado afectivo y las pistas que el dilema le ofrece al sujeto en cuestión (Valdeoso y DeSteno, 2006; Conan y Gawronski, 2012).

Otros acercamientos relevantes para el procesamiento de la información moral consistieron en dos puntos definidos por Greene en 2001 con el nombre *proceso dual* (Kahane, 2012). El primer punto argumentaba que los juicios deontológicos eran generados por un procesamiento automático. El segundo afirmaba que los juicios utilitarios eran generados por un procesamiento de la información más controlado. De este asunto se han estructurado análisis sobre la naturaleza de evaluaciones rápidas, y cómo estas posiblemente empujan y contextualizan los procesos de razonamiento y toma de decisiones (Haidt, 2007). Diversas perspectivas argumentaban que los dilemas que implicaban altos grados de conflicto aumentaban la deliberación entre las dos inclinaciones y que era posible comportarse de acuerdo con la más fuerte. Así pues, el juicio moral también era una combinación de ambas inclinaciones, y las respuestas de un sujeto serían producto de estas mismas (Gürçay y Baron, 2015). Esta última observación generó conflicto, ya que no se creía conveniente abarcarla si al mismo tiempo se afirmaba que las inclinaciones estaban inversamente relacionadas (Conan y Gawronski, 2012).

Partiendo de esta ambigüedad teórica, Conan y Gawronski (2012) revelaron diferencias significativas en los juicios morales como resultado de un proceso de sobrecarga cognitiva. Los autores ofrecieron información a favor de que las inclinaciones utilitarias dependían, comparadas con las posturas deontológicas, del uso de recursos cognitivos. Por lo tanto, cuando disminuían la carga cognitiva de las tareas en sus sujetos experimentales, se afectaban las evaluaciones utilitaristas, mas no las de origen deontológico. En segundo lugar, sugirieron que los juicios morales relacionados con respuestas emocionales ante acciones que causan daño eran abarcados por medio de respuestas de carácter deontológico. En su análisis también observaron que los participantes mostraban una preferencia más fuerte por juicios deontológicos en comparación con los utilitaristas cuando la acción implicaba un potencial daño a otra persona. La anterior afirmación era un sustento para aseverar que el sentido de moralidad expresado puede ser en sus inicios de carácter afectivo, pero un sujeto es capaz, posteriormente, de realizar juicios distintos a partir del conocimiento que recolecta de la situación en cuestión (Tassy, Oullier, Mancini y Wicker, 2013). De la misma manera, según la teoría de *primacía afectiva*, el procesamiento de la información de cualquier situación es primeramente de carácter afectivo, y la activación relacionada con el afecto permite categorizar el estímulo con base en otros recursos cognitivos (Haidt, 2007; Tassy *et al.*, 2013).

Haidt y Bjorklund (2008) siguieron un camino similar y propusieron en su estudio que los juicios morales eran intuiciones generadas por procesos cognitivos automáticos que después proveían bases para la justificación moral de estos mismos. Sin embargo, no lograron determinar por qué algunas personas afirmaban que no eran capaces de brindar justificaciones para sus juicios. Esto último resultó aún más problemático por causa de las dificultades en cuanto a los niveles de análisis que los sujetos ofrecían a la hora de interpretar sus respuestas. Para McHugh, McGann, Igou y Kinsella (2017), la situación anterior es capaz de retratar lo que ellos mismos llaman confusión moral (en inglés *moral dumbfounding*), que hace referencia a la inhabilidad de dar razones de soporte para argumentar los juicios después de haber sido tomados.

Aun así, el énfasis de que estas reacciones implicaban un procesamiento automático inicial fue soportado por observaciones desde la psicología cognitiva por medio del establecimiento de similitudes entre los puntos anteriormente expuestos y las relaciones interpersonales (Greene y Haidt, 2002).

Otras investigaciones sugirieron que la influencia de las opiniones de terceros sobre la toma de decisiones individuales marcaba el curso de acción por medio del uso de heurísticos. El heurístico de *procesamiento sistemático* y el heurístico de *seguir la corriente y congraciar* (*go along get along*), por ejemplo, fueron explicados de la siguiente manera. El primero se refería a que el análisis de la información para realizar un juicio debe considerar relevantes las opiniones del entorno social sobre el mismo juicio. La meta era definida de acuerdo con el conocimiento del sujeto sobre la situación a juzgar, su relación con la misma y la consideración sobre las consecuencias interpersonales de la decisión en el contexto social. El segundo, *seguir la corriente y congraciar*, afirmaba que cuando un sujeto se percataba que tenía metas parecidas a quienes lo rodeaban, dirigía sus acciones de acuerdo con lo que los otros hacían (Chen, Schechter y Chaiken, 1996).

Siguiendo la misma línea de los heurísticos, para Sunstein (2005, 2007, 2008), el uso de heurísticos en situaciones morales se entendía con respecto al funcionamiento del procesamiento dual. Así pues, de manera similar a dicho procesamiento, este sugirió que los juicios operan con base en dos sistemas, el sistema I, más rápido, simple e intuitivo, y el sistema II, que funciona como un evaluador que anula los juicios rápidos; este es más relacionado como un procedimiento de control cognitivo.

Así mismo, Sunstein apelaba que los sesgos cognitivos como método explicativo al juicio moral eran modelados fácilmente en contextos experimentales, pero en el mundo real estas situaciones eran más difíciles de identificar y categorizar, puesto que un sujeto podía ser más sensible ante la presencia de estos, y por lo tanto no los aplicaría de manera indiscriminada (Krueger y Funder, 2004). Sunstein (2005) consideraba que, durante la evaluación de situaciones en contextos morales, políticos, sociales, etc., un sujeto era capaz de sustituir el atributo de un heurístico (clásicamente definido) por otro atributo más general directamente relacionado con la naturaleza de la situación. Más específicamente, el autor se refería a que los heurísticos operan a través de ese proceso de sustitución de atributos que facilita la evaluación de actos morales. En otras palabras, si un sujeto tiene como objetivo evaluar un acto moral, prefiere, en cambio, valorarlo por medio de la opinión de las autoridades competentes o la ley misma. Dicha opinión es luego usada como atajo cognitivo para responder ante dilemas morales. Esto es llamado *proceso de sustitución de atributos*. Aquí, se considera como ejemplo el *taboo* del incesto. Sunstein (2005) expone que las personas suelen rechazar fuertemente el incesto, incluso en circunstancias en las cuales este está completamente ausente y no existe la probabilidad de que suceda en ningún momento. Es plausible que un sujeto tenga la inclinación hacia defenderse en contra del daño del incesto en sí, más por las reglas morales que catalogan el acto como incorrecto que por una evaluación del daño que genera. Es más, al ser esta una opinión generalizada, resulta ser provechosa como un método aceptable para la aplicación del juicio.

Así pues, consideró aumentar el nivel explicativo de los juicios morales por medio de un nuevo set de heurísticos que categorizó partiendo de la observación y evaluación de situaciones de la vida real. Algunos de estos son el heurístico del *corazón frío* (*the cold heart heuristic*), que hace referencia al castigo ante aquellos que adoptan un acercamiento calculador hacia la vida humana. El heurístico de *aversión a la traición*; el heurístico de *indignación* o *atropello* (*outrage heuristic*), que se refiere a la utilización del sentido de indignación en un acto para guiar la decisión sobre cuánto castigar una mala acción; el heurístico de *causar inconscientemente una muerte humana*; el heurístico de *no permitirle participar a la personas en actos inmorales por dinero*; y el heurístico de *no alterar la naturaleza* (Rachlinski, 2008; Sunstein, 2005, 2007).

Ahora bien, antes de exponer algunos ejemplos relacionados con la toma de decisiones morales, es necesario aclararle al lector que el *proceso de sustitución de atributos* de este tipo de heurísticos morales no son estrictamente heurísticos, pero sí se comportan como elementos que reducen el esfuerzo cognitivo asociado con la toma de decisiones morales (Nadurak, 2018). A continuación, vamos a explorar brevemente esta perspectiva.

La exploración de los heurísticos propuestos por Sunstein es comúnmente observada en contextos en los cuales individuos reaccionan ante las decisiones de empresas, compañías e instituciones gubernamentales. Como ejemplo, comenzaremos por relacionar estos heurísticos con evaluaciones de *costo-beneficio*. Las evaluaciones de costo-beneficio responden a los siguientes compromisos normativos. El primero, que las decisiones deben ser evaluadas de acuerdo con qué tan bueno o malo es el resultado esperado, y el segundo se refiere a los procesos con los cuales los mejores resultados deben ser buscados (Bennis, Medin y Bartels, 2010). Por lo tanto, resulta ser más conveniente juzgar con base en principios morales como, exactamente, “no causar daño o matar a otro individuo” o “no intercambiar dinero por vidas” (Sunstein, 2005). Con respecto al *castigo*, también se ha afirmado que los heurísticos morales son capaces de estructurar la atribución dependiendo del contexto (Lapsley y Hill, 2008). Sunstein (2002; 2005) ha ejemplificado lo anterior en escenarios en los cuales la atribución del castigo lleva a errores sistemáticos.

Otras formas de castigo se observan en situaciones en las cuales se percibe una traición. La traición, como concepto, se encuentra más relacionada con la violación de la confianza entre dos o más individuos. Una forma de traición es también, por ejemplo, cuando agentes de protección causan daño a aquello que suponían proteger (Koehler y Gershoff, 2003). Koehler y Gershoff quisieron evaluar las respuestas de participantes ante diferentes tipos de traición (traición relacionada con robo, seguridad, violaciones de confianza y promesas rotas, etc.). Cada tipo de traición fue calificado de acuerdo con el grado de castigo que los sujetos otorgaban después de leer la transgresión. De los resultados, observaron que el castigo era mayor en escenarios que implicaban promesas rotas, por ejemplo cuando empleadores robaban a sus empleados. Escenarios relacionados con malfuncionamiento de productos (productos de seguridad que luego causan daño) eran castigados con el mismo grado que los actos de traición humanos. Por último, y de manera interesante, identificaron que los participantes afirmaban estar más dispuestos a aceptar situaciones en las cuales tenían alto conocimiento del riesgo daño, antes que experimentar la traición de no obtener lo que se les prometía. Era tan intolerable la traición para los participantes, que tendieron a preferir aceptar un riesgo mayor de morir como resultado de un accidente de tránsito en un auto barato, antes que morir de la misma manera dentro de un automóvil que tiene mal funcionamiento de la bolsa de aire.

Della Valle y Ploner (2017) agregaron información al exponer que estos efectos pueden no ser tan intensos si los individuos implicados comparten la misma identidad de grupo, pues el juicio sobre una actitud deshonesta o de traición no suele generar una reacción directa hacia el perpetrador. En contraste, cuando coexisten identidades de grupo diferentes, el comportamiento deshonesto es evaluado como una acción de injusticia. Esta situación ejemplifica la idea sobre el establecimiento de confianza por medio de la percepción de cercanía con un individuo del mismo grupo (Johnson y Mislin, 2011). Sea cual sea el caso, dada la inmensa heterogeneidad relacionada con el deseo o la intención de tomar decisiones, las repercusiones dependerán de la intención del actor y las consecuencias de los actos (Mazar, Amir y Ariely, 2008).

Ubicado en un grado de gravedad similar a la traición, nos encontramos con el engaño. En las relaciones humanas, el engaño es considerado como una violación de la confianza por parte de un actor con el propósito de maximizar su bienestar (Mazar y Ariely, 2006), el establecimiento de intercambios desiguales que no representan un beneficio recíproco para el afectado o los afectados, lo cual puede traducirse en relaciones de "explotación" (Gouldner, 1960). La elección de un individuo de tomar una decisión deshonesta por lo general apela, o bien a la falta de conocimiento de sus actos, o bien a la falta de interés por el seguimiento de las normas sociales (Mazar y Ariely, 2006; Mazar *et al.*, 2008). Investigaciones que abordan el caso destacan también la tendencia de los individuos de comprometerse en comportamientos deshonestos después de experimentar injusticias perpetradas por individuos con los cuales se establece una relación de confianza (Della Valle y Ploner, 2017). Las razones por las cuales un sujeto engaña deben considerarse a la hora de realizar un análisis, ya que el engaño puede ser ejecutado con muchos propósitos. Del propósito dependerá el deseo de verse beneficiado por el comportamiento y la motivación por mantener su propia imagen moralmente positiva (Hochman, Glöckner, Fieder y Aral, 2015; Ayal, Hochtman y Ariely, 2016).

Otros experimentos también observaron que la influencia de niveles culturales e individuales en la valoración de transgresiones molares del estilo no es del todo la misma. Laham, Chopra, Lalljee y Parkinson (2010) examinaron las relaciones afectivas y conductuales entre transgresiones contra los dominios de la autonomía, la comunidad y la divinidad en la India y en Gran Bretaña, partiendo de la idea que se valora de forma distinta la importancia de cada dominio en función de la perspectiva de cada cultura, por ejemplo, si es colectivista o individualista (Triandis, Bontempo, Villareal, Asai y Lucca, 1988). Dentro del estudio observaron que, aunque las transgresiones contra la autonomía eran parecidas, los participantes de la India expresaron mayores puntajes de sensación de ira para transgresiones contra la autonomía, y desprecio para las transgresiones contra la comunidad. Al mismo tiempo, identificaron que aquellos que apelaban por mantener respeto alto por los demás adoptaron respuestas menos intensas hacia la violación de los transgresores. Sin embargo, esto fue observado únicamente para violaciones ante la comunidad, mas no ante la autonomía.

Aproximaciones más clásicas, dirigidas a estudiar dilemas del tipo *el dilema del tranvía*, identificaron diferencias entre las respuestas de participantes en Gran Bretaña y China, en que los participantes chinos estaban menos motivados a sacrificar una persona para salvar otras cinco, y también menos motivados a juzgar esta situación como correcta (Gold, Colman y Pulford, 2014). Aun así, es comúnmente reconocido que dilemas de este tipo responden consistentemente a tres elementos reconocidos que defienden ciertas pautas de respuesta; estos son: que las personas no simplemente maximizan los beneficios relativos a los costos durante situaciones similares; que sienten aversión o prohibición ante actos que motivan el asesinato de otro; y, por último, que cuando el daño ocasionado es más próximo, intencional o directo, es más aversivo que aquel que se realiza a distancia, es menos intencional y menos directo (Bennis *et al.*, 2010).

No es nuevo aun así contemplar otras maneras de interpretar el comportamiento moral, teniendo en cuenta las *responsabilidades interpersonales*, que son acciones efectuadas en respuesta a sujetos que comparten una misma identidad de grupo (Miller y Bersoff, 1992). Este aspecto reconoce que algunos comportamientos específicos, en situaciones determinadas, demandan otro tipo de relaciones que varían de acuerdo con el momento histórico, la cultura y la situación individual (Miller y Bersoff, 1992; Neff *et al.*, 2002). Por lo general, este tipo de acciones tienen un carácter menos obligatorio, debido a que un sujeto no necesariamente tiene el deber moral y el deseo de tratar a todas las personas de la misma manera (Keller *et al.*, 2005). La acción va a depender en mayor o menor medida de sentimientos de empatía, los cuales son generalmente asociados con una mayor respuesta hacia la necesidad de ayudar a otros (Flanagan y Jackson, 1987; Miller y Bersoff, 1998).

Miller y Bersoff (1998) sugieren que el sentido de responsabilidad resulta ser independiente de sensaciones de gusto por el otro, pero al mismo tiempo nace como resultado del gusto mismo. En el primer caso, apelan a la relación que tiene, por ejemplo, un padre con su hijo, dado que el vínculo de cuidado que el uno tiene hacia el otro depende de la condición de dependencia del bebé. Así pues, los padres argumentan tener el deber moral de cuidar a los hijos. Por otro lado, en una relación de amistad es posible asumir que el gusto de una persona hacia su amigo desarrolla, de manera indirecta, un sentido de responsabilidad interpersonal. Esta sensación es aumentada por lazos de confianza, la intimidad y el conocimiento que se tiene del otro. Las propiedades distintivas de las responsabilidades interpersonales soportan la idea de que estas tienen un estatus moral diferente a las obligaciones morales, debido al componente afectivo que puede llevar al sujeto a ayudar en las necesidades de algunos, y no de otros (Keller *et al.*, 2005).

Así pues, Miller y Bersoff (1992) realizaron un experimento comparativo entre los juicios relacionados con responsabilidades morales en población de origen indio-americano y europeo-americano. De los resultados observaron un efecto leve relacionado con la cultura sobre el sentido de responsabilidad ante la ayuda de otros. Según los resultados, los europeo-americanos eran más allegados a sentirse responsables de manera individual de ayudar o no, mas esta acción no era específicamente una obligación moral. Al mismo tiempo, observaron que los europeo-americanos evaluaron la responsabilidad frente a la ayuda de amigos como alta en casos en los que se involucraba un gusto particular por el otro, más que en situaciones en las que no se veía involucrado un gusto por el otro. Por otro lado, los indio-americanos sí estaban dados a expresar que la ayuda hacia otros era moralmente necesaria, incluso más si el sujeto era de su mismo grupo social. De manera interesante, el gusto o disgusto por la relación no afectó el sentido de responsabilidad moral percibido en todos los participantes en situaciones en las cuales un padre debía ayudar a sus hijos. El gusto por el otro tampoco era una variable que afectara la responsabilidad moral cuando la situación involucraba casos de vida o muerte. En este tipo de situaciones se percibía que ayudar era una obligación.

Llegados a este punto, se tiene claro que las perspectivas descritas resultan ser sugestivas para entender a cabalidad los efectos del entorno social sobre la toma de decisiones individuales en contextos morales. No obstante, consideramos necesario agregar brevemente otras aproximaciones al comportamiento moral, cuya base añade información respectiva a las maneras de los juicios en sí mismos, y sus efectos sobre la tendencia de toma de decisiones en contextos sociales, tal y como se ha expuesto en párrafos anteriores.

La información presentada antes nos ha demostrado que el comportamiento humano es fuertemente influenciado por reglas generales establecidas en una sociedad, y por las relaciones del sujeto con estas mismas a lo largo de su vida y con otras personas. Al mismo tiempo, ha resultado interesante observar cómo la conducta individual se ve influenciada, independientemente de las condiciones o creencias previas a la acción, gracias al contexto de la situación. La integración entre los estados emocionales previos y las tendencias de respuesta facilitadas por la cultura y las circunstancias hace de la toma de decisiones morales un tema que debe ser estudiado en contacto con otras áreas del conocimiento. Ahora bien, vamos a exponer otros comportamientos, los cuales se ven igualmente influenciados tanto por la normatividad como por formas de pensar que, de manera individual, influencian las tendencias de responder en sociedad.

TEORÍA DE JUEGOS Y TOMA DE DECISIONES, APORTES DESDE LA PSICOLOGÍA: COOPERACIÓN, EMPATÍA Y ALTRUISMO EN LA TOMA DE DECISIONES

Claramente, el estudio del procesamiento de información moral es un punto de partida interesante para comenzar a entender otros comportamientos sociales estudiados que se observan solamente en estos entornos, por ejemplo, *la cooperación* y otras conductas derivadas de esta. A continuación se expondrán estas actuaciones sociales, cuya relevancia para el análisis de la toma de decisiones hace necesario tenerlas en cuenta.

El primer concepto es la *cooperación*. Esta ha sido un tema abordado en la psicología y la economía, pues se mantiene como elemento fundamental para el establecimiento de las sociedades. La cooperación se observa en el momento en el que un individuo trabaja de manera conjunta con otro para llegar a un objetivo que ambos tienen en común (Dresher, 1956). En una dimensión social, no se asume que los humanos tomen decisiones en estados de aislamiento o solamente en servicio de su propio interés. Por el contrario, se resalta la presencia de fuerzas sociales que moldean de diferentes maneras la toma de decisiones individuales de acuerdo con las condiciones del entorno (Burks, Carpenter y Verhoogen, 2003).

Axelrod (1984), en su libro *The Evolution of Cooperation*, se encargó de cuestionar en qué situaciones una persona cooperaría con otra persona, cuando se tienen en cuenta las variables clásicas del conflicto de intereses en un contexto social, para luego establecer escenarios en donde se observaban comportamientos cooperativos y no cooperativos. Un punto importante en su texto fue el de identificar situaciones en las cuales era más conveniente establecer un comportamiento cooperativo o no, y cuáles eran las consecuencias de ello. Lo anterior resulta interesante, pues a lo largo de la historia la cooperación no solo se observa entre comunidades, sino que también se relaciona, incluso, con acciones recíprocas de inversión a escalas estatales (Zak y Knack, 2001).

En contextos generales, el comportamiento cooperativo es estudiado conforme a variables relacionadas con las tendencias de comportamiento de un individuo con su grupo social. Eso quiere decir, el seguimiento de reglas, el gusto por el trabajo con los miembros del grupo y el sentido de pertenencia hacia este mismo (Tyler y Blader, 2001). El comportamiento cooperativo ha sido estructurado mediante varias teorías que definen los enlaces necesarios para su generación. Por ejemplo, la *teoría de intercambio social* sugiere que las orientaciones de las personas hacia sus propios grupos son el reflejo de sus perspectivas acerca de la favorabilidad de sus conductas de intercambio, de sus esfuerzos y de sus recursos con los miembros de su grupo. Las categorías de intercambio son definidas por medio de juicios de comportamientos pasados y presentes, y la anticipación de recompensas futuras por haber cooperado (Tyler y Blader, 2001).

El intercambio social se representa en contextos en los cuales surge la necesidad de cooperar en un grupo con el propósito de obtener e intercambiar recursos deseados (Tyler y Blader, 2001). Este modelo de intercambio ha sido concebido como un comportamiento significativo para la interacción y se observa en la recompensa que surge después de obtener ganancias relacionadas con objetos físicos, placer psicológico o reconocimiento social (Bagozzi, 1986). También ha sido explicado por medio de sistemas teóricos deductivos basados en el conductismo skinneriano que expresan que el comportamiento social se deriva del aprendizaje de situaciones de intercambio individual (Bagozzi, 1986). Con respecto a esto, Homans (citado por Bagozzi, 1986) afirmaba que toda interacción era un sinónimo de "comportamiento social", y toda acción o sentimiento que era emitido por un sujeto hacia otro sujeto era recompensado o castigado por este otro. Estas recompensas podían ser de carácter tangible o intangible, y se expresaban a través de la externalización de estados psicológicos internos y demás actitudes emocionales hacia otros, que se iban aprendiendo a lo largo de la vida.

Dada la importancia de este comportamiento, el área del mercadeo quiso adoptarlo como objeto de estudio para la exploración de eventos relacionadas con los mecanismos de intercambio y los comportamientos no contractuales que gobiernan las interacciones entre las empresas (Lambe, Wittman y Spekman, 2001). A partir de los componentes del mercado, se expone el concepto de cooperación mediante modelos de intercambio económico que se encargan de intervenir en los modelos de interacción de las personas (Bagozzi, 1986). Sin embargo, este modelo contiene falencias que hacen que su aplicabilidad sea un tanto irreal para el comportamiento individual u otras tendencias relacionadas con este, por ejemplo, el consumo público y la responsabilidad social. Escenarios destacados como excepciones a la regla son los costos ambientales relacionados con la polución y la degradación del medio ambiente, los problemas sociales como el desempleo, la pobreza y la alienación social (Bagozzi, 1986).

En respuesta a este problema, otras áreas abordaron esta dificultad para explicar la cooperación de una manera más sencilla. De estas, se entiende que la cooperación se estructura por medio de las interacciones de, como mínimo, un actor, un recibidor, el costo de las acciones, unos beneficios y el tiempo gastado para recibirlos (Melis y Semmann, 2010). Dentro de este número de posibilidades, para Bshary y Bergmüller (2008), la cooperación se dividió en cuatro tipos de comportamientos que ayudaron a dilucidar las confusiones generadas por las diferentes áreas del conocimiento con respecto al abordaje del término. En primer lugar, para estos, el comportamiento que incrementa los beneficios directos de un actor y un recibidor (+/+) es llamado *cooperación mutua*. Al comportamiento *altruista* lo definieron como aquel que incrementa los beneficios del recibidor, mas no del actor (-/+). Al comportamiento *egoísta* lo definieron como aquel que beneficia directamente al actor, pero no al recibidor (+/-). Finalmente, el comportamiento que disminuye el beneficio tanto del actor como el recibidor (-/-) fue llamado *comportamiento malévolo*. Las cuatro clases de comportamiento se expusieron de acuerdo con la tabla 2.

TABLA 2.

TIPOS DE COMPORTAMIENTO COOPERATIVO

	Beneficiario	
	+	-
Actor		
+	Corportamiento mutuamente beneficioso	Corportamiento egoísta
-	Comportamiento altruista	Corportamiento malévolo

Referencia: tomada y adaptada de Bshary y Bergmüller, 2008.

La clasificación de la cooperación como comportamiento meramente social complejiza las interacciones entre las cuatro constantes previamente nombradas. Retomando conceptos básicos de la teoría de juegos, sabemos que la combinación de comportamientos que un jugador ejecuta influencia sus estrategias en el futuro para ganar un juego o simplemente para desenvolverse en situaciones cotidianas (Bshary y Bergmüller, 2008; Melis y Semmann, 2010).

De la cooperación y la calidad de esta, es posible establecer relaciones como la *confianza* (McGillivray y Smith, 2000), entendida como una acción en que un sujeto ubica de manera voluntaria sus recursos a disposición de otro sujeto, en el cual recae dicha confianza (Evans y Krueger, 2009). Las interacciones entre los agentes son el resultado de la formación de relaciones sociales que son apalancadas por actividades cooperativas. Aunque es cierto que mediante la cooperación se constriñen las acciones de un agente individual, la generación de contratos entre este y más agentes le permiten alcanzar metas en común que ambos no hubiesen podido cumplir estando solos (McCabe, Rigdon y Smith, 2003).

De manera interesante, se han reportado comportamientos que demuestran confianza influenciada por los efectos de factores no vinculados con las relaciones sociales, como la nacionalidad, la cultura, la edad y el sexo (Johnson y Mislin, 2011). Un metaanálisis realizado por Johnson y Mislin (2011) ofreció información relevante con respecto a este tema e identificó que un sujeto puede tender a confiar más en otro sujeto con base en la percepción de cercanía entre ambos. De acuerdo con los datos recolectados se identificó que los grupos conformados por mujeres, grupos religiosos y grupos étnicos eran considerados como más confiables. Claramente, desde la definición de confianza ofrecida arriba, lo anterior se establece como un subproducto de las relaciones sociales y la cooperación; sin embargo, no se recomienda asumir que la confianza es un estado completamente indispensable para el establecimiento del comportamiento cooperativo, ya que en numerosas ocasiones se ha reportado la necesidad de individuos de cooperar con otros de manera estratégica para cumplir objetivos egoístas (Axelrod, 1984).

Como se dijo, el comportamiento cooperativo es dependiente de la información relevante que tiene un sujeto con respecto al otro (Johnson y Mislin, 2011). Y es claro que esta información varía, no solo dependiendo de variables individuales, sino de componentes geográficos y culturales, los cuales han demostrado diferentes resultados en los juegos de confianza (Johnson y Mislin, 2011). Para evaluar la confianza en contextos experimentales, es posible realizar una serie de juegos que involucran un intercambio secuencial de bienes en situaciones en las cuales no se considera necesario establecer contratos o forzar acuerdos (Johnson y Mislin, 2011). Clásicamente, dentro de los juegos, los sujetos son pareados de manera anónima y a uno le es asignado el rol de dador y al otro el de recibidor. Cada sujeto es dotado de una cantidad de dinero. En la primera fase del juego, el dador debe enviar una porción *X* de ese dinero, o no enviar ningún valor, al receptor. Después de esta repetición, el dador se queda con su *X* cantidad de dinero, y el experimentador puede triplicar la cantidad entregada al receptor. En la segunda parte del juego, el receptor debe, o bien dar de vuelta ningún valor, o enviar cualquier porción de dinero recibida de vuelta al dador. La cantidad que reparte el dador es inicialmente un gancho de confianza para el receptor, y dependiendo de esto se va a tener la tendencia de colaborar de manera recíproca o no (Johnson y Mislin, 2011; McCabe *et al.*, 2003).

Un ejemplo experimental clásico que pone a prueba estos dos aspectos es durante tareas como el *dilema del prisionero*. Este es un juego de cooperación que funciona típicamente de la siguiente manera: a cada jugador se le ofrecen dos opciones: o cooperar o engañarse entre ellos. Si ambos jugadores cooperan, cada uno recibirá una ganancia *X*; si ambos no cooperan y se engañan, cada uno recibirá una ganancia menor que *X*, *P*; si uno de los jugadores coopera y el otro no, el que no coopera recibirá la ganancia más alta, *T*, y el otro la más baja, *S* (Stewart y Plotkin, 2012).

Se parte de que ninguno de los jugadores dispone de conocimiento del plan de acción del otro, por lo que deben tomar una decisión con base en la información que tienen a la mano y las creencias sobre las posibles respuestas del contrincante. Idealmente, la manera óptima de jugar se define a raíz de la respuesta del segundo jugador, dada su propia creencia sobre la respuesta del primer jugador. La falta de información sobre el primer evento o acción del jugador 1 deja al sujeto sin muchas posibilidades para actuar. Por lo tanto, se hace necesario, para él, pensar en las diferentes posibilidades de acción que tiene a la mano si su compañero decide un curso de acción u otro. El segundo jugador puede escoger de la siguiente manera: el *espacio muestral*, o colección de todas las posibles consecuencias, es representado en este caso como *S* {*CC, CD, DC, DD*}, donde *C* significa cooperar y *D* significa desertar. Generalmente, un jugador inexperto tiene la tendencia a cooperar, si cuenta con una sola oportunidad de jugar, y si se comporta de acuerdo con el principio de aversión al riesgo. Sin embargo, esta observación varía de acuerdo con las tendencias individuales y con la estructura del juego (Pothos, Perry, Corr, Matthew y Busemeyer, 2011).

Las aplicaciones de este juego han ofrecido información interesante sobre los procesos cognitivos que se establecen a la hora de cooperar o no cooperar (engañar). Las estrategias de cooperación dentro del dilema han sugerido la participación de, por ejemplo, la *teoría de la mente* (*Theory of mind*, ToM; Baron-Cohen, Tager-Flusberg y Cohen, 1994). La ToM es entendida como la habilidad cognitiva de un sujeto de atribuir estados mentales internos que le permiten predecir y explicar la conducta de otras personas (Happé, 2003). Así pues, para que se establezca un comportamiento de cooperación, se ha propuesto que los sujetos involucrados pueden estructurar estrategias para aproximarse a las expectativas y decisiones de otras personas exitosamente; y lo anterior es posible por medio de sus habilidades para reconocer los estados emocionales de quienes lo rodean (Sylvester, Lyons, Buchanan, Nettle y Roberts, 2012). Esta aproximación resulta sugestiva para predecir en qué momentos un sujeto tiene la intención de cooperar; sin embargo, en estudios experimentales los resultados no son conclusivos, pues no se ha establecido claramente si dicho reconocimiento es realmente posible (Van den Assem, Van Dolder y Thaler, 2010; Sylvester *et al.*, 2012). Se espera que en el futuro se tenga más información que aclare la relación entre estos dos conceptos.

Pese a esta dificultad, se tiene claridad sobre otros escenarios en los cuales las interacciones sociales moldean la toma de decisiones de los sujetos, a través de la influencia ejercida por otras personas. Se han reportado dos tipos de influencias principales sobre el comportamiento de toma de decisiones en un entorno social: las normativas y las informacionales (Aronson, Wilson y Akert, 2005). Las influencias normativas implican una conformidad con el orden social establecido, mientras que las informacionales pueden ocurrir en variadas situaciones en donde la incertidumbre sobre cómo comportarse obliga al sujeto a buscar otras pistas contextuales (Aronson *et al.*, 2005). La idea de tomar decisiones de acuerdo con lo que otras personas hacen representa el llamado *comportamiento de manada* (Banerjee, 1992). Algunas definiciones lo describen como un alineamiento de pensamientos o comportamientos de varios individuos en un grupo, bajo la coordinación de una autoridad central que lidera la figura del grupo (Raafat, Charter y Frith, 2009). Este comportamiento, de manera parecida a los heurísticos, puede proveer las soluciones rápidas que no requieren de esfuerzo cognitivo para realizar juicios y tomar decisiones, pues las acciones propias son guiadas por el comportamiento de otros.

Al mismo tiempo, el desarrollo de los experimentos puso en tela de juego el papel de la *empatía* y la manera con la cual es capaz de influenciar el comportamiento en sus respectivos contextos. La habilidad de entender las intenciones y acciones no propias es una referencia a la *empatía*, también descrita como una respuesta afectiva vicaria que es emparejada con un estado emocional o situación ajena a la propia (Hawk, Fischer y Van Kleef, 2011; Reimers y Oakley, 2017). La empatía funciona con base en dos componentes principales, el cognitivo y el afectivo (Hawk *et al.*, 2011; Powell y Roberts, 2017). El primero se entiende como el intento del observador de "ponerse en los zapatos del otro", y crear una teoría a partir de su propio estado emocional. Este es un proceso que requiere de funciones afectivas y cognitivas como ToM, al mismo tiempo que la evocación de recuerdos autobiográficos (Jospe, Flöel y Lavidor, 2018). El segundo, el componente afectivo de la empatía, se entiende como la respuesta afectiva hacia la otra persona, desde la cual se podría, mas no todo el tiempo, compartir el estado emocional del otro (Decety y Jackson, 2006).

Se ha destacado un aspecto del componente emocional de la empatía que complementa la observación anterior. La *imitación o mímica* (*mimicry* en inglés). Esto es descrito como el resultado de un enlace automático entre la percepción de una expresión emocional y la tendencia a actuar de la misma manera (Hawk *et al.*, 2011; Rymarczyk, Żurawski, Jankowiak-Siuda y Szatkowska, 2016). Al respecto, se ha afirmado que la imitación genera en el observador una respuesta autonómica relacionada con el estado corporal y la expresión emocional que recibe. Otras perspectivas han sugerido que este proceso automático facilita un entendimiento de emociones en otros como resultado de la retroalimentación que reciben al imitar las expresiones (Decety y Jackson, 2006) y por lo tanto promueve la afiliación con el otro (Lakin y Chartrand, 2003).

La imitación es un gesto que se puede manifestar de muchas maneras y sus reacciones emocionales son observadas desde etapas muy tempranas en el desarrollo (Termine y Izard, 1988). Adicionalmente, existe evidencia que sugiere que la mímica, además de ser un producto heredable, también es modulado con el sistema social en el cual el niño está inmerso (Jones, 2009) y es generada sin esfuerzo por expresiones faciales (McIntosh, Reichmann-Decker, Winkielman y Wilbarger, 2006; Rymarczyk *et al.*, 2016), estados emocionales (Neumann y Strack, 2000; Hess y Fischer, 2014)2000; e incluso características verbales como el acento (Neumann y Strack, 2000), el tono de la voz o la sintaxis (van Baaren, Holland, Steenaert y van Knippenberg, 2003; Ireland *et al.*, 2011; Cappella, 2015)1979. En una revisión efectuada por Lakin y Chartrand (2013), el comportamiento de imitación automática cambia de acuerdo con las características del entorno social. Así, por ejemplo, presentaron evidencia de aumento de este comportamiento con amigos, o miembros del mismo grupo, en comparación con sujetos no conocidos, y también cuando las conductas se relacionan con la búsqueda de un objetivo o meta. Cuando no se posee de manera intrínseca el objetivo de socializar, afirman que la tendencia de imitar es menor.

Desde la afiliación social, es interesante destacar el papel que tiene la imitación para la generación de comportamientos relacionados con la toma de decisiones. Nos ha quedado claro hasta el momento que la imitación es un facilitador social (Lakin y Chartrand, 2003). Así mismo, la imitación como parte de la interacción social puede proporcionar el aumento de otras conductas no directamente relacionadas con expresiones directas desde un sujeto hacia otro. Frith y Singer (2008) afirman que el comportamiento de imitación es capaz de promover incrementos generalizados en actitudes prosociales. Por ejemplo, Van Baaren y colaboradores (2004) han reportado un aumento en el comportamiento prosocial de sujetos a los cuales se les pide previamente que imiten el comportamiento de otros en diferentes contextos en los cuales un sujeto le ofrece su ayuda a otro. De manera interesante, aquellos que habían imitado se mostraron más abiertos a donar dinero a la caridad o a recoger más cantidad de esferos cuando caían al suelo (situaciones que eran parte del protocolo experimental), en comparación con los participantes a los cuales no se les pidió que imitaran. En otras situaciones, más ubicadas en contextos cotidianos, se han expuesto resultados similares. En este caso, también se observó que las personas cuyas acciones eran imitadas tendían a ser más generosas con el que ejercía el comportamiento de imitación.

Ahora bien, pasando a definir las funciones cognitivas, se destaca la conocida como *toma de perspectiva* (*perspective taking*). El desarrollo de este proceso depende de la información que un sujeto posee de las pistas sociales de otro. Así pues, los observadores pueden reflejar en la situación sensaciones propias o las sensaciones de experiencias similares que hayan tenido en el pasado (Decety y Jackson, 2006)2006. En condiciones experimentales, se suelen proporcionar instrucciones de toma de perspectiva a los participantes mientras observan o se les describen situaciones emocionalmente significativas de otras personas (Hawk *et al.*, 2011; Farrant, Devine, Maybery y Fletcher, 2012; Erle y Topolinski, 2015). De acuerdo con esto, se observa de qué manera la toma de perspectiva influencia posteriores comportamientos hacia otros relacionados con la situación que se les describe. De esta manera, se ha identificado que la toma de perspectiva es capaz de inducir comportamientos prosociales (Batson, Chang, Orr y Rowland, 2002; Guéguen, Martin y Meineri, 2011) e incluso cambiar puntos de vista y sensaciones propias para actuar de acuerdo con el contexto (Lobchuk, 2006; Galinsky, Wang y Ku, 2008).

La manera en la que los individuos están dispuestos a entender y ubicarse en la posición de otros es de gran importancia para el estudio de cómo los grupos sociales desempeñan comportamientos prosociales (Sautter, 2006). Se regresa así a la cuestión sobre el papel de la empatía en la toma de decisiones de juegos económicos como el dilema del prisionero. La empatía puede explicar problemas dentro del juego como la reciprocidad, la confianza, el altruismo y la acción colectiva (Axelrod, 1984; Sautter, 2006).

Se han propuesto posibilidades que responden a la pregunta de ¿por qué una persona estaría dispuesta a cooperar en el juego del dilema del prisionero? Por lo menos dos motivaciones morales podrían llevar a un sujeto a cooperar. La primera es que uno de los dos esté, o bien motivado por maximizar el pago tanto para él como para el otro jugador, o bien que esté motivado a maximizar solamente el pago de su compañero. Para cada meta, es necesario que los dos cooperen entre sí. Otra manera que se ha observado es por medio de la determinación del jugador de descomponer el juego para saber las posibles combinaciones de pago para este y el otro para saber cómo proceder con la decisión de engañar o no engañar. Ciertamente, dentro de las tendencias de respuesta del juego, se ha observado como más probable que los sujetos experimentales tiendan a preferir la primera opción. Esto sugiere que una de las fuentes de las preferencias es la motivación de comportarse de acuerdo con principios morales y sociales, por ejemplo, la regla de "no hacer a otro lo que no quieres que te hagan", o "haz lo que sea mejor para todos", "no hacer daño a otros", "sé bueno", entre otras. Lo anterior evocaría empatía con el otro, más allá de una disposición general de planear las jugadas con base en lo que considera del otro, y por lo tanto se motiva a incrementar el bienestar de su compañero (Batson, 2010; Batson y Ahmad, 2001; Batson *et al.*, 2002; Lv, 2016).

Batson y Moran (1999) exploraron este tema y en su experimento manipularon el grado de cooperación de diferentes participantes por medio de la inducción de empatía en un juego de dilema del prisionero. Esto lo hicieron al comunicarles a los participantes que al final iban, o bien a conocer al otro sujeto, o no lo iban a ver nunca, y también mediante la lectura de una carta que expresaba los motivos de la otra jugadora, desde una perspectiva empática y otra no empática. De sus resultados, sugirieron que un comportamiento altruista inducido por la empatía incrementó la disposición a cooperar, incluso poniendo en riesgo sus motivaciones egoístas, en un juego de dilema del prisionero de un solo intento. Aparentemente, los experimentadores también se encontraron con situaciones en las cuales algunas personas afirmaron cooperar porque se sentían más obligadas a hacer lo que es correcto, más que por sentir empatía por el otro.

Nuevamente, Batson y Ahmad (2001) quisieron indagar esta situación por medio de un experimento en el cual generaron empatía por medio de la percepción de necesidad de otra persona y la inducción de una perspectiva sobre los motivos del otro jugador. De manera similar a 1999, identificaron que el altruismo inducido por la empatía podía ser un poderoso motivador para cooperar dentro del dilema del prisionero, incluso si los participantes tenían información de que su contrincante tenía la intención de engañar. Aquí, la percepción de necesidad del otro jugador hacía que los participantes tuviesen la tendencia de cooperar. En condiciones en las que el participante no recibía comunicación de otro no se generaban las reacciones emocionales que llevaban al sujeto a cooperar. De esta manera, se entiende que la disposición emocional derivada de la empatía dentro del juego tiende a cultivar una sensibilidad social ante la toma de decisiones que lleva al individuo a tener la disposición de cooperar (Sautter, 2006).

Las observaciones de Batson y colaboradores proponen que el comportamiento cooperativo en el juego es influenciado por la inducción de empatía. La hipótesis es de *empatía-altruismo*, es decir, la motivación de ayudar a alguien a causa de la sensación de necesidad que evoca un sujeto que necesita ayuda en quien está dispuesto a ayudar (Batson *et al.*, 2002; Batson, 2010; Klimecki, Mayer, Jusyte, Scheeff y Schönenberg, 2016). De acuerdo a esta hipótesis, el fin último de la motivación de ayudar a otro es evocada para ganar el recomenzar de la felicidad empática, por ejemplo, el alivio de satisfacer las necesidades de la víctima (Batson *et al.*, 1991). Sin embargo, diversos estudios han afirmado que el componente altruista derivado de la inducción de empatía es observado solamente cuando los componentes principales para la descripción de las situaciones de la víctima incluyen expresiones relacionadas con tristeza, distrés, soledad, pérdida, etc. (Batson *et al.*, 1991; Batson y Moran, 1999; Batson y Ahmad, 2001; Batson, 2010; Klimecki *et al.*, 2016).

Llegados a este punto, en ambos experimentos se ha afirmado que la inducción de empatía facilita comportamientos altruistas. Sin embargo, hasta el momento no hemos aclarado qué se entendería como *altruismo* en este contexto. Es por esta razón que se va a definir brevemente. Batson (2010) se refiere al altruismo como un estado motivacional que tiene como meta máxima el incremento del bienestar de otro. El altruismo es comúnmente yuxtapuesto al egoísmo, el cual también es un estado motivacional cuya meta máxima es incrementar el bienestar, mas en este caso es propio. Tanto el altruismo como el egoísmo tienen mucho en común, pues cada uno se refiere a un estado motivacional cuya última meta es incrementar el bienestar, tanto el de otra persona como el propio. Otra manera en la que se ha definido el altruismo se encuentra enfocada en actos de ayuda específicos, el cual es calificado de acuerdo con la moralidad del acto. La conexión entre altruismo y moralidad parece basarse en la yuxtaposición de cada uno al interés personal, que involucra en mayor medida el interés de otro, más que el propio.

El estudio del altruismo en contextos experimentales demuestra que los participantes poseen la tendencia de comportarse más generosamente de lo que usualmente se predice en la teoría racional para la toma de decisiones (Klimecki *et al.*, 2016). La afirmación anterior ha sido evaluada por medio de la aplicación de paradigmas experimentales, particularmente el juego del *ultimátum* y el del *dictador*.

Tomemos como ejemplo para explicar el juego del *ultimátum*. En este juego, una persona A, o el proponente, ofrece una propuesta a otro jugador, el jugador B, sobre cómo dividir una cantidad de dinero. El jugador B, o receptor, puede aceptar o rechazar la oferta propuesta por A. Si B la rechaza, ninguno recibirá nada. Por otro lado, si B acepta la propuesta, ambos recibirían la cantidad propuesta por A. De manera interesante, las opciones en las que el receptor recibe menos del 30 % de ganancia son rechazadas (Fehr y Fischbacher, 2003). Lo anterior se debe al concepto del *equilibrio perfecto*, definido como la presuposición de los jugadores de merecer recibir más dinero en vez de menos (Camerer y Richard, 1995). Por tal razón, las ofertas "bajas" son consideradas como injustas; sin embargo, resulta curioso no observar esta respuesta después de recibir ofertas "muy altas", desde las cuales se reporta un impacto menor en los resultados y, por supuesto, un comportamiento no recíproco por parte del receptor (Fehr y Fischbacher, 2003).

Es claro que el juego del *ultimátum* ilustra cómo un sujeto estaría dispuesto a castigar a otro a un costo para él mismo, con el propósito de prevenir resultados injustos, o para solucionar conductas injustas por parte del otro (Fehr y Fischbacher, 2003). Este acto de rechazo dentro del juego es considerado como altruista, en tanto que los participantes suelen ver como más justa una repartición igual entre todos, antes que aceptar reparticiones desiguales (Fehr y Fischbacher, 2003). Sin embargo, es necesario tener en cuenta que los patrones de juego para el *ultimátum* dependen de la posición de proponente o receptor, y su tendencia de respuesta ante la distribución, aceptación o rechazo del valor del juego. Como se mencionó arriba, la repartición puede verse influenciada tanto por el contexto social (Camerer y Thaler, 1995), la expectativa sobre la oferta y las respuestas subsecuentes a esta (Azar, Lahav y Voslinsky, 2015).

Análogo al *ultimátum*, nuevamente se realizan evaluaciones en el *juego del dictador*. En este, un primer jugador, el asignador, debe tomar una decisión unilateral con respecto a la división de un bien. Al final, un segundo jugador, o destinatario, tiene la obligación de aceptar el resultado (Camerer y Thaler, 1995). El presente se ha mostrado interesante para la evaluación de la conducta individual frente a la elección de repartir o no un bien, pues se ha asumido desde el principio que el jugador "dictador" o asignador va a tender a comportarse de acuerdo con la teoría de la maximización de utilidades, quedándose con la mayor parte de las ganancias (Bolton, Katok y Zwick, 1998). Los resultados demuestran que este no es el único comportamiento, más bien se observa una amplia variedad de reparticiones desiguales (Bolton *et al.*, 1998). Se considera que la diferencia entre las reparticiones ofrecidas por los sujetos experimentales es influenciada por variables como la información ofrecida por los experimentadores dentro del juego, o el contexto social de los participantes, quienes van a ser más o menos benevolentes según su propio sentido de justicia y sus intenciones de ayudar a alguien más (Camerer y Thaler, 1995).

Se ha observado que, en contextos en los cuales se presentan ambos juegos, los sujetos, quienes reciben una retribución inicial generosa en el *ultimátum*, son recíprocos en las siguientes jugadas dentro del *dictador* (Edele, Dziobek y Keller, 2013). La reciprocidad, como tendencia de un sujeto de retornar a otro u otros una acción equivalente a la que han realizado para él mismo (Fehr y Schmidt, 2001), se relaciona con las respuestas favorables en el *dictador*. De manera similar a las respuestas observadas dentro del *dilema del prisionero* (Batson y Moran, 1999; Batson y Ahmad, 2001), la manipulación empática se relacionó con un incremento del comportamiento altruista dentro del *juego del dictador*. De la misma manera, la inducción de empatía solo sucedía en situaciones en las cuales el sufrimiento de otro aumentaba el sentimiento empático (Klimecki *et al.*, 2016) y cuando la descripción del sujeto exponía explícitamente la necesidad de ser ayudado (Edele *et al.*, 2013; Reimers y Oakley, 2017). En estos juegos, la sensibilidad a la justicia fue relacionada con el comportamiento de compartir (Edele *et al.*, 2013).

A lo largo del presente apartado se han podido establecer aclaraciones sobre la complejidad del comportamiento social y las influencias de normas sociales sobre el establecimiento de los patrones "apropiados" en la toma de decisiones de los individuos a lo largo de sus vidas. La gran variedad de dimensiones desde las cuales se puede interpretar la toma de decisiones ha dejado clara la importancia de tenerlas todas en cuenta a la hora de estudiar el comportamiento humano. En la siguiente sección se va a exponer otra variable, no menos importante, que ha permitido valorar los estudios y conceptos expuestos hasta el momento. Esta es la neurociencia.

LA TEORÍA DE JUEGOS Y LA TOMA DE DECISIONES. APORTES DESDE LA NEUROCIENCIA

El área de neurociencia ha resultado ser un beneficio para los estudios en economía comportamental. Desde el campo de la neurociencia cognitiva se ofrecen nuevos marcos de interpretación para la información que se obtiene de estudios económicos. Esto se ha logrado mediante la introducción de las bases biológicas del comportamiento de toma de decisiones individual y en comunidad.

Inicialmente, la neuroeconomía o los estudios económicos en neurociencia emergieron a partir de experimentos comportamentales que regularmente ofrecían algoritmos relacionados con la manera en la que la información era procesada por los individuos, pero no contaban con evidencia muy robusta para sus resultados (Glimcher *et al.*, 2009). No obstante, se sabe que la información puede ser hipotetizada en términos de la actividad neuronal, por lo que las herramientas de este campo fueron convenientes para ofrecer la, antes no conocida, explicación de las bases biológicas de la toma de decisiones.

Bajo este orden de ideas, una amplia literatura ha explorado las consecuencias comportamentales de la toma de decisiones por medio del uso de herramientas de registro electrofisiológico, de neuroimagen, e incluso de la evaluación en la variación de la concentración de moléculas relacionadas con estados comportamentales definidos en la neurociencia tradicional. En el presente apartado se van a exponer una introducción de los aportes del área y las nuevas aproximaciones que se han hecho para corroborar o rechazar la información ofrecida por las teorías de toma de decisiones que se han comentado en las secciones pasadas.

Para comenzar, es preciso realizar una definición de lo que se entiende por neuroeconomía. Para Glimcher y Rustichini (2004), el propósito de la neuroeconomía es entender los procesos que conectan la sensación y la acción por medio de la revelación de los mecanismos neuronales desde los cuales se toman decisiones. Para estos autores, la neuroeconomía es el producto de la unión de las numerosas aproximaciones teóricas –de la economía, la psicología y la neurobiología– para explicar el comportamiento de toma de decisiones. En otras palabras, exponen que la neuroeconomía es la unión de los aportes de la economía, de describir globalmente el comportamiento de toma de decisiones por medio de formalismos lógicos; de la psicología, de examinar las maneras en las cuales los sujetos estiman valores subjetivos y objetivos de las situaciones de acuerdo con sus propias preferencias; y de la neurociencia –valga la redundancia–, de medir y explicar los circuitos neuronales relacionados con el comportamiento de toma de decisiones.

Seguidamente, una serie de preguntas fundamentales que se han realizado y que aún se hacen en el campo de la neuroeconomía se han enfocado en los siguientes aspectos: 1. Las maneras desde las cuales el cerebro relaciona el concepto de utilidad; 2. La relación entre las emociones morales y el comportamiento moral; 3. La exploración de comportamientos, emociones y mecanismos biológicos relacionados con las conductas prosociales; 4. La búsqueda de las bases biológicas y genéticas de los aspectos económicos del comportamiento social; 5. El establecimiento de comparaciones entre la toma de decisiones económicas en sujetos sanos y sujetos con trastornos del comportamiento; 6. La búsqueda de las bases neuronales de la cooperación y la competencia; y 7. La interacción estratégica con otras personas (Fehr y Camerer, 2007).

En este punto, y habiendo ya expuesto los temas relacionados con los patrones de toma de decisiones desde la economía, la psicología e incluso cómo los individuos tienden a comportarse teniendo en cuenta el contexto y la influencia de la sociedad. Ahora se pretende ahondar en el procesamiento de la información y la posterior llamada a la acción desde la neurociencia y la neurociencia social. Por lo tanto, se recomienda establecer relaciones entre los temas expuestos en las secciones anteriores en el presente apartado.

Continuando con el tema, la toma de decisiones es una secuencia que se divide en cuatro fases: la recepción de un estímulo, la evaluación de una situación, la realización de una acción y la evaluación de los resultados. El tipo de comportamiento que se establece dependerá de la naturaleza del contexto –competitivo o cooperativo– y la información disponible para el sujeto (Ernst y Paulus, 2005).

Un componente que se encuentra presente durante la toma de decisiones es la habilidad de evaluar los elementos que comprometen las consecuencias de una decisión, el valor de la recompensa, la predictibilidad de la situación y, por supuesto, la actitud frente al riesgo (Haber, Kim, Mially y Calzavara, 2006). Cabe agregar que el procesamiento cerebral de la información relacionada con la toma de decisiones tiende a cambiar dependiendo de los objetivos (Wang, 2012), la valencia emocional y la información disponible del ambiente (Philiastides, Auksztulewicz, Heekeren y Blankenburg, 2011).

La identificación inicial de objetos depende de su naturaleza y la relación con otros sistemas activados. Su detección y clasificación en los espacios es una característica adaptativa para muchas especies cuya supervivencia en el hábitat requiere de la observación de depredadores o presas que se encuentran en el ambiente (Frost, 2010). La posterior información que se recoge le permite al organismo controlar su locomoción, su postura, el balance de su cuerpo y la toma de acciones (Frost, 2010).

Después de la percepción del estímulo, se inicia el proceso de evaluación de este mismo. El siguiente procedimiento depende del grado de conocimiento que un sujeto conserva de eventos similares y su capacidad de integrar información respecto a escenarios equivalentes almacenados en su memoria (Bigman y Pratt, 2004; Chen *et al.*, 2007). La inducción de una categoría, o formación de un concepto, se basa en la habilidad de comparar las características de los estímulos con otros objetos parecidos, y no la generación de impresiones holísticas de estos mismos (Bigman y Pratt, 2004).

Ante la presencia de estímulos más complejos, los sistemas neuronales –cognitivos y emocionales– influencian la evaluación de las situaciones y las preferencias de los sujetos involucrados. Por un lado, el atributo afectivo de la opción escogida depende de la activación de estructuras límbicas como la amígdala, la ínsula, la corteza orbitofrontal (COF) y la corteza cingulada anterior (CCA) (Phillips, Dreverts, Rauch y Lane, 2003). Específicamente, el procesamiento cognitivo es respaldado por la corteza prefrontal dorsolateral (CPFdl). Su actividad se refleja en procesos de análisis de información sensorial recolectada en el pasado, que en forma de evidencia (Philiastides *et al.*, 2011) facilitan la realización de planes de acción (Philiastides *et al.*, 2011). La corteza prefrontal ventromedial (CPFvm), asociada con las funciones viscerales emocionales, mantiene conexiones con el hipotálamo, la amígdala y el hipocampo. Este trayecto ha sido relacionado con la evaluación de los estímulos ambientales antes de ejecutar una acción (Haber, 2016).

Posteriormente, la evaluación de los resultados establece las diferencias entre el resultado esperado y el obtenido (Ernst y Paulus, 2005). Estudios con fMRI han resaltado que el funcionamiento del cuerpo estriado ventral (Pagnoni, Zink, Montage y Berns, 2002) y la corteza orbitofrontal (COF) se encuentran involucrados en este proceso (O'Doherty, Dayan, Friston, Critchley y Dolan, 2003).

El procesamiento de la información también ha sido ampliamente estudiado por medio del uso de potenciales evocados, es decir, respuestas neuro-eléctricas usadas para medir de manera no invasiva picos, latencias y amplitudes, en milisegundos, provocados por el cerebro después de la percepción y evaluación de estímulos sensoriales (Walsh, Kane y Butler, 2005). Particularmente, la defección P3, que aparece 300-400 ms después del estímulo, es en cambio interpretada como un signo de orientación de la información, adquisición, evaluación, sorpresa, reducción de la incertidumbre y toma de decisiones (Neville, Snyder, Woods y Galambos, 1982). La P3 o P300 ha sido un potencial ampliamente estudiado en tareas de toma de decisiones que implican riesgo o ambigüedad (Sur y Sinha, 2009). Específicamente, la amplitud P300 ha sido examinada durante tareas de toma de decisiones, entre las cuales las condiciones de los estímulos requieren de un juicio de la decisión. Por ejemplo, si un estímulo distractor es captado en el lóbulo frontal, es posible observar un P300. Este mismo dirige los recursos atencionales hacia la evocación de memorias que permiten evaluar el estímulo (Chen *et al.*, 2007).

Dos componentes de larga duración, alrededor de 400 a 700 ms que reflejan deflexiones positivas y negativas en la corteza parietal posterior y la corteza frontocentral, son observados durante la evocación de memorias en tareas específicas para evaluar procesos de memoria (Ruchkin, Johnson, Canoune y Ritter, 1990; Chen *et al.*, 2007). Concretamente, en las regiones parietales ha sido relacionada con el procesamiento de la toma de decisiones, respuestas ante la dificultad y selección de respuestas (Falkenstein, Hohnsbein y Hoormann, 1994; Chen *et al.*, 2007).

Un ejemplo práctico del uso de potenciales evocados se destaca en tareas de inhibición como el task Go/NoGo. El task evalúa la habilidad de planear un comportamiento ejecutivo, al mismo tiempo que actualizar representaciones y metas en el ambiente (Barkley, 1997)(b. La medición de los componentes ERP ha sido utilizada para evaluar los procesos de inhibición de respuestas cuando se toma una decisión (Nakata *et al.*, 2004; Steffen, Rockstroh y Jansma, 2009). De la misma manera, N2P3, una deflexión negativa alrededor de los 200 ms y una deflexión positiva alrededor de los 300 ms en áreas frontocentrales se relacionan con el efecto de inhibición de la tarea (Nakata *et al.*, 2004), y la amplitud del N2 ha demostrado ser sensitiva tanto al nivel de dificultad de la tarea como de la certeza de la decisión (Steffen *et al.*, 2009).

Sellner y colegas (2016) han hecho uso de esta tarea para evaluar la capacidad de decisión después de la inducción de emociones positivas y neutras. Sellner y su equipo identificaron relaciones entre el área del pico N2 y los patrones de decisión. Los participantes cuyos N2 cubrían un área menor la evocaban siempre inmediatamente después de la presentación de rostros de valencia emocional neutra. Estos picos fueron relacionados con falsas alarmas durante la decisión en la tarea y una inhibición menor ante el procesamiento de las opciones a medida que aumentaba la dificultad del No/Go (Sellner *et al.*, 2016). Estos efectos también se localizaron en la corteza orbitofrontal. De la misma manera, Nakata y colegas (2004) evaluaron las condiciones de control, conteo de objetos y movimiento en el task Go/NoGo. Estos observaron que la media de amplitudes No/Go se ubicaba cerca al N140 para condiciones de contar números y objetos en movimiento. El P300 para el No/Go tuvo una amplitud mayor que el P300 Go en tareas que implicaban movimiento, pero no en el conteo. Estos efectos fueron aplicados para las coordenadas frontales y centrales, pero no parietales (Nakata *et al.*, 2004).

En contextos de incertidumbre, es decir, situaciones en las cuales dos o varias opciones de decisión conflictúan la una con la otra (Platt y Heuttel, 2008), se han identificado amplitudes mayores en P300 (Sutton, Braren, Zubin y John, 1965). P300 se ha visto incrementado cuando un sujeto es sometido, a elección arbitraria de la naturaleza, a un estímulo que va a ser presentado un segundo después (Sutton *et al.*, 1965). Resultados similares se han identificado en regiones frontocentrales durante la evaluación de la experiencia en situaciones estresantes que implican posibilidad de administración de un choque eléctrico en los participantes (Huang, Shang, Dai y Ma, 2017). Para este contexto, también se observan picos P200 de mayor amplitud en regiones parietales y frontales (Huang *et al.*, 2017). Situaciones similares a la anterior suelen generar reacciones negativas de tipo cognitivo, emocional y comportamental en individuos altamente intolerantes a la incertidumbre (Gole, Schäfer y Schienle, 2012)a circle of a neutral picture, and a question mark of either an aversive or a neutral picture (probability of 50%. Sin embargo, las actitudes individuales ante eventos relativos son específicas de los dominios o contextos en los que el sujeto se ve involucrado y las características personales de reacción ante situaciones similares.

Coloquialmente, la incertidumbre es relacionada con la percepción de "riesgo". En psicología este aspecto es coherente con el estado en el cual una persona toma una decisión y carece de conocimiento de las posibles consecuencias de esta (Platt y Heuttel, 2008). La certeza/incertidumbre que generan las situaciones previas a la toma de decisiones, o inmediatamente posteriores a ellas, favorecen la aparición del P200, como un estado temprano de procesamiento de información, que resulta ser incluso más relevante que la evaluación de valencia emocional de la situación (Gole *et al.*, 2012)a circle of a neutral picture, and a question mark of either an aversive or a neutral picture (probability of 50%. Posteriormente, los sujetos demuestran ser mapas sensitivos al presentar potenciales relacionados con la retroalimentación (*feedback-related negativity*, FRN) y P300 en regiones frontales, frontocentrales y centroparietales (Xu *et al.*, 2011).

Particularmente en juegos económicos que implican consecuencias monetarias inciertas, se observa cómo el P200, asociado con el procesamiento de los estímulos percibidos, es mayor inmediatamente después de la percepción de ganancias o de pérdidas al jugar (Gole *et al.*, 2012). El P300, por su parte, se intensifica ante la ocurrencia de estímulos inciertos y, de manera interesante, la valencia emocional es relevante para explicar el aumento de la amplitud en este potencial (Xu *et al.*, 2011). Frente a esto, existen resultados que refuerzan esta perspectiva al afirmar que a P300 –además de verse involucrado en asuntos de asignación atencional– le es atribuida la evaluación de procesos afectivos/sociales (Zhou, Yu y Zhou, 2010). En otros estudios también se ha observado deflexión positiva "P", característica de la onda, en estado negativo (N300) para situaciones que evocan emociones (Carretié, Iglesias, García y Ballesteros, 1997). Por otro lado, FNR sí es prominente después de la percepción de pérdidas económicas tras la presentación de estímulos inciertos. Ante esto, se ha sugerido que vía FNR los individuos son capaces de aprender de las consecuencias emocionalmente significativas de valencias negativas y, por lo tanto, aumentan la fuerza de la expectativa e incrementan el deseo por la ganancia y la evitación por la pérdida (Leng y Zhou, 2014; Xu *et al.*, 2011)

En concordancia con lo anterior, otros estudios han sugerido que mayores amplitudes FRN generadas en la CCA corresponden efectivamente con la retroalimentación de eventos desfavorables, como de pérdida económica o respuestas incorrectas (Gehring y Willoughby, 2002). Por medio del uso de otras técnicas, como la resonancia magnética funcional (*functional magnetic resonance imaging*, fMRI), se han medido los niveles de actividad cerebral después de solicitar a participantes que seleccionen entre dos apuestas, e inmediatamente después de decidir se les brinda una retroalimentación sobre la opción que no han elegido (Coricelli *et al.*, 2005). Los participantes cuyas decisiones no fueron tan favorables a la otra opción demostraron mayores niveles de actividad en el cuerpo estriado, la corteza orbitofrontal medial (COFm), la CCA y el hipocampo. Las reacciones emocionales fueron relacionadas con sensaciones de arrepentimiento y responsabilidad descritas por los mismos sujetos. Y este efecto acumulativo de arrepentimiento se focalizó en mayores niveles en la COFm y la amígdala (Coricelli *et al.*, 2005). Similar a los resultados anteriores, se ha identificado que la diferenciación de rostros y objetos estimula, al mismo tiempo, la activación de la CPFdl izquierda (Heekeren, Marrett, Bandettini y Ungerleider, 2004) y la corteza temporal ventral. Mayores niveles de activación se identifican en la CPFdl, el área ocular frontal, el área ocular suplementaria y regiones parietales, a medida que aumenta la dificultad de la tarea y se requiere de mayores recursos atencionales para responder correctamente (Heekeren *et al.*, 2004; Noppeney, Ostwald y Werner, 2010).

Arriba se observó que el esfuerzo cognitivo que requiere la retroalimentación de decisiones en contextos de ganancia y de pérdida modula el grado de responsabilidad percibido después de decidir. La sensación de responsabilidad es a su vez dependiente de la clase de información recibida por los sujetos y las respuestas emocionales que evocan antes y después de actuar. La susceptibilidad a la influencia de la retroalimentación de eventos es particularmente alta en situaciones sociales (Campbell-Meiklejohn, Bach, Roepstorff, Dolan y Frith, 2010; Leng y Zhou, 2014; Sun y Yu, 2014). Más aún, se han registrado niveles de actividad cerebral diferenciados entre el acuerdo y desacuerdo con otros. Retroalimentaciones positivas ante opiniones propias suelen ser representadas en niveles de actividad incrementados en la CPFdl izquierda y la CCA. Al mismo tiempo, este efecto se registra en la sección ventral de la fisura parieto-occipital, la fisura calcarina anterior y el giro occipital fusiforme (Campbell-Meiklejohn *et al.*, 2010). Evaluaciones negativas o de desacuerdo confirman nuevamente niveles elevados de activación en CPFdl izquierda, CCA dorsal (Somerville, Heatherton y Kelley, 2006), además de la unión temporoparietal (Campbell-Meiklejohn *et al.*, 2010). Característicamente, CPFdl izquierda y CCA son estructuras relacionadas con estados de razonamiento social, evaluación de la reputación, aprendizaje de la experiencia, toma de decisiones y ajustes de comportamientos no aceptados (Sun y Yu, 2014; Walsh y Anderson, 2012). De lo anterior, se sugiere que la información proveniente de otros es capaz de influenciar las representaciones propias de información relacionada con opiniones y juicios (Campbell-Meiklejohn *et al.*, 2010; Jacquet *et al.*, 2018).

Paralelamente, la toma de decisiones en contextos cooperativos, e incluso de altruismo, ha sido indiscutible dentro del juego del dilema del prisionero. La creencia inicial de que cuando este juego es realizado solo una vez los jugadores se enfocan en sus recompensas al final del juego, correspondería, en este caso, a un equilibrio de Nash. Sin embargo, esta perspectiva ha sido refutada con evidencia empírica, como la ya presentada arriba, que demuestra que los jugadores tienen la tendencia a cooperar, sin importar cuántas veces se repita el juego (Sally, 1995). La herramienta de tomografía por emisión de positrones durante el dilema ha demostrado aumentos en los niveles de activación del cuerpo estriado dorsal en condiciones de deseo de castigo por los participantes (de Quervain *et al.*, 2004). Otro experimento ha evaluado la empatía dentro del juego por medio de registros de fMRI cuando se le induce dolor leve al jugador que ha decidido no cooperar. Tanto en hombres como en mujeres se observa la activación de áreas fronto-insulares y la corteza cingulada, relacionadas con el dolor (Singer, Seymour, O'Doherty, Stephan, Dolan y Frith, 2006).

De la misma manera, es interesante observar que el procesamiento cerebral de la reciprocidad en juegos de cooperación recíproca (juego de la verdad) muestra niveles de activación similares. Ante la presencia de una reciprocidad positiva, estudios han reportado niveles de actividad elevados en el estriado ventral y la COF, además de presencia de actividad más leve en el giro precentral, el giro occipital anterior y el cerebelo (Phan, Spripada, Angstadt y McCabe, 2010).

La anterior información refuerza la idea de que, a pesar de la complejidad de estos procesos comportamentales, la actividad de ciertas estructuras cerebrales siempre va a estar involucrada. En este caso se resalta el circuito de refuerzo al cuerpo estriado y COF, cuya actividad también se destaca en los juegos de azar, pero esta vez afín a comportamientos egoístas asociados con la obtención de recompensas (Delgado, Locke, Stenger y Fiez, 2003).

Se han destacado estudios que escrutan los correlatos neurales de la reciprocidad por medio de la evaluación del comportamiento de confianza y su manipulación. Van den Bos y colegas (2009), por medio de análisis de fMRI, mostraron que la activación de la corteza prefrontal medial anterior (CPFma) era mayor cuando los participantes engañaban a otros; sin embargo, niveles de activación relativos también se observaban cuando establecían un comportamiento recíproco. Los niveles de activación de la unión temporoparietal (UTP), la ínsula anterior y la corteza cingulada anterior fueron distintos por causa de las diferencias individuales reportadas por los participantes frente a sus propias perspectivas de valoración social. También se destacó que la CCA y la CPFdl derecha eran sensibles al efecto de reciprocidad para el sujeto al cual otro le brindaba su confianza.

Particularmente, la UTP se ha visto involucrada en contextos de orgullo social (Li *et al.*, 2013) y juicios de orden moral (Young, Cushman, Hauser y Saxe, 2007; Young, Camprodon, Hauser, Pascual-Leone y Saxe, 2010). Para evaluar la actividad de la UTP, Young y colaboradores (2007) preguntaron a participantes que evaluaran el juicio de comportamientos de protagonistas de diferentes historias. Ellos identificaron el papel que podría tener la evaluación moral mediante la activación de la UTP derecha, especialmente para juicios morales negativos. Posteriores resultados corroboraron esta observación por medio de la inhibición del comportamiento de juicio moral a través de la interrupción de la actividad de la estructura mediante estimulación magnética transcraneal (EMT) (Young *et al.*, 2010).

Resulta conveniente resaltar que la CPFma y la UTP involucran el procesamiento de la mentalización y la teoría de la mente –ToM– (Amodio y Frith, 2006; Van den Bos, 2009). La mentalización, conocida como el reflejo de pensamientos, creencias y sentimientos propios en otro sujeto, es conocida como un facilitador de la empatía y el comportamiento prosocial (Majdandžić, Amashaufer, Hummer, Windischberger y Lamm, 2016). Los efectos de la mentalización en individuos similares y no similares al participante se han utilizado para medir los grados de empatía y comportamiento prosocial en condicionges experimentales (Majdandžić *et al.*, 2016; Masten, Morelli y Eisenberger, 2011; Rameson, Morelli y Lieberman, 2012). La activación en dos regiones de la CPF dorsomedial también es predictiva para las variaciones de la empatía y el comportamiento prosocial (Masten *et al.*, 2011; Rameson *et al.*, 2012). A su vez, condiciones de percepción de dolor activan nuevamente la porción lateral de la CPF dorsomedial, la cual se asocia posteriormente con reportes más altos de empatía y deseo de ayudar a los demás (Majdandžić *et al.*, 2016). Aunque no resulta conclusiva la activación de estas estructuras durante procesos de cooperación complejos y de comportamiento prosocial, sí se ofrece información sugestiva sobre la predicción de conductas cooperativas en otros sujetos (Sylvester *et al.*, 2012).

Ahora, observemos los patrones de activación cerebral en experimentos clásicos con los juegos del ultimátum, impunidad y un juego nuevo de toma de decisiones fijas (Sanfey, Rilling, Aronson, Nystrom y Cohen, 2003). En las secciones pasadas se observaron las aplicaciones de los juegos en las ciencias económicas para evaluar comportamientos relacionados con la percepción de justicia ante reparticiones desiguales entre dos jugadores. Sanfey y su equipo (2003) realizaron escaneos mientras los jugadores respondían ante propuestas justas e injustas relacionadas con el juego. Se observó que las propuestas injustas estimulaban la actividad cerebral en áreas relacionadas con el procesamiento de la emoción (ínsula anterior) y la cognición (CPFdl). La ínsula anterior se veía estimulada cada vez que un sujeto rechazaba una propuesta que consideraba injusta. Esta información sugiere que esta estructura juega un papel importante en la toma de decisiones relacionadas con el procesamiento emocional (figura 14).

FIGURA 14.
ESQUEMA DE ACTIVACIÓN DE LA ÍNSULA Y LA CPFDL DURANTE LOS JUEGOS DEL ULTIMÁTUM, IMPUNIDAD Y UN JUEGO NUEVO DE TOMA DE DECISIONES FIJAS

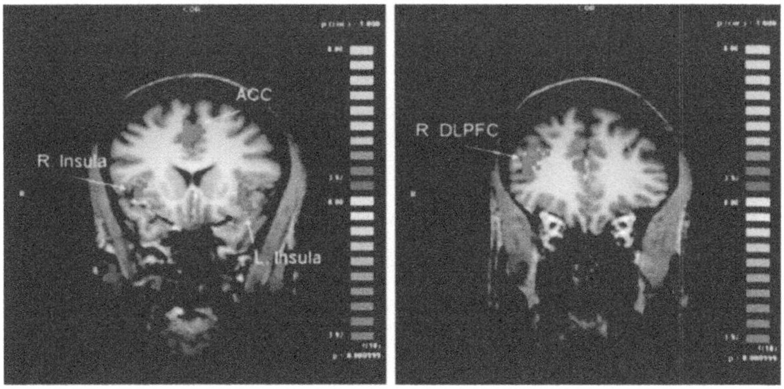

Referencia: Sanfey *et al.*, 2003.

Más específicamente, el papel de la ínsula en el proceso de toma de decisiones destaca la activación de su porción agranular dorsal para el procesamiento cognitivo de evaluación del riesgo, el procesamiento de errores y las consecuencias sociales (Droutman, Bechara y Read, 2015) –sugiriendo la evaluación de injusticia para este caso particular–. Su porción agranular ventral es importante para la evaluación de los resultados y la percepción de error (Droutman *et al.*, 2015).

Aportes interesantes destacan que la actividad de la CPFdl representa un elemento cognitivo que controla el impulso de rechazar las ofertas injustas (Fehr y Camerer, 2007). De manera interesante, estudios de estimulación magnética transcraneal de baja frecuencia en la CPFdl han demostrado que la porción derecha, mas no la izquierda, disminuye la tendencia a rechazar las ofertas injustas (Knoch, Pascual-Leone, Meyer, Treyer y Fehr, 2006). De manera similar, Sanfey y colegas (2003) afirman que, cuando la oferta es "muy baja" –injusta–, también se activa un circuito constituido por la CPFdl derecha, la corteza prefrontal ventromedial izquierda y la *substancia nigra*. Análogamente, en experimentos se ha observado, mas no de manera conclusiva, que la disminución de la actividad de la CPFdl derecha vía EMT, además de disminuir amplitudes P300, aumentó levemente el comportamiento de engaño y la motivación para mentir (Karton y Bachmann, 2017).

Ahora bien, el concepto de *equilibrio perfecto*, asociado con la tendencia de rechazar ofertas bajas o injustas, pero de aceptar y no cuestionar aquellas sobrecompensadas (Camerer y Richard, 1995), resulta curioso al identificar estas inconsistencias entre el sentido de justicia y reciprocidad de un individuo cuando la oferta, aun siendo injusta, maximiza su utilidad. El misterio que giraba en torno a este comportamiento no recíproco fue esclarecido por Lamichhane y colegas (2014), quienes después de realizar un fMRI observaron focos de activación en estructuras como el núcleo caudado, la CCA y el tálamo (figura 15).

Recientemente, se ha demostrado que los patrones de conectividad entre estas estructuras están relacionados con la integración de información cognitiva y motivacional que corresponde con el control motor involucrado en comportamientos dirigidos a objetivos (Haber, 2016). También se ha reportado que las proyecciones desde la COF y la CCA hacia el cuerpo estriado rostral, el núcleo caudado, el putamén y el *núcleo acumbens* de primates, presentan mayores niveles de activación ante una recompensa (Haber *et al.*, 2006). La activación del cuerpo estriado rostral es mayor y converge con los *inputs* corticales relacionados con la evaluación de dicha recompensa (Haber *et al.*, 2006). En efecto, ante la propuesta injusta los sujetos experimentales se motivan a no rechazarla, pues esta, en sí misma, representa una recompensa que causa activación similar de estas estructuras (Lamichhane *et al.*, 2014). Por otro lado, las lesiones en este circuito están relacionadas con la disminución de la velocidad del procesamiento de la información, la incapacidad de consolidación de las memorias y el incremento de los niveles de apatía (De Simoni *et al.*, 2018).

FIGURA 15.
REPRESENTACIÓN DE LA ACTIVACIÓN DEL NÚCLEO CAUDADO, LA CORTEZA CINGULADA Y EL TÁLAMO

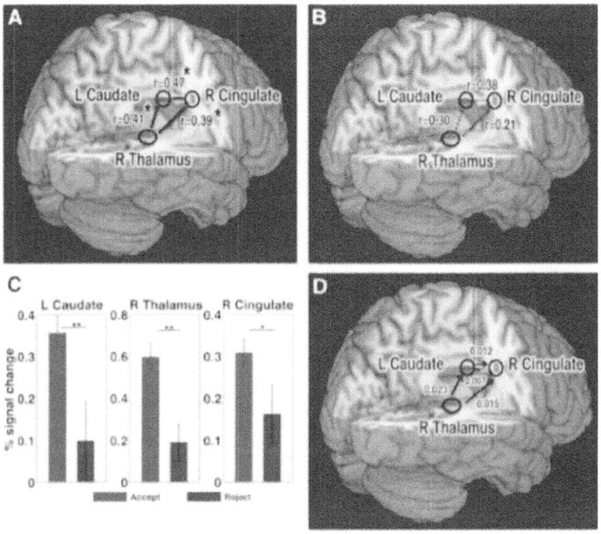

Referencia: Lamichhane *et al.*, 2014.

Para finalizar, el lector se ha enterado de los estudios que se han hecho y que actualmente se están estableciendo desde la rama de la neurociencia social para estudiar el comportamiento de toma de decisiones tanto individual como social. Particularmente, en este capítulo se destacaron los estudios realizados por medio de EEG, potenciales evocados, fMRI y ToM, y se describió el papel de las varias estructuras cerebrales en situaciones relacionadas con juegos de apuestas, el arrepentimiento, el efecto de otro sobre la toma de decisiones propias, la empatía, el comportamiento prosocial, entre otros. Nótese que la medida del voltaje entre el electrodo activo y la tierra corresponde además a la diferencia entre el activo y la tierra y la referencia y la tierra. Pese a la riqueza de la información que se tiene actualmente, en el capítulo se ha expuesto una breve introducción de los estudios que se han hecho desde que la neurociencia social cobró importancia para las ciencias económicas. No obstante, esto mismo deja las puertas abiertas al lector para que siga indagando en el tema de acuerdo con su grado de interés.

PARTE II.
TÉCNICAS ELECTROFISIOLÓGICAS USADAS EN NEUROCIENCIA SOCIAL

ACTIVIDAD CEREBRAL - EEG

ALEJANDRO OSORIO FORERO

No se puede hablar del inicio de la electrofisiología sin antes considerar la gran controversia generada alrededor de 1800 entre Luigi Galvani y Alessandro Volta (véase, por ejemplo, Niedermeyer, 2005a). Inicialmente, Galvani describió su "electricidad animal" basado en las observaciones de la contracción muscular de las ancas de ranas diseccionadas mediante el paso de "electricidad" con diferentes fuentes (desde botellas de Leyden hasta rayos atmosféricos) como al poner el nervio en contacto con dos metales distintos; así, consideraba a los músculos como almacenadores de energía eléctrica. Posteriormente, Volta describió que no era necesario el contacto entre los metales y el nervio para producir corrientes eléctricas entre distintos metales separados por medios conductores; estos experimentos dieron paso a la batería eléctrica. Gracias a este último invento se le dio gran aceptación a Volta y sus teorías y con ello se redujo la popularidad de las teorías de electricidad animal de Galvani, aun después de demostrar que esta contracción se puede generar sin actores metálicos en el experimento (Piccolino, 1997).

Posteriormente, los inicios de la electrofisiología contaron con referentes como Emil du Bois-Reymond, quien describió por primera vez la variación negativa en la corriente de un galvanómetro ante la contracción muscular, y Hermann von Helmholtz, primero en describir las velocidades de conducción; pero fue Richard Caton quien evaluó por primera vez los cambios de la actividad eléctrica del cerebro en la corteza animal (Niedermeyer, 2005a). El final del siglo XIX y el comienzo del siglo XX fueron testigos de grandes adelantos en la neurociencia; por ejemplo, el inicio de la estimulación eléctrica cerebral tuvo lugar en la década de 1870 a manos de G. Fritsch y J. E. Hitzig. Asimismo, este periodo fue testigo de la disputa europea entre la teoría de redes de Golgi y la neuronal de Cajal (para una interesante reflexión del tema, ver De Carlos y Borrel, 2007), pero también en el registro de la actividad del cerebro animal, principalmente en Europa del Este, gracias a personajes como Adolf Beck, Erns von Marxow, Napoleon Cybulski (Niedermeyer, 2005a).

Así pues, no fue sino hasta 1929 que Hans Berger logró publicar su descripción de la primera electroencefalografía en el humano desde el cuero cabelludo. Este neuropsiquiatra[5] no era reconocido en sus ramas de trabajo; incluso algunos piensan que sin el descubrimiento del electroencefalograma su nombre hubiera pasado al olvido (Niedermeyer, 2005a). Así pues, en la década de 1920 Berger realizó experimentos inicialmente en pacientes con traumas craneoencefálicos (generalmente afectados de la primera guerra) y posteriormente en sujetos normales o con alteraciones neurológicas (por ejemplo, en epilepsia). En 14 publicaciones con el mismo nombre: "Über das Elektrenkephalogramm des Menschen", describió por primera vez diferentes respuestas electroencefalográficas a estados de conciencia, el sueño, los efectos de la hipoxia en el cerebro, alteraciones cerebrales, e incluso las primeras descargas epilépticas.

Estos eventos marcaron el inicio del EEG, una técnica que en la década de los 80 se creía iba a desaparecer gracias a la aparición de las entonces novedosas técnicas de imagen (Niedermeyer, 2005a). Sin embargo, para sorpresa de muchos, el EEG sigue vigente y actualmente es el *gold standard* para el diagnóstico de enfermedades como la epilepsia, y es cada vez más importante como herramienta de apoyo diagnóstico en trastornos y enfermedades mentales, comportamentales o del desarrollo (Dimitrov *et al.*, 2017). Además, el EEG es actualmente la herramienta técnica neurofisiológica más utilizada en las metodologías de *neurofeedback* (Gruzelier, 2014), las cuales permiten realizar una interacción entre el sujeto y sus propios parámetros fisiológicos para fines terapéuticos, o incluso para el entretenimiento o domótica (Vardhini y Deepthi, 2017).

Si pensamos en el tiempo de procesamiento de los procesos cognitivos cerebrales, estaríamos de acuerdo en que ocurren en tiempos de décimas o pocas centésimas de milisegundos (Cohen, 2011); de esta manera, para estudiar este tipo de procesos, es evidente la ventaja que tienen las técnicas de medición con alta resolución temporal; por lo anterior, la alta resolución temporal del EEG es posiblemente la característica más mencionada en la literatura, pero evidentemente no es la única. A diferencia de otras técnicas,

---

5 En algunos países de la época la neurología y la psiquiatría eran una única especialidad; hoy en día algunos creen que, a la luz de las teorías contemporáneas, debería ser igual.

como las imágenes funcionales[6], la información adquirida por el EEG (como se verá adelante) está relacionada con los cambios en la actividad eléctrica cerebral, incluyendo particularmente los patrones oscilatorios de los potenciales postsinápticos en las neuronas.

Aunque se puede pensar en las señales de EEG como cambios en una única dimensión de voltaje en el tiempo, la técnica de EEG es multidimensional (Cohen, 2014). Particularmente, estos cambios de voltaje en el tiempo también cambian sus características de frecuencia y potencia en diferentes bandas de frecuencia; asimismo, si se tiene información de más de un canal, se pueden incluir relaciones espaciales tanto de fase como de potencia. Esta característica del EEG permite realizar pruebas de hipótesis de distintas naturalezas, lo cual es coherente con la misma complejidad del cerebro (que en principio responde a distintas relaciones entre variables).

Sin embargo, el EEG no es una buena técnica para estudios que requieran una apropiada resolución espacial y por tanto no es una herramienta adecuada para el estudio de hipótesis acerca de estructuras cerebrales o localización de funciones; a pesar de esto, el EEG sí puede llegar a ser de utilidad si las hipótesis relacionan la sincronía entre grandes áreas corticales (por ejemplo, lobos o grandes áreas de corteza superficial). Pero en general el EEG es una herramienta generalmente subóptima para evaluar preguntas de investigación que involucren localización de procesos cerebrales (Cohen, 2014).

También, aquellos procesos cerebrales que ocurren a escalas temporales lentas y que se producen en tiempos inciertos o variables están, en gran parte, fuera del alcance de las técnicas de EEG; un buen ejemplo de estos tipos de problemas lo propone Cohen (2014), quien menciona el caso para el cual se desea estudiar cómo el cerebro genera hipótesis con base en información abstracta con presentación de bloques con 10 segundos de duración; este proceso, por ejemplo, puede durar varios segundos, pero además probablemente tiene distintas ventanas temporales impredecibles y así mismo varían por cada bloque experimental. Este es el mismo caso para algunos procesos sociales o emocionales (Cohen, 2014).

---

6 Que en su mayoría miden los cambios en la concentración de oxígeno u otra molécula en la sangre que circula en un área determinada.

Sin embargo, el EEG es una de las herramientas más importantes en la neurociencia contemporánea tanto para el diagnóstico de múltiples condiciones como la epilepsia; para la comprensión de los fenómenos cerebrales; el desarrollo de tecnologías para el tratamiento de trastornos como el TDAH (Lofthouse *et al.*, 2012) e incluso para el entretenimiento (Vardhini y Deepthi, 2017). Este texto tiene como objetivo tratar las bases electrofisiológicas detrás del EEG, así como los aspectos biofísicos que generan la señal y los métodos de tratamiento y procesamiento de esta información. Finalmente, se expone un ejemplo de análisis de un proyecto ficticio que incluye información cuantitativa del EEG.

BASES ELECTROFISIOLÓGICAS DE LA ACTIVIDAD CEREBRAL

Es posible considerar que la naturaleza detrás de las señales encefalográficas es aún un área de investigación activa; lo anterior debido a que múltiples generadores pueden ser responsables de una parte de esta señal; a modo de ejemplo, no se conoce realmente cuánto de la actividad electroquímica glial puede aportar en la señal general del EEG de superficie, por ejemplo (ver Speckmann y Elger, 2005). Sin embargo, desde el punto de vista neuronal sí es posible delimitar los fenómenos que aportan en la señal EEG. Para esto es necesario destacar que *las neuronas interactúan por un proceso conocido como sinapsis* (explicado de forma general en el capítulo 1). *Nótese que la medida del voltaje entre el electrodo activo y la tierra corresponde además a la diferencia entre el activo y la tierra y la referencia y la tierra.*

Es pues la interacción entre neuronas uno de los principios detrás del EEG; particularmente, existen dos fenómenos "eléctricos" de gran interés en dicha interacción: los potenciales de acción y los potenciales postsinápticos (figura 15A). Los primeros se refieren a los cambios rápidos de voltaje (casi discretos) que se observan en la membrana del axón presináptico (imagen 10) y conforman en sí mismos el fenómeno de transmisión de impulsos nerviosos entre estas células. Los segundos, por otra parte, corresponden a los cambios en los potenciales de membrana en las dendritas (y el soma o cuerpo) de las neuronas postsinápticas (figura 15A); estos últimos pueden ser de tipo excitatorio y/o inhibitorio dependiendo de la interacción entre las neuronas pre y postsinápticas (figura 16), y los iones y/o canales involucrados en esta interacción. Como se observa en la figura 15A, tanto los potenciales de acción de las neuronas inhibitorias como de las excitatorias son similares en forma y dirección del potencial (menos positivos con respecto a la línea base); por el contrario, los potenciales postsinápticos pueden tener formas y direcciones de potencial diferentes y particularmente contrarias (ver ejemplo de la figura 16). Otra característica de los potenciales postsinápticos es su temporalidad; como se observa en la figura 15A, la escala temporal de los potenciales postsinápticos es mucho mayor que la de los potenciales de acción, con grandes efectos en la posibilidad de sumarse temporalmente en el espacio (fenómeno que se observa en la figura 16).

FIGURA 15A.
REPRESENTACIÓN DE LOS PRINCIPIOS GENERADORES DEL EEG

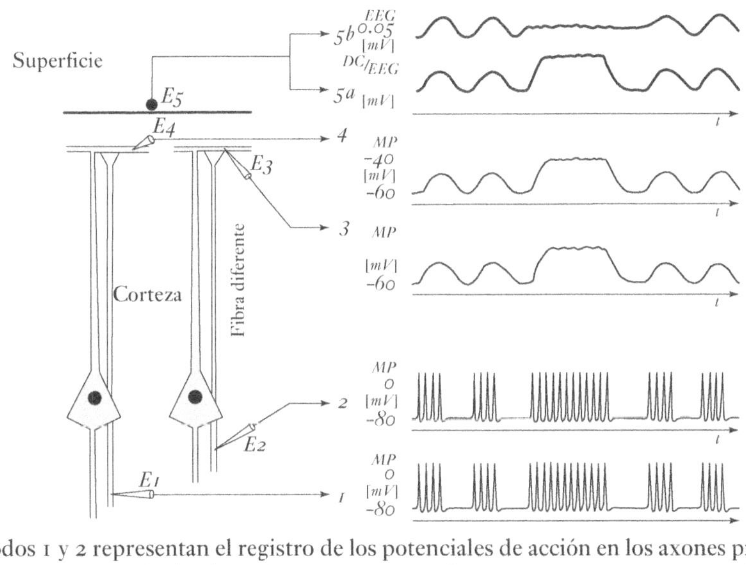

Los electrodos 1 y 2 representan el registro de los potenciales de acción en los axones presinápticos tanto excitatorios como inhibitorios; nótese que estos en sí no representan componente de las señales EEG registradas en el canal 5. Por el contrario, la suma de los potenciales de membrana registrados en los canales 3 y 4 sí corresponde con la actividad registrada en el EEG de superficie.

Referencia: tomada y adaptada de Speckmann y Elger (2005).

La lectura de los potenciales de acción (también llamados unidades individuales) se denomina registros multiunitarios y solo pueden ser registrados muy cerca del axón neuronal o cercano a las células con electrodos muy pequeños (ver ejemplo de la figura 17). Por otra parte, el registro de los potenciales postsinápticos se denomina potenciales de campo local y pueden ser obtenidos con electrodos de mayor tamaño y corresponden a los cambios de potencial de las membranas postsinápticas de muchas células, que para el caso del EEG de superficie corresponde a millones de células en un radio de hasta 10 cm² alrededor del electrodo (Luck, 2014).

FIGURA 16.

EJEMPLO DE LOS CAMPOS EN EL POTENCIAL DE MEMBRANA A PARTIR DE LOS POTENCIALES POSTSINÁPTICOS PRODUCIDOS POR UNA (A) EXCITACIÓN O UNA INHIBICIÓN (B)

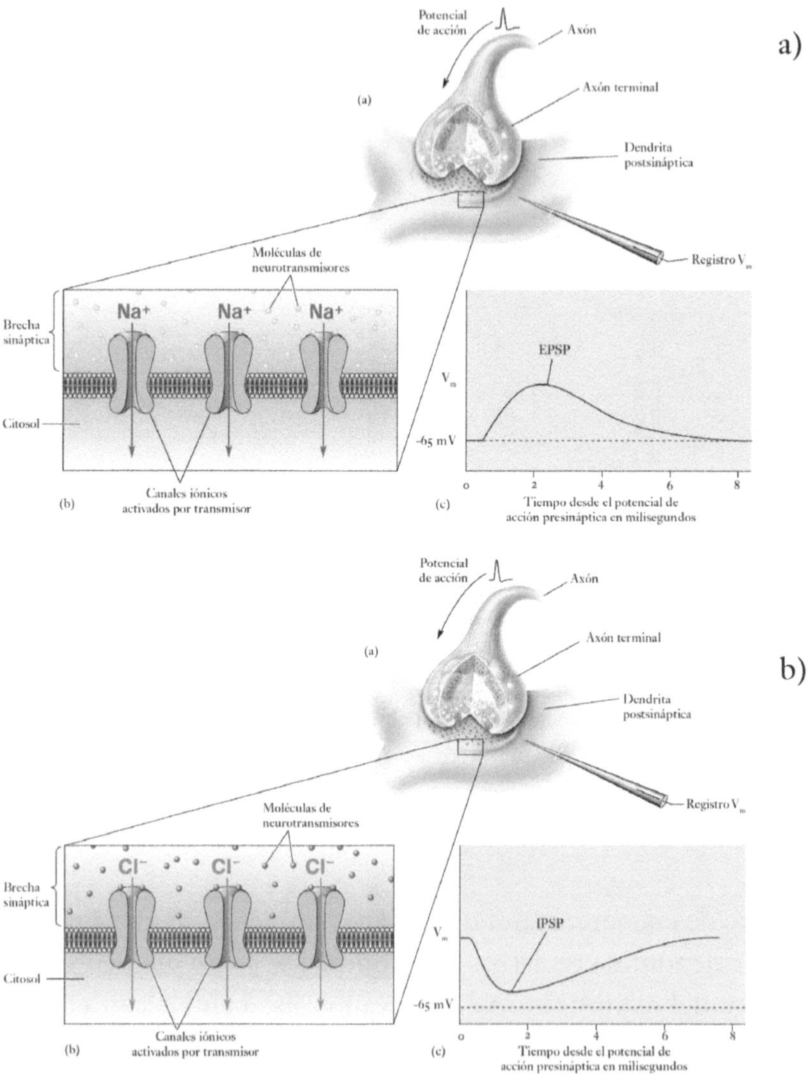

Fuente: tomada y adaptada de Bear *et al.*, 2006.

FIGURA 17.
REGISTRO DE LA ACTIVIDAD ELÉCTRICA NEURONAL EN DIFERENTES ESCALAS Y POBLACIONES

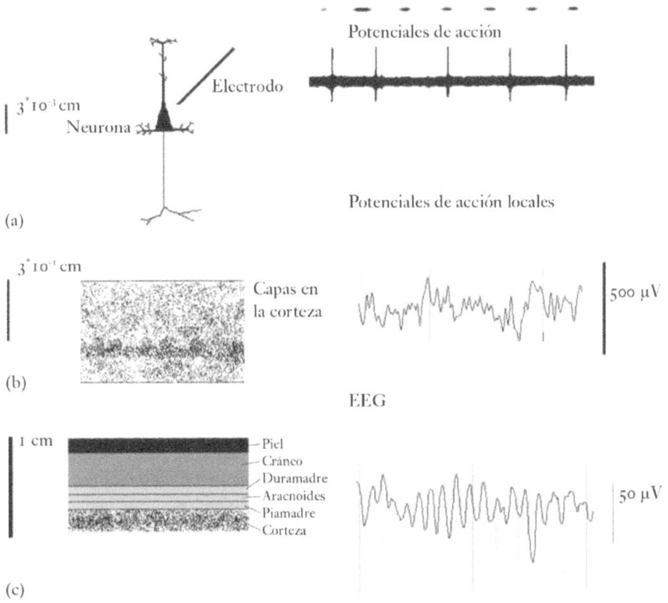

En la parte superior (a) se observa el registro de los potenciales de acción en una única neurona; en el medio (b) se observa el llamado potencial de campo local que corresponde al registro de algunos cientos o pocos miles de neuronas; finalmente, en la parte inferior (c) se observa el registro del EEG de superficie desde el cuero cabelludo.

Referencia: tomada y adaptada de Kropotov, 2010.

Así pues, desde un punto de vista neuronal, son los potenciales postsinápticos los que aportan al EEG. Pero ¿cómo estos cambios locales (alrededor de la sinapsis) en el potencial de membrana son responsables de los potenciales de campo local y, más aún, de aquellos que se aprecian en la superficie? Supongamos una neurona como la que se muestra en la figura 18.A que recibe activaciones de tipo excitatorio (obsérvese cómo el potencial de membrana extracelular de una sinapsis excitatoria es negativo por la entrada de iones positivos al interior de la neurona); esta neurona tendría, entonces, en un tiempo dado, una acumulación de iones negativos al exterior de la célula con respecto a otras áreas (por ejemplo, el cuerpo celular); lo anterior genera un fenómeno eléctrico llamado *dipolo* entre las dendritas (negativas para este caso) y el soma (positivo en este ejemplo); este dipolo es el fenómeno que ocurre como la diferencia de potencial eléctrico entre dos puntos; así pues, un electrodo posicionado cercano a las dendritas mostraría una deflexión negativa en el potencial y uno cerca al soma mostraría una positiva. Si se agregan miles de dipolos con una polaridad similar, como se muestra en la figura 18.B, se observaría una deflexión grande negativa en la superficie de la corteza (o positiva dependiendo del lugar donde esté situado el electrodo con respecto a dichos dipolos; ver por ejemplo la figura 18.C). Sin embargo, el problema es más complejo en la realidad; por una parte, no todos los potenciales postsinápticos de una neurona en un tiempo dado son excitatorios, ni todos inhibitorios, lo cual hace que la sumatoria dependa de la cantidad de unos y otros para cada instante. Además, como se observa en la figura 19, una neurona puede tener un potencial postsináptico excitatorio o inhibitorio cerca o lejos del soma, lo cual hace imposible conocer qué tipo de potenciales generan una onda dada en un potencial de campo (y mucho menos para el caso del EEG de superficie). Por lo tanto, como regla general: *por sí solo, el EEG no puede dar a conocer si una actividad registrada corresponde a la activación o la inhibición de áreas cerebrales, y menos aún con registros superficiales.*

FIGURA 18.
REPRESENTACIÓN DE LOS DIPOLOS GENERADOS EN UNA NEURONA (O GRUPO NEURONAL) A ESCALA CELULAR Y COMO SUMATORIA DE VARIAS NEURONAS EN LA CORTEZA

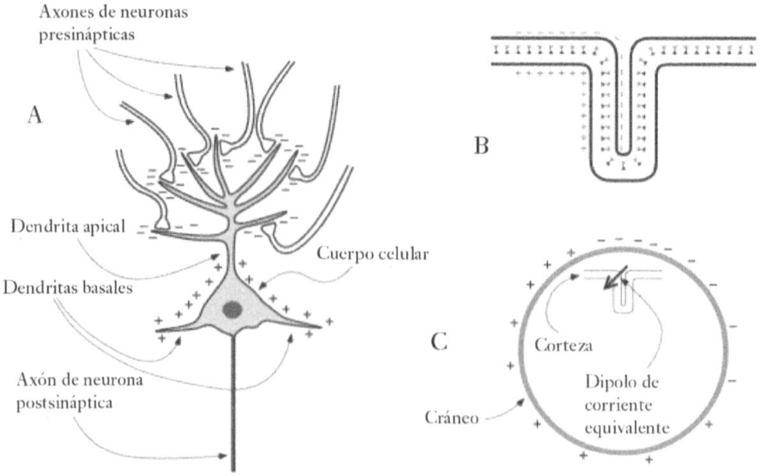

Nótese que los pliegues en la corteza cerebral también son una variable para tener en cuenta en la sumatoria de los dipolos generados por cada neurona.

Referencia: tomada y adaptada de Luck, 2014.

No sobra mencionar en este punto (para facilitar la lectura de otras posibles referencias) que los sitios en la membrana celular para los cuales existe entrada de iones (sean positivos o negativos) se denominan sifón (*sink*) y aquellos para los cuales existe una salida de iones se llaman fuente (*source*); así, en una sinapsis excitatoria en la cual entran iones sodio, ese sitio del dipolo es considerado el sifón, pero si una sinapsis también excitatoria trabaja de forma tal que salen iones cloro, este punto en el dipolo es considerado fuente (aunque para ambos casos el área externa a la membrana se hace más negativa que el interior).

FIGURA 19.
REPRESENTACIÓN DE DOS TIPOS DE SINAPSIS EXCITATORIAS DONDE EL DIPOLO GENERADO ESTÁ INVERTIDO EN LA CORTEZA

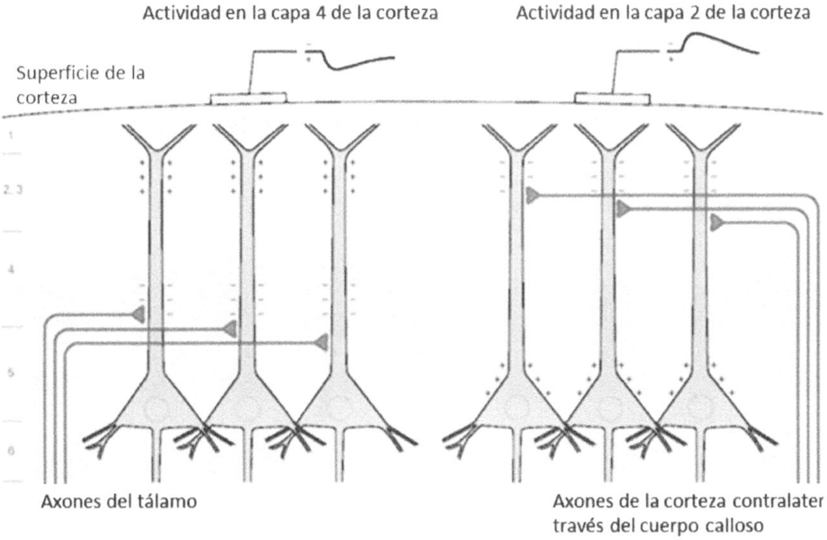

De igual forma, dos sinapsis inhibitorias pueden generar dipolos contrarios. Nótese así que no es posible conocer la naturaleza de la actividad neuronal subyacente (sea de inhibición o excitación) con solo el registro de EEG.

Referencia: tomada y adaptada de Kandel *et al.*, 2000.

En línea con los fenómenos expresados en este apartado, es imposible encontrar, con un único electrodo de EEG de superficie, el origen de una "onda" observada en el registro electroencefalográfico; este problema se denomina inverso y corresponde con problemas donde infinitas posibilidades de arreglos (de dipolos, para este ejemplo) pueden dar origen al mismo resultado, para este caso: la onda en cuestión. Sin embargo, existen modelos matemáticos que buscan aproximar las ubicaciones generadoras de los ritmos del EEG, pero requieren de gran cantidad de electrodos y, además, en su mayoría, tienen como base supuestos bastante importantes a la hora de realizar extrapolaciones (por ejemplo, una cabeza completamente esférica, lo cual no es el caso real para el cráneo humano).

BASES PARA EL REGISTRO FÍSICO DE LA ACTIVIDAD CEREBRAL

Partiendo de las ideas exploradas en el título anterior, las señales del EEG tienen relación directa con la actividad neuronal; sin embargo, esta relación no corresponde con los potenciales de acción (o actividad de *disparo*) de una o varias neuronas en particular. Más bien, es el compendio o sumatoria de los cambios del potencial postsináptico en varios miles de neuronas (como se muestra en las figuras 18 y 19). Pero cómo se relacionan estos cambios con la lectura del registro EEG depende de otros factores tecnológicos y biofísicos. En este apartado se ahonda en estos conceptos.

FIGURA 20.
REPRESENTACIÓN DE UN CANAL DE REGISTRO PARA CUALQUIER SEÑAL ELECTROFISIOLÓGICA (INCLUYENDO EL EEG)

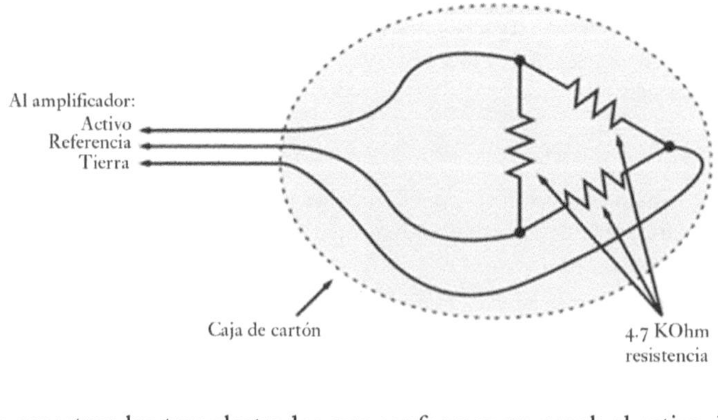

En la figura se muestran los tres electrodos que conforman un canal: el activo, la referencia y la tierra. Nótese que la medida del voltaje entre el electrodo activo y la tierra corresponde además a la diferencia entre el activo y la tierra y la referencia y la tierra.

Referencia: tomada y adaptada de Luck, 2014.

En primer lugar, pasemos a definir el significado de un canal EEG y su diferencia con el concepto de electrodo. Un electrodo, en principio, es un elemento conductor que realiza el papel de contacto entre un tejido, sustancia u objeto al cual se le desea aplicar o registrar cambios de voltaje (o corriente) eléctrico(a). En EEG existen muchos tipos de electrodos recomendados para hacer la lectura, en particular aquellos cubiertos con oro o cloruro de plata (Kamp *et al.*, 2005; Luck, 2014); normalmente, en EEG los electrodos son ubicados en el cuero cabelludo u otras partes de la cabeza del sujeto en localizaciones estándar (ver por ejemplo el POE para la toma de EEG del Linciph); de esta manera, en EEG, los electrodos reciben su nombre por la ubicación dentro de cualquiera de estos sistemas estándar (por ejemplo, el electrodo P3 corresponde a un electrodo en posición parietal cercano a la línea media por el lado izquierdo, y F4 corresponde a un electrodo frontal al lado derecho de la línea media); es de resaltar que, en electrofisiología, normalmente los números impares corresponden a ubicaciones del hemicuerpo izquierdo y los pares a ubicaciones en el hemicuerpo derecho.

Un canal, por el contrario, no se puede definir (estrictamente) por una única ubicación, ya que un canal lo conforman tres electrodos comúnmente llamados electrodos tierra, referencia y activo (como se muestra en la figura 20); así, en cualquier caso, la señal de voltaje obtenida en una determinada señal electrofisiológica (incluyendo el EEG) corresponde a la diferencia de potencial entre los canales activos y referencia, respectivamente, pero estos dos puntos a su vez corresponden a la diferencia de potencial entre cada uno de ellos y la tierra tal que:

$$S_c = (E_{act} - E_{Gnd}) - (E_{ref} - E_{Gnd})$$

$$S_c = E_{act} - E_{Gnd} - E_{ref} + E_{Gnd}$$

$$S_c = E_{act} - E_{ref}$$

Así, la señal de voltaje S_c corresponde a la diferencia de potencial entre los electrodos activo (E_{act}) y referencia (E_{ref}), que a su vez corresponden, cada uno, con la diferencia de potencial entre estos electrodos y el electrodo tierra (E_{Gnd} - Por sus siglas en inglés). La razón por la cual es necesario más de un punto para realizar la lectura de la señal se debe a que el concepto de voltaje no existe como tal en un único punto ya que el voltaje es una medida de la capacidad de las cargas de viajar de un punto a otro (para abordar este tema en profundidad se recomiendan los apéndices de Luck 2014); además de esto, con la tierra conectada en el mismo sujeto ayuda a disminuir el ruido común entre los electrodos activo y referencia provocado por cualquier otra fuente eléctrica alrededor del sujeto (este problema es fácil de observar realizando el experimento de desconectar el electrodo de tierra en un registro).

Pero, en ese caso, ¿cuál es la razón de ser del electrodo tierra? En pocas palabras, el electrodo tierra sirve como "referencia común para todos los puntos"; metafóricamente hablando, suponga usted que desea conocer la altura de una persona que se encuentra sin zapatos; para hacer esto, basta con un instrumento de medición que permita dar cuenta de la altura desde el suelo hasta la cabeza del sujeto; sin embargo, suponga usted que además este sujeto tiene unos zapatos altos o está de pie sobre de una superficie más alta que el suelo, para este caso, ¿mide más el sujeto? Por supuesto que no, aquí lo que cambia es el punto del inicio de la medida; en este caso es necesario medir la altura desde el suelo hasta la cabeza y luego hasta el inicio de los pies y restar la diferencia entre estas medidas. Para el primer caso; la tierra y la referencia eran el mismo punto y, por tanto, sólo fue necesario hacer una única medición; pero para eventos tan variables como las señales electrofisiológicas es recomendable utilizar un punto de tierra distinto (y normalmente alejado) de los puntos de referencia.

Para ahondar un poco más en el concepto de canal, supongamos un único dipolo (un caso muy reducido al posible fisiológico) como el que se muestra en la figura 21; dado el dipolo de la figura 21.A, registrado desde tres distintos puntos activos con respecto a una misma referencia y una misma tierra (en este caso, note que el diagrama se refiere con esto a tres canales distintos, A1, A2, A3); la señal que se observa en los canales más cercanos a la parte positiva del dipolo (A1) mostrarán señales de mayor amplitud (y positivas), que aquellos que se van alejando del dipolo (A2 y A3); asimismo, la señal registrada para el canal A3 será cero (o casi cero) debido a que se encuentran casi a la misma diferencia de voltaje con respecto al dipolo en cuestión. De igual forma, para el ejemplo de la figura 21.B se supone que los puntos B y C se encuentran al mismo potencial con respecto a A, los canales A-B o A-C representarán la misma diferencia de voltaje y por lo tanto la misma señal.

FIGURA 21.
REPRESENTACIÓN DEL REGISTRO DE LA ACTIVIDAD DE EEG CON RESPECTO A UN DIPOLO

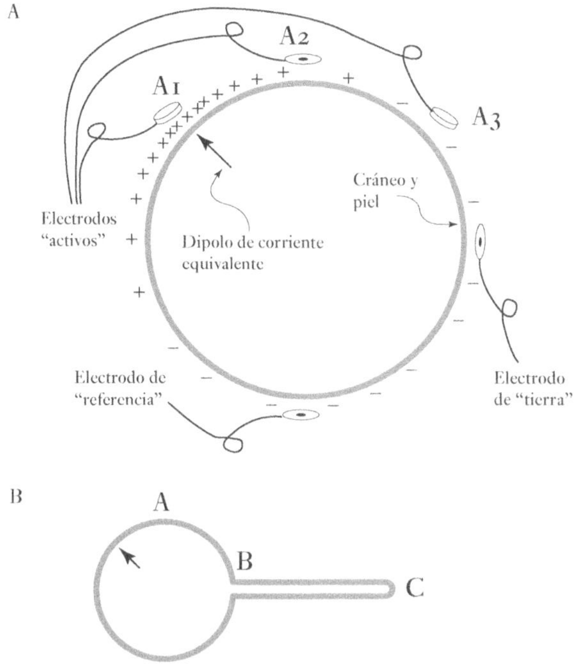

En la gráfica superior (A) se observa el posicionamiento de tres electrodos activos, un electrodo de referencia y un electrodo de tierra; nótese que esta configuración de electrodos permitiría el registro de tres canales (uno para cada electrodo activo). En la gráfica inferior (B) se representan diferentes sitios para los cuales existe una diferencia de potencial específico con respecto al dipolo graficado; en estos, las diferencias de potencial medidos en A y B son diferentes, pero entre B y C son iguales (puntos isopotenciales).

Referencia: tomada y adaptada de Luck, 2014.

Los canales, para casi todo sistema electrofisiológico, se nombran a partir de la posición del electrodo activo menos su referencia (en ese orden); por ejemplo, el electrodo F3-P3 corresponde a un canal con el electrodo activo en la posición F3 con referencia en la ubicación P3. Por lo anterior, las señales electrofisiológicas pueden presentar deflexiones positivas y negativas; lo anterior se debe a que la diferencia de potencial medido entre dos puntos puede ser mayor en dirección al electrodo activo (señal positiva en un momento dado) o en dirección al electrodo referencia (señal negativa para un momento determinado). Así pues, las señales del EEG registradas desde la superficie cortical fluctúan alrededor del cero. Además, es importante resaltar que, en la mayoría de los equipos, software, y en general en la literatura de electrofisiología, *las deflexiones de ondas hacia arriba denotan* números negativos y hacia abajo los positivos (contrario a lo que normalmente se observa en un plano cartesiano); si bien esto no es una regla general, es importante tener conocimiento de esto en el momento de analizar datos o incluso al aproximarse a la literatura sobre electrofisiología. En la figura 22 se muestra un ejemplo de este fenómeno.

FIGURA 22.

REPRESENTACIÓN DE DIFERENTES POSIBLES DEFLEXIONES EN CANALES BIPOLARES Y MONOPOLARES Y SUS POSIBLES SIGNIFICADOS A LA HORA DE ANALIZAR LOS GENERADORES

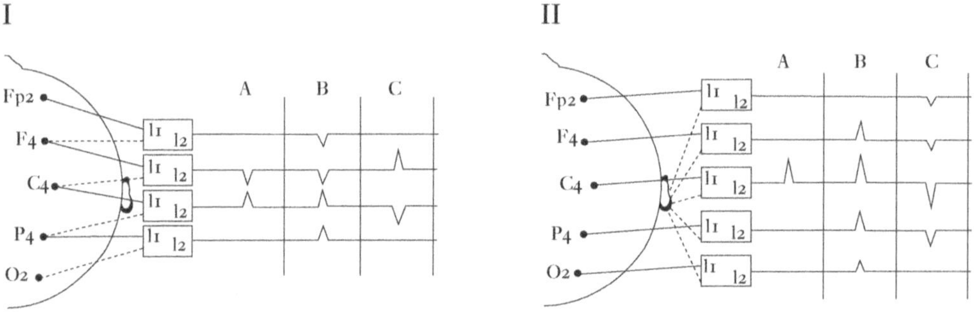

l1 corresponde al electrodo activo, l2 corresponde a la referencia. Nótese que para diferentes canales un electrodo puede hacer el papel de electrodo activo y/o referencia.

Referencia: tomada de Niedermeyer, 2005a.

Teniendo en cuenta lo anterior, es posible crear distintas configuraciones de canales con una misma posición de electrodos, y a partir de ellos *leer* fenómenos eléctricos específicos; dos ejemplos propuestos por Niedermeyer (2005b) se muestran en la figura 22. En el ejemplo del lado izquierdo de dicha figura (figura 22.I) se muestra un montaje conocido como bipolar longitudinal[7]; en la parte A de esa figura se supone una deflexión negativa

---

7 Configuración de canales para la cual los electrodos activos y referencia varían por canal, y se refiere, por lo general, a canales con ambos electrodos cercanos a la fuente generadora; además, se denomina longitudinal porque los canales varían de forma longitudinal en la cabeza (adelante hacia atrás), en contraposición a canales transversales (de izquierda a derecha).

en el electrodo C4 el cual se observa como deflexión hacia abajo en el canal F4-C4 (nótese que si C4 es negativo y va después del menos, se obtienen valores positivos, que para el caso de la literatura electrofisiológica se muestra como deflexión hacia abajo) y hacia arriba en el canal C4-P4. En la parte B de la figura 22 se supone también una deflexión negativa en este electrodo, pero que además está sumada por valores negativos tanto en F4 como en P4. Por el contrario, en las partes C y D el canal C4 presenta una deflexión positiva que se observa como una deflexión hacia arriba en el canal F4-C4 (si C4 es positivo al estar como referencia muestra deflexión negativa hacia arriba) y hacia abajo en el canal C4-P4.

Otro tipo de montaje se muestra en la figura 22.II; esta configuración es denominada montaje monopolar o referencial[88]; en la parte A de esta figura se muestra una deflexión negativa muy localizada en el electrodo C4 con respecto a los demás canales; asimismo, en la parte B de la misma figura se observa una deflexión negativa originaria en C4 pero que se esparce hacia regiones posteriores y un poco frontales; el ejemplo contrario se observa en la parte C de esta figura. Finalmente, en la parte D, la explicación más probable es un potencial negativo en la oreja con respecto al cráneo (que se observa como deflexión hacia abajo en este caso). Para más ejemplos sobre estos fenómenos, se recomienda referirse a Nierdermeyer (2005b).

Obsérvese que, para el caso de los montajes monopolares, un ruido en el electrodo de referencia podría contaminar todos los canales, mientras que en un montaje bipolar una mala conexión de un único electrodo sólo afectaría los canales que involucren dicho electrodo. Además, con los ejemplos anteriores se puede mostrar que los montajes bipolares son ideales para localización de fuentes en comparación con los montajes monopolares, razón por la cual son recomendados en exploración de epilepsia (imagine usted el problema de ubicación, por ejemplo, si el foco epiléptico se encuentre cerca al sitio de la referencia). Sin embargo, para realizar comparaciones

---

8 Configuración de canales para la cual varios electrodos activos están referenciados a un único electrodo, llamado referencia común. Normalmente, en EEG este electrodo está ubicado en las mastoides o en los lóbulos de las orejas (en principio se cree que está *lejos* de los generadores en una ubicación virtualmente neutra en términos de diferencias de voltaje).

de distintas actividades entre regiones; los montajes bipolares son menos recomendados porque las diferencias de potencial se miden con respecto a diferentes puntos por cada canal (suponga la dificultad de comparar la altura de muchas personas, si cada uno tiene distintos zapatos, o se encuentra a diferentes alturas del suelo, en comparación con realizar esta tarea con todos referenciados al mismo punto).

PARÁMETROS DE ADQUISICIÓN, PROCESAMIENTO E INTERPRETACIÓN DE LOS REGISTROS

En este título se realizará una aproximación a las recomendaciones pertinentes para el registro de la actividad eléctrica del cerebro, posteriormente se tratarán los temas del preprocesamiento de los datos y se abordará el concepto de frecuencia y la transformación de Fourier para plantear los fundamentos del análisis de potencias. Finalmente, se tratará la diferencia entre bandas de frecuencia y los ritmos del cerebro.

El análisis de las señales de EEG es en sí mismo un problema de investigación actual; cada año o incluso cada mes existen nuevas técnicas de análisis con fines particulares que pueden ser de utilidad en la evaluación de nuevas hipótesis; sin embargo, este apartado se concentrará en los análisis propicios con la tecnología actual del Linciph para señales de EEG. Asimismo, este título será basado principalmente (aunque no forma exclusiva) en el libro de Cohen (2014); para ahondar más en los conceptos aquí descritos se recomienda su lectura, tanto para profundización en conceptos o técnicas específicas de análisis como para abordar otros métodos que no se encuentran en el interés inmediato de este documento.

SOBRE LA ADQUISICIÓN DE LAS SEÑALES

Es posible que una de las ideas más importantes en el desarrollo de investigación en el área de electrofisiología (que posiblemente es igual para otras áreas de la ciencia), es definir bien la pregunta de investigación y sus respectivas hipótesis y a partir de ellas realizar el diseño experimental. Luego de tener el primer bosquejo del proceso, es imperativo discutir el proceso con colegas o expertos para determinar posibles vacíos que no se tuvieron en cuenta en la primera aproximación. Cohen (2014) también aconseja, después de este paso, realizar pilotos completos (tantos como sean necesarios) en uno o dos sujetos, desde la toma del registro hasta los posibles análisis finales; con esta tarea se pueden encontrar fallas en el proceso, ajustar parámetros experimentales, incluir o eliminar grupos experimentales, entre otras. Si y solo si se está satisfecho hasta este punto con el procedimiento, se recomienda seguir el proceso con grupos (de manera intuitiva, es mejor 'perder' datos en uno o dos pacientes que en el total de la muestra).

A la hora de registrar EEG es necesario realizar marcaciones de los procesos que se llevan a cabo de forma concomitante al registro (esto es importante para el análisis de la actividad de fondo del EEG, pero indispensable e imperativo para potenciales evocados). Estos marcadores ayudan a codificar los comportamientos que después pueden ser analizados de manera independiente; evidentemente es posible (y recomendable) en un mismo registro tener varias repeticiones de un mismo comportamiento, pero la cantidad de repeticiones apropiada depende principalmente del tamaño del efecto a explorar y de la razón señal a ruido del registro; Cohen (2014) menciona que 50 repeticiones por condición es un número suficiente para la mayoría de análisis, pero no es una regla definida. Evidentemente, existen experimentos para los cuales es imposible la repetición de estados comportamentales, caso en que se requiere aumentar el número de sujetos expuestos a la condición de interés.

De igual manera, tampoco existe un número de electrodos recomendados para todos los experimentos con EEG, pues depende de la pregunta de investigación que se desea responder; por ejemplo, para análisis espaciales de fuentes se recomiendan por lo menos 100 electrodos, pero si se desea conocer la amplitud de una onda específica en potenciales evocados en la posición P3, en principio se requieren solo tres electrodos (activo, referencia y tierra). Sin embargo, algunos recomiendan que en trabajos exploratorios un total de 64 canales es suficiente para hacer una buena exploración espacial de resultados, así como análisis de conectividad, entre otros. También es necesario considerar cuál es la menor cantidad de información necesaria para responder la pregunta de interés; lo anterior teniendo en cuenta el costo de insumos, y sobre todo de tiempo, que representa la ubicación de más canales.

Con respecto a la frecuencia de muestreo[9] recomendada, en principio es importante que sea por lo menos el doble de las frecuencias de interés (por ejemplo, si se desean analizar datos hasta 50 Hz, se debe registrar a frecuencias mayores a 100 Hz); sin embargo, este límite inferior no es necesariamente suficiente y se recomienda tener frecuencias de muestreo entre 500 y 2000 Hz, en el EEG. Más de 2000 Hz, por el contrario, no brindan, en principio, mayor información para los análisis estándar en EEG de superficie; además, cuanto mayor sea la frecuencia de muestreo, mayor es el tiempo de carga de datos, de análisis y el espacio de almacenamiento que requieren los datos. Existen por ejemplo grandes ventajas al utilizar una frecuencia de muestreo de 1000 Hz (no necesariamente 1024), ya que corresponde a una muestra cada milisegundo, es fácil de convertir a frecuencias más bajas en términos de decenas, etc.

PREPROCESAMIENTO Y ANÁLISIS DE LAS SEÑALES

Antes de realizar la extracción de la información contenida en las señales de EEG existe un paso llamado procesamiento (o preprocesamiento) de la señal. En palabras de Cohen (2014), es todo proceso realizado sobre las señales entre el paso de la adquisición de la señal y el análisis y tiene como objetivo mejorar la razón señal/ruido del registro. En algunos casos consiste simplemente en organizar la información recolectada (por ejemplo, extraer las épocas o bloques de la señal continua); también, pueden incluir la limpieza de la señal en términos de artefactos y o eliminando electrodos defectuosos, etc. Finalmente, puede incluir la transformación como tal de la información por medio de filtros espaciales (solo para el caso de grandes cantidades de electrodos) o realizando otros tipos de transformaciones en las señales.

El paso de preprocesamiento es vital para la replicabilidad de resultados en electrofisiología; y se realiza debido a que el EEG *siempre* consiste en la combinación entre señal fisiológica y ruido de múltiples naturalezas.

---

9 Se refiere a la cantidad de muestras (o cantidad de medidas) de potencial adquiridas por segundo. En principio, una señal corresponde a la toma de varias medidas en diferentes momentos (comúnmente, separados por igual con una frecuencia determinada: la frecuencia de muestreo).

Sin embargo, la palabra ruido depende en gran parte de lo que se esté estudiando; por ejemplo, para algunos estudios las señales de los potenciales evocados (ERP) pueden representar una señal indeseada, mientras que para otros estos son particularmente la señal de interés (Cohen, 2014).

Una de las herramientas más útiles en el preprocesamiento de la señal incluye el filtrado (tema que será detallado adelante). La utilidad de esta herramienta para mejorar la razón señal/ruido parte de la idea de que algunos tipos de ruido contienen componentes de frecuencia muy particulares; un ejemplo típico de estos casos es el ruido de línea que se produce por la oscilación de la señal eléctrica que alimenta los dispositivos electrónicos (lo que incluye desde el equipo de registro hasta las lámparas que alumbran la habitación) y se concentra en 60 Hz o 50 Hz dependiendo del país en el cual se encuentra ubicado el laboratorio (60 Hz para Colombia). Sin embargo, este ruido también disminuye al conectar el electrodo de tierra con muy baja impedancia en el cuerpo del sujeto. Normalmente, algunos laboratorios y/o investigadores incluyen filtros pasa-bajas[10] a 50 o 30 Hz para *eliminar* toda actividad por encima de estas frecuencias (donde se encuentra la mayoría de ruidos de línea y de contaminación electromiográfica[11]).

Otra aproximación para mejorar la razón señal/ruido es literalmente eliminar del análisis los bloques de señal que se encuentran contaminadas por artefactos o ruidos; incluso también se realiza la misma tarea para señales de canales completos (aplica para los registros que cuentan con un número suficiente de electrodos). Esta es la técnica más utilizada, por ejemplo, en el preprocesamiento de potenciales evocados (ver texto guía de potenciales evocados), pero se también se utiliza comúnmente en cualquier tipo de estudio electrofisiológico. Evidentemente, esta es una razón por la

---

10 Los filtros en señales pueden agruparse dependiendo de las frecuencias que disminuyen o que dejan intactas en una señal; así pues, los filtros pasa-bajas (o rechaza-altas) disminuyen la amplitud de las frecuencias altas en una señal y modifican poco la señal en bajas frecuencias; por el contrario, los filtros pasa-altas (rechaza-bajas) producen el efecto contrario. También existen filtros que "eliminan" la actividad en bandas de frecuencias específicas, llamados rechaza-bandas (que también se denominan filtros "notch" cuando es una única frecuencia la que es eliminada), o sus contrapartes pasa-bandas que pretenden disminuir la actividad en todas las frecuencias fuera de una banda específica.

11 Registro de la actividad eléctrica de los músculos.

cual también se recomienda tener el registro de múltiples bloques de un mismo comportamiento.

Existen muchas más técnicas de preprocesamiento en señales de EEG, como la interpolación de electrodos para registros de alta densidad (>100 electrodos) pero estas se encuentran fuera del alcance del presente documento; refiérase a Cohen (2014) desea profundizar en este tema. Sin embargo, no importa el tipo de investigación ni análisis que se desea realizar en el EEG, la mejor manera de tener una señal libre de ruido es un registro limpio, con buenas impedancias (usando electrodos y suficiente medio conductor entre el electrodo y el cuero cabelludo[12]) y el menor movimiento posible por parte del sujeto; también se aconseja realizar los registros en ubicaciones aisladas de ruido eléctrico externo (ver, por ejemplo, las cajas de Faraday recomendadas por Luck 2014). En palabras de Mike Cohen (2014): se pueden obtener malos resultados, aunque se hagan muy buenos o novedosos análisis sobre señales muy ruidosas, pero resultados muy significativos pueden ser adquiridos con análisis modestos y buenas señales.

Las causas más relevantes en la producción de ruido en las señales de EEG son los artefactos dentro de la señal. Estos son patrones específicos que si bien pueden (o no) estar relacionados con procesos biológicos (como la respiración o la actividad muscular), no se encuentran dentro del rango de generadores de interés para el análisis. Existen múltiples generadores de artefactos, entre los más relevantes se encuentran los movimientos oculares, la contaminación electromiográfica, la saturación en los amplificadores o los ruidos de línea; sin embargo, existen también artefactos cognitivos que, aunque menos fáciles de identificar también pueden contaminar la señal y ser fuentes de reducción en la reproductividad de resultados (Cohen, 2014). Es además imperativo para cualquiera que realice investigación en electrofisiología tener en cuenta que no hay señal completamente libre de ruido; siempre, por la misma naturaleza y complejidad en las señales existirán fuentes de ruido incluso a niveles imperceptibles. En la figura 23 se muestran algunos ejemplos de los tipos de ruido más comunes en el análisis de estas señales.

---

12 Normalmente geles o pastas conductoras; ver POE del registro de EEG para conocer sobre este proceso.

FIGURA 23.

EJEMPLOS DE RUIDOS EN LAS SEÑALES EEG. A Y B SON DOS TIPOS DE MOVIMIENTOS OCULARES; C Y D, RUIDOS PRODUCIDOS POR ACTIVIDAD ELECTROMIOGRÁFICA

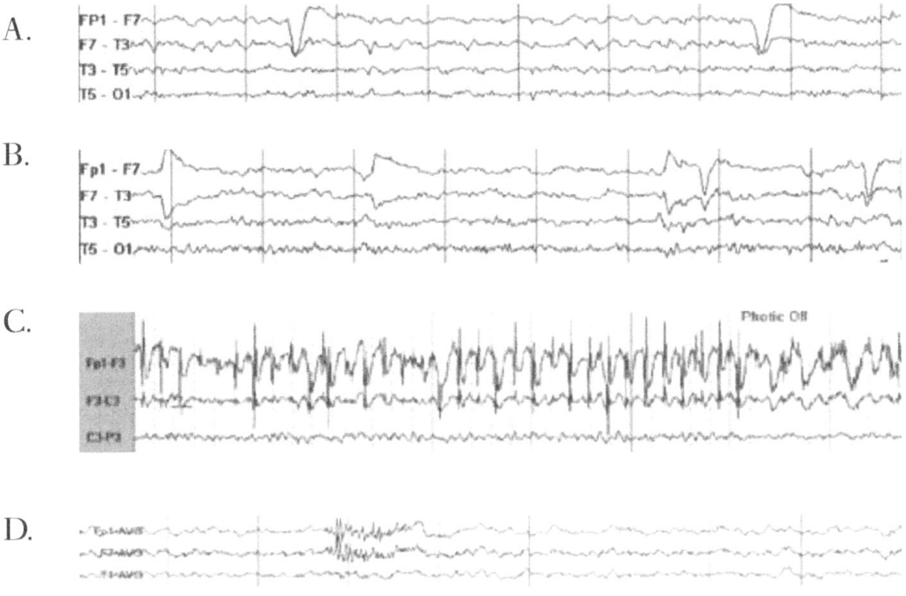

Referencia: tomada y adaptada de Tatum, 2008.

ANÁLISIS DE LAS SEÑALES EEG

Como se mencionó, existe una gran cantidad de métodos para realizar el análisis de las señales del EEG; estos incluyen múltiples tipos de transformaciones a diferentes espacios (Wavelet, Fourier, Hilbert, entre otras) y medidas de diferente orden y naturalezas (Potencias, momentos estadísticos, entropías, etc.); sin embargo, para efectos del presente documento se hace énfasis en aquellos métodos de implementación directa con las tecnologías y software comerciales con los cuales cuenta el Linciph; sin embargo, si se desea profundizar en distintos métodos de análisis de las señales EEG, se recomienda referirse al texto de Cohen (2014).

Así pues, un primer concepto que se requiere trabajar para comprender estos fenómenos es la onda seno. Como se muestra en la figura 10, las ondas seno tienen tres características: la potencia (que es la misma amplitud al cuadrado, y por tanto se mide en V^2, mV^2 o μV^2, dependiendo de la unidad de medida del registro), la frecuencia (la cantidad de ciclos por unidad de tiempo, comúnmente se refiere a ciclos por segundo o Hz) y la fase (el tiempo de corrimiento para el cual se presenta una onda seno con respecto a otra onda seno referencia, medida en radianes). Así la construcción matemática de una onda seno es de la forma $A * seno(2\pi ft + \varphi)$ donde A es la amplitud de la onda, f la frecuencia, t la ventana de tiempo φ corresponde a la fase. Nótense en el ejemplo de la figura 24 los tres conceptos aquí descritos; la onda azul, más pequeña en amplitud cuenta con una potencia menor que la onda roja; sin embargo, la primera se repite dos veces por segundo mientras que la roja tan sólo se repite una vez. Finalmente, se observa un desfase de $3\pi/2$ entre las ondas (lo cual en términos de radianes corresponde con ¾ de ciclo como se observa en la figura; un ciclo completo en radianes corresponde a 2π).

FIGURA 24.

DOS SENOS GENERADOS CON DIFERENTES CARACTERÍSTICAS DE FRECUENCIA, AMPLITUD Y FASE

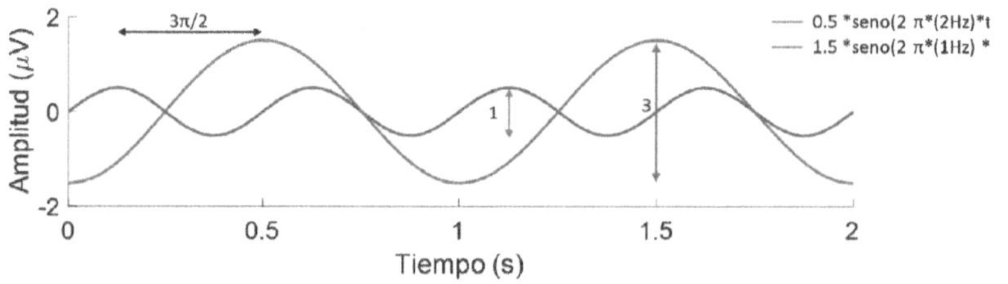

En las fórmulas que representan las ondas seno t corresponde a 2000 puntos de tiempo entre 0 y 2 segundos

Fuente: construcción propia.

Si se suman en el tiempo diferentes ondas con distintas características de amplitud, frecuencia y fase, se observa que la dificultad de la onda resultado es mucho mayor a sus *componentes* (las ondas que inicialmente la componen) como se observa en la figura 25. Nótese así que cada componente de la onda generada tiene una frecuencia, una amplitud y una fase particular e independiente. Así pues, estas tres características de las ondas seno son la base de algunos de los métodos de transformación más utilizados en el análisis de señales de EEG (y en general en el análisis de señales). Posiblemente, la transformación más conocida (y la base de muchos de los conceptos que aquí se presentarán) es la transformada de Fourier. Aunque la matemática detrás de esta transformación está fuera del alcance de este documento, se invita al lector considerar estos temas en el libro de Cohen (2014) o el de Kropotov (2010).

FIGURA 25.
EJEMPLO DE LA COMPOSICIÓN DE UNA SEÑAL
COMO LA SUMA DE SENOS DE CINCO FRECUENCIAS DISTINTAS
CON UNA AMPLITUD Y UNA FASE PARTICULAR

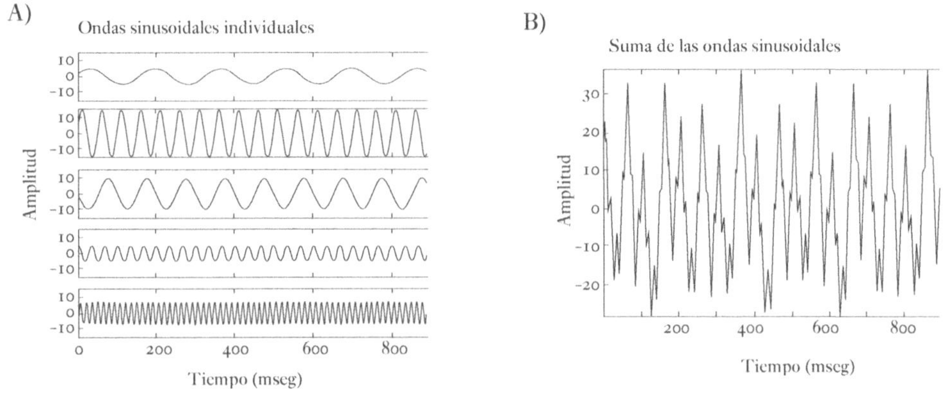

Referencia: tomada y adaptada de Cohen, 2014.

En palabras, la transformada de Fourier parte de la idea de que, como se muestra en la figura 25, toda señal puede ser descompuesta en infinitos componentes (senos y cosenos) de frecuencias, amplitudes y fases independientes, es decir, como la suma de infinitos senos y cosenos para toda frecuencia (racional), con una amplitud y una fase particulares. Así pues, una señal en el tiempo puede ser *descompuesta* en dichos componentes de frecuencias únicas y representarse en términos de amplitud y fase. (Ver por ejemplo las descomposiciones de las figuras 24 y 25).

Sin embargo, en la realidad, las señales de la naturaleza (incluyendo el EEG) no contienen componentes de frecuencia solo para una o varias frecuencias particulares; por el contrario, estas señales cuentan con infinitos componentes de frecuencia con distribuciones de probabilidad de amplitud para ciertos rangos de frecuencia (los cuales cambian dependiendo de los estados fisiológicos subyacentes al estado del cerebro –y el cuerpo– en

FIGURA 26.
REPRESENTACIÓN DE LA TRANSFORMACIÓN DE FOURIER DE UNA SEÑAL CON CINCO ONDAS SENO A FRECUENCIAS PARTICULARES (20, 40, 60, 80 Y 100 HZ); NÓTESE QUE PARA CADA ONDA EXISTE UNA AMPLITUD Y UNA FASE PARTICULAR

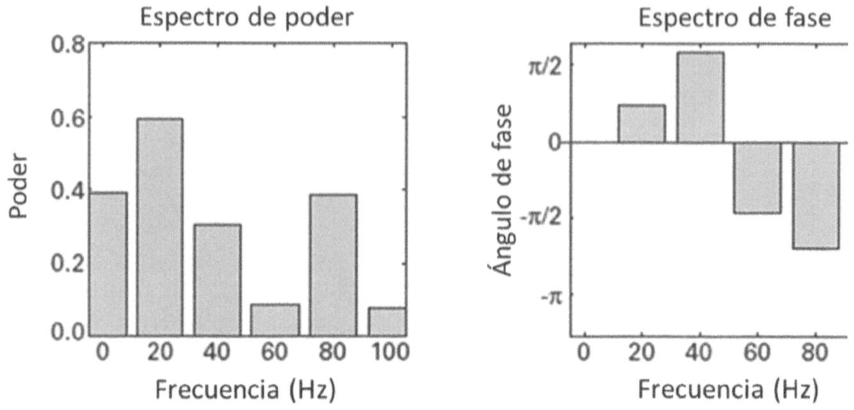

Referencia: tomada y adaptada de Cohen, 2014.

cada momento). Obsérvese, por ejemplo, la figura 26; en esta se muestra la transformación de Fourier para una señal EEG correspondientes a un sujeto con ojos cerrados; note que existe en esta señal actividad electroencefalográfica alrededor de 10 Hz (en este caso se denomina ritmo alfa); pero además esta actividad no corresponde a un único componente de frecuencia sino más bien a varios componentes que crean en sí todo el ritmo en cuestión que se observa como una elevación que inicia alrededor de 8 Hz y termina alrededor de 11 o 12 Hz; así pues, un ritmo del cerebro no corresponde a un único seno sino más bien, como se mencionó anteriormente, a una actividad con distribución de probabilidad de mayor amplitud en rangos específicos de frecuencias. Un segundo fenómeno que se observa en esta figura es que, aunque la actividad predominante de esta señal EEG se encuentra alrededor de la banda azul, la potencial no es nula (es decir, cero) para las demás frecuencias, incluyendo otras bandas de frecuencia con interés fisiológico. Con esto en mente, a continuación, se determinan las diferencias entre bandas de frecuencia y un ritmo cerebral, conceptos que, aunque distintos, tienden a confundirse en la literatura y en el discurso de ritmos electrofisiológicos.

Desde las primeras descripciones del EEG en humanos en la década de 1920 (Niedermeyer, 2005a), Berger describió ondas características que observó mientras registraba la actividad eléctrica cerebral; así, al primer ritmo lo llamó alfa y lo describió como una actividad de forma sinusoidal entre 8 y 13 Hz, que se presentaba particularmente en regiones occipitales al cerrar los ojos pero que además era suprimido con la apertura ocular; posteriormente se describió que también actividad mental como procesamiento aritmético o imaginación visual produce también una reducción de este ritmo en dicha región. De igual manera, él e investigadores de la época describieron otros ritmos como el beta, los husos del sueño, entre otros.

FIGURA 27.
TRANSFORMADA DE FOURIER PARA ~10 S DE UNA SEÑAL EEG. LOS COLORES MUESTRAN LAS BANDAS (RANGOS) DE FRECUENCIA MÁS COMUNES EN EL ESTUDIO DEL EEG

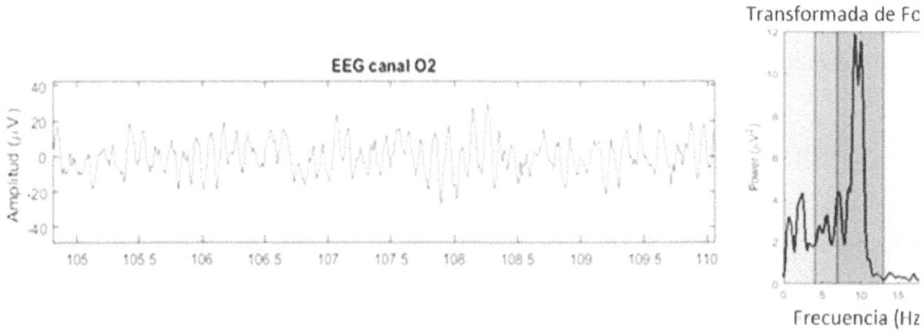

Fuente: construcción propia.

Sin embargo, con los años, en la literatura del EEG se originó un problema de simplificación ya que algunos autores describían los ritmos tan solo en términos de frecuencia y con el tiempo se llegó a entender que los rangos de frecuencia eran en sí los ritmos, y no únicamente una característica de ellos. Así, para el ejemplo del ritmo alfa, se puede llegar a pensar, según esta definición simplificada, que mientras un sujeto se encuentra con los ojos abiertos no existe potencia en el rango de 8 a 13 Hz en el espectro del EEG; o que mientras se está en vigilia no hay amplitud en el espectro de 1 a 3,5 Hz (banda propia de un ritmo específico del cerebro en etapas de sueño profundo). Pero la realidad está muy lejos de este supuesto, pues, como se muestra en el ejemplo de la figura 27 para un sujeto en vigilia, la amplitud es diferente de cero para las bandas por debajo y por encima de la banda alfa que se observa en azul. En otras palabras, si bien algunos ritmos del cerebro están asociados a estados mentales específicos, y tienen un rango de frecuencia particular, esta última no es su única característica; además, lo anterior quiere decir que diferentes ritmos pueden tener componentes en frecuencias similares o incluso la señal EEG sin el ritmo en cuestión presenta componentes comunes a todas las frecuencias para todos los momentos (simplemente por el hecho de ser una señal natural no estocástica).

Teniendo en cuenta lo anterior, es claro que se debe tener precaución con respecto a las discusiones realizadas a partir de los resultados sobre la actividad EEG. Con esto en mente, a continuación se describen los métodos más utilizados para realizar el análisis de potencia en el EEG. En primer lugar, se describirá el análisis de potencia a través de la transformación de Fourier; supóngase que se desea conocer cuál es la potencia alfa y beta de un segmento particular del EEG para una condición comportamental determinada; el primer paso es obtener la transformada de Fourier de dicho segmento. La *suma aritmética* de la potencia (amplitud que se observa en el espectro de potencia –a diferencia del espectro de fase– de Fourier) para todos los componentes que se encuentran en la banda de frecuencia de interés (8 y 13 Hz para el caso de alfa y 13 a 30 Hz para beta) corresponde a la potencia alfa y la potencia beta de esa señal, respectivamente. Esta medida en particular recibe el nombre de potencia absoluta, en contraposición con la denominada potencia relativa. La potencia relativa de una señal para una banda específica corresponde a la relación entre la potencia absoluta de una banda de interés (por ejemplo, la banda de frecuencia alfa) y la potencia absoluta total de la señal EEG; por ejemplo, si para un proyecto específico entendemos que toda la actividad EEG se encuentra entre 1 y 50 Hz y se desea conocer la potencia alfa relativa, primero se obtiene la potencia alfa absoluta como se describió anteriormente y de igual forma se suma la potencia de los componentes del EEG desde 1 hasta 50 Hz y se saca la razón (la división) entre la potencia absoluta alfa y el total. Esta última medida es más recomendada en la literatura (Fernández *et al.*, 1993) en comparación con la potencia absoluta; esto es debido a que depende menos de factores como las diferencias de impedancia de cada canal (si un canal tiene una impedancia mayor que otro, la señal correspondiente, y por lo tanto su potencia absoluta, será menor) o a la distancia entre los electrodos activos y la referencia (electrodos más cercanos producen una diferencia de potencial menor). De igual forma, la comparación estadística de las potencias absolutas es más complicada, pues por características anatómicas o del proceso del registro dos señales de un mismo canal en sujetos diferentes pueden tener potencias absolutas distintas, pero potencia relativa comparable.

El segundo método para determinar la potencia de una banda específica en una señal es directamente en el dominio del tiempo; para usar este método, en primer lugar es necesario realizar un filtrado pasabandas de la señal para el rango de frecuencia de interés (los conceptos matemáticos detrás del proceso de filtrado de señales están por fuera del alcance del presente documento; para profundizar en este tema se recomiendan los libros de Cohen, 2014, y particularmente el apartado de filtrado de Luck, 2007). En general, el filtrado de una señal permite reducir (o incluso eliminar completamente) la amplitud de los componentes de una señal en frecuencias determinadas; por ejemplo, la figura 28 muestra el filtrado de una señal EEG en una banda de frecuencias de interés (banda sigma en este ejemplo para mostrar los husos del sueño). Después de realizar el filtrado de la señal es posible obtener la potencia absoluta en esa banda sumando los valores cuadrados de cada punto en el tiempo en la ventana de interés. De acuerdo con el teorema de Perceval, la potencia calculada por cualquiera de los dos métodos debe ser la misma; sin embargo, debido a la digitalización, y dependiendo del método utilizado para calcular la densidad espectral de potencia, estos valores pueden diferir un poco entre ellos, pero manteniendo las relaciones en términos de potencia relativa y en comparación entre diferentes ventanas (en otras palabras, dadas dos ventanas, si la primera tiene el doble de potencia relativa que la segunda calculada por el método en el tiempo, debe a su vez tener el doble de potencia calculada por el método a partir de la transformada de Fourier).

Hasta el momento se han considerado ventanas de tiempo para las cuales se realiza la transformación de Fourier, pero en ambos espectros (de fase y de amplitud) no se observa el tiempo; por ejemplo, en los ejemplos mostrados en las figuras 27 y 28 el eje x del espectro no muestra el tiempo, sino los componentes de frecuencia; en pocas palabras, no se puede saber en qué momento de la ventana de tiempo se encuentra una actividad específica observada en el espectro. Esto se debe a que el espacio de representación en el tiempo y el espacio de representación en la frecuencia tienen una relación

FIGURA 28.
EJEMPLO DE UNA SEÑAL EEG DE CANAL CENTRAL PARA UN SUJETO EN SUEÑO LIGERO

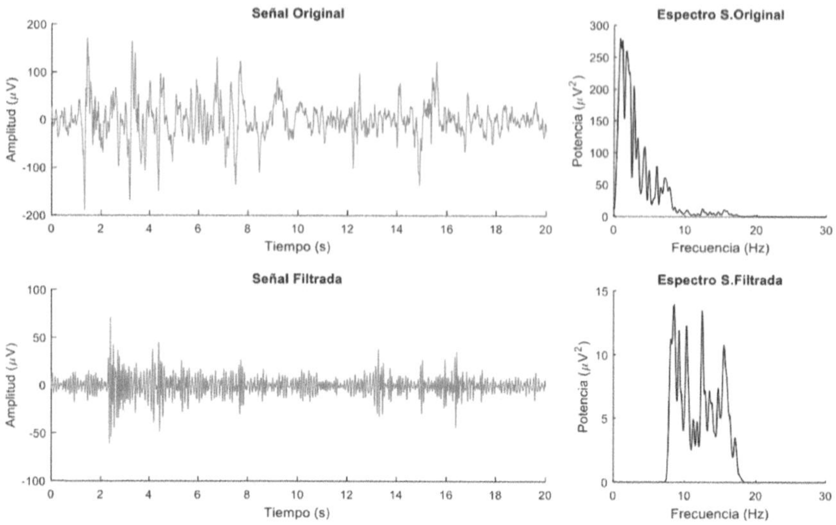

Se muestra la señal filtrada en una banda de frecuencia de 8 a 18 Hz con el fin de observar los husos del sueño. Nótese que, en el espectro de la señal filtrada, las componentes de frecuencia fuera de la banda de paso del filtro (8-18 Hz) se han disminuido al punto que llegan a ser cero; sin embargo, nótese además que la actividad en la banda de paso no cambia la amplitud de sus componentes (obsérvense las diferencias de escala en los ejes verticales).

Fuente: construcción propia.

llamada ortogonalidad; es decir, estos dos espacios (la frecuencia y el tiempo) no pueden ser combinados. Sin embargo, en análisis de señales existen técnicas que permiten estudiar ambos espacios en una misma representación; estas técnicas se conocen como transformadas tiempo-frecuencia. Teniendo en cuenta las facilidades técnicas en el Linciph, en este documento se abordará el método conocido como espectrograma.

Suponga usted que tiene una señal de una longitud de 30 segundos y desea conocer cómo cambia el espectro de potencia a través del tiempo para ubicar eventos discretos (y con frecuencias específicas) en el tiempo. Suponga entonces que puede calcular para los dos primeros segundos el espectro de Fourier y codificar por colores la amplitud del espectro para posteriormente ubicarlo para el tiempo cero; luego se realiza el mismo procedimiento para los dos segundos siguientes y se acomoda este nuevo arreglo de colores en el tiempo de 2 segundos; y así para 4, 6, 8, etc., hasta los 28 segundo (cálculo para la ventana de 28 a 30 segundos). Al final se obtendrá un arreglo de tres dimensiones donde el eje x es el tiempo discreto (de dos en dos segundos en el ejemplo); el eje y es la frecuencia (que depende de la transformación realizada) y el eje de colores es la potencia. La figura 29 muestra el ejemplo relatado en este párrafo.

FIGURA 29.
CONSTRUCCIÓN DE UN ESPECTROGRAMA

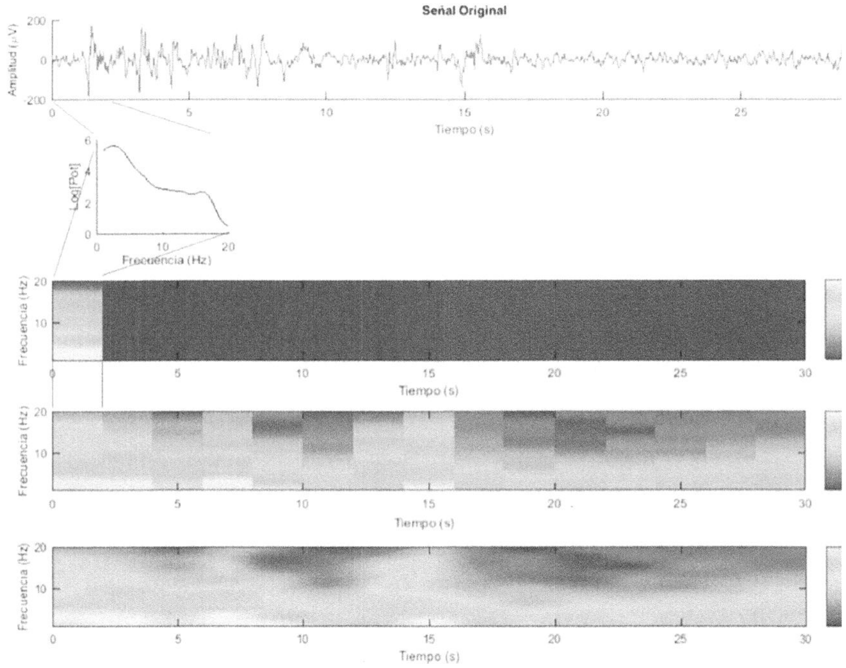

Para facilitar la visualización se utiliza el logaritmo de la potencia en lugar de la potencia original. En la parte inferior se muestra la figura igual utilizando pasos traslapados entre sí para suavizar el espectrograma.

Fuente: construcción propia.

DISEÑO EXPERIMENTAL PARA EL REGISTRO DE LA ACTIVIDAD CEREBRAL

A modo de ejemplo, se describirá detalladamente un procedimiento general para la toma, el análisis y la comparación de resultados para un experimento que involucra señales de EEG. En esta investigación[13] se espera estudiar las posibles diferencias en la actividad EEG de sujetos que realizan dos tipos de actividades mentales: meditación e imaginación visual. Así pues, suponiendo que se realizaron los respectivos pilotajes, el proceso de la investigación tiene tres momentos: la recolección de los datos (registros), el análisis de las señales y el análisis estadístico.

RECOLECCIÓN DE LOS DATOS (REGISTRO)

Para el registro de las señales EEG en este trabajo se utilizan dos canales bipolares EEG (F3-F4 y O1-O2). Para esto se realiza el posicionamiento de los electrodos con base en lo propuesto en el POE de registro de la actividad eléctrica cerebral. Recuérdese que la calidad de la señal depende también del estado del cuero cabelludo del sujeto y se recomienda una preparación previa al registro (que incluye la lavada del cabello y el cuero cabelludo). Además, en el momento de la adquisición de los datos, se recomienda que el sujeto se encuentre en una habitación aislada de ruidos auditivos o eléctricos (preferiblemente con las luces apagadas); asimismo, el sujeto debe estar en una posición cómoda, ya sea acostado o sentado, y se le recomienda realizar el menor movimiento posible.

El protocolo del proyecto se muestra en la figura 30 y consiste en una línea base de 5 minutos de registro con ojos abiertos. Posteriormente, y de forma contrabalanceada (aleatoriamente) por sujetos, se realizan 10 bloques de 120 segundos donde el sujeto, con los ojos cerrados, realiza un trabajo de relajación donde intenta tener la "mente en blanco" (5 bloques) o realizar una tarea de imaginación visual donde él se encuentra ejerciendo alguna actividad placentera (5 bloques). Posteriormente, se retiran los electrodos del sujeto y se realiza el protocolo de limpieza como lo recomienda el POE respectivo. Entre cambio y cambio de cada bloque se debe realizar la correspondiente marcación de los tiempos de inicio y final de cada actividad, con fines de análisis posterior.

---

13 Los datos de este ejemplo representan valores de sujetos reales, pero en condiciones diferentes a las descritas en el procedimiento.

FIGURA 30.
PROTOCOLO DE ADQUISICIÓN DE LA SEÑAL Y DEL ANÁLISIS DE POTENCIA DE LA LÍNEA BASE DE LA SEÑAL

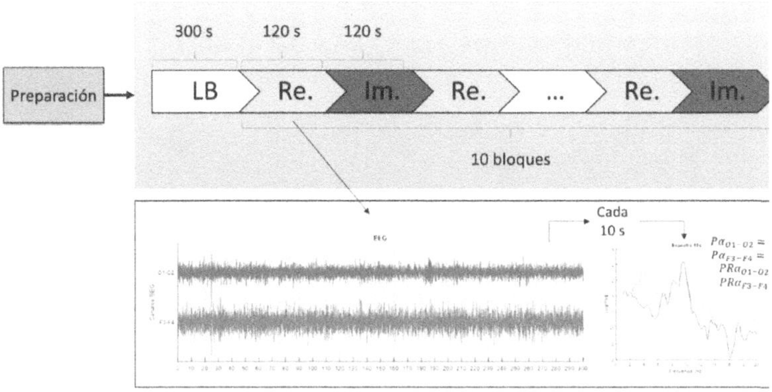

Nótese que la potencia absoluta del canal frontal es el doble de la encontrada en el canal occipital; sin embargo, esto puede ser debido al tamaño original de la señal (obsérvese que la señal azul es de mayor tamaño que la roja). Esta diferencia se invierte al realizar el análisis de potencia relativa, la cual está más en línea con lo esperado en el sujeto del ejemplo.

Fuente: construcción propia.

ANÁLISIS DE LAS SEÑALES

Es necesario recordar que para el análisis de potencias en el EEG (o, en principio, en cualquier señal de la naturaleza) se requiere definir ventanas de análisis; para efectos del presente ejemplo se utilizarán ventanas de 10 segundos como se muestra en la parte inferior de la figura 16. Conviene resaltar que no existe una ventana ideal para realizar análisis de este tipo; sin embargo, téngase en cuenta que esta ventana debe contener suficientes oscilaciones en las frecuencias que se desea analizar (verbigracia, si se quiere analizar frecuencias en la banda delta –1-4 Hz–, no tendría mucho sentido usar ventanas de uno o dos segundos, ya que esto alcanzaría a registrar solo una o dos oscilaciones, respectivamente, para las ondas de alrededor de 1 Hz).

Además, antes de seguir con los cálculos de potencia en las señales, es deseable eliminar los artefactos del análisis y se utilizará (y se recomienda en la mayoría de los casos) el método de eliminación de épocas. Para esto, se evalúa visualmente cada una de las épocas de 10 segundos que se adquirieron en el registro y literalmente se eliminan del análisis estadístico los datos adquiridos de aquellas épocas que presentan artefactos. En la figura

17 se muestra un ejemplo de dos ventanas de las cuales una es eliminada del análisis, debido a los artefactos presentes en ella.

FIGURA 31.
EJEMPLO DE DOS VENTANAS DE REGISTRO EEG

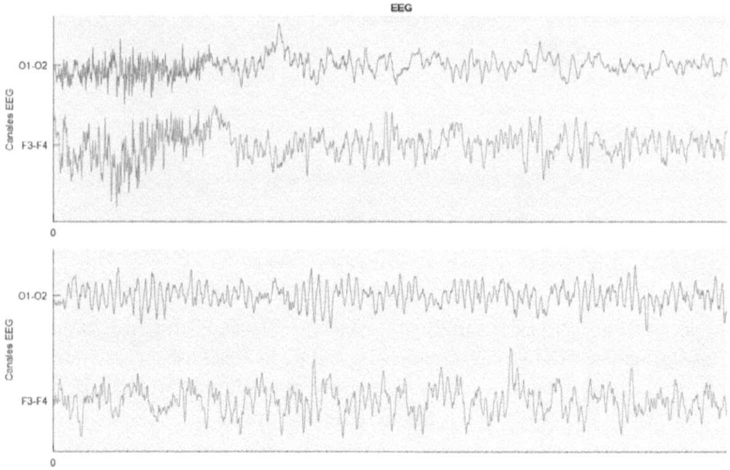

La superior muestra una ventana contaminada por artefactos y la inferior, una ventana libre de artefactos que puede ser utilizada en el análisis posterior.

Fuente: construcción propia.

Después de realizar la eliminación de los artefactos, es necesario determinar los valores de potencias relativas para cada segmento de 10 segundos; se usa esta medida, en contraposición con las absolutas, debido a las razones expuestas en el título anterior. De estos segmentos, se eliminan las primeras y últimas ventanas de cada bloque, ya que pueden contener información ruidosa del paso de entre bloques; se guardan así los valores de las ventanas restantes (sin los extremos y sin las ventanas con artefactos). Estos números serán utilizados para realizar el análisis estadístico; análisis que para protocolos de este tipo (con múltiples bloques de un mismo comportamiento en un mismo sujeto) es posible realizar intra e intersujeto; para otros protocolos, en los cuales solo se registra un comportamiento en una única vez, aplican únicamente análisis de tipo intersujeto. La figura 31 muestra la distribución de la actividad alfa absoluta y relativa para las mismas ventanas de 10 segundos en dos estados de consciencia distintos (ejemplo con señales de estados de consciencia diferentes).

ANÁLISIS ESTADÍSTICO

Hasta el momento se ha descrito el proceso de análisis de las señales EEG con el fin de extraer características cuantitativas que permitan describir el fenómeno EEG subyacente a un estado de fondo. Sin embargo, una de las grandes ventajas de las aproximaciones cuantitativas es la posibilidad de describir diferencias en las características del fenómeno en términos estadísticos. Como se mencionó en el subtítulo anterior, existen protocolos que permiten comparar las características cuantitativas de la señal EEG en un mismo sujeto; esto es cierto si y solo si se realizaron medidas repetidas para un mismo comportamiento prosujeto (en el caso de querer comparar el EEG en diferentes comportamientos, estados de conciencia, etc.). Para realizar esta tarea es indispensable agrupar los valores cuantitativos extraídos del EEG (en este caso, potencia) por canal y comportamiento para realizar las respectivas comparaciones. Posteriormente, es necesario determinar las características de la distribución de los datos para cada grupo y las relaciones de variabilidad entre grupos, con el fin de determinar el uso de test paramétricos o no paramétricos. En el ejemplo propuesto se utilizó un test no paramétrico (Butar *et al.*, 2008) para todos los casos (ver la figura 32).

FIGURA 32.
POTENCIA ALFA EN DOS CANALES DE EEG PARA DOS ESTADOS COMPORTAMENTALES DISTINTOS

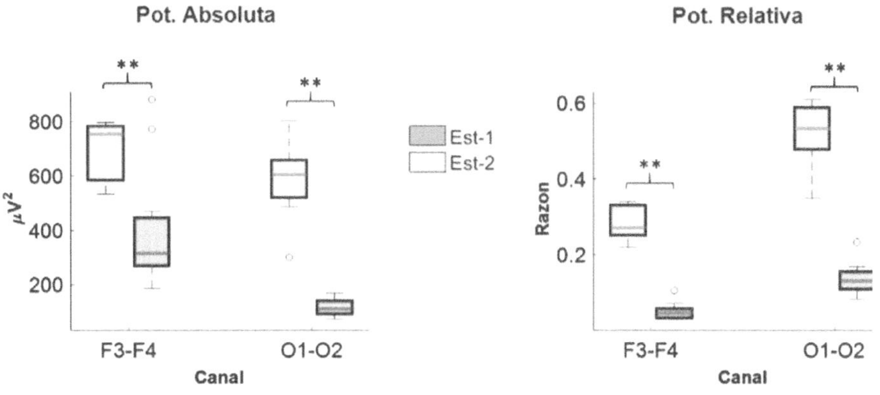

(**) diferencia significativa con p<0,001. Adicionalmente, todas las comparaciones entre canales evidencian diferencias significativas para ambos estados

Fuente: construcción propia

En caso de que no sea posible el análisis intrasujeto, siempre es posible calcular una cantidad de sujetos necesaria para estudiar el efecto de un comportamiento (o estado) en las características de la señal en una población que se halle en las mismas condiciones. Más aún, para el ejemplo descrito en este apartado, es también posible realizar análisis intersujeto calculando el promedio (o la mediana) de cada una de las distribuciones anteriormente descritas, y así comparar estos promedios entre los grupos de sujetos.

POTENCIALES RELACIONADOS CON EVENTOS (PRE): POTENCIALES EVOCADOS

SANDRA PAOLA AGUDELO ORJUELA

INTRODUCCIÓN

La electroencefalografía o EEG es una técnica que consiste en registrar la señal eléctrica producida por la actividad neuronal, fundamentalmente de neuronas corticales, a partir de electrodos posicionados sobre el cuero cabelludo del individuo (ver guía EEG Linciph). Esta técnica fue inicialmente desarrollada por Richard Caton (1875) que registró la actividad cerebral situando un electrodo directamente sobre la corteza cerebral de animales. Fue en 1929 cuando Hans Berger realizó el primer EEG en humanos con electrodos extracraneales conectados a un sistema de amplificación de señal. De hecho, la señal registrada con los electrodos posicionados sobre el cuero cabelludo del individuo es muy débil, y relativamente difícil de detectar con relación a la generada por otras fuentes no cerebrales.

La señal cerebral que se registra con EEG proviene de la corriente eléctrica generada por grupos de neuronas piramidales de la corteza del cerebro y se genera durante el intercambio de iones con su medio extracelular, también conocido como potencial post-sináptico (PPS; Peterson, Schroeder y Arezzo, 1995). La sincronización de los PPS generados en millones de neuronas piramidales es necesaria para dar lugar a una señal eléctrica con fuerza suficiente como para ser registrada en la superficie exterior de la cabeza. Dicha sincronización depende de ciertas condiciones espaciales y temporales. Por un lado, las neuronas piramidales están dispuestas de manera regular y su orientación es perpendicular a la superficie de la corteza (su cuerpo celular está en las capas profundas III, IV y V de la corteza y sus dendritas apicales en las capas más superficiales I y II), lo que facilita la suma de sus PPS. Por otro, los PPS en sitios apicales conducen a flujos de corriente que hace que cada neurona actúe como un dipolo.

La actividad cerebral registrada con EEG se puede dividir en actividad espontánea de carácter rítmico, que es causada por aferencias talámicas rítmicas a áreas corticales, y la actividad relacionada con eventos (PRE o ERP por sus siglas en inglés). Los PRE o ERP son fluctuaciones de voltaje en el EEG que están relacionadas con eventos, procesos cognitivos superiores, procesos sensoriales, motores o afectivos. Los ERP tienen amplitudes más pequeñas que los cambios de voltaje que ocurren de manera espontánea (entre 1 y 20 microvoltios), es inferior a la que se observa en el registro de EEG (entre 50 y 100 microvoltios). Por esta razón, con el fin de extraer la actividad relacionada con el evento, es necesario presentar varias veces el mismo tipo de estímulo (o evento psicológico) y promediar posteriormente el segmento de EEG de todas las presentaciones, de modo que la actividad rítmica del EEG se neutraliza (ver figura 33A).

Esta técnica permite medir de manera continua los cambios de actividad ocurridos en el sistema cognitivo desde que se presenta el estímulo hasta que se finaliza la respuesta. Por ende, una de las ventajas de los PRE es su gran resolución temporal ya que permite medir el fenómeno sometido a estudio de manera directa y en tiempo real.

FIGURA 33.
EL PANEL A PRESENTA ONDAS ERP SEGÚN EL NÚMERO DE ENSAYOS PROMEDIADOS. EL PANEL B PRESENTA UN EJEMPLO DE ONDA ERP CON LOS NOMBRES DE LOS COMPONENTES TEMPRANOS

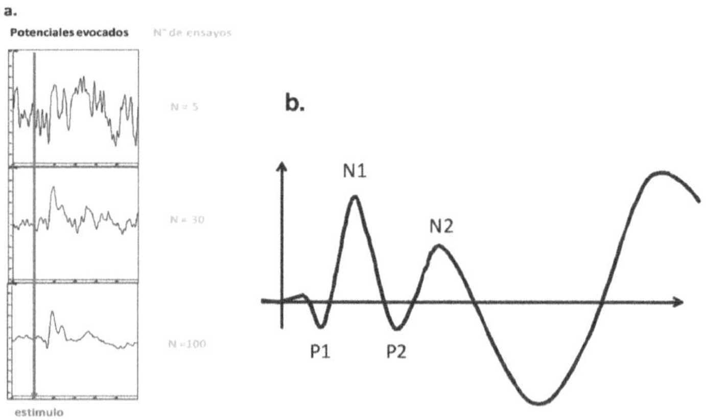

Tomado de Agudelo-Orjuela (2019).

El ERP resultante puede tener varias formas de onda que se denomina componente y estos a su vez pueden ser divididos en tres grandes categorías: los primeros son los componentes exógenos y se presentan inmediatamente tras la presentación de un estímulo, los cambios en sus propiedades se deben principalmente a las características físicas del estímulo (luz, color, etc.). Entre los componentes tempranos generados por la presentación de estímulos visuales se encuentra el complejo P1-N1, con distribución topográfica occipital. Los segundos son los componentes endógenos, estos componentes ocurren a partir de los 200 ms a partir de la presentación del estímulo, no dependen de las características físicas del estímulo y pueden ser modificados por procesos psicológicos de orden superior. Por último, tenemos los componentes motores que se presentan en la preparación y ejecución de la respuesta motora específica en una tarea.

El análisis de las ondas ERP es posible gracias a diferentes dimensiones entre las que se encuentran la polaridad (positiva o negativa), latencia (retraso o aparición después de un evento), la amplitud (cantidad de cambio de voltaje) y la distribución topográfica en la superficie de la cabeza (frontal, parietal, temporal, occipital). Por ejemplo, para denominar un componente se antepone la letra P para indicar que tiene una dirección positiva o N para indicar que tiene una dirección negativa y el número indicará su posición dentro de la onda o su latencia de aparición (ver figura 33b). En este sentido, P1 designa la primera positividad después de la presentación del estímulo, N1 la primera negatividad, P2 la segunda positividad etc. Sin embargo, existe otra nomenclatura que consiste en nombrar los componentes según el momento exacto de su aparición después del estímulo en vez de su posición en la secuencia de componentes. Por ejemplo, una negatividad cuyo pico máximo aparece a los 170 ms después del estímulo será nombrada N170.

POTENCIALES EVOCADOS EN NEUROCIENCIA SOCIAL

EL COMPLEJO P1-N1

Son ondas tempranas y alcanzan su punto máximo alrededor de los 100 ms después de la presentación del estímulo. La modulación de los componentes pertenecientes a este complejo se debe principalmente a las características físicas del estímulo (color, tamaño, luminosidad) y tienen una distribución topográfica occipital. Adicionalmente, pueden ser modulados por la relevancia del estímulo (Hillyard *et al.*, 1998; Turk *et al.*, 2011) y por estímulos emocionales (Pourtois y Vuilleumier, 2006). Específicamente, el componente

P1 se ha estudiado en el trastorno de ansiedad social (Schwab y Schienle, 2018), reconocimiento facial (Kuefner, De Heering, Jacques, Palmero-Soler y Rossion, 2010; Itier y Taylor, 2004; Luo *et al.*, 2010) y efecto del fenotipo sobre el reconocimiento facial (Hahn, Jantzen y Symons, 2012; Colombatto y McCarthy, 2017).

N170

Es una negatividad y alcanza su punto máximo a los 170 ms después de la presentación del estímulo, es más grande en las áreas ventrales de la corteza visual (Luck, 2012). Este componente se ha estudiado en el reconocimiento y procesamiento de caras (Itier y Taylor, 2004; Nemrodov, Niemeier, Mok y Nestor, 2016). Puede reflejar tanto tanto la categorización inicial de nivel básico del estímulo como el procesamiento de caras a través de la activación de las representaciones neurales y la codificación de las representaciones faciales individuales (Rossion y Jacques, 2012). Su amplitud es más grande para caras comparado con otros estímulos (Calvo y Beltrán, 2013). También ha mostrado diferencias en la modulación con estímulos emocionales (Righart y De Gelder, 2008; Luo, Feng, He, Wang y Luo, 2010; Calvo y Beltrán, 2013) y efecto del fenotipo sobre el reconocimiento facial (Brebner, Krigolson, Handy, Quadflieg y Turk, 2011; Minami, Nakajima, Changvisommid y Nakauchi, 2015: Hahn *et al.*, 2012; Komatsu *et al.*, 2020).

P2

Es una onda positiva que se presenta 200 ms después de la presentación del estímulo y tiene una distribución central, es interpretado como un índice de atención selectiva y está relacionado con la detección de características visuales (Luck y Hillyard, 1994) o P2a (Potts *et al.*, 1996; Potts y Tucker, 2001; Potts, Patel y Azzam, 2003). El estímulo objetivo o un estímulo visualmente similar al objetivo normalmente evoca un P2a más positivo que un estímulo sin similitud visual con el objetivo. En la literatura sobre el reconocimiento de palabras escritas, varios estudios han demostrado que el componente P2 era más positivo para una palabra predecible que para una palabra poco predecible en el contexto de una oración (Federmeier *et al.*, 2005; Lee *et al.*, 2012; Barber *et al.*, 2011; Baccino y Manunta, 2005).

N2

Es una onda negativa que se presenta alrededor de los 200 ms después de la presentación del estímulo y que tiene una distribución fronto-central. Específicamente, es un pico negativo frontocentral alrededor de 100 ms en la modalidad auditiva o un pico negativo temporo-occipital alrededor de 180 ms en la modalidad visual (Folstein y Van Petten, 2007). Este componente es sensible a las características perceptivas, la atención, la novedad y refleja funciones de control cognitivo. De igual manera, se ha asociado con la detección y monitoreo del conflicto durante la regulación del comportamiento exitoso (Nieuwenhuis, Yeung, van den Wildenberg y Ridderinkhof, 2003) y la flexibilidad cognitiva (Kopp, Steinke y Visalli, 2020).

P3

El componente P3 es una onda positiva amplia y su rango de latencia se encuentra entre los 250-450 ms, es uno de los componentes principales de la investigación en el campo de los ERPs (Sur y Sinha, 2009) y en tareas de tipo implicito, la P3 refleja procesos cognitivos de atención selectiva y percepción (Polich, 2007; Portella *et al.*, 2012). También se ha relacionado con la flexibilidad cognitiva (Kopp, Steinke y Visalli, 2020) y con la evaluación de eventos inesperados o novedosos (Friedman, Cycowicz y Gaeta, 2001). Se han reportado dos tipos: P3a y P3b, P3a se origina por mecanismos de atención impulsados por estímulos durante el procesamiento de tareas y presenta una distribución frontal. Por su parte, P3b está relacionado con la memoria de trabajo y su distribución es temporo-parietal (Polich, 2007).

N400

El componente más estudiado en el procesamiento de lenguaje es el componente N400, una onda negativa que se presenta aproximadamente a los 300-600 ms después de la presentación del estímulo y tiene una distribución centro-parietal (Kutas y Hillyard, 1980). Su mayor amplitud (negatividad) se asocia a una mayor dificultad de integración o acceso al conocimiento semántico de las palabras. Sin embargo, se han encontrado modulaciones de N400 en estudios que incluyen tareas con estímulos pictóricos (imágenes, vídeos de caras, acciones y eventos motores) (Aravena *et al.*, 2010; Sitnikova, Kuperberg y Holcomb, 2003; Willems y Hagoort, 2007) y también con material auditivo (Juottonen, Revonsuo y Lang, 1996).

LPC

El complejo positivo tardío (LPC), que tiende a ocurrir entre los 300 y 700 ms y con una ubicación topográfica variable pero en general centrada sobre áreas parietales. Se ha encontrado modulación de este componente en tareas semánticas como memorizar oraciones auditivas congruentes e incongruentes (Curran, Tucker, Kutas y Posner, 1993; McCallum, Farmer y Pocock, 1984; Woodward, Ford y Hammett, 1993; Daltrozzo, Wioland y Kotchoubey, 2012), memorización de palabras (Bentin, Kutas y Hillyard, 1993), toma de decisiones sobre congruencia (Holcomb y Neville, 1991; Kounios y Holcomb 1992).

EPN

Es una negatividad posterior temprana (EPN), que se presenta alrededor de los 200-300 ms y tiene una distribución temporo-occipital. Se ha asociado al procesamiento de la valencia y el arousal de los estímulos (Schupp, Flaisch, Stockburger y Junghofer, 2006).

LPP

El Potencial Positivo Posterior o Late Positive Potential, es el componente que posiblemente ha sido más fiablemente relacionado con el procesamiento emocional. Una mayor amplitud de LPP se considera que refleja variaciones en la atención sostenida sobre los estímulos (Hajcak, Dunning y Foti, 2009; Hajcak, Weinberg, Mamara y Foti, 2012; Weinberg y Hajcak, 2011). Es un componente muy sensible a diversas características de la tarea y del contexto (Dunning y Hajcak, 2009; Fields y Kuperberg, 2012; Fischler y Bradley, 2006; Hajcak *et al.*, 2009; Holt, Lynn y Kuperberg, 2009; Schindler, Wegrzyn, Steppacher y Kissler, 2014; Schupp *et al.*, 2006).

Finalmente, para obtener los potenciales específicos resultantes en cada tarea o presentación de estímulos, es necesario tener un sistema de adquisición establecido que permita preprocesar la señal y su posterior análisis.

PREPROCESAMIENTO, CORRECCIÓN Y RECHAZO DE ARTEFACTOS

En este apartado encontrará los pasos para pre-procesar la señal obtenida del EEG (para ver adquisición de señal ir a protocolo de EEG). En primera instancia, se verán los diferentes pasos para realizar el pre-procesamiento de la señal teniendo en cuenta su explicación teórica y su respectiva implementación el software de análisis BESA® GmbH – Germany. Posteriormente, se abordarán los temas de corrección, rechazo de artefactos y finalmente el promediado.

CORRECCIÓN Y RECHAZO DE ARTEFACTOS

Después de obtener la señal de EEG se inicia el preprocesado de datos (para contextualización de preprocesamiento de señal de EEG, ver protocolo EEG). Esta fase está compuesta de diversos pasos que buscan eliminar el 'ruido' o lo que se conoce como artefactos que se refiere a toda la actividad registrada que no se asocia a la actividad cerebral que se está estudiando. El procesamiento de la señal de EEG para la obtención de los potenciales evocados se lleva cabo por medio de diversos pasos:

FILTROS

Los filtros se utilizan principalmente para conservar los componentes del ERP de latencia larga sin distorsión y eliminar la actividad de alta frecuencia (por ejemplo: actividad muscular), para ello se establece un filtro pasa baja específico y se quitan las bandas de frecuencia muy lentas.

El EEG consta de varias bandas de frecuencia (ver texto guía de EEG); algunas están relacionadas con la actividad electrofisiológica del cerebro, otras no (ver figura 34). Por ejemplo, hay ruido fisiológico como el sudor que cambia la ionización de la piel y el ruido artificial que se puede registrar por la presencia de aparatos electrónicos en el lugar de desarrollo del experimento, la frecuencia de la corriente eléctrica en los aparatos que funcionan en la habitación, es de 60Hz en Colombia. Con el fin de reducir al máximo el registro de los ruidos, se aplican filtros durante y después del registro del EEG. En general, se deben mantener las frecuencias entre 0.1 y 40 Hz y se excluyen por completo la banda de frecuencia de la corriente del dispositivo, que es de 50 o 60Hz (Filtro Notch). Hay que tener especial atención a estos filtros dado que, el filtrado también significa que se están modificando los datos, y esto es lo que se verá de inmediato en las imágenes.

FIGURA 34.
EJEMPLO DE BANDAS DE FRECUENCIA

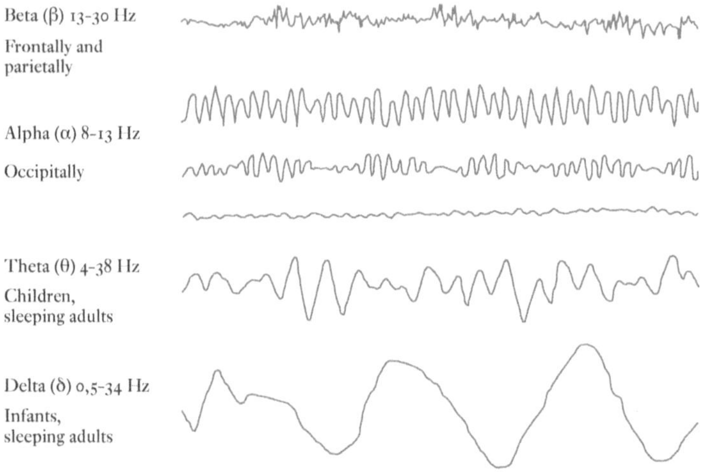

Fuente : Luck (2014).

CORRECCIÓN OCULAR

Los ojos tienen carga negativa en la retina y positiva en la córnea. Cuando se mueven los ojos, por ejemplo, parpadeando, esto provocará un desplazamiento de iones que generará un potencial eléctrico. Para esto, existen dos métodos de corrección:

Análisis de Componentes Independientes (ICA): permite separar las fuentes de las diferentes señales, identifica conjuntos de datos como fuentes aisladas de la señal con base en criterios estadísticos de temporalidad y topografía. Dichos conjuntos pueden ser asociados a determinadas fuentes de señal (p. ej., el parpadeo). La idea es que en un electrodo se recolecten señales de diferentes fuentes, por ejemplo, neuronas u ojos. El objetivo de la corrección ocular es, por lo tanto, separar la parte de la señal inducida por la actividad ocular de todas las demás fuentes. Por lo tanto, restaremos la influencia eléctrica de los ojos del resto de los electrodos, hay que tener en cuenta que esta influencia es más fuerte en la frente que en la parte occipital. Esto es normal, ya que la actividad eléctrica de los ojos en propagación disminuye hacia las partes occipitales.

Sin embargo, existen otras formas de resolver este problema, como el algoritmo de Gratton y Coles (1983) o pedirle al participante que no mueva los ojos antes y durante la presentación de los estímulos (y que parpadee después). En síntesis, este potencial lo encontraremos en los electrodos especialmente frontales, contaminando la señal EEG.

SEGMENTACIÓN DE LA SEÑAL

La segmentación permite pasar de una señal de EEG continua a una señal de EEG segmentada tomando como referencia el marcador que señala la apariencia de las imágenes. Como hemos visto antes, los marcadores se envían para indicar el momento de aparición de las imágenes, pero también de cualquier otro evento que se considere importante. Por ejemplo, la aparición de una señal específica, la respuesta del participante, etc. Es el experimentador que crea el programa de computador quien elige esto. Por ende, gracias a esto, se podrá cortar la señal de EEG tomando como cero el momento de aparición de la imagen, y tomará un pequeño segmento antes, 200 ms y pequeño segmento después, 1500ms. Se debe hacer esto para cada electrodo, eso significa que se tendrá una prueba de corte por prueba, y para cada uno de ellos, un final de señal que varía de -200 a 1500ms para cada electrodo. Al principio no se diferenciarán las pruebas de una condición experimental de las otras, por el contrario, se dejan todas las pruebas en un paquete. Esto será más práctico para el siguiente paso, que consiste en rechazar los artefactos.

RECHAZO DE ARTEFACTOS

El rechazo de artefactos se realiza principalmente para eliminar la actividad no relacionada con la actividad cerebral objeto de estudio. Por ejemplo, actividad de movimiento, parpadeo o electrocardiograma (ver figura 35). Es importante tener en cuenta que hay varios tipos de artefactos que se deben corregir o rechazar.

FIGURA 35.
EJEMPLOS DE ARTEFACTOS. SE OBSERVAN REGISTROS CON ACTIVIDAD MUSCULAR, CARDIACA, MOVIMIENTOS DE CABEZA O CON SUDOR Y FINALMENTE ONDAS ALFA

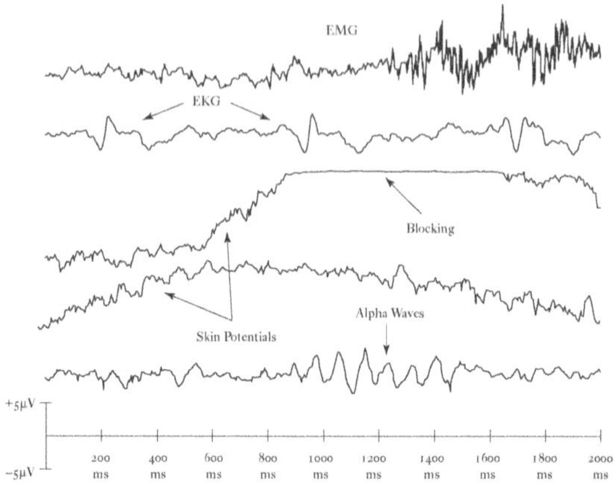

Fuente : Luck (2014).

Para este tipo de artefactos, se tienen dos soluciones: rechazar los artefactos de forma automática o manual. Aquí es donde generalmente se encuentran las opiniones divididas; por un lado, los defensores de los completamente automáticos que critican la subjetividad y posiblemente el riesgo de manipulación de datos por parte de quienes abogan por el manual. Y por otro, aquellos que abogan por el manual que critican a los pro-autómatas que no miran los datos y al final usan todo el registro. En resumen, hay dos opciones para corregir la señal y depende de los gustos y la experiencia de cada cual.

LÍNEA DE BASE

Para comprender para qué sirve la línea de base, se toma un ejemplo ficticio. En la figura 36 se ven los ERP presentando una imagen neutral en negro y una imagen con contenido emocional negativo en rojo. El momento de aparición del estímulo está marcado por la flecha. Se podría decir fácilmente que tenemos un N1 significativamente reducido que sería bastante sorprendente. Y aún mejor, justo antes de la imagen, se demuestra por primera vez en la historia de la Psicología, un efecto de premonición. Es claro que habría un problema aquí, no es posible tener una diferencia antes de la presentación del estímulo, excepto en casos especiales y con problemas metodológicos.

FIGURA 36.
SEÑAL SIN LÍNEA DE BASE

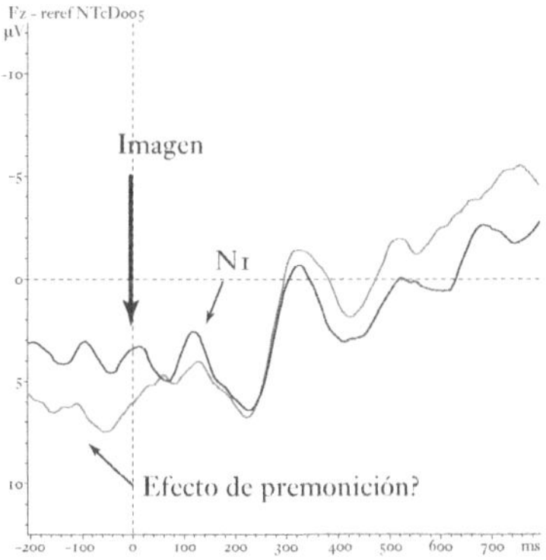

FIGURA 37.
SEÑAL CON LÍNEA DE BASE

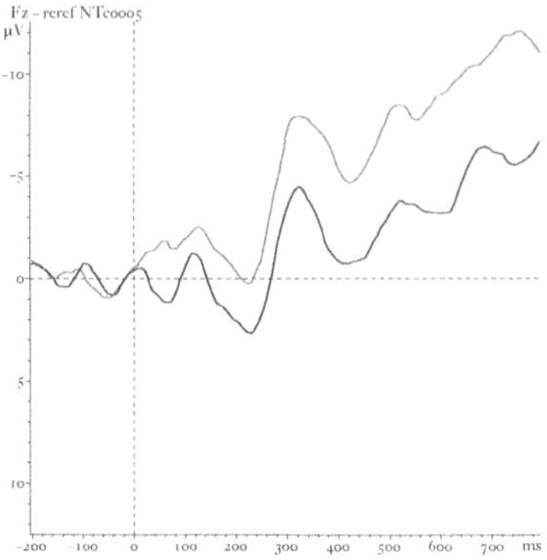

Hay que considerar que no se pueden tener estas diferencias antes de la presentación del estímulo y, por lo tanto, se debe corregir la línea de base. La corrección consiste en que la actividad eléctrica promedio en los 200 ms que preceden a la imagen es igual a cero (ver figura 37). La hipótesis que hay detrás de este cálculo es que nada sistemático sucede antes de la presentación del estímulo, esta hipótesis posiblemente esté abierta a críticas.

PROMEDIADO

Para obtener los ERP se deben seleccionar y promediar segmentos de EEG sincronizados con la presentación de estímulos específicos. Posteriormente, los datos de todos los participantes se colapsan en un gran promedio que conserva los valores de media y varianza de los datos de cada condición.

Hay que recordar que los potenciales evocados se generan mediante una gran cantidad de pruebas de la misma condición experimental. ¡Cuantas más pruebas se tengan, mejor! Entonces, primero se deben promediar las pruebas de la misma condición para cada participante. Posteriormente, se promedian los promedios para obtener un patrón global que se denominan *grand average* (gran promedio).

UN PREPROCESAMIENTO EN MARCHA...

Recordemos que se deben tener en cuenta todos los parámetros establecidos para la adquisición de la señal de EEG (ver documento EEG). Para la obtención y posterior análisis los Potenciales Relacionados con Eventos, hay que reunir los siguientes requisitos:

1. Estar familiarizados con el EEG (el material, el procedimiento, el análisis)
2. Conocer lo que se quiere estudiar o la patología diagnosticada (cognición + bases neuronales)
3. Escoger neuromarcadores pertinentes y validados en la literatura
4. Tener apoyo de una *database* EEG o crearla.
5. Tener claro los análisis estadísticos (transformación z, sensibilidad, especificidad, tamaño del efecto).

SOFTWARE BESA[14]

Para iniciar el análisis del registro de EEG en el software BESA se deben seguir los siguientes pasos:

---

14 Adaptación y traducción del Manual BESA Research ERP Processing.

A. ABRIR UN PARADIGMA PREDEFINIDO

1. CARGAR DATOS

- "Ejemplo-ERP.cnt" en la carpeta "Linciph \ ERP-Ejemplo".
- Seleccionar *File / Head Surface Points and Sensors / Load Coordinate Files*. Busque los *coordinate files*: Ejemplo-ERP.ela y Ejemplo-ERP.sfp en las dos primeras filas. Estos archivos contienen el tipo y la ubicación de los electrodos registrados. A continuación, debe introducir el espesor del electrodo en mm (de acuerdo a la medición desde la superficie de la cabeza), por ejemplo "8 mm".

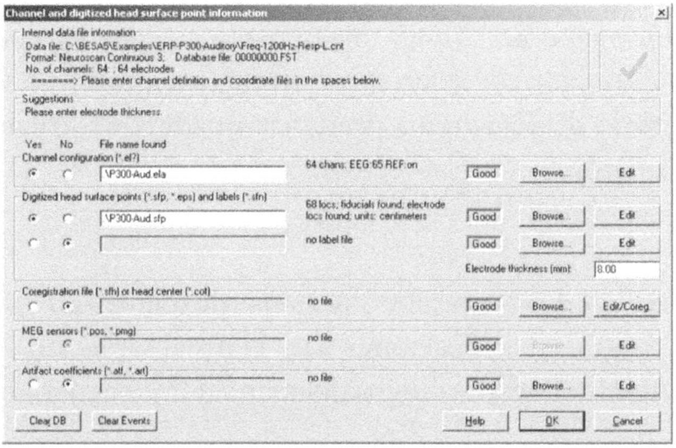

2. ABRIR UNA DEFINICIÓN DE PARADIGMA PRE-DEFINIDO

- Elija la entrada de menú ERP / Open Paradigm. Aparece un cuadro de selección de archivo.

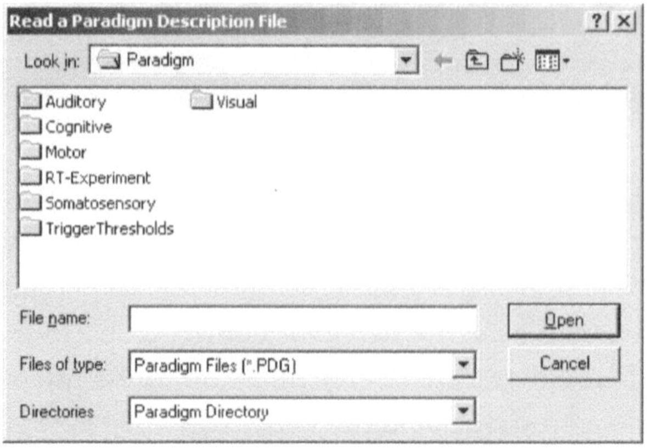

Elija una carpeta de interés, por ejemplo *"Cognitive"* y abra el archivo de paradigma "*Ejemplo.PDG*". Tenga en cuenta que el cuadro combinado en la parte inferior del cuadro de selección de archivos permite un cambio rápido entre el directorio de paradigma predeterminado y el directorio donde se almacenan los datos.

– Dé click en *Open*.

– Se abre la ventana *Paradigm*

La ventana *Paradigm* contiene 7 pestañas de diálogo en el que se pueden elegir las diferentes especificaciones para el procesamiento.

1. Marcador: define los códigos del marcador y asignar nombres y otros atributos.
2. Condición: define una condición que selecciona eventos (marcador) del experimento. Allí las expresiones lógicas se pueden combinar para realizar el filtro, por ejemplo, solo las respuestas correctas a una tarea determinada.
3. Época: define épocas para promediar, línea de base, rechazo de artefactos, artefactos de estímulo.
4. Filtro: edita la configuración del filtro para promediar
5. Artefacto: permite rechazar los artefactos mediante una herramienta gráfica de rechazo interactiva.
6. Promedio: permite seleccionar las condiciones para pròmediar y realizar el promedio.

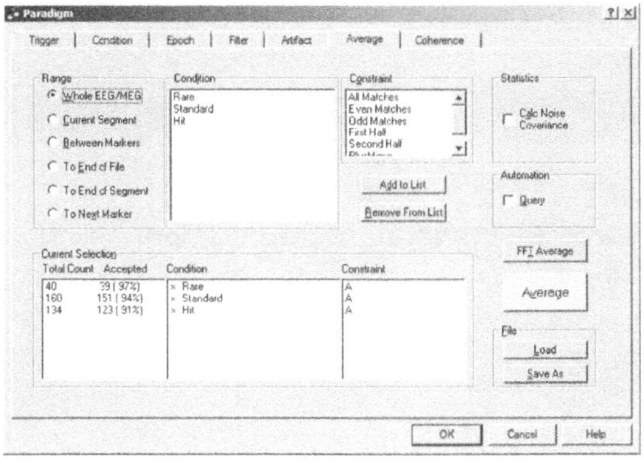

MARCADOR

Para definir el marcador se aplican los siguientes pasos:

1. Definir los atributos que cubren todos los diferentes subgrupos de disparadores.
2. Para cada atributo, defina los diferentes valores que puede tomar el atributo
3. Defina los disparadores seleccionando el código y los valores de atributo apropiados, y usando el botón Set

La pestaña de *Marcador* contiene dos secciones principales: la parte superior se usa para definir atributos y valores de atributo para los *triggers* y la parte inferior muestra las definiciones actuales.

Por ejemplo, para asignar nombres a los códigos de activación:

- Ingrese nombres en los cuadros de edición de la sección *Valores de atributo* (debajo del atributo "nombre")
- Agréguelos a la lista con el botón Agregar a la lista.
- Defínalos seleccionando el código y el nombre en el cuadro de lista debajo del atributo "nombre" y haciendo clic en el botón Set

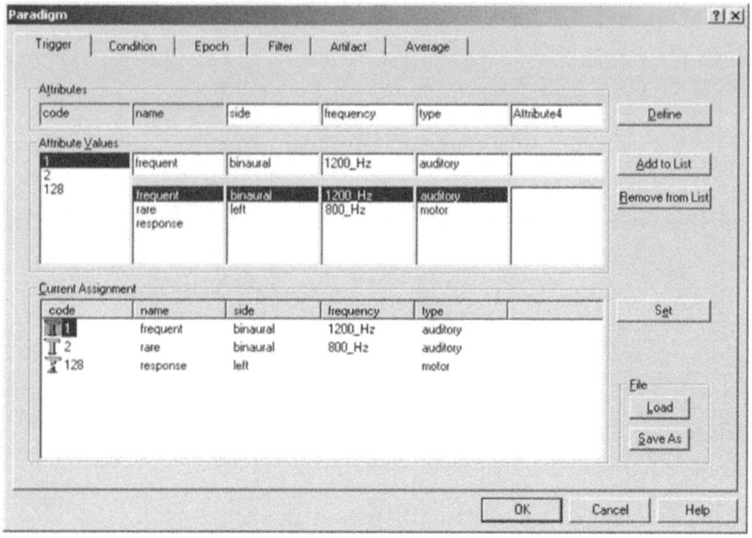

CONDICIÓN

Una condición contiene toda la información relacionada con una tarea o un tipo de evento específico. Por ejemplo, el promedio se realiza en función de las condiciones. Una condición viene dada por una expresión lógica que define qué marcadores se aceptan para promediar. La pestaña "condición" hace posible definir expresiones lógicas complejas y ver inmediatamente cuántos marcadores coincidentes resultan.

La pestaña condición está dividida en tres secciones. El cuadro de lista de la izquierda muestra el número actual de coincidencias para todas las condiciones definidas. En este caso, se definen 3 condiciones: Rare, Standard y Hit. En el cuadro de lista en el centro de la página, se muestran las condiciones definidas actualmente. La parte derecha contiene los botones de comando.

B. CONDICIONES MEDIAS

1. EDITAR ÉPOCAS PROMEDIADAS

La pestaña Época se utiliza para establecer las épocas que definen el intervalo de promedio. Para cada condición, se puede definir un conjunto individual de épocas para promediar mediante los cuadros de edición en la parte superior de la pestaña de diálogo. En la parte inferior de la pestaña, se puede ver la configuración actual para todas las condiciones.

Los botones en el centro de la pestaña controlan el proceso de edición. Dos botones en la parte inferior derecha son para cargar y guardar un archivo de paradigma.

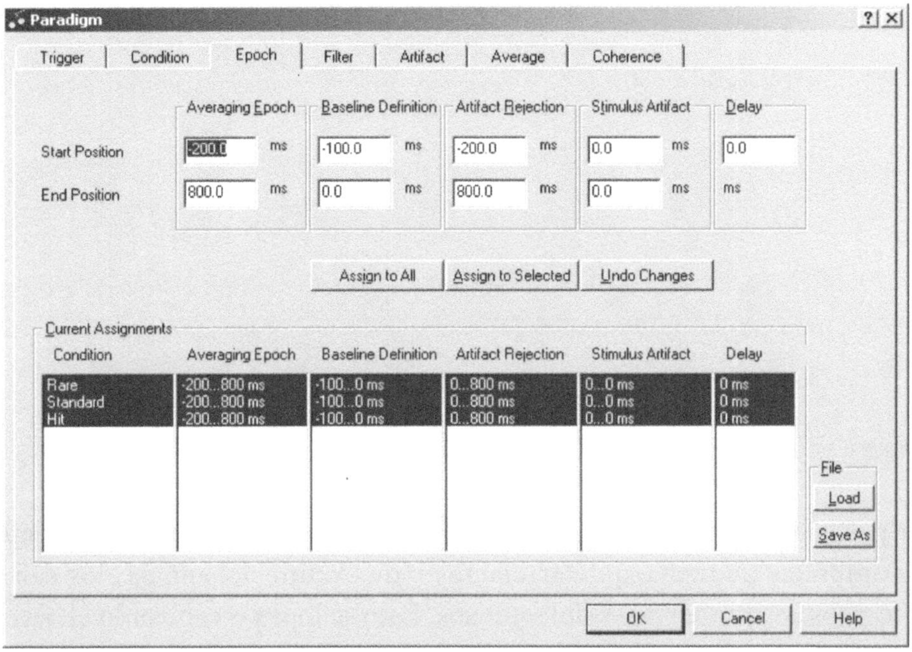

Las tres líneas están resaltadas, dado que todas tienen la misma configuración de época que se ingresó en los cuadros de edición en la mitad superior de la pestaña. La época que se utiliza para calcular la línea de base se establece en -100 ms (posición inicial) y 0 ms (posición final) de forma predeterminada.

FILTRAR

La pestaña del cuadro de diálogo *Filter* permite cambiar la configuración del filtro antes de promediar los datos. Los filtros de paso alto y bajo se pueden elegir de manera diferente para el escaneo de artefactos y el promedio.

Nota: si el paradigma se edita por primera vez, se utilizan los ajustes de filtro predeterminados. Estos pueden diferir de la configuración del filtro que estableció en la ventana de revisión. Si se abrió un archivo de paradigma que no contiene ajustes de filtro, los ajustes de filtro que se eligieron en el módulo base se muestran en la pestaña de diálogo.

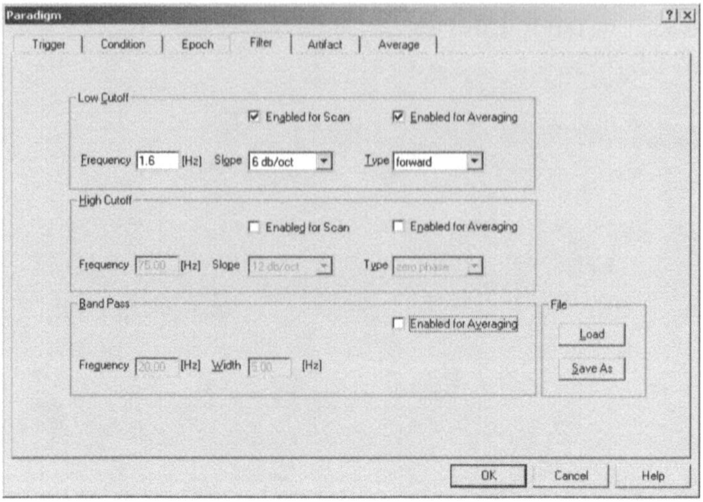

ARTEFACTO

La pestaña de diálogo Artefacto proporciona una manera fácil de definir los umbrales de rechazo de artefactos y de excluir del análisis los canales defectuosos y los barridos defectuosos. Esto se logra escaneando el archivo de datos y luego usando la pantalla de gráficos presentada en el centro de la pestaña de diálogo, que muestra canales y barridos ordenados de acuerdo con los criterios definidos por el usuario.

Si el usuario no marca ninguna de las opciones *Fixed Thresholds* y *Artifact Scan Tool*, solo las regiones que fueron marcadas explícitamente como artefactos por el usuario serán excluidas de los promedios. Si se marca la opción *Fixed Thresholds*, los umbrales dados en los cuadros de edición para amplitud y gradiente se utilizan para rechazar barridos contaminados por artefactos.

La opción Artifact Scan Tool proporciona una herramienta interactiva para la detección y el rechazo integrales de barridos y canales cargados de artefactos.

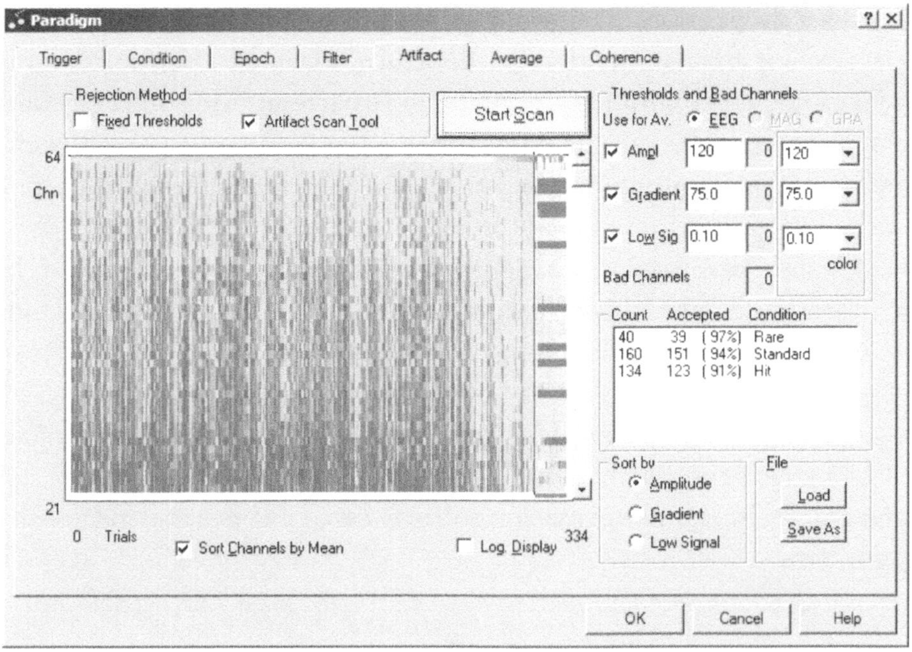

La herramienta de rechazo de artefactos ofrece dos métodos de rechazo de artefactos. Si la casilla de verificación "*Fixed Thresholds*" está marcada, los umbrales indicados a la derecha de la pestaña se utilizan como límites que no deben superarse en una prueba. Si la casilla de verificación "*Artifact Scan Tool*" está marcada, se utiliza un escaneo del conjunto de datos para encontrar artefactos.

– Presione el botón verde "Start Scan". El archivo de datos se escanea en busca de artefactos. Una vez que se completa el escaneo, aparece una representación codificada por colores de la señal máxima en canales y pruebas. Esta exploración solo debe realizarse una vez para un archivo de datos, a menos que se cambien las condiciones. La próxima vez que se abra el paradigma con el "*Edit Paradigm*".

– Los ensayos de las tres condiciones activas se ordenan según su amplitud máxima de izquierda a derecha. La barra roja en la parte inferior indica cuáles de los ensayos están actualmente marcados como artefactos debido a su gran amplitud. Los canales se ordenan según la media de las amplitudes máximas de las pruebas de abajo hacia arriba.

– Mueva el puntero del mouse a la parte superior de la pantalla. El cursor cambia a una flecha hacia arriba y hacia abajo.

– Haga clic y arrastre el cursor hacia abajo con el botón izquierdo del mouse para excluir el canal superior, que lleva un artefacto de electrocardiograma.

Haga clic en el botón "Gradient" en la parte inferior de la pestaña de diálogo. La pantalla cambia para mostrar los gradientes máximos en las pruebas. El gradiente se define como la diferencia de amplitud entre dos muestras vecinas. Mueva el puntero del mouse al borde derecho de la pantalla. Cuando el cursor cambie a una flecha de izquierda a derecha, haga clic y arrastre el cursor hacia la izquierda con el botón izquierdo del mouse para excluir los barridos con los gradientes más altos, que se deben a artefactos oculares.

– En la nueva posición de la línea divisoria que separa los artefactos de las buenas pruebas, presione el botón derecho del mouse. Aparece un menú emergente con información sobre el canal y la prueba en la posición del cursor.

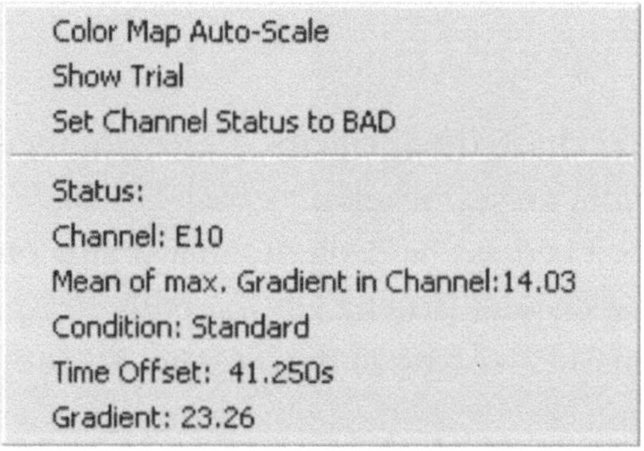

– Elija la entrada del menú "Mostrar prueba". La prueba se muestra en el EEG. Si todavía tiene un artefacto, se deben excluir más barridos.

– Cambie a la pestaña "Promedio".

PROMEDIO

– En la parte inferior de la pestaña de diálogo Promedio, se muestra una lista de las condiciones seleccionadas actualmente para promediar. Ya contiene las tres condiciones para las que se encontraron coincidencias en el archivo EEG. La columna de la derecha indica que todos los eventos desencadenantes que coincidieron con las condiciones se promediarán ("A").

– Haga doble clic en la condición "Hit" en el cuadro de lista en la parte inferior. La cruz delante del nombre de la condición desaparece, lo que indica que esta condición no se promediará. Vuelva a hacer doble clic en él para activar el promedio de la condición nuevamente.

– Haga clic en el botón verde "Promedio" a la derecha para comenzar a promediar. El progreso se muestra en una ventana de información.

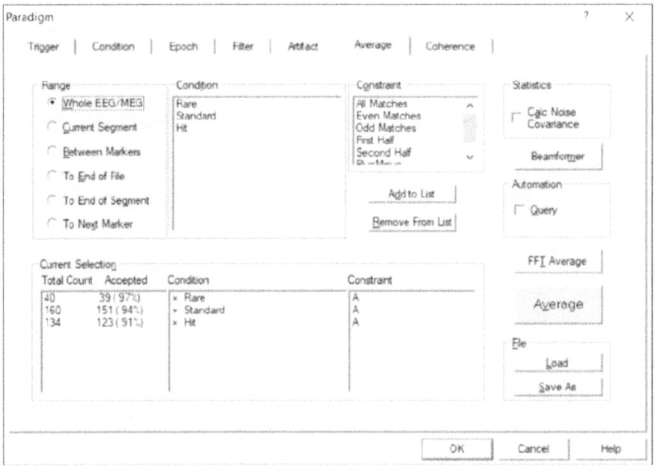

PROMEDIO

La pestaña de diálogo *Average* se usa para definir

1. Qué condiciones se promedian
2. En qué rango del archivo de datos se buscan los *triggers* que coincidan con las condiciones
3. Si se realiza una búsqueda automática o manual

La parte izquierda de la pestaña *Promedio* contiene botones de opción para seleccionar el rango de búsqueda dentro del archivo de datos.

La parte central contiene una lista de condiciones disponibles y de restricciones disponibles para promediar.

La matriz del cuadro de lista en la parte inferior muestra las condiciones activas e inactivas, el número total de coincidencias y las restricciones seleccionadas. Proporciona una descripción general de las condiciones seleccionadas. Para agregar una condición a la lista, seleccione la condición y la restricción en los cuadros de lista en la parte superior y haga clic en el botón Add to list .

Los dos botones en la parte inferior derecha son para cargar (Load) y guardar (Save As) un archivo de paradigma.

– En la parte inferior de la pestaña de diálogo "Average", se muestra una lista de las condiciones seleccionadas actualmente para promediar. Ya contiene las tres condiciones para las que se encontraron coincidencias en el archivo EEG. La columna de la derecha indica que todos los eventos desencadenantes que coincidieron con las condiciones se promediarán ("A").

– Haga doble clic en la condición "Hit" en el cuadro de lista en la parte inferior. La cruz delante del nombre de la condición desaparece, lo que indica que esta condición no se promediará. Vuelva a hacer doble clic en él para activar el promedio de la condición nuevamente.

– Haga clic en el botón verde "Average" a la derecha para comenzar a promediar. El progreso se muestra en una ventana de información.

REFERENCIAS

AGUDELO-ORJUELA, P. (2019) *Electrofisiología cerebral de los procesos inhibitorios asociados a oraciones emocionalmente negativas* (tesis doctoral). Universidad de la Laguna, Tenerife, España.

BREBNER, J. L., KRIGOLSON, O., HANDY, T. C., QUADFLIEG, S. y TURK, D. J. (2011). The importance of skin color and facial structure in perceiving and remembering others: An electrophysiological study. *Brain Research*, 1388, 123-133.

BESA, Brain Electrical Source Analysis. (2019). BESA Research ERP Processing. Gräfelfing, Germany: BESA Wiki. Recuperado de http://wiki.besa.de/index.php?title=Main_Page

CALVO, M. G. y BELTRÁN, D. (2013). Recognition advantage of happy faces: tracing the neurocognitive processes. *Neuropsychologia*, 51(11), 2051-2061.

COLOMBATTO, C. y MCCARTHY, G. (2017). The effects of face inversion and face race on the P100 ERP. *Journal of Cognitive Neuroscience*, 29(4), 664-676.

FOLSTEIN, J. R. y VAN PETTEN, C. (2008). Influence of cognitive control and mismatch on the N2 component of the ERP: a review. *Psychophysiology*, 45(1), 152-170.

GRATTON, G., COLES, M. G. y DONCHIN, E. (1983). A new method for off-line removal of ocular artifact. *Electroencephalography and clinical neurophysiology*, 55(4), 468-484.

HAHN, A. C., JANTZEN, K. J. y SYMONS, L. A. (2012). Thatcherization impacts the processing of own-race faces more so than other-race faces: An ERP study. *Social neuroscience*, 7(2), 113-125.

HILLYARD, S. A., VOGEL, E. K. y LUCK, S. J. (1998). Sensory gain control (amplification) as a mechanism of selective attention: Electrophysiological and neuroimaging evidence. *3w2*, 353, 1257-1270

HOMAN, R. W., HERMAN, J. y PURDY, P. (1987). Cerebral location of international 10-20 system electrode placement. *Electroencephalography and clinical neurophysiology*, 66(4), 376-382.

ITIER, R. J. y TAYLOR, M. J. (2004). Face recognition memory and configural processing: a developmental ERP study using upright, inverted, and contrast-reversed faces. *Journal of cognitive neuroscience*, 16(3), 487-502.

KOMATSU, S., YAMADA, E., OGATA, K., HORIE, S., HAKODA, Y. y TOBIMATSU, S. (2020). Facial identity influences facial expression recognition: A high-density ERP study. *Neuroscience Letters*, 725, 134911.

KOPP, B., STEINKE, A. y VISALLI, A. (2020). Cognitive flexibility and N2/P3 event-related brain potentials. *Scientific reports*, 10(1), 1-17.

KUEFNER, D., DE HEERING, A., JACQUES, C., PALMERO-SOLER, E. y ROSSION, B. (2010). Early visually evoked electrophysiological responses over the human brain (P1, N170) show stable patterns of face-sensitivity from 4 years to adulthood. *Frontiers in Human Neuroscience*, 3, 67.

LUO, W., FENG, W., HE, W., WANG, N. Y. y LUO, Y. J. (2010). Three stages of facial expression processing: ERP study with rapid serial visual presentation. *Neuroimage*, 49(2), 1857-1867.

MINAMI, T., NAKAJIMA, K., CHANGVISOMMID, L. y NAKAUCHI, S. (2015). The effects of facial color and inversion on the N170 event-related potential (ERP) component. *Neuroscience*, 311, 341-348.

MILTNER, W., BRAUN, C., JOHNSON Jr, R., SIMPSON, G. V. y RUCHKIN, D. S. (1994). A test of brain electrical source analysis (BESA): A simulation study. *Electroencephalography and clinical neurophysiology*, 91(4), 295-310.

NEMRODOV, D., NIEMEIER, M., MOK, J. N. Y. y NESTOR, A. (2016). The time course of individual face recognition: A pattern analysis of ERP signals. *Neuroimage*, 132, 469-476.

PORTELLA, C., MACHADO, S., ARIAS-CARRIÓN, O., SACK, A. T., SILVA, J. G., ORSINI, M., ... PIEDADE, R., 2012. Relationship between early and late stages of information processing: an event- related potential study. *Neurology*. Int. 4(3). doi: 10.4081/ni.2012.e16.

RIGHART, R. y DE GELDER, B. (2008). Rapid influence of emotional scenes on encoding of facial expressions: an ERP study. *Social cognitive and affective neuroscience*, 3(3), 270-278.

ROSSION, B. y JACQUES, C. (2012). The N170: Understanding the time course of face perception in the human brain. In S. J. Luck y E. S. Kappenman (Eds.), Oxford library of psychology. The Oxford handbook of event-related potential components (p. 115-141). Oxford University Press.

SCHWAB, D. y SCHIENLE, A. (2018). Facial affect processing in social anxiety disorder with early onset: evidence of an intensity amplification bias. *Social neuroscience*, 13(3), 318-327.

TURK, D. J., VAN BUSSEL, K., BREBNER, J. L., TOMA, A. S., KRIGOLSON, O. y HANDY, T. C. (2011). When "it" becomes "mine": Attentional biases triggered by object ownership. *Journal of Cognitive Neuroscience*, 23(12), 3725-3733.

VUILLEUMIER, P. y POURTOIS, G. (2007). Distributed and interactive brain mechanisms during emotion face perception: Evidence from functional neuroimaging. *Neuropsychologia*, 45(1), 174-194.

ACTIVIDAD CARDIACA - ECG

NICOLÁS FLÓREZ TORRES

Para poder hablar de actividad cardiaca y estudio de electrocardiograma (ECG), hay que considerar que el corazón es un músculo especializado en el cuerpo y por lo tanto se requiere hablar de los inicios del descubrimiento de una asociación eléctrica-muscular. El físico italiano Carlo Matteucci en la década de 1840 dio cuenta en sus estudios que las contracciones musculares vienen acompañadas de un impulso eléctrico; él pudo realizar este descubrimiento gracias a un galvanómetro. Matteucci desarrolló un modelo experimental de pierna galvanoscópica en ranas, el cual consistía en términos prácticos en el corte del nervio de la pierna de una rana aún conectada al músculo como un detector sensitivo de electricidad. Dispuso un electrodo del galvanómetro en la parte intacta del músculo y el otro electrodo en la parte cortada. Adicional a esto, dispuso cortes de varias piernas de ranas en serie, como si se tratase de baterías, y la corriente adquirida por el galvanómetro mostraba un aumento escalonado con la adición de cada sección de pierna (Matteucci, 1844; Piccolino, 2012).

En el modelo desarrollado observó que en los músculos sin contracción se encuentra lo que denominó corriente de reposo, la cual describió como la corriente entre la sección de un músculo y su superficie. Y además encontró que la corriente eléctrica cambia al haber contracción muscular. Lo cual supone una correlación directa entre la corriente en el nervio y la contracción muscular. Además, en su estudio interrumpió la conducción del nervio y observó que el músculo no tenía respuesta contráctil, por lo cual aseguró que el nervio era encargado de transmitir el impulso eléctrico necesario para la contracción del músculo (Matteucci, 1844).

En los años posteriores el fisiólogo alemán Emil du Bois-Reymond descubrió los llamados potenciales de acción (descritos en este documento en bases fisiológicas celulares), con lo que validó el trabajo de Matteucci (Du Bois-Reymod, 1884; Bruce Fye, 1999).

Rudolp von Koelliker y Heinrich Muller fueron los primeros en detectar un potencial de acción en músculo cardiaco en 1856. Como una extensión de las observaciones de Matteucci, observando la corriente eléctrica en reposo en el músculo cardiaco (rana y tortuga) en estado de relajación, mostraron que la corriente se ve disminuida cuando el músculo se contrae. Este fenómeno en el que la corriente presenta una fluctuación negativa en la contracción es el famoso potencial de acción, llamado así por Du Bois-Reymond (Bruce Fye, 1999).

Von Koelliker y Muller, además de la detección del potencial de acción cardiaco, observaron que el cambio eléctrico se realiza en dos etapas, suponiendo que se refiere a los movimientos de las aurículas y los ventrículos. Para verificar su hipótesis, impidieron el movimiento de los ventrículos presionándolos con unas pinzas, y en este caso solo se pudo observar una etapa; al liberar los ventrículos, las dos etapas descritas inicialmente se pudieron volver a observar (Bruce Fye, 1999). Dichas dos etapas fueron posteriormente verificadas por los fisiólogos John Burdon Sanderson y Frederick Page (1878), quienes obtuvieron registros eléctricos con un electrómetro capilar (Burdon y Page, 1878).

Fue hasta 1887 que se obtuvo por primera vez un electrocardiograma (ECG) humano, logro obtenido por el fisiólogo Augustus D. Waller, quien en su trabajo también adquirió ECG de rana y de gato (Waller, 1887).

Este hito apalancó que en la década siguiente se intentara reproducir el logro (Willem Einthoven), optimizar la adquisición de ECG (G. J. Burch) y perfeccionar el electrómetro usado en la época (William Bayliss y Edward Starling). En este último ítem se avanzó al punto de poder identificar lo que posteriormente se llamaría la onda P, complejo QRS y onda T (explicado posteriormente en este texto). Las deflexiones P,Q,R,S,T fueron denominadas así por Willem Einthoven, y fue el mismo el que en 1893 se encargó de usar por primera vez el término 'electrocardiograma'.

Hasta este punto de la historia se usó el electrómetro capilar para adquirir el ECG, y fue hasta 1987 que el ingeniero eléctrico Clement Ader registró el primer galvanómetro de cuerda. Con este acontecimiento, Einthoven modificó la adquisición de señales eléctricas posibles con el galvanómetro de Ader para poder adquirir señales electrocardiográficas. Realizó importantes avances al punto de ser pionero en la telemedicina a inicios del siglo XX, pues en 1905 Einthoven logró enviar señales electrocardiográficas a 1,5 km de distancia por medio de cable telefónico.

Einthoven y su galvanómetro de producción comercial supusieron un punto de quiebre en la historia, ya que en el siglo XX fue posible usar el ECG como una herramienta clínica para poder detectar ciertas patologías cardiacas.

En 1928 se realizó un cambio en el galvanómetro de Einthoven. Siguiendo la evolución tecnológica de la época, Ernestine y Levine usaron tubos de vacío para amplificar el electrocardiograma adquirido por el galvanómetro y en este mismo año se presentó el primer electrocardiograma portátil.

En la actualidad el ECG es uno de los primeros test que se realiza en la mayoría de los pacientes cardiacos, por cuanto ayuda a hacer un primer diagnóstico y puede en algunos casos indicar posibles tratamientos.

BASES FISIOLÓGICAS CELULARES

Las células presentan un equilibrio homeostático entre su interior y el espacio extracelular, este último predominado mayormente por iones de sodio y cloro. En el primer caso, por altas concentraciones de iones de potasio y moléculas ionizadas negativamente. Ese fenómeno resulta en una carga a cada lado de la célula, de modo que permite que se tenga una diferencia de cargas entre la membrana celular y por lo tanto una diferencia de voltaje (figura 38). Obsérvese como si la membrana celular fuera una batería; en ella se encuentra un lado positivo y uno negativo. El lado negativo en nuestro caso sería el espacio intracelular y el lado positivo de la batería sería el espacio extracelular, el cual está dado por la concentración química de los iones en ambos espacios.

FIGURA 38.

EXCESO DE CARGAS FUERA DE LA CÉLULA Y EXCESO DE CARGAS NEGATIVAS DENTRO DE LA CÉLULA TIENDEN A AGRUPARSE EN LA MEMBRANA CELULAR POR FUERZAS ELÉCTRICAS. EL EXCESO DE CARGA ES UNA FRACCIÓN PEQUEÑA DEL NÚMERO TOTAL DE IONES DENTRO Y FUERA DE LA CÉLULA

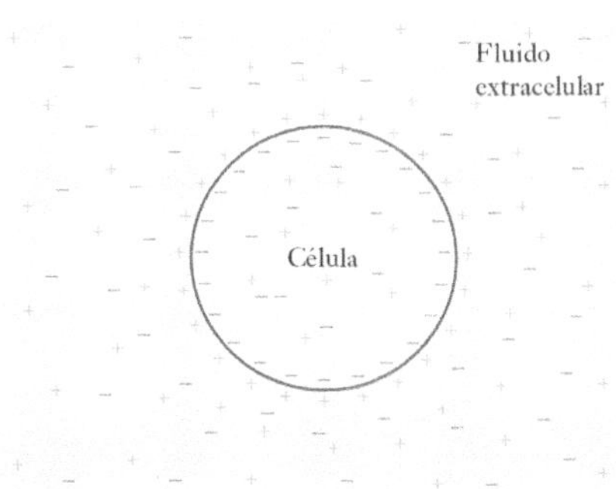

Referencia: adaptada de Widmaier, 2008.

La diferencia de voltaje de una célula en estado de reposo se llama comúnmente potencial de reposo. El potencial de acción, por el contrario, se refiere al cambio transigente en el potencial de reposo en el que se producen señales eléctricas. Las membranas de las células: nerviosas, musculares y algunas endocrinas, inmunes y reproductivas tienen membranas capaces de producir potenciales de acción. Son llamadas membranas excitables, y esta habilidad de generar potenciales de acción se conoce como excitabilidad.

El potencial de acción o el cambio de la polarización en la membrana está dado por la entrada de ciertos iones extracelulares al interior de la célula y/o la salida de ciertos iones intracelulares hacia el exterior de la célula. Esto hace que los valores eléctricos a cada lado de la célula cambien. El activador para que una célula abra los canales en la membrana que permiten el paso de iones difiere entre célula y célula, pero en general deben satisfacer un requerimiento eléctrico para poder tener un potencial de acción. Es decir que el potencial de membrana debe sobrepasar un umbral eléctrico propio de la célula para que se pueda abrir los canales necesarios con el fin de obtener un potencial de acción; lo anterior se puede observar en la figura 39.

FIGURA 39.

CAMBIOS EN EL POTENCIAL DE MEMBRANA CON FUERZA INCREMENTAL DEL ESTÍMULO DE DESPOLARIZACIÓN. CUANDO LA MEMBRANA ALCANZA EL UMBRAL DE POTENCIAL SE GENERAN POTENCIALES DE ACCIÓN

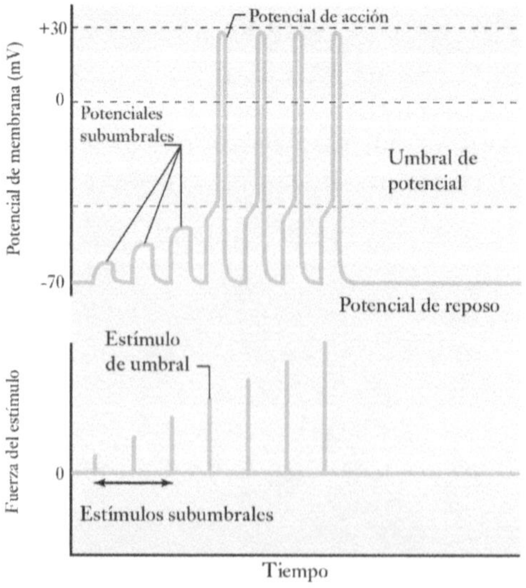

Referencia: adaptada de Widmaier, 2008.

A modo de resumen, las células excitables pueden estar en tres estados: reposo o polarizado, despolarización y repolarización. En la figura 3 la imagen A se refiere al estado de reposo en que los iones positivos en el espacio extracelular y los iones negativos en el espacio intracelular presentan un equilibrio eléctrico, por lo que no ocurre deflexión. Con respecto a la imagen B, el estado de depolarizacion, iones negativos salen de la célula al espacio extracelular e igualmente iones positivos extracelulares entran a la célula; este flujo de iones presenta una deflexión positiva. Finalmente, en la imagen C la célula busca el equilibrio, por lo que ocurre lo inverso a la depolarización en la que los iones positivos salen de la célula y los negativos entran a ella buscando el estado de reposo. Este estado es llamado repolarización.

BASES FISIOLÓGICAS DEL SISTEMA NERVIOSO

Cómo se presentó de forma resumida en el capítulo 1, el sistema nervioso está dividido en sistema nervioso central que comprende el cerebro y la médula espinal, y el sistema nervioso periférico el cual está constituido por todos los nervios periféricos. Los nervios son paquetes de cuerpos neuronales que se encargan de transmitir las señales entre el sistema nervioso central y los receptores o efectores.

Los nervios del sistema nervioso periférico pueden tener neuronas aferentes, eferentes o de ambos tipos. Y por ello las fibras de los nervios pueden ser diferenciadas en aferente (sensorial) y eferente (motora) como subgrupos del sistema nervioso periférico. En el caso de la división eferente, se puede clasificar en sistema nervioso somático y sistema nervioso autónomo; la diferencia esencial entre ellos dos es que el sistema somático inerva el músculo esquelético y el sistema autónomo inerva los músculos liso y cardiaco, el cual es de nuestro interés en este documento.

BASES ANATÓMICAS CARDIACAS

El corazón está dividido en cuatro cavidades; las dos superiores se llaman aurículas y están subdivididas en izquierda y derecha. Las cavidades inferiores se llaman ventrículos y siguen la misma división que las aurículas. Estas divisiones están dadas por una pared muscular llamada *septum*. Siguiendo el número de divisiones en cavidades que el corazón tiene, se presentan cuatro válvulas que ayudan a que la sangre fluya en una sola dirección.

– Válvula tricúspide: ubicada entre la aurícula derecha y el ventrículo derecho.

– Válvula pulmonar: ubicada entre el ventrículo derecho y la arteria pulmonar.

– Válvula mitral: ubicada entre la aurícula izquierda y el ventrículo izquierdo.

– Válvula aórtica: ubicada entre el ventrículo izquierdo y la aorta.

La aurícula izquierda recibe sangre desoxigenada del cuerpo por las venas cava superior e inferior, de ahí la sangre pasa por la válvula tricúspide al ventrículo derecho en donde es posteriormente bombeada a los pulmones para su oxigenación a través de la válvula pulmonar y la arteria pulmonar. La sangre oxigenada es recibida desde los pulmones por la aurícula izquierda por las venas pulmonares y es eyectada al ventrículo izquierdo a través de la válvula mitral; de ahí es finalmente enviada de nuevo al cuerpo a través de la válvula aórtica y por la aorta. El resumen anatómico de cavidades, válvulas y flujo de sangre se encuentra en la figura 40.

FIGURA 40.

CAVIDADES DEL CORAZÓN, SUS VÁLVULAS Y FLUJO DE SANGRE

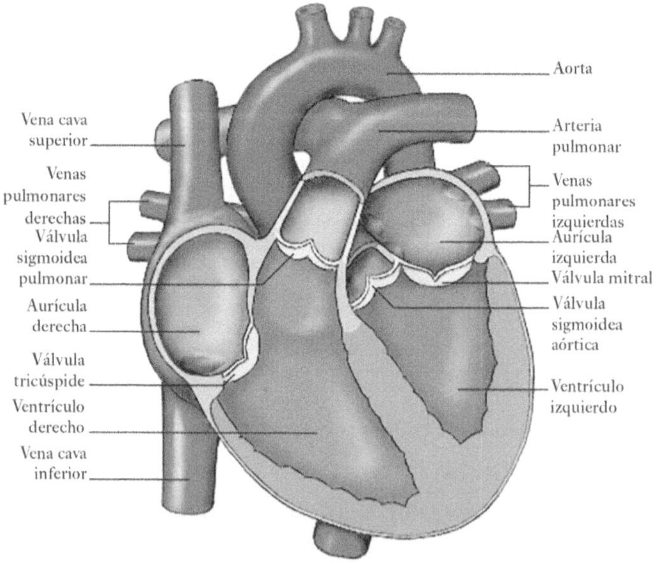

Referencia: Granados, Tavera, Cid y Hernández, 2017.

BASES ELECTROFISIOLÓGICAS DE LA ACTIVIDAD CARDIACA

El corazón es una doble bomba que debe estar coordinada eléctricamente para su funcionamiento eficiente; por lo tanto, requiere que las aurículas se contraigan primero que los ventrículos. Para ello, la conducción eléctrica del corazón tiene nodos de relevo de la señalización eléctrica inicial.

La señalización llega al nodo sinoauricular, sinoatrial o sinusal (SA), el cual se encuentra en la aurícula derecha, cerca de la entrada de la vena cava superior. Este nodo se encarga de repartir el impulso eléctrico por las aurículas generando una propagación radial por medio de las células musculares auriculares (figura 41). Imagíneselo como una multitud de personas y en el centro hay un grupo que se encarga de decirles a sus vecinos cierta información y esa información deben pasársela a sus otros vecinos. Esto quiere decir que son las mismas células las que se encargan de informar a las vecinas que deben contraerse. La señal eléctrica de esta fase se concentra en el nodo atrioventricular ubicado en la base de la aurícula derecha.

Hasta este punto se han contraído las aurículas gracias a la conducción eléctrica del nodo sinusal y de las células musculares en las aurículas.

FIGURA 41.

ACTIVACIÓN ELÉCTRICA DEL CORAZÓN POR EL NODO SINOAURICULAR

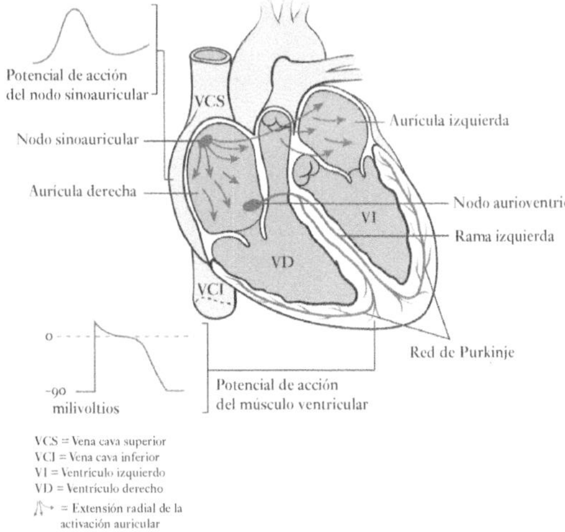

La corriente de activación (flechas) se esparce radialmente desde el nodo SA a través de las aurículas al nodo atrioventricular (AV) y por las ramas de His, fibras de Purkinje y el músculo ventricular

Referencia: tomada y adaptada de Khan, 2008.

En los ventrículos la conducción eléctrica es un poco más compleja. Ya en el nodo atrioventricular (AV) el potencial de acción se propaga por el *septum* interventricular. En esta vía se encuentran fibras especializadas en conducción llamadas el haz de His; es importante notar que entre las aurículas y los ventrículos hay una capa de tejido conectivo no conductor, por lo que la única vía del potencial de acción para llegar desde las aurículas a los ventrículos es el nodo atrioventricular. Finalmente, el haz de His se divide en dos ramas (izquierda y derecha) que cuando finaliza el *septum* se ramifican en las llamadas fibras de Purkinje que son las encargadas de distribuir rápidamente el impulso eléctrico por los ventrículos, permitiendo así su contracción.

En la figura 42 se encuentra un resumen gráfico de las etapas de contracción de un ciclo cardiaco desde el nodo sinoauricular hasta la repolarización ventricular. En este se encuentran cinco fases en las que en amarillo aparece el lugar anatómico del impulso eléctrico y el equivalente en el electrocardiograma. Se puede entonces en este punto observar las diferentes deflexiones que se presentan en un ECG regular y realizar una primera asociación de las fases que significa este registro.

FIGURA 42.

SECUENCIA DE LA EXCITACIÓN CARDIACA

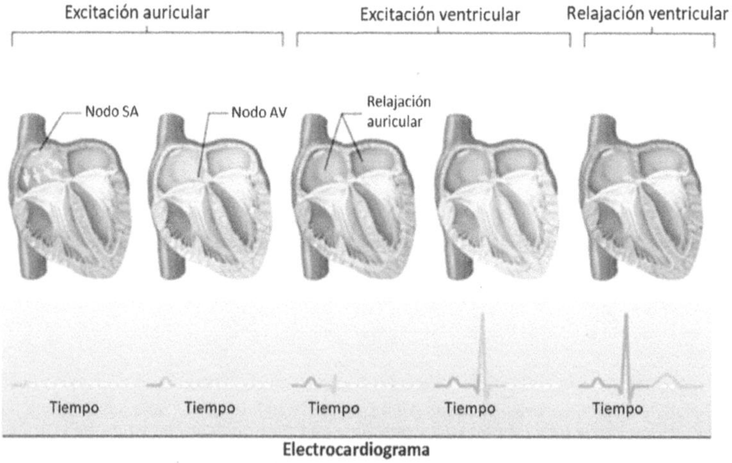

En amarillo se muestran las áreas que están siendo despolarizadas. El impulso se propaga desde la aurícula derecha a la aurícula izquierda por medio de las células musculares auriculares. El electrocardiograma monitorea la propagación de la señal

Referencia: tomada y adaptada de Widmaier, 2008.

Hemos hablado de que el impulso de corriente pasa por ciertas células en cada fase cardiaca generando un flujo de esta información; sin embargo, es importante observar que ese flujo tiene direcciones y, como se muestra en la figura 43, la posición del electrodo con respecto a la célula determinará las deflexiones a capturar por el electrodo. En ese caso, si el impulso eléctrico se acerca al electrodo (parte A de la figura), se observará una deflexión positiva. El caso contrario (parte B) presentará una deflexión negativa al alejarse el impulso del electrodo. Y finalmente, si el electrodo se encuentra lejano al impulso, se tendrán deflexiones proporcionales a la distancia del electrodo con respecto a la célula.

FIGURA 43.
GRABACIÓN DE LOS EFECTOS DEL PROCESO DE ACTIVACIÓN ELÉCTRICA

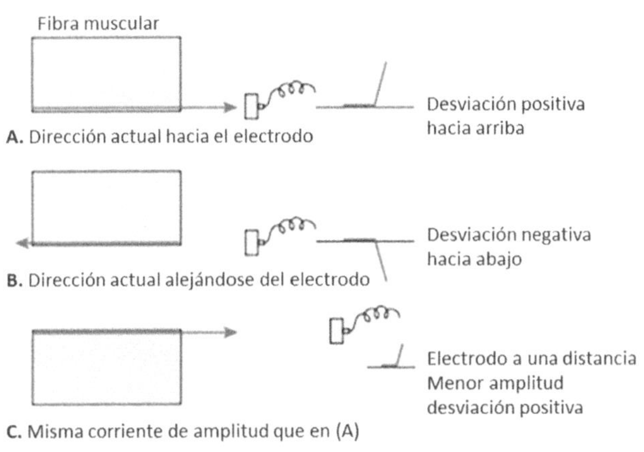

A. La corriente fluye hacia el electrodo produciendo una deflexión positiva. B. La corriente fluye alejándose del electrodo produciendo una deflexión negativa. C. La corriente fluye hacia el electro ubicado a una distancia apartada, por lo que ocurre una deflexión positiva, pero en menor amplitud.

Fuente: construcción propia.

ELECTROCARDIOGRAMA

Vimos anteriormente que una célula, dependiendo de dónde se ponga el electrodo, nos resultará en diferentes deflexiones, pero el músculo cardiaco está constituido por cerca de 10^{10} fibras musculares (células cardiacas). Por lo tanto, cada cambio de actividad del ECG representa la actividad de un gran número de estas células. Y la actividad eléctrica de cada elemento puede ser representada por una fuerza vectorial.

La representación gráfica de la actividad eléctrica total grabada por lo electrodos posicionados en puntos estratégicos en el cuerpo constituye el electrocardiograma (ECG).

Las fuerzas vectoriales mencionadas están dadas en su mayoría por las divisiones del corazón en tres masas musculares observables en la figura 44.

FIGURA 44.

ACTIVACIÓN ELÉCTRICA DEL CORAZÓN: FUERZAS VECTORIALES RESULTANTES

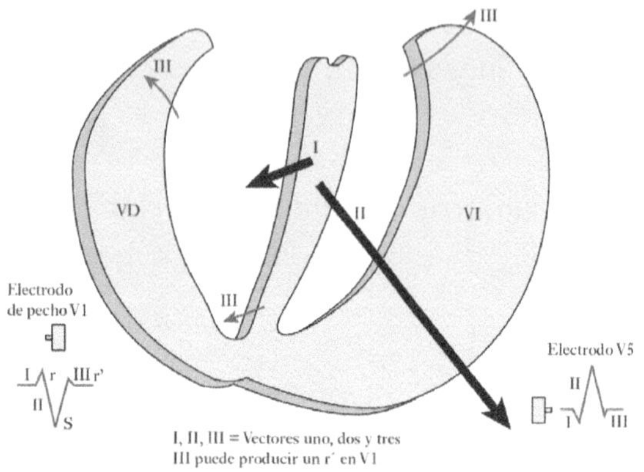

Referencia: tomada y adaptada de Khan, 2008.

Para medir las fuerzas producidas por las tres masas equivalentes de la figura 9, se asume que el corazón está ubicado entre un triángulo equilátero (figura 8) con electrodos en sus vértices, como se muestran a continuación:

aVR: brazo derecho de voltaje aumentado (*augmented-voltage right arm*)

aVL: brazo izquierdo de voltaje aumentado (*augmented-voltage left arm*)

aVF: pie de tensión aumentada (*augmented-voltage foot*)

Con estos electrodos en los vértices se puede obtener la triangulación de las fuerzas vectoriales producidas en el corazón como una mezcla de las fuerzas musculares individuales captadas por cada electrodo. (Figuras 45 y 46).

FIGURA 45.

EL CORAZÓN COMO UNA MASA DE TRES MÚSCULOS EN EL CENTRO DE UN TRIÁNGULO EQUILÁTERO. LOS DOS HOMBROS/BRAZOS Y LA PIERNA IZQUIERDA/INGLE SON LAS POSICIONES DE ADQUISICIÓN

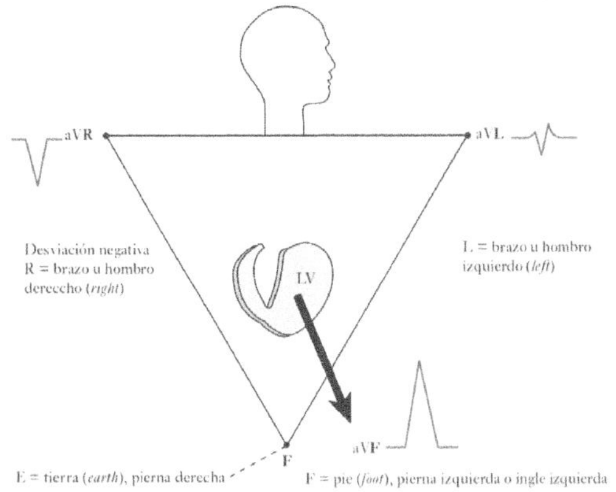

Referencia: tomada y adaptada de Khan, 2008.

FIGURA 46.

DERIVACIONES ESTÁNDAR I, II, III.

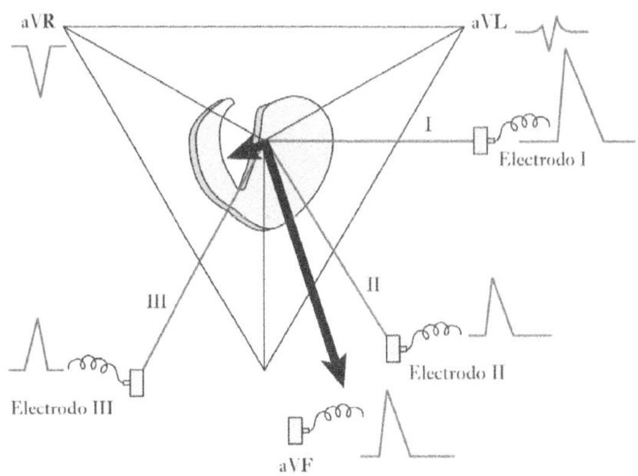

Nótese que las derivaciones aVF, II y III observan a la superficie inferior del corazón y las deflexiones muestran una variación menor. Derivaciones I y aVL miran a la parte anteriolateral del corazón

Fuente: tomada y adaptada de Khan, 2008.

Los electrodos en V o de pecho precordiales otorgan más vistas de la actividad eléctrica del corazón y las fuerzas vectoriales, al estar posicionadas alrededor de la pared costal anterior e izquierda en el plano horizontal (figura 47).

Al tener electrodos tan cerca del corazón, se pueden adquirir las corrientes eléctricas del corazón.

FIGURA 47.
POSICIÓN DE LAS DERIVACIONES PRECORDIALES DEL PECHO

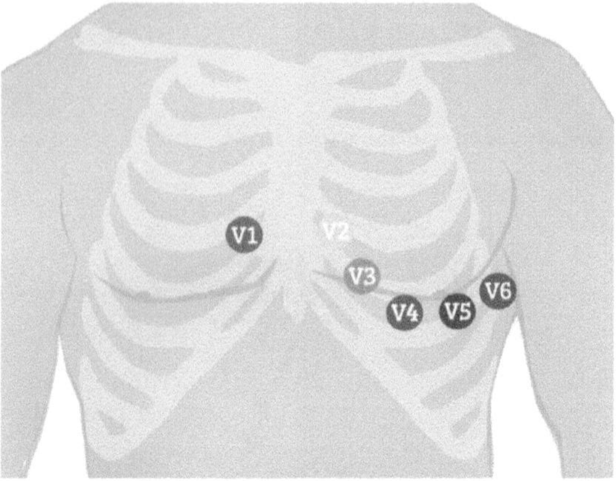

V1: cuarto espacio intercostal en el extremo izquierdo del esternón. V2: cuarto espacio intercostal en el extremo derecho del esternón. V3: en la mitad de la ubicación entre V2 y V4. V4: quinto espacio intercostal a la altura media de la clavícula. V5: línea anterior de la axila a la misma altura horizontal que V4. V6: línea media axilar a la misma altura horizontal que V4 y V5.

Referencia: Khan, 2008.

Entrando ya detalladamente en el resultado de la asociación de estas fuerzas vectoriales, un ciclo cardiaco regular observado en el electrocardiograma aparece en la figura 48; en ella se marca cada una de las deflexiones P,Q,R,S,T que se expondrán a continuación.

FIGURA 48.
RELACIÓN DE LA ONDA P, INTERVALO PR, Y EL COMPLEJO QRS A LA ACTIVACIÓN DEL NODO SINOAURICULAR (SA), NODO ATRIOVENTRICULAR (AV), HAZ DE HIS Y RAMAS DEL HAZ

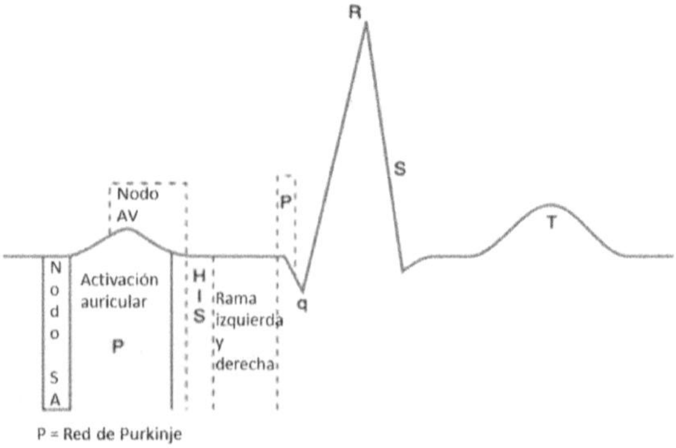

Referencia: tomada y adaptada de Khan, 2008.

ONDA P

La porción inicial representa la actividad generada por la aurícula derecha. La porción medial de la onda representa la finalización de la activación de la aurícula derecha y la iniciación de la activación de la aurícula izquierda.

INTERVALO PR

Es el intervalo temporal que requiere el impulso eléctrico para avanzar de las aurículas por el nodo atrioventricular, el haz de His, las ramas del haz y las fibras de Purkinje hasta que el músculo ventricular empieza a cambiar su polarización.

COMPLEJO QRS

El complejo QRS representa la propagación de la activación eléctrica a través de los ventrículos. Presenta una mayor amplitud que la onda P, dada por la fuerza de los ventrículos para eyectar la sangre en su interior.

SEGMENTO ST

Representa el periodo temporal cuando las células musculares de los ventrículos terminan su cambio de potencial y empiezan a volver a su estado de reposo.

ONDA T

Representa la recuperación eléctrica (repolarización) de los ventrículos. En términos clínicos, la onda T es asimétrica. La primera mitad tiene una pendiente mayor que la segunda mitad.

INTERVALO QT

Representa el tiempo total tomado por la despolarización y la repolarización de los ventrículos. Este intervalo es mayor cuando el ritmo cardiaco es menor; por lo tanto, el ritmo cardiaco debe ser tomado en cuenta cuando se mide el intervalo QT.

ONDA U

La onda U es una pequeña deflexión que sigue a la onda T y representa la repolarización de las células medias del corazón. Muchos ECG no muestran una onda U clara. Esta onda se encuentra prominente en atletas y en ocasiones está asociada con ciertas condiciones patológicas cardiacas (Morris, 2003).

FRECUENCIA CARDIACA

La medición de la frecuencia cardiaca se realiza en beats por minuto (bpm) lo que significa el número de ciclos cardiacos en 1 minuto. Se mide por la distancia de un intervalo R-R. Es decir, el tiempo que ocurre entre 2 deflexiones R en el ECG.

En un ejemplo de ECG (figura 49) se puede observar que un intervalo cualquiera R-R ocupa 2 cuadros grandes o 10 pequeños de la escala. Lo que quiere decir que el ritmo cardiaco de la persona en el momento de la medición es de 150 beats/min. El cálculo se puede hacer de la siguiente forma.

$$\frac{300}{x} = R$$

Con x = cantidad de cuadros grandes para un intervalo R-R y R = ritmo cardiaco en bpm.

Por lo tanto, para nuestro ejemplo:

$$\frac{300}{2} = 150bpm$$

FIGURA 49.
ECG RITMO CARDIACO 150 BEATS/MIN

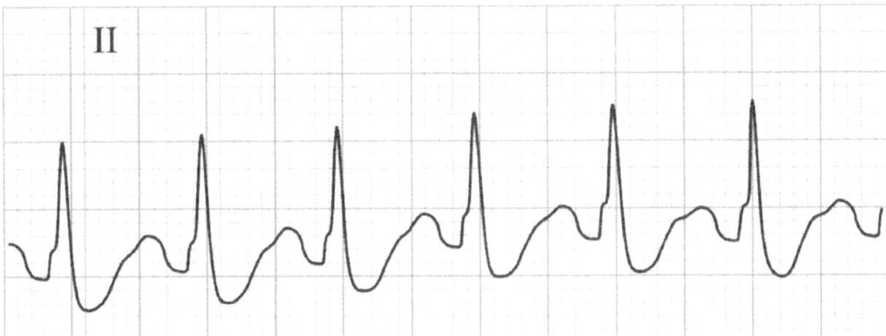

Referencia: Morris, 2003.

En caso de hacer el cálculo con los cuadros pequeños la formula sería:

$$\frac{1500}{y} = R$$

Con y = cantidad de cuadros pequeños.

Esta medición temporal de acuerdo con los cuadros del ECG depende enteramente del papel en el cual se toma el registro, aunque estas distancias están estandarizadas por país hay que tener en cuenta que puede variar y por tanto hacer la equivalencia de escalas de los cuadros. Esta medida por cuadros del papel es una medida rápida pero no exacta de la longitud R-R y por consiguiente del ritmo cardiaco.

Por lo anterior, una forma para realizar la medición exacta de la frecuencia cardiaca puede ser con la medición temporal exacta del intervalo R-R y por tanto extrapolarlo a cuantos latidos se presentarían en un minuto. Un ejemplo puede ayudar a ilustrarlo. Si se sabe que el intervalo R-R tiene una duración de 750 ms (milisegundos), una regla de 3 puede realizar la conversión a bpm.

$$750ms \rightarrow 1\ beat$$

$$60000ms \rightarrow x$$

$$\frac{60000 * 1}{750} = 80\ bpm$$

VARIABILIDAD DEL RITMO CARDIACO HRV

Una medida importante que puede obtenerse del análisis del ECG es la variabilidad del ritmo cardiaco (HRV por sus siglas en inglés). Esta significa la razón de cambio de los intervalos R-R entre latido y latido con base en la media de frecuencia cardiaca. Normalmente se usa la frecuencia cardiaca como la medición básica del corazón, pero esta no indica que el intervalo entre latidos sucesivos por 1 minuto sea exactamente igual entre los latidos, sino que representa meramente un promedio. Por lo tanto, la HRV sirve para medir estas fluctuaciones entre latidos.

FIGURA 50.
ECG QUE MUESTRA CUATRO LATIDOS CON DIFERENTES INTERVALOS R-R

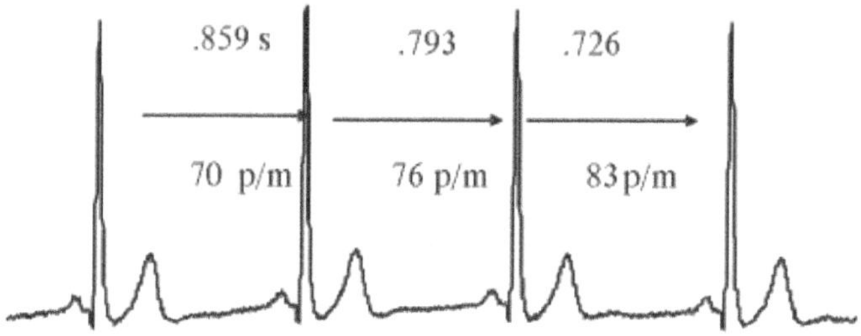

Referencia: Rodas *et al.*, 2008.

La HRV es el resultado de las interacciones entre el sistema nervioso autónomo (SNA) y el sistema cardiovascular. El análisis adecuado de este parámetro permite el estudio de la actividad del SNA de manera no invasiva. Como se mencionó, el SNA se basa en un equilibrio entre el sistema nervioso simpático (SNS) y el parasimpático (SNP). En un estado de reposo predomina la estimulación vagal (SNP), mientras que en estados de ansiedad, estrés y ejercicio físico predomina la estimulación del SNS (Rodas *et al*, 2008).

ANÁLISIS HRV

MÉTODOS TEMPORALES

– SDNN: Desviación estándar de intervalos R-R.

Mide la desviación estándar (variabilidad) de todos los intervalos RR: variabilidad total.

- RMSSD: valor cuadrático medio de diferencias sucesivas.
Es la raíz cuadrada de la media de la suma de las diferencias al cuadrado de todos los intervalos R-R Informa las variaciones a corto plazo de R-R.
- SDSD: desviación estándar de diferencias sucesivas.
Se refiere a la desviación estándar de la diferencia entre intervalos R-R consecutivos.
- NN50: número de pares de R-R sucesivas que difieren por más de 50 ms.
- pNN50: proporción de NN50 dividido entre el número total de R-R.
- NN20: número de pares de R-R sucesivas que difieren por más de 20 ms.
- pNN20: la proporción de NN20 dividido entre el número total de R-R.

MÉTODOS GEOMÉTRICOS

- Distribución de densidad de las duraciones de los intervalos R-R.
- Distribución de densidad de las diferencias entre intervalos R-R adyacentes.
- Diagrama de dispersión de cada intervalo R-R con el R-R predecesor.

MÉTODOS FRECUENCIALES

BANDAS FRECUENCIALES

- Alta frecuencia – HF (*high frecuency*; 0,15 Hz a 0,4 Hz): muestra la proporción de latidos que son de alta frecuencia. Está relacionada con la actividad del SNP.
- Baja frecuencia – LF (*low frecuency*; 0,04 a 0,15 Hz): muestra la proporción de latidos que son de frecuencia baja. No es clara su interpretación, pero puede atribuirse a influencias del SNS y el SNP. En algunas ocasiones se considera representativo de la actividad barométrica (presión).
- Muy baja frecuencia – VLF (*very low frecuency*; 0,0033 a 0,04 Hz): Muestra la proporción de latidos que son de muy baja frecuencia. Demuestra influencias hormonales, vasomotoras y termorreguladoras, además de influencia del sistema renina-angiotensina-aldosterona.

- Ultra baja frecuencia – ULF (*ultra low frequency;* menor a 0,0033Hz): Muestra la proporción de latidos que son de ultra baja frecuencia. Asociado a el parámetro SDNN.

PSD - DENSIDAD ESPECTRAL DE POTENCIA FFT

- Representa la distribución de la potencia de la señal en sus componentes frecuenciales. Se realiza con una FFT (transformada rápida de Fourier).
- Proporción LF/HF: Es un indicador de la influencia vagal (relajación y HF) y la influencia simpática (estrés y LF). Y se puede estimar el equilibrio simpático-vagal.

DISEÑO EXPERIMENTAL PARA EL REGISTRO DE LA ACTIVIDAD CARDIACA

A modo de ejemplo, se describirá detalladamente un procedimiento general para la toma, el análisis y la comparación de resultados para un experimento que involucra señales de ECG.

RECOLECCIÓN DE LOS DATOS (REGISTRO)

Para el registro de las señales de ECG se debe establecer que configuración y tipo de electrodos se va a usar o se tiene disponible. En cualquier caso, abordaremos en un enfoque macro el registro de los tipos de electrodos reusables y de V12 lead con el fin de entender lo que es la recolección de datos en caso de necesitar un documento técnico para un procedimiento en detalle refiérase al POE 005 - registro de la actividad cardiaca, del Linciph.

ECG 3 ELECTRODOS

Esta configuración presenta generalmente tres pinzas reusables para formar el triángulo de Einthoven anteriormente mencionado. Las pinzas deben ser puestas ya sea en las muñecas o los brazos e igualmente en la pierna izquierda antes del pie.

Con este triángulo ya se puede obtener la suma vectorial que compone el ECG, como se observó anteriormente.

Es importante que el paciente se quede quieto durante la toma de los datos pues este tipo de electrodos es muy sensible al movimiento por lo que puede corromper con artefactos el electrocardiograma correspondiente. Así mismo el paciente no debe llevar consigo ningún elemento metálico ni electrónico que pueda generar interferencias y por lo tanto señales anómalas en el ECG.

ECG 12 DERIVACIONES 10 ELECTRODOS

En este se utilizan los electrodos mencionados en el ECG 3 electrodos, pero se adicionan 6 electrodos precordiales. Los cuales darán una vista más enriquecedora del corazón sobre todo la falencia del segmento ST que presenta el ECG 3 electrodos.

Para este se repite el procedimiento del ECG 3 electrodos y posteriormente se adicionan electrodos desechables de la siguiente forma:

PROCESAMIENTO, INTERPRETACIÓN Y ANÁLISIS DE LOS REGISTROS DE LA ACTIVIDAD CARDIACA

- Filtrado de frecuencias parásitas por red eléctrica y luces.
- Filtrado en bandas de interés.
- Análisis de las señales.

De forma rápida e intuitiva se puede observar una buena distribución de la señal con ondas P,Q,R,S,T definidas y según la distribución y proporción de las ondas.

En un análisis profundo de las señales se pueden tomar métodos temporales como NN50, pNN50, NN20, pNN20. Y métodos frecuenciales como bandas frecuenciales HF, LF, VLF, ULF.

ANÁLISIS ESTADÍSTICO

SDNN, RMSSD, SDSD: métodos de dispersión y análisis FFT al igual que la proporción LF/HF.

FUNDAMENTACIÓN DE LA VARIABILIDAD CARDIACA (HRV)

Este aparte tratará sobre la variabilidad cardiaca y se considera un soporte de profundización del documento "Fundamentación para el estudio de la actividad cardiaca – ECG" del Linciph, por lo que se recomienda haber leído, completo, previamente el documento mencionado.

La frecuencia cardiaca es uno de los parámetros no invasivos más utilizado en el análisis y la valoración de la actividad cardiaca. Las interacciones entre el sistema nervioso autónomo (SNA) y el sistema cardiovascular dan como resultado la variabilidad cardiaca que indica los cambios temporales geométricos y frecuenciales de los latidos del corazón.

El análisis de este parámetro puede dar indicaciones del equilibrio entre el sistema nervioso simpático (SNS) y el sistema nervioso parasimpático (SNP).

En estado de reposo predomina la estimulación vagal (SNP), mientras que en estados de ansiedad, estrés y ejercicio físico predomina la estimulación del SNS.

La HRV como método no invasivo para evaluar la regulación autonómica de la FC se empezó a utilizar con finalidades diagnósticas en 1965 (Hon y Lee, 1965).

BASES MATEMÁTICAS Y FÍSICAS PARA EL ESTUDIO DE HRV

VARIANZA Y DESVIACIÓN ESTÁNDAR

La varianza de una muestra es una medida de dispersión que tiene una variable aleatoria respecto a su esperanza. Está dada por la siguiente fórmula:

$$s^2 = \sum_{i=1}^{n} \frac{(x_i - \bar{x})}{n - 1}$$

En donde x_i cada dato, n número de datos, $\bar{x}$ media aritmética de los datos.

La medida muestral de dispersión que se utiliza más a menudo es la desviación estándar de la muestra. Y es simplemente la raíz cuadrada de la varianza:

$$s = \sqrt{s^2}$$

RMS: valor cuadrático medio (*root mean square*).
Tomemos de referencia una señal sinusoidal en su forma más básica:

FIGURA 51.
SEÑAL SINUSOIDAL BASICA

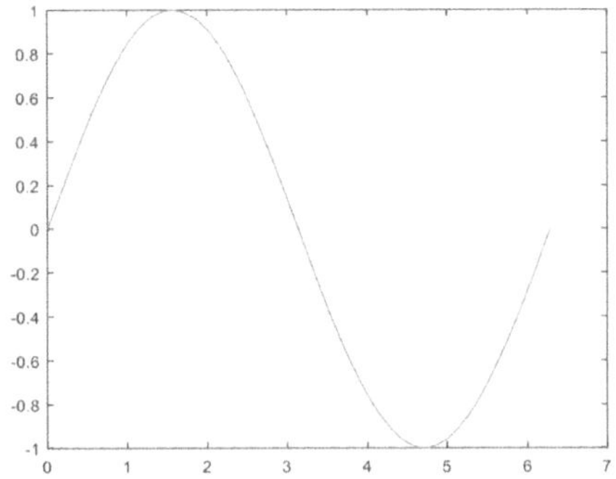

Referencia: creación propia.

Obsérvese en la figura que la señal toma valores desde +1 hasta -1 y al ser una señal periódica y simétrica el promedio de la señal estará ubicado en 0. Entonces, cuando la variable toma valores positivos y negativos, se puede necesitar un promedio que no sea afectado por el signo. Y ese problema es resuelto con la medida RMS, la cual está definida matemáticamente como se muestra a continuación:

$$x_{RMS} = \frac{1}{N}\sqrt{\sum_{i=1}^{n} x_i^2} = \sqrt{\frac{x_i^2 + x_2^2 + \dots x_N^2}{N}}$$

Retomando el ejemplo de la señal sinusoidal, aplicándole la RMS tenemos lo siguiente:

FIGURA 52.
SEÑAL SINUSOIDAL APLICADA CON RMS

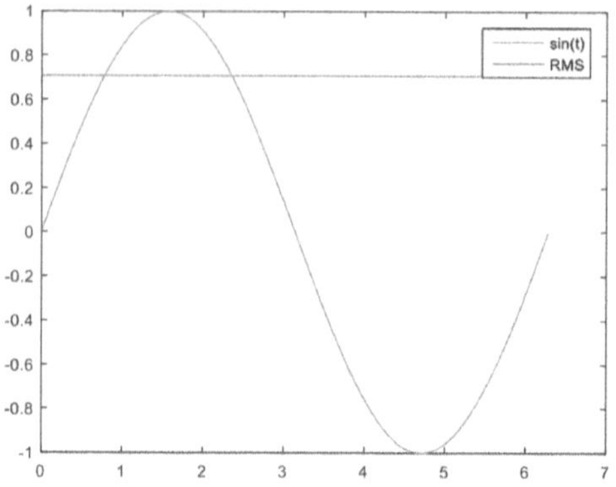

Referencia: creación propia.

FRECUENCIA

Está definida por la RAE como el número de veces que se repite un proceso periódico por unidad de tiempo. Por lo general, se mide en Hertz (Hz) y es la inversa de 1 segundo, así:

$$f[Hz] = \frac{1}{s}$$

Y por lo tanto en estos casos es la cantidad de eventos ocurridos en 1 segundo.

En nuestro caso usamos otra medida llamada bpm, beats por minuto, es decir, cuántos latidos ocurren en un minuto y esto es la frecuencia cardiaca.

TRANSFORMADA DE FOURIER

Es una forma de transformar funciones matemáticas pertenecientes al dominio del tiempo en una función equivalente pero representada en el dominio de la frecuencia.

Tengamos como ejemplo dos señales sinusoidales: f1 de 50 Hz (azul) y f2 de 200 Hz (rojo) de diferentes amplitudes (f1<f2), como se ve en la figura 53. La suma de las dos se observa en el recuadro verde. Al hacer la transformada de Fourier se obtiene el espectro frecuencial de la señal sumada. En

ella se pueden observar las magnitudes de ambas señales y las frecuencias de cada una de ellas.

FIGURA 53.
SEÑALES SINUSOIDALES, SUMATORIA
Y APLICACIÓN TRANSFORMADA DE FOURIER

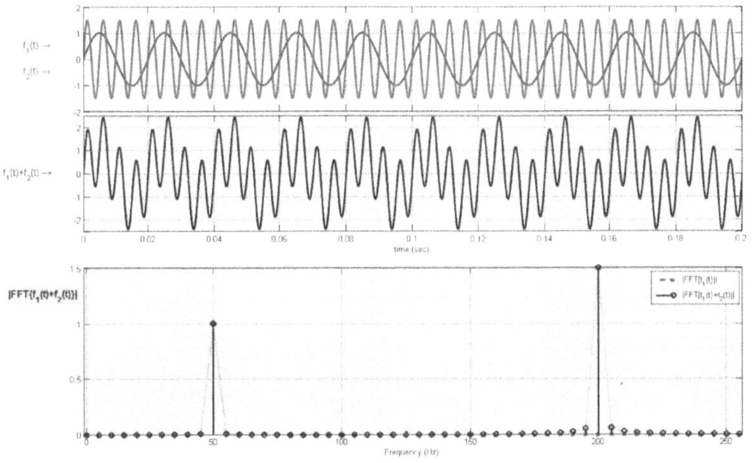

Referencia: creación propia.

Por lo tanto, la transformada de Fourier es una representación de las componentes frecuenciales de una señal.

En la figura 54 se observa el cambio de dominio, en el cual una señal es descompuesta en sus señales básicas y son representaciones en el dominio frecuencial.

FIGURA 54.
DOMINIO FRECUENCIAL

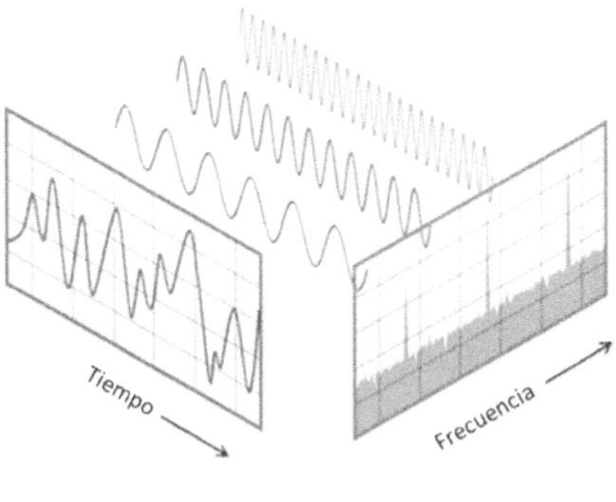

Referencia: creación propia.

FFT - FAST FOURIER TRANSFORM (TRANSFORMACIÓN RÁPIDA DE FOURIER)

Es la forma tradicional de realizar la transformada discreta de Fourier (tiempo a frecuencia) y su inversa (frecuencia a tiempo). Resulta un cálculo "rápido" computacionalmente y de menor complejidad, a diferencia de la forma tradicional.

DENSIDAD ESPECTRAL DE POTENCIA (DEP)

Es una medida matemática que informa la distribución frecuencial de potencia de una señal.

La densidad espectral de potencia se calcula con el teorema de Wiener-Khinchin que relaciona la DEP con la transformada de Fourier de la función de autocorrelación de la señal.

$$S_{xx}(f) = TF\{R_{xx}(f)\}$$

$$P = \int_{-\infty}^{+\infty} S_{xx}(f)df$$

La función de autocorrelación es una herramienta estadística que se define como la correlación cruzada de la señal consigo misma, pero desfasada en un valor τ. Sirve para encontrar patrones repetitivos dentro de una señal.

ACTIVIDAD MUSCULAR - EMG

NICOLÁS FLÓREZ TORRES
JUAN FELIPE TORRES GARZÓN
JORGE MARTÍNEZ COTRINA

Para poder hablar de electromiografía facial (EMGf) se debe tener en cuenta la división del sistema nervioso, discutida en el capítulo 1, y los procesos fisiológicos explicados en capítulos anteriores.

El sistema autónomo, por sus diferencias anatómicas y fisiológicas, puede ser subclasificado en tres nuevos grupos: entérico, simpático y parasimpático.

El sistema nervioso periférico tiene 43 pares de nervios, de los cuales 12 son nervios craneales y los 31 restantes conectan con la médula espinal y los nervios espinales. De los 12 pares de nervios craneales, nos concentraremos en los siguientes:

Nombre		Comentarios
III.	Oculomotor	Inerva músculos esqueléticos que mueven el ojo arriba, abajo y medial y sube el párpado superior.
IV.	Troclear	Inerva músculos esqueléticos que mueven los ojos abajo y lateralmente.
V.	Trigeminal	Inerva músculos esqueléticos para el masticado.
VI.	Abducens	Inerva músculos esqueléticos que mueven los ojos lateralmente.
VII.	Facial	Inerva músculos esqueléticos de la expresión facial y el tragado.

BASES ANATÓMICAS MUSCULARES

Una célula muscular se conoce como fibra muscular. El término músculo refiere a un grupo de fibras musculares unidas por tejido conectivo. Usualmente los músculos esqueléticos están unidos a huesos por fibras de colágeno conocidas como tendones. Los músculos pueden ser clasificados en 3 tipos:

- Esquelético.
- Cardiaco.
- Liso.

FIGURA 55.
ESTRUCTURA DEL MÚSCULO ESQUELÉTICO

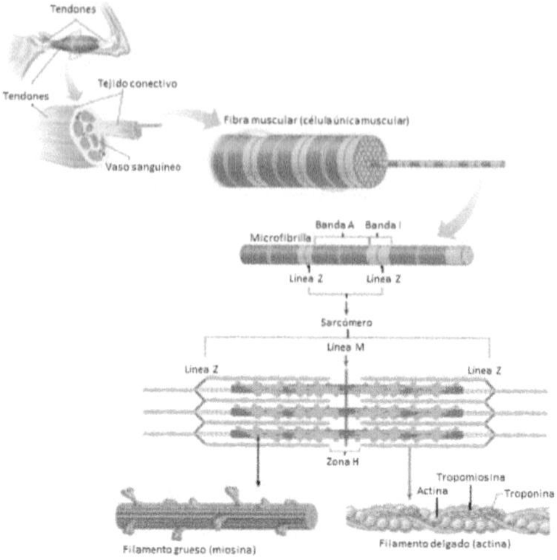

Referencia: tomada y adaptada de Widmaier, 2008.

BASES ELECTROFISIOLÓGICAS DE LA ACTIVIDAD MUSCULAR

FIGURA 56.
RELACIÓN TEMPORAL ENTRE EL POTENCIAL DE ACCIÓN Y LA CONTRACCIÓN Y RELAJACIÓN RESULTANTE DE LA FIBRA MUSCULAR EN EL MÚSCULO ESQUELÉTICO

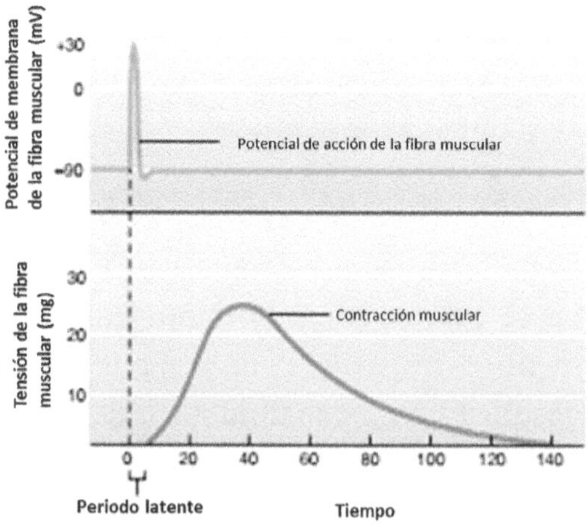

Referencia: tomada y adaptada de Widmaier, 2008.

FIGURA 57.

(A) UNA UNIDAD MOTORA QUE CONSISTE EN UNA NEURONA MOTORA Y LAS FIBRAS MUSCULARES QUE INERVA. (B) DOS UNIDADES MOTORAS Y SUS FIBRAS INTERCALADAS EN UN MÚSCULO

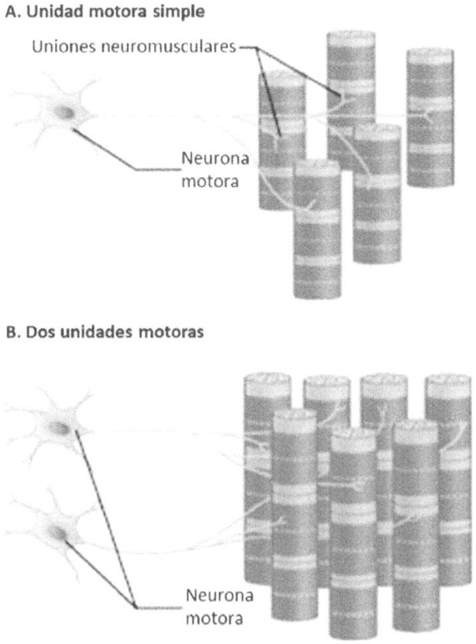

Referencia: tomada y adaptada de Widmaier, 2008.

FIGURA 58.

LA UNIÓN NEUROMUSCULAR. (A) MICROGRAFÍA ELECTRÓNICA QUE MUESTRA RAMIFICACIONES DE AXONES DE NEURONAS MOTORAS. (B) ESTRUCTURA DE LA UNIÓN NEUROMUSCULAR

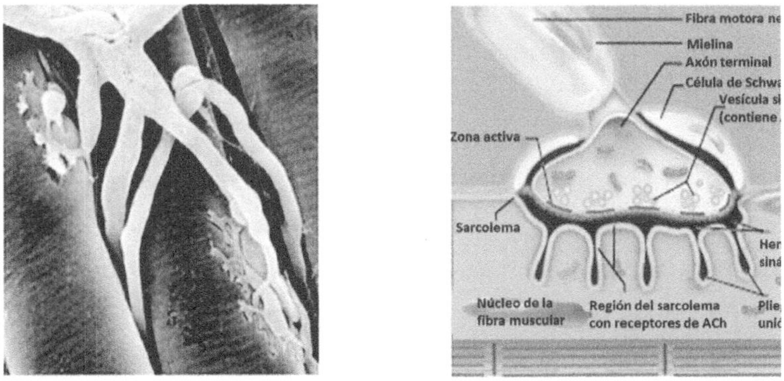

A. B.

Referencia: tomada y adaptada de Widmaier, 2008.

DISEÑO EXPERIMENTAL PARA EL REGISTRO DE LA ACTIVIDAD MIOGRÁFICA

Se explica un procedimiento de forma generalizada para la toma de registro, el análisis y la comparación de resultados para un experimento que involucra señales específicamente fEMG (EMG facial), pero que puede extrapolarse al análisis de cualquier músculo del cuerpo.

RECOLECCIÓN DE LOS DATOS (REGISTRO ELECTROFISIOLÓGICO)

Para el registro de las señales de fEMG se debe establecer la configuración y tipo de electrodos que se van a usar en la investigación. El laboratorio cuenta con dos tipos de electrodos superficiales y no invasivos para este fin y cualquiera de ellos está validado para su uso clínico e investigativo. El primero son electrodos desechables e hipoalergénicos de un solo uso, cuentan con un gel y adhesivo para la piel, por lo que suponen ser electrodos de fácil uso para EMG y ECG; sin embargo, debido a su tamaño, no es recomendable su uso en electromiografía facial.

El segundo tipo de electrodos es de copa de oro. Resultan ser los más cómodos debido a su tamaño y las buenas impedancias que manejan. Estos electrodos requieren pasta electro-conductiva para cerrar el circuito entre la superficie de la piel del sujeto y el electrodo como tal, disminuyendo así la impedancia resistiva entre el elemento amplificador, el cable, el electrodo y el sujeto.

Para poner los electrodos en la piel del sujeto no hay una estandarización, como el triángulo de Einthoven en el ECG o el sistema estándar de posicionamiento de electrodos 10-20 para EEG, debido a que se puede registrar la actividad de cualquier músculo de la persona.

En el diseño experimental se debe tener una tasa de muestreo de por lo menos 250 Hz; sin embargo, es recomendable de 1 kHz para arriba. Esto con el fin de capturar las frecuencias necesarias en las que las neuronas despolarizan con las fibras musculares en conjunto.

El posicionamiento de los electrodos de copa de oro se debe realizar en modo diferencial en el inicio del músculo y el final de este, en donde se ancla a los huesos, es decir, en su ubicación más distal y proximal para hacer la diferenciación del movimiento de todo el músculo. Hay que tener cuidado en no ponerlo sobre otro músculo, puesto que ello puede implicar un error de adquisición o tener una señal muy disminuida en su voltaje.

El anterior procedimiento debe realizarse para cada uno de los músculos de interés. Adicionalmente se debe colocar una referencia a todos los músculos. Al tratarse de electromiografía facial, es casi un estándar colocar la referencia del amplificador en la mitad de la frente del sujeto de modo tal que los electrodos en la parte izquierda y derecha de la cara estén equivalentemente referenciados.

FIGURA 59.
UBICACIÓN DE LOS ELECTRODOS PARA LA MEDICIÓN DE LA ACTIVIDAD EMG FACIAL

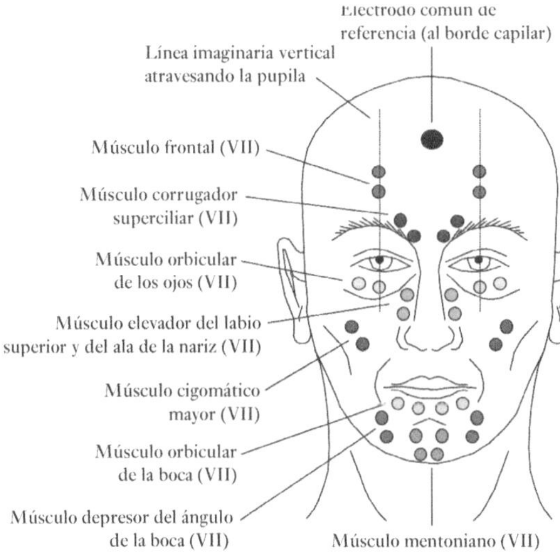

Referencia: tomada y adaptada de Boxtel, 2010.

PROCESAMIENTO, INTERPRETACIÓN Y ANÁLISIS DE LOS REGISTROS DE LA ACTIVIDAD MIOGRÁFICA

FILTRADO DE FRECUENCIAS PARÁSITAS POR RED ELÉCTRICA Y LUCES

Al ser señales que mayormente se encuentran entre bandas frecuenciales de 50 y 150 Hz, se proponen los siguientes filtros:

– Filtro notch: 60 Hz
– Filtro pasa-altos: 0,3 Hz
– Filtro pasa-bajos: 500 Hz (depende mayormente de la frecuencia de muestreo)

REMOVER ARTEFACTOS POR ECG

En ciertas ocasiones, dependiendo en parte de la fisionomía de las personas, puede que se presente con mayor o menor intensidad la presencia de artefactos (ruidos o interferencias dentro de la señal) de ECG que pueden llegar a contaminar nuestra señal de EMG; estos pueden llegar a ser utilizados enteramente como componentes en el análisis de señal cardiaca. Por ello, se considera buena práctica analizar la presencia de componentes cardiacos en la señal y, en caso de haberlos, eliminarlos mediante estrategias de detección de complejos QRS y eliminación de la señal original EMG.

REMOVER ARTEFACTOS ADICIONALES

Para poder remover artefactos adicionales no relacionados con el ECG y no considerados como típicos, se debe realizar un análisis frecuencial y temporal mediante un espectrograma, por otro lado, se sugiere también la aplicación de la transformada de Fourier (FFT) que permita ver valores atípicos en potencias, con lo cual, se puede posteriormente aplicar filtros en las bandas de frecuencia de los artefactos. Lo anterior, como se puede notar, está ampliamente ligado al momento experimental y los componentes no considerados como típicos, lo que haría que este filtrado sea también dependiente de la existencia, y no del tipo de artefacto.

ANÁLISIS DE LAS SEÑALES

A continuación se presentan las herramientas necesarias para procesar y analizar las señales. Las técnicas acá mostradas son las mismas usadas por el fabricante del equipo (ADInstruments).

– Suavizado de la envolvente + *threshold*

Puede dar cuenta de la potencialidad de la señal preservando el componente temporal; además, el *threshold* permitirá discriminar activaciones musculares cuando sobrepasen un nivel definido para poder determinar en qué momento los músculos fueron contraídos.

– RMS

La potencia raíz cuadrática media es una medida estándar en el procesamiento de señales. Esta da cuenta de la potencialidad de la señal.

– Integral

La integral matemática, definida como el área bajo una curva, es una medida parecida al suavizado de la envolvente, pero más exacta, que también da cuenta del nivel de activación muscular. A mayor área bajo la curva, mayor la activación del músculo

– Median Power

Es otro tipo de potencia, como la RMS, que puede determinar componentes o niveles diferentes de activación.

ACTIVIDAD ELECTRODÉRMICA

NICOLÁS ALEJANDRO RODRÍGUEZ CARDONA
CRISTIAN CAMILO RINCÓN MENDIETA
JUAN FELIPE TORRES GARZÓN
JORGE MARTÍNEZ COTRINA

La historia de la investigación en actividad electrodérmica (EDA), revisada por Neumann y Blanton (1970), se remonta a los experimentos realizados en 1849 por Du Bois-Reymond en Alemania, en los cuales se les pidió a los participantes que pusieran las manos y en ocasiones los pies en una solución compuesta por sulfato de zinc y se observó el comportamiento de una corriente eléctrica que iba desde la extremidad en reposo hasta la otra que se contraía voluntariamente. El primer experimento, que mostró una conexión entre la actividad de la glándula sudorípara y el flujo de corriente en la piel, fue realizado por Hermann y Luchsinger en 1878, quienes observaron que una estimulación eléctrica del nervio ciático en el gato dio como resultado secreción de sudor. Años más tarde, Hermann repitió el experimento de movimiento voluntario realizado por Du Bois-Reymond y encontró que las áreas con sudoración más fuerte, como las palmas y los dedos, mostraban una mayor corriente de piel que otros sitios corporales, como las regiones de muñeca y codo, lo que indicaba la importancia de las glándulas sudoríparas en los fenómenos electrodérmicos (Neumann y Blanton, 1970, en Boucsein, 2012).

Las observaciones que relacionaron los factores psicológicos con EDA se atribuyen a Vigouroux en 1879, un electroterapeuta que trabajó en Francia, quien en sus investigaciones midió los cambios de resistencia eléctrica de la piel (SR) que mostraban ser paralelos con relación a los cambios en la cantidad de anestesia administrada a los pacientes con cuadros histéricos, con lo cual supuso que ambos fenómenos dependían de los procesos nerviosos centrales. Sin embargo, no creía que los cambios repentinos en SR, que él observó, pudieran ser producidos por procesos locales en la propia piel. En su lugar, presumía un cambio en la conductividad vascular, que estaba en línea con el desarrollo de la investigación sobre el control nervioso autónomo del flujo sanguíneo que en ese momento llevaba a cabo (Boucsein, 2012).

El estudio de los efectos psicológicos sobre los cambios eléctricos en la piel humana se inició hace más de 100 años en el laboratorio de Jean Charcot, neurólogo francés famoso por su trabajo sobre la histeria y la hipnosis. Vigouroux (1879, 1888), un colaborador de Charcot, midió los niveles de resistencia tónica de la piel de varios grupos de pacientes como un signo de diagnóstico clínico. En el mismo laboratorio, Féré (1888) encontró que al pasar una pequeña corriente eléctrica a través de dos electrodos colocados en la superficie de la piel se podían medir disminuciones momentáneas de la resistencia cutánea en respuesta a una variedad de estímulos (visual, auditivo, gustativo, olfativo). El fenómeno básico descubierto por Féré es que la piel se convierte momentáneamente en un mejor conductor de electricidad cuando se presentan estímulos externos. Poco después, el fisiólogo ruso Tarchanoff (1890) informó que se podían medir los cambios en el potencial eléctrico entre dos electrodos colocados sobre la piel sin aplicar una corriente externa. Por lo tanto, a Féré y Tarchanoff se les atribuye el descubrimiento de los dos métodos básicos de registro de la actividad electrodérmica que se usan hoy en día. El registro de la respuesta de resistencia de la piel (o su respuesta recíproca de la conductancia de la piel) se basa en el paso de una corriente externa a través de la piel y por lo tanto se denomina el método exosomático, mientras que el registro de la respuesta potencial de la piel no implica una corriente externa, y se denomina método endosomático. El presente documento se centrará en el método exosomático de registro del *nivel de conductancia de la piel* (SCL) y la *respuesta de conductancia de la piel* (SCR), ya que este es un método utilizado entre los investigadores actualmente (Fowles *et al.*, 1981, en Cacioppo, Tassinary y Berntson, 2007).

BASES ANATÓMICAS Y FISIOLÓGICAS DE LA ACTIVIDAD ELECTRODÉRMICA

La piel consiste en un complejo conjunto de órganos que proporcionan funciones protectoras y de sentido (sensación). La piel, actuando como una barrera selectiva, protege al cuerpo de las amenazas ambientales, tales como la temperatura, agentes químicos, mecánicos e infecciosos. Desde el punto de vista sensorial, la piel alberga varios receptores para proporcionar información aferente relacionada con el tacto (mecanorreceptores), el dolor (nociceptores) y la temperatura (termorreceptores). La piel y el sistema nervioso provienen de la misma capa germinal en las primeras fases del desarrollo embrionario, el ectodermo. Por consiguiente, se puede entender la estrecha relación entre estos dos sistemas y la importante presencia nerviosa en la piel, la cual cumple funciones sensoriales y motoras por reciprocidad con el sistema nervioso central. El papel de la piel en la regulación de la transpiración es doble. Por un lado, la piel evita que el cuerpo se seque; por otro, con la ayuda de las glándulas sudoríparas, la piel permite una emisión controlada de fluido corporal. La piel se compone de dos capas marcadamente distinguibles, la dermis y la epidermis. La epidermis se encuentra en la superficie de la piel y consiste en tejido epitelial, que se vuelve cada vez más caliente cerca de la superficie. La dermis más profunda consiste en un tejido conectivo fibroso y tenso. La epidermis es relativamente delgada en comparación con la dermis. La hipodermis se compone de tejido conjuntivo suelto que forma la capa de transición entre la piel y el tejido más profundo. Contiene la parte secretora de las glándulas sudoríparas, que aparece como un glomérulo (figura 1), así como el tejido adiposo y los vasos más grandes que suministran la superficie del cuerpo (Boucsein, 2012).

FIGURA 60.
COMPOSICIÓN EN CAPAS DE LA PIEL HUMANA

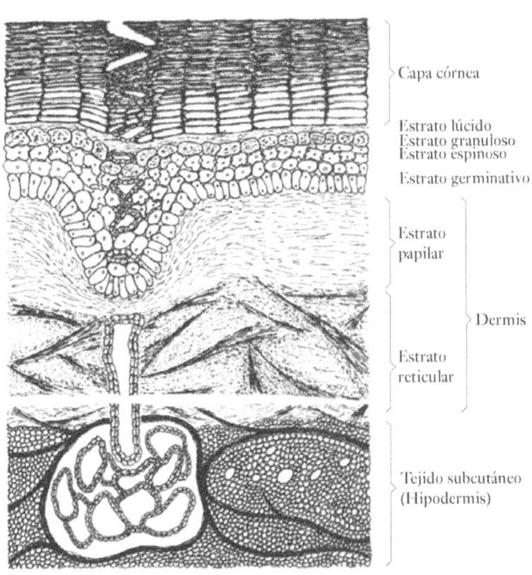

En la sección transversal se muestra una glándula sudorípara ecrina, rodeada por su glomérulo, junto con su conducto epidérmico recto y de forma irregular

Referencia: helicoidal; imagen tomada y adaptada de Boucsein, 2012.

La división más común de la epidermis está en cinco capas diferentes (figura 1). La capa más baja, en la que se generan las células epidérmicas, es el estrato germinativo o capa germinativa; se encuentra en la parte superior de la lámina basal (que pertenece a la dermis) y a veces lleva el nombre de la lámina basal como la capa basal. Esta capa produce principalmente queratinocitos, que son células que pueden almacenar queratina y luego se vuelven córneas; también produce melanocitos, que suministran el pigmento melanina de la piel, así como células de Langerhans y Merkel.

El estrato intermedio representa una zona de transición entre las células del estrato Malpighi, que todavía no son córneas, y las células córneas de la capa epidérmica externa, las cuales forman el estrato córneo. En el estrato intermedio inferior los queratinocitos contienen gránulos de queratohialina; a esta capa se le da el nombre de capa granular (estrato granuloso). Durante su migración hacia arriba, las células pueden ser empapadas con una sustancia aceitosa llamada eleidin. Debido a su capacidad de refractar fuertemente la luz, aparecen como una capa homogénea, llamada el estrato lúcido. El estrato lúcido, sin embargo, es visible solamente en algunos sitios del cuerpo, en especial en las palmas de las manos y las plantas de los pies, cuando se retira con éxito toda la capa córnea. La capa epidérmica externa se denomina estrato córneo, dado que sus células están completamente queratinizadas, la zona de la capa de queratina. De acuerdo con la forma de sus células y la anchura de sus espacios intercelulares, la capa córnea puede subdividirse en una zona inferior, media y superior. La epidermis, cuya estratificación es de gran importancia para EDA, consiste en una formación de células regularmente dispuesta, que se vuelve más seca hacia su capa exterior a medida que las células se vuelven menos apretadas y se parecen más a estructuras paralelas en forma de diapositivas. La capa externa, completamente córnea, el estrato córneo, es especialmente gruesa en los sitios palmar y plantar, que son los preferidos para el registro electrodérmico (Boucsein, 2012).

La dermis, también llamada *corium* (que significa cuero), es mucho más gruesa que la epidermis. Sin embargo, se compone de solo dos capas dérmicas, que se pueden distinguir según su densidad y la disposición de sus fibras de colágeno (figura 1). La capa dérmica próxima a la epidermis se llama capa papilar (*stratum papillare*). El límite epidérmico-dérmico está formado por una denominada zona de membrana basal, que es una capa adhesiva en la que las células basales epidérmicas se insertan con proyecciones. En la capa papilar, los vasos sanguíneos arteriales y venosos terminan en una red capilar, y los órganos receptores, los melanocitos, así como el colágeno libre, se incluyen en esta capa. La capa dérmica interna se denomina capa reticular (estrato reticular) debido a su textura, hecha por fuertes fibras de colágeno, lo que da a la piel una alta resistencia a la rotura. La hipodermis consiste en tejido conectivo suelto. Conecta la piel con el tejido conectivo que cubre los músculos, y permite una buena movilidad horizontal de la piel a través de su superficie. La hipodermis tiene la capacidad de almacenar la grasa, por lo tanto, trabaja como una capa térmica, así como una capa de aislamiento mecánico. Contiene los nervios y vasos que suministran a la piel, también los folículos pilosos y las glándulas (por ejemplo, la parte secretora de la glándula sudorípara. Figura 1). Según algunos autores, las partes secretoras de algunas glándulas sudoríparas se localizan en la dermis, y no en la hipodermis. Estas glándulas sudoríparas están entonces rodeadas de tejido graso en lugar de haces de fibras de colágeno (Boucsein, 2012).

En cuanto a la distribución y estructura de las glándulas sudoríparas, se parte de que las glándulas sudoríparas se consideran glándulas exocrinas porque secretan directamente sobre la superficie de la piel. El cuerpo humano tiene alrededor de tres millones de glándulas sudoríparas; la mayor densidad se encuentra en las palmas de las manos, las plantas de los pies y la frente, y la menor densidad en los brazos, piernas y tronco (Kuno, 1956, en Boucsein, 2012). Faltan totalmente en los labios y en el canal del oído interno (Pinkus, 1971, en Boucsein, 2012), en el glande del pene y del clítoris, en los labios menores y en la superficie interna del prepucio (Montagna y Parakkal, 1974, en Boucsein, 2012). La mayoría de las glándulas sudoríparas humanas se consideran ecrinas, lo que significa que sus secreciones no contienen cantidades apreciables de citoplasma de las células glandulares. Además, una gran parte de las glándulas sudoríparas, que se encuentran principalmente en la región de la areola de la mama, la axila, la circumanal y las regiones genitales, son apocrinas y la secreción se forma cuando la parte apical (distal) de la célula glandular es atada, y el citoplasma que se pierde por secreción tiene que ser reemplazado. Las glándulas apocrinas se abren en los folículos pilosos y sus funciones secretoras no comienzan hasta la pubertad (Sato, 1977, en Boucsein, 2012). Sin embargo, las glándulas sudoríparas apocrinas desempeñan un papel insignificante con respecto a la cantidad total de sudoración (Herrmann, Ippen, Schaefer y Stüttgen, 1973, en Boucsein, 2012). La glándula sudorípara ecrina puede subdividirse en el segmento secretor y el conducto. El segmento secretor se encuentra en la hipodermis o en la dermis. Consiste en un tubo que se enrolla irregularmente en una masa redondeada de aproximadamente 0,4 mm de diámetro. De él viene el conducto, siguiendo un curso ondulante a través de la dermis (llamado, sin embargo, el conducto recto) y luego un recorrido espiral (helicoidal) a través de la epidermis (Ellis, 1968, en Boucsein, 2012). La parte dérmica del conducto también contiene células secretoras (Odland, 1983, en Boucsein, 2012). Tanto los segmentos secretores como los ductales están formados por capas celulares dobles o triples que rodean un lumen de 5-10 mm de diámetro. Las células de la capa externa se denominan células basales; las de la capa interna, células luminales. La pared de la parte epidérmica del conducto, es decir, del acrosiringio, no tiene células propias en la parte que pasa a través del estrato córneo (figura 61). El conducto se abre a la superficie de la piel a través de un pequeño poro (Boucsein, 2012).

Desde una perspectiva mucho más fisiológica que anatómica, se puede definir que la piel es una barrera selectiva que sirve a la función de evitar la entrada de material extraño en el cuerpo y facilitar selectivamente el pasaje de materiales desde el torrente sanguíneo hasta el exterior del cuerpo. Esto ayuda en el mantenimiento del equilibrio del agua y de la temperatura corporal central constante, funciones realizadas principalmente por medio de la vasoconstricción/dilatación y de la variación en la producción de sudor. Como ha señalado Edelberg (1972), no es de extrañar que un órgano con funciones tan vitales y dinámicas constantemente reciba señales desde los centros de control en el cerebro, y sugiere que "podemos escuchar este tipo de señales mediante el aprovechamiento del hecho de que su llegada a la piel es anunciada por los cambios eléctricos medibles que llamamos la actividad galvánica" (Dawson, Schell y Filion, 2007).

Hay dos formas de glándulas sudoríparas en el cuerpo humano: la apocrinas, que han sido menos estudiadas, y la ecrinas, que han sido de gran interés para psicofisiólogos. La función principal de la mayoría de las glándulas sudoríparas ecrinas es la termorregulación. Sin embargo, se cree que las situadas en las superficies palmar y plantar están más relacionadas con el comportamiento de agarre que con el enfriamiento por evaporación (Edelberg, 1972) y se ha sugerido que son más sensibles a los estímulos psicológicamente significativos que a los estímulos térmicos. La medición de la EDA por los psicofisiólogos es principalmente la que se trata con la actividad de las glándulas sudoríparas psicológicamente inducida (Dawson, Schell y Filion, 2007).

FIGURA 61.
ANATOMÍA DE LA GLÁNDULA SUDORÍPARA ECRINA EN VARIAS CAPAS DE PIEL

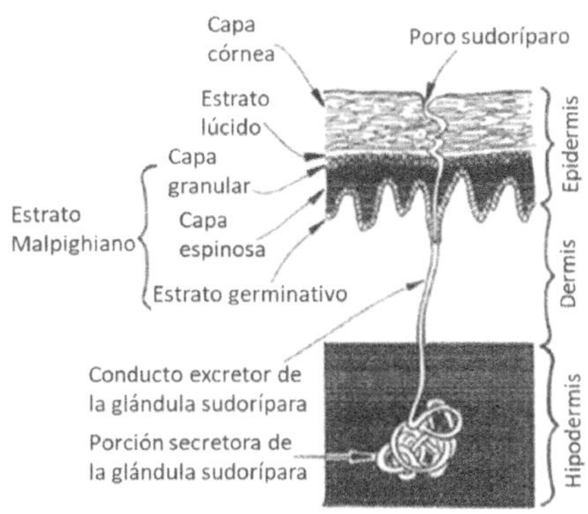

Referencia: tomada y adaptada de Cacioppo et al., 2007.

La figura 61 muestra los mecanismos periféricos básicos que intervienen en la producción de EDA. La capa exterior extrema de la piel, el estrato o capa córneos, consiste en una capa de células muertas que sirve para proteger los órganos internos. Por debajo de la capa córnea se encuentra el estrato lúcido, y justo por debajo, el estrato Malpighi. La glándula de sudor ecrino en sí consiste en un cuerpo compacto en espiral que es la porción secretora de la glándula, y el conducto de sudor, el tubo largo que es la porción excretora de la glándula. El conducto de sudor sigue siendo relativamente sencillo en su camino a través del estrato Malpighi y el estrato lúcido, en espiral a través del estrato córneo y se abre en la superficie de la piel como un poro pequeño (Edelberg, 1972). Muchos modelos se han sugerido para explicar cómo estos mecanismos periféricos se refieren a la actividad eléctrica de la piel y a los aumentos transitorios de la conductancia de la piel provocadas por los estímulos. Edelberg (1972) llegó a la conclusión de que se puede tener en cuenta la variedad de fenómenos electrodérmicos con un modelo basado enteramente en las glándulas sudoríparas, incluyendo cambios en SCL tónica y fásica amplitud SCR.

Para entender cómo la actividad electrodérmica se relaciona con las glándulas sudoríparas, es útil pensar en los conductos del sudor (la porción tubular larga de la glándula que se abre a la superficie de la piel) como un conjunto de resistencias variables conectadas en paralelo. Columnas de sudor subirán en los conductos en cantidades variables y en el número de glándulas sudoríparas que varía, dependiendo del grado de activación del sistema nervioso simpático. Como el sudor llena los conductos, hay un camino más conductor a través de la capa relativamente resistente. Los cambios en el nivel de sudor en los conductos cambian los valores de las resistencias variables, y producen cambios observables en la EDA (Dawson, Schell y Filion, 2007). En términos generales, e históricamente, tanto las divisiones simpática y parasimpática del sistema nervioso autónomo (SNA) se consideraron posibles mediadores de la EDA. Esto se debe parcialmente a que el neurotransmisor implicado en la mediación de actividad de las glándulas de sudor ecrino es la acetilcolina, que generalmente es un neurotransmisor parasimpático, en lugar de norepinefrina, el neurotransmisor típicamente asociado con la activación simpática periférica (Venables y Christie, 1980, en Dawson, Schell y Filion, 2007). Ahora se acepta generalmente que las glándulas sudoríparas humanas tienen predominancia de inervación simpática, aunque también existen algunas fibras adrenérgicas en las proximidades (Shields *et al.*, 1987, en Dawson, Schell y Filion, 2007). Los resultados han demostrado que dentro de los rangos normales de temperatura ambiente y termoestados regulares de sujetos existe una alta correlación entre estallidos de actividad nerviosa simpática y SCR (Wallin, 1981, en Dawson, Schell y Filion, 2007).

BASES PARA EL REGISTRO FÍSICO DE LA ACTIVIDAD ELECTRODÉRMICA

El término actividad electrodérmica (EDA) fue acuñado para sintetizar una variedad de medidas de orden eléctrico de la piel. Las medidas de la EDA se han clasificado en dos grupos debido a su naturaleza de sus componentes: 1) las señales con componentes tónicos, que están relacionados con los cambios lentos en el transcurrir del tiempo, y 2) las señales con componentes fásicos, relacionados con los cambios abruptos en la EDA (Braithwaite, Watson, Jones y Rowe, 2013). La base del registro físico de EDA consiste en que se mide haciendo pasar una pequeña corriente a través de un par de electrodos colocados en la superficie de la piel.

El principio invocado en la medición de la resistencia de la piel o la conductancia es el de la ley de Ohm, que establece que la resistencia de la piel (R) es igual a la tensión (V) aplicada entre dos electrodos colocados en la superficie de la piel, dividida entre la corriente (I) que se pasa a través de la piel. Esta ley se puede expresar como $R = V / I$. Si la corriente se mantiene constante, entonces se puede medir el voltaje entre los electrodos, que pueden variar directamente con la resistencia de la piel. Alternativamente, si el voltaje se mantiene constante, entonces se puede medir el flujo de corriente, que variará directamente con el recíproco de la resistencia de la piel, conductancia de la piel. La conductancia se expresa en unidades de Siemens y las mediciones de conductancia de la piel se expresan en unidades de micro Siemens (μS; Dawson, Schell y Filion, 2007). El GSR Amp® de la casa matriz de ADinstruments® está diseñado para registrar especialmente la conductancia de la piel (GSR).

La conductancia de la piel usualmente es registrada mediante dos electrodos, lo que sugiere que este registro es de tipo bipolar. Teniendo en cuenta las propiedades eléctricas de la medición, la conductancia SC, no importa la dirección del flujo de corriente entre estos dos electrodos, es decir, el orden de los mismos no representa ningún inconveniente (positivo, negativo). Los lugares más comunes para la ubicación de los electrodos de registro de la conductancia eléctrica son las prominencias de la palma de las manos y la superficie de las secciones mediales y distales de falanges de las manos. Es importante tener en consideración que se ha reportado constantemente que en los ensayos experimentales que la sección distal de las falanges suele registrarse mayor amplitud de onda en el registro de la conductancia. Según lo reportado, el alto nivel de reactividad en la sección distal de las falanges se encuentra directamente relacionado con la alta presencia de glándulas sudoríparas ecrinas activas en esta ubicación (Freedman, Scerbo, Dawson, Raine, McClure y Venables, 1994). Por lo tanto, el sitio falange distal es recomendable, a menos que existan razones específicas para no utilizar el sitio distal (por ejemplo, el registro en niños cuyas yemas de los dedos puede ser demasiado pequeño para la fijación del electrodo estable, la presencia de cortes o callos en los dedos, entre otros).

FIGURA 62.
COLOCACIÓN DE LOS ELECTRODOS EN LOS DEDOS DE LA MANO PARA EL REGISTRO DE GRS

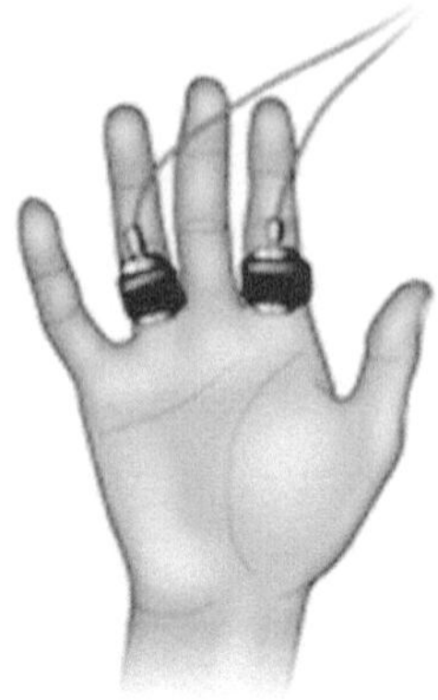

Referencia: ADInstruments.

Otro aspecto relevante para el registro de la actividad electrodérmica es la elección de la mano en la que se hace el registro; este criterio regularmente varía dependiendo de los propósitos de la investigación y de los diseños experimentales. Diversas investigaciones sugieren que el uso de la mano no dominante puede presentar problemas relacionados con situaciones del sujeto como cortadas y callosidades. Otros investigadores suponen una relación entre la distribución lateral del cuerpo y la facilidad ejecutiva con los lados izquierdo y derecho del cuerpo (Dawson, Schell y Filion, 2007). Adicionalmente, la temperatura ambiente y la hora del día son dos factores ambientales que deben ser controlados (Venables y Mitchell, 1996, en Dawson, Schell y Filion, 2007). Debido a que la EDA está influida por la hidratación de la capa córnea, el SCL tiende a incrementar con el aumento de la temperatura ambiente con respecto al rango normal de temperatura. Boucsein (1992) recomienda una temperatura ambiente de 23 °C. Del mismo modo, la humedad ambiente debe mantenerse lo más constante posible. Estas variables deben ser controladas en los diseños experimentales que se establezcan.

En relación con la aparición y registro de la señal, cabe destacar que esta presenta una variabilidad entre sujetos; pese a esto, por lo reportado en la literatura científica, existe consenso generalizado frente a los valores y magnitudes de la señal de la actividad electrodérmica; estos se ven representados en la gráfica 1, en la cual se puede observar cada uno de los componentes y momentos en la actividad electrodérmica. Si se sometiera a condiciones experimentales, según también lo reporta la literatura científica, el comportamiento de la señal en términos de gráfica, primero, debería presentar una línea base en la cual se establece un periodo general de 60 segundos para la normalización de los datos propios de cada sujeto con el fin de establecer el punto de inicio frente a su umbral de actividad general electrodérmica. Según la literatura científica, frente a la presentación de un estímulo, se puede esperar un cambio en el comportamiento de la señal que refleja el proceso fisiológico desencadenado por la presentación del estímulo entre 1 y 2 segundos, pasando a un momento en el cual el comportamiento del sistema nervioso periférico ha generado la señal de activación de los mecanismos de respuesta fisiológica anteriormente descrita y estos tardan de 1 a 3 segundos. Presentada la activación y registrada en términos de micro Siemens, para que se presente una recuperación media del porcentaje posible de activación frente a un determinado estímulo, los procesos metabólicos de recuperación tardan entre 2 y 10 segundos. Lo anterior se representa de manera general en la figura 63.

FIGURA 63.
MODELO GENERAL DEL COMPORTAMIENTO DE LA SEÑAL PARA ACTIVIDAD ELECTRODÉRMICA

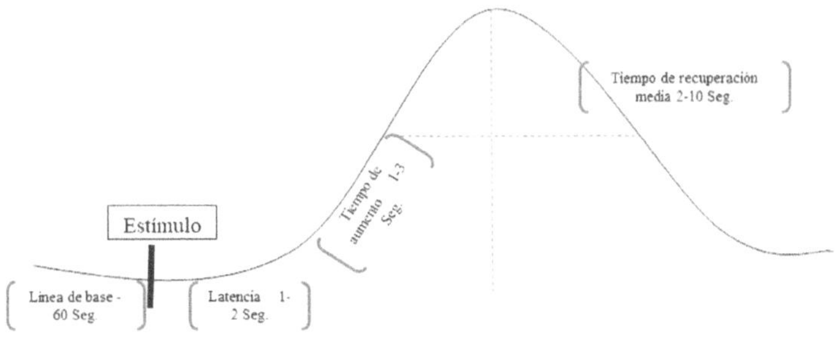

Referencia: Dawson, Schell y Filion, 2007.

Teniendo en cuenta que la actividad eléctrica de la piel se mide en términos de micro Siemens, los valores promedios de todo el fenómeno fisiológico y sus correspondientes tiempos de comienzo, duración y finalización son fundamentales para la consideración a la hora de construir un escenario experimental en el cual se busque relacionar la actividad electrodérmica con un determinado tipo de estímulo. En la tabla 3 se presenta el comportamiento de la señal y sus correspondientes componentes.

TABLA 3.
MODELO GENERAL DEL COMPORTAMIENTO DE LA SEÑAL PARA ACTIVIDAD ELECTRODÉRMICA

Medida	Definición	Valores típicos
Nivel de conductancia de la piel (Skin conductance level: SCL)	Nivel tónico de conductivida eléctrica de la piel	2-20 μS
Cambio en SCL	Cambios graduales en SCL medidos en dos o más puntos en el tiempo	1-3 μS
Frecuencia de respuestas de conductancia no específicos (nonspecific skin conductance response; NS-SCRs	Número de SCR en ausenci de estímulo inductor identificable	1-3 por minuto
Amplitud de respuesta de conductancia de la piel (Skin conductance response; SCR)	Aumento fásico en la conductancia poco después del inicio de SCR	0,1-1,0 μS
Latencia de SCR	Intervalo temporal entre el inicio del estímulo y el inicio de SCR	1-3 segundos
Tiempo de alza de SCR	Intervalo temporal entre el inicio de SCR y el pico de SCR	1-3 segundos
Tiempo de recuperación a la mitad del SCR	Intervalo temporal entre el pico SCR y el punto de recuperación del 50% de la amplitud SCR	2-10 segundos
Habituación del SCR (Ensayos para la habituación)	Número de presentaciones de estímulo antes de dos o tres ensayos sin respuesta	2-8 presentación de estímulo
Habituación del SCR (Pendiente de la señal)	Tasa de cambio de amplitud ER-SCR	0,01-0,5 uS por prueba

Referencia: Dawson, Schell y Filion, 2007.

Dicha información se presenta de manera sistematizada y, como lo representa la tabla 3, se puede leer en términos de: a) *los niveles de normalidad o anormalidad* del sujeto o el promedio de sujetos en relación con los valores típicos en los cuales se presenta el nivel tónico de la conductancia eléctrica en la piel (2-20μs.). b) *Los cambios graduales* que se presentan en los niveles de conductancia de la piel que deben ser medidos en uno o dos puntos al mismo tiempo (1-3μs); dichos cambios están asociados a la valencia significativa producida por un estímulo en particular. c) *Número de respuestas no especificadas* (relacionadas con un estímulo en particular) en los valores típicos de la conductancia eléctrica de la piel. d) *La identificación de los intervalos temporales* entre el punto más alto de la presentación de un pico de variación de la conductancia eléctrica de la piel y el punto que se encuentra en el 50 % del espectro de recuperación de la amplitud para la presentación de una nueva actividad relacionada con la modificación por medio de un estímulo sobre la conductancia eléctrica en la piel (Dawson, Schell y Filion, 2007).

Teniendo como referencia que de la actividad electrodérmica se pueden obtener distintos tipos de registros (la resistencia y la conductancia eléctrica de la piel), es fundamental considerar que la relación entre la medición de cualquiera de estas está relacionada o bien con la aparición de una condición ambiental "externa" o por actividad espontánea del sujeto.

Caracterizar qué tipo de condiciones ambientales permiten o desencadenan que el potencial eléctrico de la piel se comporte de determinada manera abre un escenario de investigación y de ejecución práctica para la comprensión, correlación y análisis de la señal. Construir un diseño experimental que permita observar dicha relación requiere tener como guía el modelo general del comportamiento de la señal electrodérmica (comprender el fenómeno eléctrico de la piel), los equipos necesarios para el registro del comportamiento de la actividad eléctrica y el conjunto de elementos medioambientales (estímulos) que desencadenen controladamente los cambios en la señal.

DISEÑO EXPERIMENTAL

Participantes: por definir.

Número de participantes: hombres y mujeres ±12 años en adelante (pendiente).

Tiempo total del experimento: 20 minutos. (Montaje y aplicación)

Materiales:

Software	Equipos	Insumos
SuperLab 5.0	Powerlab Data Acquisition 16/32	Tijeras
LabChart 8	GSR Amp	Micropore
	Fotocelda MLE1310	Consentimiento informado
	2 computadores	
	StimTracker	
	Electrodos para GSR	

PROCEDIMIENTO

1. Adecuación del espacio: se debe adecuar el espacio ubicando los dos computadores de forma que el sujeto experimental solamente tenga en su campo de observación la pantalla en la cual se proyecta el experimento; la distancia que debe guardar de la pantalla de presentación deber estar entre 50 y 60 cm dependiendo de las dimensiones de la pantalla (a mayor tamaño

de la pantalla, mayor distancia debe tomarse de esta). La luz de la sala debe encontrarse en una intensidad no mayor que una bombilla comercial de 120 vatios. Solo deben encontrarse, para la realización del experimento, el sujeto experimental, el investigador y la persona de apoyo para la realización del registro.

2. Preparación de software y equipos: se da inicio en el computador de presentación de los estímulos al programa Superlab 5 cargando la opción del experimento diseñado (revisar guía de construcción y elaboración de presentación de estímulos en SuperLab 5) abriendo el archivo directamente de presentación de estímulo de acuerdo con el nombre asignado. Posteriormente se prepara el Powerlab data adquisition para la toma de registro de actividad electrodérmica (Revisar POE actividad electrodérmica de la piel) abriendo la configuración de comandos predeterminados; se agrega un nuevo comentario en el cual se le indica al programa que va a recibir una entrada de marcadores de eventos por parte del StimTracker. Se debe configurar el StimTracker con la fotocelda conectada al equipo número 1 en el cual se hace la presentación del estímulo asegurándose de que el equipo está registrando (indicador lumínico azul en el canal número 1); posteriormente se adecua el Threshold superior a 95 (dependiendo de cada configuración de pantalla).

3. Una vez adecuados y conectados los equipos, dispositivos y software, se procede a realizar una prueba de funcionamiento, verificando la conectividad entre los tres softwares. En el LabChart 8 se comienza la toma de registros dejando una línea de base de 60 segundos. Posteriormente se ejecuta el experimento en Superlab 5 y se observa si efectivamente se está registrando el cambio de eventos (aparición de marcadores en la línea de registro de conductancia eléctrica, en el Superlab 8).

4. Realizada la prueba, se le pide al sujeto que diligencie el consentimiento informado, se registran los datos suministrados de identificación del sujeto en los dos softwares con el propósito de mantener los datos correspondientes a cada sujeto experimental.

5. Se prepara al sujeto para el experimento, ubicándolo frente al computador de presentación a la distancia adecuada, conectando los electrodos en las áreas correspondientes (revisar POE de registro de actividad electrodérmica). Luego se comienza el procedimiento de toma de datos, al iniciar el experimento.

6. Durante el desarrollo del experimento se debe controlar que cada uno de los comentarios sobre los eventos (estímulos) esté siendo registrado en la línea de toma de datos sobre la actividad electrodérmica. Una vez finalizado el experimento, se debe detener la toma de registro de actividad electrodérmica, verificando que los eventos hayan sido marcados. Finalmente, se guarda el registro de la actividad electrodérmica construido en el programa LabChart 8, nombrando al archivo con el número del sujeto y la fecha en la cual se realizó el experimento.

7. Se verifica que el SuperLab 5 haya generado el informe de los parámetros del experimento ejecutado; este dato es fundamental para poder hacer la correlación de los análisis de actividad electrodérmica.

8. Se procede a retirar los electrodos del sujeto y se limpia la superficie de registro de estos.

Con el fin de observar el comportamiento del fenómeno de conductancia eléctrica de la piel, a manera de ejemplo, se ha diseñado el siguiente modelo experimental en el programa SuperLab 5 que permite la construcción y presentación de experimentos en bloques y sets (contenidos de categorías dentro de bloques) donde se elaboró un único bloque con dos condiciones de presentación de imágenes de contenido emocional (The International Affective Picture System IAPS data base). Se utilizó el StimTracker de la casa matriz Cedrus como interfaz para el registro de cambio de estímulos visuales (fotocelda sensible MLE1310) y el envío de pulsos a LabChart 8 en el cual se tomó el registro de conductancia con el equipo GSR Amp® de la casa matriz de ADinstruments®.

Se presentaron ocho imágenes de contenido "entusiasta" y ocho de contenido de "ira"; cada imagen se presentó durante 5000 mls, utilizando la herramienta de aleatorización en bloques de presentación de estímulos en el SuperLab 5, dejando una línea de base de 60 s, un tiempo de presentación de instrucción de acuerdo a la respuesta del sujeto (TAB bar), un ISI (intervalo entre estímulos –Interstimulus-Interval–) de 2500 mls, un tiempo de punto de fijación de 2500 mls, y un tiempo final de presentación de finalización del experimento de 5000 mls. El tiempo total del experimento es de 4'20 minutos ±.

FIGURA 64.
DISEÑO EXPERIMENTAL DE CONDUCTANCIA ELÉCTRICA DE LA PIEL EN LA PRESENTACIÓN DE IMÁGENES DE CONTENIDO "ENTUSIASTA" Y CONTENIDO DE "IRA"

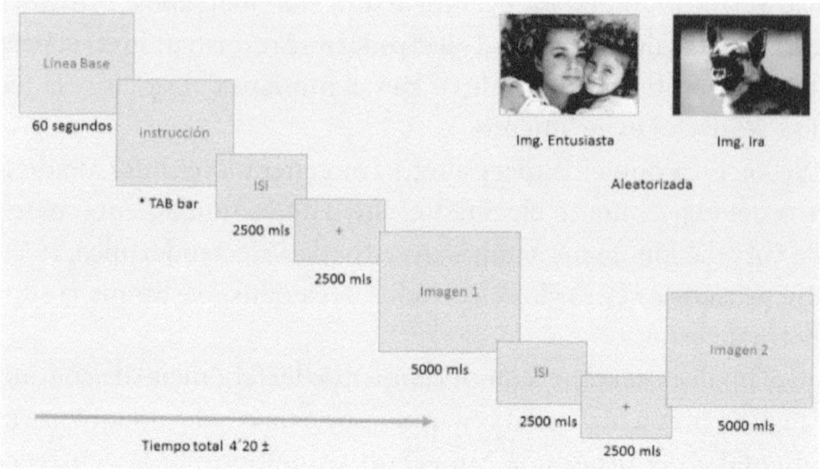

Referencia: producción propia.

PROCESAMIENTO, INTERPRETACIÓN Y ANÁLISIS DE LOS REGISTROS DE LA ACTIVIDAD ELECTRODÉRMICA

En general, la variación de las características eléctricas de la piel parece ser una función de la actividad neural simpática; por lo tanto, cuando se utiliza EDR biofeedback o biorretroalimentación, el sujeto parece estar entrenando para afectar la excitación neuronal simpática. Se mide la conductancia y la resistencia de la piel mediante la actividad de las glándulas ecrinas a partir de la señal emitida por el sistema nervioso. Las unidades de medida son los micro Siemens (Peek, 2003, en Everly y Lating, 2013).

COMPONENTES DEL EDA

– Nivel tónico: es el nivel de conductancia de la piel (SCL) y se caracteriza por una acción más lenta y las características de fondo de la señal (nivel general, escalada lenta, declinaciones lentas a lo largo del tiempo; Braithwaite *et al.*, 2013).

– Fásico: se refiere a los elementos que cambian rápidamente en la señal; a esto se le atribuye el nombre de respuesta de conductancia de la piel (SCR - *skin conductance response*). Es importante tener en cuenta que el SCR fásico, que a menudo recibe el mayor interés, solamente constituye una pequeña proporción del conjunto del complejo EDA (Braithwaite *et al.*, 2013). Morfológicamente, se puede observar que la EDA es una señal dinámica, compuesta por (EDL o SCL) señal tónica, la cual describe los cambios de atención, y (EDR o SCR) mediante un impulso espontáneo (Aiger, 2014).

CONDUCTANCIA EN LUGAR DE RESISTENCIA

La razón para el uso de la conductancia en lugar de la resistencia se encuentra en el modelo a utilizar en la investigación. A medida que aumenta la transpiración, más glándulas sudoríparas empiezan a conducir la electricidad en un área dada de la piel. Esto es en contraposición a un modelo en el que existe un número constante de las glándulas sudoríparas por área de la piel, y la conductividad de cada glándula sudorípara varía dependiendo del grado de transpiración. Este antiguo modelo es uno de un número variable de resistencias en paralelo. La fórmula para el cálculo de la resistencia eléctrica en paralelo es: 1 / (resistencia total) = 1 / (resistencia1) + 1 / (resistencia2), etc., mientras que para la conductancia en paralelo es más simple: conductancia total = conductancia1 + conductancia2, etc. Por lo tanto, tiene sentido utilizar la conductancia en lugar de la resistencia.

Para medir SC, una muy pequeña tensión se aplica a través de estos electrodos (0,5 V). Mediante la medición de la corriente que fluye, se puede medir la conductancia. Según la ley de Ohm, resistencia = voltaje dividido por actual; por lo tanto, la conductancia = actual dividido por la tensión, el recíproco de la resistencia. La unidad de resistencia es el ohmnio, y la conductancia se expresa como megaohmnio (Mho), pero la unidad preferida de la conductancia es micro Siemens (µS), la cual es la inversa de Mho. Resistencia cero (un cortocircuito) es la conductancia infinita, 1 Mho es 1 µS, 2 Mho es de 0,5 µS, y así sucesivamente.

INTERPRETACIÓN DE LA SEÑAL TÓNICA

La señal tónica frente a un estímulo se encuentra delimitada por tendencias atencionales ascendentes/descendentes. Puede indicar la temperatura atencional comparada con su nivel anterior (Aiger, 2014).

LA INTERPRETACIÓN DE LA SEÑAL FÍSICA (CAMBIOS ESPONTÁNEOS)

Esta señal permite conocer y registrar las oscilaciones rápidas en el tiempo en forma de picos, lo cual indica la intensidad de la respuesta emocional. Siendo esta impulsiva y espontánea, como lo indica el nivel de oscilación rápido en el tiempo y, ante los pequeños puntos de descarga emocional, tras un estímulo (Aiger, 2014). Por otro lado, es importante entender los umbrales a los cuales por bibliografía se reconocen las diferentes señales fásicas; se encuentran los umbrales desde 0,04 μS a 0,01 μS; para la SCR las deflexiones en la señal que no cumplen los criterios de este umbral no se cuentan como SCR o NS-SCR (Braithwaite *et al.*, 2013).

Para esta interpretación se debe tener en cuenta el diseño del experimento, puesto que, a partir de este, se realiza la correlación con los marcadores, con los cuales se realizó el experimento. Latency-Typicallyan ER-SCR se define como un SCR cuyo período de latencia entre el inicio del estímulo y la primera desviación significativa en la señal es entre 1 y 3 secs, valores típicos para SCL y SCR. Aunque los individuos y las situaciones experimentales varían considerablemente, se pueden proporcionar algunas estimaciones muy generales de los valores de resistencia "típicos". En términos de SCRs físicos, las amplitudes pueden variar típicamente desde el umbral hasta un máximo de alrededor de 2-3uS (X = 0,30 uS - 1.30 uS: puntaje bruto, no normalizado) y alrededor de 0,20 – 0,60 uS en promedio cuando es logarítmica. En experimentos donde se usan estímulos altamente aversivos / amenazantes / temerosos, esta respuesta máxima puede aumentar a alrededor de 8 uS (no normalizada), pero esto es raro.

Las estimaciones para la frecuencia de NS-SCR son difíciles, pero un promedio de 1-3 por/min (con alrededor de 10 por/min que es posible durante períodos de quietud) (habituación) se ha sugerido. La excitación alta se asocia con alrededor de 20-25 por minuto (Boucsein, 2012). Para

SCL, se ha mencionado una gama de 1-40 uS (Venables y Christie, 1980, en Dawson, Schell y Filion, 2007), aunque los promedios son más probables entre 2 y 16 uS (Braithwaite *et al.*, 2013).

TIPOS DE RUIDO

La calidad de la señal GSR depende principalmente de la continuidad del contacto entre el dispositivo y la piel de la persona de la prueba. La conductancia de la piel es medida por dos electrodos que requieren contacto con la piel para producir una señal fiable. Sin embargo, este contacto no es el mismo para cada persona. Para algunas personas, según el dispositivo (por ejemplo, porque no les gusta usar uno suficientemente fuerte para garantizar un buen contacto, o porque tienen piel muy seca), debido a un mal ajuste, se recibe ruido en la señal (ver figura 64). Una persona también puede tocar accidentalmente el dispositivo (o hacer esto periódicamente en caso de tener tal hábito), aumentando así el procedimiento de descomposición. Este procedimiento consta de cuatro pasos: estimación del componente tónico, no negativo, deconvolución de los datos SC fásicas, la segmentación del conductor y el resto, y la reconstrucción de los datos SC. El procedimiento se realiza inicialmente por un conjunto de parámetros predefinidos (por ejemplo, τ 1 = 0,75, τ 2 = 20). Con el fin de aumentar la bondad de ajuste del modelo, estos parámetros se optimizan, lo que implica volver a ejecutar los cuatro pasos para cada nuevo conjunto de parámetros. En lo que sigue, los pasos individuales del procedimiento de descomposición se describen con más detalle y se ejemplifican en base de a-s 60 muestra de datos SC.

ESTIMACIÓN DE COMPONENTE TÓNICO

La EDA tónica se puede observar en la ausencia de cualquier actividad fásica (Boucsein, 2012). Con este fin, los datos SC se deconvolucionan, y todos los intervalos que no son parte de los impulsos (que reflejan la actividad fásica) se utilizan como estimaciones de la actividad tónica. En primer lugar, se calcula una deconvolución estándar utilizando la función de Bateman como respuesta de impulso.

Entonces, la deconvolución no negativa se aplica a los datos fásicas extendidos como se ha descrito anteriormente. Es el resultado de una función de controlador no negativo y un resto no negativo. Ambas señales se suavizan por convolución con una ventana gaussiana (s = 200 ms). Después de suavizado, el carácter discreto de los impulsos del controlador se hace evidente. Un impulso conductor se supone que es un correlato de la actividad de los nervios sudomotoras (Alexander *et al.*, 2005, en Boucsein, 2012). La duración media de impulso es 1615 ms; sin embargo, es notablemente mayor que la duración media de las explosiones provocadas por el calor sudomotoras: 638 ms (Boucsein, 2012).

ANÁLISIS E INTERPRETACIÓN

Analizar el total de la señal puede evitar y prevenir sesgos y la curtosis. Se ha observado que durante los periodos de reposo la señal puede ser rastreada entre 5 Us y 4 Us. Es común que la señal comience a descender mientras los sujetos se encuentran en reposo y que aumente rápidamente con la aparición de un estímulo novedoso y nuevamente descienda cuando el estímulo se repite.

Se puede trazar una ruta para la SR que parte desde el procesamiento de la señal (tipo) hasta el análisis estadístico. Se puede entender que un primer momento de procesamiento de señal implica la recolección o registro de la señal y luego, mediante el convertidor analógico digital del Powerlab, se procede a visualizar la señal de forma gráfica, lo cual permitirá realizar observaciones estadísticas.

Según Dawson *et al.* (2007), son varias las características que se deben tener en cuenta a la hora de considerar la actividad eléctrica de la piel como unidad de análisis comparativa sobre los correlatos psicológicos o comportamentales que se pretenda estudiar, analizar o comprender. En ese sentido, es fundamental considerar que en la mayoría de las situaciones experimentales los cambios en la actividad eléctrica de la piel no ocurren de manera aislada o espontánea; por el contrario, se presentan como una parte de un complejo repertorio de respuestas subyacentes y simultáneas mediadas por el sistema nervioso autónomo (Dawson, Schell y Filion, 2007).

Por otro lado, también debe considerarse que según los reportes el desarrollo de una situación experimental tiene efectos significativos en el incremento de la tasa de activación o presencia de cambios en la actividad eléctrica de la piel y de activaciones o cambios no especificados con relación a estímulos en la conductancia eléctrica de la piel. Además, la repetición continuada de una situación experimental en la mayoría de los casos está asociada con el aumento de la presión arterial, así como con la cantidad de latidos por minuto del corazón, lo cual desencadena la vasoconstricción periférica. Con lo anterior se señalan solamente algunas de las respuestas fisiológicas más representativas asociadas a la experimentación en condiciones controladas con la medida EDA (Engel, 1960; Grings y Dawson, 1978, en Dawson, Schell y Filion, 2007).

A partir de lo anterior, se podría considerar que la utilización de EDA y sus componentes analíticos derivados presenta grandes desafíos; sin embargo, una significativa cantidad de investigaciones y de investigadores la tienen como opción principal, puesto que, a diferencia de otras respuestas fisiológicas, proporciona una casi directa y nada disuelta representación o expresión de la actividad del sistema simpático y, como se ha discutido a lo largo del presente documento, dicha actividad de control de la sudoración endocrina de las glándulas está totalmente bajo el control del sistema simpático (Dawson, 2007); por lo tanto, los aumentos en los niveles de conductancia eléctrica en la piel son producto del aumento de la activación simpática tónica o fásica. Y, como se ha referenciado anteriormente, otras medidas fisiológicas, si bien corresponden a la actividad del sistema simpático, su expresión puede relacionarse con muchos más elementos de carácter psicológico; por ejemplo, si se considera la variabilidad cardiaca, así como ocurre con la mayoría de funciones del sistema nervioso autónomo (ej.: diámetro de la pupila, movilidad intestinal y la presión sanguínea), no se puede establecer que el cambio presentado corresponda a uno en particular y no a la combinación de varios (Dawson, Schell y Filion, 2007).

Finalmente, es importante considerar que la EDA ha demostrado ser una medida útil en la comprensión de fenómenos psicofisiológicos, con gran aplicabilidad. Científicos tanto sociales como comportamentales han encontrado que la dimensión tónica de la EDA es útil para investigar y comprender los estados generales de excitación (arousal) y /o alerta de los sujetos, y las fases (o medidas de análisis) de las variaciones en la actividad eléctrica de la piel son útiles en la comprensión de distintos procesos multifacéticos atencionales, pues brindan la posibilidad de establecer espectros de normalidad y anormalidad en poblaciones de sujetos variadas (Dawson, Schell y Filion, 2007). Con lo cual la EDA representa una medida de análisis acertada como correlato fisiológico que proporciona elementos significativos en la comprensión de lo biológico comportamental.

REFERENCIAS

ABU-AKEL, A., PALGI, S., KLEIN, E., DECETY, J. y SHAMAY-TSOORY, S. (2015). Oxytocin increases empathy to pain when adopting the other - but not the self-perspective. *Social Neuroscience*, 10(1), 7-15. https://doi.org/10.1080/17470919.2014.948637

ADOLPHS, R. (2002). Social cognition and the human brain. En Cacioppo, J., Berntson, G., Adolphs, R., Carter, S., Davidson, R., McClintock, M., McEwen, B., Meaney, M., Schacter, D., Sternberg, E., Suomi, S. y Taylor, S. (eds.). *Fundations in Social Neuroscience*. Cambridge, Massachusetts: The MIT Press.

AIGER, M. (2014). *Patrones electrodérmicos de la actividad grupal* (Doctoral dissertation, Universitat de Barcelona), España.

ÁLVAREZ, A. (s. f.). Curso: *Teoría de Juegos* (2013). Tema: *Materiales de clase*. Open course web Universidad de Cantabria. Recuperado 12 de junio de 2021 de https://ocw.unican.es/course/view.php?id=96§ion=4

AKERLOF, G. y KRANTON, R. (2010). *Identity Economics*. Princeton, NJ: Princeton University Press.

ALEXANDER, R. D. (1974). The Evolution of Social Behavior. *Annual Review of Ecology and Systematics*, 5(1), 325-383. https://doi.org/10.1146/annurev.es.05.110174.001545

AMODIO, D. M. y FRITH, C. D. (2006). Meeting of minds: the medial frontal cortex and social cognition. *Nature Review of Neuroscience*, 7, 268-277.

ANGERER, S., GLÄTZLE-RÜTZLER, D., LERGETPORER, P. y SUTTER, M. (2015). Donations, risk attitudes and time preferences: A study on altruism in primary school children. *Journal of Economic Behavior & Organization*, 115, 67-74. https://doi.org/10.1016/j.jebo.2014.10.007

ANGNER, E. y LOEWENSTEIN, G. (2007). Behavioral Economics. *Handbook of the philosophy of science: philosophy of economic*, pp. 641-690, Uskali Mäki Ed.

ARBUCKLE, N. L. y SHANE, M. S. (2017). Up-regulation of neural indicators of empathic concern in an offender population. *Social Neuroscience*, 12(4), 386-390. https://doi.org/10.1080/17470919.2016.1179669

ARONSON, E., WILSON, T. y AKERT, A. (2005). *Social Psychology* (5th ed.). Upper Saddle River, NJ: Prentice Hall.

AXELROD, R. (1984). *The evolution of cooperation*. New York: Basic Books, Inc., Publishers.

AYAL, A., HOCHMAN, G. y ARIELY, D. (2016). Editorial: Dishonest behavior, from theory to practice. *Front Psychol*, 7.

AYDOGAN, G., FURTNER, N. C., KERN, B., JOBST, A., MÜLLER, N. y KOCHER, M. G. (2017). Oxytocin promotes altruistic punishment. *Social Cognitive and Affective Neuroscience*, 12(11), 1740-1747. https://doi.org/10.1093/scan/nsx101

AZAR, O. H., LAHAV, Y. y VOSLINSKY, A. (2015). Beliefs and social behavior in a multi-period ultimatum game. *Frontiers in Behavioral Neuroscience*, 9. https://doi.org/10.3389/fnbeh.2015.00029

BAARS, B. y GAGE, N. (2013). *Fundamentals of Cognitive Neuroscience. A Beginner's guide*. Oxford: Academic Press of Elsevier.

BÁEZ, S., PINASCO, C., ROCA, M., FERRARI, J., COUTO, B., GARCÍA-CORDERO, I., IBÁÑEZ, A., CRUZ, F., REYES, P., MATALLANA, D., MANES, F., CETCOVICH, M. y TORRALVA, T. (2017). Brain structural correlates of executive and social cognition profiles in behavioral variant frontotemporal dementia and elderly bipolar disorder. *Neuropsychologia*, in press. http://dx.doi.org/10.1016/j.neuropsychologia.2017.02.012

BAGOZZI, R. (1986). Attitude formation under the theory of reasoned action and a purposeful behaviour reformulation. *British Journal of Social Psychology*, 25(2), 95-107.

BALCONI, M. y CANAVESIO, Y. (2014). High-frequency rTMS on DLPFC increases prosocial attitude in case of decision to support people. *Social Neuroscience*, 9(1), 82-93. https://doi.org/10.1080/17470919.2013.861361

Balconi, M., Canavesio, Y. y Finocchiaro, R. (2014). Transcranial magnetic stimulation modulates left premotor cortex activity in facial expression recognition as a function of anxiety level. Translational Neuroscience, 5(3). https://doi.org/10.2478/s13380-014-0226-6

Banerjee, A. V. (1992). A Simple Model of Herd Behavior. *The Quarterly Journal of Economics*, 107, 797-817.

Barkley, R. A. (1997). Behavioral inhibition, sustained attention, and executive functions: constructing a unifying theory of ADHD. *Psychological Bulletin*, 121(1), 65-94. https://doi.org/10.1037/0033-2909.121.1.65

Baron-Cohen, S. E., Tager-Flusberg, H. E. y Cohen, D. J. (1994). *Understanding other minds: Perspectives from autism*. In Most of the chapters in this book were presented in draft form at a workshop in Seattle, Apr. 1991, Oxford University Press.

Barrett, J., Wonch, K. E., González, A., Ali, N., Steiner, M., Hall, G. B. y Fleming, A. S. (2012). Maternal affect and quality of parenting experiences are related to amygdala response to infant faces. Social *Neuroscience*, 7(3), 252-268. https://doi.org/10.1080/17470919.2011.609907

Batson, C. D. (2010). Empathy-induced altruistic motivation. En M. Mikulincer y P. R. Shaver (eds.), *Prosocial motives, emotions, and behavior: The better angels of our nature* (pp. 15-34). Washington: American Psychological Association. https://doi.org/10.1037/12061-001

Batson, C. D. y Ahmad, N. (2001). Empathy-induced altruism in a prisoner's dilemma II: what if the target of empathy has defected? *European Journal of Social Psychology*, 31(1), 25-36. https://doi.org/10.1002/ejsp.26

Batson, C. D. y Moran, T. (1999). Empathy-induced altruism in a prisoner's dilemma. *European Journal of Social Psychology*, 29(7), 909-924. https://doi.org/10.1002/(SICI)1099-0992(199911)29:7<909::AID-EJSP965>3.0.CO;2-L

Batson, C. D., Batson, J. G., Slingsby, J. K., Harrell, K. L., Peekna, H. M. y Todd, R. M. (1991). Empathic joy and the empathy-altruism hypothesis. *Journal of Personality and Social Psychology*, 61(3), 413-426. https://doi.org/10.1037/0022-3514.61.3.413

BATSON, C. D., CHANG, J., ORR, R. y ROWLAND, J. (2002). Empathy, Attitudes, and Action: Can Feeling for a Member of a Stigmatized Group Motivate One to Help the Group? *Personality and Social Psychology Bulletin*, 28(12), 1656-1666. https://doi.org/10.1177/014616702237647

BEAR, M., CONNORS, B. y PARADISO, M. (2006). *Neuroscience*. 3rd ed. Philadelphia: Lippincott Williams y Wilkins.

BEER, J. y OCHSNER, K. (2006). Social cognition: A multi level analysis. *Brain Research*, 1079, 98-105. DOI:10.1016/j.brainres.2006.01.002

BEJANIN, A., CHÉTELAT, G., LAISNEY, M., PÉLERIN, A., LANDEAU, B., MERCK, C., BELLIARD, S., DE LA SAYETTE, V., EUSTACHE, F. y DESGRANGES, B. (2017). Distinct neural substrates of affective and cognitive theory of mind impairment in semantic dementia. *Social Neuroscience*, 12 (3), 287-302, DOI: 10.1080/17470919.2016.1168314

BENDER, A. y BELLER, S. (2013). Cognition is ... Fundamentally Cultural. *Behavioral Science*, 3, 42-54. DOI: 10.3390/bs3010042

BENEDEK, M. y KAERNBACH, C. (2010). Decomposition of skin conductance data by means of nonnegative deconvolution. *Psychophysiology*, 47(4), 647-658.

BENNIS, W. M., MEDIN, D. L. y BARTELS, D. M. (2010). The Costs and Benefits of Calculation and Moral Rules. *Perspectives on Psychological Science*, 5(2), 187-202. https://doi.org/10.1177/1745691610362354

BERNHARDT, B. C. y SINGER, T. (2012). The Neural Basis of Empathy. *Annual Review of Neuroscience*, 35(1), 1-23. https://doi.org/10.1146/annurev-neuro-062111-150536

BERTONE, M., ARISTIZÁBAL DÍAZ-GRANADOS, E., VALLEJOS, M. y MUNIELLO, J. (2017). Differences in social cognition between male prisoners with antisocial personality or psychotic disorder. *International Journal of Psychological Research*, 10(2), 16-25. DOI: 10.21500/20112084.2903

BHATIA, A. (2015). Construction of discursive illusions in the 'Umbrella Movement'. *Discourse & Society*, 26(4), 407-427. https://doi.org/10.1177/0957926515576635

BIGMAN, Z. y PRATT, H. (2004). Time course and nature of stimulus evaluation in category induction as revealed by visual event-related potentials. *Biological Psychology*, 66(2), 99-128.

Blandón-Gitlin, I., Pezdek, K., Saldivar, S. y Steelman, E. (2014). Oxytocin eliminates the own-race bias in face recognition memory. *Brain Research*, 1580, 180-187. https://doi.org/10.1016/j.brainres.2013.07.015

Boland, L. A. (1991). Current views on economic positivism. *Companion to contemporary economic thought*, 88-104.

Bolton, A. R., Katok, E. y Zwick, R. (1998). Dictator game giving: Rules of fairness versus acts of kindness. *Int. J. Game Theory*, 27, 269-299.

Boucsein, W. (2012). *Electrodermal activity*. New York: Springer Science+Business Media, LLC.

Boxtel, A. (2010). Facial EMG as a tool for inferring affective states. *Proceedings of Measuring Behavior*, 2010.

Braithwaite, J. J., Watson, D. G., Jones, R. y Rowe, M. (2013). A guide for analysing electrodermal activity (EDA) y skin conductance responses (SCRs) for psychological experiments. *Psychophysiology*, 49, 1017-1034.

Bruce Fye, W. (1999). Profiles in Cardiology: Rudolf Albert von Koelliker. *Clin. Cardiol.* 22, 376, 377.

Bshary, R. y Bergmüller, R. (2008). Distinguishing four fundamental approaches to the evolution of helping. *Journal of Evolutionary Biology*, 21(2), 405-420. https://doi.org/10.1111/j.1420-9101.2007.01482.x

Buchanan, T. W., Bagley, S. L., Stansfield, R. B. y Preston, S. D. (2012). The empathic, physiological resonance of stress. *Social Neuroscience*, 7(2), 191-201. https://doi.org/10.1080/17470919.2011.588723

Burdon Sanderson, J. y Page, F. J. M. (1878). Experimental Results Relating to the Rhytmical and Excitatory Motions of the Ventricle of the Heart of the Frog, and of Electrical Phenomena Which Accompany Them. *Proc. R. Soc. Lond.*, 27, 410-414.

Burks, S. V., Carpenter, J. P. y Verhoogen, E. (2003). Playing both roles in the trust game. *Journal of Economic Behavior & Organization*, 51, 195-216.

Butar Butar, F. y Jae-Wan, P. (2008). Permutation Tests for Comparing Two Populations. *Journal of Mathematical Sciences and Mathematics. Education*, 3(2), 19-30.

Byom, L. y Mutlu, B. (2013). Theory of mind: mechanisms, methods, and new directions. *Frontiers in Human Neuroscience*, 7, 1-12. DOI: 10.3389/fnhum.2013.00413

Cáceda, R., James, G. A., Gutman, D. A. y Kilts, C. D. (2015). Organization of intrinsic functional brain connectivity predicts decisions to reciprocate social behavior. *Behavioural Brain Research*, 292, 478-483. https://doi.org/10.1016/j.bbr.2015.07.008

Cáceda, R., Prendes-Álvarez, S., Hsu, J.-J., Tripathi, S. P., Kilts, C. D. y James, G. A. (2017). The neural correlates of reciprocity are sensitive to prior experience of reciprocity. *Behavioural Brain Research*, 332, 136-144. https://doi.org/10.1016/j.bbr.2017.05.030

Cacioppo, J. y Berntson, G. (1992). Social Psychological Contributions to the Decade of the Brain. Doctrine of Multilevel Analysis. *American Psychologist*, 47(8), 1019-1028.

Cacioppo, J. y Berntson, G. (2002). Social Neuroscience. En Cacioppo, J., Berntson, G., Adolphs, R., Carter, S., Davidson, R., McClintock, M., McEwen, B., Meaney, M., Schacter, D., Sternberg, E., Suomi, S. y Taylor, S. (eds.), *Fundations in Social Neuroscience*. Cambridge, Massachusetts: The MIT Press.

Cacioppo, J. y Decety, J. (2011). Social neuroscience: challenges and opportunities in the study of complex behavior. *Annals of the New York Academy of Science*, 1224, 162-173.

Cacioppo, J., Berntson, G., Sheridan, J. y McClintock, M. (2002). Multilevel Integrative Analyses of Human Behavior: Social Neuroscience and the Complementing Nature of Social and Biological Approaches. En Cacioppo, J., Berntson, G., Adolphs, R., Carter, S., Davidson, R., McClintock, M., McEwen, B., Meaney, M., Schacter, D., Sternberg, E., Suomi, S. y Taylor, S. (eds.), *Fundations in Social Neuroscience*. Cambridge, Massachusetts: The MIT Press.

Cacioppo, J. T., Tassinary, L. G. y Berntson, G. G. (2016). *Handbook of Psychophysiology*. Cambridge University Press.

Camerer, C. F. y Thaler, R. H. (1995). Anomalies: Ultimatums, dictators and manners. *Journal of Economic Perspectives*, 9(2), 209-219.

Camerer, C. F., Loewenstein, G. y Rabin, M. (2004). *Advances in behavioral economics*. Princeton University Press.

Camerer, C. y Richard, H. T. (1995). Anomalies: Ultimatum, Dictators and Manners. *The Journal of Economic Perspectives* (9).

Campbell-Meiklejohn, D. K., Bach, D. R., Roepstorff, A., Dolan, R. J. y Frith, C. D. (2010). How the Opinion of Others Affects Our Valuation of Objects. *Current Biology*, 20(13), 1165-1170. https://doi.org/10.1016/j.cub.2010.04.055

Canessa, N., Alemanno, F., Riva, F., Zani, A., Proverbio, A., Mannara, N., Perani, D. y Cappa, S. (2012). The Neural Bases of Social Intention Understanding: The Role of Interaction Goals. *PlosOne*, 7(7), 1-11.

Caplan, B. (2002). Systematically Biased Beliefs about Economics: Robust Evidence of Judgemental Anomalies from the Survey of Americans and Economists on the Economy. *The Economic Journal*, 112(479), 433-458.

Caplan, B. y Miller, S. (2012). Positive versus normative economics: What's the connection? Evidence from the "Survey of Americans and Economists on the Economy" and the "General Social Survey". *Public Choice*, 150(1/2), 241-261.

Cappella, J. N. (2015). *Talk and Silence Sequences in Informal Conversations II*.

Carretié, L., Iglesias, J., García, T. y Ballesteros, M. (1997). N300, P300 and the emotional processing of visual stimuli. *Electroencephalography and Clinical Neurophysiology*, 103(2), 298-303. https://doi.org/10.1016/S0013-4694(96)96565-7

Caruana, N., de Lissa, P. y McArthur, G. (2017). Beliefs about human agency influence the neural processing of gaze during joint attention. *Social Neuroscience*, 12(2), 194-206. https://doi.org/10.1080/17470919.2016.1160953

Catalán, A., de Artaza, M. G., Bustamante, S., Orgaz, P., Osa, L., Angosto, V., Valverde, C., Bilbao, A., Madrazo, A., van Os, J. y González-Torres, M. (2016). Differences in facial emotion recognition between first episode psychosis, borderline personality disorder and healthy controls. *PLoS ONE*, 11(7), e0160056.

Caulfield, F., Ewing, L., Burton, N., Avard, E. y Rhodes, G. (2014). Facial Trustworthiness Judgments in Children with ASD Are Modulated by Happy and Angry Emotional Cues. *PLoS ONE*, 9(5), e97644. https://doi.org/10.1371/journal.pone.0097644

Chang, S. y Platt, M. (2014). Oxytocin and social cognition in rhesus macaques: Implications for understanding and treating human psychopathology. *Brain Research*, 1580, 57-68.

Chen, A., Luo, Y., Wang, Q., Yuan, J., Yao, D. y Li, H. (2007). Electrophysiological correlates of category induction: PSW amplitude as an index of identifying shared attributes. *Biological Psychology*, 76(3), 230-238. https://doi.org/10.1016/j.biopsycho.2007.08.007

Chen, S., Shechter, D. y Chaiken, S. (1996). Getting at the truth or getting along: Accuracy-versus impression-motivated heuristic and systematic processing. *Journal of Personality and Social Psychology*, 71(2), 262.

Christov-Moore, L., Sugiyama, T., Grigaityte, K. y Iacoboni, M. (2017). Increasing generosity by disrupting prefrontal cortex. *Social Neuroscience*, 12(2), 174-181, DOI: 10.1080/17470919.2016.1154105

Cohen, M. X. (2011). It's about time. *Approaches and Assumptions in Human Neuroscience*, 4.

Cohen, M. X. (2014). *Analyzing neural time series data: theory and practice*. MIT Press.

Conan, P. y Gawronski, B. (2012). Deontological and Utilitarian Inclinations in Moral Decision Making: A process Dissociation Approach. *Journal of Personality and Social Psychology*, 104, 216-235. DOI: 10.1037/a0031021.

Coricelli, G., Critchley, H. D., Joffily, M., O'Doherty, J. P., Sirigu, A. y Dolan, R. J. (2005). Regret and its avoidance: a neuroimaging study of choice behavior. *Nature Neuroscience*, 8(9), 1255-1262. https://doi.org/10.1038/nn1514

Coudé, G., Festante, F., Cilia, A., Loiacono, V., Bimbi, M., Fogassi, L. y Ferrari, P. (2016). Mirror Neurons of Ventral Premotor Cortex Are Modulated by Social Cues Provided by Others' Gaze. *The Journal of Neuroscience*, 36(11), 3145-3156. DOI: 10.1523/JNEUROSCI.3220-15.2016

Damasio, A. R. (1996). *El error de Descartes*. Andrés Bello.

DANTI, S., RICCIARDI, E., GENTILI, C., GOBBINI, M. I., PIETRINI, P. y GUAZZELLI, M. (2010). Is Social Phobia a "Mis-Communication" Disorder? Brain Functional Connectivity during Face Perception Differs between Patients with Social Phobia and Healthy Control Subjects. *Frontiers in Systems Neuroscience*, 4. https://doi.org/10.3389/fnsys.2010.00152

DAWSON, M. E., SCHELL, A. M. y FILION, D. L. (2007). The Electrodermal System. En Cacioppo, J., Tassinary, L. y Berntson, G. (2007), *Handbook of psychophysiology*. Cambridge, UK: Cambridge University Press.

DE CARLOS, J. A. y BORRELL, J. (2007). A historical reflection of the contributions of Cajal and Golgi to the foundations of neuroscience. *Brain Research Reviews*, 55(1), 8-16.

DE QUERVAIN, D. J., FISCHBACHER, U., TREYER, V., SCHELLHAMMER, M., SCHYDER, U., BRUCK, A. y FEHR, E. (2004). The neural basis of altruistic punishment. *Science*, 305, 1254-1258.

DE SIMONI, S., JENKINS, P. O., BOURKE, N. J., FLEMINGER, J. J., HELLYER, J., JOLLY, A. E., PATEL, J. C., COLE, J. H., LEECH, R. y SHARP, D. J. (2018). Altered caudate connectivity is associated with executive dysfunction after traumatic brain injury. *Brain*, 141, 148-164.

DE WAAL, F. B. M. y PRESTON, S. D. (2017). Mammalian empathy: behavioural manifestations and neural basis. *Nature Reviews Neuroscience*, 18(8), 498-509. https://doi.org/10.1038/nrn.2017.72

DEBBANÉ, M., SALAMINIOS, G., LUYTEN, P., BADOUD, D., ARMANDO, M., SOLIDA TOZZI, A., FONAGY, P. y BRENT, B. K. (2016). Attachment, Neurobiology, and Mentalizing along the Psychosis Continuum. *Frontiers in Human Neuroscience*, 10. https://doi.org/10.3389/fnhum.2016.00406

DECETY, J. y JACKSON, P. L. (2006). A Social-Neuroscience Perspective on Empathy. *Current Directions in Psychological Science*, 15(2), 54-58. https://doi.org/10.1111/j.0963-7214.2006.00406.x

DECETY, J. y SVETLOVA, M. (2012). Putting together phylogenetic and ontogenetic perspectives on empathy. *Developmental Cognitive Neuroscience*, 2(1), 1-24. https://doi.org/10.1016/j.dcn.2011.05.003

DECETY, J. y YODER, K. J. (2016). Empathy and motivation for justice: Cognitive empathy and concern, but not emotional empathy, predict sensitivity to injustice for others. *Social Neuroscience*, 11(1), 1-14. https://doi.org/10.1080/17470919.2015.1029593

DELGADO, M. R., LOCKE, H. M., STENGER, V. A. y FIEZ, J. A. (2003). Dorsal striatum responses to reward and punishment: effects of valence and magnitude manipulations. *Cogn Affect Behav Neurosci*, 3, 27-38.

DELLA VALLE, N. y PLONER, M. (2017). Reacting to Unfairness: Group Identity and Dishonest Behavior. *Games*, 8.

DERNTL, B., HABEL, U., ROBINSON, S., WINDISCHBERGER, C., KRYSPIN-Exner, I., GUR, R. C. y MOSER, E. (2012). Culture but not gender modulates amygdala activation during explicit emotion recognition. *BMC Neuroscience*, 13(1), 54.

DI TELLA, M., CASTELLI, L., COLONNA, F., FUSARO, E., TORTA, R., ARDITO, R. B. y ADENZATO, M. (2015). Theory of Mind and Emotional Functioning in Fibromyalgia Syndrome: An Investigation of the Relationship between Social Cognition and Executive Function. *PLoS ONE*, 10(1), e0116542. https://doi.org/10.1371/journal.pone.0116542

DIÉGUEZ-RISCO, T., AGUADO, L., ALBERT, J. y HINOJOSA, J. A. (2013). Faces in context: Modulation of expression processing by situational information. *Social Neuroscience*, 8(6), 601-620. https://doi.org/10.1080/17470919.2013.834842

DIMICK, M., RUEDA, D. y STEGMUELLER, D. (2018). Models of Other-Regarding Preferences, Inequality, and Redistribution. *Annual Review of Political Science*, 21(1), 441-460. https://doi.org/10.1146/annurev-polisci-091515-030034

DIMITROV, P. D., PETROV, P., ALEKSANDROV, I., DIMITROV, I., MIHAILOVA, M., RADKOVA, G. y DIMITROVA, R. (2017). Quantitative EEG Comparative Analysis between Autism Spectrum Disorder (ASD) and Attention Deficit Hyperactivity Disorder (ADHD). *Journal of IMAB-Annual Proceeding* (Scientific Papers), 1(23), 1441-1443.

DOLAN, P., HALLSWORTH, M., HALPERN, D., KING, D. y VLAEV, I. (2010). *Mindspace: Influencing behaviour through public policy*. London, UK: Cabinet Office.

DRESHER, M. (1956). *Theory of Games of Strategy*. The RAND Corporation, 1-17.

DROUTMAN, V., BECHARA, A. y READ, S. (2015). Roles of the Different Sub-Regions of the Insular Cortex in Various Phases of the Decision-Making Process. *Front Behav Neurosci*, 9.

DU BOIS-REYMOD, E. (1884). Untersuchungen über thierische Elektricität. *G. Reimer*, vol. I-II, 1-2.

DUFWENBERG, M. (2011). Game theory. *WIREs Cogn Sci*, 2: 167-173. https://doi.org/10.1002/wcs.119

DUNBAR, R. I. M. (2014). What's So Social about the Social Brain? En Decety, J. y Christen, Y. (eds.), *New Frontiers in Social Neuroscience*. Switzerland: Springer International Publishing.

EDELBERG, R. (1972). Electrical activity of the skin: Its measurement and uses in psychophysiology. En Greenfield, N. S. y Sternbach, R. A. (eds.), *Handbook of Psychophysiology* (pp. 367-418). New York: Holt.

EDELE, A., DZIOBEK, I. y KELLER, M. (2013). Explaining altruistic sharing in the dictator game: The role of affective empathy, cognitive empathy, and justice sensitivity. *Learning and Individual Differences*, 24, 96-102. https://doi.org/10.1016/j.lindif.2012.12.020

EKSTRÖM, M. (2018). Seasonal altruism: How Christmas shapes unsolicited charitable giving. *Journal of Economic Behavior & Organization*, 153, 177-193. https://doi.org/10.1016/j.jebo.2018.07.004

ELFERINK, M. W.-O., VAN TILBORG, I. y KESSELS, R. P. C. (2015). Perception of emotions in mild cognitive impairment and Alzheimer's dementia: does intensity matter? *Translational Neuroscience*, 6(1). https://doi.org/10.1515/tnsci-2015-0013

ERES, R., LOUIS, W. R. y MOLENBERGHS, P. (2017). Common and distinct neural networks involved in fMRI studies investigating morality: an ALE meta-analysis. *Social Neuroscience*, 1-15. https://doi.org/10.1080/17470919.2017.1357657

ERLE, T. M. y TOPOLINSKI, S. (2015). Spatial and Empathic Perspective-Taking Correlate on a Dispositional Level. *Social Cognition*, 33(3), 187-210. https://doi.org/10.1521/soco.2015.33.3.187

ERNST, M. y PAULUS, M. P. (2005). Neurobiology of decision making: a selective review from a neurocognitive and clinicalperspective. *Biol Psychiatry*, 58, 597-604.

EVANS, A. M. y KRUEGER, J. (2009). The psychology (and economics) of trust. *Social and personality compass*, 3/6, 1003-1017

EVANS, S., DAL MONTE, O., NOBLE, P. y AVERBECK, B. (2014). Intranasal oxytocin effects on social cognition: A critique. *Brain Research*, 1580, 69-77.

EVERLY JR., G. S. y LATING, J. M. (2013). *A clinical guide to the treatment of the human stress response*. Springer Science y Business Media.

FAHRENFORT, J. J., VAN WINDEN, F., PELLOUX, B., STALLEN, M. y RIDDERINKHOF, K. R. (2012). Neural Correlates of Dynamically Evolving Interpersonal Ties Predict Prosocial Behavior. *Frontiers in Neuroscience*, 6. https://doi.org/10.3389/fnins.2012.00028

FALKENSTEIN, M., HOHNSBEIN, J. y HOORMANN, J. (1994). Effects of choice complexity on different subcomponents of the late positive complex of the event-related potential. *Electroencephalography and Clinical Neurophysiology*/Evoked Potentials Section, 92(2), 148-160. https://doi.org/10.1016/0168-5597(94)90055-8

FARRANT, B. M., DEVINE, T. A. J., Maybery, M. T. y FLETCHER, J. (2012). Empathy, Perspective Taking and Prosocial Behaviour: The Importance of Parenting Practices. *Infant and Child Development*, 21(2), 175-188. https://doi.org/10.1002/icd.740

FEHR, E. y CAMERER, C. F. (2007). Social neuroeconomics: the neural circuitry of social preferencies. *Trends Cogn Sci*, 10, 419-27.

FEHR, E. y FISCHBACHER, U. (2003). The nature of human altruism. *Nature*, 425(6960), 785-791. https://doi.org/10.1038/nature02043

FEHR, E. y SCHMIDT, K. M. (2001). *Theories of fairness and reciprocity-evidence and economic applications*.

FEHSE, K., SILVEIRA, S., ELVERS, K. y BLAUTZIK, J. (2015). Compassion, guilt and innocence: An fMRI study of responses to victims who are responsible for their fate. *Social Neuroscience*, 10(3), 243-252, DOI: 10.1080/17470919.2014.980587

FELTEN, D. L. y SHETTY, A. N. (2017). *Netter. Atlas de neurociencia* (3.ª ed). España: Elsevier.

Féré, C. (1888). Note on changes in electrical resistance under the effect of sensory stimulation and emotion. *Comptes Rendus des Seances de la Societe de Biologie Series*, 9(5), 217-219.

Fernández, T., Harmony, T., Rodríguez, M., Reyes, A., Marosi, E. y Bernal, J. (1993). Test-retest reliability of EEG spectral parameters during cognitive tasks: I Absolute and relative power. *International Journal of Neuroscience*, 68(3-4), 255-261.

Filkowski, M., Cochran, R. N. y Haas, B. (2016). Altruistic behavior: mapping responses in the brain. *Neuroscience and Neuroeconomics*, 5, 65-75. https://doi.org/10.2147/NAN.S87718

Fishburn, P. C. (1970). *Utility theory for decision making* (n.° RAC-R-105). Research analysis corp McLean VA.

Flanagan, O. y Jackson, K. (1987). Justice, Care, and Gender: The Kohlberg-Gilligan Debate Revisited. *Ethics*, 97(3), 622-637. https://doi.org/10.1086/292870

Fliss, R., Le Gall, D., Etcharry-Bouyx, F., Chauviré, V., Desgranges, B. y Allain, P. (2016). Theory of Mind and social reserve: Alternative hypothesis of progressive Theory of Mind decay during different stages of Alzheimer's disease. *Social Neuroscience*, 11(4), 409-423. https://doi.org/10.1080/17470919.2015.1101014

Fölster, M., Hess, U., Hühnel, I. y Werheid, K. (2015). Age-Related Response Bias in the Decoding of Sad Facial Expressions. *Behavioral Sciences*, 5(4), 443-460. https://doi.org/10.3390/bs5040443

Freedman, L. W., Scerbo, A. S., Dawson, M. E., Raine, A., McClure, W. O. y Venables, P. H. (1994). The relationship of sweat gland count to electrodermal activity. *Psychophysiology*, 31, 196-200.

Freiwald, W., Duchaine, B. y Yovel, G. (2016). Face Processing Systems: From Neurons to Real-World Social Perception. *Annual Review of Neuroscience*, 39(1), 325-346. https://doi.org/10.1146/annurev-neuro-070815-013934

Friedman, M. (1970). *Essays in Positive Economics*. University of Chicago Press.

FRITH, C. D. y SINGER, T. (2008). The role of social cognition in decision making. *Philosophical Transactions of the Royal Society B: Biological Sciences*, 363(1511), 3875-3886. https://doi.org/10.1098/rstb.2008.0156

FRITH, C. y FRITH, U. (2012). Mechanisms of Social Cognition. *Annual Review of Psychology*, 63, 287-313. DOI: 10.1146/annurev-psych-120710-100449

FROST, B. J. (2010). A taxonomy of different forms of visual motion detection and their underlying neural mechanisms. *Brain, Behavior and Evolution*, 75(3), 218-235.

GÁL, P., MRVA, M. Y MEŠKO, M. (2013). Heuristics, biases and traps in managerial decision making. *Acta Universitatis Agriculturae et Silviculturae Mendelianae Brunensis*, 61, 2117-2122.

GALINSKY, A. D., WANG, C. S. y KU, G. (2008). Perspective-takers behave more stereotypically. *Journal of Personality and Social Psychology*, 95(2), 404-419. https://doi.org/10.1037/0022-3514.95.2.404.

GALIZZI, M. M. y NIEBOER, J. (2015). Digit ratio (2D:4D) and altruism: evidence from a large, multi-ethnic sample. *Frontiers in Behavioral Neuroscience*, 9. https://doi.org/10.3389/fnbeh.2015.00041

GAWRONSKI, B., ARMSTRONG, J., CONWAY, P., FRIESDORF, R. y HÜTTER, M. (2017). Consequences, norms, and generalized inaction in moral dilemmas: The CNI model of moral decision-making. *Journal of Personality and Social Psychology*, 113(3), 343-376. https://doi.org/10.1037/pspa0000086

GAZZANIGA, M., IVRY, R. y MANGUN, G. (2014). *Cognitive neuroscience. The biology of the mind*. London: Norton and Company.

GEHRING, W. J. y WILLOUGHBY, A. R. (2002). The medial frontal cortex and the rapid processing of monetary gains and losses. *Science*, 295(5563), 2279-2282. https://doi.org/10.1126/science.1066893

GENTSCH, A., WEISS, C., SPENGLER, S., SYNOFZIK, M. y SCHÜTZ-BOSBACH, S. (2015). Doing good or bad: How interactions between action and emotion expectations shape the sense of agency. *Social Neuroscience*, 1-13. https://doi.org/10.1080/17470919.2015.1006374

GEORGI, E., PETERMANN, F. y SCHIPPER, M. (2014). Are empathic abilities learnable? Implications for social neuroscientific research from psychometric assessments. *Social Neuroscience*, 9(1), 74-81. https://doi.org/10.1080/17470919.2013.855253

GLIMCHER, P. y RUSTINCHI, A., (2004). Neuroeconomics: the consilience of the brain and decision. *Science*, 306(5695), 447-52. 10.1126/science.1102566

GLIMCHER, P., CAMERER, C., FEHR, E. y POLDRACK, R. (2009). *Neuroeconomics: Decision making and the brain*. Academic Press Publications.

GOLD, N., COLMAN, A. M. y PULFORD, B. D. (2014). Cultural differences in responses to real-life and hypothetical trolley problems. *Judgment and Decision Making*, 9(1), 12.

GOLE, M., SCHÄFER, A. y SCHIENLE, A. (2012). Event-related potentials during exposure to aversion and its anticipation: the moderating effect of intolerance of uncertainty. *Neuroscience Letters*, 507(2), 112-117. https://doi.org/10.1016/j.neulet.2011.11.054

GOODWING, N. R., HARRIS, J. M., NELSON, J. y WEISSKOPF, T. E. (2014). *Microeconomics in context* (145-157). M.E sharpe.

GORDON, I., MARTIN, C., FELDMAN, R. y LECKMAN, J. F. (2011). Oxytocin and social motivation. *Developmental Cognitive Neuroscience*, 1(4), 471-493. https://doi.org/10.1016/j.dcn.2011.07.007

GOULDNER, A. W. (1960). The norm of reciprocity: A preliminary statement. *American Sociological Review*, 25(2), 161-178.

GRANADOS, J., TAVERA, F., CID, A., HERNÁNDEZ, R. y ZARIÑAN, G. (2017). *Sistema de adquisición de fonocardiogramas de feto basado en Lab View*.

GRANDE-GARCÍA, I. (2009). Neurociencia social: El maridaje entre la psicología social y las neurociencias cognitivas. Revisión e introducción a una nueva disciplina. *Anales de Psicología*, 25(1), 1-20.

GREENE, J. y HAIDT, J. (2002). How (and where) does moral judgment work? *Trends in Cognitive Sciences*, 6(12), 517-523.

GRILL-SPECTOR, K., WEINER, K., KAY, K. y GÓMEZ, J. (2017). The functional neuroanatomy of human face perception. *Review in Advance*, 3(7), 7.1-7.30.

GRUNDY, J. G., BENARROCH, M. F. F., LEBARR, A. N. y SHEDDEN, J. M. (2015). Electrophysiological correlates of implicit valenced self-processing in high vs. low self-esteem individuals. *Social Neuroscience*, 10(1), 100-112. https://doi.org/10.1080/17470919.2014.965339

GRUZELIER, J. H. (2014). EEG-neurofeedback for optimising performance. I: a review of cognitive and affective outcome in healthy participants. *Neuroscience & Biobehavioral Reviews*, 44, 124-141.

GUAN, L., QI, M., ZHANG, Q. y YANG, J. (2014). The neural basis of self-face recognition after self-concept threat and comparison with important others. *Social Neuroscience*, 9(4), 424-435. https://doi.org/10.1080/17470919.2014.920417

GUÉGUEN, N., MARTIN, A. y MEINERI, S. (2011). Mimicry and Helping Behavior: An Evaluation of Mimicry on Explicit Helping Request. *The Journal of Social Psychology*, 151(1), 1-4. https://doi.org/10.1080/00224540903366701

GUEVARA, I. P., CABRERA, V. E., GONZÁLEZ, M. R. y DEVIS, J. V. (2015). Empathy and sympathy as mediators between parental inductive discipline and prosocial behavior in Colombian families. *International Journal of Psychological Research*, 8(2), 34-48.

GÜRÇAY, B. y BARON, J. (2015). The power of social influence on estimation accuracy. *Journal of Behavioral Decision Making* (28)3, 250-261. https://doi.org/10.1002/bdm.1843.

HABER, S. N. (2016). Corticostriatal circuitry. *Dialogues Clin Neurosci*, 18, 7-21.

HABER, S. Z., KIM, K., MIALLY, P. y CALZAVARA, R. (2006). Reward-Related Cortical Inputs Define a Large Striatal Region in Primates That Interface with Associative Cortical Connections, Providing a Substrate for Incentive-Based Learning. *Journal of Neuroscience*, 26, 8368-8376.

HABOTA, T., MCLENNAN, S. N., CAMERON, J., SKI, C. F., THOMPSON, D. R. y RENDELL, P. G. (2015). An investigation of emotion recognition and theory of mind in people with chronic heart failure. *PLoS ONE*, 10(11), e0141607.

HAIDT, J. (2007). The new synthesis in moral psychology. *Science*, 316(5827), 998-1002. https://doi.org/10.1126/science.1137651

Haidt, J. y Bjorklund, F. (2008). Social intuitionists answer six questions about moral psychology. En *Moral psychology*, vol. 2: *The cognitive science of morality: Intuition and diversity* (pp. 181-217). Cambridge, MA: MIT Press.

Hall, J., Philip, R., Marwick, K., Whalley, H., Romaniuk, L., McIntosh, A., Santos, I., Sprengelmeyer, R., Johnstone, E., Stanfield, A., Young, A. y Lawrie, S. (2012). Social Cognition, the Male Brain and the Autism Spectrum. *PLoS ONE*, 7 (12), 1-8.

Hands, D. W. (2012). The positive-normative dichotomy and economics. *Handbook of the Philosophy of Science*, 13, 219-239.

Happé, A. (2003). Theory of mind and the self. *NY Acad Sci*, 1001, 134-144.

Happé, F., Cook, J. y Bird, G. (2017). The Structure of Social Cognition: In(ter) dependence of Sociocognitive Processes. *Annual Review of Psychology*, 68, 243-267. DOI: 10.1146/annurev-psych-010416-044046

Harms, J., Liket, K., Protzko, J. y Scholmerich, V. (2017). Free to help? An experiment on free will belief and altruism. *PLoS ONE*, 12(3), e0173193. DOI:10.1371/journal.pone.0173193

Hawk, S. T., Fischer, A. H. y Van Kleef, G. A. (2011). Taking your place or matching your face: Two paths to empathic embarrassment. *Emotion*, 11(3), 502-513. https://doi.org/10.1037/a0022762

Heekeren, H. R., Marrett, S., Bandettini, P. A. y Ungerleider, L. G. (2004). A general mechanism for perceptual decision-making in the human brain. *Nature*, 431(7010), 859-862. https://doi.org/10.1038/nature02966

Hermo, X. G., Giráldez, S. L. y Saura, L. F. (2014). A systematic review of the complex organization of human cognitive domains and their heritability. *Psicothema*, 26 (1), 1-9.

Hess, U. y Fischer, A. (2014). Emotional Mimicry: Why and When We Mimic Emotions: Emotional Mimicry. *Social and Personality Psychology Compass*, 8(2), 45-57. https://doi.org/10.1111/spc3.12083

Hill, E. M. (2016). Posthumous organ donation attitudes, intentions to donate, and organ donor status: Examining the role of the big five personality dimensions and altruism. *Personality and Individual Differences*, 88, 182-186. https://doi.org/10.1016/j.paid.2015.09.021

Hirosawa, T., Kikuchi, M., Okumura, E., Yoshimura, Y., Hiraishi, H., Munesue, T., Takesaki, N., Furutani, N., Ono, Y., Higashida, H. y Minabe, Y. (2015). Attentional Control and Interpretation of Facial Expression after Oxytocin Administration to Typically Developed Male Adults. *PLoS ONE*, 10(2), e0116918. https://doi.org/10.1371/journal.pone.0116918

Ho, S. S., Konrath, S., Brown, S. y Swain, J. E. (2014). Empathy and stress related neural responses in maternal decision making. *Frontiers in Neuroscience*, 8. https://doi.org/10.3389/fnins.2014.00152

Hochman, G., Glöckner, A. M., Fieder, S. y Ayal, S. (2015). "I can see it in your eyes": Biased Processing and Increased Arousal in Dishonest Responses. *Journal of Behavioral Decision Making*, 29.

Hoenen, M., Schain, C. y Pause, B. M. (2013). Down-modulation of mu-activity through empathic top-down processes. *Social Neuroscience*, 8(5), 515-524. https://doi.org/10.1080/17470919.2013.833550

Holler, M. J. (2002). Classical, Modern, and New Game Theory/Klassische, Moderne und Neue Spieltheorie. *Jahrbücher für Nationalökonomie und Statistik*, 222(5), 556-583.

Huang, S. y Han, S. (2014). Shared beliefs enhance shared feelings: Religious/irreligious identifications modulate empathic neural responses. *Social Neuroscience*, 1-11. https://doi.org/10.1080/17470919.2014.934396

Huang, Y., Shang, Q., Dai, S. y Ma, Q. (2017). Dread of uncertain pain: An event-related potential study. *PLoS ONE*, 12(8), e0182489. https://doi.org/10.1371/journal.pone.0182489

Hugdahl, K. (1995). *Psychophysiology: The mind-body perspective*. United States: Harvard University Press.

Hwang, S.-H. y Bowles, S. (2012). Is altruism bad for cooperation? *Journal of Economic Behavior & Organization*, 83(3), 330-341. https://doi.org/10.1016/j.jebo.2012.06.001

Ibanez, A., Urquina, H., Petroni, A., Baez, S., Lopez, V., do Nascimento, M., Herrera, E., Guex, R., Hurtado, E., Blenkmann, A., Beltranchini, L., Gelormini, C., Sigman, M., Lischinsky, A., Torralva, T., Torrente, F., Cetkovich, M. y Manes, F. (2012). Neural Processing of Emotional Facial and Semantic Expressions in Euthymic Bipolar Disorder (BD) and Its Association with Theory of Mind (ToM). *PLoS ONE*, 7(10), e46877. https://doi.org/10.1371/journal.pone.0046877

Ireland, M. E., Slatcher, R. B., Eastwick, P. W., Scissors, L. E., Finkel, E. J. y Pennebaker, J. W. (2011). Language style matching predicts relationship initiation and stability. *Psychological Science*, 22(1), 39-44. https://doi.org/10.1177/0956797610392928

Jacquet, P. O., Wyart, V., Desantis, A., Hsu, Y.-F., Granjon, L., Sergent, C. y Waszak, F. (2018). Human susceptibility to social influence and its neural correlates are related to perceived vulnerability to extrinsic morbidity risks. *Scientific Reports*, 8. https://doi.org/10.1038/s41598-018-31619-8

Jenkins, A. C., Dodell-Feder, D., Saxe, R. y Knobe, J. (2014). The Neural Bases of Directed and Spontaneous Mental State Attributions to Group Agents. *PLoS ONE*, 9(8), e105341. https://doi.org/10.1371/journal.pone.0105341

Johnson, N. D. y Mislin, A. A. (2011). Trust games: A meta-analysis. *Journal of Economic Psychology*, 32(5), 865-889. https://doi.org/10.1016/j.joep.2011.05.007

Jonassen, D. H. (2012). Designing for decision making. *Educational Technology Research and Development*, 60, 241-359.

Jones, S. S. (2009). The development of imitation in infancy. *Philosophical Transactions of the Royal Society B: Biological Sciences*, 364(1528), 2325-2335. https://doi.org/10.1098/rstb.2009.0045

Jospe, K., Flöel, A. y Lavidor, M. (2018). The interaction between embodiment and empathy in facial expression recognition. *Social Cognitive and Affective Neuroscience*, 13(2), 203-215. https://doi.org/10.1093/scan/nsy005

Kahane, G. (2012). On the Wrong Track: Process and Content in Moral Psychology. *Mind y Language*, 27(5), 519-545. https://doi.org/10.1111/mila.12001

KAHNEMAN, D. y TVERSKY, A. (1974). Judgement under Uncertainty: Heuristics and Biases. *Science*, 185(4157), 1124-1131.

KAHNEMAN, D. y TVERSKY, A. (1979). Prospect Theory: An Analysis of Decision under Risk. *Econometrica*, 47(2), 263-291.

KAHNEMAN, D. y TVERSKY, A. (1984). Choices, values, and frames. *American Psychologist*, 39(4), 341. Amsterdam: Elsevier, 2012.

KAMP, A., PFURTSCHELLER, G., EDLINGER, G. y FERNANDO, L. (2005). Technological Basis of EEG Recording. En E. Niedermeyer y F. Lopes da Silva (eds)., *Electroencephalography: basic principles, clinical applications and related fields*, 5th ed. Philadelphia: Lippincott Williams y Wilkins.

KANDEL, E. R., SCHWARTZ, J. H. y THOMAS, M. J. (2000). *Principles of neural science*. Center for Neurobiology and Behavior, College of Physician y Surgeon of Columbia University.

KARL, C., HEWIG, J. y OSINSKY, R. (2016). Passing faces: sequence-dependent variations in the perceptual processing of emotional faces. *Social Neuroscience*, 11(5), 531-544. https://doi.org/10.1080/17470919.2015.1115776

KARTON, I. y BACHMANN, T. (2017). Disrupting dorsolateral prefrontal cortex by rTMS reduces the P300 based marker of deception. *Brain and Behavior*, 7(4). https://doi.org/10.1002/brb3.656

KAWAMICHI, H., TANABE, H., TAKAHASHI, H. y SADATO, N. (2013). Activation of the reward system during sympathetic concern is mediated by two types of empathy in a familiarity-dependent manner. *Social Neuroscience*, 8(1), 90-100, DOI: 10.1080/17470919.2012.744349

KAWAMICHI, H., YOSHIHARA, K., SUGAWARA, S., MATSUNAGA, M., MAKITA, K., HAMANO, Y., TANABE, H. y SADATO, N. (2016). Helping behavior induced by empathic concern attenuates anterior cingulate activation in response to others' distress. *Social Neuroscience*, 11(2), 109-122, DOI: 10.1080/17470919.2015.1049709

KAZEMI, A., TÖRNBLOM, K. y MIKULA, G. (2015). Justice: Social Psychological Perspectives. En *International Encyclopedia of the Social y Behavioral Sciences* (pp. 949-955). Elsevier. https://doi.org/10.1016/B978-0-08-097086-8.24019-1

Keita, L. D. (1992). *Science, rationality, and neoclassical economics.* University of Delaware Press.

Keller, M., Edelstein, W., Krettenauer, T., Fu-xi, F. y Ge, F. (2005). Reasoning About Moral Obligations and Interpersonal Responsibilities in Different Cultural Contexts. *Advances in Psychology*, 137, 317-337). Elsevier. https://doi.org/10.1016/S0166-4115(05)80042-1

Keltner, D., Kogan, A., Piff, P. y Saturn, S. (2014). The Sociocultural Appraisals, Values, and Emotions (SAVE) Framework of Prosociality: Core Process from Gene to Meme. *Annual Review of Psychology*, 65, 425-460. 10.1146/annurev-psych-010213-115054

Khalil, E. L. (2004). What is altruism? *Journal of Economic Psychology*, 25(1), 97-123. https://doi.org/10.1016/S0167-4870(03)00075-8

Khan, M. G. (2008). *Rapid ECG Interpretation*. Humana Press. 3rd ed. ISBN 978-1-58829-979-6.

Klimecki, O. M., Mayer, S. V., Jusyte, A., Scheeff, J. y Schönenberg, M. (2016). Empathy promotes altruistic behavior in economic interactions. *Scientific Reports*, 6, 31961. https://doi.org/10.1038/srep31961

Knoch, D., Pascual-Leone, A., Meyer, K., Treyer, V. y Fehr, E. (2006). Diminishing reciprocal fairness by disrupting the right prefrontal cortex. *Science*, 314, 829-32.

Koehler, J. y Gershoff, A. (2003). Betrayal aversion: When agents of protection become agents of harm. *Organizational Behavior and Human Decision Processes*, 90, 44-261. https://doi.org/10.1016/S0749-5978(02)00518-6

Koelkebeck, K., Hirao, K., Miyata, J., Kawada, R., Saze, T., Dannlowski, U., Ubukata, S., Ohrmann, P., Bauer, J., Pedersen, A., Fukuyama, H., Sawamoto, N., Takahashi, H. y Murai, T. (2013). Impact of gray matter reductions on theory of mind abilities in patients with schizophrenia. *Social Neuroscience*, 8(6), 631-639. https://doi.org/10.1080/17470919.2013.837094

Kohlberg, L. y Hersh, R. H. (1977). Moral development: A review of the theory. *Theory into Practice*, 16(2), 53-59. https://doi.org/10.1080/00405847709542675

Kovács, Á. M., Kühn, S., Gergely, G., Csibra, G. y Brass, M. (2014). Are All Beliefs Equal? Implicit Belief Attributions Recruiting Core Brain Regions of Theory of Mind. *PLoS ONE*, 9(9), e106558. https://doi.org/10.1371/journal.pone.0106558

Krach, S., Blümel, I., Marjoram, D., Lataster, T., Krabbendam, L., Weber, J., Van Os, J. y Kircher, T. (2009). Are women better mindreaders? Sex differences in neural correlates of mentalizing detected with functional MRI. *BMC Neuroscience*, 10(9), 1-11. DOI: 10.1186/1471-2202-10-9

Kret, M. E. y De Dreu, C. K. W. (2013). Oxytocin-Motivated Ally Selection is Moderated by Fetal Testosterone Exposure and Empathic Concern. *Frontiers in Neuroscience*, 7, 1-9. https://doi.org/10.3389/fnins.2013.00001

Kropotov, J. D. (2010). *Quantitative EEG, event-related potentials and neurotherapy*. Academic Press.

Krueger, J. I. y Funder, D. C. (2004). Towards a balanced social psychology: causes, consequences, and cures for the problem-seeking approach to social behavior and cognition. *The Behavioral and Brain Sciences*, 27(3), 313-327; discussion 328-376.

Kurtz, M. M. y Richardson, C. L. (2012). Social Cognitive Training for Schizophrenia: A Meta-Analytic Investigation of Controlled Research. *Schizophrenia Bulletin*, 38(5), 1092-1104. https://doi.org/10.1093/schbul/sbr036

Kurzban, R., Burton-Chellew, M. N. y West, S. A. (2015). The Evolution of Altruism in Humans. *Annual Review of Psychology*, 66(1), 575-599. https://doi.org/10.1146/annurev-psych-010814-015355

Kuss, K., Falk, A., Trautner, P., Montag, C., Weber, B. y Fliessbach, K. (2015). Neuronal correlates of social decision making are influenced by social value orientationâ"an fMRI study. *Frontiers in Behavioral Neuroscience*, 9. https://doi.org/10.3389/fnbeh.2015.00040

Laham, S. M., Chopra, S., Lalljee, M. y Parkinson, B. (2010). Emotional and behavioural reactions to moral transgressions: cross-cultural and individual variations in India and Britain. International Journal of Psychology, 45(1), 64-71. https://doi.org/10.1080/00207590902913434

LAKIN, J. L. y CHARTRAND, T. L. (2003). Using nonconscious behavioral mimicry to create affiliation and rapport. *Psychological Science*, 14(4), 334-339. https://doi.org/10.1111/1467-9280.14481

LAMBE, J., WITTMAN, M. y SPEKMAN, R. (2001). Social Exchange Theory and Research on Business-to-Business Relational Exchange. *Journal of Business-to-Business Marketing*, 8(3), 1-36

LAMICHHANE, B., ADHIKARI, B. M., BROSNAN, S. F. y DHAMALA, M. (2014). The Neural Basis of Perceived Unfairness in Economic Exchanges. *Brain Connectivity*, 00, 1-12.

LANDSBURG, S. E. (2007). The Methodology of Normative Economics. *Journal of Public Economic Theory*, 9, 757-769.

LAPSLEY, D. K. y HILL, P. L. (2008). On dual processing and heuristic approaches to moral cognition. *Journal of Moral Education*, 37(3), 313-332. https://doi.org/10.1080/03057240802227486

LATINUS, M., VANRULLEN, R. y TAYLOR, M. J. (2010). Top-down and bottom-up modulation in processing bimodal face/voice stimuli. *BMC Neuroscience*, 11(1), 36.

LEE, J., HORAN, W. P., WYNN, J. K. y GREEN, M. F. (2016). Neural Correlates of Belief and Emotion Attribution in Schizophrenia. *PLoS ONE*, 11(11), e0165546. https://doi.org/10.1371/journal.pone.0165546

LENG, Y. y ZHOU, X. (2014). Interpersonal relationship modulates brain responses to outcome evaluation when gambling for/against others: an electrophysiological analysis. *Neuropsychologia*, 63, 205-214. https://doi.org/10.1016/j.neuropsychologia.2014.08.033

LEÓN, D. y CÁRDENAS, F. (2016). Aproximación neurodinámica a la cognición social. *Universitas Psychologica*, 15(5). DOI: 10.11144/Javeriana.upsy15-5.ancs

LI, P., SHEN, Y., SUI, X., CHEN, C., FENG, T., LI, H. y HOLROYD, C. (2013). The Neural Basis of Responsibility Attribution in Decision-Making. *PLoS ONE*, 8(11). https://doi.org/10.1371/journal.pone.0080389

LIEBERWIRTH, C. y WANG, Z. (2014). Social bonding: regulation by neuropeptides. *Frontiers in Neuroscience*, 8. https://doi.org/10.3389/fnins.2014.00171

Lobchuk, M. M. (2006). Concept analysis of perspective-taking: meeting informal caregiver needs for communication competence and accurate perception. *Journal of Advanced Nursing*, 54(3), 330-341. https://doi.org/10.1111/j.1365-2648.2006.03815.x

Lofthouse, N., Arnold, L. E., Hersch, S., Hurt, E. y DeBeus, R. (2012). A review of neurofeedback treatment for pediatric ADHD. *Journal of Attention Disorders*, 16(5), 351-372.

Lowry, T. (1997). La economía de Aristóteles. *Boletín de Lecturas Económicas y Sociales*, 68-72.

Luck, S. J. (2014). *An introduction to the event-related potential technique*. MIT Press.

Lv, J.-Y. (2016). *The Effects of Empathy on Cooperation*. Queen Mary University of London. https://qmro.qmul.ac.uk/xmlui/bitstream/handle/123456789/24245/Lv_Jieyu%20PhD%20final%20241116.pdf?sequence=1

MacLean, E., Sandel, A., Bray, J., Oldenkamp, R., Reddy, R. y Hare, B. (2013). Group Size Predicts Social but Not Nonsocial Cognition in Lemurs. *PLoS ONE*, 8(6), 1-9.

Mahy, C. E. V., Moses, L. J. y Pfeifer, J. H. (2014). How and where: Theory-of-mind in the brain. *Developmental Cognitive Neuroscience*, 9, 68-81. https://doi.org/10.1016/j.dcn.2014.01.002

Majdandžić, J., Amashaufer, S., Hummer, A., Windischberger, C. y Lamm, C. (2016). The selfless mind: How prefrontal involvement in mentalizing with similar and dissimilar others shapes empathy and prosocial behavior. *Cognition*, 157, 24-38. https://doi.org/10.1016/j.cognition.2016.08.003

March, J. G. (1978). Bounded rationality, ambiguity, and the engineering of choice. *The Bell Journall of Economics*, 9, 587-608.

Mariano, M., Pino, M. C., Peretti, S., Valenti, M. y Mazza, M. (2017). Understanding criminal behavior: Empathic impairment in criminal offenders. *Social Neuroscience*, 12(4), 379-385. https://doi.org/10.1080/17470919.2016.1179670

Márquez, F. J. (2014). *Diseño de un sistema de reconocimiento de estrés en seres humanos*. https://repositorio.unam.mx/contenidos/diseno-de-un-sistema-dereconocimiento-de-estres-en-seres-humanos-113903?c=4MoYGP&d=false&q=*:*&i=2&v=1&t=search_0&as=0

Marshall, P. y Meltzoff, A. (2011). Neural mirroring systems: Exploring the EEG mu rhythm in human infancy. *Developmental Cognitive Neuroscience*, 1, 110-123. DOI:10.1016/j.dcn.2010.09.001

Martino, P. (2014). Aspectos comportamentales de la oxitocina: su influencia en el estrés y en la cognición social. *Panamerican Journal of Neuropsychology*, 8(2), 202-216.

Mas-Bazerman, M. H. y Moore, D. A. (2008). *Judgment in Managerial Decision Making*, 7th ed. New York: Wiley.

Mas-Colell, A. y Hart, S. (2004). *Stochastic Uncoupled Dynamics and Nash Equilibrium*. Available at SSRN 848684.

Masten, C. L., Morelli, S. A. y Eisenberger, N. I. (2011). An fMRI investigation of empathy for "social pain" and subsequent prosocial behavior. *NeuroImage*, 55(1), 381-388. https://doi.org/10.1016/j.neuroimage.2010.11.060

Matteucci, C. y Savi, P. (1844). Traité des phénomènes électro-physiologiques des animaux: Chapitre X - Sur un phénomène physiologique produit par un muscle en contraction. *Nineteenth Century Collections Online: Science, Techonology, and Medicine: 1780-1925*, Part II, 130-141.

Mazar, N. y Ariely, D. (2006). Dishonesty in everyday life and its policy implications. *Journal of Public Policy y Marketing*, 25, 1-21.

Mazar, N., Amir, O. y Ariely, D. (2008). The dishonesty of honest people: a theory of self-concept maintenance. *J. Mark. Res.*, 45, 633-644.

Mazza, M., Tempesta, D., Pino, M. C., Nigri, A., Catalucci, A., Guadagni, V., Gallucci, M., Laria, G. y Ferrara, M. (2015). Neural activity related to cognitive and emotional empathy in post-traumatic stress disorder. *Behavioural Brain Research*, 282, 37-45. https://doi.org/10.1016/j.bbr.2014.12.049

McCabe, K. A., Rigdon, M. L. y Smith, V. L. (2003). Positive reciprocity and intentions in trust games. *Journal of Economic Behavior & Organization*, 52(2), 267-275. https://doi.org/10.1016/S0167-2681(03)00003-9

McGillivray, F. y Smith, A. (2000). Trust and cooperation through agent-specific punishments. *International Organization*, 54, 809-824.

McHugh, C., McGann, M., Igou, E. R. y Kinsella, E. L. (2017). Searching for Moral Dumbfounding: Identifying Measurable Indicators of Moral Dumbfounding. *Collabra: Psychology*, 3(1), 23. https://doi.org/10.1525/collabra.79

McIntosh, D. N., Reichmann-Decker, A., Winkielman, P. y Wilbarger, J. L. (2006). When the social mirror breaks: deficits in automatic, but not voluntary, mimicry of emotional facial expressions in autism. *Developmental Science*, 9(3), 295-302. https://doi.org/10.1111/j.1467-7687.2006.00492.x

Medina, N. (2008). La ciencia cognitiva y el estudio de la mente. *Revista de Investigación en Psicología*, 11(1), 183-198.

Melchers, M., Montag, C., Felten, A. y Reuter, M. (2015). The oxytocin receptor gene and social perception. *Social Neuroscience*, 10(4), 345-353.

Melis, A. P. y Semmann, D. (2010). How is human cooperation different? *Philosophical Transactions of the Royal Society B: Biological Sciences*, 365(1553), 2663-2674. https://doi.org/10.1098/rstb.2010.0157.

Miller, J. G. y Bersoff, D. M. (1992). Culture and moral judgment: how are conflicts between justice and interpersonal responsibilities resolved? *Journal of Personality and Social Psychology*, 62(4), 541-554.

Miller, J. G. y Bersoff, D. M. (1998). The Role of Liking in Perceptions of the Moral Responsibility to Help: A Cultural Perspective. *Journal of Experimental Social Psychology*, 34(5), 443-469. https://doi.org/10.1006/jesp.1998.1359

Mohtashemi, M. y Mui, L. (2003). Evolution of indirect reciprocity by social information: the role of trust and reputation in evolution of altruism. *Journal of Theoretical Biology*, 223(4), 523-531. https://doi.org/10.1016/S0022-5193(03)00143-7

Moran, J. (2013). Lifespan development: The effects of typical aging on theory of mind. *Behavioural Brain Research*, 237, 32-40. DOI: 10.1016/j.bbr.2012.09.020

Morris, F. (2003). *ABC of Clinical Electrocardiography*. BMJ Books. BMJ Publishing Group. ISBN 0-7279-1536-3.

NADURAK, V. (2018). Two Types of Heuristics in Moral Decision Making. *Filosofija. Sociologija*, 29(3), 141-149.

NAKATA, H., INUI, K., NISHIHIRA, Y., HATTA, A., SAKAMOTO, M., KIDA, T., WASAKA, T. y KAKIGI, R. (2004). Effects of a go/nogo task on event-related potentials following somatosensory stimulation. *Clinical Neurophysiology: Official Journal of the International Federation of Clinical Neurophysiology*, 115(2), 361-368.

NEFF, K. D., TURIEL, E. y ANSHEL, D. (2002). Reasoning about interpersonal responsibility when making judgments about scenarios depicting close personal relationships. *Psychological Reports*, 90(3 Pt 1), 723-742. https://doi.org/10.2466/pro.2002.90.3.723

NEUMANN, R. y STRACK, F. (2000). «Mood contagion»: The automatic transfer of mood between persons. *Journal of Personality and Social Psychology*, 79(2), 211-223. https://doi.org/10.1037//0022-3514.79.2.211

NEVILLE, H., SNYDER, E., WOODS, D. y GALAMBOS, R. (1982). Recognition and surprise alter the human visual evoked response. *Proceedings of the National Academy of Sciences of the United States of America*, 79(6), 2121-2123. https://www.ncbi.nlm.nih.gov/pmc/articles/PMC346135/

NIEDERMEYER, E. (2005a). Historical Aspects. En E. Niedermeyer and F. Lopes da Silva (eds.), *Electroencephalography: basic principles, clinical applications and related fields*, 5th ed. Philadelphia: Lippincott Williams & Wilkins.

NIEDERMEYER, E. (2005b). The EEG Signal: Polarity and Field Determination. En E. Niedermeyer y F. Lopes da Silva (eds.), *Electroencephalography: basic principles, clinical applications and related fields*, 5th ed. Philadelphia: Lippincott Williams y Wilkins.

NIEUWENHUYS, R., VOOGD, J. y VAN HUIJZEN, C. (2009). Orientación. En *El sistema nervioso central humano* (vol. 4). Madrid: Panamericana.

NOLL, L. K., MAYES, L. C. y RUTHERFORD, H. J. V. (2012). Investigating the impact of parental status and depression symptoms on the early perceptual coding of infant faces: An event-related potential study. *Social Neuroscience*, 7(5), 525-536. https://doi.org/10.1080/17470919.2012.672457

Noppeney, U., Ostwald, D. y Werner, S. (2010). Perceptual decisions formed by accumulation of audiovisual evidence in prefrontal cortex. *The Journal of Neuroscience: The Official Journal of the Society for Neuroscience*, 30(21), 7434-7446. https://doi.org/10.1523/JNEUROSCI.0455-10.2010

Norenzayan, A., Gervais, W. M. y Trzesniewski, K. H. (2012). Mentalizing deficits constrain belief in a personal God. *PloS One*, 7(5), e36880.

Norman, G., Hawkley, L., Cole, S., Berntson, G. y Cacioppo, J. (2012). Social neuroscience: The social brain, oxytocin, and health. *Social Neuroscience*, 7(1), 18-29.

Northoff, G., Heinzel, A., de Greck, M., Bermpohl, F., Dobrowolny, H. y Panksepp, J. (2006). Self-referential processing in our brain. A meta-analysis of imaging studies on the self. *NeuroImage*, 31, 440-457.

O'Doherty, J. P., Dayan, P., Friston, K., Critchley, H. y Dolan, R. J. (2003). Temporal difference models and reward-related learning in the human brain. *Neuron*, 38, 329-37.

Oda, R., Machii, W., Takagi, S., Kato, Y., Takeda, M., Kiyonari, T., Fukikawa, Y., Hiraishi, K. (2014). Personality and altruism in daily life. *Personality and Individual Differences*, 56, 206-209. https://doi.org/10.1016/j.paid.2013.09.017

Okruszek, Ł., Dolan, K., Lawrence, M. y Cella, M. (2017). The beat of social cognition: Exploring the role of heart rate variability as marker of mentalizing abilities. *Social Neuroscience*, 12(5), 489-493. https://doi.org/10.1080/17470919.2016.1244113

Oliveira, A. (2007). A Discussion of Rational and Psychological Decision-Making Theories and Models: The Search for a Cultural-Ethical Decision-Making Model. *Electronic Journal of Business Ethics and Organisation Studies*, 12(2), 12-17.

Oliveira, R. (2013). Mind the fish: zebrafish as a model in cognitive social neuroscience. *Frontiers in Neural Circuits*, 7. DOI: 10.3389/fncir.2013.00131.

Osiński, J. y Karbowski, A. (2017). Delaying rewards has greater effect on altruism when the beneficiary is socially distant. *PLoS ONE* 12(2), e0170387. DOI:10.1371/journal.pone.0170387

PAGNONI, G., ZINK, C. F., MONTAGE, P. R. y BERNS, G. S. (2002). Activity in human ventral striatum locked to errors of reward prediction. *Nat Neurosci*, 5, 97-8.

PAVULURI, M. y MAY, A. (2015). I Feel, Therefore, I am: The Insula and Its Role in Human Emotion, Cognition and the Sensory-Motor System. *AIMS Neuroscience*, 2(1), 18-27. https://doi.org/10.3934/Neuroscience.2015.1.18

PERRY, D., WALDER, K., HENDLER, T. y SHAMAY-TSOORY, S. G. (2013). The gender you are and the gender you like: Sexual preference and empathic neural responses. *Brain Research*, 1534, 66-75. https://doi.org/10.1016/j.brainres.2013.08.040

PHAN, L. K., SPRIPADA, C. S., ANGSTADT, M. y MCCABE, K. (2010). Reputation for reciprocity engages the brain reward center. *Proc Natl Acad Sci*, 107, 13099-13104.

PHILIASTIDES, M. G., AUKSZTULEWICZ, R., HEEKEREN, H. R. y BLANKENBURG, F. (2011). Causal role of dorsolateral prefrontal cortex in human perceptual decision making. *Curr Biol*, 11, 980-983.

PHILLIPS, M. L., DREVERS, W. C., RACUH, S. L. y LANE, R. (2003). Neurobiology of emotion perception I: The neural basis of normal perception. *Biol Psychiatry*, 54, 504-514.

PICCOLINO, M. (1997). Luigi Galvani and animal electricity: two centuries after the foundation of electrophysiology. *Trends in Neurosciences*, 20(10), 443-448.

PICCOLINO, M. y WADE, N. J. (2012). Carlo Matteucci (1811-1868), the "frogs pile", and the Risorgimiento of electrophysiology. *Cotex*, 48, 645-646.

PLATT, M. L. y HUETTEL, S. A. (2008). Risky business: the neuroeconomics of decision making under uncertainty. *Nature Neuroscience*, 11(4), 398.

POTHOS, E. M.., PERRY, G., CORR, P. J., MERVIN, M. R. y BUSEMEYER, J. R. (2011). Understanding cooperation in the Prisoner's Dilemma game. *Personality and Individual Differences*, 51(3), 210-215. ISSN 0191-8869.

POWELL, P. A. y ROBERTS, J. (2017). Situational determinants of cognitive, affective, and compassionate empathy in naturalistic digital interactions. *Computers in Human Behavior*, 68, 137-148. https://doi.org/10.1016/j.chb.2016.11.024

Preston, S. D., Hofelich, A. J. y Stansfield, R. B. (2013). The ethology of empathy: a taxonomy of real-world targets of need and their effect on observers. *Frontiers in Human Neuroscience*, 7. https://doi.org/10.3389/fnhum.2013.00488

Prochnow, D., Kossack, H., Brunheim, S., Müller, K., Wittsack, H.-J., Markowitsch, H.-J. y Seitz, R. J. (2013). Processing of subliminal facial expressions of emotion: A behavioral and fMRI study. *Social Neuroscience*, 8(5), 448-461. https://doi.org/10.1080/17470919.2013.812536

Przyrembel, M., Smallwood, J., Pauen, M. y Singer, T. (2012). Illuminating the dark matter of social neuroscience: Considering the problem of social interaction from philosophical, psychological, and neuroscientific perspectives. *Frontiers in Human Neuroscience*, 6. doi: 10.3389/fnhum.2012.00190

Purves, D., Augustine, G. J., Fitzpatrick, D., Hall, W. C., Lamantia, A.-S., McNamara, J. O. y Williams, S. M. (2014). *Neurociencia*. Editorial Médica Panamericana.

Raafat, R. M., Chater, N. y Frith, C. (2009). Herding in Humans. *Trends in Cognitive Sciences*, 13, 420-428.

Rachlinski, J. (2008). *Heuristics, Biases, and Philosophy*. Cornell Law Faculty Publications. https://scholarship.law.cornell.edu/facpub/1080

Rameson, L. T., Morelli, S. A. y Lieberman, M. D. (2012). The neural correlates of empathy: experience, automaticity, and prosocial behavior. *Journal of Cognitive Neuroscience*, 24(1), 235-245. https://doi.org/10.1162/jocn_a_00130

Redolar, D. (2014). *Neurociencia cognitiva*. Madrid: Editorial Médica Panamericana.

Reimers, M. y Oakley, B. (2017). Empathy, Theory of Mind, Cognition, Morality, and Altruism. En M. Tibayrenc y F. J. Ayala (eds.), *On Human Nature* (pp. 355-363). San Diego: Academic Press. https://doi.org/10.1016/B978-0-12-420190-3.00021-1

Reniers, R. L. E. P., Corcoran, R., Völlm, B. A., Mashru, A., Howard, R. y Liddle, P. F. (2012). Moral decision-making, ToM, empathy and the default mode network. *Biological Psychology*, 90(3), 202-210. https://doi.org/10.1016/j.biopsycho.2012.03.009

Reuter, M., Frenzel, C., Walter, N. T., Markett, S. y Montag, C. (2011). Investigating the genetic basis of altruism: the role of the COMT Val158Met polymorphism. *Social Cognitive and Affective Neuroscience*, 6(5), 662-668. https://doi.org/10.1093/scan/nsq083

Reuter, M., Montag, C., Altmann, S., Bendlow, F., Elger, C., Kirsch, P., Becker, A., Schoch-McGovern, S., Simon, M., Weber, B. y Felten, A. (2017). Functional characterization of an oxytocin receptor gene variant (rs2268498) previously associated with social cognition by expression analysis in vitro and in human brain biopsy. *Social Neuroscience*, 12 (5), 604-611.

Reynaud, A., Guedj, C., Hadj-Bouziane, F., Meunier, M. y Monfardini, E. (2015). Social Facilitation of Cognition in Rhesus Monkeys: Audience vs. Coaction. *Frontiers in Behavioral Neuroscience*, 9, 1-5. DOI: 10.3389/fnbeh.2015.00328

Roberts, G. (2008). Evolution of direct and indirect reciprocity. *Proceedings of the Royal Society B: Biological Sciences*, 275(1631), 173-179. https://doi.org/10.1098/rspb.2007.1134

Rodas, G., Pedret, C., Ramos, J. y Capdevila, L. (2008). Variabilidad de la frecuencia cardiaca: concepto, medidas y relación con aspectos clínicos. *Archivos Medicina del Deporte*, XXV(41-47).

Roepke, S., Vater, A., Preissler, S., Heekeren, H. y Dziobek, I. (2013). Social cognition in borderline personality disorder. *Frontiers in Neuroscience*, 6, 1-12. DOI:10.3389/fnins.2012.00195

Romanycia, M. y Pelletier, F. (1985). *What is a heuristic? Computational Intelligence*, 1, 47-58.

Ruiz, J. M. y Fernández, M. A. (2011). Arquitecturas cognitivas y cerebro: hacia una teoría unificada de la cognición. *International Journal of Psychological Research*, 4(2), 38-47.

Rule, N., Freeman, J. y Ambady, N. (2013). Culture in social neuroscience: A review. *Social Neuroscience*, 8(1), 3-10.

Rymarczyk, K., urawski, Ł., Jankowiak-Siuda, K. y Szatkowska, I. (2016). Emotional Empathy and Facial Mimicry for Static and Dynamic Facial Expressions of Fear and Disgust. *Frontiers in Psychology*, 7. https://doi.org/10.3389/fpsyg.2016.01853

SALLY, D. (1995). Conversation and cooperation in social dilemmas. *Ration Soc*, 7, 58-92.

SANFEY, A. G., RILLING, J. K., ARONSON, J. A., NYSTROM, L. E. y COHEN, J. D. (2003). The neuronal basis of economic decision-making in the Ultimatum game. *Science*, 300, 1755-1758.

SARTORI, L., CAVALLO, A., BUCCHIONI, G. y CASTIELLO, U. (2012). From simulation to reciprocity: The case of complementary actions. *Social Neuroscience*, 7(2), 146-158, DOI: 10.1080/17470919.2011.586579

SATO, W., TOICHI, M., UONO, S. y KOCHIYAMA, T. (2012). Impaired social brain network for processing dynamic facial expressions in autism spectrum disorders. *BMC Neuroscience*, 13(1), 99.

SAUTTER, J. A. (2006). Empathy and Collective Action in the Prisoner's Dilemma. *DigitalCommons@University of Nebraska*, 58.

SCHIPPER, M. y PETERMANN, F. (2013). Relating empathy and emotion regulation: Do deficits in empathy trigger emotion dysregulation? *Social Neuroscience*, 8(1), 101-107. https://doi.org/10.1080/17470919.2012.761650

SCHWENCK, C., CIARAMIDARO, A., SELIVANOVA, M., TOURNAY, J., FREITAG, C. M. y SINIATCHKIN, M. (2017). Neural correlates of affective empathy and reinforcement learning in boys with conduct problems: fMRI evidence from a gambling task. *Behavioural Brain Research*, 320, 75-84. https://doi.org/10.1016/j.bbr.2016.11.037

SELLNER, S., PARICIO-MONTESINOS, R., SPIESS, A., MASUCH, A., ERNY, D., HARSAN, L. A., ELVERFELDT, D. V., SCHWABENLAND, M., BIBER, K., STASZEWSKI, O., LIRA, S., JUNG, S., PRINZ, M. y BLANK, T. (2016). Microglial CX3CR1 promotes adult neurogenesis by inhibiting Sirt 1/p65 signaling independent of CX3CL1. *Acta Neuropathologica Communications*, 4. https://doi.org/10.1186/s40478-016-0374-8

SHEN, Q., JIN, J. y MA, Q. (2013). The sweet side of inequality: How advantageous status modulates empathic response to others' gains and losses. *Behavioural Brain Research*, 256, 609-617.

Simpson, B. y Willer, R. (2015). Beyond Altruism: Sociological Foundations of Cooperation and Prosocial Behavior. *Annual Review of Sociology*, 41(1), 43-63. https://doi.org/10.1146/annurev-soc-073014-112242

Singer, T., Seymour, B., O'Doherty, J. P., Stephan, K. E., Dolan, R. J. y Frith, C. D. (2006). Empathic neural responses are modulated by the perceived fairness of others. *Nature*, 439, 466-469.

Singer, T., Wolpert, D. y Frith, C. (2004). Introduction: the study of social interactions. En Frith, C. D. y Wolpert, D. M. (eds.), *The neuroscience of social interaction: decoding, imitating, and influencing the actions of others*. Oxford: Oxford University Press/The Royal Society.

Smith, K. E., Porges, E. C., Norman, G. J., Connelly, J. J. y Decety, J. (2014). Oxytocin receptor gene variation predicts empathic concern and autonomic arousal while perceiving harm to others. *Social Neuroscience*, 9(1), 1-9. https://doi.org/10.1080/17470919.2013.863223

Smith, L. (2000). A study of Paul A. Samuelson's Economics: making economics accessible to students: a thesis presented in partial fulfilment of the requirements for the degree of Doctor of Philosophy in Economics at Massey University, Palmerston North, New Zealand.

Snarey, J. R. (1985). Cross-cultural universality of social-moral development: A critical review of Kohlbergian research. *Psychological Bulletin*, 97(2), 202. https://doi.org/10.1037/0033-2909.97.2.202

Snell, R. S. (2010). *Neuroanatomía clínica* (7.ª ed). Madrid: Wolters Kluwer Health España.

Somerville, L. H., Heatherton, T. F. y Kelley, W. M. (2006). Anterior cingulate cortex responds differentially to expectancy violation and social rejection. *Nature Neuroscience*, 9(8), 1007-1008. https://doi.org/10.1038/nn1728

Speckmann, E. y Elger, C. (2005). Introduction to the Neurophysiological Basis of the EEG and DC Potentials. En E. Niedermeyer y F. Lopes da Silva (eds.), *Electroencephalography: basic principles, clinical applications and related fields*, 5th ed. Philadelphia: Lippincott Williams y Wilkins.

STARTIN, C., FIORENTINI, C., DE HAAN, M. y SKUSE, D. (2015). Variation in the X-Linked EFHC2 Gene Is Associated with Social Cognitive Abilities in Males. *PLoS ONE*, 1-12. DOI: 10.1371/journal.pone.0131604

STEFFEN, A. C., ROCKSTROH, B. y JANSMA, B. (2009). Brain evoked potentials reflect how emotional faces influence our decision making. *Journal of Neuroscience, Psychology, and Economics*, 2(1), 32-40. https://doi.org/10.1037/a0015464

STEWART, A. J. y PLOTKIN, J. B. (2012). Extortion and cooperation in the prisoner's dilemma. *Proc Natl Acad Csi*, 109, 10134-10135.

STOLTENBERG, S. F., CHRIST, C. C. y CARLO, G. (2013). Afraid to help: Social anxiety partially mediates the association between 5-HTTLPR triallelic genotype and prosocial behavior. *Social Neuroscience*, 8(5), 400-406. https://doi.org/10.1080/17470919.2013.807874

STONE, R. (1948). The theory of games. *The Economic Journal*, 58(230), 185-201.

SUN, S. y YU, R. (2014). The feedback related negativity encodes both social rejection and explicit social expectancy violation. *Frontiers in Human Neuroscience*, 8. https://doi.org/10.3389/fnhum.2014.00556

SUNDSTRÖM POROMAA, I. y GINGNELL, M. (2014). Menstrual cycle influence on cognitive function and emotion processing-from a reproductive perspective. *Frontiers in Neuroscience*, 8. https://doi.org/10.3389/fnins.2014.00380

SUNSTEIN, C. (2002). Hazardous Heuristics. *Law & Economics Working Papers*. https://chicagounbound.uchicago.edu/law_and_economics/228

SUNSTEIN, C. R. (2005). Moral heuristics. *The Behavioral and Brain Sciences*, 28(4), 531-542; discussion 542-573. https://doi.org/10.1017/S0140525X05000099

SUNSTEIN, C. R. (2007). Cost-Benefit Analysis without Analyzing Costs or Benefits: Reasonable Accommodation, Balancing, and Stigmatic Harms. *The University of Chicago Law Review*, 2007, 149, 22.

SUNSTEIN, C. R. (2008). Adolescent risk-taking and social meaning: A commentary. *Developmental Review*, 28(1), 145-152. https://doi.org/10.1016/j.dr.2007.11.003

SUR, S. y SINHA, V. K. (2009). Auditory P300 study in remittent bipolar child and adolescent population. *Asian Journal of Psychiatry*, 2(4), 128-131.

SUSLOW, T., LINDER, C., DANNLOWSKI, U., WALHOFER, K., RODIGER, M., MAISCH, B., BAUER, J., OHRMANN, P., LENCER, R., ZWITSERLOOD, P., KERSTING, A., HEINDEL, W., AROLT, V. y KUGEL, H. (2013). Automatic amygdala response to facial expression in schizophrenia: initial hyperresponsivity followed by hyporesponsivity. *BMC Neuroscience*, 14, 1-9.

SUTTON, S., BRAREN, M., ZUBIN, J. y JOHN, E. R. (1965). Evoked-potential correlates of stimulus uncertainty. *Science*, 150(3700), 1187-1188.

SYLVESTER, K., LYONS, M., BUCHANAN, C., NETTLE, D. y ROBERTS, G. (2012). The role of Theory of Mind in assessing cooperative intentions. *Personality and Individual Differences*, 52, 113-117.

TARACENA, A., RAMOS-LOYO, J., MATUTE, E. y GONZÁLEZ-GARRIDO, A. (2014). Reconocimiento emocional y problemas de comportamiento social en niños con TDAH. *Revista Neuropsicología, Neuropsiquiatría y Neurociencias*, 14(1), 223-248.

TARCHANOFF, J. (1890). Galvanic phenomena in the human skin dur- ing stimulation of the sensory organs and during various forms of mental activity. *Pflugers Archive fur die Gesamte Physiologie des Menschen und der Tiere*, 46, 46-55.

TERMINE, N. T. e IZARD, C. E. (1988). Infants' responses to their mothers' expressions of joy and sadness. *Developmental Psychology*, 24(2), 223-229. https://doi.org/10.1037/0012-1649.24.2.223

THAGARD, P. (2008). *La mente. Introducción a las ciencias cognitivas*. Buenos Aires: Katz.

TOBÓN, C., IBÁÑEZ, A., VELILLA, L., DUQUE, J., OCHOA, J., TRUJILLO, N., DECETY, J. y PINEDA, D. (2015). Emotional processing in Colombian ex-combatants and its relationship with empathy and executive functions. *Social Neuroscience*, 10(2), 153-165. https://doi.org/10.1080/17470919.2014.969406

TOMASELLO, M. (2007). *Los orígenes culturales de la cognición humana*. Buenos Aires: Amorrortu.

TOMEO, O. B., UNGERLEIDER, L. G. y LIU, N. (2017). Preference for Averageness in Faces Does Not Generalize to Non-Human Primates. *Frontiers in Behavioral Neuroscience*, 11. https://doi.org/10.3389/fnbeh.2017.00129

Tougas, M. E., Hayden, J. A., McGrath, P. J., Huguet, A. y Rozario, S. (2015). A Systematic Review Exploring the Social Cognitive Theory of Self-Regulation as a Framework for Chronic Health Condition Interventions. *PLoS ONE*, 10(8), e0134977. https://doi.org/10.1371/journal.pone.0134977

Treadway, M. T., Buckholtz, J. W., Martin, J. W., Jan, K., Asplund, C. L., Ginther, M. R. y Marois, R. (2014). Corticolimbic gating of emotion-driven punishment. *Nature Neuroscience*, 17(9), 1270-1275.

Triandis, H. C., Bontempo, R., Villareal, M. J., Asai, M. y Lucca, N. (1988). Individualism and collectivism: Cross-cultural perspectives on self-ingroup relationships. *Journal of Personality and Social Psychology*, 54(2), 323. https://doi.org/10.1037/0022-3514.54.2.323

Trontel, H., Duffield, T., Bigler, E., Froehlich, A., Prigge, M., Nielsen, J., Cooperrider, J., Cariello, A., Travers, B., Anderson, J., Zielinski, B., Alezander, A., Lange, N. y Lainhart, J. (2013). Fusiform Correlates of Facial Memory in Autism. *Behavioral Sciences*, 3(3), 348-371. https://doi.org/10.3390/bs3030348

Tsang, S., Zhong, S., Mei, L., Chen, J., Ng, S., Pun, F., Zhao, C., Jing, B., Chark, R., Guo, J., Tan, Y., Li, L., Wang, C., Chew, S. y Xue, H. (2013). Social Cognitive Role of Schizophrenia Candidate Gene GABRB2. *PLoS ONE*, 8(4), 1-9.

Tyler, T. R. y Blader, S. L. (2001). Identity and cooperative behavior in groups. *Group Processes & Intergroup Relations* (4), 207-226. https:// doi/pdf/10.1177/1368430201004003003

Tzieropoulos, H. (2013). The Trust Game in neuroscience: A short review. *Social Neuroscience*, 8(5), 407-416, doi: 10.1080/17470919.2013.832375

Valdeoso, P. y DeSteno, D. (2006). Manipulations of Emotional Context Shape Moral Judgement. *Association for Psychological Science*, 16, 476-477.

Van Baaren, R. B., Holland, R. W., Kawakami, K. y Van Knippenberg, A. (2004). Mimicry and prosocial behavior. *Psychological Science*, 15(1), 71-74. https://doi.org/10.1111/j.0963-7214.2004.01501012.x

Van Baaren, R. B., Holland, R. W., Steenaert, B. y Van Knippenberg, A. (2003). Mimicry for money: Behavioral consequences of imitation. *Journal of Experimental Social Psychology*, 39(4), 393-398. https://doi.org/10.1016/S0022-1031(03)00014-3

VAN DEN ASSEM, M. J., VAN DOLDER, D. y THALER, R. H. (2010). Split or steal? Cooperative behavior when the stakes are large. *Social Science Research Network*, 58, 2-20.

VAN DEN BOS, W., VAN DJIK, E., WESTENBERG, M., ROMBOUTS, S. A. R. B. y CRONE, E. A. (2009). What motivates repayment? Neural correlates of reciprocity in the Trust Game. *Social Cognitive and Affective Neuroscience*, 4, 294-304.

VAN DER MEULEN, M., VAN IJZENDOORN, M. H. y CRONE, E. A. (2016). Neural Correlates of Prosocial Behavior: Compensating Social Exclusion in a Four-Player Cyberball Game. *PLoS ONE*, 11(7), e0159045. https://doi.org/10.1371/journal.pone.0159045

VAN RIJN, S., BARENDSE, M., VAN GOOZEN, S. y SWAAB, H. (2014). Social Attention, Affective Arousal and Empathy in Men with Klinefelter Syndrome (47, XXY): Evidence from Eyetracking and Skin Conductance. *PLoS ONE*, 9(1), e84721. https://doi.org/10.1371/journal.pone.0084721

VARDHINI, P. H. y DEEPTHI, K. (2017) FPGA based brain computer interface system. *International Journal of Innovative Research in Science and Engineering*, 3, 419-423.

VARELA, F. (1990). *Conocer*. Barcelona: Gedisa.

VARELA, F., THOMPSON, E. y ROSCH, E. (1992). *De cuerpo presente. Las ciencias cognitivas y la experiencia humana*. Barcelona: Gedisa.

VIGOUROUX, R. (1879). Sur le role de la resistance electrique des tissues dans l'electrodiagnostic. *Comptes Rendus Societe de Biologie*, 31, 336-339.

VIGOUROUX, R. (1888). The electrical resistance considered as a clinical sign. *Progres Medicale*, 3, 87-89.

VON NEWMAN, J. y MORGENSTERN, O. (1944). *Theory of games and Economic behavior*. Princeton, NY: Princeton University Press.

Waller, A. D. (1887). A Demonstration on Man of Electromotive Changes Accompanying the Heart's Beat. *J Phisiol*, 8(5), 229-234.

WALSH, M. M. y ANDERSON, J. R. (2012). Learning from experience: event-related potential correlates of reward processing, neural adaptation, and behavioral choice. *Neuroscience and Biobehavioral Reviews*, 36(8), 1870-1884. https://doi.org/10.1016/j.neubiorev.2012.05.008

WALSH, P., KANE, N. y BUTLER, S. (2005). The clinical role of evoked potentials. *Journal of Neurology, Neurosurgery & Psychiatry*, 76(suppl 2), ii16-ii22.

WANG, X. (2012). Neural dynamics and circuit mechanisms of decision-making. *Current Opinion in Neurobiology*, 115, 1-8.

WANG, Y., LIU, W., LI, Z., WEI, X., JIANG, X., NEUMANN, D., SHUM, D., CHEUNG, E. y CHAN, R. (2015). Dimensional schizotypy and social cognition: an fMRI imaging study. *Frontiers in Behavioral Neuroscience*, 9, 1-9. DOI: 10.3389/fnbeh.2015.00133

WHITTIER, N. C., WILLIAMS, S. y DEWETT, T. C. (2006). Evaluating ethical decision-making models: a review and application. *Society and Business Review*, 1, 235-247.

WIDMAIER, E. P. (2008). Vander's human physiology: the mechanisms of body function. 11th ed. ISBN 978-0-07-304962-5.

WIELAND, B. A. y MEFFERD, R. D. (1970). Systematic changes in levels of physiological activity during a fourth-month period. *Psychophysiology*, 6, pp. 669-689.

WILKINSOM, N. y KLAES, N. (2012). *An Introduction to Behavioral Economics*. Londres: Palgrave Macmillan.

WILLIAMS, B. (2011). Heurísticas y sesgos en la toma de decisiones militares. *Military Review*, 52 -65.

WU, E. X. W., LAENG, B. y MAGNUSSEN, S. (2012). Through the eyes of the own-race bias: Eye-tracking and pupillometry during face recognition. *Social Neuroscience*, 7(2), 202-216. https://doi.org/10.1080/17470919.2011.596946

XU, Q., SHEN, Q., CHEN, P., MA, Q., SUN, D. y PAN, Y. (2011). How an uncertain cue modulates subsequent monetary outcome evaluation: an ERP study. *Neuroscience Letters*, 505(2), 200-204. https://doi.org/10.1016/j.neulet.2011.10.024

YATES, J. F. y TSCHIRHART, M. D. (2016). Decision making expertise. En Ericsson, K. A., Charness, N., Feltovich, P. J. y Hoffman, R. R. (eds.), *Cambridge Handbook of Expertise and Expert Performance* (pp. 421-438). Nueva York: Cambridge University Press.

Young, L., Camprodon, J. A., Hauser, M., Pascual-Leone, A. y Saxe, R. (2010). Disruption of the right temporoparietal junction with transcranial magnetic stimulation reduces the role of beliefs in moral judgments. *Proceedings of the National Academy of Sciences*, 107(15), 6753-6758. https://doi.org/10.1073/pnas.0914826107

Young, L., Cushman, F., Hauser, M. y Saxe, R. (2007). The neural basis of the interaction between theory of mind and moral judgment. *Proceedings of the National Academy of Sciences*, 104(20), 8235-8240.

Zahavi, A. Y., Sabbagh, M. A., Washburn, D., Mazurka, R., Bagby, R. M., Strauss, J., Kennedy, J., Ravindran, A. y Harkness, K. L. (2016). Serotonin and Dopamine Gene Variation and Theory of Mind Decoding Accuracy in Major Depression: A Preliminary Investigation. *PLoS ONE*, 11(3), e0150872. https://doi.org/10.1371/journal.pone.0150872

Zak, P. J. y Knack, S. (2001). Trust and Growth. *The Economic Journal* (111), 295-321. http://www.sba.muohio.edu/davisgk/growth%20readings/19.pdf

Zapata, L. F. (2009). Evolución, cerebro y cognición. *Psicología desde el Caribe*, 24, 106-119.

Zhou, Z., Yu, R. y Zhou, X. (2010). To do or not to do? Action enlarges the FRN and P300 effects in outcome evaluation. *Neuropsychologia*, 48(12), 3606-3613.

BIOLOGÍA INTERACCIONISTA

EDITORA DE SECCIÓN:
MELISSA CÁRDENAS MOLANO

Durante los últimos años, el Laboratorio Interdisciplinar de Ciencias y Procesos Humanos (Linciph) ha venido consolidando una plataforma de trabajo interdisciplinar en diferentes campos de estudio, con el objetivo de enriquecer los horizontes teóricos y metodológicos de las ciencias sociales y humanas. Sin duda, un proceso que puede aportar a este objetivo es el acercamiento a los desarrollos e interrogantes que han surgido en el ámbito de las ciencias de la vida. En particular, el Linciph contempla los estudios en el campo de la biología como parte fundamental del conocimiento desarrollado en esta entidad, buscando la interacción del ser viviente situado en una compleja trama ecológica.

La noción fundamental de *interacción* es resaltada desde la concepción misma del campo de desarrollo, puesto que plantea una comprensión de la vida eminentemente relacional y centrada en la interdependencia de los diferentes elementos que constituyen las células, los organismos, los ecosistemas y la biosfera misma. Tomando en cuenta que, desde una concepción mecanicista que ha sido hegemónica en el estudio de los seres vivos, el énfasis en el abordaje de las partes y de los individuos aislados muchas veces eclipsa la comprensión de sus interrelaciones constitutivas, la biología interaccionista propone un modelo alternativo que resalta la ontología relacional de los seres vivos. Esta visión recoge las ideas de corrientes como la ecología profunda (Harding, 2009), la cognición corporeizada o encarnada (Varela, 2002), los sistemas biológicos complejo-adaptativos (Gellman, 2007), entre otras.

Una de las aristas más importantes para el desarrollo de este campo de trabajo es la perspectiva multiescalar que busca integrar los niveles infraorganísmicos, organísmicos y supraorganísmicos. Para comprender la dimensión de estas escalas, vale la pena plantear que el estudio de los fenómenos sociales y humanos abarca dimensiones variadas y complementarias, desde los comportamientos históricos de los sistemas políticos y económicos, pasando por los procesos de adaptación y cambio en los sujetos y comunidades, hasta llegar a los procesos biológicos en los que se "encarnan" y sitúan las cualidades psicológicas, sociales y culturales de los individuos. Se trata de escalas en las que pueden analizarse dinámicas propias, con características espaciales y temporales específicas, pero que se conectan como redes de redes interdependientes, generando vectores de influencia tanto ascendentes como descendentes, y dando lugar a propiedades emergentes en cada nivel.

Para poner el foco en el nivel infraorganísmico, la comprensión de un proceso de interacción biológica molecular o un cambio en los patrones de organización de un conjunto celular puede guardar relación con cambios en otras escalas de análisis, como la del organismo completo o sus interacciones con otros individuos. Esto ocurre, no mediante un proceso simple de extrapolación o determinación lineal, sino mediante un acoplamiento de procesos de las diferentes escalas, en términos de sus ritmos y sus configuraciones. Así, se ha establecido, por ejemplo, que los fenómenos de adversidad y maltrato en períodos críticos de la vida, como la infancia temprana, se asocian con cambios estructurales y dinámicos, tanto moleculares como anatómicos, en áreas específicas del cerebro relacionadas con la respuesta al estrés y la integración cognitiva-emocional, lo cual, a su vez, puede tener efectos significativos en los comportamientos sociales de un individuo en otras etapas de su vida. Si se asume que fenómenos de alto impacto sociohistórico, como las guerras, pueden cambiar de manera extendida estas configuraciones individuales e infraorganísmicas, puede postularse que tendrían eventualmente consecuencias extendidas en los entornos sociales.

En este marco, el Linciph cuenta con múltiples plataformas de abordaje para los tres niveles de organización, como las modelizaciones de dinámicas sociales, las estrategias de evaluación y medición de procesos psicológicos, los registros electrofisiológicos, la medición de hormonas como marcadores biológicos-comportamentales, entre otros. En esta sección se describirán las dimensiones de análisis que provee el campo de la biología interaccionista, principalmente la investigación con diferentes biomarcadores salivales y los métodos de análisis observacional del comportamiento individual y colectivo, en su esfuerzo por aportar a la construcción de plataformas teórico-metodológicas interdisciplinares para el estudio de los procesos humanos.

FUNDAMENTACIÓN TEÓRICA DEL CAMPO DE DESARROLLO BIOLOGÍA INTERACCIONISTA

JUAN CARLOS CAICEDO MERA

¿Qué es?, ¿de dónde viene? y a ¿dónde va la vida? son tres preguntas fundamentales que se hace la biología buscando comprender el origen y evolución de los seres vivos y de las especies, para explicar la diversidad biológica que existe en la naturaleza. Sin embargo, en la evolución del pensamiento biológico algunas de las preguntas que no se ha podido responder completamente son ¿qué es la vida?, ¿qué es un ser vivo? o ¿qué criterio me permite afirmar la distinción entre un sistema vivo y un sistema no vivo? Las ciencias de la vida, generalmente, no tienen consenso en la definición ni en criterios claros, a pesar de la extensa literatura sobre los orígenes de la vida y los modelos explicativos de esta.

En este sentido, la expansión, los avances y el nivel de especialización de las ciencias biológicas en el siglo XX condujeron al desarrollo actual de una nueva discusión frente al abordaje tradicionalmente analítico de los fenómenos de la vida por parte de las ciencias naturales y las ciencias sociales y humanas. Esta discusión toma fuerza a partir del momento en que las teorías física y química no dan explicación a los fenómenos biológicos en los organismos vivos. Por el contrario, dichos fenómenos, por su complejidad, exigen la integración con otros saberes que permitan concebir a los seres vivos, no como objetos pasivos, sino como activos constructores en continua interacción con su ambiente.

En este contexto, Maturana define lo biológico como el suceder que implica la realización del vivir de por lo menos un ser vivo, donde lo social y lo cultural hacen parte de ese vivir y permiten caracterizar diferentes modos de habitar. Por consiguiente, cuando surge la pregunta por lo social o por lo cultural en las diferentes especies, se evidencia la tendencia de la comunidad científica a dar respuestas a los fenómenos observados de forma explicativa y descriptiva, por medio de diferentes campos de la ciencia, como el biosocial, biológicocultural, sociocultural, biosociocultural, entre otros.

En el caso de la especie humana, que es otra especie más del reino animal, el hombre por naturaleza es un ser social y cultural, lo que se expresa en la influencia recíproca entre las personas, o sea, la interacción social y de los saberes y construcciones de su cultura sobre los procesos cognitivos y afectivos generados en dicha interacción. Esto es consecuencia de que la acción mutua del individuo sobre la sociedad y de la sociedad sobre los individuos afecta los pensamientos, las emociones y los comportamientos de las personas involucradas. Las expectativas, pensamientos, juicios, discursos, creencias, actitudes y representaciones sociales de los sujetos en interacción suceden en contextos socioculturales específicos y determinan el juego de relaciones y hechos sociales en que se producen. En consecuencia, podemos concluir que todo este tipo de acciones hacen parte del vivir humano.

El conocimiento y el entendimiento del vivir de lo vivo se pueden abordar desde diferentes categorías de observación. Una de ellas es la infraorganísmica que da cuenta de las partes del ser vivo como sistema complejo dinámico, sin ignorar su totalidad y el ambiente donde interactúa. Otra de las categorías es la organísmica que centra el objeto de estudio en el individuo, organismo o sujeto en la interacción consigo mismo y con el ambiente. Por último, la categoría supraorganísmica trasciende a una escala ecológica, donde el ser vivo está en interacciones intra e interespecífica que le permiten construir redes sociales y culturales.

Por ejemplo, la categoría infraorganísmica facilita la comprensión de los seres vivos como sistemas autopoiéticos. Maturana y Varela (2000) definen los sistemas autopoiéticos como aquellos que están organizados en una red de procesos de producción de componentes que se regeneran continuamente e integran la red de transformaciones que los produjo y constituyen al sistema como unidad distinguible en su dominio de existencia.

Comprender lo vivo como un patrón de organización (autopoiesis) donde la configuración de las relaciones determina las características esenciales del sistema nos permite hacer una distinción entre los sistemas vivos y los sistemas no vivos desde modelos de autoorganización y de las matemáticas de la complejidad.

Capra (1996), con su propuesta de una nueva síntesis, plantea los criterios de distinción de lo vivo en tres dimensiones conceptuales: patrón, estructura y proceso. Este planteamiento está fundamentado en la autopoiesis de Maturana y Varela (2000), entendida como el patrón de vida; la estructura disipativa definida por Prigogine, como la estructura de los seres vivos; y la cognición precisada como el proceso vital por Bateson, Maturana y Varela.

La célula, unidad funcional y estructural de todo ser vivo, es autopoiética y a escala molecular o infraorganísmica permite observar el patrón constitutivo que determina las características de lo vivo. Por tal motivo, lo que sucede en el ciclo celular es una red de procesos a partir de transformaciones químicas que generan de manera circular la sostenibilidad del sistema. Sin embargo, es importante resaltar que esta red de reacciones no se da por el azar, sino que es orientada por los ácidos nucleicos ADN y ARN, los que son tan solo una implementación particular de la organización autopoiética general.

El patrón de organización se expresa físicamente en la estructura. Los sistemas vivos están determinados biológicamente por su organización, y su interacción con el ambiente en el tiempo/espacio permite la transformación o cambio garantizando el mantenimiento de la organización; de lo contrario, el sistema puede sufrir una entropía total. La estructura de los seres vivos es disipativa: permite el flujo de materia, energía e información de manera abierta estructuralmente y de manera cerrada organizativamente.

En síntesis, lo vivo se define como sistemas biológicos complejos (SBC). Se entiende que el patrón de vida (autopoiesis) y una estructura disipativa solo pueden ser entendidas en términos de procesos metabólicos y de desarrollo, que, como procesos vitales, son propiedades emergentes de los sistemas vivos, los cuales son sistemas cognitivos, y la vida como proceso es un proceso de cognición. La mente no es una cosa, sino un proceso; así, vida y cognición quedan vinculadas. La mente entendida como proceso trasciende las tres categorías de análisis infraorganísmica, organísmica y supraorganísmica, puesto que la mente no solo se manifiesta en organismos individuales, sino también en sistemas sociales, sistemas culturales, ecosistemas, sistemas moleculares, entre otros.

LAS HORMONAS COMO BIOMARCADORES

CHRISTIAN CAMILO GARCÍA LÓPEZ
MELISSA CÁRDENAS MOLANO
JUAN CARLOS CAICEDO MERA

El campo de la biología interaccionista propone este abordaje de investigación como una importante herramienta para desarrollar investigaciones interdisciplinarias en temas sociales. De hecho, en los últimos años, la medición de bio-marcadores salivales ha tomado un papel central en las investigaciones sobre los correlatos fisiológicos de diferentes fenómenos, entre ellos, el estrés, la agresividad, los comportamientos prosociales y afiliativos, el establecimiento y disrupción de vínculos afectivos, las decisiones económicas, el desarrollo moral, las emociones sociales, entre otros.

Se ha demostrado la conveniencia de utilizar marcadores salivales porque, en general, reflejan la fracción libre, biológicamente activa, de diferentes hormonas, sin el inconveniente de la adhesión a proteínas u otras moléculas, como sucede con las muestras de sangre (Magnano, Diamond y Gardner, 1989). Pero la principal ventaja de este tipo de ensayos radica en la sustracción del estrés y los riesgos biológicos asociados a la venopunción, lo cual resulta crucial en estudios que se centran en la reactividad fisiológica frente a diferentes estímulos o condiciones experimentales.

HORMONAS EN UNA PERSPECTIVA ECOLÓGICA

Las hormonas tienen diferentes funciones en todo el cuerpo; por ejemplo, están asociadas a la lactancia, a la ovulación o al desarrollo de características sexuales. Sin embargo, su papel en el cerebro varía de forma significativa, pues cumplen la función de neurotransmisores o neuromoduladores, y por lo tanto están implicadas no solo en la transmisión sináptica como fenómeno celular y bioquímico, sino también en la integración de comportamientos complejos asociados a estos diferentes sistemas de neurotransmisión química. Por ejemplo, el cortisol está implicado en la respuesta ante el estrés y la oxitocina está implicada en la modulación de los procesos afectivos y de vínculo entre madre e hijo (Purves *et al.*, 2008).

Mientras que el cortisol es una hormona esteroidea sintetizada en la glándula suprarrenal, la oxitocina es un neuropéptido sintetizado y liberado por neuronas especializadas en el hipotálamo y que luego es empaquetado en vesículas que están en el aparato de Golgi para su transporte hacia la hipófisis posterior, donde es liberado al torrente sanguíneo (Purves *et al.*, 2008). Existe una clasificación de los neuropéptidos de acuerdo con la secuencia de aminoácidos: péptidos del cerebro-intestino, hormonas hipotalámicas liberadoras, péptidos pituitarios y péptidos opioides (Purves *et al.*, 2008).

Ahora bien, de manera consecuente, es pertinente plantear una comprensión ecológica de las hormonas, para no reincidir en el pensamiento reduccionista biológico presente en diferentes investigaciones. Es importante reconocer este tipo de sesgos epistemológicos, ya que de estas investigaciones pueden derivarse consecuencias prácticas en campos como la farmacología.

En contraste, el modelo ecológico que se intenta construir propone una comprensión de estos biomarcadores como elementos situados en red dentro de los diferentes canales de bioinformación del organismo. A la par de los neurotransmisores sintetizados en el sistema nervioso central y periférico, de las sustancias provenientes del metabolismo de la flora intestinal o microbioma, o de sustancias que operan como mediadores químicos de la inflamación en la fisiología del sistema inmunitario, las hormonas se sumarían a la compleja trama de interacción química que sustenta la comunicación entre diferentes sistemas del organismo. De hecho, como lo demostraron los estudios pioneros en el campo de las redes de péptidos (Kamburowski, 1985), es posible que funciones atribuidas exclusivamente al sistema nervioso, como la integración emocional o la reactividad psico-fisiológica, en realidad abarquen todos estos sistemas interconectados de manera ecológica por esta vasta red de códigos químicos. Aspectos como las enfermedades o síntomas psico-somáticos, o el papel del estrés en diferentes dimensiones comportamentales y fisiológicas, podrían comprenderse mejor en la medida que se avance en este enfoque de investigación.

A continuación se describirán aspectos generales sobre la fisiología de algunas de estas moléculas, así como el tipo de estudios en que han sido vinculadas. Se presentarán cuatro de ellas, las que son medidas por bioensayos que lleva a cabo el campo de la biología interaccionista.

ALFA AMILASA

La actual investigación comportamental utiliza la alfa amilasa salival (SAA) como un marcador vicario de la función del sistema nervioso simpático (SNS), por tratarse de una enzima cuya concentración refleja de manera lineal los niveles plasmáticos de adrenalina. Como enzima, es un catalizador y marcador biológico muy importante en la función digestiva. Por otra parte, la alfa amilasa (AMY) es una proteína salival involucrada en el funcionamiento inmune de mucosas, en que inhibe el crecimiento bacteriano. La medición de esta enzima permite un acercamiento a los correlatos fisiopatológicos de diversas condiciones humanas. La razón es que permite sensar, desde un registro bioquímico, la actividad de uno de los dos ejes principales implicados en la respuesta al estrés: el eje simpático-adreno-medular (SAM) (Marchand, Juster, Lupien y Durand, 2016). En general, se ha utilizado para medir el estrés crónico psico-social y ha contribuido a la evaluación del estrés en problemas de salud.

Para profundizar sobre los aspectos fisiológicos asociados a la secreción de la alfa amilasa, su liberación es controlada neurológicamente por células acinares del sistema exocrino, que son inervadas tanto por el sistema simpático como por el parasimpático, subsistemas del sistema nervioso autónomo. Esto hace que la AMY sea un candidato principal para aproximarse a la actividad SAM, que no se evalúa de manera confiable en la saliva. De hecho, la saliva tiene concentraciones de catecolaminas muchas veces inferiores a los valores obtenidos en la sangre, y por lo tanto no reflejan los cambios agudos en las actividades del eje SAM (Marchand, Juster, Lupien y Durand, 2016). También ha sido altamente utilizada debido a su rol crucial en la hidrólisis (Sundarran y Krishna, 2014). A través del tiempo ha ganado popularidad en comparación con otros medios de registro que requieren muestras de sangre y orina, ya que es un método de recolección no invasivo.

Diversos estudios han proporcionado evidencia directa de la sensibilidad de los niveles de AMY en los cambios de los niveles de catecolaminas en la sangre al servir como un marcador de la actividad SAM e indicar alteraciones durante el estrés (Vineetha, Pai, Vengal, Gopalakrishna y Narayanakurup, 2014). Vale la pena indicar la diferencia entre el estrés y la excitación. La excitación puede ocurrir durante estados positivos y negativos, mientras que la respuesta psicológica al estrés ocurre durante tareas incontrolables, por ejemplo, bajo condiciones de evaluación social o intenso dolor (Buchanan, 2011).

Vineetha (2014), citando el estudio de Shyuichi Shirasaki y colaboradores (2007), señala que "se ha intentado correlacionar los niveles de alfa amilasa con la escala del dolor de pacientes con dolor crónico. En esta investigación encontraron una correlación significativa con la intensidad de dolor y alfa amilasa salival sugiriendo un índice para medir la intensidad dolor" (p. 135).

Pese a que la toma de la muestra es de forma no invasiva, se deben tener especial cuidado con el procedimiento de recolección y almacenamiento de la muestra biológica: La interacción con otras bacterias en la boca, el flujo salival, el método de recolección, condiciones patológicas (como la enfermedad periodontal) y medicación de la persona que suministra la muestra. De la misma forma se toman en consideración hábitos alimenticios referidos al consumo de cafeína, nivel de actividad física y si fuma o no. Considerando que la actividad de AMY salival inicia la digestión de almidones en la cavidad bucal se restringe a los donantes comer, beber, y fumar antes de la toma de saliva (Vucicevic, 2012). Otro factor importante se refiere al flujo de saliva. Si bien hay autores que sugieren que es irrelevante, Vucicevic (2012) argumenta que este factor es relevante cuando las muestras son analizadas; así mismo, la ejecución de ejercicio físico debe ser evitada antes de la toma de muestra. Adicionalmente, los métodos de recolección constituyen un foco de debate. Al respecto se ha aceptado la disposición directa de la muestra de saliva en tubos calibrados por parte del sujeto experimental, en un espacio de cinco minutos.

El estudio "Assesment of salivary amylase as a stress biomarker in pregnant patients", de Guglielminotti y colaboradores (2013), provee algunas recomendaciones que se pueden retomar para estudios próximos:

1. Abstención de fumar, comer, beber agua o cualquier otra bebida y cepillarse los dientes tres horas antes de la toma de la muestra.

2. Los participantes no deben estar medicados.

3. El tubo de recolección debe ser centrifugado y el líquido flotante almacenado a -20 grados centígrados hasta el ensayo SAA.

4. Los participantes deben tomar la muestra de saliva sentados.

5. La mayoría de los experimentos llevados a cabo inducen ciertas situaciones de estrés psicológico, en donde la estrategia más usada se refiere al test de estrés social (TSST) (Petrakova y col., 2015).

Una de las críticas que se ha hecho reiterativamente al uso de la alfa amilasa como biomarcador salival se refiere a que después de más de tres décadas de investigación, todavía su fiabilidad carece de suficiente evidencia. Esto se debe a las diferencias de varios paradigmas de estrés y configuraciones experimentales usadas como tal por la falta de un método estándar (Guglielminotti y col., 2013).

No obstante, la medición de esta enzima junto con otras sustancias como la epinefrina y la noradrenalina, han permitido realizar asociaciones con el ritmo cardiaco, la variabilidad cardiaca, otros parámetros cardiovasculares, conductancia de los niveles basales en la piel, sinusitis respiratoria y presión arterial. También ha llegado a verse relacionado con el desarrollo de psicopatologías como desordenes de la ansiedad, estrés postraumático, desorden de pánico, trastorno obsesivo compulsivo, epilepsia, anorexia, esquizofrenia, desorden de la personalidad límite, y/o depresión (Schumacher, Kirschbaum, Fydrich y Ströhle, 2013).

OXITOCINA

Como se mencionó, este nonapéptido es una de las dos neuro-hormonas liberadas por la hipófisis posterior, junto con la arginina vasopresina (AVP). La OXT es producida por los núcleos supraópticos y paraventriculares del hipotálamo y luego transportada a la glándula a través de las estructuras denominadas túber cinereum e infundíbulo (Gounden y Jialal, 2018).

Tiene un gran papel en el sistema reproductor femenino, dado que participa en los mecanismos moduladores de la actividad del músculo liso uterino, en procesos como el parto (Takagi y col., 1985; Takeda y col., 1985; Kuwabara y col., 1987), la contracción miometrial durante la menstruación, además de la activación de los senos galactóforos productores de leche en las glándulas mamarias (Carter y col., 2007; Grewen y col., 2010; Magon y Karla, 2016; Martino, 2014). En el ámbito clínico, constituye una herramienta fundamental para la inducción del parto, dada su capacidad para incrementar la frecuencia, duración e intensidad de las contracciones luego del inicio espontáneo del trabajo de parto (OMS, 2015). También es fundamental para lograr el incremento del tono muscular uterino en el posparto inmediato, reduciendo el riesgo de hemorragia asociada a la hipotonía (Gimpl y Fahrenholz, 2001).

Además de su función en los procesos del parto y la lactancia, la OXT ha sido ampliamente estudiada por su papel facilitador de comportamientos de cuidado maternal en muchas especies de mamíferos, y también se ha asociado con las actitudes propias del comportamiento paterno, que, dependiendo de la especie, tienen gran relevancia en el cuidado de las crías (Beltrame, 2011). Además, se ha encontrado una correlación entre el aumento de OXT y los comportamientos de contacto, vocalizaciones afectuosas, estimulación táctil y presentación de objetos en modelos de mamíferos (Beltrame, 2011). En estos modelos se ha establecido que los receptores de los neuropéptidos oxitocina (OXT) y la arginina vasopresina (AVP) están distribuidos en distintas regiones cerebrales (Landgraf y Neumann, 2004) asociadas con el control nervioso central del estrés, la ansiedad y el comportamiento social.

En la especie humana, la OXT fue conocida inicialmente como la "hormona del amor y de la unión". Schneiderman y colaboradores (2011) encontraron un incremento en los niveles de OXT principalmente en las primeras etapas del vínculo romántico de pareja, correlacionándose también con las expresiones de reciprocidad en la interacción (Magon y Karla, 2016). Zik y Roberts en el 2015 también la asociaron con el establecimiento de vínculos afectivos y los comportamientos afiliativos (confianza, generosidad, cooperación, abrazos sociales y la empatía emocional). En general, los estudios han demostrado que la OXT se asocia con diferentes dimensiones de las relaciones sociales, incluida la atención de los padres, la vinculación con los pares, el comportamiento sexual y el desarrollo de la memoria y cognición social (Carter, 1998; Insel y Young, 2001; Lim y Young, 2006; Young y Wang, 2004, Mikolajczak y col., 2010, Feifel y col., 2010; Bartz y col., 2011). Por otra parte, se ha demostrado que los niveles de OXT se incrementan de manera significativa respecto a las mediciones basales después de condiciones de ejercicio físico (correr), de la estimulación sexual y de enfrentar estrés social en condiciones de laboratorio (de Jong y col, 2015).

Para hablar de los procesos neurales relacionados con estos efectos prosociales, diferentes autores muestran que la OXT parece permitirles a los animales superar la evitación natural de proximidad para inhibir el comportamiento defensivo, lo que facilita el acercamiento a los otros (Carter y Altemus, 1997; Pedersen, 1997; Carter, 1998; Uvnas-Moberg, 1998; Insel and Young, 2001; Young y col., 2002). Esto se logra gracias a que la OXT muestra una unión significativa con el sistema límbico, incluyendo la amígdala (Landgraf y Neumann, 2004; Huber y col., 2005) asociándose con un decremento de la ansiedad y la respuesta neuroendocrina al estrés en las interacciones sociales (Windle y col., 1997a, 2004; Neumann y col., 2000a; Bale y col., 2001; Carter y col., 2001; Parker y col., 2005). En general, mientras que la actividad central que activa la AVP parece estar asociada con el incremento en la vigilancia, ansiedad, excitación y activación, la OXT tiene efectos comportamentales y neuronales vinculados con la reducción de ansiedad, relajación, crecimiento y restauración (Carter, 2007).

En concreto, se ha encontrado que la OXT reduce los efectos endocrinos y respuestas psicológicas al estrés social (Heinrichs, Baumgartner, Kirschbaum y Ehlert, 2003), para modular la memoria social (Heinrichs, Meinlschmidt, Wippich, Ehlert y Hellhammer, 2004), y para aumentar la confianza, la generosidad y la capacidad de inferir los estados mentales de otra persona (Domos, Heinrichs, Michel, Berger y Herpertz, 2007; Kosfeld, Heinrichs, Zak, Fischbacher y Fehr, 2005; Zak, Stanton y Ahmadi, 2007).

Por otra parte, se ha demostrado que los neuropéptidos atraviesan la barrera hematoencefálica después de la administración intranasal (Born y col., 2002), lo que proporciona un método útil para el estudio de los efectos sobre el sistema nervioso central de OXT en la especie humana (Heinrichs y Domes, 2008). Por ejemplo, hay evidencia que sugiere que el sistema central de OXT es alterado en distintos desórdenes mentales que se caracterizan por ser trastornos sociales, desorden de personalidad y traumas tempranos. Al respecto, se ha encontrado que la administración de OXT exógena (intranasal) en pacientes con trastornos del espectro autista (TEA), esquizofrenia y trastorno límite de la personalidad, mejora el rendimiento en pruebas de cognición social que miden la capacidad de comprensión de contenido afectivo, el reconocimiento de emociones ajenas, la percepción facial y social, la comprensión de sarcasmos y la empatía (Heinrichs y Domes, 2008).

También se ha documentado que la administración de OXT intranasal modula la acción de otras hormonas como el cortisol (Quirin y col., 2011; Weisman *et al.*, 2013) y la testosterona (Weisman *et al.*, 2014). De igual forma, la actividad cortical se ha visto afectada por la administración de OXT, tanto en estudios con EEG (Liu y col, 2013) como con fMRI, especialmente en lo que concierne a la conexión entre amígdala y corteza prefrontal (Sripada y col, 2012; Dodhia y col., 2014; Ebner y col., 2016) y a la actividad en el núcleo caudado, el cíngulo y la corteza visual (Li y col., 2017).

Existen diferentes formas para la detección y cuantificación de la oxitocina salival. Desde su descubrimiento en 1909 por Henry Dale, la detección del péptido era realizada en el tejido pituitario, donde era cuidadosamente seleccionado para que únicamente se colectara la parte posterior de la glándula. Luego el macerado era procesado para retirar cualquier residuo de sangre y finalmente, a través del reactivo de Biuret se evidenciaba la presencia de péptidos en la muestra (Dale, 1909).

Engvall y Perlmann desarrollaron el ensayo de inmunoabsorción ligado a enzimas o Elisa, por sus siglas en inglés. Estos investigadores, impulsados por encontrar una alternativa a técnicas más costosas, lograron crear una técnica que tuvo mejores resultados comparado con otros inmunoensayos, e inclusive puso en tela de juicio la posible sustitución de RIA, como expusieron Ekins y Watson en "Elisa: a replacement for radioimmunoassays?" (1976). Esta técnica es la más usada para la cuantificación de OXT. Otra de las técnicas usualmente usadas ha sido la de inmunohistoquímica con de anticuerpo monoclonal (Burgeon, 1991).

CORTISOL

En humanos, el cortisol (CTS) es la principal hormona del tipo glucocorticoide, las cuales están implicadas en la respuesta al estrés y son producidas en la corteza de la glándula suprarrenal, cuya activación depende de señales neuro-endocrinas transmitidas a través del eje hipotálamo-hipófisis-adrenal (HPA, por su sigla en inglés). Sus efectos son diversos a nivel metabólico, neurológico e inmunitario, y varían de acuerdo a la dosificación, abarcando un espectro que incluye extremos paradójicos, como se explicará adelante. Son catalogadas como hormonas "contrareguladoras", cuyos efectos metabólicos son contrarios a los de la insulina: es decir, se asocian con estados de liberación y consumo energético (catabolismo), por lo cual son importantes en las situaciones de alarma y en el afrontamiento de desafíos para el organismo.

Clásicamente, se ha descrito que el eje HPA ostenta una organización jerárquica comandada por el hipotálamo. En su núcleo paraventricular (PVN) se encuentran las neuronas parvocelulares encargadas de la producción de la hormona liberadora de corticotropina (CRH). Este péptido actúa sobre poblaciones celulares de la adenohipófisis induciendo la expresión de la pro-opio-melano-cortina (POMC), molécula cuyo clivaje da lugar a la producción de hormona estimulante de los melanocitos, β-endorfinas y hormona estimulante de la corteza adrenal o corticotropina. Mientras esta última induce la producción de glucocorticoides y mineralocorticoides en la glándula suprarrenal, las β endorfinas actúan sobre los receptores de opiáceos mediando respuestas del dolor y participando de la regulación emocional. (Charmandari y col., 2003).

El CTS tiene diversas funciones en el cuerpo humano; es producido en los momentos de estrés, generando diversos problemas de salud como un metabolismo lento y por lo tanto un aumento de peso, ya que cuando la glándula suprarrenal produce más cortisol, hay aumento de peso. El CTS controla la cantidad de grasa que hay en el cuerpo con relación a la cantidad y distribución, como también se vincula con los músculos, la fuerza y el volumen. Por los altos niveles de esta hormona se produce el síndrome de Cushing este es causado por un tumor de la glándula suprarrenal (Isaacs, 2007).

Tener un bajo nivel de cortisol produce una enfermedad llamada Addison, la cual se genera cuando las glándulas suprarrenales no pueden producir suficiente CTS, lo que ocasiona que las personas bajen de peso y se encuentren cansadas la mayor parte del tiempo (Isaacs, 2007).

En el sistema nervioso, estas hormonas actúan en áreas como la amígdala y el hipocampo interviniendo en procesos de aprendizaje, memoria y regulación emocional frente a experiencias estresoras (Roozendal y col., 2009; Arnsten, 2009; Ulrich-Lai y col., 2009; Weaver y col., 2004; Lee y col., 2010; Pesonen y col., 2010; Tanimura y col., 1998; Denver, 2009), lo cual parece ser una de las claves para comprender la programación de respuestas predictivas del eje HPA. De hecho, los mecanismos de retroalimentación negativa que permiten censar y ajustar las respuestas del eje, involucran estas áreas del sistema límbico, además de otras interconectadas como la corteza prefrontal y el cuerpo estriado. Todas ellas emiten proyecciones excitatorias e inhibitorias que actúan colateralmente para modular las respuestas del eje y a la vez son sensibles a las hormonas producidas por este, en sus distintos segmentos (Denver, 2009; Genest y col., 2007; de Kloet y col., 2004).

De otro lado, la arginina-vasopresina (AVP) y la oxitocina, hormonas producidas por la neurohipófisis, son también importantes para la maduración temprana del eje HPA y se han reportado sus efectos moduladores del comportamiento en regiones de la corteza y la subcorteza. En efecto, algunos autores señalan que la AVP tiene un comportamiento más flexible que la CRH en estadios tempranos del desarrollo, de modo que se convertiría en la señal más importante para la regulación de la liberación de ACTH (Aguilera y col., 2000).

Actualmente se acepta un modelo bimodal para la acción de los glucocorticoides en el tejido nervioso, el cual está mediado por un balance funcional en la acción de dos tipos de receptores citoplasmáticos: los de mineralocorticoides (MR) y los de glucocorticoides (GR) (Oitzl y col., 2010). En general, las señales mediadas por los receptores MR mantienen un tono basal de estimulación por glucocorticoides cuando los niveles séricos son relativamente bajos. Debido a las fluctuaciones circadianas, estos receptores permanecen saturados durante el día y sus señales son importantes para la activación de vías metabólicas y de supervivencia celular. Esto se demostró en experimentos con ratas adrenalectomizadas que presentaron niveles muy altos de apoptosis en el giro dentado del hipocampo, efecto que pudo ser restaurado por bajas dosis de corticosterona exógena (20 μg/ml), capaces de activar los receptores MR (Nair y col., 2004). Además, mientras que los GR se disocian de los elementos de respuesta (GREs) al cabo de 1 hora, los MR tienden a permanecer por más tiempo unidos al DNA, garantizando su acción tónica (Lightman y col., 2008).

Cuando los niveles séricos aumentan como consecuencia de estímulos estresores, se activan los receptores GR, cuya afinidad es diez veces menor que la de los MR (Kd: 5 nM y 0.5 nM, respectivamente). Sus efectos se asocian con los procesos de recuperación, aprendizaje y adaptación al estrés (Oitzl y col., 2010). Sin embargo, si los niveles de glucocorticoides son inusualmente altos y/o sostenidamente elevados en el tiempo, tiene lugar un cambio en el espectro de señales intracelulares, el cual da cuenta de efectos deletéreos como la sobreproducción de especies oxígeno-reactivas (ROS), la disfunción mitocondrial y la activación de la apoptosis (Oitzl y col., 2010; Gupta y col., 2007; Crochemore y col., 2005). Los mecanismos que definen este umbral a partir del cual se substituyen los efectos "positivos" por los "negativos" no están completamente dilucidados (de Kloet y col., 2004).

La forma de medición del cortisol puede ser a través de distintas muestras biológicas, como orina, sangre y saliva, y sus resultados reflejan los niveles de cortisol desde el momento de recolección de la muestra o durante un máximo de 24 horas (Maidana, Bruno, Mesch, 2013).

Para diagnosticar y medir el exceso de cortisol se sugiere usar una muestra salival pues, como anteriormente mencionado, este tipo método es no invasivo, lo que permite evitar artefactos en los resultado posteriormente la muestra puede ser procesada por una prueba de Elisa. Pese a la alta fiabilidad del método para el reconocimiento del cortisol en saliva, se debe tener especial cuidado con las muestras recolectadas, por lo que se le sugiere al donador de la muestra que no haya comido, bebido, o realizado algún tipo de ejercicio dos horas antes dar la muestra de saliva. Se tienen dos momentos específicos del día para la toma de la muestra, a las ocho de la mañana y a media noche. La medida de cortisol nocturno tiene una especificidad mayor a 90% para la obtención del diagnóstico de síndrome de Cushing (Isaacs, 2007).

Los estudios que usan el CTS como biomarcador se relacionan con identificación de las respuestas al estrés cómo también en identificar la génesis de los estados depresivos. Recientemente se han buscado formas para poder medir el cortisol cuando no se tiene acceso a las muestras biológicas mencionadas anteriormente, una de estas es la medición de CTS por medio de segmentos de pelo. Estos estudios han demostrado que la hormona se acumula a través del tiempo en el pelo de forma que las partes más cercanas al cuero cabelludo revelan las acumulaciones recientes del CTS, y acumulaciones localizadas en la parte distal del pelo revelarían descargas anteriores (González,2015).

TESTOSTERONA

La testosterona (TST) es una hormona esteroide androgénica anabólica (Agrawal, Ludwig, Roy y Dwivedi, 2018). Es segregada principalmente por las gónadas masculinas, por las células de Sertoli. Su regulación depende de la retroalimentación del eje hipotálamo hipofisiario (Ludwig, Roy y Dwivedi, 2019). Es una hormona que predomina en los hombres; sin embargo, las mujeres también presentan niveles de testosterona en sangre. Dichos niveles pueden alterarse por problemas en la fisiología ovárica. En el caso femenino, la TST es producida cíclicamente con la aparición de la ovulación (Davis *et al.*, 2015).

Además, la TST favorece la espermatogénesis y el desarrollo del aparato genital; también favorece la liberación de grasas, estimula el crecimiento, cambia el tono de vos y está implicada en el crecimiento de vellos corporales (Kharaba *et al.*, 2020). Adicionalmente, está asociada principalmente a la masa muscular y la resistencia física. Esto ha llevado a que se compruebe que la testosterona se relacione con los sistemas de protección anatómica del sistema cardiovascular y la función hemodinámica correcta; es por ello que bajos niveles de testosterona se han asociado a diversas enfermedades cardiovasculares y metabólicas, entre ellas, el síndrome metabólico (SM), obesidad, hipertensión, diabetes, etc. (Lizardo *et al.*, 2015). Esta sustancia, además, se puede ver implicada en conductas sociales y de estrés (Mazur y Booth, 1998).

En el caso de las mujeres, la testosterona se asocia con la frecuencia de la masturbación, el deseo sexual y la excitación. Así mismo, se vincula con la salud vaginal y con factores cognitivos (Davis y col., 2015).

La TST ha sido ampliamente utilizada como biomarcador, debido a que se encuentra implicada en diversos procesos del cuerpo humano. Uno de los aspectos en los que se ha utilizado a la testosterona como biomarcador ha sido en relación con diversas enfermedades cardiovasculares y metabólicas, entre ellas, el síndrome metabólico (SM), obesidad, hipertensión, diabetes, etc., pues los bajos niveles de esta hormona pueden desatar las patologías mencionadas anteriormente (Lizardo y col., 2015).

La presencia de testosterona puede llegar a ser asociada con la protección anatómica del sistema cardiovascular y la función hemodinámica correcta. De tal forma, medir los niveles de testosterona ayudaría a evaluar y determinar riesgos y posibles enfermedades que se estén generando en el cuerpo gracias a los bajos niveles de esta hormona (Lizardo y col., 2015).

Por otro lado, diversas investigaciones involucradas con estudios con ratas macho adultas, demuestran que, por ejemplo, la depleción de las hormonas sexuales mediante gonadectomía provoca mayores niveles de ansiedad, mayores cuadros de depresión y se amplían los umbrales de dolor (Justel y col., 2010).

Otros estudios comprueban la importancia del perfil hormonal a partir de la realización o no de actividad física, su tipología y su magnitud, es decir, en relación con el tipo de actividad que se realice y la carga de entrenamiento; allí muestran que los niveles de testosterona varían y tienen una incidencia en el estado emocional a lo largo, por ejemplo, de una temporada normal de competición (Schelling, Terrados y Calleja-González, 2013).

Algunos estudios señalan una correlación entre los individuos con mayores niveles de testosterona y conductas agresivas como forma de mostrar su dominancia y poder (Sapolsky, 1995; Miczcek, 2011; Mehta y Josephs, 2010).

Se ha demostrado que la TST tiene efectos neuroprotectores y antinflamatorios en el cerebro, contra "el estrés oxidativo, la apoptosis inducida por la deprivación en el suero y la toxicidad del β-amiloide soluble" (Davis y col., 2015). Además, puede llegar a mejorar la capacidad visual espacial, la fluidez verbal, la memoria verbal, la capacidad espacial, el aprendizaje verbal y la memoria (Davis y col., 2015).

Dichas capacidades están estrechamente relacionadas con la conducta social; a la vez, se asocian no solo a la TST sino también al CTS (Mazur y Booth, 1998). Se ha estudiado la manera como en individuos dominantes, expuestos a estados de competencia, se eleva la producción de la hormona de la TST y la reducción del CTS, fenómeno que ocurre de manera invertida en el caso de los individuos menos dominantes o que resultan perdedores (Mehta y Josephs, 2010). Los individuos con mayores niveles de testosterona responden con agresividad, como forma de mostrar su dominancia y poder, ya que su estatus, el ser ganadores, los lleva a conseguir un territorio mejor y mayor, mejores parejas sexuales y alimentos, y, en definitiva, mayores beneficios que el resto de los individuos de un grupo; dicha hipótesis se ha venido confirmando tanto en animales como en seres humanos (Sapolsky, 1995; Miczcek, 2011; Mehta y Josephs, 2010).

Ian Robertson, neurocientífico cognitivo inglés, citado por Muñoz-Navarro, afirma en su libro *The Winning Effect* (2012) que estar en situaciones de poder enfrenta a los individuos a situaciones estresantes, y es allí donde la testosterona, el cortisol y la dopamina juegan un papel crucial en el organismo, pues ayudan al cuerpo a adaptarse ante situaciones estresantes, para mantener cierta claridad cognitiva y poder ejecutar acciones de manera óptima (Muñoz-Navarro, 2016). Ganar, o querer ganar, constantemente genera alteraciones en el circuito mesolímbico dopaminérgico, lo que se refleja principalmente en comportamientos como menos empatía por parte de individuos dominantes. Es por ello que estudios recientes se han encaminado a mostrar la conexión entre algunas de estas hormonas, especialmente la testosterona y el cortisol, con el poder y la corrupción (Bendahana, Zehndera, Pralongc y Antoniks, 2015).

Por último, para la medición de los niveles de TST se usan diferentes métodos, de los cuales la espectrometría de masas por dilución isotópica (MS por sus siglas en inglés) es el método de referencia, ya que mide la totalidad de la hormona. Sin embargo, se presenta constantemente la utilización de otros métodos de medición, como los inmunoensayos quimioluminiscentes directos, la cromatografía líquida (tándem MS (LC-MS / MS)), la cromatografía de gases MS, por medio de precipitación por sulfato de amonio y los radioinmunoensayos. Para el proceso de medición de esta hormona es necesaria su separación física de proteínas (lograda por medio de diálisis en equilibrio o de centrifugación) (Cao, 2016).

RECOLECCIÓN DE LA MUESTRA PARA EL ANÁLISIS DE HORMONAS EN EL LINCIPH

Existen diferentes muestras biológicas usadas para identificar variedad de biomarcadores como las hormonas mencionadas anteriormente. La sangre es el fluido biológico de preferencia, tanto en el ámbito clínico como en el investigativo, pues en ella es posible encontrar dichos biomarcadores en grandes cantidades y, por lo tanto, se pueden analizar más fácilmente.

No obstante, el procedimiento para tomar la muestra conlleva ciertos riesgos para la salud del sujeto, como infecciones, desconfort o podría inclusive dejar moretones en la piel (Williamson, Munro, Pickler, Grap y Elswick, 2012). Adicionalmente, al ser un procedimiento invasivo, los espacios donde se tomará la muestra deben ser avalados por las estancias responsables y las personas que están autorizadas para recolectar sangre únicamente son aquellas que posean títulos vigentes en medicina o enfermería, esto dentro del contexto de regulación científica en Colombia, ya que esta técnica requiere cierto nivel de pericia. Esta medida es importante, pues puede aminorar los riesgos, no solo para el paciente, sino también al profesional que ejecuta la técnica.

Los cuidados también deben extenderse al almacenamiento de la muestra. La sangre es un fluido biológico que es especialmente reactivo al oxígeno; este gas puede dañar la muestra oxidándola. Para evitar esto se debe colectar rápidamente en tubos especiales con anticoagulante y reservar en frío hasta que se pueda centrifugar, y así guardar únicamente el sobrenadante, que se conoce como el plasma hemático; es este el que finalmente se analizará para buscar los biomarcadores de interés.

Otro gran problema al que se enfrentan los investigadores durante la toma de muestra de sangre es que muchas de las personas que se someten a ese procedimiento pueden tener una respuesta de estrés al ver las agujas y su propia sangre; por lo tanto, esto puede resultar en un aumento de cortisol anormal que interferirá con la investigación o, en ocasiones, se confunde este efecto con el resultado del procedimiento experimental, por ejemplo, cuando se investiga si ciertas condiciones experimentales dan como resultado aumento en los niveles de cortisol. Es por este motivo que en investigaciones de neurociencia social, cognitiva y comportamental no es usada con frecuencia.

Así, tras todas las demandas del protocolo expuestas anteriormente, surge la necesidad de desarrollar técnicas que puedan rastrear los mismos biomarcadores por medio de técnicas no invasivas y que además sean precisas y económicas, usando fluidos biológicos de fácil acceso y que no causen molestias al sujeto en el momento de ser colectados. Existen diferentes fluidos que pueden encajar con esa descripción, como la saliva, el sudor, la orina, el pelo y las lágrimas (Lee, Garon y Wong, 2009; Russell, Koren, Rieder y Van Uum, 2014; Srinivasan, Pamula y Fair, 2004). Sin embargo, colectar la muestra de sudor, orina o lágrimas puede causar gran incomodidad al sujeto y resultar en el aumento indeseado del cortisol.

El Laboratorio de Ciencias Sociales y Humanas (Linciph) ha optado por usar la saliva como muestra biológica, ya que en esta se encuentran biomarcadores como oxitocina, cortisol y alfa-amilasa. Dichos biomarcadores son el *target* de la mayoría de las investigaciones realizadas en el campo de la neurociencia social por su papel en la ejecución de comportamientos prosociales y en el procesamiento emocional subyacentes a dichos comportamientos, como ya se mencionó en capítulos anteriores.

El procedimiento para la recolección y almacenamiento de la saliva puede tener sus pormenores para garantizar una adecuada medición del biomarcador en cuestión. Pese a que la recolección de la muestra es técnicamente más fácil que la recolección de una muestra de sangre, el fluido salivar es más susceptible a tener impurezas que pueden interferir en la medición (Nater y Rohleder, 2009).

El adecuado lavado bucal antes de tomar la muestra es indispensable. Residuos de comida como la papa pueden interferir directamente con la cantidad de alfa amilasa que, como se mencionó, es una enzima que degrada alimentos que contengan almidones; así, la cantidad de esta enzima se verá modificada en ese participante por razones externas al estudio (Nater y Rohleder, 2009).

Por otro lado, la manera en que se recolecta la saliva también es importante. Si la recolección de la muestra no se hace por medio de la disposición pasiva de la saliva en el tubo recolector, sino que, al contrario, el sujeto fuerza la salida del fluido por succión, puede que la muestra esté mezclada con sangre proveniente de las encías. Esto causa un aumento anormal e indeseable del biomarcador. En la mayoría de los estudios se usa la técnica de disposición pasiva de la saliva en el tubo recolector, pero existen otras formas para la recolección, como los papeles de filtrado para saliva, algodones para la absorción de la muestra o el pipeteo directo de la boca (Williamson, Munro, Pickler, Grap y Elswick, 2012; Albers, Salimetrics y SalivaBio, 2011; Riksen-alraven, Sweep y Weerth, 2008; Claus, McMaster y Padilla, 2006).

Luego de recolectada la muestra, se debe poner inmediatamente en frío. Muestras que se procesarán dentro de los cuatro meses después de la recolección se pueden almacenar a −20 °C. No obstante, muestras que superen ese tiempo se deben almacenar a −80 °C (Nater y Rohleder, 2009).

Todos estos cuidados son necesarios para garantizar la validez y fiabilidad de los datos.

VALIDEZ Y FIABILIDAD DE LOS DATOS EN MUESTRAS DE SALIVA

ALFA AMILASA

Diferentes estudios han demostrado que el aumento de este biomarcador correlaciona positivamente con cualquier tarea que esté involucrada con el aumento de los niveles de estrés (Chatterton *et al.*, 1996; Nater, 2004; Rohleder *et al.*, 2004; Granger *et al.*, 2007; citados por Nater y Rohleder, 2009) o ansiedad del sujeto (Nater y Rohleder, 2009), pues, como se mencionó, durante esos momentos el sistema nervioso autónomo se activa. No obstante, existen controversias entre las investigaciones acerca de la cantidad de alfa amilasa y su relación con un evento estresante, lo cual pone en tela de juicio el uso correcto de los estresores y su uso estandarizado (Nater y Rohleder, 2009).

Es importante mencionar que durante las tareas estresante no solo se ha visto un aumento en la alfa amilasa, sino también que este correlaciona positivamente con aumentos de cortisol en saliva. Takai y colaboradores en el 2004 y el 2007 demostraron que los niveles de cortisol salivar y la alfa amilasa aumentaban cuando se mostraba un video estresante a los sujetos comparados con un grupo al que se le mostraba un video no estresante (Nater y Rohleder, 2009).

Pese a que la replicabilidad de la técnica es alta, es evidente que la activación del sistema nervioso autónomo puede estar dada por diversos factores, y que el éxito de la técnica está en la rigurosidad científica y el control adecuado de las variables para su medición. No obstante, se recomienda no usar esta medición de forma individual, sino siempre acompañarla con otras mediciones que estén relacionadas con aumento del estrés, como aumento de cortisol y estados psicológicos-emocionales por medio de baterías psicológicas.

Como se expuso en el apartado anterior, la cantidad de alfa amilasa dependerá de la calidad de la muestra, su recolección y manejo. Es importante mencionar que la recolección de la saliva debe ser de forma pasiva para garantizar la reproducibilidad de los datos.

CORTISOL

Como se dijo, la respuesta fisiológica frente a un evento estresante está dada por los niveles de cortisol o inclusive de corticotropina luego del evento. Inicialmente se pensaba que dichos niveles podían ser rastreados en sangre, pero diferentes investigaciones durante el siglo XX mostraron que es viable rastrear este aumento por medio de las muestras de saliva. Investigadores como Dressendörfer y sus colaboradores, Strasburger y colaboradores, Kirschbaum y Hellhammer, 1989, entre otros, empezaron a innovar en el campo de la medición de cortisol en saliva (Kirschbaum y Hellhammer, 1994) mediante técnicas que no involucraban isótopos radioactivos.

En varios estudios se observó una alta correlación entre el cortisol encontrado en suero y en saliva, no solo en adultos, sino también en recién nacidos, niños y adolescentes (Gunnar *et al.*, 1989; Woodside *et al.*, 1991; Reid *et al.*, 1992, citados por Kirschbaum y Hellhammer, 1994). Por otro lado, se encontraron cambios en los niveles de cortisol basal en ambos tipos de muestras (salivar o suero) entre hombres y mujeres, al igual que su respuesta al estrés derivado de una tarea potencialmente estresante (Kirschbaum, Wüst y Hellhammer, 1992).

OXITOCINA

Existe una amplia discusión acerca del uso de la oxitocina salivar como biomarcador, ya que solo hasta 2007 Carter y colaboradores lograron desarrollar una técnica que mostraba la correlación entre aumentos de niveles de oxitocina tanto en suero como saliva tras un masaje. En ese estudio se evidenció que los niveles de oxitocina encontrados en saliva son menores que los encontrados en sangre; así, en estados basales, de acuerdo con ese estudio, la oxitocina en suero es de 175 pg/ml comparados con los 1,3 pg/ml encontrados en saliva. El aumento suscitado por el masaje visto en el estudio fue de 50 pg/ml en suero y apenas 0,7 pm/ml en saliva (Carter *et al.*, 2007).

La reproducibilidad de los resultados de estudios que buscan oxitocina en saliva es baja, pues existen diferentes factores que pueden ser determinantes para el éxito de la técnica. En primer lugar, se encuentra muy poca oxitocina en ese fluido; segundo, la posible contaminación de la muestra de saliva con sangre es alta dando resultados falso-positivos; por último, la vida útil de la OXT en la saliva es muy baja, ya que existen enzimas que pueden ayudar a degradarla, y así es muy susceptible a los inadecuados manejos de la muestra (Behr *et al.*, 2017).

Existen técnicas para potencializar la medición de oxitocina salivar, como la previa liofilización de la muestra salivar para poder concentrarla antes de hacer el análisis (Carter *et al.*, 2007). Liofilizar ese tipo de muestras ha dado buenos resultados durante el procedimiento Elisa (ensayo por inmunoabsorción ligado a una enzima).

La validez de estos resultados puede ser susceptible al tipo de población con que se trabaja. Mujeres que están amamantando poseen niveles mayores de oxitocina (Moberg y Prime, 2013); por lo tanto, es importante tener claros los criterios de inclusión y exclusión para la selección de los participantes en la investigación.

TESTOSTERONA

Recientemente se ha generado una gran necesidad de encontrar la relación que tiene la testosterona con comportamientos prosociales o agresivos. No obstante, la validez de los resultados encontrados es susceptible a diferentes factores que, como las demás moléculas expuestas anteriormente, van desde su colección, almacenamiento, manipulación de la muestra y selección de los individuos que participarán en la investigación.

Existen diferentes estudios que demuestran los cambios en los niveles de testosterona salivar en hombres comparándolos con los encontrados en mujeres, ya que esta es hormona sexual masculina. Está vinculada, como antes se ha mencionado, con los procesos puberales durante el desarrollo de los adolescentes, y estos niveles tienden a cambiar durante ese proceso (Booth, Johnson, Granger, Crouter y McHale, 2003). Esto hace que la selección de los individuos se vea reducida, y que además sea complicado comparar grupos de ambos sexos (Granger, Shirtcliff, Booth, Kivlighan y Schwartz, 2004; Davis y Wahlin-Jacobsen, 2015).

Por otro lado, Shirtcliff, Granger, Schwartz y Curran (2001) realizaron diferentes investigaciones durante las cuales encontraron una irregularidad en la cantidad de testosterona salivar recolectada con algodón; dichos estudios señalan que esta hormona es muy susceptible a la forma de recolección. Se recomienda tomar la muestra con una técnica de disposición pasiva de la saliva en el tubo recolector.

La acidez de la muestra determinará su calidad. Muestras con un pH por debajo de 6,0 no son adecuadas y deben descartarse (Schwartz *et al.*, 1998, citados por Granger *et al.*, 2004). En otras palabras, para garantizar la validez y fiabilidad se debe demostrar que las muestras estuvieron en los rangos de pH adecuados. No solo se deben hacer pruebas para mirar los niveles de pH, sino que también se deben hacer pruebas para analizar la cantidad de sangre en la muestra de saliva, pues, como ya se ha visto, los datos recolectados de una muestra de saliva con residuos de sangre pueden ser considerados como resultados falso-positivos (Malamud y Tabak, 1993, citados por Granger *et al.*, 2004). Apoyando estos resultados, Kivlighan y colaboradores en el 2004 demostraron que microlesiones causadas por el cepillo de dientes llevaban a un aumento de sangre en las muestras salivares y así mismo de testosterona (Granger *et al.*, 2004).

USO DEL ENSAYO POR INMUNOABSORCIÓN LIGADO A ENZIMAS (ELISA) PARA LA DETECCIÓN DE HORMONAS EN SALIVA

La técnica Elisa (siglas en inglés de ensayo por inmunoabsorción ligado a una enzima) es una de las más usadas para el análisis de los biomarcadores salivares, por cuanto es extremadamente sensible y específica, capaz de identificar 1 pg del analito y de poseer menos del 2 % en el coeficiente de variación intra e interensayo (Kirschbaum y Hellhammer, 1994); en otras palabras, puede rastrear un analito en específico aun si este está en bajas concentraciones (Williamson, Munro, Pickler, Grap y Elswick, 2012).

Dicha técnica surgió como alternativa a la técnica de radioinmunoensayo (RIA por sus siglas en inglés) en la cual, además de ser costosa por los equipos requeridos, los desechos radiactivos que se liberan en el procedimiento pueden convertirse en un problema de salud para el investigador que la ejecuta, e inclusive tener repercusión ambiental (Kirschbaum y Hellhammer, 1994; Voller, Bartlett y Bidwell, 1978).

En términos generales, un punto primordial durante la búsqueda de alternativas que no usaran isótopos radioactivos para la medición de los biomarcadores en muestras biológicas, como el ya citado ensayo por inmunoabsorción ligado a una enzima, el radioinmunoensayo, ensayos de fluorescencia-luminancia y cromatografía, era mantener estables los niveles de sensibilidad y de variación inter e intraensayos, garantizando así la replicabilidad de dichos estudios (Kirschbaum y Hellhammer, 1994).

La técnica RIA se desarrolló en 1941 por Coons, Creech y Jones; no obstante, solo hasta 1960 empezó a ganar acogida por la comunidad científica del área de la salud (Aydin, 2015). De la RIA se derivó la Elisa, en 1971, por Engvall y Perlmann. En este mismo año fue inicialmente probada para la detección de inmunoglobulina G en suero de conejo. No tardó mucho para ser probada con fluidos biológicos de humanos (Aydin, 2015).

La alfa amilasa ha sido tradicionalmente medida por medio de RIA, Elisa y por ensayo enzimático (EE) (McCeachin y Reynolds, 1954; Messer y Dean,

1975; Ryan, Appert, Carballo y Davis, 1975; Sobiech y Slowinska, 1983; Takatsuka *et al.*, 1979). El primer estudio que usó Elisa para la detección de amilasa fue realizado por Sobiech y Slowinska (1983). Estos investigadores hicieron la comparación entre la cantidad de amilasa encontrada con la técnica EE y con Elisa usando tejido pancreático de seis cerdos; encontraron por medio de Elisa en media 6,21 mg/g con una desviación estándar de 2,05 mg/g; por otro lado, encontraron por medio de EE en media 9,96 mg/g con una desviación estándar de 3,88 mg/g. Estos resultados pusieron en tela de juicio el uso de Elisa para cuantificar la amilasa, a tal punto que no es usada para este fin hoy en día. Por el contrario, los estudios para el análisis de la alfa amilasa se concentran en el ensayo enzimático, cuya unidad de medición se da en unidades por mililitros (U/ml) (Lorents, 1998; Bosh *et al.*, 1996, 2003, citados por Rohleder y Nater, 2008). La alfa amilasa, por ser una enzima, es capaz de catalizar una cantidad de sustrato (1 umol) en un tiempo (1 minuto), la sigla U corresponde a 16,67 nKat (Katal) que es una medida de reacciones catalizadoras nombrada en 1979 por el Nomenclature Committee of the International Union of Biochemistry (Rohleder y Nater, 2008).

De otra parte, el cortisol salivar de humanos se ha venido estudiando desde 1969. Los primeros investigadores en hacerlo fueron Katz y Shannon que, usando técnicas de cromatografía, encontraron cortisol en la saliva segregada en la parte submaxilar (Katz y Shannon, 1969). A partir de 1978 se empezó a incluir la RIA como técnica para la medición (Walker, Riad-Fahmy y Read, 1978, citados por Riad-Fahmy, Read, Walker y Griffiths, 1982). Solo hasta 1981, Teruhisa, Ryoji, Taisuke, Tatsuya, Fumihiro y Tatsuo realizaron comparaciones entre cortisol salivar y en suero, y llegaron a la conclusión que existe relación linear entre las concentraciones encontradas en ambos.

En 1970, Chard y colaboradores fueron los pioneros en medir oxitocina en plasma humano mediante la técnica RIA. En su estudio se identificaron las diferencias de la concentración del péptido entre hombres, mujeres embarazadas y no embarazadas. No obstante, mucho tiempo después, en 1991, Burggeon y colaboradores hicieron la comparación entre la cantidad de oxitocina en suero encontrada con diferentes técnicas, entre ellas, la RIA y la Elisa, en donde se halló una correspondencia entre las técnicas, y así empezó a ganar credibilidad la técnica Elisa para detección de oxitocina. No obstante, algunos investigadores intentaron realizar la cuantificación para muestras salivares, y solo hasta 2007 Carter y colaboradores lograron llevar a cabo la técnica con éxito, como fue mencionado anteriormente. Luego de esta investigación, diferentes autores encontraron correlaciones entre los niveles de oxitocina en plasma y los encontrados en saliva, lo cual demostró que, además de ser posible su medición por técnicas de ensayo enzimático, también era posible usar la oxitocina como biomarcador (Feldman *et al.*, 2010; Feldman *et al.*, 2011; Hoffman, 2012).

Por último, la detección de testosterona salivar por medio de Elisa ha sido un reto para los investigadores, a causa de su inestabilidad estructural en pH inadecuados o incluso su posible degradación por otras enzimas presentes en la saliva, como ya se mencionó. En 1999, los investigadores Granger, Schwartz, Booth y Arentz llevaron a cabo un estudio en el cual demostraron la validez y la confiabilidad de la medición de la testosterona salivar de niños entre 8 y 12 años por medio de la técnica RIA. No fue sino hasta 2013 que Durdiaková, Fábryová, Koborová, Ostatníková y Celec realizaron un estudio que validaría la mejor técnica de recolección, almacenamiento, centrifugado y análisis con Elisa para muestras de testosterona salivar. Los investigadores compararon diferentes formas de recolectar, almacenar y centrifugar las muestras; sus resultados demostraron que la técnica Elisa es muy estable, pese a las diferentes formas de recolección y trato de la muestra. No obstante, así como otros estudios ya realizados, existe una variación entre la estimulación de producción de saliva recolectada en comparación a la recolección no estimulada, o pasiva (Booth, Johnson, Granger, Crouter y McHale, 2013, citados por Durdiaková y colaboradores, 2013).

REFERENCIAS

Agrawal, J., Ludwig, B., Roy, B. y Dwivedi, Y. (2018). Chronic testosterone increases impulsivity and influences the transcriptional activity of the Alpha-2ª andrenergic receptor signaling pathway in rat brain. *Molecular Neurobiology*. https://doi.org/10.1007/s12035-018-1350-z

Aguilera, G. y Rabadan, D. (2000). Vasopressinergic regulation of the hypothalamic-pituitary-adrenal axis: implications for stress adaptation. *Regulatory Peptides*, 96(1), 23-29.

ALBERS, E. M., MARIANNE RIKSEN-WALRAVEN, J., SWEEP, F. C. y WEERTH, C. D. (2008). Maternal behavior predicts infant cortisol recovery from a mild everyday stressor. *Journal of Child Psychology and Psychiatry*, 49(1), 97-103.

ANGUERA, M. (2010). Posibilidades y relevancia de la observación sistemática por el profesional de la psicología. *Papeles del Psicólogo*, 31(1), 122-130.

ANGUERA, M. T. (1997). *Metodología de la observación científica*. 6.ª edición. Madrid: Cátedra Teorema.

ARNSTEN, A. (2009). Stress signaling pathways that impair prefrontal cortex structure and function. *Nature Reviews Neuroscience*, 10(6), 410-422.

AYDIN, S. (2015). A short history, principles, and types of ELISA, and our laboratory experience with peptide/protein analyses using ELISA. *Peptides*, 72, 4-15.

BARTZ, J., ZAKI, J., BOLGER, N. y OCHSNER, K. (2011). Social effects of oxytocin in humans: context and person matter. *Trends in Cognitive Sciences*, 15(7).

BATESON, G. (2000). *Pasos hacia una ecología de la mente*. Buenos Aires: Lumen.

BEHR, G. A., PATEL, J. P., COOTE, M., MOREIRA, J. C., GELAIN, D. P., STEINER, M. y FREY, B. N. (2017). A statistical method to calculate blood contamination in the measurement of salivary hormones in healthy women. *Clinical biochemistry*, 50(7), 436-439.

BELTRAME, G. B. (2011). Bases neurobiológicas del apego. Revisión temática. *Ciencias psicológicas*, (1), 69-81.

BENDAHAN, S., ZEHNDER, C., PRALONG, F. P. y ANTONAKIS, J. (2015). Leader corruption depends on power and testosterone. *The leadership quarterly*, 26(2), 101-122.

BOOTH, A., JOHNSON, D. R., GRANGER, D. A., CROUTER, A. C. y MCHALE, S. (2003). Testosterone and child and adolescent adjustment: The moderating role of parent-child relationships. *Developmental Psychology*, 39(1), 85.

BUCHANAN, T. W., BAGLEY, S. L., STANSFIELD, R. B. y PRESTON, S. D. (2012). The empathic, physiological resonance of stress. *Social neuroscience*, 7(2), 191-201.

Burgeon, E., Chapleur, M., Schoenen, J., Remichius, D., Legros, J. J., Geenen, V. y Robert, F. (1991). Monoclonal antibodies to oxytocin: production and characterization. *Journal of Neuroimmunology*, 31(3), 235-244.

Cao, J. (2016). Choosing the right testosterone assay. American Association for Clinical Chemistry (AACC). https://www.aacc.org/publications/cln/articles/2016/december/ask-the-expert-december-2016

Capra, F. (1998). *La trama de la vida: una nueva perspectiva de los sistemas vivos*. Barcelona: Anagrama.

Carrasco, D. (s. f.). *Fisiología humana y anatomía de los sistemas*. Madrid: Instituto Nacional de Educación Física.

Chard, T., Boyd, N., Forsling, M. L., McNeilly, A. S. y Landon, J. (1970). The development of a radioimmunoassay for oxytocin: the extraction of oxytocin from plasma, and its measurement during parturition in human and goat blood. *Journal of Endocrinology*, 48(2), 223-234.

Charmandari, E., Kino, T., Souvatzoglou, E. y Chrousos, G. P. (2003). Pediatric stress: hormonal mediators and human development. *Hormone Research in Paediatrics*, 59(4), 161-179.

Claus Henn, B., McMaster, S. y Padilla, S. (2006). Measuring cholinesterase activity in human saliva. *Journal of Toxicology and Environmental Health*, Part A, 69(19), 1805-1818.

Conde, F. (1995): "Las perspectivas metodológicas cualitativa y cuantitativa en el contexto de la historia de las ciencias", en J. M. Delgado y J. Gutiérrez (coords.), *Métodos y técnicas cualitativas de investigación social*. Madrid: Síntesis.

Crochemore, C., Lu, J., Wu, Y., Liposits, Z., Sousa, N., Holsboer, F. y Almeida, O. F. X. (2005). Direct targeting of hippocampal neurons for apoptosis by glucocorticoids is reversible by mineralocorticoid receptor activation. *Molecular psychiatry*, 10(8), 790-798.

Dávila, A. (1995): "Las perspectivas metodológicas cualitativa y cuantitativa en las ciencias sociales: debate teórico e implicaciones praxeológicas", en J. M. Delgado y J. Gutiérrez (coords.), *Métodos y técnicas cualitativas de investigación social*. Madrid: Síntesis.

DAVIS, S. R. y WAHLIN-JACOBSEN, S. (2015). Testosterone in women—the clinical significance. *The Lancet Diabetes & Endocrinology*, 3(12), 980-992.

DE JONG, T., MENON, R., BLUDAU, A., GRUND, T., BIERMEIR, V., KLAMPFL, F. *et al.* (2015). Salivary oxytocin concentration in response to runing, sexual self-estimulation, breastfeeding and TSST: The Regensburg Oxytocin Challenge (ROC) study. *Psychoneuroendocrinology*, 62, 381-388.

DE KLOET, E. R. y DERIJK, R. (2004). Signaling pathways in brain involved in predisposition and pathogenesis of stress related disease: Genetic and kinetic factors affecting the MR/GR balance. *Annals of the New York Academy of Sciences*, 1032, 14-34.

DELGADO, C., GONZÁLEZ, R. y NAVARRO, J. (2014). Análisis funcional de la conducta en adultos con discapacidad intelectual profunda: un estudio de caso. *Infad. Revista de Psicología*, n.° 1., vol. 4. ISNN: 0214-9877.

DENVER, R. J. (2009). Structural and functional evolution of vertebrate neuroendocrine stress systems. *Annals of the New York Academy of Sciences*, 1163, 1-16.

EIBL-EIBESFELDT, I. (1993). *Etología: biología del comportamiento humano*. Madrid: Alianza.

ENGVALL, E. y PERLMANN, P. (1971). Enzyme-linked immunosorbent assay (ELISA). Quantitative assay of immunoglobulin G. *Immunochemistry*, 8, 871-874.

FEIFEL, D., MACDONALD, K., NGUYEN, A., COBB, P., WARLAN, H., GALANGUE, B., MINASSIAN, A., BECKER, O., COOPER, J., PERRY, W., LEFEBVRE, M., GONZÁLEZ, J. y HADLEY, A. (2010). Adjunctive intranasal oxytocin reduces symptoms in schizophrenia patients. *Biological Psychiatry*, 68(7), 678-680.

FELDMAN, R., GORDON, I. y ZAGOORY-SHARON, O. (2011). Maternal and paternal plasma, salivary, and urinary oxytocin and parent–infant synchrony: considering stress and affiliation components of human bonding. *Developmental science*, 14(4), 752-761.

FELDMAN, R., GORDON, I., SCHNEIDERMAN, I., WEISMAN, O. y ZAGOORY-SHARON, O. (2010). Natural variations in maternal and paternal care are associated with systematic changes in oxytocin following parent–infant contact. *Psychoneuroendocrinology*, 35(8), 1133-1141.

Froján-Parga, M., Montaño Fidalgo, M., Calero Elvira, A., García Soler, Á., Garzón Fernández, Á. y Ruiz Sancho, E. (2008). Sistema de categorización de la conducta verbal del terapeuta. *Psicothema*, 20(4), 603-660.

Froján-Parga, M., Galván Domínguez, N., Izquierdo Alfaro, I., Ruiz Sancho, E. M. y Marchena Giráldez, C. (2013). Análisis de las verbalizaciones desadaptativas del cliente y su relación con las verbalizaciones punitivas del terapeuta: un estudio de caso. http://rabida.uhu.es/dspace/handle/10272/9862

Froxán-Parga, M. X. y Ruiz-Sancho, E. M. (2013). Análisis funcional de la interacción terapéutica. *Conductual*, 1(1). http://conductual.com/content/an%C3%A1lisis-funcional-de-la-interacci%C3%B3n-terap%C3%A9utica

Genest, S. E., Balon, N., Laforest, S., Drolet, G. y Kinkead, R. (2007). Neonatal maternal separation and enhancement of the hypoxic ventilatory response in rat: the role of GABAergic modulation within the paraventricular nucleus of the hypothalamus. *The Journal of Physiology*, 583(1), 299-314.

Gimpl, G. y Fahrenholz, F. (2001). The oxytocin receptor system: structure, function, and regulation. *Physiological Reviews*, 81(2), 629-683.

González, I. (2015). *El cortisol en pelo como biomarcador biológico del estrés crónico y la depresión.* Tesis doctoral, Unversidad Auntónoma de Barcelona. https://www.tdx.cat/bitstream/handle/10803/377465/igyg1de1.pdf?sequence=1

Granger, D. A., Shirtcliff, E. A., Booth, A., Kivlighan, K. T. y Schwartz, E. B. (2004). The "trouble" with salivary testosterone. *Psychoneuroendocrinology*, 29(10), 1229-1240.

Granger, D. A., Schwartz, E. B., Booth, A. y Arentz, M. (1999). Salivary testosterone determination in studies of child health and development. *Hormones and behavior*, 35(1), 18-27.

Guglielminotti, J. *et al.* (2013). Assessment of salivary amylase as a stress biomarker in pregnant patients. *Elsevier*, 21(1), 35-39

Gunnar, M. R., Connors, J., Isensee, J. (1989) Lack of stability in neonatal adrenocortical reactivity because of rapid habituation of the adrenocortical response. *Dev Psychobiol*, 22, 221-233.

Gupta, S., Aslakson, E., Gurbaxani, B. M. y Vernon, S. D. (2007). Inclusion of the glucocorticoid receptor in a hypothalamic pituitary adrenal axis model reveals bistability. *Theoretical Biology y Medical Modelling*, 4(8).

Gutiérrez, J. y Delgado, J. M. (1995): "Teoría de la observación", en J. M. Delgado y J. Gutiérrez (coords.), *Métodos y técnicas cualitativas de investigación social.* Madrid: Síntesis.

Harding, S. (2009). *Animate earth. Science, Intuition and Gaia*. London: Green Books.

Hernández, R., Fernández-Collado, C. y Baptista, P. (2006). *Metodología de la investigación*. 4.ª edición. México: McGraw-Hill.

Hoffman, E., Brownley, K., Hamer, R. y Bulik, C. (2012). Plasma, Salivary, and Urinary Oxytocin in Anorexia Nervosa: A Pilot Study. *Eating Behavior*, 13(3): 256-259. http://hira.hope.ac.uk/id/eprint/2346/1/DP%20Colasante%20Zuffiano.pdf

Isaacs, S. (2007). *Hormonal Balance: Understanding Hormones, Weight, and Your Metabolism*. Bull Publishing Company.

Justel, N., Bentosela, M. y Ruetti, E. (2010). Testosterona, emoción y cognición: estudios en animales castrados. *Interdisciplinaria*, 27(2), 191-208.

Kamburowski, J. (1985). Normally Distributed Activity Durations in PERT Networks, *Journal of the Operational Research Society*, *36*(11), 1051-1057, DOI: 10.1057/jors.1985.184.

Kharaba, Z., Buabeid, M., Ibrahim, N., Jirjees, F., Al Obaidi, H., Kaddaha, A., Khajehkariomoddini, L. y Alfoteih, Y. (2020). Testosterone therapy in hypogonadal patients and the associated risks of cardiovascular events. *Biomedicine and Pharmacotherapy*, 129, 1-15. DOI: 10.1016/j.biopha.2020.110423.

Katz, F. H. y Shannon, I. L. (1969). Adrenal corticosteroids in submaxillary fluid. *Journal of Dental Research*, 48(3), 448-451.

Kircher, K., Ihlström, J., Nygardhs, S. y Ahlström, C. (2018). Cyclist efficiency and its dependence on infrastructure and usual speed. *Elsevier Inc.*, 54 (F), 148-158.

Kirschbaum, C. y Hellhammer, D. H. (1994). Salivary cortisol in psychoneuroendocrine research: recent developments and applications. *Psychoneuroendocrinology*, 19(4), 313-333.

Kirschbaum, C., Wüst, S. y Hellhammer, D. (1992). Consistent sex differences in cortisol responses to psychological stress. *Psychosomatic Medicine*, 54(6), 648-657.

Kofler, M. J., Spiegel, J. A., Austin, K. E., Irwin, L. N., Soto, E. F. y Sarver, D. E. (2017). Modeling temperal interaction dynamics in organizational settings. *J Bus Psychol*, 33, 325-344.

Laudat, M. H., Cerdas, S., Fournier, C., Guiban, D., Guilhaume, B. y Luton, J. P. (1988). Salivary Cortisol Measurement: A Practical Approach to Assess Pituitary-Adrenal Function. *The Journal of Clinical Endocrinology & Metabolism*, 66(2), 343-348.

Lee, J. M., Garon, E. y Wong, D. T. (2009). Salivary diagnostics. *Orthodontics & Craniofacial Research*, 12(3), 206-211.

Lee, R., Skinner, A., Bornstein, M. H., Radford, A. N., Campbell, A., Graham, K. y Pearson, R. M. (2017). Through babies'eyes: Practical and theoretical considerations of using wearable technology to measure parent-infant behaviour from the mothers' and infants' view points. *Elsevier Inc.*, 47, 62-71.

Lightman, S. L. (2008). The neuroendocrinology of stress: A never ending story. *Journal of Neuroendocrinology*, 20(6), 880-884.

Lizardo, M., Gutiérrez, J., Cabello, R., Borges, B., Camacho, M., Navarro, M., López, M., González, G. y Vicci, H. (2015). Niveles de testosterona total y libre en individuos con síndrome metabólico. *Comunidad y Salud*, 13(1).

Ludwig, B., Roy, B. y Dwivedi, Y. (2019). Role of HPA and the HPG-axis interaction in testosterone - mediated learned helpless behavior. *Molecular Neurobiology*, 56(1), 394-405.

Magnano, C., Diamond, E. y Gardner, J. (1989). Use of Salivary Cortisol Measurements in Young Infants: A Note of Caution. *Child Development, 60*(5), 1099-1101. DOI: 10.2307/1130784

MAGON, N. y KALRA, S. (2011). The orgasmic history of oxytocin: Love, lust, and labor. *Indian Journal of Endocrinology y Metabolism*, S156-S161.

MAIDANA, P., BRUNO, O. D. y MESCH, V. (2013). Medición de cortisol y sus fracciones una puesta al día. *Medicina (Buenos Aires)*, 73(6).

MARCHAND, A., JUSTER, P., LUPIEN, S. y DURAND, P. (2016). Psychosocial determinants of diurnal alpha amylase among healthy Quebec workers. *Psychoneuroendocrinology*, 65(1), 65-74.

MARTINO, P. (2014). Aspectos comportamentales de la oxitocina: su influencia en el estrés y en la cognición social. *Cuadernos de Neuropsicología / Panamerican Journal of Neuropsychology*, 8(2).

MATURANA, H. y VARELA, F. (2002). De máquinas y seres vivos. 2.ª edición. Editorial Universitaria.

MATURANA, H. (1995). *La realidad: ¿objetiva o construida?* I. *Fundamentos biológicos de la realidad*. España: Anthropos.

MATURANA, H. (1996). *La realidad: ¿objetiva o construida?* II. *Fundamentos biológicos de la realidad*. España: Anthropos.

MATURANA, H. (2004). *Del ser al hacer*. Chile: Comunicaciones Noreste.

MATURANA, H. (2005). *Autopoiesis y sistemas dinámicos cerrados. Conservación y dinámica de la identidad sistémica*. Inédito.

MAZUR, A. y BOOTH, A. (1998). Testosterone and dominance in men. *Behavioral and brain sciences*, 21(03), 353-363.

MCCEACHIN, R. L. y REYNOLDS, J. M. (1959). Differences in mammalian amylases demonstrated by enzyme inhibition with specific antisera. *J. Biol. Chem.*, 234, 1456-1458.

MCCULLOUGH, M., CHURCHLAND, P. y MÉNDEZ, A. (2013). Problems with measuring peripheral oxytocin: Can the data on oxytocin and human behavior be trusted? *Neuroscience and Biobehavioral Reviews*, 37, 1485-1492.

Mehta, P. H. y Josephs, R. A. (2010). Testosterone and cortisol jointly regulate dominance: Evidence for a dual-hormone hypothesis. *Hormones and behavior*, 58(5), 898-906.

Melián. (2006). Diagnóstico del hiperadrenorticismo (síndrome de Cushing). España. http://avepa.org/pdf/vocalias/1.%20Diagnostico_%20del_%20Sindrome_de_Cushing_Vitoria_2014.pdf.

Messer, M. y Dean, R. T. (1975). Immunochemical relationship between alpha-amylases of rat liver, pancreas and parotid gland. *Biochem. J.*, 151, 17-22.

Moberg, K. U. y Prime, D. K. (2013). Oxytocin effects in mothers and infants during breastfeeding. *Infant*, 9(6), 201-206.

Montague, E., Chen, P., Xu, J., Chewning, B. y Barrett, B. (2013). Nonverbal interpersonal interactions in clinical encounters and patient perceptions of empathy. *J Participat Med.* https://participatorymedicine.org/journal/evidence/research/2013/08/14/nonverbal-interpersonal-interactions-in-clinical-encounters-and-patient-perceptions-of-empathy/

Nair, S. M., Karst, H., Dumas, T., Phillips, R., Sapolsky, R. M., Rumpff van Essen, L. y Joëls, M. (2004). Gene expression profiles associated with survival of individual rat dentate cells after endogenous corticosteroid deprivation. *European Journal of Neuroscience*, 20(12), 233-243.

Nater, U. M. y Rohleder, N. (2009). Salivary alpha-amylase as a non-invasive biomarker for the sympathetic nervous system: current state of research. *Psychoneuroendocrinology*, 34(4), 486-496.

Navarro, R. M. (2015). Si es cierto que el poder corrompe, ¿qué efectos tiene en nuestro cerebro?: sugerencias desde la investigación en neurociencia. En *El mejoramiento humano: avances, investigaciones y reflexiones éticas y políticas* (pp. 251-264). Editorial Comares.

Nygårdhs, S., Ahlström, C., Ihlström, J. y Kircher, K. (2018). Bicyclists' adaptation strategies when interacting with text messages in urban environments. *Journal for the measurement of Physical Behaviour*, 20(3), 377-388. https://link.springer.com/content/pdf/10.1007%2Fs10111-018-0478-y.pdf

Oitzl, M. S., Champagne, D. L., Van der Veen, R. y de Kloet, E. R. (2010). Brain development under stress: hypotheses of glucocorticoid actions revisited. *Neuroscience & Biobehavioral Reviews*, 34(6), 853-866.

Organización Mundial de la Salud. (2015). *Recomendaciones de la OMS para la conducción del trabajo de parto*. https://www.who.int/topics/maternal_health/directrices_OMS_parto_es.pdf

Pert, C. B., Ruff, M. R., Weber, R. J. y Herkenham, M. (1985). Neuropeptides and their receptors: a psychosomatic network. *Journal of Immunology*, *135*(2Suppl), 820s-826s.

Petrakova, L., Doering, B. K., Vits, S., Engler, H., Rief, W., Schedlowski, M. y Grigoleit, J. S. (2015). Psychosocial stress increases salivary alpha-amylase activity independently from plasma noradrenaline levels. *PloS ONE*, 10(8).

Petrucci, G., Freedson, P., Masteller, B., Cox, M., Staudenmayer, J. y Sirard, J. (2018). Sensitivity of the Misfit Shine™ to Detect Changes in Laboratory-Based and Free-Living Physical Activity. *Journal of Measurement of Physical behaviour* (1), 18-25.

Purves, D., Augustine, G., Fitzpatrick, D., Hall, W., Lamantia, A., Mcnamara, J. *et al.* (2008). *Neurociencia* (3.ª ed.). Madrid: Editorial Médica Panamericana.

Qualls, L. R. y Corbett, B. A. (2017). Examining the relationship between social communication on the ADOS and real-world reciprocal social communication in children with ASD. *Elsevier Inc.*, 33, 1-9.

Reid, J. D., Intrieri, R. C., Susman, E. J. y Beard, J. L. (1992) The relationship of serum and salivary cortisol in a sample of healthy elderly. *J Gerontol*, 47, PI76-P179.

Riad-Fahmy, D., Read, G. F., Walker, R. F. y Griffiths, K. (1982). Steroids in saliva for assessing endocrine function. *Endocrine Reviews*, 3(4), 367-395.

Robertson, I. (2012). *The Winner Effect: How power affects your brain*. AyC Black.

Rohleder, N. y Nater, U. (2009). Determinants of salivary a-amylase in humans and methodological considerations. *Psychoneuroendocrinology*, 34, 469-485

Russell, E., Koren, G., Rieder, M. y Van Uum, S. H. (2014). The detection of cortisol in human sweat: implications for measurement of cortisol in hair. *Therapeutic drug monitoring*, 36(1), 30-34.

Ryan, J. P., Appert, H. E., Carballo, J. y Davis, R. H. (1975). Radioimmunoassay of serum pancreatic amylase in normal and pancreatectomized pigs. *Proc. Soc. Exp. Biol. Med.*, 148, 194-197.

Schelling, X., Terrados, N. y Calleja-González, J. (2013). Variación de la testosterona y el cortisol en relación al estado de ánimo en jugadores de baloncesto de élite. *Ricyde. Revista Internacional de Ciencias del Deporte*, 242-359.

Scherr, J. F., Hogan, A. L., Hatoon, D. y Roberts, J. E. (2017). Stranger Fear and Early Risk for Socail Anxiety in Preschoolers with Fragile X Syndrome Contrasted to Autism Spectrum Disorder. *Springer Science+Business Media New York*, 47, 3741-3755.

Shirtcliff, E. A., Granger, D. A., Schwartz, E. y Curran, M. J. (2001). Use of salivary biomarkers in biobehavioral research: cotton based sample collection methods can interfere with salivary immunoassay results. *Psychoneuroendocrinology*, 26, 165-173.

Schneiderman, I., Zagoori-Sharon, O., Leckman, J. y Feldman, R. (2012). Oxytocin during initial stages of romantic attachment: Relation to couple's interaction reciprocity. *Psychoneuroendocrinology*, 37, 1277-1285.

Schumacher, A. M., Miller, A. L., Watamura, S. E., Kurth, S., Lassonde, J. M. y LeBourgeois, M. K. (2017). Sleep Moderates the Association Between Response Inhibition and Self-Regulation in Early Childhood. *Journal of Clinical Child y Adolescent Psychology*, 46 (2), 222-235.

Schumacher, S., Kirschbaum, C., Fydrich, T. y Ströhle, A. (2013). Is salivary alpha-amylase an indicator of autonomic nervous system dysregulations in mental disorders? A review of preliminary findings and the interactions with cortisol. *Psychoneuroendocrinology*, 38(6), 729-743.

Schwartz, E., Granger, D. A., Susman, E. J., Gunnar, M. y Laird, B. (1998). Assessing salivary cortisol in studies of child development. *Child Development*, 69, 1503-1513.

Srinivasan, V., Pamula, V. K. y Fair, R. B. (2004). An integrated digital microfluidic lab-on-a-chip for clinical diagnostics on human physiological fluids. *Lab on a Chip*, 4(4), 310-315.

Sobiech, K. A. y Slowinska, R. (1983). Enzyme immunoassay for alpha-amylase. *Journal of Immunoassay and Immunochemistry*, 4(2), 127-134.

Sunldarram, A. y Krishna, T. P. (2014). α-Amylase Production and Applications: A Review. *Journal of Applied & Environmental Microbiology*, 2(4), 166-175.

Takatsuka, Y., Kitahara, T., Matsuura, K. *et al.* (1979). Radioimmunoassay for human pancreatic amylase: Comparison of human serum amylase by measurement of enzymatic activity and by radioimmunoassay. *Clin. Chim. Acta*, 1979(97), 261-268.

Tanimura, S. M., Sanchez-Watts, G. y Watts, A. G. (1998). Peptide Gene Activation, Secretion, and Steroid Feedback during Stimulation of Rat Neuroendocrine Corticotropin-Releasing Hormone Neurons. *Endocrinology*, 139(9), 3822-3829.

Taylor, S. y Bogdan, R. (1992). *Introducción a los métodos cualitativos de investigación*. Paidós: Barcelona.

Valles, M. (1999). *Técnicas cualitativas de investigación social*. España: Síntesis Sociología.

Varela, F. (2002). *El fenómeno de la vida*. España: Dolmen.

Vineetha, R., Pai, K., Vengal, M., Gopalakrishna, K. y Narayanakmrup, D. (2014). Uselfulness of salivary alpha amylase as a biomarker of chronic stress and stress related oral mucosal changes - a pilot study. *J Clin Exp Dent*, 6(2), 132-137.

Voller, A., Bartlett, A. y Bidwell, D. E. (1978). Enzyme immunoassays with special reference to ELISA techniques. *Journal of Clinical Pathology*, 31(6), 507-520.

Vucicevic, V. (2012). Is salivary alpha amylase useful as a biomarker of stress in oral diseases? *Autacoids*, 1(2), 1-2.

Wallerstein, I. (2004). *Las incertidumbres del saber*. Barcelona: Gedisa.

Walker, R. F., Riad-Fahmy, D. y Read, G. F. (1978). Adrenal status assessed by direct radioimmunoassay of cortisol in whole saliva or parotid saliva. *Clinical Chemistry*, 24(9), 1460-1463.

WEISMAN, O., ZAGOORY-SHARON, O. y FELDMAN, R. (2012). Intranasal oxytocin administration is reflected in human saliva. *Psychoneuroendocrinology*, 37, 1582-1586.

WEISMAN, O., ZAGOORY-SHARON, O., SHNEIDERMAN, I., GORDON, I. y FELDMAN, R. (2013). Plasma oxytocin distribution in a large cohort of women and men and their gender- specific association with anxiety. *Psychoneuroendocrinology*, 38, 694-701.

WILLIAMSON, S., MUNRO, C., PICKLER, R., GRAP, M. J. y ELSWICK, R. K. (2012). Comparison of biomarkers in blood and saliva in healthy adults. *Nursing Research and Practice*, 2012.

ZIK, J. B. y ROBERTS, D. L. The many faces of oxytocin: implications for psychiatry. *Psychiatry Research*. 2015 Mar; *226*(1), 31-37. DOI: 10.1016/j.psychres.2014.11.048.

MEDICIÓN EN CIENCIAS

EDITORA DE SECCIÓN:
CRISTINA ACEVEDO TRIANA

Esta sección nació del desarrollo de discusiones realizadas en el Laboratorio Interdisciplinar de Ciencias y Procesos Humanos (Linciph), de la Facultad de Ciencias Sociales y Humanas de la Universidad Externado de Colombia, alrededor de la medición en ciencia y sus posibilidades metodológicas y técnicas. Varios cuestionamientos orientaron esta construcción, como la reflexión de qué es medir, cómo se puede medir desde diversas posturas epistemológicas y teóricas, con qué herramientas se puede medir, qué información aporta realizar un proceso de medición, entre otros.

Sin mayor pretensión que aportar a la discusión, estas diversas preguntas se fueron desarrollando a partir de dos grandes horizontes: uno de tipo conceptual y otro de tipo más experiencial. El primer horizonte fue marcado por la revisión de fundamentos de los diversos temas que son desarrollados en esta sección. El segundo horizonte se basó en el desarrollo de estrategias de acercamiento con el quehacer de la medición en ciencia y los retos que esto supone; por esta razón, el lector se encontrará con ejemplos traídos de la práctica que sirven para reforzar las ideas expuestas. Estos horizontes dibujan un panorama que muestra diferentes momentos del proceso de medición: un primer momento de definición de lo que es medir y las implicaciones que tiene, otro relacionado con el desarrollo de herramientas de medición, un tercero enfocado en estrategias de análisis de datos y un cuarto relacionado con estrategias de modelización de datos.

La sección empieza con una revisión, del capítulo "La medición en ciencias", que muestra diferentes propuestas conceptuales y metodológicas que permiten entender formas de producción de conocimiento científico y de uso de herramientas técnicas de recolección de información. Tanto estas propuestas como las herramientas que se utilizan en consecuencia se han asociado a momentos históricos de diferentes disciplinas científicas, que han permitido el avance de la comprensión de diversos fenómenos en distintos niveles de análisis. Aunque esta última idea está relacionada con la parcelación del conocimiento, realmente se reconoce que los fenómenos son complejos y que diferentes perspectivas se encargan de analizar distintas dimensiones, sin excluir otras.

La discusión sigue con las implicaciones de la medición en el desarrollo de herramientas para la recolección de datos. En este sentido, se hace una exploración de las condiciones técnicas para el desarrollo de instrumentos; al respecto, se muestran los procedimientos que se asocian y que permiten asegurar que se cuenta con el mejor instrumento posible en el apartado "Construcción de instrumentos de medición: una ilustración con pruebas". Para exponer este proceso se utilizan dos elementos que permiten ejemplificar el proceso: uno es el desarrollo de pruebas y de manera específica se presenta la experiencia de la construcción de un instrumento para el proceso de admisión de la Facultad de Ciencias Sociales y Humanas de la Universidad Externado de Colombia.

LA MEDICIÓN EN CIENCIAS

SANDRA CAROLINA VALENCIA
JONATHAN DAVID RODRÍGUEZ CHACÓN

La medición está profundamente enraizada en la vida y se ha vuelto un elemento esencial de la experiencia, aunque en la vida cotidiana no siempre tengamos conciencia de que ejecutamos mediciones. El papel de la medición es crucial en muchos campos ya que, si esta es incorrecta, puede tener como consecuencia un tremendo impacto económico y social, mientras que si es correcta (lo que implica también una correcta interpretación de resultados) puede ser de suma significancia (Regtien, Van der Heijden, Korsten y Olthius, 2004). Hay que reconocer que cualquier medida hecha en este universo es necesariamente una aproximación a un fenómeno (Lockhart, 2012).

La medición es un proceso que permite generar datos para la validación o la postulación de una teoría (Venkasteshan, 2008). Este proceso involucra el uso de ciertos dispositivos o reglas para asignar valores simbólicos a objetos o eventos y, si se realiza de manera sistemática, hace más objetivo un fenómeno de interés y ubica el fenómeno en el terreno de la ciencia (Urbina, 2014). En la medición se analiza, categoriza, cuantifica y cualifica un fenómeno y de esta manera permite determinar si existen cambios en este y orientar acciones a partir de la información generada (Board on Testing and Assessment *et al.*, 1999).

Ha habido un desarrollo histórico en el que la medida se asoció a propiedades físicas como la distancia, el tiempo y el peso. Es importante reconocer que medir ha sido un elemento de referencia que ha sobrevivido en el tiempo. La medida es fundamental para la ciencia, tanto así que se han hecho desarrollos desde la conocida teoría de la medición, con el fin de entender cómo son asignados valores simbólicos a objetos y fenómenos; la preocupación se ha centrado en lo que se puede medir, la relación entre diferentes medidas y el error en los procesos de medida (Regtien, Van der Heijden, Korsten y Olthius, 2004).

El proceso de medición ha estado íntimamente relacionado con el método científico porque ha permitido aportar información al estudio de la naturaleza para comprender la manera en la que opera. La ciencia propone hipótesis o teorías basadas en observaciones y necesitan validarse con experimentos ejecutados cuidadosamente que usan muchas medidas. Una vez se ha establecido una teoría, puede usarse para hacer predicciones que pueden confirmarse con posteriores experimentos (Venkasteshan, 2008). Autores como Roberts (1985) consideran que una de las principales diferencias entre la ciencia bien desarrollada y otras menos desarrolladas es el grado por el cual los fenómenos son medidos. No obstante, los desarrollos más fuertes en la medida y la teoría de la medida (que ha recibido aportes de filósofos de la ciencia, físicos, psicólogos, economistas, matemáticos y otros) han sido liderados por la necesidad de introducir la medida en las ciencias sociales, como el mismo autor reconoce.

En este capítulo abordaremos el problema de la medición, perspectivas de medición a partir de diferentes epistemologías, las estrategias que se relacionan con la recolección de información y la comprensión de la medición en el contexto del Linciph.

LA MEDICIÓN

La medición se relaciona con un proceso empírico, conformado por un conjunto de procedimientos en los que se asignan símbolos a categorías de observación. Estos símbolos suelen ser usualmente números, por lo que este proceso está estrechamente relacionado con la cuantificación. Esas categorías de observación permiten la descripción de un fenómeno y suelen relacionarse con propiedades de objetos o eventos del mundo real (Wilson, 2005). Entonces, es un proceso de comparación entre símbolos y un instrumento de medida, haciendo de este proceso algo relativo y que depende de la unidad de medida elegida para hacerlo (Lockhart, 2012).

Al cuantificarse, se requiere que el procedimiento describa de manera explícita, no ambigua, esas propiedades en términos de relaciones matemáticas y de condiciones y procedimientos experimentales. A esto suele llamarse un modelo de procesos de medición, que incluye la propiedad de lo medido, un sistema de medición, el ambiente y las interacciones entre ellos; esto tiene como consecuencia la ejecución de acciones que se planean para comparar de manera cualitativa una cantidad con una unidad de medida. Además de requerir una definición de las propiedades de interés, la medición cuantitativa, requiere un estándar de esa propiedad para determinar su unidad. Para la descripción de un fenómeno, las unidades podrían encontrarse en muchas aplicaciones y podrían aplicarse otros tipos de representación de la propiedad.

Una idea común en todas las definiciones de medición es la transformación de (propiedades de) eventos u objetos en un espacio n-dimensional que contiene números, símbolos o subespacios; esto se relaciona estrechamente con la idea de que la medición se ubica en la base de la comunicación, ya que al observar un objeto o evento se quiere comunicar las percepciones sobre el mismo con otros que no lo observaron, por lo que la medición sería útil para realizar dicha descripción (Regtien, Van der Heijden, Korsten y Olthius, 2004).

La medición en ciencia inicia con la identificación de aspectos del mundo real con los elementos o construcciones de un sistema lógico abstracto, al cual se llama modelo (Morales, 1990). Antes de poder comenzar a medir algo, es necesario saber con precisión de qué objeto se está hablando (Lockhart, 2012). Es frecuente que esta identificación pueda hacerse fácilmente. La medición es un procedimiento mediante el cual se asignan números (calificaciones o medidas) a las propiedades, atributos o características de los objetos (unidades experimentales), estableciendo las reglas específicas sobre las que se fundamentan las asignaciones. El procedimiento de medición específica una regla de correspondencia, un patrón a partir del cual a estos eventos les corresponderá un subconjunto de números reales (Morales, 1990). Entre las dificultades que se presentan en los procesos de medición se encuentran la presencia de errores, la repetibilidad, la calibración y los estándares y la linearidad o linearización. Los errores acompañan la medición, aunque sea bien planeada, son inherente al proceso (sistemáticos) o se inducen debido a variaciones en la manera en la que el proceso es llevado a cabo (aleatorios) (Venkasteshan, 2008).

Las medidas pueden categorizarse de muchas maneras. Por la cantidad, indicando que es primaria si es posible medirla directamente o derivada si no lo es (Venkasteshan, 2008). En medidas objetivas y subjetivas, donde las primeras no involucran juicios de valor y las segundas sí. Las características unidimensionales representan un único aspecto del fenómeno medido. Los constructos multidimensionales abarcan diferentes aspectos, por lo que deben ser medidos con los instrumentos que cubran todos los aspectos relevantes del constructo. También puede distinguirse entre medición de características observables y no observables. Las observables son obtenidas de manera directa, mientras que las no observables, no. Las estrategias para medir los últimos incluyen, a saber, por la medición de las características observables relacionadas a constructos no observables, lo que resulta en instrumentos de medición de múltiples ítems (De Vet, Terwee, Mokkink y Knol, 2011).

ESCALAS DE MEDIDA O NIVELES DE MEDICIÓN

La medición es un procedimiento por el cual se asignan medidas, usualmente en forma de números, a propiedades de modo que caractericen y preserven las relaciones especificadas en el dominio comportamental. Esta asignación se realiza de acuerdo con un conjunto de reglas o normas. El propósito es cuantificar y clasificar atributos (Aragón, 2011). Las reglas que se usan en la asignación pueden ser de diferentes tipos y pueden aprovechar las propiedades del sistema numérico para su asignación. Los diferentes tipos de escalas usan ciertos aspectos de los sistemas numéricos para generar medidas que reflejen ciertas propiedades de la dimensión que se pretenden mostrar con esa medida (Elorza, 2008). La asignación numérica a categorías es solamente una parte del proceso de medición, ya que existen pasos precedentes a la asignación que le dan base y permiten la verificación de si el proceso ha sido exitoso (Wilson, 2005).

En la escala nominal, se usan nombres para los objetos y sirven para medidas que reflejen pertenencia a grupos u otras formas de clasificar cosas o personas usándose la propiedad de identidad de los números (Elorza, 2008). En la ordinal, se usan números de acuerdo con la propiedad ordinal del sistema numérico, ya que los valores están ordenados de menos a más y no hay una noción de igualdad en las distancias entre los números. Así, la regla de correspondencia permite asignar valores numéricos a una propiedad que reflejen niveles crecientes de esa propiedad, sin que haya compromiso de que las distancias en esa propiedad sean iguales; usan la propiedad ordinal o el hecho de que se siga una secuencia. En la de intervalo se usa el ordenamiento y se establece que las distancias que hay entre un número y otro son iguales, aunque la distancia entre números es válida, no hacen referencia a un 0 absoluto siendo un elemento arbitrario y las razones y sumatorias de los valores son significativos. La escala de razón usa las propiedades anteriores y además tiene un 0 que refleja la ausencia de la cualidad; usa todas las propiedades de los números (Elorza, 2008; Regtien, Van der Heijden, Korsten y Olthius, 2004).

La teoría representacional de la medición es una teoría axiomática y formalizada sobre la conceptualización de la medida. Este tema se articula alrededor del problema de la representación, el de la unicidad y el de la significación.

Respecto a la representación, el sistema relacional implica encontrar un sistema relacional numérico con una estructura semejante al sistema relacional empírico que se pretende medir, por lo que uno de estos sistemas sirve para representar el otro. Esto se refleja en los niveles de medida, el escalamiento o escala de medida. En este sentido, pueden utilizarse números para representar una relación de identidad o de diferencia, por lo que las reglas de asignación dan lugar a una escala de medida nominal, en la que se usan los números como etiquetas. Cuando los números representan relaciones de orden, las reglas de asignación dan lugar a una escala ordinal. Si los números representan la igualdad de diferencias entre pares de objetos con relación a alguna propiedad o atributo, las reglas de asignación pertenecen a una escala de intervalo; en esta escala se especifica una correspondencia entre los elementos del dominio de la conducta y el atributo y los números reales, ubicándose de manera arbitraria el origen de la escala y la unidad de medida. El asumir un punto fijo cero que supone un cero absoluto hace parte de una escala de razón.

En la figura 65 se evidencian los diferentes niveles de medición y las acciones asociadas a las reglas de asignación correspondientes.

La unicidad se refiere a la arbitrariedad de los números elegidos, es decir, pueden obtenerse distintas escalas de números para la misma variable o atributo, sin que se modifiquen las relaciones numéricas que representan a las relaciones empíricas. Una escala de cierto tipo para la medida de un conjunto de objetos empíricos existe siempre alguna otra escala que implica asignaciones numéricas semejantes. Por ejemplo, los grados Fahrenheit y centígrados representan temperatura. Esta propiedad puede medirse en diferentes objetos con cualquiera de estas dos escalas y, sin embargo, las relaciones entre los objetos (como cuál es más caliente) no cambiarán.

FIGURA 65.
NIVELES DE MEDICIÓN Y LAS ACCIONES QUE SE LES ASOCIAN

Nivel	Acciones
Nominal (equivalencia o no equivalencia)	Clasificar objetos reales según ciertas características, tipologías o nombres. No implica relación de orden, distancia o proporción entre objetos
Ordinal (mayor, igual, menor)	Establecer posiciones relativas de objetos o individuos con relación a una característica, sin que se reflejen distancias entre ellos.
Intervalo (mayor, igual, menor; números que indican relaciones entre objetos y distancias)	Establecer orden en las posiciones relativas de los objetos o individuos; se mide también la distancia entre los intervalos o las diferentes categorías. Cero relativo.
Razón (orden jerárquico, igualdad de intervalos e igualdad de *ratios*)	Establecer orden y distancia y la proporción en que es mayor una categoría de una escala que otra. Cero absoluto que representa la nulidad de lo que se estudia.

Referencia: producción propia.

La significación se refiere a la validez de una conclusión empírica inferida a partir de una conclusión numérica. Es relativa al tipo de escala en la que se basan las inferencias. Se puede consideran en términos de los estadísticos admisibles para cada tipo de escala (Martínez, 2005; Nunnally, 2009).

Como se puede notar, los niveles de medida evidencian una serie de implicaciones: 1) cómo se usan los números y 2) las operaciones posibles que puedan realizarse con ellos. En el caso de la escala nominal, en la que la función de los números es rotular no existe la pretensión de desarrollar análisis matemáticos y no se considera que estos representen cantidades de atributos. En la escala ordinal, no tiene sentido calcular la media ni desviación a partir del conjunto de rangos. En cambio, en las escalas de intervalo y de razón, las medidas anteriores tienen significación junto con las operaciones fundamentales del álgebra (Nunnally, 2009).

El uso de la estadística se ve limitado por el tipo de medidas utilizadas; las de intervalo y las de razón son las que permiten procedimientos estadísticos más robustos o paramétricos. Para medidas nominales y ordinales se utilizan no paramétricas (Elorza, 2008). Los análisis estadísticos permiten hacer suposiciones e interpretaciones sobre la naturaleza y significación de aquellos en atención a los distintos tipos de información que puedan proporcionar. En la tabla 4 se resumen las relaciones de las variables y los estadísticos apropiados para el análisis.

TABLA 4.

RELACIONES DEFINIDAS POR TIPO DE VARIABLES Y LOS POSIBLES ESTADÍSTICOS A UTILIZAR CON ELLAS

Nivel de medición (Escala)	Relaciones definidas	Algunos estadísticos apropiados
Nominal	Equivalencia	Distribución de frecuencias Porcentajes Proporciones Moda Coeficiente de contingencia
Ordinal	Equivalencia De mayor a menor	Mediana Cuartiles Percentiles Spearman r Kendall r Chi cuadrado
Intervalo	Equivalencia De mayor a menor Proposición conocida de un intervalo a cualquier otro elemento	Media aritmética Varianza Desviación típica Regresión lineal t de student Análisis factorial de varianza Correlación del múltiple momento-producto Análisis de covarianza
De razón	Equivalencia De mayor a menor Proposición conocida de un intervalo a cualquier otro elemento Proposición conocida de un valor de la escala a cualquier otro momento (definido el cero)	Media armónica Coeficiente de variación Coeficiente de asimetría Coeficiente de curtosis

Referencia: tomada de Elorza, 2008.

Para el nivel de medición nominal, la distribución de frecuencia consiste en determinar cuántas observaciones están presentes en cada categoría de respuesta para la variable. Las proporciones y porcentajes permiten comparar distribuciones de frecuencias de poblaciones de distintos tamaños. La moda representa el valor de la variable que presenta una mayor frecuencia. El coeficiente de contingencia permite mostrar la ocurrencia conjunta de pares de puntuaciones en dos variables.

Para el nivel de medición ordinal, se pueden analizar las variables como el nivel anterior. Además, la frecuencia acumulada para mostrar el porcentaje que tiene un valor igual o inferior al analizado. La mediana solamente es utilizable para variables cuyas categorías pueden ser ordenadas de mayor a menor y es el punto situado a la mitad del conjunto de datos dividiendo exactamente por la mitad de la distribución. Los percentiles y cuartiles con medidas de posición; en los primeros las variables indican el porcentaje de una distribución que es igual o menor a esa cifra y en los segundos son los valores de la variable que dejan por debajo de sí el 25 %, 50 % y el 75 % del total de las puntuaciones. El coeficiente r de Spearman es una medida de correlación cuyo fin es permitir que los sujetos u objetos de la muestra puedan ser ordenados por jerarquías. El coeficiente de correlación de rango de Kendall r hace posible que en una medida ordinal de dos variables se le pueda asignar a cada sujeto un rango. El chi cuadrado permite evaluar la relación entre dos variables categóricas.

POSTURAS EPISTEMOLÓGICAS Y MEDICIÓN

El presente apartado contiene algunos de los principales elementos, teóricos y prácticos, sobre conceptos, métodos y técnicas usualmente empleados en el trabajo de investigación de las ciencias. En la investigación, la medición puede significar un proceso largo y complejo, que comprende diversas dimensiones, etapas y formas de concebir el mundo.

En la investigación, según Grajales, 1998, la medición es considerada como fuente de recolección de información, en la que se conjugan técnicas de recolección de datos que permiten determinar o asignar valores/datos a las variables que se investiga. Las asignaciones de estos valores pueden variar según los postulados y metodologías desde los que se posiciona un investigador. Para el presente, analizaremos las particularidades que pueden existir en la medición desde el positivismo, empirismo, estructuralismo, marxismo y complejidad. Para ello, primero explicaremos la distinción entre nivel epistemológico, teórico, metodológico y técnico de la investigación. En la figura 66 se sintetiza este proceso.

FIGURA 66.
RECOLECCIÓN DE LA INFORMACIÓN

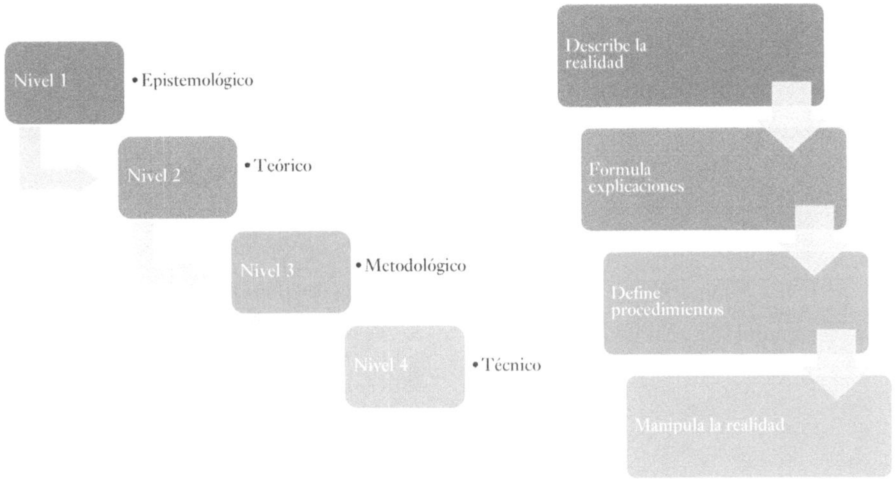

Referencia: recolección de la información, basada en Gallardo y Moreno (1999).

El nivel metodológico corresponde a la definición: del tipo de estudio (exploratorio, descriptivo, explicativo), del método de investigación (observación, inducción, deducción, análisis, síntesis), de las técnicas y procedimientos para la recolección de la información (encuestas, entrevista, etc.) y del tratamiento que se va a dar a la información. Las epistemologías, por otra parte, son las distintas vertientes de estudio que abarcan técnicas, métodos y metodologías existentes para alcanzar el conocimiento, el saber. En términos llanos, cómo nos acercamos al conocimiento y la teoría.

El método es el proceso que se emplea para la realización de una tarea de acuerdo con ciertos principios o criterios previamente establecidos. Es decir, el método es el modo ordenado y sistemático de proceder para llegar a un resultado o lograr un objetivo determinado. Teniendo en cuenta lo anterior, existen diversos métodos a utilizar para el logro de los objetivos. Por ejemplo, en investigación se habla de método inductivo, deductivo, analítico o descriptivo para lograr un objetivo. Cada uno de esos métodos tiene criterios específicos que lo diferencian del otro.

La técnica, por último, a diferencia del método, se define como el conjunto de procedimientos empleados para lograr el objetivo que se desea. En la figura 67 se muestran las diferencias entre método y técnica.

FIGURA 67.
DIFERENCIAS ENTRE EPISTEME, MÉTODO Y TÉCNICA

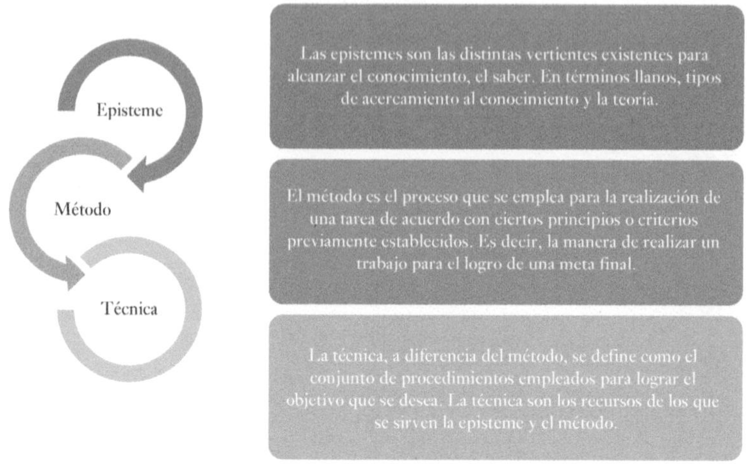

Referencia: producción propia.

EMPIRISMO

El empirismo nace como una doctrina filosófica en los siglos XVII y XVIII contraponiéndose al racionalismo. Su sustentación teórica se le atribuye John Locke, quien, consideraba que, para concretar el conocimiento y encontrar los elementos que le constituyen los fenómenos en el mundo, se debía poner como principio de todo conocimiento a la experiencia. Por lo general, quienes se declaraban empiristas rechazaban las ideas innatas y consideraban el espíritu una tabula rasa (COEM, 2013). Para encontrar el origen del conocimiento se partía de la sensación y la reflexión pues, como George Berkeley proponía, se consideraba que el origen del conocimiento es la vivencia de la realidad. Es decir, todas las ideas son concretas y provienen de los sentidos externos, de los sentidos internos y de la reflexión.

A esta episteme suele asociársela con el método inductivo en la observación, pues pretendía desplazar el método deductivo aristotélico, proponiendo coleccionar y organizar los hechos que la experiencia nos brinda a fin de ascender a los axiomas y principios, por medio de la inducción. Como podemos observar, bajo esta postura se muestra la influencia de los postulados mencionados con anterioridad. El método inductivo, según Heredia, es por lo general una manera de proceder mediante la cual se obtienen conclusiones generales a partir de premisas particulares. Para la autora se trata del método científico más usual, se caracteriza por seguir cuatro pasos esenciales (que pueden variar o aumentar según la investigación): 1) la observación de los hechos para su registro, 2) la clasificación y el estudio de estos hechos, 3) la derivación inductiva que parte de los hechos y permite llegar a una generalización, 4) la contrastación, como se evidencia en la figura 68.

FIGURA 68.
MÉTODO INDUCTIVO DEL EMPIRISMO

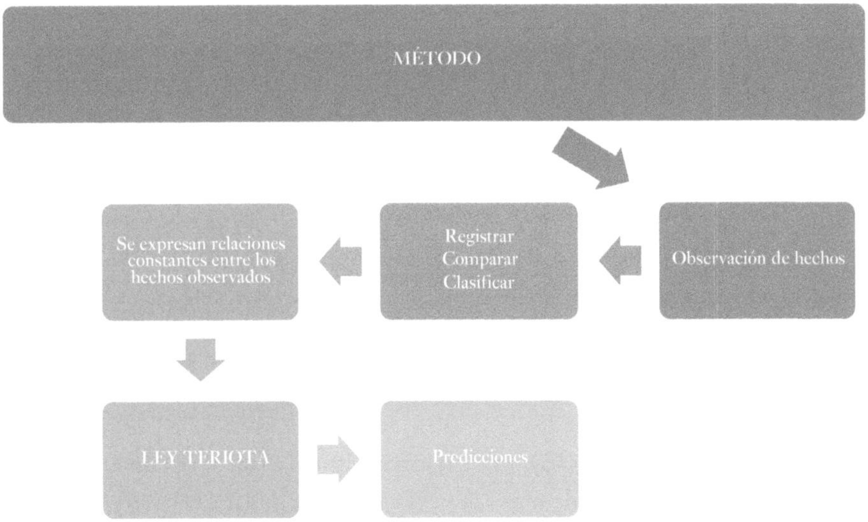

Referencia: creación propia.

Debido a que el empirismo nace como oposición a una tradición racionalista, en su mayoría de corte cartesiana, esta episteme considera a la experiencia y la observación como única fuente válida del conocimiento en el contacto de los sentidos con las cosas. Son los sentidos los que, al ponerse en contacto con las cosas, capturan información; para ello las personas pueden valerse de herramientas como el metro, microscopio, termómetro, etc. Por esta razón el empirismo suele influir en mayor medida en las ciencias naturales y tácticas, en las ciencias de observación, cuyos juicios son contingentes (Heredia, 2015), donde hace parte del método la observación y la experimentación. Un famoso ejemplo de episteme y método empírico es la manzana de Newton, que dio pie al desarrollo de la ley de la gravitación universal o la teoría de Darwin sobre el origen y evolución de las especies.

POSITIVISMO

El positivismo, como episteme, ve sus inicios a finales del siglo XVIII y mediados del XIX. La base teórica del paradigma suele ser atribuida a los planteamientos de Auguste Comte (Meza, 2010). La posición de los primeros positivistas se sustentaba en muchos de los principios y características del empirismo; Comte en lo personal consideraba que el conocimiento real procedía de las ciencias empíricas. Durante su historia, según Meza, el positivismo ha dirigido en particular sus críticas contra la metafísica de toda clase, por tanto, contra la reflexión que no puede ser fundamentada y replicada enteramente sobre datos empíricos, esto otorga un carácter a los descubrimientos de pretendida universalidad.

Debido al postulado del orden, el positivismo tradicional supone que la realidad está dada y por ello en algún momento podrá ser conocida a totalidad por los sujetos que la investigan. Esta posición posee dos implicaciones directas: 1) que la adquisición del conocimiento es progresiva, es decir, posee linealidad y 2) para conocer la realidad es necesario el uso de un método exacto y preciso como garantía de validez y verdad. Es por ello, entonces, por lo cual las ciencias sociales se vieron altamente influenciadas por el método de las ciencias naturales para desarrollar la investigación. De acuerdo con Meza, los científicos positivistas suponen que se puede obtener un conocimiento objetivo del estudio del mundo natural y social. Como consecuencia de lo anterior, podemos indicar, siguiendo a Meza, que los positivistas buscan los hechos o causas de los fenómenos sociales y naturales con independencia de los estados subjetivos y particulares.

Con este panorama expuesto, podemos estudiar como el positivismo ha logrado constituir y alimentarse de los sistemas y técnicas de medición más conocidos. Una línea de ello es el sistema internacional de medida, el cual, ha consolidado el uso de siete unidades básicas, también denominadas unidades fundamentales. De la combinación de las siete unidades fundamentales se obtienen todas las unidades derivadas. En la tabla 5 se muestra el sistema internacional de medida.

TABLA 5.

ELEMENTOS DEL SISTEMA INTERNACIONAL DE MEDIDA

Magnitud física	Unidad básica	Símbolo	Observaciones
Longitud	Metro	M	En función V de la luz
Masa	Kilogramo	Kg	
Tiempo	Segundo	S	En función del tiempo atómico
Intensidad corriente eléctrica	Amperio	A	En función del tiempo campo eléctrico
Temperatura	Kelvin	K	Punto triple del agua
Cantidad sustancia	Mol	mol	

Referencia: creación propia.

Por lo general, en la medición cada unidad o elemento a medir se relaciona con una variable. En física, por ejemplo, cada unidad básica está asociada a la magnitud, al medir una variable como la altura de un edificio, se determina un intervalo donde la variable toma su valor. Este intervalo depende de la resolución de la herramienta con la que se mide, y del cuidado que se tenga para hacer la medición.

Algunas variables, como el tiempo son susceptibles a tomar un número de registros que permitan observar su constancia, probabilidades, media, etc. Un ejemplo es la oscilación de un péndulo para determinar el intervalo donde se encuentra el valor de la variable medida (el periodo, en este caso). La metodología del positivismo suele valerse en gran medida de la estadística y la matemática para el procesamiento de los datos medidos.

ESTRUCTURALISMO

La palabra *structura*, en el vocablo latino, nos remite inmediatamente a pensar sobre la construcción, distribución u orden; nos encamina hacia la referencia de una distribución articulada de elementos en un cuerpo o conjunto. Por ello se parte desde esta concepción para enmarcar la estructura como un constructo no perceptible, muy a la manera del repetido ejemplo de las vigas que sostienen los edificios y construcciones que normalmente frecuentamos.

El estructuralismo mismo como se conoce en ciencias sociales es un enfoque inspirado y traído de la pesquisa lingüística realizada por Ferdinand de Saussure, en donde se empiezan a poner de manifiesto las pretensiones generales de precomprender o comprender la realidad en términos de sistema, y se permita por medio de la focalización del estudio en un fenómeno relacionar de manera rigurosa la existencia del fenómeno mismo con un sistema preestablecido, sin necesidad de conocer las transformaciones y movilizaciones históricas en las cuales el fenómeno se desarrolla.

Con esta discusión se abre la posibilidad de que la historia de una lengua se pueda entender como una sucesión de estados de un sistema concomitante, o sea por su estructura y su organización; en su postura, Saussure pone de manifiesto su punto de partida: "La lengua es un sistema riguroso y la teoría debe ser un sistema tan riguroso como la lengua" (Cardona Martínez, 2014.) Con estos supuestos tomados de la lingüística el paradigma se abre camino a nuevas formas de entender lo social desde una lógica inductiva inferencial. Constituyéndose, así como una forma predeterminada ante el mundo, pues este se concibe bajo la premisa de que todo lo que se ve se corresponde con un sistema de relaciones interrumpible, y así mismo a una totalidad estructural, no material.

Los supuestos ontológicos empleados en el estructuralismo consisten en creer que la esencia y la verdad de lo humano y lo social siempre han de estar estructuradas, y que en el interior de ellas se presentan relaciones lógicas a manera de sistema intelectual, que le son inconscientes al individuo, primando así sobre este y condicionándolo. Se aspira así desde este enfoque a la conversión del mundo en algo completamente estructurado que obedecería dócilmente al orden relacional del significado, posibilitando así uno de los mayores objetivos del estructuralismo: abarcar integralmente universos de sentido. Todo esto evidencia un fuerte ánimo, heredado del idealismo platónico, de generar teoría verdadera.

Estas totalidades estructurales están compuestas de elementos interrelacionados diferenciados por sus propiedades y funciones, que al estar unidos como ya se mencionó forman un todo y no una suma. Dicha interrelación esta medida por una única forma de ser o tendencia a ser, pues las relaciones no están de manera aleatoria entre las partes. Pues de ese modo de ser de las relaciones depende la eficacia del modelo estructural; haciendo así a los elementos estructurales dependientes de los demás elementos del sistema y de la totalidad misma. Sumado a esto, las normas estructurales responden a una organización lógica presentadas como conductas particulares. Situación que implica que la investigación sobre un elemento se deba hacer sobre la relación de un elemento con el resto de ellos y del elemento con el todo, teniendo en cuenta siempre las reglas del sistema pues esto es propio de los sistemas, ya que permiten la comparación entre modelos, su traducción y su estabilidad estructural en virtud de las semejanzas normativas, que solo pueden ser modificadas *a posteriori* (Piaget, en Rengifo, 2007).

Continuando con el análisis que requiere la estructura y cómo este enfoque se presenta, es preciso establecer que, metodológicamente, las estructuras presentan un carácter hipotético deductivo, lo cual las hace inaccesibles empíricamente, que se comporta como un principio explicativo en un sistema a través del uso de las oposiciones entre términos como relaciones lógicas (Levi-Strauss, en Rengifo, 2007). La estructura puede ser entendida desde la mirada de Piaget como un sistema de transformaciones que implica leyes como sistema por oposición de propiedades de elementos y que se conserva y enriquece por el juego de sus transformaciones, sin salir de sus límites. Pues esta comprende los caracteres de totalidad, transformación y autorregulación, que particularmente se convierte en un carácter fundamental a la hora de hablar de análisis estructural.

Dicho análisis debe obedecer a un método, que en lo postulado por Rengifo se establece desde la mirada de Levi-Strauss. Esto debido a que, al comprender que la estructura ofrece un carácter de sistema y que las reglas o soluciones a las necesidades por parte de las sociedades obedecen a una regla general de índole estructural surgida a partir de procesos cognoscitivos inconscientes que no son visibles, se plantea que debe existir una reconstrucción teórica deductiva mediante modelos lógico-matemáticos que mantienen formas constantes de las reglas, las relaciones y funcionamiento de las sociedades, vistas desde una mirada sincrónica, que ha de ser comprobable mediante la experiencia humana, en la que se deben buscar aquellas actividades inconscientes del espíritu humano. De esta manera se apela por una naturaleza humana universal en la manera en que les imponen formas a los contenidos, inscritos en un universo simbólico que la hace inteligible y permite la reconstrucción racional.

Para poder llegar a realizar un buen análisis estructural teniendo en cuenta lo anteriormente dicho, es preciso des-realizar la experiencia social y concentrase en la restitución de la organización profunda de las estructuras y sus invariantes, a través de una observación empírica mediada por la construcción de los modelos tangibles para el investigador, que deben tener como principal objetivo reconstruir los modelos inconscientes que responden a las invariantes lógicas y proceder a verificar la lógica interna del modelo y su comprobación en el campo social.

Finalmente, Levi-Strauss termina por poner la estructura como el contenido mismo tomado en una organización lógica concebida como propiedad de lo real. Postulado que refleja todo lo anteriormente expuesto por Rengifo, dándole importancia a los detalles teóricos, ontológicos y metodológicos que componen el enfoque para poder comprender como todo ello se condensa en postulados como el enunciado por Levi-Strauss.

Ahora bien, para poder acceder a ello, es necesario establecer un criterio formal para definir un sistema o una estructura: la cual se trata de una composición de elementos, que se hacen inmanente a ella y debe ser estudiada bajo el criterio funcional y topológico (Rengifo, 2007). Así mismo, como en la mirada de Sazbón, la estructura es la forma bajo la cual se relacionan los elementos que la componen, y es gracias a esto que el análisis estructural es privilegiado, pues todos los elementos obedecen a un patrón que permite la articulación de los elementos y por ende determina sus relaciones. Sumado a esto, las estructuras llevan en sí mismas un carácter de plasticidad al igual que la noción de sistema, lo cual permite que cualquier elemento pueda estar sujeto a una estructura, la cual al determinar las relaciones entre las partes establece una lógica específica que la hace matematizable y permite que se formalice.

Bajo estos presupuestos teóricos surgen autores remarcables en las ciencias sociales como Piaget en el ámbito de la disciplina psicológica y Levi-Strauss y Kroeber en la disciplina antropológica, entre otros.

Desde Piaget, se concibe la psicología como una propuesta estructuralista, desde la cual él logra abstraer el modelo lógico-matemático para comprender la conciencia de un sujeto y sus cambios, dado que, para Piaget, "la lógica y las matemáticas se convierten en el mejor modelo para contemplar las transformaciones de los actos de conciencia del sujeto y expresar su organización mental" (Yáñez, 2018).

En esta medida la lógica matemática es aquella herramienta que se encarga de garantizar la generalización y la construcción de la realidad entendida como totalidad funcional que no se reduce a la mera deducción. La herramienta lógica matemática bajo esta concepción permite que los fenómenos de la realidad se aprehendan bajo la lógica de sistema y conjunto interdependiente, pero no abocado a la imposibilidad del cambio. Entendiendo de antemano que la lógica misma del paradigma estructuralista le permite al investigador anticipar posibles transformaciones y contradicciones en el sistema.

Dentro del recorrido intelectual de Piaget se manifiesta esta premisa en la manera en la que, como anteriormente se mencionó, se entiende la psicología como una disciplina que inscrita en la lógica matemática es una clara manifestación del paradigma estructuralista. Pues la modelización matemática se presta para representar de forma mucho más cercana las transformaciones y comportamientos de la conciencia humana (Yáñez, 2018, p. 4).

Bajo este orden de exposición se puede entrever cómo, para el autor, la aproximación a la realidad se genera desde un modelo matemático, aterrizado en el campo de las ciencias sociales en donde medir se convertirá en parte de la metodología utilizada en principio, con gran interés por él, así, en el libro *El lenguaje y el pensamiento en el niño,* Piaget "*observa una cantidad considerable de niños, para evaluar sus intervenciones verbales, espontáneas y "medir' estadísticamente su coeficiente de egocentrismo*" (Yáñez, 2018, p. 7). Todo esto mediante modelos estadísticos, pruebas psicométricas y el análisis de la construcción de representaciones del mundo por parte del niño.

Estas metodologías de captura de información en el pensamiento y la investigación de Piaget son una manifestación clara de la búsqueda de estructuras conjuntas por medio de formas medibles.

De otro lado, desde Levi-Strauss se da el establecimiento de la noción de estructura social, como aquello que hace referencia a los aspectos formales de los fenómenos sociales. Lo cual implica un abandono del campo de la descripción, para empezar a considerar nociones y categorías que no pertenecen en sentido propio a la etnología, pero que esta querría emplear a la manera de otras disciplinas que, desde hace mucho, tratan algunos de sus problemas como nosotros desearíamos poder tratar los nuestros (Levi-Strauss, 1974, p. 299). En este punto el autor nos expone de qué manera el estructuralismo abre la ciencia social al empleo de nuevos métodos y modelos de análisis pertenecientes a otras disciplinas para abordar de manera más formal los fenómenos de la esfera social de interés.

Al emplear nuevos métodos, el trabajo del investigador se centra en tomar las relaciones sociales como materia prima de la construcción de modelos analíticos que le develan la estructura. El proceso para construir el modelo y poder saber si este se adecua y da cuenta de la realidad de manera formal y real debe pasar primero por la observación en la que "la regla principal –casi podría decirse la única– es que los hechos deben ser observados y descritos con exactitud, sin permitir que los prejuicios teóricos alteren su naturaleza y su importancia" (Levi-Strauss, 1974, p. 302).

Posteriormente se construye un modelo explicativo y analítico en donde se dé cuenta de la rigurosa observación etnográfica de los hechos en sí mismos. En donde se devela una correlación entre el cuidado al detalle descrito a partir de la observación, la validez y generalidad que se establece para el modelo construido a partir de ella (Levi-Strauss, 1974).

Los modelos que Levi-Strauss propone se pueden clasificar en dos tipos dependiendo de la escala del fenómeno que se quiera modelar. En el momento en que los elementos constitutivos del fenómeno se encuentran en la misma escala que este, se ha de construir un modelo mecánico. Es decir, en el caso en que un fenómeno y sus partes constitutivas son interdependientes entre ellos y no se necesita de apelar a ningún factor, fenómeno o categorización externa el modelo puede ser mecánico. El ejemplo que nos presenta el autor es el del matrimonio indígena, en donde el fenómeno como tal del matrimonio se constituye a partir de los clanes o parentescos en los que los individuos se pertenezcan, los cuales surgen a su vez por alianzas como el matrimonio. Allí el modelo es mecánico.

De otro lado, cuando los elementos constitutivos del fenómeno se encuentran en una escala distinta a la del fenómeno se ha de construir un modelo estadístico. Aquí los elementos constitutivos dependen de factores o fenómenos más generales para poder modelar y estudiar lo que se desea. Levi- Strauss en el mismo caso del matrimonio, en sociedades no indígenas propone que se debe realizar un modelo estadístico, pues la constitución del matrimonio mismo depende de múltiples factores que no se enmarcan directamente en relaciones de alianza o parentesco. Como lo son la diversidad de formas de matrimonio, el tamaño de los grupos, fluidez social, entre otros. Elementos que como se puede ver salen de la escala del fenómeno del matrimonio.

Así pues, la investigación estructuralista, al poderse valer de modelos constituidos a través de la información recogida por medio de las rutas expuestas por Levi-Strauss (1974) como pueden ser la observación y el ejercicio etnográfico, la traducción de los fenómenos y la información de la sociedad capturada al ser medida matemáticamente, permite que la construcción del modelo sea mucho más eficaz. Los resultados medibles en el caso de los fenómenos sociales le permiten al investigador percibir la información de manera mucho más organizada y estos se convierten en datos fundamentales para el análisis social y la construcción de los modelos explicativos de la misma. Con esta concepción, se abre la posibilidad a poder traducir su estructura y lógica en modelos, y poder destacar las propiedades formales que son comparables entre sí, y entre modelos, sean de la índole que sean. Pues como bien menciona el autor, la tarea del estructuralista es identificar y aislar los niveles de realidad que pueden ser representados en forma de modelos.

Finalmente, la manera en la que se manifiesta la propuesta de modelo explicativo y analítico de Levi-Strauss, ha sido la forma en que ciencias de otra índole también se han pensado de la misma manera los fenómenos. El ejemplo que se propone en el texto es el de la teoría de los cuerpos en movimiento, el cual pertenece en principio a la mecánica, siempre que los cuerpos considerados sean pocos ya que, si la cantidad de cuerpos aumenta más allá de un cierto orden de magnitud, es preciso recurrir a la termodinámica. Reemplazando así el anterior modelo mecánico por un modelo estadístico, aunque la naturaleza de los fenómenos permanezca la misma en ambos casos. Y en el mismo caso concreto propuesto por Levi-Strauss, además de el del matrimonio, está el del suicidio, en donde a la hora de construir un modelo desde la experiencia de los sujetos de manera individual sobre la experiencia de suicidio aplicaría la construcción de un modelo mecánico. Pero cuando esto se quisiera extrapolar a la presencia de suicidios en un periodo de tiempo específico o en una sociedad determinada, el modelo que se debe construir es el estadístico.

Continuando con este orden de exposición y con ánimo de finalizar, otra de las manifestaciones más claras de medición dentro del paradigma estructuralista enfocado en antropología, se vio en el trabajo realizado por

Richardson y Kroeber. El cual surge como resultado de la búsqueda de Kroeber por demostrar la independencia del arte, la religión, la filosofía, la ciencia y la tecnología, con respecto al individuo. Todo esto a través de un análisis del determinismo cultural en la moda, que ya había venido siendo tratado por Kroeber y retomado en 1940 por él junto con Richardson, logrando dar cuenta así de la variabilidad de la moda femenina en el periodo comprendido desde 1787 hasta 1936 (Marzal,1996).

Para ello se tomaron en cuenta indicadores como longitud y amplitud de la falda, altura y amplitud de talle, profundidad y amplitud del escote. Los cuales fueron presentados y organizados en dos cuadros, en donde se presentaba la intensidad de la variabilidad en el periodo a estudiar, a través de medidas quinquenales de unidades de fluctuación, que representan las medidas aproximadas de desviaciones porcentuales con respecto a la norma dentro de cada año (Marzal, 1996, p.190).

Este ejemplo nos da una mirada mucho más clara de cómo la medición en sus múltiples formas de manifestación y de posibles resultados todos entendidos como información matemática, se convierten en información vital que permite ilustrar de manera clara y concreta un comportamiento, una dinámica, un fenómeno, etc., de una sociedad o un individuo, bien sea en periodos de tiempo específicos y extensos o en tiempos de corta duración que permiten el cambio y la transformación de los fenómenos. Los datos recogidos tras un ejercicio medible se vuelven, dentro del paradigma estructuralista, fundamentales pues dentro de los mismos datos se manifiestan los comportamientos estructurales de un grupo humano. Herramientas como la modelización y la estadística permiten que el análisis social dentro de la lógica y la metodología de la estructura y del estructuralismo sea mucho más rico y de fácil acceso para el investigador, pues el dato que arroja la medición en investigaciones de este corte se convierte en un dato tan rico como el dato etnográfico, e incluso más pues las posibilidades de cruce de variables y de relacionamiento entre fenómenos y su tendencia marcada dentro de la lógica matemática son aún más perceptibles. Volviendo así, el análisis social es mucho más riguroso a partir de esta forma de captura de información, pues no deja de ser igual que cualquier otra manera de recoger conformación de lo que se quiera estudiar, pues el punto final de la investigación social esta mediado por la comprensión del paradigma y el análisis de la información encontrada por parte del investigador, que para este caso sería información cuantitativa.

El pensamiento estructuralista se vale generalmente de herramientas lógico-matemáticas como la estadística que como ya se ha mencionado permiten encontrar la lógica del paradigma y ver el reflejo de las partes sobre el todo y viceversa. Cualquiera de los fenómenos y problemáticas sociales que vivimos día a día como ciudadanos puede ser sometido a análisis estructural que se hace manifiesto y soportable más allá de nuestra experiencia, en los datos estadísticos. Piénsese por un momento problemáticas como los vendedores informales del Transmilenio o el acoso sexual a las mujeres en el transporte público y las calles. Desde la experiencia personal de los transeúntes y los usuarios del transporte público se podrían recoger experiencias y relatos que darían testimonio de estas problemáticas y fenómenos sociales que oscilarían entre relatos de hombres, mujeres, niños, ancianos, etc. Lo que nos llevaría a pensar que esto si bien sucede manera personal e individual, puede ser un fenómeno con repercusiones sociales grandes e incluso puede llegar a ser analizado de manera estructural.

MATERIALISMO HISTÓRICO

Pensar la medición en el materialismo histórico puede resultar un tanto difícil o difuso. Esto se debe en gran parte a que el materialismo histórico nace en la episteme del marxismo, debido a las características variadas que posee la rama de pensamiento, pues Marx bebe de distintas disciplinas como la economía, la filosofía y la historia para sustentar su propuesta de análisis de los procesos sociales. Al ser tan variada la base de este sustento, igualmente lo es el cimiento de su metodología.

Meza (2010) propone que uno de los elementos principales para entender el método del materialismo histórico es comprender la concepción fenomenológica del mundo en la que se paran sus partidarios. A este elemento hemos decidido llamarlo postulado de la dialéctica de la realidad. Al concebir el mundo de manera fenomenológica, especialmente con una lógica dialéctica, la naturaleza del conocimiento supone que este tiene su origen en la acción mutua del individuo y de su medio (físico o social). Es por ello por lo que la experiencia del individuo sobre su entorno no es solo la experiencia vivida, sino que incluye también la experiencia histórica. Es decir, una experiencia marcada por el sujeto histórico: "el conocimiento de los fenómenos que el sujeto pretende modelizar se expresa, justamente, por medio de las interacciones de lo sincrónico y lo diacrónico, de lo organizado y lo organizante" (Meza, 2010).

Desde la perspectiva del postulado de la dialéctica de la realidad, en la investigación no se puede desligar pensamiento y realidad, y se tiene la convicción sobre una realidad modelada y construida por nosotros, en donde investigamos de acuerdo con cómo formemos parte de esa realidad y desde nuestra perspectiva y posibilidad para conocerla. En la figura 69 se muestran las características de este método. En el esquema se puede observar una de las características del método donde, al estudiar un fenómeno, es importante la construcción de categorías, variables e indicadores que ponen de manifiesto las relaciones sociales que subyacen en los procesos, para que, con posterioridad, se puedan abstraer en el análisis totalidades complejas. Esta metodología permite la definición con mayor claridad de problemas de investigación y la asociación de categorías.

FIGURA 69.
IDENTIFICACIÓN DE PROBLEMAS EN ENFERMEDADES LOCALES

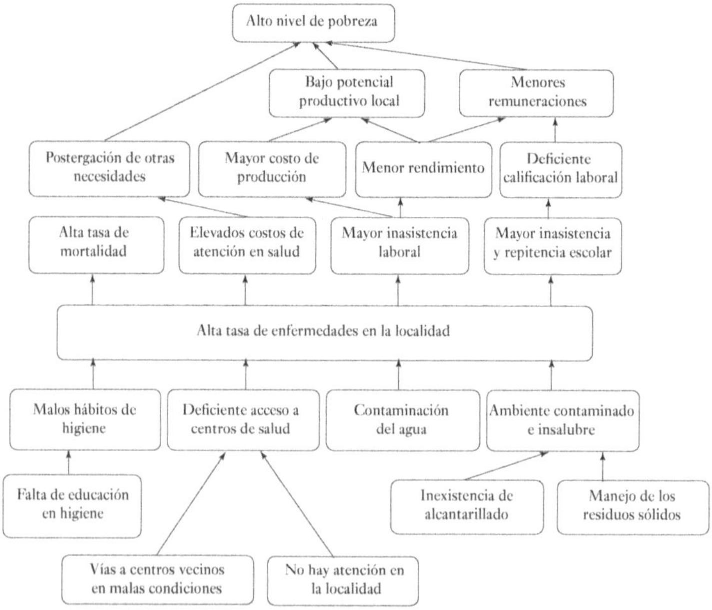

Referencia: Onudc (2014). *Asesoría para la política pública de drogas*. Organización de las Naciones Unidas contra la Droga y el Delito. Bogotá.

FENOMENOLOGÍA

La fenomenología es un método para hacer filosofía, y ciencia en general, que consiste en tener experiencia directa con las cosas mismas (es importante atender a este énfasis) y dar cuenta de ellas, tener consciencia de tal experiencia y despojarse de cualquier prejuicio a la hora de tener tal experiencia.

Merleau-Ponty (1945) entiende la fenomenología como el estudio de las esencias, como un tipo de estudio donde todos los problemas se resuelven en la definición de esencias: la esencia de la percepción, la esencia de la consciencia, por ejemplo. La fenomenología es un tipo de filosofía que re-sitúa tales esencias dentro de la existencia y no cree que pueda comprenderse al hombre y al mundo más que a partir de su "facticidad" (Merleau-Ponty, 1945). Esto quiere decir que la fenomenología estudia las cosas por medio de las experiencias que se tenga de la esencia de ellas, y este aspecto de las esencias es lo que la distingue del empirismo.

La concepción sobre la fenomenología que presenta Merleau-Ponty está inspirada en el pensamiento de Husserl. Husserl, citado por Patocka (2005), propone una filosofía que quiere volver a las cosas mismas como fuente de la experiencia de las cosas y a pensar en el modo en el que se presentan tales cosas a la consciencia. Tal concepción de la filosofía quita protagonismo a los principios abstractos, a las reflexiones sobre las condiciones y posibilidades del entendimiento. En breve, la pretensión de la fenomenología es desligar el propio método fenomenológico de un cierto exceso de reflexión.

Por lo tanto, para estudiar los fenómenos en cuanto a su facticidad se propone una idea radical: poner todos los juicios entre paréntesis para salir al encuentro de la realidad y dejar que esta se muestre ante nosotros sin prejuicio alguno.

Desde la fenomenología se habla de una actitud, no de un método, para estudiar el fenómeno. Tal actitud consiste en un abrirse al mundo, esto para que el *ser* pueda manifestarse tal cual es ante la conciencia del sujeto cognoscente. Tal abrirse ante el mundo consiste en el reduccionismo fenomenológico: 1. salir a la epojé (ἐποχή) y 2. percibir esencias.

El reduccionismo fenomenológico consiste en la posibilidad que una persona tiene de tomar todos sus prejuicios, colocarlos entre paréntesis o fuera de juego, para luego salir a conocer los fenómenos del mundo, aclarando que no tiene que ver con las formas de percibir el mundo (Merleau-Ponty,

1945). Esto es así porque en la capacidad de asombro es donde la realidad expresa ante la conciencia cognoscente su diversidad de fenómenos. Esta parte del reduccionismo fenomenológico es conocida como "salir de la epojé".

Hay que reconocer que no hay una reducción fenomenológica completa, en cuanto que dejar prejuicios de lado se trata de juicios, pues conocer el mundo no se trata exclusivamente de perceptibilidad, sino que se trata de una complementariedad entre percepción y juicios del mundo (Merleau-Ponty, 1945).

El otro aspecto del reduccionismo fenomenológico, la percepción de esencias, consiste en ir más allá de las formas de los objetos y, trascendentalmente, percibir el ser de los objetos. Merleau-Ponty (1945) plantea que buscar la esencia del mundo es una búsqueda previa a cualquier tematización, es decir, una reducción a tema de discurso.

Un problema del cual tendría que encargarse la fenomenología es el de diferenciar entre experiencia sensorial y categorial; en otras palabras, la distinción entre la percepción de objetos y la percepción de la esencia de los objetos, que se podría considerar en términos de acudir a la experiencia para hacer evidente cuáles son los sucesos posibles y cuáles los reales, en que lo categorial es una condición de posibilidad, mas no de partida (Merleau-Ponty, 1945).

Esta percepción se da dentro del marco de la experiencia, donde la conciencia y el objeto tienen repercusión recíproca. Es que "toda conciencia es conciencia de algo" (Merleau-Ponty, 1945), de tal manera que en toda experiencia hay una intencionalidad. Es decir, toda experiencia sucede de un modo estructurante que termina por generar un vínculo entre lo sucedido y las personas que viven dicho suceso. En breve, Merleau-Ponty (1945) retoma a Husserl al identificar la intencionalidad de dos formas:

> (1) es la intencionalidad de acto, de nuestros juicios y tomas voluntarias de posición, la única de que hablara la *Crítica de la razón pura* (Kant) y (2) la intencionalidad operante (*fungierende Intentionalität*), la que constituye la unidad natural y antepredicativa del mundo y de nuestra vida, la que se manifiesta en nuestros deseos, nuestras evaluaciones, nuestro pasaje, de una manera más clara que en el conocimiento objetivo, y la que proporciona el texto del cual nuestros conocimientos quieren ser la traducción en un lenguaje exacto (Merleau-Ponty, 1945).

Para resumir, la metodología fenomenológica consiste en motivación o actitud de la reducción transcendental; esta se enfatiza en la percepción de y la pregunta por el objeto. Husserl nota que la epojé es una actitud por la afirmación del Ser y del Mundo, característica de la actitud natural. Así mismo, describe la actitud natural al describir una actitud filosófica especial de esta, y describe esta actitud filosófica como un giro reflexivo de sí mismo en una preocupación por la posibilidad de validez de todos los modos de la cognición (Crowell, 2001). Esto, dejando de lado cualquier prejuicio que pudiese afectar la aprehensión del fenómeno, porque de lo que se trata es de percibir la esencia del ser, no sus modos de darse.

COMPLEJIDAD

La complejidad provee herramientas para entender dinámicas que no son simples dentro de los fenómenos. Por ejemplo, un modelo se vuelve más complejo en cuanto involucra una mayor cantidad de variables, mayor variabilidad en estas o mayor incertidumbre. En estos casos existen diferentes aspectos por considerar al analizar fenómenos desde la complejidad. Los fenómenos complejos tienden a presentar dinámicas no lineales que son considerablemente más difíciles de comprender, modelar y analizar (Mazzocchi, 2016). También son sensibles a las condiciones iniciales, lo que los hace difíciles de predecir e incluso pueden presentar características que parecen contradictorias desde una lógica binaria tradicional (Mazzocchi, 2016). Finalmente, se observa en esta clase de fenómenos que las dinámicas no son producto únicamente de las partes que los componen, sino que existen comportamientos emergentes que surgen de la conjunción de estas partes, es decir, el resultado es más que la simple suma de las partes (Morin, 2004; Goldstein y Jeffrey, 2019). Entonces, para explorar estos fenómenos se implementan estrategias que involucran herramientas como la fractalidad, teoría de redes, lógicas no tradicionales e incluso la inteligencia artifical. Aunque desde algunos puntos de vista la complejidad no ha producido resultados prácticos significativos, es un área que aún se encuentra en desarrollo y que podrá aportar otras formas de comprender el mundo.

Esta aproximación a los fenómenos es de gran interés, gracias a que es capaz de tomar en cuenta perspectivas que no se limitan al reduccionismo científico (Morin, 2004; Goldstein y Jeffrey, 2019). Es así como desde la complejidad se puede abarcar, por ejemplo, la alta sensibilidad a las condiciones iniciales (Goldstein y Jeffrey, 2019) y los parámetros y los puntos en los que el comportamiento cambia significativamente. Adicionalmente, en esta postura también es importante el observador, ya que, dependiendo de los aspectos del fenómeno que este capte, será posible un análisis más completo de las dinámicas (Morin, 2004; Goldstein y Jeffrey, 2019; Mazzocchi, 2016). Por ejemplo, si los datos son tomados con una baja frecuencia, es posible que existan dinámicas que no se evidencien y que colaboren en la explicación de los datos. Como resultado de esto, se debe resaltar que la medición dentro de la complejidad tiene que ser lo más exacta y precisa posible, ya que un margen de error pequeño puede conllevar grandes repercusiones en el análisis e interpretación de los datos.

Como parte de la medición en la complejidad podemos encontrar herramientas que nos pueden dar respuestas ante el comportamiento o la dinámica de fenómenos, tales como: la teoría de la información de Shannon, la segunda ley de la termodinámica o la ley de entropía, la teoría de redes, la lógica difusa, las distribuciones de probabilidad, entre otros. En este caso solo nos centraremos en las dos primeras, ya que aportan claros ejemplos prácticos y teóricos acerca de cómo se realiza la medición en las ciencias de la complejidad como metodología atendiendo a la aproximación teórica de esta en profundidad.

A manera de introducción se deduce que la complejidad entra en las ciencias con una amplia gama de problemas no abordados o ignorados por las ciencias predominantes en algún momento desde el campo de las ciencias naturales bajo enfoque positivista. Estos problemas estaban muy relacionados con el *caos, desorden, no linealidad*, etc., entendiendo la idea de Rodríguez Zoya y Aguirre (2011) como problemas en los cuales la complejidad aborda y estudia. De esta forma, las herramientas de medición en la complejidad en la solución de problemas cotidianos están influenciadas notoriamente por el mecanicismo, el reduccionismo y el determinismo, y de esta forma los problemas de simplicidad son abordados por los modelos mecánicos, los problemas de complejidad desorganizada son abordados por modelos estadísticos y los problemas de complejidad organizada por medio de los modelos o modelización sistémica, en donde entra la entropía y su flujo de energía, motor del cambio en los sistemas según Rodríguez Zoya y Aguirre (2011). Sobre todo en la complejidad hay muchas herramientas metodológicas para determinar el grado de cambio de un sistema; esta se da en la mayoría de los casos en los modelos de sistemas complejos ayudados por medio de la *deducción e inducción* tal y como lo aborda el método empirista y positivista de la ciencia en la cual se sustenta, dejando en evidencia que las ciencias de la complejidad tienen un amplio abordaje en su aspecto metodológico y teórico en los paradigmas hasta ese tiempo hegemónicos.

En este punto es donde se configura el método de medición de un fenómeno social desde la complejidad pasando por una *primera abstracción* de base empírica bajo la *deducción* e *inducción*, para luego pasar a una construcción de una *hipótesis* en donde se determinen las consecuencias de esta por medio de *inferencias*, para luego terminar en una construcción de modelos matemáticos con base en *ecuaciones diferenciales o procesos estocásticos*. En este punto hay que recalcar que, a diferencia del pensamiento complejo, en las ciencias de la complejidad hay un rezago teórico para el abordaje de las muchas cosas que se tienen por hacer dentro de su metodología. Se dejan como técnica de las ciencias de la complejidad los modelos basados en *agentes* determinados de la siguiente manera: conjunto de actores y relaciones, y cooperación de actores.

En este modelo podemos ver claramente el énfasis de la complejidad en torno al sistema, elementos y la interrelación de estos elementos, esta vez plasmados en un modelo social. Esta es una metodología muy utilizada en las ciencias ambientales, organizacionales, económicas y de igual forma en las problemáticas sociales abordadas por medio de la sociología. Acerca de la parte conceptual, según palabras de Morin (Vargas, 2018), la forma de contemplación de un problema que sigue la misma lógica anteriormente conversada, la cual tiene como un orden:

1. La relación de los eventos.
2. Acciones.
3. Desarrollo de Hopen (el cual va de un proceso de descripción y análisis, a una categorización social o económica del sujeto).
4. Retroacciones e interacciones.

Así, desde el punto de vista de Morin, se pueden describir los tres principios que el detalló, los cuales son: 1) Principio hologramático: en donde no se tiene que separar todo individualmente, sino la relación de las partes con el todo; cada parte es igual de importante y de esta hay un evento de salida fuera del sistema; 2) Recursivo organizacional: el productor tiene la misma capacidad de producir su propio alimento, y el 3) Dialógico: como asociación compleja de instancias necesarias juntas para la existencia y el funcionamiento del fenómeno; en esta se tiene en cuenta el orden y el desorden relacionado.

De esta forma, los sistemas complejos están relacionados con un entorno de adaptación para poder sobrevivir; por lo general estos sistemas complejos son de carácter biológico, en donde la entropía puede ser medida en orden a sus transformaciones, cuestión de la que se hablará adelante. Así, los sistemas complejos son orgánicos, tales como: el cerebro, el lenguaje, las relaciones sociales, colonias de insectos, ecosistemas, etc. (McNabb, 2018); además, son tomados por las ciencias sociales, como la sociología, para adaptarlos en sus campos de estudio en donde se puede ver la estructura de las ciudades, los mercados, los gobiernos y hasta el tráfico.

De esta forma, las herramientas encargadas de medir el comportamiento están apoyadas en varias teorías y postulados que están ligados a la ciencia de la complejidad; estos son: teoría de la información de Shannon, ley de la entropía o segunda ley de la termodinámica, teoría de redes, etc. Nos centraremos en la explicación de las dos primeras, ya que ofrecen un paso a paso y una explicación de cada una de estas herramientas para la medición.

Así, la *teoría de la información de Shannon* permite cuantificar los datos recogidos en las fuentes teniendo en cuenta que cualquier fuente de información puede ser medida conforme se establezcan los mecanismos de *salida, transmisión y llegada* de la información, en donde los mensajes intentan ser codificados por técnicas como la cibernética. Así, podemos establecer por medio del diagrama de Shannon el siguiente esquema:

Lo que también puede verse desde el lenguaje de la siguiente manera:

Aproximándonos a la teoría de Shannon, vamos a remitirnos a un ejemplo tomado de Sistemas Económicos (2018) en donde se explica más detalladamente cómo funciona la teoría de principio a fin.

1. La primera parte es la *fuente de información*, donde se produce cualquier tipo de mensaje dependiendo de su complejidad, ya que puede variar según la herramienta del destinatario; por ejemplo, no es lo mismo enviar la información a un televisor a blanco y negro que a uno a color, ya que ambos tienen que codificar diferentes escalas de información.

2. *El trasmisor* es parte fundamental del proceso, ya que es el encargado de recoger el mensaje y convertirlo en una señal que por lo general puede ser una corriente eléctrica. En el ejemplo anterior sería el dispositivo de donde sale toda esta información al ambiente para luego ser interceptada por el televisor para codificar su señal y así transmitirla. Esto se puede dar por medio de satélites o por medio de señales terrestres.

3. El *canal* es el medio utilizado para trasladar la información del *transmisor* al *receptor*. Este puede ser un canal en la televisión o una frecuencia de la radio (Sistemas Económicos, 2018).

4. El *receptor* hace la operación inversa a la del transmisor. El receptor, una vez tenga la información de llegada, por medio del canal se encarga de codificarla y de mostrarla.

5. El *destino*, como paso final, es para quien se propone el mensaje; en este podemos encontrar los sistemas de comunicación como sistemas continuos donde mensaje y señal son representados como una sucesión de puntos o como mensaje de líneas y espacios para una señal tal cual aparecía en el telégrafo.

Es de esta forma que entra la entropía como forma de medición de un mensaje en conjunto, o forma en que se expresa el número promedio de bits para el almacenamiento; esto se da por medio de una función logarítmica en donde se pasa a "cuantificar" la incertidumbre y luego a "codificar" según el código logarítmico. Y es de esta forma como funciona la *teoría de información de Shannon*, un método que se encarga de la medición de la información en un sistema de comunicación en donde se realiza el proceso de abstracción de dicha información antes y después de pasar por el receptor.

En la ley de la entropía se tiene que tener en cuenta cómo funciona según la función de mayor y menor entropía, ya que de esto depende que un sistema, en primer lugar, sea abierto o cerrado y, en segundo término, el comportamiento ante el cambio o estabilidad por el aumento o no de entropía, lo que genera una entrada de menor o mayor información, la cual es importante para establecer un orden. Un ejemplo de esta teoría podrían ser los lanzamientos y las probabilidades de lanzar una moneda y un dado respectivamente; en el caso de la moneda (dos caras) habrá menor entropía, ya que cuenta con menor información, mientras que el dado con sus 6 caras tendrá mayor entropía en función de la variedad de información recolectada por los lanzamientos.

INSTRUMENTOS DE MEDICIÓN

Los desarrollos en la ciencia de la medición tienen como objetivo el mejoramiento de la ejecución de los instrumentos de medición de acuerdo a requerimientos particulares (Regtien, Van der Heijden, Korsten y Olthius, 2004). Cuando se trabaja con instrumentos es necesario comprender las relaciones subyacentes en la forma como se mide y el objeto de medida; esa relación se conoce como estructura conceptual que permite determinar la teoría de la medida que se utiliza en el desarrollo y evaluación de calidad del instrumento; en últimas, la teoría de la medida es una teoría sobre las puntuaciones generadas por las preguntas que representan el constructo medido (De Vet, Terwee, Mokkink y Knol, 2011).

En este contexto, un instrumento es algo secundario: hay siempre un propósito para el que se necesita y un contexto en el cual se usa. Esto lleva a la idea o concepto que es un objeto teórico de interés, que se llama constructo, el cual hace parte de un modelo teórico (una comprensión de cierto conjunto de conceptos) que puede ser alguna variable (Wilson, 2005).

La medición involucra el uso de ciertos dispositivos o reglas para asignar números a objetos o eventos. Si se aplica el proceso de manera sistemática, entonces en gran extensión un fenómeno que es medido es más fácilmente hecho sujeto para confirmación y análisis, y así es hecho, también, más objetivo. Si sistemáticamente se analiza, categoriza y cuantifica el fenómeno observable, se ubica entonces en la arena científica. El uso de números en las pruebas requiere ahondar en la estadística (Urbina, 2014).

Cuando se habla de instrumentos de medición, se refiere a aquellos procedimientos u operaciones que permitan llegar a obtener, objetivamente y con la mayor certeza posible, información acerca de la expresión de los fenómenos que suceden en esa unidad biológica, social, psicológica, entre otras. Estos instrumentos son construidos para medir aspectos específicos.

Se refieren a una técnica metodológica producida artificialmente, que obedece a reglas explícitas y coloca al o los individuos en condiciones experimentales, con el fin de extraer el segmento del fenómeno a estudiar y que permite la comparación estadística conductora a la clasificación cualitativa, tipológica o cuantitativa de la característica o las características que se están evaluando (Morales, 1990).

En la tabla 6 se presenta una síntesis de la medición, el método científico y sus implicaciones. En el Linciph se considera la medición como un fenómeno complejo, multinivel, interrelacionado, donde la naturaleza del fenómeno abordado tiene implicaciones en las nociones de ciencia y medición y las técnicas que se elijan para conocerlo, describirlo, comprenderlo.

TABLA 6.

SÍNTESIS DE EPISTEMOLOGÍAS EN TÉRMINOS DE MÉTODO, CRITERIOS DE VALIDEZ, TÉCNICAS, DISEÑOS DE INVESTIGACIÓN, TIPOS DE DATOS, HERRAMIENTAS, ENTRE OTROS

	Epistemes				
	Empirismo	Positivismo	Estructuralismo	Marxismo	Complejidad
Método	Observación Inducción Clasificación	Inductivo Deductivo Observación	Analítico Histórico Inductivo Inferencial	Dialéctico Histórico Inductivo Relacional	Complejo
Criterios de validez	Validez interna Validez externa Replicabilidad Confiabilidad	Validez interna Validez externa Replicabilidad Confiabilidad	Validez interna Validez externa Confiabilidad	Validez interna Impacto social Confiabilidad	Validez interna Validez externa Replicabilidad Confiabilidad
Técnica	Encuesta Entrevista Cuestionarios Cuantificación Comparación	Encuesta Entrevista Cuestionarios Cuantificación Comparación	Modelización Cuantificación Comparación	Contradicción Dialéctica	Modelización Cuantificación Comparación
Diseño	Determinado estableciendo control de variables	Determinado estableciendo control de variables	Determinado estableciendo control de variables y/o emergente	Determinado estableciendo control de variables y/o emergente	Determinado estableciendo control de variables y/o emergente
Tipos de datos	Libre de valores	Libre de valores	Libre de valores y/o valores influyen en el proceso	Valores influyen en el proceso	Libre de valores y/o valores influyen en el proceso
Herramientas	Estadística Matemática	Estadística Matemática	Lingüística Estadística Matemática	Fenomenología Hermenéutica Economía	Fractalidad Teoría de sistemas

	Epistemes				
	Empirismo	Positivismo	Estructuralismo	Marxismo	Complejidad
Papel del investigador	Investigador experto	Investigador experto	Investigador experto y/o Investigador participante	Investigador participante, participante cognoscente	Investigador experto y/o Investigador participante o participante cognoscente
Relación sujeto-objeto	Sujeto neutral y distante del objeto de estudio	Sujeto neutral y distante del objeto de estudio	Interrelación entre sujeto y objeto	Sujeto comprometido con el objeto	Interrelación entre sujeto y objeto
Disciplinas	Ciencias sociales Ciencias naturales Ciencias médicas	Ciencias sociales Ciencias naturales	Ciencias sociales Biología Matemáticas	Economía Sociología Derecho Ciencias sociales	Ciencias sociales Ciencias naturales Ciencias médicas Informática

Referencia: construcción propia.

CONSTRUCCIÓN DE INSTRUMENTOS DE MEDICIÓN: UNA ILUSTRACIÓN CON PRUEBAS

El aumento en el conocimiento de diversos fenómenos humanos proveniente de diversas ciencias ha igualado a la necesidad de disponer de medidas válidas y confiables para valorarlos, usando tanto la información producida tanto en la ciencia básica como en la aplicada. De la mano de esto, también ha habido avances en los métodos que subyacen la construcción y validación de instrumentos, favoreciendo la evolución de los métodos de medición y el rigor exigido a diferentes usuarios de las pruebas (investigadores y profesionales), esperándose precisión y exactitud en las medidas usadas para valorar el atributo o propiedad.

En el caso de las ciencias sociales, esos atributos o propiedades son conocidos como constructos (rasgos latentes), los cuales no pueden observarse de manera directa, sino que se infiere su existencia a partir de indicadores que los evidencian (Boyle, Saklofske y Matthews, 2015). Esos indicadores son una serie de conductas que han de ser más o menos uniformes y constantes a lo largo del tiempo y en una serie de situaciones, que deben reflejarse en los ítems de la prueba (Barbero, Vila y Holgado, 2015). A partir de eso, se crean modelos cuantitativos para describir esos rasgos latentes y en el proceso también desarrollar medidas que reflejan sus definiciones teóricas y operacionales (Boyle, Saklofske y Matthews, 2015).

La información obtenida de los instrumentos estructurados se utiliza en la práctica para tomar decisiones, investigar y favorecer el autoconocimiento y desarrollo personal. Disponer de pruebas adecuadas para hacer medidas tiene como propósitos que sean más precisos y acordes con las condiciones culturales de las poblaciones con los que se utilizan (Urbina, 2007).

Urbina (2014) refiere que una prueba es un procedimiento sistemático para obtener muestras de conducta que son relevantes para el funcionamiento cognitivo, afectivo o interpersonal, y que son evaluadas y puntuadas de acuerdo con estándares. Según la autora, los elementos básicos que definen una prueba implican:

1. Planeación, uniformidad y minuciosidad ya que deben demostrar ser objetivos y justos al usarse.

2. Son pequeños subconjuntos de un todo, porque se utilizan muestras de conducta que son eficientes y están disponibles por tiempos limitados de tiempo.

3. Las muestras de conducta son seleccionadas por su significancia empírica o práctica, son herramientas construidas y se adaptan para ser usadas.

4. Algunos sistemas numéricos o de categorías se aplican a los resultados de la prueba, de acuerdo con reglas preestablecidas, por lo que no debería haber ninguna duda sobre cuáles son los resultados que producen.

5. Tiene que haber una forma de aplicar el criterio o los criterios para los resultados de la prueba, ya que los estándares usados proporcionan el único significado que esos resultados tienen.

Cuando se describen las pruebas como procedimientos estandarizados, implica la necesidad de objetividad en sus procesos. Esto se da a través de la uniformidad del procedimiento en todos los aspectos importantes de la administración, puntuación e interpretación de la prueba; el propósito de estandarizar los procedimientos es hacer que todas las variables que están bajo el control del administrador del instrumento se presenten de la forma más uniforme posible, para que a todos los que les administren las pruebas lo hagan de maneras comparables. Otro significado de la estandarización concierne al uso de estándares en la evaluación de los resultados de las pruebas, a menudo derivados de un grupo de individuos conocidos como grupo normativo o muestra de estandarización en el proceso de desarrollo de las pruebas. La ejecución colectiva del grupo o grupos de estandarización, ambos en términos de promedios y variabilidad, son tabulados y se convierten en estándares contra los cuales la ejecución de individuo que toma la prueba después es medida.

En la tabla 7 se encuentran los elementos que definen una prueba de acuerdo con Urbina (2007).

TABLA 7.

CARACTERÍSTICAS QUE DEFINEN UNA PRUEBA ESTRUCTURADA

Elemento de la definición	Explicación	Fundamentación
Son procedimientos sistemáticos	Caracterizadas por planeación, uniformidad, minuciosidad	Deben haber demostrado que son objetivas y adecuadas para ser utilizadas
Son muestras de conducta	Son pequeñas partes de un todo más amplio	Obtener muestras de la conducta es eficaz porque, normalmente, el tiempo disponible para evaluar es limitado
Las conductas que se toman como muestras son significativas del funcionamiento cognitivo y afectivo	Se seleccionan teniendo en cuenta su significación psicológica, empírica o práctica	Existen para ser útiles, para ser herramientas de trabajo
Los resultados son evaluados y puntuados	Se aplica un sistema numérico o de categorías a los resultados, de acuerdos con reglas preestablecidas	No deberían existir dudas acerca de los resultados
Para valorar los resultados, es necesario disponer de normas estandarizadas basadas en datos empíricos	Debe existir una manera de aplicar una norma o criterio uniforme a los resultados	Las normas estandarizadas para valorar los resultados proporcionan el único significado concreto de esos resultados

Referencia: construcción propia.

Escoger entre las posibilidades de instrumentos que podrían utilizarse para recoger la información, como entrevistas, pruebas, observación, registros fisiológicos, entre otros, requiere plantearse las siguientes preguntas orientadoras que permitirán tomar decisiones: ¿qué tipo de información se quiere obtener?, ¿cómo se utilizará dicha información?, ¿qué parte de la información que se busca podría encontrarse por otras vías?, ¿qué otras herramientas puedo usar para reunir la información requerida?, ¿cuáles son las ventajas de usar las pruebas en lugar de o conjuntamente con otras fuentes de información?, ¿cuáles son los inconvenientes o costos en tiempo, esfuerzo y dinero de utilizar pruebas en vez o conjuntamente con otras fuentes de información?.

Las pruebas no pueden utilizarse en todas las circunstancias. Si no se conoce de manera clara la finalidad de su uso, si la persona que la utiliza no está lo suficientemente familiarizada o capacitada en los procedimientos de aplicación, se desconoce el uso que se va a realizar de los resultados o cómo se van a usar, la información puede obtenerse más eficazmente de otra manera o la persona evaluada no quiere o es incapaz de colaborar con la prueba, puede perjudicarse a la persona, no hay adecuados contextos y condiciones de evaluación, no hay material adaptado a las características de las personas y sus circunstancias, no se dispone de baremos desfasados o inadecuados y no hay adecuada documentación sobre confiabilidad y validez (Urbina, 2007).

Para disponer de instrumentos adecuados, se sugiere un proceso que permite su adecuada elaboración. Este es un proceso laborioso que implica tener claro qué se quiere medir, a quién va dirigido y para qué se va a utilizar; este es un paso previo que determina los siguientes. Estos pasos, según Barbero, Vila y Holgado (2015) incluyen determinar la finalidad de la prueba, especificar sus características, redactar los ítems o preguntas, revisar críticamente los ítems por parte de expertos, ensamblar la prueba piloto, aplicar y corregir la prueba piloto y asignar las puntuaciones a los ajustes. Este proceso puede dividirse en dos grandes acciones: una de planeación del instrumento y otra de construcción de las preguntas.

De acuerdo por lo expuesto por Muñiz (1996), al medir constructos, entidades hipotéticas, la construcción está íntimamente relacionada con la definición o significado del constructo. Para esto, existen dos enfoques: el funcionalista y el de rasgos. El funcionalista asume la construcción de ítems enfocada en pruebas útiles para pronosticar criterios socialmente relevantes, por lo que viene determinado por el uso pragmático que se desee hacer de ella; desde este enfoque la construcción consiste en la identificación de la utilidad que se desea lograr con la prueba, especificar las áreas de contenido relevantes para dicho propósito y desarrollar un boceto o esquema detallado que guíe la construcción de ítems. En el de rasgos, basado en el determinismo y el reduccionismo, las pruebas se construyen para medir rasgos que son manifestaciones de la varianza biológica en aptitudes o personalidad.

Como ilustración del proceso, se va a presentar el desarrollo del Inventario de Factores Intra e Interpersonales (IFAI).

Herrera (2002; 2003) sintetiza el proceso de planeación de una prueba en cinco grandes acciones que se presentan en la tabla 8 y que incluyen las especificaciones iniciales, la elaboración del marco teórico, la elaboración de la estructura de la prueba, las especificaciones psicométricas y el desarrollo de material complementario.

TABLA 8.

PROCESO DE PLANEACIÓN DE LA PRUEBA

Acciones	Descripción
Especificaciones iniciales	– Objeto de medida: identificación del dominio o atributo – Características de la población y otras restricciones – Objetivo de la prueba
Marco teórico	Delimitación clara y detallada del dominio o definición del atributo de interés e identificación de cuerpo teórico que los sustenta
Elaboración de la estructura de la prueba	– Contenido de la prueba – Formato de los ítems y la prueba
Especificaciones psicométricas	Decisión sobre las exigencias mínimas de los ítems y de la prueba total y sobre el procedimiento de recolección de información, análisis y estandarización.
Material complementario	– Manual para el usuario – Instructivo para el examinado – Material de apoyo

Referencia: construcción propia.

ESPECIFICACIONES INICIALES

La fase de especificaciones iniciales se refiere a la toma de decisiones que guiarán todo el proceso de desarrollo de la prueba y que incluyen identificar el dominio o atributo a medir, definir las características de la población que será evaluada mediante la prueba y el objetivo de la prueba.

La identificación del dominio o atributo a medir se refiere al conjunto de indicadores apropiados para representar el nivel de los sujetos o el atributo que se pretende evaluar. Las pruebas suelen componerse de subconjuntos de indicadores que se concretan en ítems o tareas que suscitan conductas significativas. Para hacer esta definición, se utilizan diferentes estrategias como el análisis de contenido (estudiar respuestas abiertas de un conjunto de sujetos para identificar categorías conductuales), revisión bibliográfica (identificar las conductas más utilizadas por otros científicos para definir el dominio), incidentes críticos (analizar los patrones característicos de los extremos del continuo que se desea medir), observación natural (observar situaciones cotidianas en las que aparecen las conductas relacionadas con el constructo), opinión de profesionales (información de personas con experiencia), objetivos de instrucción (revisión de contenidos impartidos en relaciones enseñanza-aprendizaje) (Muñiz, 1996; Brown, 1999; Martínez, 2005).

La definición de las características de la población se refiere a quiénes va a aplicarse la prueba, indicando cuáles son las características de la población: edad, nivel educativo, nivel cultural, nivel social, medio de procedencia, la lengua materna, la presencia o ausencia de discapacidades sensoriales o motrices, la comprensión lectora, la pertenencia minorías o subculturas, la especificidad del conocimiento y destrezas, la ocupación, entre otras. Estos factores influyen en el contenido del instrumento, así como a las características formales de los ítems.

El objetivo o propósito de la prueba se refiere a la identificación del uso o la naturaleza de las inferencias que se pretenden hacer de las puntuaciones de la prueba. Entre las posibles finalidades del instrumento pueden encontrarse: la medición de un constructo teórico a partir de las definiciones más relevantes; la evaluación orientada a comparar la ejecución de la persona con un dominio de conducta muy definido; la selección o identificación de características apropiadas para ser elegidos a través de la determinación de puntos de corte y por la potencial validez predictiva de los indicadores conductuales; por último, pruebas útiles para asignar a los sujetos a categorías de interés en el proceso de evaluación (Muñiz, 1996).

Para el IFAI, la definición de especificaciones iniciales se presenta en la tabla 9.

TABLA 9.

ESPECIFICACIONES INICIALES DEL IFAI

Objeto de medida	Con los instrumentos se evalúan 10 dimensiones que se definieron a partir de la revisión de la información obtenida en el proceso de admisión con las demás técnicas de evaluación y los resultados del seguimiento y acompañamiento de estudiantes de la Facultad. Esta prueba está conformada por las siguientes dimensiones: – Experiencia y vulnerabilidad emocional. – Vulnerabilidad psicosocial – Habilidades interpersonales, competencia social y vulnerabilidad interpersonal – Conflicto interpersonal – Consumo de sustancias – Estrés y afrontamiento – Conductas autolesivas y riesgo de suicidio – Conducta antisocial – Impulsividad, control de impulsos – Comportamientos prosociales
Características de la población	Todos los aspirantes a admisión en la Facultad de Ciencias Sociales y Humanas. Como requisito mínimo de nivel educativo, se requiere haber aprobado la educación media vocacional. Usualmente la población que se presenta tiene edades mayores o iguales a 15 años.
Finalidad de la prueba	La prueba tiene finalidades representativas (las preguntas muestran o evidencian lo que se quiere medir) y predictiva (los resultados de la prueba brindan información de señales tempranas de vulnerabilidad que permiten profundizar procesos de evaluación y acompañamiento desde la Facultad). Se considera que la exigencia de la prueba para los individuos es de ejecución típica, en la que se quiere conocer la posición personal acerca de lo que se pregunta.

Referencia: construcción propia.

MARCO TEÓRICO

En el proceso de construcción de pruebas, el marco teórico se considera como la definición del atributo de interés y del cuerpo teórico que lo sustenta. Se relaciona de manera estrecha con la delimitación clara y detallada del dominio (Brown, 1999). Las teorías sobre los constructos dan un punto de referencia importante en el momento de la construcción (Abad, Olea, Ponsoda y García, 2011).

Para la fundamentación conceptual de las 10 dimensiones del IFAI, se hizo una revisión de la literatura que mostró qué se sabe sobre cada una de aquellas y cómo se entienden. En el Manual del IFAI existe un apartado de fundamentación con esos referentes. Para ejemplificar, en la tabla 10 se mostrará la fundamentación de dos de las dimensiones que componen el inventario.

TABLA 10.
FUNDAMENTACIÓN CONCEPTUAL DE LAS DIMENSIONES DE EXPERIENCIA Y VULNERABILIDAD EMOCIONAL Y CONSUMO DE SUSTANCIAS QUE PUEDE ENCONTRARSE EN EL MANUAL DEL IFAI

Dimensión	Revisión
Consumo de sustancias	Aquí se consideran aquellas sustancias utilizadas con la intención de alterar la percepción, la conciencia o cualquier otro estado psicológico. El consumo de estas sustancias lícitas o ilícitas cumple con los criterios de abuso y/o dependencia (Morales, Plazas, Sánchez y Arena, 2011). Estas sustancias afectan el sistema nervioso central y el problema básico es el hecho que de las personas las consuman de manera inapropiada. Se define el consumo patológico como el que rebasa el punto en el que los efectos negativos sobrepasan cualquier efecto positivo; puede alcanzarse con rapidez durante la primera exposición a la sustancia para algunas personas y con algunas sustancias. Es usual es que el consumo sea frecuente, intenso o ambos e implica siempre síntomas y cambios maladaptativos de la conducta. El consumo provoca problemas, existe un patrón predecible, genera malestar o disfunción e interfiere con la vida de la persona (Morrison, 2014).
Experiencia y vulnerabilidad emocional	Hace alusión al daño emocional recibido por individuo luego de una acción realizada en un contexto particular. El individuo presenta una alta sensibilidad ante los estímulos emocionales, una tendencia a experimentar emociones muy intensas y dificultades para volver a su línea de base emocional. La vulnerabilidad se ha relacionado con la disfunción en la regulación emocional, entendida como toda estrategia dirigida a mantener, aumentar o suprimir un estado afectivo en curso (Silva, 2005) o como cualquier intento que hacen las personas para modificar en alguna medida la ocurrencia, intensidad o duración de un estado emocional, ya sea positivo o negativo, alterando alguno de los factores que anteceden la emoción o modificando algún aspecto de la emoción en sí misma (Medrano, Moretti, Ortiz y Pereno, 2013). Thompson (1994, citado en Garrido-Rojas, 2006) la define como un proceso en el que está implicado "iniciar, mantener, modular o cambiar la ocurrencia, intensidad o duración de los estados afectivos internos y los procesos fisiológicos, a menudo con el objetivo de alcanzar una meta" (p. 106). Una visión de la regulación de emociones como un conjunto de procesos cognitivos y conductuales por los cuales las personas influyen en las emociones que tienen, el momento que las tienen y cómo las experimentan y expresan.

Dimensión	Revisión
Experiencia y vulnerabilidad emocional	Un enfoque instrumental de la regulación de las emociones sugiere que esta permite a las personas alcanzar sus metas, lo que no necesariamente implica que estén buscando cambiar su estado emocional; esta es una perspectiva que ve a la regulación como un instrumento de adaptación personal o social. La regulación es un medio de optimización esta adaptación (Mestre y Guil, 2012). Esta puede ser explícita cuando se basa en esfuerzos conscientes de aplicación de estrategias y ser implícita al basarse en mecanismos diseñados inconsciente y automáticamente (Grecucci, Frederickson y Job, 2017). Silva (2009) propone cuatro patrones de vulnerabilidad/resiliencia: 1. La vulnerabilidad para emociones básicas-resiliente para emociones no básicas: individuos con alto grado de mentalización de sí mismo y de los demás, que tienen una alta reactividad emocional frente a estímulos negativos y una serie de estrategias mentales para regular dicha reactividad. Presentan una dificultad disposicional a experimentar emociones negativas con alta intensidad especialmente para emociones básicas (tristeza, miedo, rabia, etc.) y modularán con mayor facilidad emociones culturalmente determinadas (vergüenza, culpa, etc.). 2. La alta vulnerabilidad: individuos con una vulnerabilidad emocional temperamental con niveles pobres de mentalización de sí mismos y de los demás, por lo que tendrán una alta reactividad emocional frente a estímulos negativos y serias dificultades en modular esta reactividad. 3. La resiliencia para emociones básicas y vulnerabilidad para emociones no básicas: individuos con niveles bajos de mentalización de sí mismos y de los demás. Tendrán reactividad emocional moderada frente a estímulos negativos, pero dificultades para regular dicha reactividad. Tendrán habilidades para modular las emociones básicas y una dificultad particular para regular sus emociones no básicas. 4. La resiliencia: individuo con un alto grado de mentalización de sí mismos y de los demás y con reactividad emocional moderada frente a estímulos negativos y una serie de estrategias mentales para regular la actividad emocional. Silva (2009) también hipotetiza que el malestar psicológico puede aparecer por el modo particular vulnerabilidad/resiliencia del grupo al que pertenece y la interacción de disposiciones temperamentales emocionales con capacidades desarrolladas en el vínculo temprano.

Referencia: construcción propia.

La fundamentación conceptual de la prueba y sus dimensiones muestra también las comprensiones sobre el constructo asumidas por el constructor del instrumento en el momento de elaborar la prueba, lo que se traduce en parte en el contenido de los ítems.

ELABORACIÓN DE LA ESTRUCTURA DE LA PRUEBA

Para la elaboración de la estructura de la prueba se tiene en cuenta la amplitud de esta (número de preguntas o k), los contenidos que cubrirá y las habilidades que se medirán. También se define el formato de las preguntas, teniendo en cuenta decisiones sobre el método de calificación e interpretación, el planteamiento del problema (ejecución máxima o típica), el área de comportamiento que cubre (rendimiento, inteligencia y aptitudes o personalidad), la modalidad de aplicación, el grado de aculturación (marco cultural en el que se usará e interpretará), el modelo estadístico en el que se basará y el modelo conceptual del atributo o constructo que quiere medir (Martínez, 2005).

Todas estas decisiones sirven para asegurar la validez de contenido de la prueba, al disponer de una base o estructura explícita que permita la comparación entre los dominios que se propone se abarcarán con los ítems y lo que reflejan en términos de la conducta con las que se le relacionan. La idea es llegar a disponer de un instrumento apropiado y aceptable para la medición del constructo.

El plan o estructura de prueba es un delineamiento del contenido del instrumento que se va a construir, lo que da pie a discutir su validez. El plan de prueba debe adicionalmente incluir la información sobre los tipos y números aproximados de ítems que se emplearán en cada sección y subsección de la prueba y dar ejemplos de los tipos de reactivos que se usarán. En esta fase también se determina la longitud de la prueba, el tiempo necesario para administrarla, la forma de administración y calificación, así como los tipos de normas que se obtendrán. Este plan debe someterse a revisión por varias personas para hacérsele sugerencias de cambio hasta que se obtenga la versión aprobada finalmente (Nunnally, 2009). El plan de prueba del IFAI se basó en una propuesta preliminar del contenido, definido a partir de conversaciones entre la coordinación académica de la Facultad de Ciencias Sociales y Humanas y el Laboratorio Interdisciplinar de Ciencias y Procesos Humanos (Linciph), en las que se definieron las dimensiones enunciadas anteriormente.

También se decidió que el IFAI fuera una prueba de ejecución típica, en la que son usuales formatos de ítems de respuestas dicotómicas (acuerdo/desacuerdo, sí/no, verdadero/falso), respuestas de categorías ordenadas tipo Likert (grado de acuerdo, frecuencia, importancia) y listas de adjetivos bipolares. Los enunciados de los ítems que constituyen el tipo de escala de respuestas dicotómicas permiten al individuo indicar con qué ítems está de acuerdo y con cuáles en desacuerdo. En el segundo formato, las personas asignan un valor al enunciado (usualmente de 1 a 5 puntos) que indican si está de acuerdo o no con él y en qué medida lo están. En el tercer formato se usan pares de adjetivos bipolares, en el que hay cinco o siete categorías graduadas en un continuo cuyos extremos están representados por los dos adjetivos opuestos (Muñiz, 1996). En ninguno de los formatos presentados anteriormente existen respuestas correctas o incorrectas, usuales para pruebas de ejecución máxima en las que la exigencia a la persona es obtener la puntuación máxima posible mediante su respuesta a preguntas abiertas (tipo completamiento, ensayo, portafolio) o a preguntas de respuestas alternativas (verdadero-falso y de opción múltiple con única y múltiple respuesta).

Como consecuencia de esta decisión, los ítems del IFAI tienen un formato de respuestas alternativas de opción binaria con el cual las personas valoran afirmaciones indicando si aplican o no a su experiencia. Se planeó que la prueba que va a ser aplicada cuente entre 80 y 100 ítems. No obstante, en este proceso es necesario construir más preguntas de las que se piensan aplicar para ser sometidas a diversos controles de calidad, que permitan elegir las más apropiadas para la prueba. Los controles de calidad se realizan de manera cualitativa y cuantitativa: la primera precede la aplicación piloto de los ítems y consiste en que expertos o jueces comprueben si se ha construido adecuadamente; la segunda implica la aplicación piloto de la prueba provisional con los ítems considerados adecuados en el análisis cualitativo, para estudiarlos cuantitativamente con un proceso conocido como análisis de ítems. Con esto, se toman las decisiones acerca de cuáles ítems formarán la prueba definitiva (Abad, Olea, Ponsoda y García, 2011).

Se decidió construir un número amplio de preguntas, para este caso 177 (k = 177), que pudieran ser revisadas por diferentes expertos en diferentes momentos del proceso, con el fin de escoger las preguntas que mejor reflejaran el constructo y pasaran a hacer parte del instrumento piloto sobre el cual realizar los análisis de calidad del instrumento. Estos ítems ya han sido sometidos a dos revisiones de expertos y se han hecho ajustes de los mismos con el fin de hacerlos más coherentes. Este proceso también ha permitido construir preguntas en algunos dominios que se considera no tenían un número suficiente de ítems disponibles. La versión actual será sometida nuevamente a revisión y ajuste para continuar mejorando el instrumento y poder contar con los ítems que mejor evalúen las dimensiones del instrumento. Algunos ejemplos de preguntas y su correspondencia con los dominios en la prueba se presentan en la tabla 11.

TABLA 11.

ALGUNAS DIMENSIONES DEL IFAI Y PREGUNTAS RELACIONADAS

Dimensión	Preguntas
Vulnerabilidad emocional	Reacciona de manera desproporcionada ante situaciones negativas
	Mantiene la calma a pesar de experimentar situaciones que considera negativas
Consumo de sustancias	En el último año no pudo cumplir con sus deberes por beber o consumir sustancias psicoacivas
	En el último año ha tenido que beber o consumir SPA en ayunas para recuperarse de haber consumido alcohol o SPA el día anterior
Habilidades interpersonales, competencia social, vulnerabilidad interpersonal	Intenta aceptar las diferencias que tiene con respecto a otras personas
	Aprecia las diferencias que tiene con respecto a otras personas
	Inicia conversaciones con otras personas

Referencia: construcción propia.

ESPECIFICACIONES PSICOMÉTRICAS

Una vez disponible la prueba, es necesario fortalecer el proceso de interpretación de la información obtenida con ella. Esto se conoce como proceso de validación. Este empieza con el desarrollo del argumento interpretativo, como lo indican Abad, Olea, Ponsoda y García (2011), y consiste en proponer con detalle interpretaciones y uso de las puntuaciones. Para esto es necesario indicar pormenorizadamente las suposiciones en las que se basa el instrumento y los componentes de los constructos que se pretenden evaluar. El IFAI cuenta con supuestos claros sobre los que se basa y se han desarrollado criterios preliminares antes de la aplicación piloto que permiten fortalecer las interpretaciones y usos que pueden hacerse de sus puntuaciones.

No obstante, se requiere fortalecer este proceso con la información empírica del piloto que permita dar información sobre el comportamiento de los ítems y la prueba (confiabilidad y validez). Para la prueba se sugiere realizar los siguientes procedimientos para aportar evidencias de calidad del instrumento, que incluyen:

1. Analizar el comportamiento de las preguntas a través de la determinación de la discriminación de los ítems o la capacidad de todas y cada una de las preguntas para diferenciar grupos de personas con altos puntajes de personas con bajos puntajes en las dimensiones y en la prueba.

2. Aportar información de si las puntuaciones pueden ser replicables o confiables. Para el caso del IFAI se sugiere aportar evidencia de la fiabilidad como consistencia interna (requiere solo una aplicación de la prueba) en la que se estudia la concordancia entre las puntuaciones de los evaluados en distintas partes de la prueba. Adicionalmente, se sugiere aportar evidencia de la consistencia de las puntuaciones en el tiempo o fiabilidad como estabilidad temporal, es decir, disponer de las puntuaciones en el IFAI en el mismo grupo de personas en dos momentos distintos (Abad, Olea, Ponsoda y García, 2011). Para esto, se sugiere comparar los resultados del piloto con otra aplicación, información que permitirá aportar evidencia de estabilidad o consistencia en el tiempo.

3. De acuerdo con Abad, Olea, Ponsoda y García (2011), estudiar la validez de un instrumento informa sobre lo que se está midiendo, permitiendo determinar si el uso pretendido es el adecuado. Más que hablar de la validez de la prueba o el instrumento, hablamos de validez de las puntuaciones. Esto tiene como consecuencia que se requiere consultar el manual de la prueba para averiguar si la utilización e interpretación de los resultados son acordes con lo pretendido por los desarrolladores del instrumento.

Las clases de evidencias necesarias para la validación parten de la interpretación propuesta para las puntuaciones, lo que implica diferentes análisis lógicos y empíricos que deben integrarse y que se propondrán realizar con el IFAI una vez se tenga información de su aplicación.

Para analizar los datos de las distintas fuentes de evidencia se usa una amplia variedad de técnicas. Respecto a la estructura interna de las puntuaciones podría utilizarse la consistencia interna inicialmente y cuando se cuente con una mayor cantidad de aplicaciones, el análisis factorial y diferentes análisis de ítems. Respecto a la posibilidad de que el instrumento pueda relacionarse con otras variables (evidencia relacionada con un criterio), podría realizarse análisis de regresión.

El IFAI cuenta ya con evidencia basada en el contenido. Nos referimos con esto a los ítems que se construyeron y que conforman las dimensiones del IFAI, instrucciones para su aplicación y los criterios para su corrección y puntuación. Para esta validación, hay dos aspectos que se propone tener en cuenta: el primero, la definición del dominio o definición operativa del contenido y la representación del dominio que implica representatividad (cobertura del dominio o adecuación de la prueba con el contenido definido para la misma) y la relevancia (grado en cada ítem de la prueba mide el dominio definido). La definición del dominio a medir por el IFAI se realizó de manera concertada con la Coordinación de la Facultad, a partir de la información requerida en el proceso de admisión y seguimiento (Abad, Olea, Ponsoda y García, 2011).

Luego de construir los ítems para evaluar las diferentes dimensiones que hacen parte del IFAI, se solicitó la revisión de tres jueces expertos de manera independiente. Estos jueces son psicólogos que conocen sobre los diversos temas que abordan las dimensiones del instrumento y que determinaron si los ítems del IFAI cumplían con los siguientes criterios:

1. Suficiencia: los ítems de una dimensión determinada bastan para medirla.

2. Claridad: los ítems se comprenden fácilmente ya que cumplen de manera adecuada con las reglas sintácticas, semánticas y ortográficas.

3. Coherencia: los ítems tienen relación lógica con la dimensión que se propone que midan o son un indicador de la dimensión.

4. Relevancia: los ítems son esenciales o importantes para medir la dimensión.

En el formato con el cual se hizo la revisión de los ítems de las diferentes dimensiones, junto con los criterios enunciados que se calificaron en una escala de 1 a 4, se indicando con 1: No cumple con el criterio, 2: Bajo nivel de cumplimiento del criterio, 3: Moderado nivel de cumplimiento del criterio y 4: Alto nivel de cumplimiento del criterio.

Para determinar si existía o no concordancia entre los valores ordinales asignados por los jueces a ítems, teniendo en cuenta criterios y dimensiones del IFAI, se utilizó el coeficiente de concordancia W de Kendall (Escobar-Pérez y Cuervo-Martínez, 2008). Este coeficiente brinda información sobre la concordancia entre varios rangos de n objetos. Para los criterios de suficiencia, claridad, coherencia y relevancia se encontró concordancia significativa entre los rangos de las dimensiones (sig. = .000).

Además de este análisis por jueces expertos, se solicitó a cuatro profesores adscritos al Linciph que emitieran otro concepto acerca del instrumento total y de este manual. Como sugerencias surgieron: generar un proceso de interpretación contextual del IFAI teniendo en cuenta los elementos incluidos en el proceso de admisión, realizar reaplicaciones del instrumento que permiten disponer de información en el tiempo de los admitidos.

Para fortalecer la interpretación de las puntuaciones, es necesario que con la información del pilotaje del instrumento se aporte evidencia basada en la estructura interna de la prueba y en la relación con otras variables.

Con la información de la reaplicación y con indicadores de seguimiento, se propone realizar análisis predictivos que permitan verificar que el IFAI nos permite detectar riesgo.

Finalmente, se requiere disponer de normas de calificación o baremos. Las normas se utilizan para darle sentido a la puntuación, a través de los contenidos del instrumento o la ejecución de las personas en este. La segunda opción, suele hacerse a través de normas o baremos, que se construyen o derivan de las puntuaciones de un grupo normativo (una muestra representativa de la población de referencia a la cual se le quiere dar sentido a las puntuaciones). Lo que hace un baremo es asignar a una puntuación directa un valor directo que informa de la posición de una persona con respecto a los demás participantes en la aplicación del instrumento. Con la información empírica del piloto, se sugiere estimar puntuaciones típicas derivadas (T), ya que no alteran las propiedades de la escala original y son más fáciles de usar en la interpretación transformando la media en 50 y la desviación en 10 (Abad, Olea, Ponsoda y García, 2011).

MATERIAL COMPLEMENTARIO

Como la prueba es construida para ser utilizada por personas diferentes al constructor, se prepara el material que sirva de guía para la administración, calificación e interpretación. Esto se conoce como manual de prueba. En el manual debe aclararse el uso que puede hacerse de la prueba, las instrucciones completas para su aplicación, las tablas normativas o baremos para convertir las puntuaciones brutas en otras interpretables, los coeficientes de confiabilidad y las indicaciones de validez de la medida de la prueba para la finalidad o finalidades para las que fue construida y las sugerencias para los posibles usos de las puntuaciones de la prueba (Martínez, 2005). En el caso del IFAI, el manual está en desarrollo en espera del aporte empírico de evidencias de confiabilidad, validez y las normas de calificación o baremos. Además, se desarrollará un aplicativo que permita la calificación e interpretación automatizada, además de la manual.

La construcción de una prueba es un proceso continuo de ajuste para disponer de un instrumento que cumpla con todas las especificaciones técnicas y culturales que permitan hacer las mejores inferencias. El IFAI sigue en desarrollo y requiere seguir trabajando en su fortalecimiento. En la tabla 12 se muestra la síntesis del proceso de construcción del instrumento.

TABLA 12.

SÍNTESIS DEL PROCESO DE CONSTRUCCIÓN DEL IFAI

Especificaciones iniciales	Objeto de medida: identificación del dominio o atributo	– Experiencia y vulnerabilidad emocional. – Vulnerabilidad psicosocial – Habilidades interpersonales, competencia social y vulnerabilidad interpersonal. – Conflicto interpersonal – Consumo de sustancias. – Estrés y afrontamiento. – Conductas autolesivas y riesgo de suicidio. – Conducta antisocial – Impulsividad, control de impulsos – Comportamientos prosociales
	Características de la población y otras restricciones	Personas que culminaron su educación media, aspirantes a los diferentes programas de pregrado de la Facultad.
	Objetivo de la prueba	Representativa.
Marco teórico	Delimitación clara y detallada del dominio o definición del atributo de interés e identificación del cuerpo teórico que lo sustenta	– Experiencia y vulnerabilidad emocional. – Vulnerabilidad psicosocial – Habilidades interpersonales, competencia social y vulnerabilidad interpersonal. – Conflicto interpersonal – Consumo de sustancias. – Estrés y afrontamiento. – Conductas autolesivas y riesgo de suicidio. – Conducta antisocial – Impulsividad, control de impulsos – Comportamientos prosociales

Elaboración de la estructura de la prueba	Contenido de la prueba	K entre 80 y 100 ítems
	Formato de los ítems y la prueba	El instrumento será de ejecución típica, cuyos ítems indagan sobre la perspectiva personal acerca de lo que se pregunta. Los formatos de ítems incluyen dos opciones de respuesta. La respuesta a la clave dará indicios de los atributos e indicadores a medir, no hay respuestas correctas.
	Revisión y elección y Construcción de ítems (Banco de ítems)	Revisión de pruebas de personalidad, Competencia Social, Inteligencia emocional, estrés y afrontamiento. Construcción de preguntas en los atributos e indicadores que no pueden suplirse con este primer proceso.
	Revisión de ítems	Revisión por jueces expertos para aprobación y selección de las preguntas cuyo contenido es coherente con las definiciones de atributos.
	Ensamblaje de la prueba	Diagramación cuadernillo y hoja de respuesta, elaboración de instrucciones para las versiones en papel y sistematizada
Especificaciones psicométricas	Decisión sobre las exigencias mínimas de los ítems y de la prueba total y sobre el procedimiento de recolección de información, análisis y estandarización	Exploración estadística con los datos obtenidos con el pilotaje de la prueba. Construcción de baremos o tablas de calificación para interpretación. Elección de los ítems con mejor comportamiento psicométrico. Ajuste instrucciones Ensamblaje final del instrumento
Material complementario	Manual para la facultad	Manual técnico del instrumento, baremos o tablas de calificación para interpretación de puntajes
	Instructivo para el examinado	Cuadernillo, hoja de respuestas en papel y electrónico
	Material de apoyo	Cartilla de aplicación para los evaluadores
	Aplicativo	Forma sistematizada de aplicación, calificación e interpretación

Referencia: construcción propia.

Con lo anterior referenciado, se considera que la medición y la evaluación cumplen un rol fundamental en el desarrollo teórico, conceptual y metodológico de los procesos de investigación y prestación de servicios dentro del Linciph. Se articulan no solo las dimensiones disciplinares, sino también el desarrollo de dimensiones de relaciones complejas con el contexto en el cual se deben pensar los escenarios de medición.

REFERENCIAS

Abad, F. J., Olea, J., Ponsoda, V. y García, C. (2011). *Medición en ciencias sociales y de la salud*. Madrid: Síntesis.

Acharya, U. R., Bhat, P., Kannathal, N., Rao, A. y Lim, C. (2005). Analysis of cardiac health using fractal dimension and wavelet transformation. *ITBM-RBM*, 26(2), 133-139.

Aragón, L. E. (2011). *Evaluación psicológica: historia, fundamentos teórico-conceptuales y psicometría*. México: Manual Moderno.

Barbero, M. I., Vila, E. y Holgado, F. P. (2015). *Psicometría*. Madrid: Sanz y Torres.

Board on Testing and Assessment *et al.* (1999). *The Assessment of Science Meets the Science of Assessment: Summary of a Workshop*. Washington, D. C.: National Academies Press.

Boyle, G. J., Saklofske, D. H. y Matthews, G. (2015). Criteria for selection and evaluation of scales and measures. En: Boyle, G. J., Saklofske, D. H. y Matthews, G. (eds.), *Measures of personality and social psychological constructs*. Oxford, Inglaterra: Elsevier.

Brailsford, S. C. y Hilton, N. A. (2001). A comparison of discrete event simulation and system dynamics for modelling health care systems. En Riley, J. (ed.), *Planning for the Future: Health Service Quality and Emergency Accessibility. Operational Research Applied to Health Services (ORAHS)*. Glasgow Caledonian University.

Bremaud, P. (1994). *An Introduction to Probabilistic Modeling*. Nueva York: Springer.

Brown, F. G. (1999). *Principios de medición en psicología y educación*. México: Manual Moderno.

Cardona Martínez, J. A. Estructuralismo y teoría de sistemas. *Revista de la Facultad de Derecho de México*, LXIV (261).

COEM. (2013). *Metodología de la investigación científica*. Dirección de instrucción y doctrina escuela de post grado COEM. Lima.

Computing a fractal dimension with Matlab: 1D, 2D and 3D Box-counting. (2018). https://www.mathworks.com/examples/matlab/community/36051-computing-a-fractal-dimension-with-matlab-1d-2d-and-3d-box-counting

Crowell, S. G. (2001). *Husserl, Heidegger and the Space of Meaning. Paths toward Transcendental Phenomenology*. Evanston, Illinois: Northwestern University Press.

De Vet, H. C. W., Terwee, C. B., Mokkink, L. B. y Knol, D. L. (2011). *Measurement in medicine: a practical guide.* Nueva York: Cambridge University Press.

Elorza, H. (2008). *Estadística para las ciencias sociales, del comportamiento y de la salud.* México: Cengage Learning.

Escobar-Pérez, J. y Cuervo-Martínez, A. (2008). Validez de contenido y juicio de expertos: una aproximación a su utilización. *Avances en Medición*, 6, 27-36.

Fernández-Ballesteros, R. (1994). *Evaluación conductual hoy. Un enfoque para el cambio en psicología clínica y de la salud.* Madrid: Pirámide.

Gallardo, Y. y Moreno, A. (1999). *Recolección de la información.* Bogotá: Instituto Colombiano para el Fomento de la Educación Superior (Icfes), Subdirección General Técnica y de Fomento.

Garrido-Rojas, L. (2006). Apego, emoción y regulación emocional. Implicaciones para la salud. *Revista Latinoamericana de Psicología*, 38(3), 493-507.

Gerig, G., Fishbaugh, J. y Sadeghi, N. (2016). Longitudinal modeling of appearance and chape and its potential for clinical use. *Medical Image Analysis*, 33, 114-121.

Grecucci, A., Frederickson, J. y Job, R. (2017). Editorial: Advances in emotion regulation: from neuroscience to psychotherapy. *Front. Psychol*, 8, 5-8

Gomes, R. L., Vanderlel, L. C. M., Garner, D. M., Vanderlel, F. M. y Valenti, V. E. (2017). Higuchi Fractal Analysis of Heart Rate Variability is Sensitive during Recovery from Exercise in Physically Active Men. *Medical Express*, 4(3), 1-8.

Goldstein, J. (2019). Why complexity and epistemology? *E-CO*, 6(3), 2-3.

Herrera, A. N. (2002). *Notas sobre psicometría.* Documento inédito. Bogotá: Universidad Nacional de Colombia.

Herrera, A. N. (2003). *Algunas consideraciones técnicas para la construcción de ítems de pruebas objetivas de conocimientos según la clasificación de objetivos educativos de Bloom versión modificada para el desarrollo del Ecaes de Psicología*. Bogotá: Universidad Nacional de Colombia, Ascofapsi.

Homer, J. B. y Hirsch, G. B. (2006). System Dynamics Modeling for Public Health: Background and Opportunities. *American Journal o Public Health*, 96(3), 453-458.

Karperien, A. (2013). Box Counting. https://imagej.nih.gov/ij/plugins/fraclac/FLHelp/BoxCounting.htm. Revisado el 19 de de febrero de 2018.

Karperien, A. (2018). FracLac for ImageJ. https://imagej.nih.gov/ij/plugins/fraclac/FLHelp/Introduction.htm

Klonowski, W. (2000). Signal and image analysis using chaos theory and fractal geometry. *Machine Graphics y Vision*, 9(2.1), 403-431.

Levi-Strauss, C. (1974). *Antropología estructural*. Barcelona: Paidós.

Legrand, P. y Levy Vehel, J. (2004). Signal and image processing with Fraclab. *Fractal04, Complexity and Fractals in Nature*, 8th International Multidisciplinary Conference.

Lockhart, P. (2012). *Measurement*. The Belknap Press of Harvard University Press.

Luke, D. A. y Stamatakis, K. A. (2012). Systems science methods in public health: dynamics, networks, and agents. *Annu. Rev. Public Health*, 33, 357-376.

Martínez, R. (2005). *Psicometría: Teoría de los test psicológicos y educativos*. Madrid: Síntesis.

Marzal, M. (1996). *Historia de la antropología* (5.ª ed., vol. II). Pontificia Universidad Católica del Perú.

Mazzocchi, F. (2016). Complexity, network theory, and the epistemological issue. *Kybernetes*, 45(7), 1158-1170.

McNabb, D. (15 de julio de 2018). El paradigma de la complejidad, Pt. 2/3. Tomado de https://www.youtube.com/watch?v=Uly1n6tOOlA

Medrano, A. A., Moretti, L., Ortiz, A. y Pereno, G. (2013). Validación del cuestionario de regulación emocional cognitiva en universitarios de Córdoba, Argentina. *Psykhe,* 22(1), 83-96.

Merleau-Ponty, M. (1945). *Fenomenología de la percepción.* Planeta-Agostini.

Mestre, J. M. y Guil, R. (2012). *La regulación de las emociones.* Madrid: Pirámide.

Meza, L. (2010). *El paradigma positivista y la concepción del conocimiento.* Escuela de Matemática, Instituto Tecnológico de Costa Rica.

Morales, B. N., Plazas, M., Sánchez, R. y Arena, C. A. (2011). Factores de riesgo y de protección relacionados con el consumo de sustancias psicoactivas en estudiantes de enfermería. *Rev. Latino-Am. Enfermagem*, 19, 673-683.

Morales, M. L. (1990). *Psicometría aplicada.* México: Trillas.

Morin, E. (2004). La epistemología de la complejidad. *Gazeta de antropología*, 20.

Morrison, J. (2014). *DMS-5. Guía para el diagnóstico clínico.* México: Manual Moderno.

Muñiz, J. (1996). *Psicometría.* Madrid: Universitas.

Nunnally, J. C. (2009). *Teoría psicométrica.* México: Trillas.

Onudc. (2014). *Asesoría para la política pública de drogas.* Bogotá: Organización de las Naciones Unidas contra la Droga y el Delito.

Patocka, J. (2005). *Introducción a la fenomenología*. Herder.

Philips, Z., Ginnelly, L., Sculpher, M., Claxton, K., Golder, S., Riesma, R. *et al*. (2004). Review of guidelines for good prctice in decision-analytic modelling in health technology assessment. *Health Technology Asessment*, 8(36).

Rengifo, B. (2007). "La noción de estructura" y "El método: Levi-Strauss". En *Estructuralismo y post estructuralismo en las ciencias sociales.* Bogotá, Colombia.

Regtien, P. P. L., Van der Heijden, F., Korsten, M. J. y Olthius, W. (2004). *Measurement Science for Engineers.* Londres: Kogan Page Science.

Roberts, F. S. (1985). *Measurement Theory with applications to Decisionmaking, Utility, and the Social Sciences.* Nueva York: Cambridge University Press.

Rodríguez Zoya, L. y Aguirre, J. L. (2011). *Teorías de la complejidad y ciencias sociales. Nuevas estrategias epistemológicas y metodológicas.* https://www.redalyc.org/pdf/181/18120143010.pdf

Rojas, M. C., Meichtry, N. C., Vázquez, J. C. y Marciszack, M. (s. f.). Modelización numérica de la vivienda precaria urbano-marginal a partir de la estimación holística del riesgo para la salud de la población considerando variables de vulnerabilidad sociodemográficas.

Romaña, C., Emperaire, L. y Jansen, A. M. (2003). Enfoques conceptuales y propuestas metodológicas para el estudio de las interacciones entre el medio ambiente y la salud: aplicación a un programa de investigación sobre la tripanosomiasis americana. *Cad. Saúde Pública Rio de Janeiro*, 19(4), 945-953.

Sekine, M., Tamura, T., Akay, M., Fujimoto, T., Togawa, T. y Fukui, Y. (2002). Discrimination of walking patterns using wavelet-based fractal analysis. *IEEE Transactions on Neural Systems and Rehabilitation Engineering*, 10(3), 188-196.

Silva, J. (2005). Regulación emocional y psicopatología: el modelo de vulnerabilidad/resilencia. *Rev Chil Neuro-Psiquiat*, 43(3), 201-209.

Sistemas Económicos. (14 de julio de 2018). *Shannon y la teoría de la información.* http://tgsentropia.blogspot.com/2010/10/shannon-y-la-teoria-de-la-informacion.html

Slater, H. C., Okell, L. C. y Ghani, A. C. (2017). Mathematical Modelling to Guide Drug Development for Malaria Elimination. *Trends in Parasitology*, 33(3), 175-184.

Stewart, I. (2000). The Lorenz attractor exists. *Nature*, 406(6799), 948-949.

Taylor, R. (2011). Attractors: Nonstrange to Chaotic. *SIAM Undergraduate Research Online*, *4*, 72-80.

Urbina, S. (2007). *Claves para la evaluación con test psicológicos.* Madrid: TEA.

Urbina, S. (2014). *Essentials of Psychological Testing.* Nueva Jersey: John Wiley & Sons.

Van Kerkhove, M. y Ferguson, N. M. (2012). Epidemic and intervention modelling - a scientific rationale for policy decisions? Lessons from the 2009 influenza pandemic. *Bull World Health Organ*, 90, 306-310.

Vargas, U. (3, 07, 2018). El pensamiento complejo de Edgar Morin. Tomado de https://www.youtube.com/watch?v=ZVnT1rkxhdA

Venkasteshan, S. P. (2008). *Mechanical Measurements.* Chischestar, Reino Unido: John Wiley & Sons.

Wilcox, R. R. (2010). *Fundamentals of Modern Statistical Methods : Substantially Improving Power and Accuracy* (2nd ed.). Springer.

Wilcox, R. R. (2017). *Understanding and Applying Basic Statistical Methods Using R.* Hoboken, NJ: John Wiley & Sons.

Wilson, M. (2005). *Constructing Measures: An Item Response Modeling Approach.* Mahwah, Nueva Jersey.

Wong, H., Shao, Q., Ip, W-c. (2013). Modelling respiratory illnesses with change point: A lesson from sars epidemic in Hong Kong. *Computational Statistics and Data Analysis*, 57, 598-599.

Yáñez, J. (2018). *Epistemología, problemas y métodos en la obra de Piaget.* Bogotá: Universidad Nacional de Colombia.

Zhang, H. y Li, Z. (2012). Fractality and Self-Similarity in the Structure of Road Networks. *Annals of the Association of American Geographers*, 102(2), 350-365.

MODELIZACIÓN EN CIENCIAS

EDITORES DE SECCIÓN:
NICOLÁS FLÓREZ TORRES, JORGE MARTÍNEZ COTRINA

FIGURA 70.

EL CIELO Y LA TIERRA

Referencia: Flammarion, 1888.

INTRODUCCIÓN

Un misionero medieval cuenta que había encontrado el lugar en el que el Cielo y la Tierra se encontraban. Qué es entonces esta bóveda azul, que ciertamente existe y nos impide ver las estrellas durante el día (Flammarion, 1888).

El misterio por el descubrimiento desde el medioevo ha cuestionado nuestras mentes, y en particular el del cosmos dio la vuelta a la mente humana. Nos abordan desde entonces constantemente las preguntas por saber ¿qué está fuera de nuestro campo visible?, ¿qué es aquello que no podemos sentir? Sin embargo, eso que no conocemos con nuestra mente nos permite imaginar y viajar fantaseando con qué podría pasar fuera de este domo que aún intentamos terminar de comprender.

Cada mirada, cada mundo es el domo en el que hemos logrado sentir y conocer. Pero cuando llegamos al borde de la ventana, corremos la cortina y tímidamente vamos asomando el rostro para ver qué hay afuera. Descubrimos con asombro y miedo que hay algo más. Que existe lo desconocido, que hay algo más que lo que conocemos y acaba de empezar a existir para nosotros.

La sensación de que el modelo que hemos construido de mundo se queda corto y debemos aventurar la mente y el cuerpo a lo desconocido para incluir la fantasía del misterio en el modelo se siente bajo la sublimidad del miedo, el desafío y la motivación enérgica por conocer el impetuoso universo cada vez más parte de nuestro mundo, de nuestro modelo de realidad.

LA MODELIZACIÓN: HACIA LA CONSTRUCCIÓN DE MODELOS DE REALIDAD

MÓNICA ALEJANDRA ROMERO
FABIO BALLÉN PÁRRAGA
NICOLÁS FLÓREZ TORRES
ROBERTO SUÁREZ ARIZA
JORGE MARTÍNEZ COTRINA

FUNDAMENTACIÓN DEL CAMPO: MODELIZACIÓN EN CIENCIAS

Esta parte tiene como objetivo presentar las fundamentaciones paradigmáticas, epistemológicas, teóricas-conceptuales y metodológicas del campo de desarrollo de modelización. En este sentido, para iniciar es importante resaltar cuál es la concepción que se tiene sobre lo que es un modelo. Se puede decir que el modelo es una representación artificial inteligible y simbólica de situaciones en las cuales se interviene o se estudia (Le Moigne, 1990). Los modelos no se entienden como estados deseables, sino como proyecciones que se hacen de los sistemas, es decir, no se hace un trabajo de prescripción, sino de descripción desde el punto de vista de un observador.

De acuerdo con lo anterior, cuando se habla del punto de vista del observador, se refiere a un reconocimiento de que cualquier modelo se hace siempre desde el punto de vista de un observador; es el observador el que limita qué variables, qué relaciones y qué factores se tienen en cuenta a la hora de modelizar. "La modelización se ocupa de describir y organizar los procesos de elaboración de un modelo y es en sí una construcción intencional a partir de la experiencia vivida por el sujeto que modeliza, a través de ese mismo sistema de símbolos que es el modelo" (Hernández, 2010 p. 102); no es posible entonces considerar la modelización como una forma de "copiar", sino de comprender la realidad.

La modelización impulsada en el siglo XX dentro de los campos del conocimiento científico traía diferentes nociones conceptuales acerca del término 'modelo'; por ejemplo, Armatte (2006) plantea que existen cinco clases generales de significación del término: el modelo como referente o prototipo a reproducir (el modelo del pintor), el modelo como maqueta de un dispositivo real (en el fundidor, en el arquitecto), el modelo como tipo ideal extraído de una población homogénea (un modelo de santidad de candor, de belleza), el modelo como icono o dispositivo mecánico que representa una idea abstracta (el modelo hidráulico de la circulación monetaria) y el formalismo lógico-matemático que representa un sistema (Armatte, 2006, p. 34). Estas acepciones del término se pueden resumir en modelo como arquetipo o prototipo de la realidad y/o modelo como abstracción de esta.

En cualquiera de estos dos casos, el modelo suscita una re-presentación o imagen de un fragmento de la realidad (sea esta hechos, situaciones, fenómenos, procesos, estructuras y sistemas, entre otros), que, por lo general, está en función de unos supuestos antecedentes teóricos (Carvajal, 2002); por su parte, Ludwig Boltzmann plantea al modelo como una representación tangible de un objeto que tiene una existencia real o que es una construcción factual o mental (Armatte, 2006). Desde otra área del conocimiento, Levi Strauss (1958) se aproxima a la definición nominalista del término; él entiende los modelos como una representación cognoscitiva, consciente o inconsciente, de la realidad empírica. Por otro lado, el filósofo Alian Badiou, aun cuando su pensamiento no corresponda a dicha corriente, dilucida el entendimiento del 'modelo' desde el positivismo: "para la semántica positivista, el modelo es una interpretación de un sistema formal" (Mesa, 2013, p. 65).

La modelización busca la comprensión de fenómenos del mundo real a partir de representaciones más simples de este. Esta representación se puede dar por diferentes medios, como ilustraciones, maquetas o simulaciones, dependiendo de la aplicación que sea necesaria. De esta manera, se considera que el estudio de pequeñas partes de fenómenos puede otorgar información relevante sobre la totalidad del fenómeno. Es decir que, al dividir el fenómeno en partes más simples que faciliten el análisis, se pueden extraer conclusiones acerca del fenómeno en general. Sin embargo, es importante resaltar que también existen comportamientos emergentes que en ocasiones no pueden ser observados si no se tiene en cuenta una congruencia a mayor escala de las partes del modelo. Aun teniendo esto en cuenta, los modelos son representaciones útiles en muchas ocasiones, ya que permiten dar cuenta del mundo en el que vivimos y la forma en la que podemos manipularlo.

Lo anterior sugiere que la construcción de modelos está atravesada por marcos epistémicos y teóricos del sujeto con diferentes niveles de abstracción; Carvajal (2002) plantea que los modelos pueden expresarse de manera física, lingüística, simbólica o matemática. Así, desde esta perspectiva epistemológica se clasifican en cinco tipos, dependiendo de su grado de formalización o abstracción, a saber: icónicos, analógicos, tipológicos, simbólicos y matemáticos (Carvajal, 2002). De forma similar, Echeverría (1999) destaca cinco clases de modelos: (a) lógicos, (b) matemáticos, (c) analógicos (físicos y a escala), (d) teóricos y (e) imaginarios.

Ahora bien, el siglo XX –amparado por todos los aportes al conocimiento científico de su antecesor siglo XIX– registró dos momentos emblemáticos que inspiraron y caracterizaron la noción de modelo en los distintos campos del conocimiento, específicamente en las ciencias sociales. El primero de ellos fue abrir el espectro de análisis y observación de las dinámicas sociales a la herramienta cuantitativa y las arquitecturas lógico-matemáticas. El segundo fue la introducción de un componente trascendental en la construcción de modelos y modelizaciones; se trata de la simulación y manipulación de modelos a partir de herramientas computacionales que permiten hacer cada vez más robustos la comprensión y el acercamiento a los fenómenos que se modelan.

A este tenor, Neumann y Morgenstern, frente a los modelos matemáticos, sugieren que:

> Los modelos (tales como los juegos) son construcciones teóricas que suponen una definición precisa, exhaustiva y no demasiado complicada: deben ser también parecidos a la realidad en todos aquellos aspectos que tienen importancia para la investigación en curso. Recapitulando: la definición debe ser precisa y exhaustiva, para hacer posible un tratamiento matemático. La construcción no se debe complicar inútilmente, de modo que el tratamiento matemático pueda ser llevado más allá de la etapa de formalización y proporcione resultados numéricos completos. Se requiere la semejanza con la realidad para que el funcionamiento del modelo sea significativo. (Neumann y Morgenstern, 1944)

Dichos modelos matemáticos, como cualquier tipo de representación que el sujeto realiza para acercarse a comprender la realidad, son históricos y están marcados por lentes subjetivos e intersubjetivos en donde se tiene como latencia la relación sujeto-contexto. La noción de modelo matemático se hace presente gracias a las formas de representación de las cuales se dispone para dar a conocer una posición sobre algún acontecimiento, fenómeno, realidad, problema, etc. Se puede afirmar que dichas representaciones son históricas, es decir, el modelo en tanto representación tiene una existencia legítima dentro del sistema de conocimientos (Mesa, 2013, p. 67).

Asimismo, el modelo como re-presentación es siempre incompleto; aunque descriptor de un fenómeno, este es ontológicamente distinto al mundo real que representa (Ladriere, 1978, p. 39). A su vez, el modelo, frecuentemente, es susceptible de matematización (Sierra, 1984, p. 131), lo cual no advierte que toda re-presentación deba estar interpelada por arquitecturas matemáticas. Respecto de esto último, aunque no es una condición *sine qua non* de la construcción de modelos y modelizaciones[1], el Laboratorio Interdisciplinar de Ciencias y Procesos Humanos (Linciph) propenderá a la profundización de modelados de carácter matemático para el estudio de dinámicas físicas, biológicas y sociales del mundo de la vida.

Es de esta manera como el laboratorio encuentra afinidad con la siguiente definición de modelo, desde el corte matemático, propuesta por Armatte (2006): (un modelo) es una representación de un dispositivo mediante un sistema formal –por ejemplo, un sistema de ecuaciones– que permite a la vez pensar este dispositivo, estudiar su funcionamiento y actuar sobre él para controlarlo o hacerlo evolucionar (Armatte, 2006, p. 35).

MODELAR EN EL LINCIPH

La modelización puede entenderse como un proceso de construcción de modelos interpretativos que permiten aproximarse a la comprensión de un fenómeno dentro de una realidad. Este proceso constituye una re-presentación del sistema, en medio de su complejidad y dinamismo. Izquierdo (2008) plantea que "los modelos científicos se construyen para desarrollar procesos de inferencia sobre ciertos aspectos de sistemas reales previamente observados. Es mediante estos procesos de inferencia, mediante la construcción y el uso de modelos científicos, como mejoramos nuestro entendimiento de los sistemas reales observados" (Izquierdo *et al.*, 2008, p. 86)

Todo abordaje de la realidad desde la modelización depende del nivel de complejidad del fenómeno y del campo epistemológico y teórico del sujeto que la realiza. García (2006) manifiesta que "la interpretación hace al 'hecho' solidario de un sistema de conceptos (y 'preconceptos') que corresponden a la experiencia previa del investigador y a su propia 'ideología' (considerando este último término, no en el acostumbrado sentido político, sino como concepción del mundo)" (García, 2006, p.78).

Si bien el andamiaje epistemológico es fundamental al construir un modelo de un fenómeno social, también es necesario detenerse en el contexto tanto histórico como geográfico en el que los sujetos se desenvuelven y bajo el cual entienden el mundo, pues los marcos de referencia e interpretación de los fenómenos pueden variar dependiendo de estas dos variables. Así, frente a este reconocimiento del sujeto contextual que interpreta el mundo, Zemelman (s. f.) dice:

> Esto [el reconocimiento del contexto del sujeto] tiene evidentemente consecuencias de orden práctico, porque si no supiéramos construir un pensamiento sobre la realidad que tenemos por delante, y esa realidad la definimos en función de exigencias conceptuales que pueden no tener pertinencia para el momento histórico, entonces significa que estamos organizando, no sólo el pensamiento, sino el conocimiento dentro de marcos que no son los propios de esa realidad que se quiere conocer (Zemelman, s. f.).

Lo anterior implica, de entrada, entender que la percepción del mundo es el primer modelo –modelo mental– que los seres humanos nos hacemos de él. En ese sentido, los procesos de modelización son intrínsecos a las maneras de ser del sujeto, teniendo expresiones subjetivas e intersubjetivas en su construcción. Ella supone un proceso de filtración de la información que obtenemos y sobre el cual escogemos los datos más relevantes para modelar el mundo. "Diseñar un modelo requiere destilar la esencia del sistema real, lo cual implica prescindir de aquellos aspectos que no consideramos fundamentales para nuestros propósitos" (Izquierdo *et al.*, 2008, p. 87).

En ese sentido, el sujeto utiliza la modelización como una herramienta metodológica para poder explicar y entender el fenómeno bajo una escala de tiempo que permita hacer una comprensión de él. Para llevar a cabo lo anterior, es necesario analizar la pertinencia de las variables en la aprehensión de fenómenos físicos, biológicos y sociales.

Tal como se hace en el proceso de percepción del mundo, el ser humano escoge la información relevante para dar respuesta a dicha pregunta, encontrando pautas, restricciones o leyes para modelar.

> En el ámbito científico, el propósito de construir modelos (y el criterio por el que se valoran) suele ser avanzar nuestro conocimiento sobre un determinado sistema real. Así, por ejemplo, si nuestro objetivo es representar de forma fiel un proceso social dado, entonces un modelo será tanto más válido cuanto mejor capture la esencia de su referente empírico. Esto podría valorarse estudiando la medida en que los resultados obtenidos con el modelo se ajustan a los observados en el referente empírico. (Izquierdo *et al.*, 2008, p. 89)

Ahora bien, la información relevante y las variables de peso están determinadas por la perspectiva desde la que el sujeto problematiza el fenómeno, el marco teórico-epistémico y las regularidades o patrones de la dinámica social, física o biológica, según la ventana espacio-temporal y la escala de complejidad del proceso que se estudia con la herramienta científica de la modelización (figura 71).

FIGURA 71.
ESQUEMA REALIZADO A PARTIR DE LAS DISCUSIONES DEL SEMINARIO INTERNO "¿QUÉ ES MODELAR?"

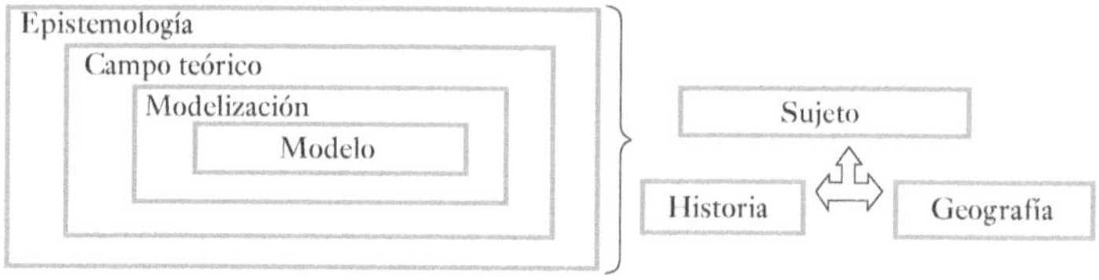

Referencia: Linciph, 2017.

El uso del lenguaje para aprehender el mundo y significarlo implica que se utilicen metáforas para construir un modelo de él. Así, las estructuras metafóricas o del lenguaje y las estructuras matemático-operativas aparecen como formas de modelización; estas formas deben tener presentes la problemática, los objetivos y la selección de variables pertinentes y necesarias. Así, el Linciph está de acuerdo con los pasos que Enrique Eduardo Tarifa (s. f., p. 12) sugiere para el proceso de modelización:

1. Establecer una definición clara de los objetivos.
2. Analizar el sistema real.
3. Dividir el problema del sistema en problemas simples.
4. Buscar analogías.

5. Considerar un ejemplo numérico específico del problema.
6. Determinar las variables de interés.
7. Escribir los datos obvios.
8. Escribir las ecuaciones teóricas o empíricas que describen los fenómenos presentes y relacionan las variables de interés.
9. Si se tiene un modelo manejable, enriquecerlo. De otra manera, simplificarlo.

Más aún, en las ciencias exactas y humanas una de las diferentes maneras de abordar la modelación ha sido considerar las arquitecturas matemáticas para poder operar, comprender o predecir cosas; esto no implica una dicotomía entre lo cualitativo y lo cuantitativo, sino la posibilidad de encontrar su punto de imbricación. Frente a la medición cuantitativa, se hace indispensable estudiar el trasfondo cualitativo de las relaciones del fenómeno antes de maniobrar con los datos numéricos que resulten de las mediciones. En ese sentido, el marco teórico debe precisar con claridad los aspectos cualitativos, cuantitativos, sus relaciones e interacciones; lo anterior implica realizar las simplificaciones pertinentes (para el observador) que permitan mantener la exactitud del procedimiento y su similitud empírica con la realidad (Gracia y Castelló, 2003).

Al tratar el problema de qué es modelar, y qué es hacerlo matemáticamente, se podría decir qe es la construcción de una representación artificial que simula un contexto (Seminario interno, 2017) o se asemeja a un contexto (modelo analógico[3]). En la historia reciente del conocimiento científico se aspira cada vez más a que los modelos construidos se concreten o pragmaticen al lenguaje operativo y computacional para poder realizar operaciones que posibiliten tener escenarios hipotéticos de predicción.

Es por ello que se realizan, primero, modelizaciones de una realidad concreta para comprenderla y analizar si existen elementos de orden predictivo para anticipar posibles resultados en el desarrollo del fenómeno modelado. De esta forma, la modelización aparece como una representación restringida de la realidad que potencia la toma de decisiones con relación al comportamiento de la dinámica que se está estudiando, y que pudiese presentar rangos de predictibilidad. Así, un modelo puede servir para averiguar posibles comportamientos en la conducta del sistema real (Tarifa, s. f., p. 12), pues su propósito es ayudar a explicar, entender o mejorar un sistema (Shannon, 1988). Este propósito puede materializarse desde su habilidad para analizar un problema, resumir sus características esenciales, seleccionar y modificar las suposiciones básicas que caracterizan al sistema (Bueno, 2003, p. 12).

Cabe resaltar que en los ejercicios de modelación matemática no existe un algoritmo universal para dar cuenta del comportamiento de los fenómenos; habrá entonces situaciones particulares que enfatizarán algoritmos específicos que nos pueden permitir, en mayor o menor grado, dar cuenta de la funcionalidad en diferentes contextos espacio-temporales[4]. Con similitudes en esta premisa epistémica, Gracia y Castelló (2003) plantean que, si bien en el dominio de las ciencias físicas la reproducción de los comportamientos puede ser de gran fidelidad, no es necesariamente el caso de otras áreas del conocimiento, por ejemplo, en el campo de la psicología (carente de leyes que establezcan relaciones constantes universales), donde se pueden encontrar casos para los cuales los modelos *deberían limitarse a suministrar sugerencias plausibles de cómo se ordena la realidad empírica observada respecto al comportamiento de la realidad modelada*.

En el proceso de modelización matemática se pueden distinguir etapas o estaciones para el abordaje de la comprensión de la realidad. Ruth Rodríguez (2007), por ejemplo, propone el recorrido que se muestra en el esquema de la figura 72.

FIGURA 72.
EL PAPEL DE LA TECNOLOGÍA EN EL PROCESO DE MODELACIÓN MATEMÁTICA PARA LA ENSEÑANZA DE LAS ECUACIONES DIFERENCIALES

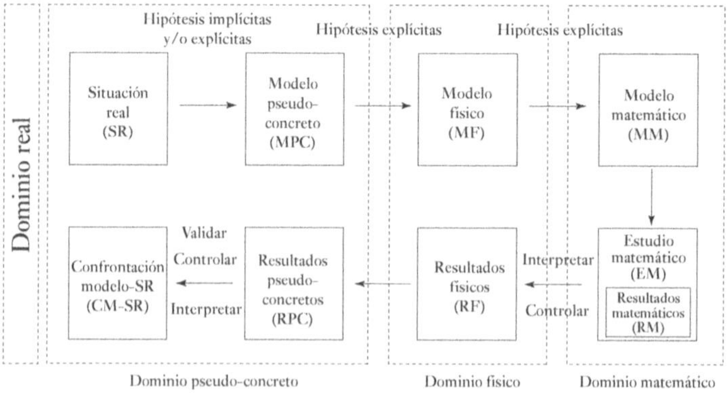

Referencia: tomada de Rodríguez y Quiroz, 2016.

Bajo esta aproximación teórico-conceptual acerca de la metodología científica de la modelización, el Linciph orientará la modelización, entendiéndola como el proceso de diseño de un constructo, a propósito de un fenómeno, que posee un soporte distinto a la realidad empírica y que tiene como finalidad comprender el fenómeno y las dinámicas físicas, biológicas y/o sociales subyacentes. Proceso que, en algunas ocasiones, permite predecir el comportamiento del mundo real dadas sus restricciones, patrones y ventanas espacio- temporales. Desde esta perspectiva, el Linciph considera pertinente tener en cuenta los siguientes aspectos para el proceso de modelización:

1. Cuenta con procesos de abstracción de la realidad empírica.
2. Estas abstracciones previas de la realidad son producto de los modelos (descriptivos no matemáticos) subjetivos e intersubjetivos.
3. Supone una postura teórica, epistemológica y contextual del sujeto que se acerca a interpretar el mundo.
4. Depende de las características y propiedades que el sujeto quiere modelar del fenómeno bajo escalas espacio-temporales determinadas.
5. Da cuenta de la realidad a partir del estudio de las relaciones entre las variables.
6. Se puede llevar al lenguaje matemático.
7. Supone un soporte distinto a la realidad empírica.
8. Podría ayudar a predecir el comportamiento del fenómeno, lo que nos permitiría anticiparnos para la toma de decisiones frente a ello (simulación).

A partir de esta aproximación terminológica y de establecer criterios que permitan caracterizar los procesos de modelización en ciencias, a continuación se profundiza sobre la modelización matemática.

En primer lugar, debemos considerar que aquello que se modela corresponde a una realidad dinámica, en constante cambio, entendida como un complejo de fenómenos naturales, ambientales y/o socioculturales en devenir. Este complejo es fuente de información, parte de la cual es procesada por medio de dispositivos biológicos de los individuos; como producto de este procesamiento, se genera y organiza nuevo conocimiento.

La comprensión de esta realidad por parte del ser humano se beneficia de la creación de modelos, cuya elaboración requiere instrumentos materiales e intelectuales. En particular, cuando estos instrumentos son matemáticos, se producen modelos o modelizaciones matemáticas. Estas modelizaciones pueden servir de guía para pruebas experimentales o pueden ayudar a identificar nuevos problemas y/o preguntas sobre el fenómeno o fenómenos similares. También ayudan a reformular hipótesis o a plantear nuevas, lo que eventualmente puede conducir a nuevas teorías.

Como una aproximación a la realidad, la modelización matemática tiene como objetivo principal facilitarnos la comprensión de los fenómenos reales, permitiéndonos potenciar la comprensión de la realidad; en este sentido, la modelización matemática presenta una gran relevancia académica.

Así, el proceso general de modelización matemática incluye: el estudio de la situación real, la elaboración del modelo matemático, la solución, si existe, al modelo y, en consecuencia, su validación. Además, estos pasos conforman un proceso continuo y reiterativo (circular).

En procesos como este, el trabajo interdisciplinar es fundamental, donde la mutua colaboración conlleva fines más concretos acerca de la comprensión del fenómeno modelado. Además, este ejercicio requiere de especialización y conocimientos pertinentes en matemáticas tanto para delimitar adecuadamente el problema como para la identificación de la(s) herramienta(s) matemática(s) conveniente(s) para abordarlo (Cervantes Gómez, 2015).

Existen pues dos tipos de modelización matemática que es importante que se tomen en cuenta: el horizontal, que implica aplicar una visión lineal desde la realidad a la simbolización y/o significación, y el vertical, que se refiere al análisis de movimiento transformacional en una realidad que incluye símbolos (Gómez Chacón, 2011). Así, la modelización matemática permite situar un fenómeno en términos cuantitativos y le brinda a la ciencia la oportunidad de diálogo a niveles estructurales del fenómeno.

LA SIMULACIÓN Y LAS HERRAMIENTAS COMPUTACIONALES

En la actualidad, el ordenador permite trabajar de manera formal y acelerada modelos que implican una carga operacional elevada, pues

> con el nacimiento y desarrollo del microprocesador han aparecido nuevos alcances de modelado científico que hacen uso de la simulación computacional como proceso inferencial. En las simulaciones computacionales, el modelo se codifica en un lenguaje de programación formal, y la inferencia se lleva a cabo ejecutando el programa informático desarrollado. Así, el actual desarrollo de la informática nos permite crear y estudiar mediante simulación computacional modelos formales que, debido a su complejidad, venían siendo impracticables matemáticamente (Izquierdo *et al.*, 2008, p. 90).

El modelamiento basado en agentes es una aproximación para modelar sistemas constituidos por agentes individuales que poseen autonomía y que pueden interactuar entre sí; ejemplos de aplicaciones de esta aproximación se evidencian en estudios que intentan anticipar los resultados de campañas de mercadeo o la propagación de una epidemia. Los agentes pueden ser personas, instituciones o entes que pueden afectar y perturbar en mayor o menor grado un entorno. Este modelamiento nos permite analizar muchas variables y posteriormente restringir hacia las más significativas

Aunque el espacio geográfico también es un tipo de característica donde el modelo de simulación de agentes es bien servido, debido a su interacción, es más maleable en sistemas donde existen redes sociales de interacción que son más explícitas en algunas redes que no tienden a recurrir en espacios comunes (Gilbert y Troitzsch, 1999; Squazzoni, 2008).

En síntesis, los modelos basados en agentes pueden utilizarse en sistemas con unidades autónomas, heterogéneas, adaptables, geográficas e interactivas, respectivamente, permitiendo construir modelos experimentales que ponen en entredicho el cuello de botella; de lo más evidente y estrecho hasta lo más complejo y amplio.

Contrario a la simulación basada en agentes, la aproximación por dinámica de sistemas tiene como eje diferencial el concepto de retroalimentación. En cada unidad del sistema hay una causalidad que se define en variables observables, y estas, a su vez, describen algún atributo del sistema o detallan algún tipo de magnitud global en cuestión. Un método común para estudiar estos tipos de sistemas es utilizar variables en su conjunto, teniendo en cuenta las magnitudes del sistema en su totalidad. Aclarando eso, es menester mencionar que una diferencia rigurosa entre la simulación basada en agentes y la dinámica de sistemas es la complicidad con las variables observadas. En la mayoría de los sistemas, estas variables no están ligadas por relaciones lineales, por supuesto.

> El foco de atención en la dinámica de sistemas reside en la relación existente entre variables observables. Estas relaciones son, en general, suficientemente complejas de por sí. En la mayoría de los sistemas complejos existen variables observables que no están ligadas por una relación lineal causa-efecto. (Izquierdo *et al.*, 2008, p. 101)

Entonces, la pretensión de las ciencias sociales puede darse de forma eficaz utilizando la técnica computacional, pero se debe siempre tener en cuenta que los modelos, en su mayoría, representan y presentan, mas no dan cuenta de la totalidad y la complejidad del mundo y la realidad que se estudia, pues no son reflejos puros de ella.

LIMITACIONES METODOLÓGICAS EN EL ABORDAJE DE LA REALIDAD

La modelización matemática tiene también limitaciones a la hora de abordar la realidad. Estas limitaciones pueden ser de carácter metodológico o instrumental. Entre estas restricciones se encuentran, por ejemplo, limitaciones fisiológicas del sujeto; como se mencionó, el proceso de modelización depende directamente de la experiencia y el contexto del sujeto que modela; por tanto, la construcción del modelo depende del tipo de información adquirida por el sujeto dependiendo de los alcances fisiológicos (sentidos) del sujeto. También, en relación con lo anterior, el proceso de modelización cuenta con limitaciones de tipo instrumental, donde el método y/o el instrumento de medida, con el cual se realiza la adquisición de la información que nutre el modelo, puede involucrar errores al nivel de su construcción o de su validación.

Otra limitación relevante en el acto de modelar matemáticamente es parte de la naturaleza del proceso de modelización y corresponde con la restricción del fenómeno y definición de los límites o fronteras del fenómeno a modelar. Como se describió en los apartados anteriores, el proceso de modelización incluye la simplificación y delimitación del fenómeno de estudio en términos de relaciones y variables relevantes; esto, en principio, supone que el fenómeno mismo es idealmente aislado de su contexto y entorno. Asimismo, lo anterior supone que las variables elegidas (además subjetivamente) como relevantes no son afectadas por aquellas que fueron obviadas o que son de difícil medición. Así, un modelo matemático puede o no dar cuenta de la realidad (o proveer la información pertinente para una mejor comprensión del fenómeno) en momentos para los cuales las variables obviadas (ya sea por selección o desconocimiento) o las interacciones no incluidas no se ajusten a la dinámica o la estructura real del sistema.

Así pues, en el presente capítulo, el Linciph describe una aproximación al campo de las modelizaciones en ciencias, en el que se privilegia el modelamiento matemático, sin excluir otras formas de modelización.

La modelización busca la comprensión de fenómenos del mundo real a partir de representaciones más simples de este. Esta representación se puede dar por diferentes medios, como ilustraciones, maquetas o simulaciones, dependiendo de la aplicación que sea necesaria. De esta manera, se considera que el estudio de pequeñas partes de un fenómeno puede otorgar información relevante sobre la totalidad de este. Es decir que, al dividir el fenómeno en partes más simples que faciliten el análisis, se pueden extraer conclusiones acerca del fenómeno en general. Sin embargo, es importante resaltar que también existen comportamientos emergentes que en ocasiones no pueden ser observados si no se tiene en cuenta una congruencia a mayor escala de las partes del modelo. Aun teniendo esto en cuenta, los modelos son representaciones útiles en muchas ocasiones que permiten dar cuenta del mundo en el que vivimos y la forma en la que podemos manipularlo.

Como se mencionó, las representaciones pueden darse de diferentes formas; una de ellas es la matemática. El uso de las matemáticas como lenguaje en la modelización es de suma importancia, ya que permite un análisis y manipulación considerablemente más profundos y precisos en varios aspectos que otras formas de modelización más cualitativas. Las matemáticas son un lenguaje riguroso, regido por leyes de manipulación derivadas de manera lógica, que ha demostrado ser consistente y útil a través del tiempo. Debido a estas características, es posible afirmar que las conclusiones extraídas de modelos construidos adecuadamente haciendo uso de esta herramienta también serán consistentes con la realidad de la que derivan y, por lo tanto, útiles. El planteamiento de modelos en términos matemáticos permite hacer predicciones, apoyar la toma de decisiones o generar nuevos conocimientos que contribuyan a la planeación y manipulación de diferentes fenómenos en variadas áreas del conocimiento (Dorado y Díaz, 2018).

La modelización matemática se empieza a generar desde la física, especialmente la mecánica clásica (Cervantes, 2015). Esto se debe al carácter experimental de esta área, lo cual permite, por ejemplo, el ajuste del modelo a datos existentes y una comprobación relativamente simple de los modelos. No obstante, la modelización matemática no se limita a la física, sino que también se expande a otras ciencias y campos como las ciencias sociales o la economía, donde también encuentra un nicho en el que puede aportar información relevante para la comprensión de fenómenos reales. La matemática permite modelar fenómenos como enfermedades, crecimiento poblacional, comportamientos de mercados, movimiento de planetas, etc. Gracias a esta versatilidad, la modelización ha tomado un lugar importante y se ha difundido ampliamente.

Así mismo, la modelización matemática también se ha valido de la evolución en otras áreas como los métodos de análisis o las herramientas computacionales para implementar métodos novedosos que permiten obtener cada vez mayor información. Es así como actualmente es posible generar modelos con ayuda de inteligencia artificial y evaluarlos por medio de computación en paralelo en máquinas que son cada vez más avanzadas (Tournier *et al.*, 2017; Kilickap, Yardimeden y Çelik, 2017). Como consecuencia, modelos más precisos y complejos pueden ser analizados de formas cada vez más prácticas. De esta manera, la modelización, de mano de las matemáticas, ha tomado un lugar importante en muchos aspectos que permiten la vida cotidiana actual y abren la posibilidad a la manipulación cada vez más precisa de esta.

CONCEPTOS IMPORTANTES

Existen diferentes herramientas matemáticas que son de gran importancia a la hora de modelar distintos fenómenos. A continuación, se presenta un recuento de algunos conceptos que son claves para el planteamiento de modelos y algunos ejemplos de la implementación de estos.

ECUACIONES DIFERENCIALES

Las ecuaciones diferenciales son una herramienta indispensable para la modelación matemática. Se caracterizan por ser ecuaciones que contienen variables que cambian con respecto a otras, es decir, integrales y diferenciales, y que describen sistemas dinámicos (Chern, 2016). El caso más común consta de variables que cambian en el tiempo; no obstante, también existen variables que cambian con respecto a la posición u otros factores. Para la realización de modelos es fundamental poder establecer relaciones entre las variables de interés y cómo estas cambian, por lo que estas relaciones también tendrán incidencia en el comportamiento del fenómeno y su estudio es de gran importancia.

Un ejemplo simple y conocido de una ecuación diferencial usada para modelar un fenómeno se encuentra en las leyes de Newton. En estas se afirma que la fuerza es igual a la masa multiplicada por la aceleración. La aceleración es la derivada de la velocidad (y la segunda derivada de la posición) con respecto al tiempo.

$$F = m\frac{dv}{dt}$$

Esta ecuación describe el efecto en la tasa a la que cambia la velocidad, al cambiar la masa o la fuerza aplicada a un objeto. Este modelo se puede aplicar a una gran variedad de situaciones para analizarlas. Es importante resaltar que este modelo simple tiene algunas suposiciones que lo hacen más práctico a la hora de implementar.

SISTEMAS DE ECUACIONES

En una gran variedad de modelos es frecuente encontrar sistemas de ecuaciones. Estos sistemas describen diferentes relaciones que pueden existir entre las variables que son de interés para el modelo. Estos sistemas de ecuaciones permiten hacer una evaluación rápida para determinar si la solución a determinado modelo existe. Para esto, es necesario considerar el número de ecuaciones y el número de variables que existen en el modelo. La relación entre estos números será importante, ya que para que exista la solución del modelo es necesario que existan, al menos tantas ecuaciones como variables (Cheney y Kincaid, 2012). De no ser así, el modelo estará incompleto y será necesario encontrar más relaciones entre las variables para construir las ecuaciones necesarias. Ahora bien, si existen más ecuaciones que variables, el modelo podría ser inconsistente (Cheney y Kincaid, 2012). Esto significa que las ecuaciones planteadas pueden ser contradictorias y en consecuencia no se podrá hallar una solución para el modelo. Así mismo, las ecuaciones del modelo pueden contener información repetida (Cheney y Kincaid, 2012). Esto quiere decir que las ecuaciones no son independientes, por lo que no todas son necesarias.

Finalmente, cuando existe el mismo número de variables y ecuaciones, el modelo puede tener una solución. Esto, siempre y cuando las ecuaciones no sean contradictorias y sean independientes. Existen diferentes formas de solucionar un sistema de ecuaciones. Algunos métodos conocidos consisten en la ilustración, igualación, reducción o determinantes.

Un ejemplo de sistema de ecuaciones se puede evidenciar en el modelo SIR. Este modelo describe la transmisión de una enfermedad en una población vulnerable (Brauer y Castillo-Chávez, 2012). En este modelo N representa la población, S la población susceptible, I la población infectada y R la población recuperada, por otro lado, β es la tasa de transmisión y γ la tasa de recuperación que pueden ser constantes. El número de personas que se recuperan en un tiempo determinado será el número de personas infectadas multiplicado por la tasa de recuperación:

$$\frac{dR}{dt} = \gamma I$$

El número de personas que se infectan en un tiempo determinado será el número de personas infectadas por la tasa de transmisión por el número de personas susceptibles dividido entre la población menos el número de personas infectadas por la tasa de recuperación:

$$\frac{dI}{dt} = \frac{\beta IS}{N} - \gamma \mathrm{I}$$

El número de personas que dejarán de ser susceptibles será el número de personas infectadas por la tasa de transmisión por el número de personas susceptibles dividido entre la población:

$$\frac{dS}{dt} = \frac{\beta IS}{N}$$

Finalmente, la suma de las personas recuperadas, infectadas y susceptibles será el total de la población:

$$S(t) + I(t) + R(t) = N$$

De esta manera se observa que este modelo contiene cuatro variables y cuatro ecuaciones que lo describen. Las ecuaciones se encuentran descritas de tal manera que cada una de estas incluye una combinación de las variables que tienen importancia en el modelo y de esta manera se logra describir la dinámica de este fenómeno en una población.

PROCESOS ESTOCÁSTICOS

Como se mencionó, los modelos estocásticos son los que dan cuenta de la variabilidad del modelo. Esta variabilidad se puede dar por condiciones que no son controladas, la precisión de las mediciones, comportamientos inherentes al fenómeno u otros. No obstante, esta variabilidad no siempre es aleatoria. En ocasiones es posible identificar la distribución de probabilidad de esta. Algunas distribuciones comunes son la F, de Poisson o la exponencial (Brauer y Castillo-Chávez, 2012). Para su implementación en el modelo, se incluye la distribución de probabilidad con los parámetros definidos, en lugar de una variable determinada. En consecuencia, la solución del modelo puede plantearse en términos de su distribución, en lugar de considerarse una única solución. En este caso, los computadores son útiles para realizar una gran cantidad de simulaciones que muestren los posibles resultados.

Un ejemplo común de este comportamiento es el tamaño de una población. En este caso, la tasa de crecimiento puede ser manejada como una variable estocástica con características conocidas. De esta manera, dependiendo de los parámetros, existirán simulaciones en las que la población crezca, casos extraños en los que se mantenga estable y casos en los que disminuya o se extinga. Cada una de estas posibilidades, definiendo un rango de tiempo límite, tendrá una probabilidad mayor o menor dependiendo de las características de la distribución de las variables de entrada. Por ejemplo, el modelo discreto del tamaño de una población puede describirse usando la siguiente ecuación:

$$N(t + n) = \lambda^n N(t)$$

Donde N es el tamaño de la población y λ es la probabilidad de sobrevivir a la siguiente generación. Es posible observar que en un modelo determinista, si λ es mayor que 1, la población crecerá, y si es menor, el tamaño de la población disminuirá. No obstante, en un modelo estocástico, se puede definir, por ejemplo, que λ será 1,3 con una probabilidad del 50 % y 0,8 con la misma probabilidad. Entonces, es posible observar diferentes comportamientos, como se muestra en las figuras 73, 74 y 75.

FIGURA 73.
CASO DE CRECIMIENTO DE UNA POBLACIÓN 1

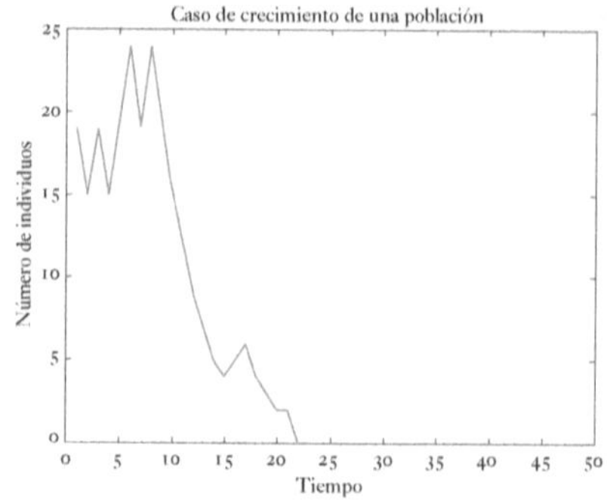

FIGURA 74.
CASO DE CRECIMIENTO DE UNA POBLACIÓN 2

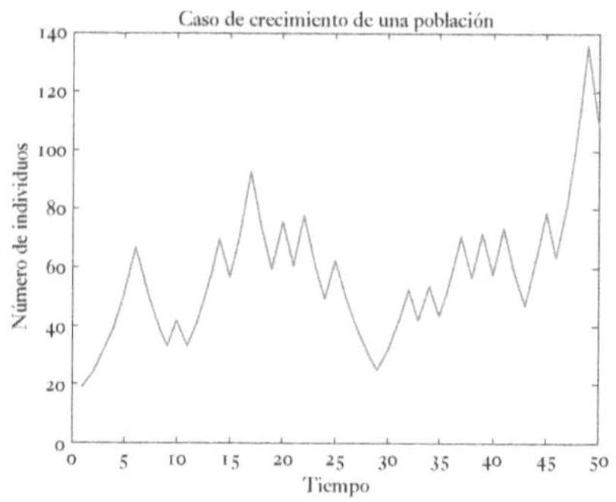

FIGURA 75.
CASO DE CRECIMIENTO DE UNA POBLACIÓN 3

SISTEMAS LINEALES Y NO LINEALES

Los sistemas lineales se caracterizan por tener relaciones de orden 0 o 1 entre las variables que los componen. Esto trae como consecuencia el hecho de que su comportamiento es significativamente más fácil de predecir. Tanto así, que en ocasiones se llevan a cabo procesos de linealización en dinámicas no lineales con el fin de obtener comportamientos de más fácil estudio, sacrificando la fidelidad con la que describen la realidad (Kuo, 1996). Un método por medio del cual se puede llevar a cabo este procedimiento es la descomposición de la dinámica en una serie de Taylor. Esta serie describe el fenómeno en diferentes términos de distinto orden. Después se toman los términos lineales y se asume que la influencia de los otros no es significativa bajo ciertas condiciones. El modelo obtenido tendrá un comportamiento lineal, lo que lo hace considerablemente más fácil de estudiar y permite obtener predicciones más prácticas.

Los sistemas no lineales con frecuencia presentan dinámicas cuya descripción es más compleja y variables cuya modificación puede tener resultados inesperados considerables. Debido a esto, estos sistemas tienden a ser considerablemente susceptibles a pequeñas perturbaciones, especialmente en las condiciones iniciales, lo que puede llevar al caos. Esta sensibilidad puede ser examinada estudiando la estabilidad del modelo, es decir, cómo es el comportamiento de este al introducir pequeñas alteraciones en alguna de las variables (Kuo, 1996).

ÓRBITAS

Cuando la solución de un sistema no puede ser hallada, esto no implica que el sistema no puede ser analizado. Aún bajo estas condiciones existe información valiosa que puede ser obtenida mediante otros tipos de análisis. Las órbitas o trayectorias de solución representan la relación entre dos variables con respecto a un parámetro, usualmente el tiempo (Brauer y Castillo-Chávez, 2012). En este análisis se estiman unas condiciones iniciales y luego se calcula la relación entre las variables para diferentes momentos en el tiempo. De esta forma es posible observar un comportamiento dinámico del fenómeno. Es importante resaltar que el comportamiento observado debe ser interpretado en función de las variables graficadas.

Un ejemplo de este tipo de gráfica puede ser hallado en el modelo del comportamiento de una neurona. El modelo de Fitzhugh-Nagumo es una representación bastante simple de las dinámicas eléctricas de una neurona bajo algunas condiciones (Brauer y Castillo-Chávez, 2012). El análisis de la órbita se hace en función de dos variables, v y w, que representan la carga y los mecanismos de bloqueo, respectivamente. Véase figura 76.

FIGURA 76.
ÓRBITAS

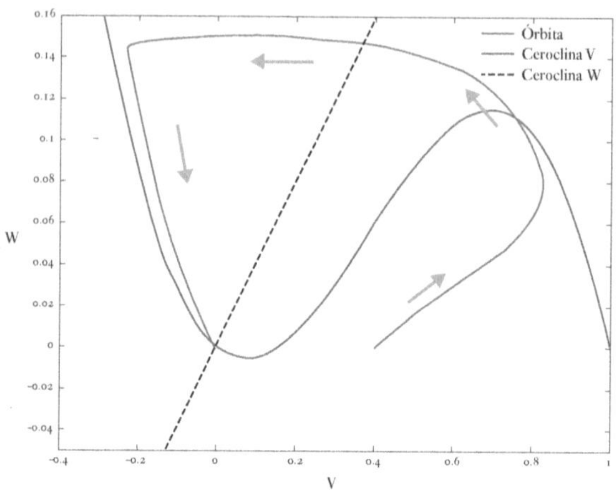

En la figura de esta órbita se puede observar que, al aplicar un estímulo inicial por encima de cierto umbral, como un potencial de acción, la carga de la célula aumentará. Como respuesta a esto, el mecanismo de bloqueo que lleva a la célula al potencial de equilibrio (donde se cruzan la línea roja y la punteada) aumentará su actividad. Después, la carga disminuirá hasta el punto en el que no sea necesaria la activación de los mecanismos de bloqueo y, por lo tanto, su actividad disminuirá. Todo esto en función del tiempo siguiendo las flechas que se encuentran en la figura.

ATRACTORES

En un sistema dinámico pueden existir valores hacia los cuales el sistema tienda a acercarse. Tal efecto puede ser observado por medio de las gráficas de órbitas del sistema. Estos valores hacia los que el sistema tiende a acercarse se denominan atractores. Este efecto se da como resultado de la disipación de las condiciones iniciales, lo que evidencia el comportamiento del modelo en sí. Un modelo puede tener más de un atractor y estos pueden tener diferentes formas (Taylor, 2011). Los atractores más simples denominados no extraños pueden ser puntos fijos, ciclos límite o toros. Estos están relacionados con comportamientos conocidos de estados de equilibrio, movimiento periódico o cuasi periódico, respectivamente (Taylor, 2011). No obstante, también pueden reflejar comportamientos más complejos cuando son atractores extraños. Estos comportamientos pueden incluso llegar a ser caóticos. Los atractores extraños se caracterizan por tener una dimensión que no es entera, es decir, fractal (Taylor, 2011).

Para ilustrar este concepto, se puede pensar en un péndulo con fricción. En este modelo, independientemente de las condiciones iniciales, el péndulo tenderá a estabilizarse en el punto más bajo. El péndulo llegará a este punto gracias a un fenómeno llamado disipación. Este fenómeno causa que a través del tiempo las condiciones iniciales tengan menos influencia en el modelo y este tienda a comportarse de una forma particular. Entonces, este sería un atractor de punto fijo y el comportamiento a que tendería el modelo es el de un equilibrio.

BIFURCACIONES

Las bifurcaciones son cambios en el tipo topológico del sistema a medida que sus parámetros pasan un valor crítico (Kuznetsov, 1998). Al cambiar un parámetro de bifurcación se pueden observar cambios en el comportamiento que pueden crear una dinámica inestable o estable, así como distintos puntos de equilibrio. Estas alteraciones pueden ser clasificadas teniendo en cuenta el valor del parámetro de bifurcación, lo que permite obtener información acerca del modelo y su comportamiento bajo distintas condiciones. (Figura 77).

Por ejemplo, en el modelo de Fitshugh-Nagumo, al aplicar una corriente constante a la neurona, en lugar de un impulso (potencial de acción) se puede observar que el comportamiento cambia. Como se describió anteriormente, frente a un impulso la órbita realiza un ciclo y vuelve al estado de equilibrio. Ahora bien, si se introduce una corriente continua dentro de un rango mayor al umbral y menor a cierto límite, el comportamiento de la neurona se vuelve periódico en forma de órbita. Finalmente, cuando la corriente es muy alta, el comportamiento de la neurona presentará otro tipo de oscilaciones, como las que se muestran en la figura 78.

FIGURA 77.
BIFURCACIONES

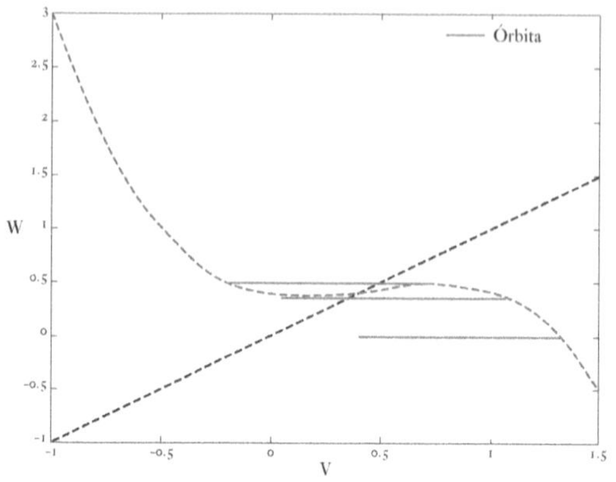

FIGURA 78.
BIFURCACIONES 2

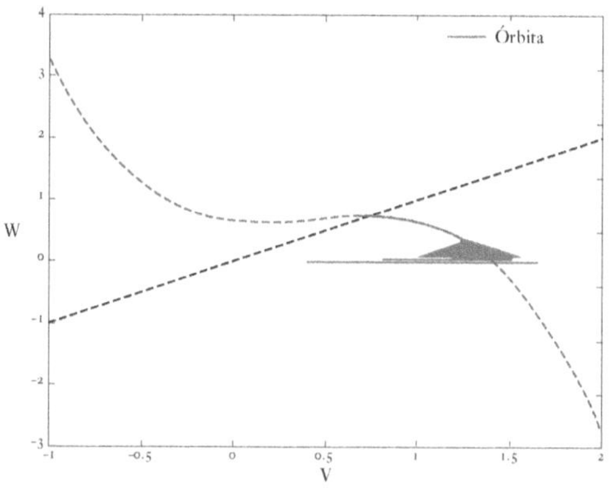

AJUSTE DE ECUACIONES

Una forma de generar un modelo consiste en el ajuste de ecuaciones. Este es un medio por el cual a partir de los datos existentes se construyen ecuaciones que los describen (Marion, 2008). No obstante, los parámetros de estas ecuaciones probablemente no corresponderán con fenómenos que afectan directamente los datos. Las ecuaciones resultantes son ajustadas, generalmente, mediante la disminución de la diferencia cuadrada entre los datos y el modelo. De esta forma, las ecuaciones resultantes intentarán describir el comportamiento observado, mas no sus causas. Estos modelos son especialmente útiles para encontrar datos faltantes; no obstante, las inferencias sobre condiciones no concebidas dentro del modelo, como el futuro, deben ser interpretadas cuidadosamente. El método que se utilice para el diseño de las ecuaciones tendrá una influencia importante, así como los parámetros de las ecuaciones.

EL PROCESO DE MODELIZACIÓN MATEMÁTICA

El proceso de modelar se vale de las herramientas descritas anteriormente para representar diferentes fenómenos que dan cuenta de la realidad. Este proceso es dividido de diferentes maneras por diversos autores (Gómez-Chacón, 2011; Cervantes, 2015; Dorado y Díaz, 2018), es decir que no existe una única forma de modelar. Estos cambios pueden, en parte, obedecer a los requerimientos de cada sistema de estudio o a los recursos disponibles, entre otros aspectos. Adicionalmente, el proceso puede ser iterativo, ya que está sujeto a errores en diferentes partes del proceso cuya predicción no es posible desde fases anteriores (Marion, 2008). Incluso, al obtener los resultados finales del análisis, se puede encontrar que el modelo no ofrece la precisión deseada o no refleja adecuadamente los fenómenos modelados. Teniendo esto en cuenta, vale la pena recalcar que los modelos son representaciones de la realidad, y la fidelidad de estas representaciones está frecuentemente sujeta a la complejidad del modelo, por lo cual, para que el modelo permanezca útil y simple, en ocasiones es necesario sacrificar la precisión.

De manera general, el proceso inicia con la observación del fenómeno que se desea estudiar. En primer lugar, se debe comprender el lenguaje que es usado frecuentemente en el campo en el que se desarrolla el fenómeno, de esta manera se evitan ambigüedades al traducir este al lenguaje matemático. Durante la observación del fenómeno se debe prestar atención a las dinámicas que se desea modelar, así como las variables que pueden tener incidencia en estas dinámicas o que son de interés para el modelo (Gómez-Chacón, 2011). No es necesario que todas estas variables tengan el mismo nivel de incidencia, ya que, por medio de la manipulación matemática en la formulación del modelo, su efecto puede ser modulado. Así mismo, se debe pensar en los requerimientos y restricciones del modelo que serán relevantes adelante en la evaluación e implementación del modelo (Cervantes, 2015). Se deben identificar preguntas e hipótesis que sean significativas con respecto al fenómeno y leyes que incidan en este como un punto de partida para los pasos siguientes (Cervantes, 2015).

Después se procede a la formulación y elaboración del modelo matemático. Este paso consiste en el planteamiento de funciones que permitan establecer las relaciones entre las variables que han sido seleccionadas para ser incluidas en el modelo. Para facilitar este paso, es posible revisar datos existentes de las relaciones entre diferentes variables para evidenciar el comportamiento de las mismas (Cervantes, 2015). Si no se tiene mucha información, es posible intentar ajustar ecuaciones a los datos; no obstante, después se deberá analizar el sentido de cada una de las variables en el modelo con el fin de comprobar si los resultados tienen concordancia con el fenómeno. Es decir, se debe identificar el significado de estas y el efecto que su alteración podría significar. Es aconsejable dividir los datos para así contar con un conjunto de validación en fases posteriores de la modelización (Cervantes, 2015). También es una buena práctica revisar modelos existentes que presenten similitudes con el comportamiento del fenómeno y realizar las modificaciones necesarias si su aplicación es pertinente (Marion, 2008). Estos modelos existentes no solo pueden encontrarse en el campo de interés, sino que estudios en otras áreas también pueden ser de utilidad.

El diseño del modelo matemático es de suma importancia, ya que es crucial para definir los alcances y limitaciones. Por ejemplo, en este punto se puede empezar a identificar el margen de error que tendrá el modelo teniendo en cuenta las variables que son tomadas en cuenta y las que son excluidas. También influirá en esto la precisión de los datos existentes y puede ser necesario adquirir nuevos datos. Otro aspecto de gran importancia relacionado con esto es el alcance del modelo con relación a la jerarquía que existe en el fenómeno que se desea estudiar. Un ejemplo de esto se puede evidenciar en el estudio de una interacción entre dos personas. La modelización puede darse en diferentes jerarquías en las que se puede analizar desde las dinámicas moleculares hasta los efectos que se pueden generar en la sociedad. Un modelo que abarque muchas escalas será muy completo, pero es poco probable que este sea útil, dado que la información necesaria para implementarlo y el tiempo de su computación pueden hacer que no sea viable. De forma que la limitación del alcance del modelo también tendrá incidencia en su viabilidad.

Una vez finalizado este proceso, se soluciona el modelo y se generan conclusiones. La solución del modelo dependerá de la naturaleza de este. Un modelo puede, por ejemplo, ser determinista o estocástico. Un modelo determinista es el que provee una solución de acuerdo con las ecuaciones planteadas, mientras que un modelo estocástico tiene en cuenta la variabilidad que puede existir, por lo que provee un conjunto de soluciones posibles (Marion, 2008). Un modelo también puede ser discreto cuando se analiza su estado cada cierto intervalo o continuo cuando existe información para todos los puntos (Brauer y Castillo-Chávez, 2012), por ejemplo, para cada instante. Adicionalmente, también puede ser mecanicista cuando tiene información acerca de los mecanismos que tienen efecto sobre el sistema o empírico cuando solo se conoce información experimental que no da cuenta de las causas y efectos entre las variables (Marion, 2008).

Existen otros tipos de clasificaciones que tendrán incidencia sobre la dificultad en la solución, como las siguientes. Un modelo no lineal es aquel en el que las variables presentan, por ejemplo, comportamientos exponenciales, mientras que en un modelo lineal presenta relaciones que son proporcionales (Kuo, 1996). Esta característica es de gran importancia, ya que los modelos lineales son por lo general más fáciles de analizar, con respecto a los no lineales. Cuando un modelo no cambia con relación al tiempo, se puede decir que es estático. Por otro lado, un modelo dinámico cambia en el tiempo, por lo que probablemente tendrá términos diferenciales (Brauer y Castillo-Chávez, 2012).

De igual manera, es importante considerar el método por el cual se quiere resolver el modelo. Una alternativa es hallar la solución analítica que es una manera elegante de evaluar el modelo; sin embargo, en ocasiones no es posible aplicar este método (Brauer y Castillo-Chávez, 2012). Por ejemplo, el modelo puede contener ecuaciones diferenciales cuya solución no sea conocida por lo que no será posible evaluarlo a profundidad por medio de manipulaciones matemáticas. Para solucionar este problema existen soluciones numéricas que se pueden obtener computacionalmente y, aunque están sujetas a cierta precisión, permiten obtener información acerca del comportamiento general del modelo (Gómez-Chacón, 2011). Estos métodos, dependiendo del modelo, pueden ser computacionalmente costosos, por lo que los avances tecnológicos han contribuido en gran medida a la difusión e implementación de estos métodos.

Finalmente, se valida el método haciendo comparaciones con otros métodos, evaluando la consistencia dimensional (que las unidades de medición correspondan a lo que se está midiendo), examinando la aplicación del modelo con datos que no fueron usados durante la construcción del modelo, se considera la incidencia potencial de variables que no fueron incluidas en el modelo, etc. (Cervantes, 2015). Si el modelo demuestra comportarse de manera adecuada frente a estas evaluaciones y comparaciones, entonces se procede a preguntarse acerca de la utilidad del modelo, las implicaciones de este, los efectos de manipulaciones. Si por el contrario el modelo no refleja la realidad, entonces se pueden examinar los pasos anteriormente detallados para identificar qué cambios en el modelo podrían hacer que este fuera más adecuado.

COMPLEJIDAD DE LOS MODELOS

Es necesario resaltar que no existen modelos perfectos, debido a que estos son un balance entre la precisión y la simplicidad. Es decir que, si un modelo es muy preciso al reflejar la realidad, probablemente tenga demasiadas variables o ecuaciones para poder capturar esta realidad. En consecuencia, su implementación no resultará práctica, como es enunciado en la paradoja de Bonini. Esto, debido a que el tiempo de ejecución, incluso usando computación paralela en computadores modernos, puede ser demasiado largo. Del mismo modo, puede que la inestabilidad numérica cause problemas adicionales con el modelo. Es decir, que pequeñas aproximaciones generen errores significativos en etapas posteriores.

Por otro lado, si un modelo es demasiado simple, es decir, hace muchas suposiciones o no contiene las suficientes variables, es probable que este no logre reflejar la realidad de manera suficientemente detallada. La simplicidad en un modelo es deseada, siempre y cuando esta no afecte considerablemente los resultados. Es por esto que de existir dos modelos que arrojan resultados suficientemente similares, de acuerdo con el principio de Occam, casi siempre será una mejor opción implementar el modelo que sea más simple (Gibbs y Hiroshi, 1997). Este modelo permitirá evaluar el fenómeno en escalas de tiempo más largas o detalladas y en respuesta a perturbaciones más significativas.

Por ejemplo, las ecuaciones de Navier-Stokes son un conjunto de expresiones matemáticas no lineales que incluyen derivadas parciales y que describen el comportamiento en un flujo. La solución de este conjunto de ecuaciones tiene una complejidad sustancial y debido a esto es uno de los problemas del milenio. La solución analítica no ha sido deducida aun, por lo que su aplicación es limitada. Para implementarlas es necesario un modelo que haga suposiciones que simplifiquen el fenómeno y se limita a algunos tipos de fluidos (Mora, 2017). Muchas veces es necesaria la utilización de análisis numéricos computacionales para comprender las dinámicas que se dan. Estos análisis pueden tener altos requerimientos tecnológicos, lo que significa que los límites de la computación, como aproximaciones de variables o barreras de tiempo, afectarán el proceso. Este ejemplo ilustra cómo la complejidad puede afectar la aplicación y por lo tanto la utilidad de un modelo.

MODELACIÓN DESDE LAS DISCIPLINAS

FABIO BALLÉN PÁRRAGA
NICOLÁS FLÓREZ TORRES
ROBERTO SUÁREZ ARIZA
JORGE MARTÍNEZ COTRINA

MODELIZACIÓN EN FÍSICA

La modelización se ajusta de forma adecuada a la física, ya que esta se vale en gran medida de los modelos para explicar sus hipótesis, leyes y teorías. Los modelos, al ser una simplificación del mundo real para facilitar su comprensión, permiten a los físicos estudiar fenómenos desde la caída de una pelota hasta el comportamiento del universo a gran escala. Además, permiten hacer varias predicciones sobre comportamientos, aun cuando las condiciones son manipuladas. La versatilidad de esta herramienta es ideal en este campo, debido a que la física comprende una gran variedad de fenómenos de diferentes complejidades que desafían los límites del conocimiento y buscan desarrollar así nuestro sentido del universo y lo que en él ocurre. Adicionalmente, es importante el hecho de que los modelos permitan hacer suposiciones del mundo que no necesariamente son verdad. Esto evita que la complejidad de los modelos se eleve demasiado, lo que limitaría considerablemente su utilidad e implementación práctica.

La física es muy amplia, ya que estudia fenómenos en una amplia variedad de escalas de tiempo y tamaño. Muchas veces, los fenómenos que son estudiados no pueden ser observados. Por ejemplo, la física estudia partículas como *quarks* u otras galaxias cuya observación no es posible. Debido a esto, los modelos, como simplificaciones de estos fenómenos, permiten estudiarlos y manipularlos. De esta manera, la modelación es una herramienta que ha permitido a la física expandir considerablemente sus horizontes para estudiar y comprender el mundo más allá de los límites que alguna vez fueron imaginados. Cabe resaltar que esta expansión también ha sido fruto de la dedicación de muchas personas y del desarrollo de tecnologías avanzadas.

Además de esto, la física tiene dos ramas de gran prominencia, la física teórica y la experimental. En la física teórica se proponen ideas acerca del comportamiento del mundo e, idealmente, estas son luego evaluadas por la física experimental para comprobar su validez. El proceso inverso también ocurre. En ocasiones, la física experimental da cuenta de fenómenos no conocidos antes, cuya justificación teórica es hallada después. En cualquiera de estas situaciones, los modelos juegan un papel fundamental como puente y medio de comunicación entre estas dos ramas. Por ejemplo, un modelo construido desde la física teórica puede llevar a derivar conclusiones que serán comprobables por medio de la experimentación. En el sentido contrario, un modelo que describe el comportamiento de un fenómeno experimental puede ser pensado de forma que las relaciones entre las variables describan hipótesis que más tarde se puedan consolidar como leyes o teorías, al hallar las relaciones de causas y consecuencias en el modelo.

Algunos de estos modelos generados desde cualquiera de las dos aproximaciones son solo el reflejo de suposiciones e hipótesis formuladas. Debido a esto, es necesario comprender que no todos los modelos son realidades y que muchos de ellos solo son explicaciones provisionales. Más adelante, al lograr obtener una comprensión mayor del fenómeno, se podrán consolidar con mayor firmeza, al comprender mejor el papel de las diferentes variables que pueden estar involucradas. Incluso modelos de gran antigüedad y que aparentemente describen la realidad de una manera precisa pueden estar errados o incompletos, por lo que aun bajo estas condiciones pueden ser modelos provisionales sujetos a cambios. No obstante, es importante resaltar el hecho de que, aun cuando un modelo no refleja la realidad del mundo de forma exacta, este no necesariamente es obsoleto. Los modelos muchas veces hacen suposiciones que facilitan su implementación en aplicaciones prácticas. Siempre y cuando se conozca cuáles son los límites del modelo y se reconozcan los márgenes de error de este, el modelo puede ser de gran utilidad.

Un ejemplo de un modelo generado desde la teoría que más tarde fue comprobado de manera experimental es el bosón de Higgs. Esta es una partícula que se supone es responsable de la masa de otras partículas, es decir, que estas, por ejemplo, produzcan gravedad. No obstante, entre su deducción teórica en 1964 y su descubrimiento en 2012-2013 hubo una cantidad considerable de tiempo. Esto se debe a que, para obtener evidencia de esta partícula, entre otras cosas, es necesario hacer colisionar dos partículas con una cantidad notable de energía, lo cual es algo que la humanidad no había podido hacer sin la construcción de herramientas como el gran colisionador de partículas. Adicionalmente, no es posible percibir el bosón, sino los productos de su decaimiento (que pueden ser también productos de otras partículas), por lo que se necesita una gran cantidad de datos para detectar efectivamente esta partícula. Pese a todas estas dificultades, la partícula fue hallada en el Centro Europeo para la Investigación Nuclear (CERN) y su descubrimiento mereció el Nobel de Física en 2013.

Ahora bien, un ejemplo de un modelo generado experimentalmente y que luego se consolidó en una teoría es la dualidad onda - partícula. En principio, existían dos modelos acerca de la luz: en uno se afirmaba que su comportamiento correspondía al de una onda, mientras que en el otro se afirmaba que su comportamiento correspondía al de una partícula. Existían argumentos a favor de ambos, pero no fue sino hasta que Young demostró mediante el experimento de doble rendija que se encontró evidencia del comportamiento de la luz como onda. Más adelante, Einstein obtuvo el Nobel por la explicación del efecto fotoeléctrico, que suponía la existencia de cuantos de luz, es decir, el comportamiento como partícula. A partir de la evidencia experimental, fue necesaria la construcción de una teoría con un modelo que abarcara la dualidad del fenómeno.

Los modelos empezaron a ser implementados en la física con la mecánica clásica. Esta corresponde al estudio de cuerpos físicos macroscópicos –con los que interactuamos cotidianamente– que describen, por lo general, el movimiento y las fuerzas relacionados con estos. Muchas de las leyes que rigen esta área de la física son considerablemente más fáciles de implementar al hacer algunas suposiciones que disminuyan el número de variables y, de esta manera, la incertidumbre. Por ejemplo, algunos fenómenos que pueden ser descritos son masas en equilibrio, colisiones de objetos o movimientos acelerados.

Para la enseñanza de la mecánica clásica con frecuencia se implementan suposiciones que simplifican los cálculos necesarios al disminuir las variables que tienen lugar en los fenómenos. Algunas de las suposiciones más comunes son puntos sin masa, planos sin fricción, cuerdas sin masa, sistemas aislados o planos extendidos. Esto hace que los estudiantes puedan concentrarse en las tareas que son de interés y comprendan los fenómenos con mayor claridad. Adicionalmente, muchas veces se puede afirmar que el efecto que estas suposiciones tienen genera un margen de error pequeño, ya que los valores omitidos pueden considerarse como despreciables en comparación con los valores de otras variables en el modelo. De esta manera, se puede tener información de la cinética y dinámica de un sistema sin tener que medir todas las variables involucradas en este.

Se podría decir entonces que los modelos que muchas veces son trabajados en la física no describen ninguna realidad. No existe ninguno de los objetos mencionados en el párrafo anterior. Sin embargo, esta comprensión de los modelos que no representan nada, permite entender el sentido de los modelos en el mundo real. Adicionalmente, se puede sacar provecho de las simetrías existentes para sacar conclusiones válidas sobre el comportamiento de diferentes fenómenos en nuestro universo. De este modo, es posible alterarlo con una mayor precisión, teniendo en cuenta cómo la alteración de una variable tiene efectos en un sistema mayor. Aun cuando estas predicciones son incompletas, son importantes para tener una noción de los procesos que ocurren.

La modelización está limitada, entre otras cosas, por la precisión con la que es posible medir fenómenos del mundo real. Esto dependerá en gran medida del instrumento de medición implementado. Debido a esto, los avances en la construcción y calibración de estos instrumentos han sido de gran importancia para expandir las fronteras de la física. Un ejemplo de esto es el microscopio. En principio este era un instrumento simple, que cada vez se fue haciendo más complejo para observar el mundo a escalas cada vez más pequeñas. No obstante, su avance se vio detenido en un momento por los límites que constituye la longitud de onda de la luz. Sorprendentemente, esto no implicó un límite para que las personas pudieran observar el mundo a pequeña escala. Con el tiempo fueron surgiendo nuevos tipos de microscopios no ópticos que permitieron a la física expandirse, así como crear y comprobar modelos a escalas nunca antes imaginadas.

Ahora bien, este es un ejemplo a pequeña escala, pero, como se mencionó, la física es una ciencia muy amplia con un número considerable de áreas de investigación. A continuación, se presentan algunos ejemplos de cómo los modelos son implementados en diferentes áreas. De esta manera, se genera un amplio panorama de las posibilidades que la modelización trae a la física.

LA MODELIZACIÓN EN LA MECÁNICA CLÁSICA

FIGURA 79.
DIAGRAMA DE FUERZAS

Tal vez los ejemplos más simples de modelización son los de la mecánica clásica. Esto se debe en gran medida a que es un área donde actúan leyes que han sido comprobadas numerosas veces, debido a la facilidad con la que se realiza este tipo de experimentos. Además, el hecho de que con frecuencia se recurra a elementos irreales –sin masa, fricción, o volumen– permite la creación de modelos considerablemente simples cuya manipulación matemática sea posible y sencilla.

Algunos ejemplos comunes son los movimientos de traslación y rotación al ejercer una fuerza o introducir alguna aceleración a un sistema. Por las leyes de Newton sabemos que la sumatoria de las fuerzas es igual a la masa multiplicada por la aceleración

$$\Sigma F = m * a$$

Entonces, por ejemplo, si se quiere modelar el movimiento de una caja de masa (m) al ejercer una fuerza (F), se puede aplicar este modelo fácilmente.

$$\Sigma F = m * a$$

$$\frac{F}{m} = a$$

Este modelo permite evidenciar de forma simple la aceleración que tendrá la caja. Sin embargo, se debe resaltar el hecho de que hay factores que no entran en consideración en este modelo. Debido a esto, este cálculo simple puede no reflejar toda la información relevante para una simulación o manipulación en el mundo real.

Ahora bien, en el caso de un objeto en rotación, se puede evidenciar un paralelo con el movimiento de traslación. En este caso, la aceleración será la que causa la rotación; debido a esto, se hablará de una aceleración angular (perpendicular al movimiento). Así mismo, la aceleración de la masa dependerá de su distancia al eje de giro, por lo que en lugar de considerar la masa se considera la inercia que contiene este componente de la distancia. Finalmente, en lugar de fuerza se habla de torque, que cambiará su signo dependiendo de la dirección del giro. De esta manera, al aplicar una fuerza a un objeto para que este gire, se implementará la ecuación que se encuentra a continuación.

$$\Sigma\tau = I * \alpha$$

LA MODELIZACIÓN EN EL ELECTROMAGNETISMO

Otra área de gran importancia en la física es el electromagnetismo. Esta abarca las interacciones entre partículas con diferentes cargas. En los fenómenos en esta área gobiernan fuerzas que actúan a distancia, fuerzas de atracción entre partículas de cargas opuestas y de repulsión entre cargas similares. Es interesante en este punto resaltar que, así como existe un paralelo en la mecánica clásica entre los movimientos de traslación y rotación, también se pueden hallar similitudes del flujo de electrones con el flujo de un líquido.

La modelización en el electromagnetismo permite predecir el comportamiento, por ejemplo, de circuitos. Estos sistemas contienen elementos, como fuentes de voltaje, resistencias o capacitancias, entre otros, que afectan el voltaje, es decir, el flujo de corriente en un sistema. Algunas de las variables medidas en este campo son la corriente, la resistencia y el voltaje. Es posible encontrar un paralelo entre un modelo que describe el flujo de un fluido y el de la corriente eléctrica. De esta forma, la corriente sería la cantidad del fluido que pasa por un punto, la resistencia sería lo que se opone al flujo, por ejemplo el ancho de una tubería, y el voltaje podría estar representado por la altura en una caída. Este es un recurso importante, ya que el poder plantear similitudes entre el movimiento de cargas y una dinámica más cotidiana para los seres humanos hace que los conceptos trabajados sean considerablemente más fáciles de comprender.

Por ejemplo, si se considera un nodo como el que se muestra a continuación, es intuitivo pensar que, si los cables fueran tuberías, la cantidad de fluido que entra es la misma que sale. Debido a esto, es fácil deducir la magnitud y dirección de la corriente (I) faltante en la figura 80.

FIGURA 80.

DIAGRAMA DE UN NODO CIRCUITAL

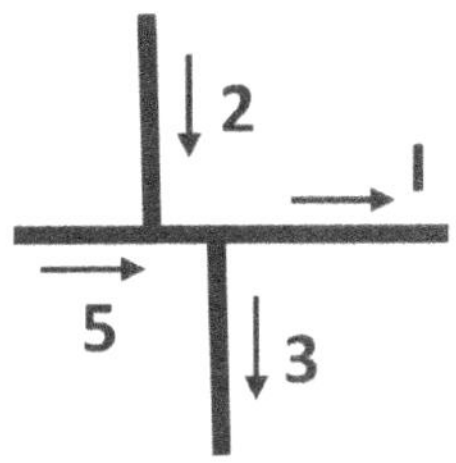

Ahora bien, consideremos el diagrama de un circuito simple como el que se encuentra en la figura 81.

FIGURA 81.

DIAGRAMA CIRCUITAL

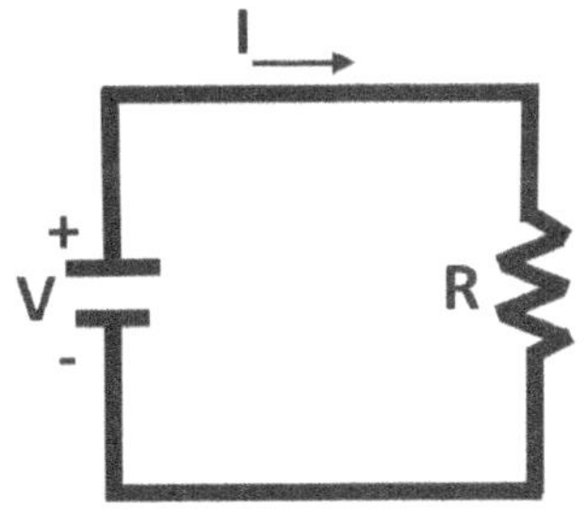

En este ejemplo, la corriente (I) existirá gracias a la fuente de voltaje (V) que crea un potencial para que las cargas se muevan. Debido a esto, la corriente será proporcional al voltaje. Por otro lado, la resistencia ® se opondrá a este flujo de corriente, por lo que la corriente será inversamente proporcional. En consecuencia, se obtiene el siguiente modelo para describir la corriente del sistema:

$$I = \frac{V}{R}$$

En este punto es importante resaltar que el anterior es un modelo ideal del circuito. En un sistema real habrá otros factores que afecten las dinámicas que se presenten. Por ejemplo, se deberían considerar factores como la temperatura o la resistencia de los cables que pueden alterar la corriente. No obstante, dado que un modelo es una versión simplificada de la realidad, este puede ser usado para obtener información básica acerca de las dinámicas presentes.

LA MODELIZACIÓN EN TERMODINÁMICA

La física estudia también la termodinámica. Esta abarca conceptos relacionados con la transferencia de energía, especialmente en forma de calor, entre objetos. El estudio de los fenómenos relacionados con esta rama es importante, ya que la energía está involucrada en gran medida en la mayoría de los procesos que soportan la vida cotidiana de una gran porción de la población actual. Es decir, abarca procesos desde la calefacción de un edificio hasta el funcionamiento de motores para hacerlos más eficientes.

La termodinámica se rige por unas pocas normas simples que cumplen los procesos. La regla cero establece que, si dos sistemas están equilibrio y uno de ellos está en equilibrio con un tercero, entonces todos los sistemas están en equilibrio. La primera establece que la energía no puede ser creada ni destruida De acuerdo con la segunda ley, el cambio de la entropía en un sistema es siempre mayor o igual a cero. Ningún modelo puede ir en contra de estas leyes, ya que, al contrastarlo con la realidad, no se encontrará concordancia con los fenómenos observados.

Un ejemplo de un modelo termodinámico es el de un motor. Los motores son de gran importancia en el mundo moderno debido a que son implementados en una gran variedad de procesos en muchas escalas. Por medio de la modelización de las características de diferentes procesos es posible determinar la eficiencia teórica de diferentes tipos de motores. Esto permite a su vez comparar los mismos y obtener como resultado procesos más eficientes. En el ciclo de Otto una mezcla de aire y gasolina se comprime adiabáticamente y se calienta a volumen constante. Después se expande adiabáticamente y se enfría a volumen constante. Por otro lado, en el ciclo Diesel es cilindro no contiene combustible al inicio de la compresión, por lo que la presión es constante mientras se calienta. Esto hace que la eficiencia termodinámica de este segundo motor sea teóricamente mayor que la del primero.

Gracias a la posibilidad que existe de modelar estos procesos, es posible por medio de simulaciones obtener información acerca de la eficiencia de estos. Esto implica que sin la necesidad de construir dos motores diferentes y realizar experimentos con cada uno de estos, se puede saber cuál sería más conveniente para aplicaciones específicas. De esta manera la modelización es una herramienta fundamental para hacer un diseño más eficiente que permita satisfacer de una mejor manera requerimientos presentes. Adicionalmente, gracias a técnicas avanzadas de simulación computacional es posible obtener muchos más detalles que pudieron no haber sido concebidos en el diseño inicial y que permiten predecir diferentes aspectos relevantes.

LA MODELIZACIÓN EN ONDAS

El estudio de las ondas es una rama en la que la modelización también ha podido ofrecer herramientas útiles para la física. Un ejemplo de considerable importancia en la física es el efecto Doppler, generado por Chritian Andreas Doppler en 1842. Este efecto se debe al movimiento relativo entre un observador y la fuente de una onda. Este efecto influye en la frecuencia a la que la onda es percibida y puede evidenciarse, por ejemplo, cuando se oye la sirena de una ambulancia mientras esta se mueve. Cuando los objetos se acercan, la frecuencia aumenta, mientras que disminuye cuando los objetos se alejan. Esto sucede debido a que el movimiento del observador o la fuente cambia la distancia que las ondas tienen que viajar hasta ser percibidas.

FIGURA 82.
ESPECTRO DE LUZ VISIBLE

Aun cuando este modelo parece ser bastante simple, su aplicación es muy importante. En otro contexto menos cotidiano, el efecto Doppler permite evidenciar si, por ejemplo, una estrella se acerca o se aleja de la tierra. Esto se debe a que los elementos presentes en las estrellas son percibidos a través de ondas de luz en el espectro electromagnético visible. En este espectro, cada color tiene una longitud de onda correspondiente.

Los elementos presentes en las estrellas conforman un patrón en el espectro que los identifican. Estos patrones permiten identificar los elementos presentes en las estrellas; no obstante, si una estrella se encuentra en movimiento con respecto a la tierra, es posible evidenciar un corrimiento al rojo o al azul en este patrón. Entonces, cuando una estrella se está alejando la frecuencia de las ondas en el patrón sufrirán un corrimiento hacia el rojo que tiene una menor frecuencia. Por el contrario, cuando se está acercando el corrimiento se verá hacia el azul que tiene una mayor frecuencia.

FIGURA 83.

CORRIMIENTO DE ESPECTRO DE LUZ

Este modelo demuestra que aun cuando un modelo es desarrollado para describir un tipo de fenómeno, su aplicación no se limita exclusivamente a ciertas situaciones. Existen otras situaciones en las que un modelo ajeno puede ser útil, ya que el fenómeno descrito por el modelo también se encuentra presente. No obstante, en ocasiones también existen restricciones o cambios significativos en las condiciones que pueden limitar la aplicación de dicho modelo. Al tener en cuenta estos aspectos y realizar las modificaciones necesarias, es posible sacar un gran provecho de modelos existentes y obtener conclusiones importantes como en este caso en el que la descripción de la frecuencia de una sirena puede ser usada para la descripción del movimiento de una estrella con respecto a nuestro planeta.

LA MODELIZACIÓN EN COSMOLOGÍA

Otro tema que ha cautivado a cientos de físicos a través de la historia es la cosmología. En particular, la modelización ha sido importante en esta rama para modelar el movimiento planetario. El estudio de este se ha desarrollado desde el inicio de la física cuando se consideraba a la tierra como centro del universo, hasta los tiempos actuales en los que se calculan incluso las trayectorias de movimiento de objetos muy lejanos. En particular, vale la pena analizar el modelo de movimiento desarrollado por Kepler que relaciona el área y la velocidad de un planeta. Esta es una relación que resulta poco intuitiva, debido a esto fueron requeridos varios años para desarrollar un modelo que realmente reflejara comportamientos reales.

Johannes Kepler fue un asistente de Tycho Brache en un gran laboratorio astronómico que recogía una gran cantidad de datos a partir de observaciones. Más tarde, al morir Brache, Kepler obtuvo acceso a esta gran cantidad de datos. Estos datos fueron imprescindibles para el desarrollo de un modelo que explicara el comportamiento. A partir de estos, intentó desarrollar un modelo que reflejara el movimiento de los planetas en órbitas circulares. No obstante, los datos observados no encajaban con este modelo.

Entonces, Kepler notó que, al dibujar un triángulo entre el sol y la posición del planeta en dos puntos separados por la misma cantidad de tiempo, el área de este se conservaba. De esta manera encontró un modelo que describía el movimiento planetario a partir de los datos existentes. Esto tuvo varias implicaciones, entre ellas el hecho de que las órbitas tenían una forma elíptica en la que él se encontraba en uno de los focos. Además de esto, la velocidad de un planeta cambiaba de acuerdo a la distancia que existía con el sol cumpliendo con la relación descrita anteriormente.

Ahora bien, es importante mencionar que este es un modelo que fue desarrollado empíricamente, por lo que fue necesario comprobar con instrumentos cada vez más precisos que este modelo era adecuado. Ya que ha sido comprobado históricamente, el modelo creado por Kepler es el usado para describir el movimiento planetario actualmente. Adicionalmente, también existe una gran cantidad de modelos en una gran variedad de áreas que son creados de esta misma manera, es decir, a partir de datos observados. Estos modelos generalmente requieren del uso de herramientas matemáticas que comprueben la relevancia de las variables tenidas en cuenta y la bondad de ajuste del modelo a los datos reales.

LA MODELIZACIÓN EN LA TEORÍA DE LA RELATIVIDAD

Esta es una rama relativamente nueva en la física y su avance se ha dado en gran medida gracias a contribuciones hechas por Einstein durante el siglo

XX. La relatividad tiene dos ramas a su vez: la relatividad especial y la relatividad general. Este modelo es de gran importancia, ya que permitió ir más allá de los modelos propuestos por Newton y así dar explicación a nuevos fenómenos. Por ejemplo, demostró que la velocidad de la luz es independiente de la velocidad del observador. Además, también explicó cómo los objetos de gran masa distorsionan el espacio-tiempo. No obstante, en el momento de la formulación de este modelo no existían herramientas disponibles que permitieran su comprobación. Debido a esto, se requirieron métodos alternativos que permitieran comprobar las predicciones hechas por el modelo.

Un ejemplo de estas predicciones es el de los telescopios gravitacionales. De acuerdo con la relatividad general, los objetos de gran masa producen una atracción gravitacional tan fuerte que esta afecta incluso la trayectoria de la luz. Incluso la luz que es emitida por objetos lejanos se ve afectada por este fenómeno a medida que viaja a través del espacio. De esta manera, un objeto lejano que se encuentra detrás de uno de gran masa puede ser observado desde la tierra gracias al efecto gravitatorio que desviará la luz, como se puede observar en la siguiente gráfica. Este efecto ha sido comprobado numerosas veces.

FIGURA 84.
DIAGRAMA DE ATRACCIÓN GRAVITACIONAL DE UN OBJETO

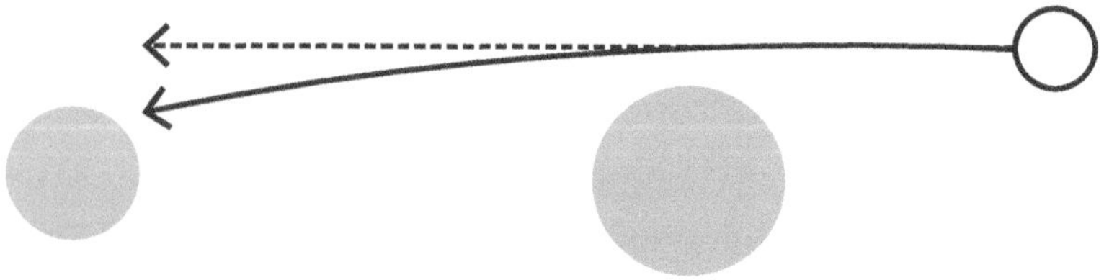

Otra de las predicciones de este modelo son las ondas gravitacionales. Dichas ondas son generadas por eventos violentos que suceden en el espacio. Esta predicción no había sido evidenciada durante un largo tiempo, ya que estas ondas son muy débiles para ser detectadas por instrumentos que no tengan una sensibilidad considerable. No obstante, en el 2016 en el Laser Interferometer Gravitational Wave Observatory (LIGO) estas ondas fueron observadas como consecuencia de la colisión de dos agujeros negros. Esta detección permitió comprobar la última de las predicciones del modelo de la relatividad general.

Este es un ejemplo en el que, aunque el modelo no puede ser comprobado directamente, las predicciones hechas por este permitieron dar cuenta de su veracidad. Debido a esto, es importante resaltar la importancia de los instrumentos que permiten detectar variables relacionadas con distintos fenómenos. Gracias al desarrollo de estos es posible obtener información cada vez más precisa que pone en cuestión las teorías existentes y predicciones propuestas para la descripción de la realidad y los fenómenos físicos que en esta ocurren.

LA MODELIZACIÓN EN MECÁNICA CUÁNTICA

Otra rama relativamente nueva de la física es la mecánica cuántica. La modelización cumple un papel especialmente importante en esta rama, ya que muchos de los fenómenos que suceden a esta escala son difíciles de observar. Debido a esto, los modelos permiten realizar predicciones y manipular fenómenos teóricamente, aun cuando la realización de esto en la vida real no pueda llevarse a cabo actualmente. Las partículas a escalas pequeñas se comportan de forma diferente a cómo percibimos los fenómenos a escalas más grandes. Esto causa que en ocasiones sea difícil comprender estos comportamientos y sus consecuencias.

Un ejemplo conocido en esta rama es el modelo del estado de una partícula. En este se afirma que una partícula está en diferentes estados al mismo tiempo mientras no se observa, pero que al ser observada colapsará un estado definido. En la escala de tamaño en la que los seres humanos se desarrollan, tal fenómeno es inconcebible. A esta escala, los fenómenos tienen estados discretos en los que no pueden encontrarse al mismo tiempo, independientemente de si son observados o no. Debido a esto, el principio de incertidumbre generó una gran controversia. En particular, por el experimento mental del gato de Schrödinger. Este es un experimento en el que se manifiesta un fenómeno subatómico a una escala tangible.

El experimento consiste en un gato cuya vida depende del estado de una partícula. Entonces, mientras no se observe al gato, este estará vivo y muerto a la vez, al igual que la partícula está en dos estados a la vez. Este experimento lleva el fenómeno de la incertidumbre más allá de su escala. Es decir, hace una suposición de que el fenómeno puede ser traducido más allá de las fronteras –escalas– en las que ocurre, lo que da como resultado una suerte de fenómeno imposible. Ahora bien, es importante considerar que en la realización de un modelo se deben tener en cuenta las limitaciones de este, tanto en su formulación como en su interpretación. En este caso las restricciones son generadas principalmente por la escala a la que ocurren los fenómenos. Al llevar estos fenómenos a escalas en las que no suceden, se obtiene un modelo que no refleja la realidad de las dinámicas que ocurren ni sus consecuencias.

MODELIZACIÓN EN BIOLOGÍA

La predicción realizada por medio de modelos se ha extrapolado a lo que se llaman ciencias de la vida, entre ellas la biología. Ello con el fin de que el conocimiento adquirido por medio de la investigación permita predecir cambios, fluctuaciones o tendencias en fenómenos biológicos, con una alta relevancia para otras disciplinas que desembocan en el mantenimiento de la vida en el planeta.

Aunque, lamentablemente, el estudio de los sistemas biológicos se puede ver afectado por factores internos y externos, como, por ejemplo, la variación espacial o temporal que se puede dar durante la interacción entre organismos (Thompson, 1994; 1997, en Ortiz-Pulido, 2000), lo cual dificulta su modelamiento en gran medida, ante ello, es necesario delimitar cuáles son las variables que más afectan un fenómeno biológico y así poder acercarse al modelamiento del funcionamiento de la naturaleza.

De tal manera, a través de años de investigación, se han utilizado diversos modelos que permiten entender fenómenos propios de la biología. En este apartado se buscarán explicar aquellos modelos que se han aplicado en esta ciencia y su forma de utilización para así crear un amplio panorama de la forma en la que se pueden realizar modelos y explicar fenómenos desde una perspectiva más amplia y no determinista guiada por análisis univariados, pues, teniendo en cuenta que todos aquellos fenómenos que pertenecen a la realidad forman parte del azar y la aleatoriedad, difícilmente pueden ser explicados por medio de sistemas lineales y más bien requieren de enfoques interdisciplinares.

Es necesario que antes de comenzar con la explicación de los modelos existentes aplicados en la biología, se delimiten algunos conceptos básicos, que muy seguramente antes ya habían sido tratados, pero que vale la pena recodar y aclarar mucho mejor.

– Sistema: "Conjunto o [...] totalidad de objetos [fenómenos], reales o ideales, recíprocamente articulados e interdependientes, uno en relación a los otros" (Enciclopedia Mirador Internacional, 1981, en Brandão, 2012).

– Modelo matemático: "Conjunto de expresiones matemáticas que describen el comportamiento de las variables... [del] sistema... involucradas en el proceso biológico" (Peláez y Mejía, 2000, p. 51).

– Modelación: "Acción de crear un esquema teórico sobre el funcionamiento de un sistema" (Ortiz-Pulido, 2000, p. 329).

– Modelo: "Abstracción y... simplificación de algún aspecto de la realidad" (Fernández, Goya y Achinelli, 2013).

Una vez entendido lo anterior, según Peláez y Mejía (2000), el proceso de modelización en cualquier ciencia requiere primeramente de una fase básica: la identificación de un problema, el cual debe ser claro, conciso y preciso, y debe presentar unas condiciones mínimas para su operación dentro de un sistema (p. 51). Sin embargo, hay que tener en cuenta lo que se puede entender como fenómeno, lo que aquí se define como "toda manifestación que se hace presente a la consciencia de un sujeto y aparece como objeto..." de interés (Real Academia Española, 2017), el cual, además, trae consigo una suerte de problemáticas a resolver (objeto de estudio y modelización). Por lo tanto, la escogencia de un fenómeno junto a su problemática puede llegar a determinar qué tipo de modelo puede ser utilizado para su análisis, o al menos puede llegar a delimitar una gama de modelos aplicables. A continuación, se mencionarán algunos de los modelos que han sido aplicados en la biología para mayor claridad.

MODELOS DE CRECIMIENTO

En la literatura existen muchísimos modelos para ilustrar el modelado de sistemas de crecimiento biológico, especialmente forestal, todos con características similares. Sin embargo, de acuerdo con Fernández, Goya y Achinelli (2013), se puede realizar una clasificación general de los modelos que se aplican en estas áreas.

La primera categoría utilizada son los *modelos de proceso*, es decir, representaciones matemáticas de los sistemas forestales que incorporan mecanismos tanto fisiológicos como ecológicos dentro de sus algoritmos que se ven afectados por las oscilaciones en los recursos naturales (Johnsen *et al.*, 2001 en Fernández, Goya y Achinelli, 2013), con el objetivo de proporcionar predicciones útiles para la gestión forestal y la investigación.

La otra categoría que plantean estos autores son los *modelos empíricos*, basados en descripciones estadísticas de datos evidentes de las especies naturales. Esta categoría se subdivide en modelo de rodal, modelo de clases de tamaño y modelo de árbol individual. Es la forma más sencilla de realizar análisis forestales (Fernández, Goya y Achinelli, 2013).

Así pues, para dar al lector un mayor acercamiento a estos modelos, a continuación, se explicarán dos de los modelos de crecimiento más utilizados en la literatura: el modelo de Chapman-Richards y el modelo logístico; esto sin dejar de lado que existen muchos más modelos que no se tratarán aquí.

MODELO DE CHAPMAN-RICHARDS

Este modelo pertenece a la familia de ecuaciones de crecimiento asintótico no lineales, utilizadas para la descripción y análisis del crecimiento, productividad y rendimiento de distintas especies. La expresión matemática que utiliza es (Clutter *et al.*, 1983, en Juárez de Galíndez, Giménez, Ríos y Balzarini, 2005):

$$Y = \alpha\,(1 - \beta^{*}e^{-\gamma^{*}t})^{\eta}$$

Donde:
Y = tamaño del organismo en el tiempo
α = tamaño máximo asintótico
β = valores iniciales en función de n
γ = parámetro tasa relacionado con la velocidad de crecimiento
η = parámetro de forma, responsable del punto de inflexión
t = tiempo transcurrido

Este modelo presenta una función específica para describir el crecimiento de las especies:

$$\text{Incremento radial} = -\alpha\beta\gamma\eta e^{-\gamma^{*}t}\,(1+\beta e^{-\gamma^{*}t})^{\eta-1}$$

Este es un modelo de crecimiento y rendimiento, principalmente utilizado para análisis forestal considerando variables temporales. Su utilidad se ve mayormente reflejada en áreas relacionadas con la ecología, la ingeniería ambiental, la agricultura y afines. Por medio de modelos como el de Chapman- Richards se pretende comprender la dinámica natural de distintas especies arbóreas que incluyen su crecimiento, rendimiento, mortalidad, cambios en composición y estructura, etcétera.

MODELO LOGÓSTICO

El modelo logístico es muy similar al tratado anteriormente, pues, al igual que el modelo de Chapman-Richards, hace parte de la familia de ecuaciones para la explicación del crecimiento de sistemas biológicos. Su fórmula es (Campbell y Madden, 1990, en Juárez de Galíndez, Giménez, Ríos y Balzarini, 2005):

$$Y = \alpha \; / \; 1 - \beta^{*} e^{-\gamma^{*} t}$$

Donde:
Y = Tamaño del organismo en el tiempo
α = Asíntota o valor de la función cuando t tiende a infinito
β = Ordenada al origen
γ = Parámetro tasa relacionado con el valor de t para el punto de la inflexión
$\eta = 2$
t = Tiempo transcurrido

Este modelo, como el anterior, posee una función de crecimiento:

$$\text{Incremento radial} = -\alpha\beta\gamma\eta e^{-\gamma^{*} t} \; / \; (1+\beta e^{-\gamma^{*} t})^{2}$$

El modelo logístico presenta una gran similitud con el modelo de Chapman-Richards; sin embargo, presenta resultados diferentes en función del tiempo. Este modelo permite mostrar la variabilidad que puede presentar un modelo para explicar un fenómeno biológico, pues, aunque son extremadamente parecidos, puede que explique de una manera distinta cada fenómeno, debido al manejo que realiza cada uno con las variables. Como estos dos modelos, existen muchos otros parecidos que no tomaran relevancia en este cudernillo, sin embargo, estos dos modelos explicitan el objetivo general que poseen los modelos matemáticos de crecimiento biológico.

ANÁLISIS DE RUTAS

El análisis de rutas es una forma de acercamiento y análisis a un fenómeno que pretende establecer relaciones entre variables propias de un sistema biológico. Según lo expuesto por Ortiz-Pulido (2000), el análisis de rutas permite comprender el comportamiento de un sistema por medio de la realización de hipótesis de causalidades que posteriormente se ponen a prueba de forma experimental, lo cual tiene como fin último "encontrar patrones en sistemas que consideran el transcurso del tiempo entre fenómenos relacionados" (p. 329).

De tal forma, para la aplicación de este modelo es necesario que se conozca previamente el sistema a estudiar y se tengan mínimo de 10 a 20 observaciones por cada variable (puede aumentar de 50 a 100 observaciones si se consideran muchas variables), posiblemente reemplazables con la aplicación de un re-muestreo (Ortiz-Pulido, 2000).

Esta técnica utiliza herramientas estadísticas, especialmente encuentra sus bases en los métodos de modelación estructural (SEM), la regresión múltiple y el análisis de factores, por lo cual, se considera como más eficiente en el análisis de sistemas biológicos debido a que considera la variable temporal, lo cual evita que la estructura sea fija (permitiendo un manejo diverso de las variables) y permite la descomposición de la correlación entre variables en componentes causales (que incluye los efectos directo e indirecto) o no causales (que incluye los efectos azaroso y no analizado) (Kingsolver y Schemske, 1991, en Ortiz-Pulido, 2000).

Sin embargo, este modelo presenta limitaciones, pues considera a cada una de las variables como linear (lo cual no necesariamente es la realidad), además de que las variables son medidas sin error; por lo tanto, no se considera aquello que puede afectarlas y puede llegar a sesgar en cierta medida los resultados.

Para la realización de un análisis de rutas, de acuerdo con lo mencionado por Ortiz-Pulido (2000), es necesario el seguimiento de un procedimiento específico, explicado a continuación, todo ello basado en su investigación al respecto. Por lo tanto, para comenzar es necesario construir un diagrama de flujo (figura 79), en el cual se encuentren representadas las relaciones entre las variables consideradas del sistema estudiado, estando debidamente ordenado de acuerdo con su temporalidad (variables tempranas [A, B] y tardías [B, Y]) considerando incluso aquellas variables desconocidas [U], demostrando las relaciones causales [rectas] y las correlaciones sin causalidad conocida [curvas], relaciones que determinan si una variable es dependiente o independiente.

FIGURA 85.

DIAGRAMA DE FLUJO PARA EL ANÁLISIS DE RUTAS

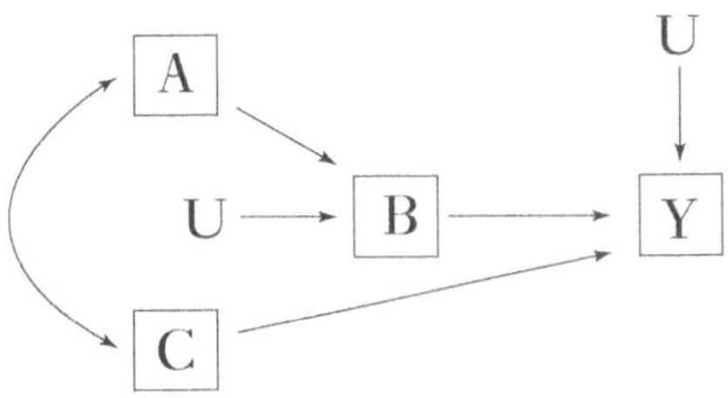

Referencia: extraída de Ortiz-Pulido, 2000, p. 330.

Luego, posterior a la recolección de datos, se debe aplicar una estandarización sobre ellos, para así comenzar a analizarlos, la cual se realiza con la fórmula:

V*e* = (xi - ẋ) / *De*

Donde:

V*e* = valor estandarizado

xi = dato original en la variable

ẋ = media de los datos en la variable considerada

De = desviación estándar de los datos en la variable considerada

Una vez estandarizados los datos, se procede a la obtención de la influencia de una variable sobre otra, es decir, el coeficiente de ruta (que en regresión se llaman coeficientes parciales estandarizados para las rectas y coeficientes de correlación para las curvas). Se representa con valores numéricos los cuales describen el grado de intensidad de afectación entre dos variables. Este valor se coloca en cada una de las líneas que indican relación entre variables y así hacer más explícito el diagrama de flujo. En el caso de las variables desconocidas, para determinar este efecto se utiliza la fórmula $U = (1-R^2)^{1/2}$ donde R^2 es la variabilidad explicada del sistema cuando se consideran como causas las variables conocidas (obtenido por medio de un análisis de varianza o regresión múltiple) (Ortiz-Pulido, 2000).

En seguida, se definen los efectos directos, indirectos y totales de una variable sobre otra. Para los efectos directos se toma el valor del coeficiente de ruta, para los indirectos se multiplican los coeficientes de ruta por los que pasa el efecto, y para los efectos totales se suman los efectos directos e indirectos de una variable. Este análisis permite analizar la fuerza de las correlaciones realizadas en el diagrama de flujo, entendiendo las variables más importantes y/o influyentes dentro del sistema (Ortiz-Pulido, 2000).

Por último, debido a que es posible que existan múltiples modelos para la explicación del fenómeno, la evaluación de la validez del modelo resulta la principal herramienta para la determinación del mejor modelo de análisis en el fenómeno determinando su viabilidad estadística y biológica. Ortiz-Pulido (2000) recomienda evaluar el modelo por medio del programa EPA (Exploratory Path Analysis) aplicando una prueba de bondad.

MODELOS DE DINÁMICA POBLACIONAL

De acuerdo con lo señalado por Cannas, Marco, Páez y Montemurro (s. f.), existe una forma de representar mediante un modelo la dinámica de dispersión de una especie (con y sin interacción). Así pues, en un modelo completamente aislado se establecen grillas en las cuales se sitúan a cada uno de los individuos adultos en una celda que incluye la variable 'edad del individuo'. Además, se incorporan parámetros reproductivos a partir de la dispersión de las semillas descrita por una función de densidad.

Al modelo anteriormente descrito se le van agregando parámetros a medida que pasa el tiempo para complejizarlo y abarcar la mayor cantidad de variables posibles que afecten el sistema biológico estudiado. A continuación, se ilustra paso a paso la forma de funcionamiento del modelo como lo exponen Cannas, Marco, Páez y Montemurro (s.f.).

Se tiene una celda *i* ocupada en el tiempo *t*, es decir, $a_i(t) \neq 0$ (p. 5)

1. En el caso de que la especie se encuentra aislada, sobrevive y 1. crece con la probabilidad *q* así: $a_i(t+1) = a_i(t)+1$ o 2. Muere con la probabilidad $1-q$ así: $a_i(t+1) = 0$

2. En el caso de que la especie se encuentre en comunidad, cuando la especie muera, será reemplazada por otra de las especies del banco así: $a_i(t+1)=t_j$

Se tiene una celda *i* vacía en el tiempo *t*, es decir, $a_i(t) = 0$ (p. 5)

1. Existe una posible colonización $p_i(t)$ de la celda en el tiempo $t+1$ que depende del número total de semillas $s_i(t)$

2. Si se asume que la probabilidad de colonización es de que al menos una semilla recibida germine y sobreviva hasta la etapa adulta se tiene $pi(t) = 1-(1-Pf_{s}f_g)^{si(t)}$ en donde $si(t)$ se calcula sumando el número de semillas recibidas por la celda *i* con todas las celdas que contienen arboles maduros

Para medir de forma experimental la distribución de semillas con colas largas existen dos modelos (p. 6)

1. Para la simulación de la dispersión de corto alcance de las semillas se utiliza la formula $f(r)=(2/\pi d^2)(e^{-2r/d})$ donde *d* es la distancia media de dispersión.

2. Para la simulación de la dispersión de largo alcance se propone la ley de potencia $f(r)=A/r^a$ si $r\geq 0$ o si $0<r<1/2$ donde *A* es una constante de normalización.

En suma, este modelo permite acercarse a la descripción de la forma de dispersión de distintas especies, especialmente de las semillas; sin embargo, este, como cualquier otro modelo, puede ser adaptado para la medición de otras especies (como las animales). La importancia de la aplicación de modelos como estos radica en que se amplían las formas de acercarse a la realidad, y de tratar de entenderla, pero no hay que tomarlos como absolutistas o deterministas, ya que en la realidad las variables intervinientes son muchas más, así sea en menor medida, por lo que estos modelos solo muestran un esbozo de lo que podría ser la realidad.

MODELOS DE DISTRIBUCIÓN PREDICTIVA DE ESPECIES

La importancia del estudio de la distribución de especies y sus factores bióticos y abióticos presentan gran relevancia a nivel biológico, especialmente en disciplinas como la biogeografía, la ecología, la conservación y la sistemática (Sánchez-Cordero, Peterson y Escalante-Pliego, 2017, p. 364).

Durante la historia se ha logrado diferenciar algunos de los modelos aplicados a la investigación de especies. El primero de ellos es el *modelo de mamíferos de Norteamérica* (Hall y Kelson, 1959, en Sánchez-Cordero, Peterson y Escalante-Pliego, 2017) en el cual se delimita el área o región de distribución de una especie, asumiendo uniformidad, aportando a la ubicación de una especie geográficamente, pues de acuerdo con este método es muy poco probable encontrar a la especie por fuera de la delimitación que se describe, sin embargo, al no tener una descripción cuantitativa de la densidad de la distribución no brinda mayor información con respecto a factores bióticos o abióticos.

Otro modelo planteado en esta lógica es el *modelo de correspondencia*, el cual, al igual que el anterior, delimita el área de distribución de una especie, pero, además incluye una delimitación del hábitat marginal de recolecta; mapas que se sobreponen para comparar la información entre la distribución del hábitat y la dispersión de la especie logrando determinar los hábitats no adecuados para la especie que se encuentren dentro de la delimitación espacial realizada (Scon *et al.*, 1996, en Sánchez-Cordero, Peterson y Escalante-Pliego, 2017). Sin embargo, este modelo también presenta falencias en la precisión predictiva y en la consideración de efectos del clima.

Entre los modelos que se utilizan para la descripción de este fenómeno se incluyen *modelos estadísticos univariados*, los cuales brindan a los estudios descripciones generales acerca de la distribución de las especies; no obstante, estos no tienen en cuenta factores ambientales relevantes en el fenómeno (Austin *et al.*, 1990, en Sánchez-Cordero, Peterson y Escalante-Pliego, 2017).

De igual forma, en otras investigaciones se aplican *modelos estadísticos multivariados*, los cuales han mostrado que describen de una mejor manera la distribución entre especies, sin embargo, una desventaja que presenta se ve relacionada con la precisión de las predicciones debido a que su variación está causada por errores en el registro y en las diferencias conductuales entre especies (Fielding y Haworth, 1995, en Sánchez-Cordero, Peterson y Escalante-Pliego, 2017).

Entre los modelos estadísticos multivariados más utilizados se encuentra la *regresión logística*, la cual es viable siempre y cuando "la variable de respuesta Y… [sea] politómica (admite varias categorías de respuesta…)" (Fuentes, 2011, p. 1); en este modelo se aplica un cociente de verosimilitud para determinar el mejor método de aplicación. Además, es necesario tener en cuenta que en el proceso de selección de variables se deben considerar los posibles factores de confusión.

Por otro lado, entre estos métodos estadísticos multivariados que se han mencionado también se encuentra el *análisis de función discriminante*, el cual es comúnmente utilizado para clasificar individuos de acuerdo con un conjunto de variables predeterminadas y así poder comprender las diferencias que se pueden dar entre los grupos que se crean. Así pues, el modelo encuentra una función que explica la división entre grupos y poder realizar predicciones (Aldas, 2013).

Como último modelo de distribución predictiva de especies se tiene el *Bioclim*, el cual "relaciona las localidades de recolección de una especie con los factores climáticos que se presentan en dichas localidades" (Sánchez-Cordero, Peterson y Escalante-Pliego, 2017, p. 368), lo cual lo vuelve un modelo más adecuado, debido a que relaciona la distribución con factores ambientales directamente, aunque su aplicación se ve limitada en especies que se ven afectadas por otros factores no climáticos.

MODELOS DE ALGORITMOS GENÉTICOS

Este modelo corresponde a una línea de investigación reciente, por medio de la cual se pretende utilizar la información contenida de colecciones científicas para mejorar el manejo de los datos relevantes. En general se conoce como método GARP o Genetic Algorithm for Rule-set Prediction. Este modelo "cambia a través de una serie de ciclos o iteraciones de mutación, evaluación y reproducción" (Stockwell y Peters, 1999, en Sánchez-Cordero, Peterson y Escalante-Pliego, 2017, p. 369). El proceso que sigue este modelo corresponde a cuatro pasos específicos, mencionados a continuación, basados en lo mencionado por Sánchez-Cordero, Peterson y Escalante-Pliego (2017):

1. Preparación de los datos: conversión de los datos a coberturas tipo ráster.
2. Desarrollo del modelo: se desarrolla un modelo de regresión logística o Bioclim inicial refinado por medio de un algoritmo genético.
3. Uso del modelo: se procede a probar las reglas y condiciones ambientales que se incluyeron en el modelo y para mejorar la precisión predictiva que posee el modelo.
4. Producto final: se convierten las predicciones en imagen para ver claramente la distribución predictiva de la especie.

SIMULACIÓN COMPUTACIONAL

Uno de los modelos que pueden permitir el análisis de fenómenos biológicos de una forma clara y precisa son aquellos relacionados con el auge tecnológico. Así, la simulación computacional permite comprender la dinámica interna de los objetos de estudio que un investigador determine, ya que, teniendo en cuenta que son biológicos, son cambiantes, por lo cual por medio de este modelado se pretende poder predecir lo que pasaría en el sistema si *x* factor lo afecta y qué se puede hacer al respecto. En ese orden de cosas, es importante mencionar que la simulación se puede entender como la "ejecución de un modelo matemático en el computador para obtener respuestas... y compararlas con los datos reales de sistemas biológicos" (Peláez y Mejía, 2000, p. 52).

La simulación computacional permite un procesamiento de la información mucho más ágil, brindando datos a una alta velocidad, eliminando el alto desfase de tiempo que genera el análisis manual de la información y dando, tal vez, respuestas más adecuadas a la realidad; lo cual además permite una constante prueba y error y/o repetición de los experimentos introduciendo cambio en las variables, lo cual permite una mejor aproximación a la predicción del comportamiento de un sistema biológico real.

Así, dentro de la historia de la investigación biológica, se ha llegado a diferenciar los modelos de simulación computacional (analíticos y numéricos), en donde el más utilizado, según lo expuesto por Peláez y Mejía (2000), es el *método de elementos finitos (FEM)*, método matemático complementado computacionalmente que brinda respuestas numéricas y que pretende predecir "la respuesta de sistemas físicos sujetos a influencias externas" (p. 53), requiere de problemas físicos o matemáticos y de dominio geométrico; sin embargo, en casos en los que este método no considera la complejidad no lineal de los sistemas biológicos se prefiere el desarrollo de nuevos algoritmos y lenguajes como C+ ("lenguaje para programadores... [que] proporciona una gran flexibilidad de programación y una muy baja comprobación de incorrecciones... no es rígido en la comprobación de tipos de datos [lo que permite] la conversión entre diferentes tipos de datos y la asignación entre tipos de datos diferentes" (Bonet, s. f., p. 3)) y Fortran ("es un lenguaje de programación especialmente adecuado para realizar cálculos científicos" (p. 1.1) que permite resolver cálculos estadísticos simples, sistemas de ecuaciones lineales, ecuaciones no lineales, rectas de regresión, entre muchos otros modelos matemáticos (Ortega, s. f.)).

Sin embargo, es importante tener en cuenta que, aunque la utilización de la simulación computacional en los últimos años ha crecido exorbitantemente, y brinda datos confiables, la interpretación de sus resultados puede verse afectada por factores como el sometimiento al error humano, la mala formulación del modelo, los errores numéricos y las distintas limitaciones de los lenguajes, algoritmos y programas (Peláez y Mejía, 2000). Por lo tanto, se puede evidenciar que, aunque algunos modelos sean muy eficientes para la explicación de fenómenos, presentan fallas, por lo que se vuelven tan solo aproximaciones a lo que puede explicarse sobre el problema.

MODELIZACIÓN EN SALUD

La modelización en salud ha sido un campo explorado para diversos propósitos, que permite el análisis de procesos de salud y enfermedad, epidemiología de las enfermedades, así como también diversos factores de propagación, promoción y prevención de la enfermedad. Entre estos estudios, las herramientas de modelización han permitido el análisis de variables en términos de predicción, prevención y posibles evaluaciones de impactos para comprender qué intervenciones deberían ser más adecuadas en ciertos problemas y entender espacio-temporalmente sus desarrollos.

Para empezar a hablar de salud es importante contextualizar a qué se está haciendo referencia cuando se habla de este tema. Según la Organización Mundial de la Salud (OMS), la salud es un estado de completo bienestar físico, mental y social, y no solamente la ausencia de afecciones o enfermedades. La cita procede del Preámbulo de la Constitución de la OMS, que fue adoptada por la Conferencia Sanitaria Internacional, celebrada en Nueva York del 19 de junio al 22 de julio de 1946, firmada el 22 de julio de 1946 por los representantes de 61 Estados (*Official Records of the World Health Organization*, n.º 2, p. 100); es por ello que, aunque en el presente documento se hace referencia a varias investigaciones en cuanto a tasas de incidencia, infección de ciertas enfermedades, la enfermedad y la salud no son necesariamente antónimos, dependen en gran medida de cómo los autores definan qué se entiende por enfermedad; sin embargo, lo que se quiere aclarar aquí es que la investigación en salud y las herramientas que puede ofrecer la modelización no se limitan únicamente a estudios epidemiológicos, aunque este sea el campo de mayor desarrollo.

Por otro lado, para poder entender lo que es un modelo y la modelización, es importante tener claros cuáles son los supuestos epistemológicos cuando se construye un modelo. El primer supuesto epistemológico de la modelización es que, al crearse de manera intencionada por un individuo, carece de objetividad, es decir, es imposible que el observador sea objetivo y neutral en la construcción de modelos, por lo que se reconoce su papel dentro del fenómeno de estudio; con base en este argumento, la ética de la investigación desde esta perspectiva tiene que ver con la importancia que tiene que el investigador haga visibles los marcos de pensamiento en los que se inscriben las propuestas de investigación-acción y su relevancia social en un espacio-tiempo determinado.

En segundo lugar, Hernández (2010) plantea que existen dos concepciones de la modelización: una tiene que ver con la aplicación de modelos en lenguaje lógico-matemático, y la segunda tiene que ver con modelos que nacen o se elaboran a partir de heurísticos. Estas dos concepciones parten de posturas epistemológicas diferentes; la primera supone que los hechos están dados en la naturaleza, es decir, el modelo viene a representar la realidad "objetiva" de un mundo; esta concepción de modelo se encuentra en las corrientes empiristas y positivistas. Por otro lado, la segunda tiene que ver con concebir los hechos no como algo ya "dado" en el mundo exterior, sino que el hecho es una construcción, por lo tanto el modelo es una interpretación del mundo mirando el modelo desde una postura fenomenológica. Se trata de una

> [...] modelización creada, porque el modelo no se tiene como dado por la realidad, sino construido con la ayuda de artefactos simbólicos de un modelizador, en interacción constante con los demás sujetos que participan en la investigación-intervención. Es decir, dependiendo de lo que hagamos para crear conocimiento y de los instrumentos para hacerlo, surgirán diferentes hechos y diferentes fenómenos. (Hernández, 2010, p. 104)

A partir de lo anterior se puede decir que los modelos constituyen un sistema de símbolos en los que se comunica e informa algo con una forma y un sentido determinado; es por ello que desde perspectivas positivistas estos modelos crean categorías que parecen y se muestran como "naturales" y ya dadas, pero desde otras perspectivas, como la complejidad, la fenomenología y el constructivismo, se reconocen como categorías que son construidas y buscan interpretar la realidad por medio del modelo.

Se encuentra como punto común entre la modelización y la salud el hecho de cuantificar y/o ilustrar por medio de datos empíricos modelos matemáticos útiles para diversos problemas de investigación. En primer lugar, se encuentran investigaciones en este campo en donde se busca hacer cruces de variables con información de diferente tipo, como en el trabajo de Rojas (2004), en el que analiza la vivienda precaria urbana marginal y su relación con la salud de la población en el proceso de sustentabilidad y que tiene un enfoque teórico en el que busca la estimación del riesgo y de vulnerabilidad en una población determinada. La creación de este tipo de modelos busca integrar variables de estudio para complejizar los fenómenos de los que se busca establecer alguna conexión, en este caso relacionada con los procesos de salud-enfermedad.

Con respecto a lo anterior, el proceso de modelización que siguió esta investigación tuvo que ver con que

> Aquí se propone una abstracción simulativa para tratar las condiciones de riesgo en un sistema socio-técnico, como lo es un asentamiento humano –en zonas periféricas urbanas– en sus viviendas y peridomicilios. Se elige este tipo de modelización por su utilidad para comprender los procesos poblacionales y su cultura en relación con su hábitat y su salud permitiendo explicar el fenómeno tanto en término de contexto –lo social como un determinante jerarquizado interno al proceso salud-enfermedad– como de contenido –vivienda precaria urbano marginal y salud. (Rojas, 2004, pp. 30-31)

El texto disponible al respecto solo tiene una parte temprana de la modelización; sin embargo, da luces de cómo y de qué manera se puede hacer este tipo de análisis teniendo en cuenta la identificación de componentes de amenaza y vulnerabilidad a partir de indicadores en variables de vivienda amenazantes para la salud, y variables de tipo social que ayudan a identificar el riesgo en el contexto, la fragilidad social y la resiliencia que producen la vulnerabilidad; con la descripción de estas situaciones de amenaza y vulnerabilidad se buscaría entonces aplicarlas empíricamente, recogiendo datos acerca de estos indicadores y que puedan dar luces sobre el índice de riesgo de la vivienda en salud, lo que se propone la investigadora.

En la misma línea de investigación se encuentran trabajos, como los de Vázquez, Castillo, Rojas y Cárdenas (2010), que buscan analizar igualmente la estimación del riesgo para la salud de la vivienda urbana empleando redes neuronales artificiales. En esta investigación los autores declaran su deseo de aplicar técnicas de aprendizaje automático a la solución de problemas en las ciencias sociales, al considerar que los problemas de los que se ocupan las ciencias sociales no son lineales, estáticos y predecibles, sino más bien cambiantes, con un componente histórico, dinámicos y complejos. A partir de estas consideraciones crearon un software llamado Riesgo, vivienda y salud (RVS) que emula una red conceptual en relación con factores sociales, económicos y demográficos. Para llevar a cabo la realización de este proyecto se construyeron cinco redes del tipo "percepton multicapa" que trabajan conjuntamente para calcular el índice de riesgo, lo que en últimas tiene como objetivo impactar positivamente para que las autoridades en salud puedan dirigir de forma más eficiente los recursos que se designan en vivienda y salud.

Se hace relevante resaltar el papel que tienen en estas investigaciones las aproximaciones epistemológicas y paradigmáticas de los fenómenos, ya que intuitivamente se podría pensar que la forma en la que se realizan las modelizaciones puede resultar determinista, es decir, A entonces B, aunque de hecho sí se pueden hacer aproximaciones de este tipo. Sin embargo, en el campo de la salud se encuentran modelos que buscan en su mayoría integrar miradas diversas al proceso de salud-enfermedad; uno de estos ejemplos es una corriente reciente que apareció en el campo del estudio en las trayectorias de enfermedades de diversos tipos y las implicaciones de variables patográficas y sociales contextuales en el desarrollo de salud-enfermedad.

El modelo anteriormente descrito tiene como nombre modelo biocognitivo de la salud y, según Santiago (2001), se fundamenta en el hecho de que se busca superar el dualismo mente-cuerpo que ha impregnado de manera tan profunda en las disciplinas, al ocupar a la medicina del cuerpo y a la psicología de la mente, pero se encuentra que los procesos de salud y enfermedad no se pueden estudiar por separado; de hecho, existe un amplio campo de estudio alrededor de la psiconeuroinmunología, disciplina que da cuenta de que la

> comunicación entre la actividad psíquica y nuestra inmunidad se produce a través de diversos caminos biológicos que comunican al sistema nervioso con el sistema inmune. Aquí vemos un primer punto de contacto entre los procesos mentales y corporales que pueden ser demostrados *in vivo* e *in vitro* [...] Desde hace 30 años los investigadores en Psiconeuroinmunología han producido tal cantidad de evidencias científicas sobre estas interrelaciones que ya no son discutidas a nivel académico. (Santiago, 2001, p. 4)

Debido a lo anterior, surgió un interés por estudiar enfermedades infecciosas como el VIH/sida por su componente inmunológico, en la que se hace visible e importante la relación entre factores contextuales y desarrollo de la enfermedad.

En términos de la modelización, numerosos estudios han sido realizados, entre ellos el de Olney *et al.* (2016) en Kenia, en donde los investigadores se preguntaban sobre el acceso a la terapia antirretroviral en África subsahariana y, aunque la tasa de mortalidad por VIH ha bajado, año a año hay numerosas pérdidas por esta enfermedad, por lo que los programas de tratamiento se vuelven una prioridad en la salud pública en este país. A partir de este planteamiento inicial los investigadores buscan evaluar un programa de ayuda en Kenia, para mirar cuál es el impacto de estas intervenciones en la población. En la parte de modelización, los investigadores crearon un modelo matemático individual para describir epidemiológicamente la enfermedad y, por otro lado, las experiencias de cuidado por medio de los adultos infectados; lo que hicieron tuvo que ver con la calibración del modelo en una base de datos que se recogió del programa "Academic model providing acsses to healthcare (Ampath)" en donde se describen las rutas de tratamiento, pérdidas o muertes y resultados clínicos. En el modelo se simulan los costos y los efectos de las intervenciones en las distintas etapas de la enfermedad, en donde se incluyen variables como mejora en el diagnóstico, la conexión con el tratamiento y, finalmente, retención y adherencia con la terapia, así como también la estrategia en el diagnóstico y tratamiento oportuno.

En el modelo se consideraron variables epidemiológicas para la "microsimulación"; cabe resaltar que las conclusiones y las predicciones se hicieron con base en las experiencias de los pacientes a través del programa de tratamiento terapéutico antirretroviral; por otro lado, el modelo representaba datos como nacimientos, envejecimiento, muertes y transmisión del virus en la población de Kenia; después de la infección se mostraba el desarrollo de la enfermedad que es modelada por un progreso individual de CD4 (medida importante en el curso de esta enfermedad). Como conclusiones del estudio, el modelado permitió inferir que, como los recursos para la salud pública son limitados, las combinaciones de intervenciones para mejorar el cuidado se deberían priorizar sobre estrategias de alto costo, como el examen al total de la población, ya que estas estrategias para el diagnóstico oportuno deben estar acompañadas con las mejoras en los sistemas de salud y cuidado que están íntimamente relacionados con la adherencia al tratamiento.

El ejercicio de modelización también se puede extender al análisis sociodemográfico en cuanto a la evaluación de políticas públicas, evaluación de estrategias de intervención y sus impactos en la sociedad; es por ello que trabajos como el de Baggaley *et al.* (2017) son valiosos debido a que recogen datos acerca de la morbimortalidad y sus costos asociados. Lo que los investigadores hicieron en este caso fue construir un modelo dinámico comportamental, representando la incidencia de infección y el efecto de prácticas de VIH en Hackney-Londres; en este caso lo que se hizo fue evaluar las tasas de diagnóstico, parametrizando con datos epidemiológicos y de comportamiento y utilizando costos estándar por caso encontrado. Lo que se busca es hacer un análisis proyectivo de los costos futuros, o sea, predecir la efectividad del diagnóstico temprano en términos económicos como una apuesta por la salud pública. Como resultados y conclusiones del estudio los investigadores encuentran que buscar un diagnóstico temprano de VIH como parte del cuidado primario resulta importante y beneficioso, en el aspecto económico, en la salud pública, y en lo clínico en la parte individual. El modelo predice que incluir la detección del VIH en el "primary care" va a ser efectivo en términos de costos en el Reino Unido a mediano plazo; sin embargo, también puede ser efectivo a largo plazo, e incluso se pueden ahorrar recursos, ya que los diagnósticos tardíos resultan más costosos.

El modelo biocognitivo ofrece, en últimas, la posibilidad de considerar los procesos de salud y enfermedad desde una visión integral del ser humano que admita más aproximaciones, aparte de las orgánicas (viendo la mente y el cuerpo como una unidad indisociable); también permite comprender cómo se crea una realidad entre cuerpo-cultura y mente:

> La Teoría Biocognitiva conceptualiza la realidad personal como un campo de bioinformación en el cual la mente, el cuerpo y la historia cultural funcionan en una unidad inseparable que modula los procesos de salud y enfermedad. Estos procesos se regulan a través de códigos bioéticos que reflejan la realidad colectiva de la historia personal y cultural del individuo. (Santiago, 2001 p. 9)

En este sentido, la modelización sirve como un instrumento adecuado para el estudio longitudinal y transversal de procesos de salud y enfermedad, en este caso desde una visión de trayectorias biocognitivas.

Cabe resaltar que no solamente se pueden hacer aproximaciones de salud-enfermedad con población humana; se puede incluso desde otras perspectivas tener información con la que se puede modelizar matemáticamente cómo se comportan epidemiológicamente otras enfermedades en diferentes especies y que tienen un impacto ecológico. Uno de estos trabajos lo realizan Lolika y Mushayabasa (2018), que hacen un modelo matemático de la transmisión de una enfermedad infecciosa llamada brucelosis y realizan un estudio sobre cómo evoluciona geográficamente por medio de la simulación matemática. Este tipo de estudios aporta en tanto se puede entender la espacialidad de eventos en análisis en salud, lo que a su vez permite entender factores de prevalencia, propagación y mortalidad de la enfermedad en un contexto geográfico.

Con respecto a los contextos geográficos, una gran rama de la modelización en salud tiene que ver con los desarrollos que esta hace en cuanto a la modelización matemática de las enfermedades infecciosas, ya que la aparición y propagación de este tipo de enfermedades siempre es un motivo de preocupación no solo en el ámbito de lo social, sino en otro tipo de contextos como el económico, el político, el cultural, etc. Según Fresnadillo *et al.* (2013), hasta el siglo XIX las epidemias ocurrían en zonas muy específicas y la extensión de estas a otras zonas más amplias solía ser muy lenta debido a barreras naturales y dificultad en el transporte; hoy en día este panorama ha cambiado rápidamente, ya que el transporte presenta posibilidades que facilitan la movilización desde distintas zonas geográficas, lo que a su vez facilita la propagación de una epidemia en un corto tiempo. Bajo estos escenarios, es necesario desarrollar herramientas como la modelización para desarrollar y gestionar actuaciones adecuadas ante estas situaciones.

Para el anterior propósito, la modelización matemática permite la "traducción" de problemas que aparecen en un determinado campo, en este caso la salud pública, de tal forma que la información y el análisis teórico y numérico nos dan información para entender mecanismos de propagación y así mismo intervenir en esos problemas.

> La modelización matemática se lleva a cabo a través de los llamados modelos matemáticos que, *grosso modo*, no son más que representaciones simplificadas de naturaleza matemática de un determinado fenómeno. Se caracterizan por hacer suposiciones con relación a una serie de variables, parámetros y relaciones funcionales entre dichas variables y parámetros que gobiernan la dinámica de las variables. De esta manera los modelos matemáticos plasman hipótesis sobre los sistemas estudiados y nos permiten comparar dichas hipótesis con los datos empíricos (si es que los hubiera). (Fresnadillo *et al.*, 2013, p. 14)

En la figura 86 se presenta la forma como el mismo autor ilustra todo este proceso.

FIGURA 86.
INTERACCIÓN DE LAS DIFERENTES DISCIPLINAS CIENTÍFICAS EN EL DESARROLLO DE UN MODELO MATEMÁTICO

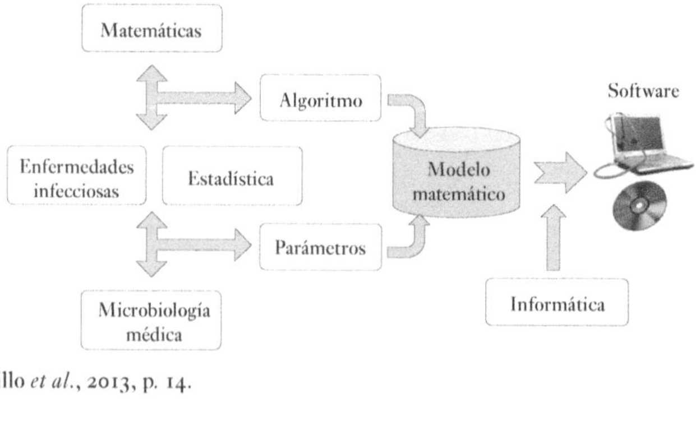

Referencia: Fresnadillo *et al.*, 2013, p. 14.

Para perseguir estos propósitos en el estudio de la salud, existen diversos modelos matemáticos que sirven para comprender estos fenómenos. El primer modelo es el comportamental, que hace referencia a que la población se divide en diferentes tipos teniendo en cuenta características de la enfermedad, que pueden ser infectados o infecciosos, recuperados, aislados o diagnosticados, etc. En relación con estas categorías, se puede hacer una clasificación de los modelos matemáticos que siguen diversas variaciones y covariaciones SI (susceptible-infectado), SIS (susceptible-infectado-susceptible) y SIR (susceptible-infectado-recuperado). Este tipo de modelos, basados en lo comportamental, se pueden definir como determinísticos o estocásticos, que hacen referencia a modelos que están basados en ecuaciones diferenciales para el caso de modelos deterministas y modelos que utilizan cadenas de Markov (sobre tiempos y estados continuos o discretos) en el caso de los modelos estocásticos. Estos modelos pueden tener buenos resultados cuando la población es grande; sin embargo, en este tipo de modelización se pueden perder datos.

> La gran mayoría de los modelos propuestos (ya sean deterministas o estocásticos) se pueden calificar como modelos globales ya que estudian la dinámica de la población en su conjunto sin tener en cuenta las interacciones locales entre los individuos más allá de lo reflejado en los parámetros. Por el contrario, existen muy pocos modelos de carácter individual y, debido a su naturaleza, la mayor parte de los existentes se encuentran basados en autómatas celulares. (Fresnadillo *et al.*, 2013, p. 16)

Con base en lo anterior, es necesario tener en cuenta una consideración a la hora de pensar en modelos matemáticos epidemiológicos, y no solamente para este tipo de estudios, sino para cualquiera que pretenda abordar el tema de procesos de salud-enfermedad. El primero es que, cuando se estudian modelos que se basan en estados, resulta muy importante la variación de dicho estado en una ventana de tiempo; esta idea viene del argumento de que las cosas que estudia la modelización o que se modelizan hacen referencia a estados cambiantes y dinámicos; es por ello que se construyen para admitir y concebir el cambio.

Adicionalmente, aunque acá se habla de modelización matemática y grandes modelos computacionales de evolución de enfermedad, también se pueden hacer aproximaciones hacía la salud de otro tipo, por ejemplo, lo que hicieron Speier, Ong y Arnold (2016) en su trabajo acerca de un análisis sistemático de textos clínicos no estructurados y cómo estos textos podrían integrarse a bases de datos clínicos automatizados. A partir de los datos fue posible modelizar mediante un análisis de los textos cuál era la información relevante para mejorar más eficientemente los datos clínicos y las observaciones realizadas en la consulta.

OTRO TIPO DE MEDIDAS DE MODELIZACIÓN EN SALUD

Muy a menudo el análisis geográfico de eventos de salud se hace por medio de razones estandarizadas; sin embargo, se encuentran diferentes problemas asociados en este tipo de análisis ya que, según Morera y Llanos (2013), este tipo de cálculos no tiene en cuenta la diferencia en el tamaño de población entre estas áreas y por esto es que, por ejemplo, cuando el tamaño de las poblaciones es muy pequeño y por tanto las razones se vuelven muy inestables pasando de cero a razones muy altas cuando se pasa de ninguno a pocos casos de la enfermedad, también puede ocurrir que la varianza en los datos sea mucho más alta que las esperadas (p1). Otro de los problemas encontrados tiene que ver con que el análisis de datos suele hacerse eficientemente y puede concentrarse en solamente mediciones y análisis centrados en la dimensión espacial; para resolver este problema, el autor propone un método de estimación bayesiano que tiene y permite más mediciones de tipo espacial, pero también temporal.

> Los modelos bayesianos jerárquicos espaciotemporales permiten capturar correctamente elementos de dependencia entre áreas de salud y la posible relación de los datos en el tiempo que no se pueden modelar en la estadística clásica. Los resultados de estos modelos nos brindan los insumos para el mapeo de enfermedades y la identificación de posibles patrones geográficos persistentes en el tiempo que son de utilidad para la vigilancia epidemiológica y la priorización de intervenciones en zonas de alto riesgo. (Llanos y Morera, 2013, p. 83)

Se encuentran en el campo de la salud diversos modelos que utilizan este tipo de análisis de información. Uno de ellos es igualmente relacionado con la enfermedad de VIH. En este estudio Blum y Tran (2010) pretender resaltar, en primer lugar, la importancia del rol que tiene la modelización para entender cómo se propagan las enfermedades, que en últimas sirve a propósitos de evaluación de política pública en el campo de la salud. Los autores señalan que históricamente este tipo de modelos han sido de tipo determinista, ya que para estudiar epidemiológicamente una enfermedad hacen uso de modelos comportamentales en donde la población era estructurada en términos de: susceptibilidad, infectados, mortalidad y recuperación; sin embargo, en el desarrollo de este tipo de modelos se encuentra una dificultad en hacer análisis con estadística paramétrica, ya que se pierden muchos datos. En este estudio los investigadores utilizaron el modelo bayesiano y el utilizado normalmente en estadística paramétrica para una población de 8.662 individuos que fueron diagnosticados con la enfermedad entre 1986 y 2007 en Cuba. La base de datos contiene información adicional que incluye la manera en la que cada individuo descubrió que tenía el virus, ya sea por un descubrimiento "espontáneo" por la toma de la prueba o por rastrear el contacto, es decir, rastreando los contactos sexuales de los individuos ya detectados; por medio de este estudio se pudo determinar la eficiencia del sistema de detección y se hizo una predicción de la evolución de la enfermedad; en particular, se encuentra que el porcentaje de individuos infectados y no detectados en Cuba es de un 40 %.

En conclusión, la modelización en el campo de la salud ha sido explorada desde diversas miradas paradigmáticas, epistemológicas y técnicas, y las aproximaciones que se hacen desde la modelización pueden servir a diversos propósitos, como control en la prevención y propagación de enfermedades infecciosas, mapeos geográficos de estas enfermedades, así como seguimiento individual de una enfermedad; se intenta integrar diversas relaciones que pueden verse desde la salud y la enfermedad.

La modelización desde el Lincpih, en términos del campo de salud-enfermedad, pretende ver este tipo de fenómenos como complejos, no lineales y multicausales y reconoce el carácter que tiene lo social, lo histórico y lo cambiante dentro de estos procesos, utilizando las herramientas matemáticas no para formular modelos determinísticos, sino más bien contribuir a comprensiones más vastas de este tipo de fenómenos, aproximaciones que no son suficientes, pero que en algunas ocasiones son necesarias para el entendimiento de la salud.

Se requiere comprender de qué manera la modelización puede volverse una herramienta útil en diversos campos de estudios. En el caso de la salud, puede ser empleada para diversos propósitos, pero sigue la lógica de que se busca hacer un modelo complejo, dinámico, que pueda comprender varias capas o procesos simultáneos de diversos órdenes, para así tener una comprensión más vasta de los fenómenos de estudio.

MODELIZACIÓN EN NEUROCIENCIA

La modelización en los distintos campos del saber se puede transformar y adaptar de diferentes maneras; especialmente porque, aunque un fenómeno puede ser tratado por varias o todas las disciplinas pertenecientes a la academia, la forma de ver y estudiar el fenómeno cambia en cada una de ellas. Enseguida se hará un breve recuento de cómo se ha aplicado la modelización de fenómenos en las neurociencias.

En las neurociencias, como en todas las disciplinas, los fenómenos tratados son múltiples; por lo mismo, los modelos que pueden ser aplicados son muy variados.

MODELADO PARAMÉTRICO AUTORREGRESIVO (AR)

Este es un modelo que permite el análisis y la simulación de señales electroencefalográficas. Para la aplicación del modelo es necesario tener en cuenta que en un registro electroencefalográfico es necesario tener claros los artefactos que se van a utilizar, es decir, los fenómenos que se van a tener en cuenta en las ondas (parpadeo, movimiento muscular, ruido de 60 Hz, electrodo Pop) y los parámetros que el modelo necesita. Para el procedimiento como tal, el modelo que plantean Sánchez y Hernández (2017) es un amplificador neuroscan con 21 canales y el sistema 10-20.

En este caso, el modelado autorregresivo pretende analizar series de tiempo estocásticas. El modelo dice que "la muestra x de una serie de tiempo, puede expresarse como una sumatoria lineal ponderada de p valores previos a la serie temporal más una componente de incertidumbre o error" (Sánchez y Hernández, 2017, p.344) así:

$$x_t = \sum_{i=1}^{p} a_i x_t - i + \varepsilon_t$$

Donde:

x → Es la serie de tiempo

a_1, a_2, a_x → Son los parámetros del modelo

p → Es el orden del modelo

ε_t → Es el error de predicción del proceso (ruido blanco)

Para este modelo es necesario el ajuste del parámetro de orden (p), ya que, si se escoge uno muy alto altera la amplitud de las ondas generando falsos picos o si se selecciona uno muy bajo genera un efecto suavizado y por ende la pérdida de información. Para ello es necesario aplicar el criterio de información de Hannan-Quinn [HQ(p)] que permite ver si el orden es apropiado, es decir, si minimiza la varianza del proceso y caracteriza el número de parámetros estimados (Sánchez y Hernández, 2017). La ecuación es la siguiente:

$$HQ(p) = \log(V) + 2p \log(\log(N)) / N$$

Donde:
$V \rightarrow$ Es la varianza del ruido blando de entrada
$N \rightarrow$ Es la cantidad de muestras de la señal
$p \rightarrow$ Es el orden del modelo evaluado

Además, este modelo requiere de la aplicación del índice de ajuste, que sirve para ajustar los datos del modelo a la realidad:

$$FIT = 100 * (1 - \|x_t - \dot{x}_t\| / \| x_t - \text{mean}(x_t)\|$$

Donde:
$x_t \rightarrow$ Es la serie de tiempo
$\dot{x}_t \rightarrow$ Es la serie de tiempo simulada

El modelado paramétrico autorregresivo es ampliamente utilizado para el análisis de EEG; se extiende a "la clasificación y segmentación de las señales, la identificación y cancelación de artefactos, la descripción de los diferentes ritmos cerebrales y la generación de señales de EEG" (Sánchez y Hernández, 2017, p. 345).

Sin embargo, de acuerdo con los autores aquí referenciados, este modelo presenta un problema, y es que se basa en que tanto la media y la varianza no varían con respecto al tiempo, lo cual lo hace un modelo estático. Además, la necesidad del ajuste de la señal puede conllevar a errores humanos que pueden alterar la información.

ALGORITMO DE BURG

Este algoritmo fue planteado en 1968 (Bayas, 1984) y es mayormente conocido como el método de máxima entropía. El algoritmo de Burg es un modelo matemático típicamente utilizado para la identificación de parámetros en las señales de electroencefalograma por medio de la determinación de coeficientes de reflexión (Sánchez y Hernández, 2017). Ofrece buenos resultados al analizar ondas con ruido auditivo.

Para poder desarrollar el algoritmo se debe definir el error de predicción en adelanto y en retardo por medio de ecuaciones que plantea Bayas (1984). Para su implementación en computadores es necesario seguir unos pasos específicos: primero se insertan los datos iniciales (número de muestras, valor de las muestras, orden del filtro, tolerancia de la energía de error, etc.), luego de da la inicialización (por medio de otras ecuaciones), seguido del cálculo recursivo del denominador el cual determina si se aplica o no el recurso de Levinson, se aplica el algoritmo y por último se actualiza la predicción de error (Bayas, 1984).

REDES NEURONALES ARTIFICIALES (RNA)

Las redes neuronales han sido de las más estudiadas en la historia de la modelación. Las RNA son ampliamente utilizadas en la resolución de problemas prácticos como la clasificación o agrupación de patrones, y la estimación de variables continuas, o también en el estudio del sistema nervioso y los fenómenos cognitivos (Porras y Salinas, 2011).

Por medio de las redes neuronales, es posible representar la organización estructural del sistema nervioso, es decir, sus funciones de activación y reglas de aprendizaje; que permiten construir patrones.

El método consiste en primeramente realizar una arquitectura de la red, construida por tres estratos (el de entrada, el central y el de salida) que a su vez se subdivide en tres grupos de unidades (visuales, semánticas y auditivas). Luego se procede a la codificación de la información para poder analizar y encontrar patrones de activación (Porras y Salinas, 2011).

MODELO CAUSAL PREDICTIVO

Este es un modelo constantemente utilizado en varias disciplinas, sin embargo, en aspectos neurofisiológicos, este modelo podría ser utilizado para predecir el comportamiento neural en una tarea dicotómica de elección forzada. Para ello se puede tomar el modelo desarrollado por Cohen y Ranganath (en López y García, 2007):

$$p(c)_t = e^{w(c)t} \,/\, e^{w(c)t} + e^{w()t}$$

Donde:
p → Es probabilidad de elegir un estímulo objetivo
c → Estímulo objetivo
t → Ensayo
w_t → Transformación logística de la diferencia entre pesos asociados a cada estímulo en cada ensayo

Que además requiere del cálculo del valor de predicción del error después de cada ensayo (δ) por medio de:

$$w_{t+1} = \alpha \text{ x } \pi \text{ x } \eta \text{ x } \delta$$

Donde:
α → Es un parámetro de descuento
π → Es 1 para la opción elegida y 0 para la no elegida
η → Es el parámetro de la tasa de aprendizaje
δ → Cada uno de los ensayos

Este modelo presenta limitaciones a la hora de investigar con él, pues allí solo es posible utilizar dos variables, lo que quiere decir que no se puede aplicar en problemas más complejos a menos de ampliar el modelo. Sin embargo, a nivel neural, se ha demostrado que es posible aplicar este modelo, ya que, el cerebro puede operar probabilísticamente (López y García, 2007).

MODELO HODGKIN Y HUXLEY (HH)

Este es un modelo matemático que puede aplicarse en la explicación del potencial de acción propio de la sinapsis, debido a que, según estudios, la concentración de iones de sodio y/o potasio modifica la conducta celular. Así pues, para describir la conducción del potencial de acción en un axón se tiene (Lamberti y Rodríguez, 2007):

$$-a\delta V/2R\delta z^2 + C(\delta V/\delta t) + G_l(V-V_l) + G^o_{Na}m^3h(V-V_{Na}) + G^o_k n^4(V-V_k) = 0$$

Donde:
C → Es la capacidad por unidad de área del axón
a → Radio del axón
R → resistividad axoplasmática del axón
m,h, n → Funciones dependientes del tiempo y del valor del potencial de membrana

Además, para calcular la conductancia del Na y K se tiene:

$G_{Na} = G^o_{Na}m^3h$ y $G_K = G^o_K m^3h$

Y la dinámica de las funciones *n, h* y *m* se expresan:

$$d\theta/dt = \alpha[V](1 - \theta) - \beta[V]\theta$$

Donde:
θ → Representa cualquiera de las funciones *n, h* o *m*
α, β → Coeficientes dependientes del valor del potencial de membrana

MODELOS DINÁMICOS

Un modelo dinámico se refiere a un modelo matemático que escribe como las variables representan lo que significa un sistema particular a través del tiempo. En la dinámica de los sistemas neurales, la excitabilidad neuronal se puede modelar de diferentes maneras; a continuación se muestran dos de ellas (Ross, 2014):

(1) $\tilde{V} = f(V, n)$
(2) $\dot{n} = g(V, n)$

Donde:
V, n → Cambian en el tiempo
V → Variable de excitación
n → Variable de recuperación
f, g → Descripción de la evolución de las variables bidimensionales

TEOREMA DE ERMENTROUT-KOPELL

Es un teorema utilizado para demostrar que no hay ningún modelo que sea más importante que otro, pues cualquiera de ellos, cuando es reducido, siempre llega al mismo modelo general. La siguiente ecuación describe como es la actividad del sistema neural y su cambio en el tiempo en una localización específica (Ross, 2014).

$\dot{x} = f(x)$, $x \in S$ Transformado a $\theta = (1 - \cos\theta) + (1 + \cos\theta)\, r$, $\theta \in S$

Donde:
θ = Representa la actividad de un sistema neural
r = Entrada del sistema

Con este teorema se ha llegado a determinar que cuando presenta valores muy pequeños el sistema neural se encuentra en estado de relajación y valores altos muestran una alta actividad neuronal.

MODELIZACIÓN EN PSICOLOGÍA

En este apartado se pretende dar cuenta de cómo la modelización en el campo de la psicología ha sido utilizada y de qué manera se puede pensar la modelización como una herramienta para el estudio de los procesos sicológicos. Para empezar, es importante señalar a qué se hace referencia cuando se habla de la disciplina psicológica. Según Arana y Pérez (2006), la psicología es el estudio del ser humano en cuanto a sus procesos mentales emergentes, es decir, lo que hace posible el estudio de procesos indispensables para la vida del ser humano en sus ámbitos interaccionales como: la atención, la percepción, la memoria, el lenguaje, el significado etc., aunque existen diversidad de definiciones y aproximaciones teóricas los procesos psicológicos han sido objeto de múltiples modelos a lo largo de los años.

Laiser (1992) menciona que los intentos por adoptar modelos matemáticos en la historia de la psicología han sido variados y han estado presentes desde la misma fundación de la disciplina, sin embargo, hay que tener una mirada crítica frente a estos modelos creados que en muchas ocasiones pudieron estar sesgados por distintos factores y tuvieron unas consecuencias en la sociedad. Con lo anterior hago referencia a que se han construido modelos psicológicos que tienen como consecuencia determinismos matemáticos, sesgo y consecuencias negativas para el ser humano, es por ello que el uso de los modelos matemáticos debe hacerse de una forma ética, compleja e integral en la mirada del ser humano.

El origen inicial del uso de las matemáticas en la psicología fue el de la psicometría, un campo de desarrollo que tiene como objetivo medir, cuantificar y evaluar los procesos y atributos psicológicos en el ser humano, este campo de estudio buscó hallar sistemas de medición de atributos psicológicos por medio de escalas de medida en relación con grupos de referencia, allí se encuentran los primeros modelos matemáticos, por ejemplo, en el ámbito de la memoria, en donde se diseñaban situaciones experimentales que trataran de dar cuenta cómo funcionaba la memoria. Autores como Ebbinghaus (1909) estudiaron acerca de ¿cuál función describiría la relación entre cantidad de elementos (que en los diseños experimentales eran sílabas sin significado) y el número de presentaciones de estos elementos necesaria para que se den configuraciones de asociación estables en la memoria? Y a partir de las conclusiones y los estudios les fue posible representar matemáticamente una de las leyes de funcionamiento de la memoria, que tenía que ver con el decaimiento de estas asociaciones en relación con la variable tiempo (figura 81).

Lo anterior supuso otro campo de estudio relacionado con la psicología experimental que buscaba por medio de situaciones ficticias y control de variables, generar y explicar cuáles eran los mecanismos o leyes de funcionamiento del lenguaje, la atención, la sensación etc. El modelamiento clásico en psicología pretendía seguir patrones de conductas a nivel individual, sin embargo, actualmente se han hecho desarrollos que implican miradas epistemológicas y constructos teóricos más complejos que no solamente se limitan al estudio de estos procesos en relación con el individuo mismo, sino que se analizan las situaciones, los contextos, los factores relacionados etc. Es por lo anterior que actualmente los modelos en psicología se hacen de una forma contextual y situada y allí se hacen simulaciones computarizadas de procesos psicológicos y modelos de funcionamiento contextuales "Mediante la simulación por computadora, sobre la base de complejos modelos matemáticos, pueden derivarse predicciones experimentales empíricas la cual propicia la planificación de experimentos cuyo Único objetivo es buscar el valor de los parámetros que figuran en las ecuaciones derivadas de los modelos" (Arnau, s. f., p. 4).

FIGURA 87.
DECAIMIENTO DE ASOCIACIONES - TIEMPO

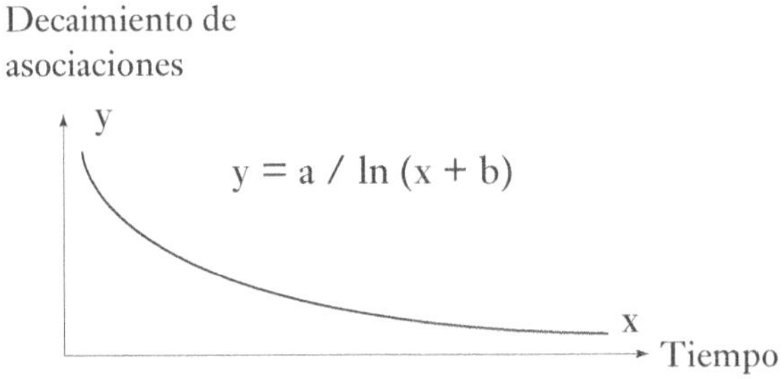

Referencia: Leiser, 1992.

En relación con los modelos clásicos en la psicología eran en su mayoría de tipo estocástico, es decir, se basaban en la escogencia de una variable al azar y la aplicación de funciones de tipo probabilístico. Esto se puede ver en trabajos como el de Fishner, que pudo establecer una relación logarítmica en su estudio sobre la sensopercepción, entre dimensiones físicas (variable independiente) e intensidad de sensación subjetiva (variable dependiente) y se hizo mediante las diferencias mínimas en el cálculo diferencial, a partir de esto fue posible exponer el siguiente modelo que explica lo anterior y que por medio de diseños experimentales fue representado de la siguiente forma (figura 88).

Estos modelos buscaban establecer relaciones para encontrar de qué manera funcionaban y se desarrollaban mecanismos psíquicos, sin embargo, es importante señalar que detrás de estos estudios estaba la psicología en un intento de configurarse como ciencia legitimada, por ello es que los modelos corresponden a un abordaje de lo psicológico que se considera a nivel individual, sin embargo, actualmente se encuentran otro tipo de modelos en psicología que consideran las interacciones y las relaciones entre individuos como otro punto de vista de entender lo sicológico.

FIGURA 88.
SENSACIÓN SUBJETIVA - VOLUMEN

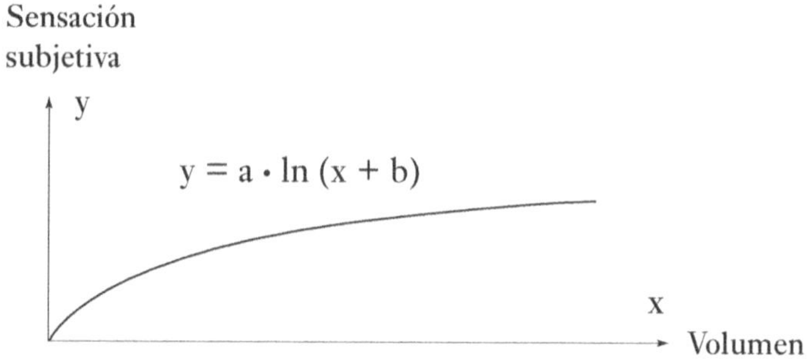

Referencia: Leiser, 1992.

De acuerdo con lo anterior, se puede decir que los modelos parten de suposiciones específicas que han sido enunciadas para caracterizar hechos empíricos muy concretos. La diferencia del modelo de la teoría tiene que ver con esos aspectos generales y específicos; la teoría busca ser un marco explicativo sobre algún aspecto de la realidad, mientras que el modelo representa algo muy concreto y específico de la teoría. Een relación con modelos matemáticos que se han hecho en el campo de la psicología, se pueden señalar los siguientes, citados por Arnau (s. f.).

> Dentro del área de la percepción, se han propuesto modelos muy concretos como el del Nivel de adaptación de Helson (1964); en el área del aprendizaje, podemos citar los modelos matemáticos de Estes (1950) y Bush y Mosteller (1951), que han potenciado la creación y desarrollo de gran cantidad de modelos matemáticos; en el área de la memoria, se puede citar el modelo de Memoria a corto y largo plazo de Atkinson y Shiffrin (1964), y el de Aprendizaje de pares asociados de Atkinson y Estes (1963); por último, en el área de la motivación, tenemos el modelo de Decisión de Siegel (1959), y el de Elección, de Luce (1959). Todos estos modelos son matemáticos, altamente específicos, y

pueden considerarse como teorías particularizadas que se aplican a contextos muy concretos. (p. 8)

Autores como Brown, Sokal y Friedman (2013) mencionan que la psicología puede hacer uso de estos modelos matemáticos en tanto se consideren como una representación intencional de la realidad y no como la realidad en sí misma. Según estos autores, para que los modelos matemáticos en las ciencias sociales y en la psicología tengan algún tipo de validez deben cumplir los siguientes criterios: los modelos matemáticos son útiles en tanto nos permitan simplificar y consecuentemente mejorar el entendimiento de procesos y fenómenos complejos, es por ello que el modelo debe "resumir" procesos en ecuaciones por ejemplo, la evolución temporal de una emoción, o los mecanismos de esparcimiento de conductas; en segundo lugar, el modelo debe ser capaz de extender las asunciones que hace sobre el fenómeno en el mismo fenómeno –valga la redundancia–.

Desarrollos interesantes en el campo de la psicología se han hecho, por ejemplo, en el estudio de la toma de decisiones, Kahneman (2002) citado por Kohan (2008), ganó el premio nobel de economía por presentar un modelo de toma de decisiones económicas, allí presenta que los individuos toman decisiones en entornos de incertidumbre en donde se apartan de principios básicos de la probabilidad, es decir, no actúan bajo la racionalidad de evaluación de costos, beneficios y probabilidades. En vez de esto, el autor propone que hay una serie de heurísticos o "falacias" o sesgos cognitivos a las que acude el ser humano para tomar estas decisiones; la siguiente gráfica representa el siguiente análisis de uno de estos sesgos cognitivos, a los que fue posible modelizar por medio de una función matemática: la función representa la propiedad de generar mayor pendiente en la curva para pérdidas que para ganancias, esto es llamado heurístico de rechazo al riesgo y hace referencia a que una perdida X$ produce más rechazo que una atracción ganancia X$ del mismo valor.

Estudios de este tipo muestran la manera en la que procesos como toma de decisiones, cognición y pensamiento pueden ser estudiadas bajo modelos matemáticos que extiendan el entendimiento de mecanismos de funcionamiento de propiedades psíquicas. Otro de los estudios encontrados en esta revisión tiene que ver con un modelo que busca explicar el papel de las emociones en el esparcimiento de la corrupción dentro de las organizaciones, en este trabajo los autores Smith-Crowe, K. y Warren, D. (2014) exponen este modelo que busca explicar la manera en la que se reproducen comportamientos inmorales, en su modelo está expuesto que esta reproducción sucede de la siguiente forma: se parte de un incidente o violación llamativa, después los individuos "bienintencionados" presentan una ambigüedad moral frente a esta violación.

FIGURA 89.
FUNCIÓN HIPOTÉTICA DEL VALOR SUBJETIVO

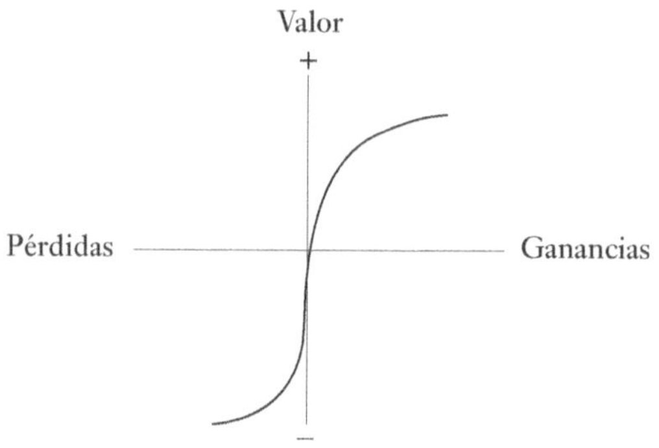

Referencia: Kabneman y Tversky, 2000.

> Los miembros que se identifican con la organización tienden a sentir culpa o vergüenza cuando son juzgados por llevar a cabo prácticas que son inconsistentes con las prácticas corruptas que son mayoritarias en la organización. Tales reacciones emocionales conducen a que los individuos implicados cambien su manera de sentir y pensar para estar en sintonía con la asunción de esos actos corruptos. Al cambiar su manera de pensar y sentir, pasan a experimentar orgullo por los mismos comportamientos y, de esta manera, potencian la espiral de conductas corruptas dentro de la propia organización. (Smith-Crowe y Warren, 2014)

Las anteriores asunciones son expuestas y representadas en un modelo que pretende explicar el funcionamiento y las variables intervinientes en la reproducción de conductas amorales, este modelo agrega una nueva variable en la comprensión de fenómenos psicológicos: la interacción, como se puede observar en el modelo no se considera únicamente la toma de decisión de un individuo sino el funcionamiento de relaciones de un fenómeno complejo.

En esta misma línea de trabajo se encuentran investigaciones como las de Tam (2014) en las que busca generar un modelo de la interacción social con relación al problema de la optimización, es decir, en este estudio se llama la atención sobre los grupos sociales entendidos como un grupo de agentes sociales autónomos que interactúan entre sí para formar un grupo interdependiente como sistema humano. Las dinámicas de interacción pueden varias desde la cooperación, colaboración o los comportamientos egoístas o competitivos que pueden beneficiar o perjudicar al grupo o a los individuos que conforman el grupo.

La autora pretende, en el desarrollo de su investigación, comprender cuáles son las dinámicas de los grupos interaccionales en tanto se hace un análisis computacional de la optimización, entendida como el interjuego entre pérdidas y ganancias relativas al individuo y al grupo. En un ambiente cooperativo, la optimización hace referencia a maximizar las ganancias para los individuos y para el grupo; en un ambiente competitivo, la optimización hace referencia a maximizar las ganancias para sí mismo mientras se minimizan las ganancias para otros individuos. Tam (2014) buscó crear un modelo computacional de la interacción social que incorpore aspectos como las emociones empáticas en la variable de optimización para extender el concepto del sí mismo a los otros.

A partir del modelo encontró que –basado en este principio de optimización cooperativa– las interacciones no pueden lograrse cuando los intereses propios toman prioridad / precedencia sobre otros intereses. Esto lleva a menudo a la destrucción de otros en la competencia social, en lugar de la preservación mutua en la cooperación social. Con el fin de encontrar un comportamiento cooperativo sin violar la optimización se enuncia el principio de autoconservación, que busca establecer el rol de la empatía como una emoción social en la cual el yo individua se extiende para incluir otros agentes (otros individuos) como parte del "yo extendido". Cuando otros individuos están incluidos como parte del yo extendido, la optimización puede tomar lugar en tanto se pueden maximizar ganancias tanto para uno mismo como para otros simultáneamente, sin comprometer los principios de supervivencia que llaman a maximizar las ganancias para uno mismo solo, mientras maximiza pérdidas para otros (porque el yo extendido ahora incluye tanto uno mismo como los demás). Este modelo extendido del *self* que incorpora elementos como la empatía y la compasión puede ser usado para explicar comportamientos en la relación madre e hijo, en relaciones de pareja, etc.

Otro de los trabajos que utilizan modelos computacionales para describir procesos psicológicos se encuentran en el trabajo de Abro, A. H., Klein, M. C. A., Manzoor, A. R., Tabatabaei, S. A. y Treur, J. (2015) que tiene como objetivo describir el rol de la regulación emocional para reducir la influencia de eventos negativos en el humor, en este trabajo los autores mencionan que la regulación emocional es un proceso basado en la utilización de estrategias para controlar emociones negativas y positivas, esta investigación se enfocó únicamente en una de estas estrategias cognitivas que tenía que ver con la estrategia de la reinterpretación, que se define como el proceso en el cual se cambia la manera en la que una persona interpreta un estímulo o situación para alterar la representación semántica de un estímulo emocional en aras de reducir la influencia de tal estímulo. El análisis computacional mostró cómo la regulación de emociones estresantes ayuda a personas emocionalmente inestables a evitar trastornos depresivos y ansiosos.

La simulación computacional se llevó a cabo usando tres tipos de personas en diferentes situaciones, las personas se caracterizaron mediante evaluaciones psicológicas y fueron distribuidas en tres parámetros que tenían que ver con estrategias de afrontamiento, vulnerabilidad, y proyección de humor: Estable, ligeramente estable y muy inestable. En el modelo se evaluaron y utilizaron distintas situaciones negativas para evaluar el rol de estas estrategias, en la primera situación negativa ocurre en un momento determinado y después se evalúan tres semanas a partir del evento negativo, en la segunda situación se evalúa la duración de estas estrategias situando al individuo en experiencias negativas cada tres meses por un año y, finalmente, en la tercera situación se evalúa el efecto en términos de duración del evento negativo. Se realizan distintos cálculos para cada situación, en relación con esto se muestra el análisis del primer escenario.

Estos son los resultados para cada persona que muestran las simulaciones en el caso de que los eventos negativos ocurran cada tres semanas por un año, se muestran comparativamente los resultados entre personas y entre la presencia o ausencia de regulación emocional. En relación con la simulación computacional sirve para entender, describir o predecir cambios en las dinámicas psicológicas, sin embargo, se deben hacer visibles que las relaciones solo representan estados o hipótesis y son hipótesis de un observador determinado.

TABLA 13.
RESULTADOS DE SIMULACIÓN PARA UN CASO CUANDO OCURREN MALOS EVENTOS CADA TRES SEMANAS DURANTE UN AÑO

	Person 1		Person 2		Person 3	
	Without emotion regulation	With emotion regulation	Without emotion regulation	With emotion regulation	Without emotion regulation	With emotion regulation
Minumun	0.7608	0.7818	0.4465	0.4829	0.0027	0.0041
Average	0.7929	0.7942	0.4706	0.4925	0.0038	0.0052
Maximun	0.8018	0.8002	0.4947	0.5042	0.0049	0.0063

Referencia: Abro, Klein, Manzoor, Tabatabaei y Treur, 2015.

En conclusión, según Hommel (2006), la modelización representa la forma más "científica" de teorizar y la cantidad de teoría que se hace con la modelización es la evidencia del desarrollo que ha tenido esta herramienta en la disciplina. Los trabajos de modelización sirven a menudo para presentar asunciones teóricas de una forma más explícita y estas pueden ser puestas a prueba ante diferentes variables de estudio, lo que a su vez puede generar nuevas hipótesis y vías de investigación idealmente, sin embargo, en muchas ocasiones no se utiliza el modelo para estos propósitos, sino que el modelo juego un papel mínimo dentro de las áreas de investigación. En el caso de la psicología, existen modelos comportamentales acerca de compatibilidad entre estímulo y respuesta y cómo ciertas combinaciones permiten un mejoramiento respecto a otros, modelos sobre el funcionamiento de los procesos psicológicos y sus leyes generales de funcionamiento –desde ciertas perspectivas epistemológicas- y modelos que pretenden simular y predecir cambios y dinámicas de comportamiento; las limitaciones de estos modelos residen en dos aspectos principales: la primera tiene que ver con el punto de vista desde donde se construyen los modelos, en términos de metodologías o herramientas no resulta bueno o malo, más bien es una herramienta cuyo propósito no debe ser solo describir y representar el modelo sino lograr hacer e impactar positivamente con él, ya que conectar los desarrollos teóricos con la aplicación y la práctica de los mismos se hace necesario.

MODELIZACIÓN EN GEOGRAFÍA

En el transcurso de la geografía se ha manejado el tema de *modelo* desde una visión clásica como una forma de interpretación de la realidad mediante una serie de hipótesis que de cierta manera buscan construir diferentes formas de visualizar y trabajar el entorno, determinando a su vez los tipos y características que ayudan en el gran abordaje teórico metodológico dentro de las ciencias sociales y humanas en busca de las interpretaciones más acordes a los propósitos del investigador. De esta manera, en geografía los *modelos* implican responder a la definición formal del término y las formas de construcción de los modelos y de sus aplicaciones en los diferentes campos de la geografía. El autor principal que habla acerca de estas construcciones metodológicas es David Harvey, el cual en su texto *Teoría, leyes y modelos en Geografía* (Harvey, 1969) nos muestra los conceptos y las construcciones relacionadas con modelo, tipos de modelos explicaciones de los sistemas, además de algunos ejemplos relacionados con la teoría general de sistemas.

Para iniciar, es clave resaltar la explicación teórica que tiene el término 'modelo', qué significa y cómo se refleja en la geografía; así, el significado de modelo es prácticamente una *interpretación de la teoría* la cual está siempre condicionada por *la función* y *el uso* que se le dé (Harvey, 1969). Esto quiere decir que la finalidad última del modelo junto con la teoría es desarrollar una interpretación conjunta de la realidad y acorde a los *intereses* del investigador sustentados en un paradigma. De este modo, se busca entrar en la explicación del modelo, el cual entra en la realización de un puente conector entre *teoría* y *funcionamiento*, manteniendo cierto grado interdependencia; de esta forma, las *variables*[151] que se manejen en este puente articulador van directamente relacionadas con el grado de utilización de la teoría, ya sea para probar o para diseñar un nuevo modelo científico que ayude en la explicación de la realidad mediante el modelo previamente desarrollado.

Ahora bien, entrando en la explicación de los tipos de modelos, es clave resaltar que estos se encuentran en una gran caja de herramientas teórica y metodológicamente muy amplia; cada ciencia utiliza un tipo de modelo de acuerdo a sus necesidades y a su forma de representar la realidad. Según

---

15 Entiéndase por variables los objetos con los que se planea comprender la realidad.

Ackoff (1932), los modelos dentro de las teorías sirven como herramientas simbólicas para entender lo que la teoría de carácter simbólico quiere indicar. A continuación se explicarán los tipos de modelos nombrados por Ackoff (1962).

– Icónicos: hacen referencia a los modelos de utilización de los mismos datos, pero manejados en diferentes escalas.

– Análogos: cambian el material para construir el modelo.

– Simbólicos: comprenden la realidad mediante sistemas simbólicos, por ejemplo, los símbolos de las ecuaciones matemáticas.

Como ya se había mencionado, los diferentes modelos que existen van acompañados de una comprensión sistémica y de la complejidad que se le da a la hora de abordar la realidad; este avance se realizó gracias a los aportes de Chorley que permitieron modelos más avanzados por medio de los campos *historiográficos* y *sistémicos* a la hora de estudiar y entender los modelos; esto en pocas palabras es utilizar la base de modelo análogo de Ackoff, pero en una escala experimental con base en modelos matemáticos (Chorley, 1967). Los sistemas de estos modelos fueron los siguientes:

– Sistema natural análogo: que tiene como base un estudio historiográfico y de lugar.

– Sistema físico: el cual es el estudio o modelo de las ciencias por medio de modelos matemáticos (determinista y estocástico) y los modelos experimentales.

– Sistema general: como observación y análisis de la estructura del paisaje en donde ve los objetos de este interrelacionados.

MODELO EN GEOGRAFÍA

De esta manera, los modelos que fueron acogidos por las *ciencias naturales* y *sociales* son tomados y ajustados, según las preferencias del investigador, a la teoría y al desarrollo en el contexto real. En el caso de la geografía, el desarrollo del modelo ha tenido varias visiones un tanto negativas, pues a la hora de aplicarlas teóricamente se toman de manera desmedida y sin tener en cuenta el paso por la experimentación *empírica*, lo que deja como resultado una visión muy cortante y sesgada en la explicación de fenómenos sociales o del entendimiento de la realidad en donde, según Chorley (1967), en el *sistema natural análogo* conceptos de la geografía como la geomorfología (estructura, formación y cambio de la corteza terrestre representado por las montañas o sistemas orogénicos) y la geografía del asentamiento dejan representaciones parciales de la realidad basadas en un modelo que se volvió importante a la fuerza, sin haber pasado por la evidencia empírica.

De esta manera, Chorley sugiere que "las diferentes concepciones de modelos son exactamente a una clasificación de modelos [...] los diferentes tipos de modelos tienen propiedades y aptitudes diferentes para representar las situaciones que se dan en la realidad" (Chorley, 1967).

Es así como los geógrafos han manejado el uso y el concepto de modelo de una forma poco segura, ya que la utilización de modelos es vista como un resultado no muy cercano de la realidad, no sin antes ponerse a prueba por medio de una teoría, la cual en la geografía no se ha construido o no tiene un desarrollo explícito, quitándole valor y haciéndola llevar a la desdicha por no tener claros los límites de la teoría. Así, es claro resaltar los vacíos que presenta la teoría en geografía y de igual manera su representación hacia la realidad por medio de un modelo de base apriorística, lo que hace inevitable su uso en geografía debido al poco avance de la teoría dentro de la disciplina (Harvey, 1969).

El enfoque biológico llegó a la geografía bajo una orientación de tipo *biológico y ecosistémico* desarrollado por una epistemología positivista en donde se trata de tomar elementos de las ciencias naturales en las explicaciones sociales, tales como la documentación del crecimiento urbano y demográfico en el espacio geográfico representado como un organismo que, necesariamente, para sobrevivir requiere de un "espacio vital". Esta idea fue interpretada por la geografía, la cual durante el siglo XX ayudó a las teorías colonialistas y expansionistas de los países europeos bajo la rama de la geografía ambiental o determinista. De este modo, fue un error en su aplicación lo que le hizo entrar en un modelo no viable para la explicación *organismo-ecosistema*, pues la aplicación errónea de esta teoría se debe, en palabras de Stoddart, a que nunca se establecieron sus límites teóricos, es decir, no se determinó hasta qué punto la región tenía propiedades orgánicas y cuáles de sus aspectos se explicaban por medio del modelo biológico (Stoddart, 1967).

De esta manera, se puede ver cómo el proceso de modelización es el puente en donde se ven representadas las interacciones o el fenómeno en la realidad para poder llegar a la construcción de inferencias por medio de la teoría. En este punto se puede resaltar la importancia de tener una buena construcción teórica que ayude a desentrañar las conjeturas que se quieren analizar de un fenómeno y que no contribuya solamente a la consolidación de la teoría, sino también a darle mayor fortaleza al proceso de modelización dentro de la geografía, la cual ha estado limitada por razones apriorísticas en sus indagaciones.

El *modelo probabilístico* propone el cálculo abstracto, pues con este puede representar problemas de la geografía bajo una difícil construcción de reglas que el geógrafo predispone para una validación o representación en la realidad; significó una atención que requería de la funcionalidad correcta del modelo, ya que evidenciaba la aplicación adecuada de las leyes para poder construir el medio de representación de la teoría en la realidad. Este modelo tiene como lógica una red de araña tal y como la conocemos, en donde cada intersección de esta red son los llamados nodos, los cuales concentran cierto tamaño de información y a su vez un lugar de jerarquización dentro del modelo. Esta lógica de red es muy utilizada en la geografía de enfoque positivista, en donde la modelización de esta red permite entender teorías acerca de lugares centrales determinados por la jerarquización en prestación de servicios, es decir, del número de relaciones que mantiene este lugar central con sus nodos vecinos de menor jerarquía, y así sucesivamente.

De esta manera, el reto de la geografía consistía en la creación o formulación de una teoría propia que evitara los problemas, con base en la aplicación de modelos que no representaran con claridad la teoría geográfica en la explicación de la realidad, lo que dejaba al geógrafo vigilando eternamente el modelo. A partir de este problema, la geografía se abrió paso gracias a la construcción de un modelo por medio de la descripción, un *modelo descriptivo*, donde su medio de representación es el mapa. Por consiguiente, la utilización de este y la representación de objetos en el espacio a través del papel abrieron el camino a la predicción por medio del trazado de vías, ríos, redes de transporte y la graficación de ciudades en un uso *a priori* mediante el acto puro de la percepción del paisaje como pieza fundamental en la construcción de un modelo con bases hipotéticas de la experiencia y contrastándola con la realidad.

Por consiguiente, el modelo descriptivo en geografía se afianzó por medio de la observación y el sentido empírico con el que el investigador iba a campo, en donde el trabajo de campo le abría los sentidos en términos de experiencia e imaginación claves para la creación de preguntas e hipótesis sobre las relaciones y funciones que cumplían todos los objetos, personas y lugares que en la realidad se generaban en sí. Pero ¿qué es la realidad?, ¿qué es el mundo real? El significado está en el concepto apriorístico nacido de la imaginación y en la lógica de nuestro cerebro para crear hipótesis del lugar donde nos encontramos, señalando un espacio en el cual los objetos, entendiéndolos como seres vivos y no vivos, cumplen un papel funcional dentro de este y están relacionados bajo una base de relaciones causales.

De esta forma, la concepción empirista abierta a los sentidos tiene una gran importancia para ir construyendo hipótesis, preguntas de investigación o dudas con las que uno se encuentre y sean claves para la realización de un trabajo de campo. De esta manera, el control para recoger, recopilar y manipular información es más sencillo y sin tantas interferencias como lo hacían los modelos de otras ciencias dentro de la geografía, dejándola de cierta manera "coja" por no tener un modelo que fuera muy aplicable a la realidad. Por lo tanto, la obtención de los datos descritos anteriormente brinda una construcción de filtros que permiten determinar si la hipótesis planteada por el observador tiene valor en la realidad, pues es un proceso que nos da como resultado la verificación de la hipótesis construida previamente. Los filtros para esta verificación son los siguientes:

– Definición: es la codificación de la realidad, que nos proporciona reglas, por lo cual es necesaria para poder especificar los significados de la realidad y de esta manera relacionar todo lo recopilado por el trabajo de campo con su especificación realizada previamente y ofrecer reglas de correspondencia de las cosas (Ackoff, 1962, p. 175).

– Medición: de igual forma, la medición es descrita desde varios autores y cada uno la define de diferente forma; sin embargo, aquí se tomará la posición de Ackoff quien propone una versión propia para la explicación de la medición y es muy acorde a todo lo que gira en torno a lo que se refiere a modelo en geografía; lo anterior consiste en un "proceso mediante el cual obtenemos símbolos que pueden representar el concepto definido" (Ackoff, 1962, p. 177).

De esta manera se tiene en cuenta que la medición es una herramienta que permite la obtención de datos y la asignación de valores a los objetos que estemos tratando; así, puede que la medición sirva o no para la investigación, pero es necesario hacerla para encontrar y resaltar una propiedad del objeto en cuestión, aunque su precisión en términos de veracidad de los datos no se requiere; esto se basa en que son solo cifras y no aportan en casi nada para el estudio (Morgenstern, 1965, p. 8).

– Clasificación: se define a sí misma como una serie lógica de orden y coherencia en el enorme flujo de información que recibimos de la realidad y de esta forma poder sacar hipótesis, agrupando así la información en clases o conjuntos para mantenerla como ayuda y enfrentarnos a la realidad.

De igual forma, así como se clasifica la realidad, a veces los geógrafos olvidan para qué se realizó y bajo qué parámetros; un ejemplo obvio puede ser la clasificación de suelos, de ciudades y de usos del suelo, en donde se establece un orden de estas categorías conforme a una visualización de los objetivos que queremos representar. La clasificación en geografía tiene que ser una herramienta de orden que sirva en cierta medida a la realidad mediante la elaboración de un proyecto; la clasificación se basa en una rigurosa lista de objetos que estén en estabilidad, pero no tan amplia para que esta no sea olvidada por la disciplina (Harvey, 1969).

Por otra parte, los *modelos descriptivos* o los *modelos causales* implican una ley de causa-efecto en geografía, o lo que normalmente llamamos prueba y error; de esta manera se establecen reglas de correspondencia de los objetos, las cuales constituyen la creación de reglas de inferencia para describir sus relaciones y por lo consiguiente podemos examinar la estructura lógica de análisis real, lo que denominamos la ley causal. Así, el enunciado causal es la ley y la forma más común para poder expresarla es: $A\text{->}B\,/\ B\text{->}C\,/ = A{=}C$ (tomado de Stodar, 1967); por medio de este ejemplo clásico se crean unas leyes de inferencia causal la cual es aplicada a los modelos causales, dejando así una manera de pensar de carácter hipotético mediante el pensamiento que ha construido el sujeto por medio de la experiencia. Sin embargo, la aplicación de muchas leyes de inferencia en un sistema genera algunas limitaciones en torno a la cantidad de leyes que se le pueden atribuir. En cierto punto, la saturación de leyes de inferencia no permite la realización del modelo, por lo cual es necesario cerrarla o aislar los subsistemas, tal y como lo menciona Bunge (Harvey, 1969).

De esta manera, la argumentación causal es una teoría en donde se maneja una forma de explorar la realidad mediante la cual no se necesita de una teoría propiamente, sino simplemente una serie de hipótesis relacionales por medio de la experiencia. Pero ¿cómo se maneja el argumento causal en geografía? En este apartado entra el estudio de los modelos explicativos en geografía y su relación con el determinismo geográfico por medio de la causa efecto, lo cual sigue las mismas instrucciones, un conjunto de datos iniciales probabilísticas y se realiza unas deducciones deterministas. Para explicar este aspecto y resaltar la definición de eso que se llama *determinismo* hay que retomar a Nagel y a lo que significaba este aspecto para los geógrafos: "Los geógrafos estudian fenómenos que están relacionados" (Nagel, 1961); esto quiere decir que sus interrelaciones son causales, causales en términos geográficos correspondientes al medio ambiente y la sociedad. De este modo, por medio de esta aplicación de causa y efecto se armaron debates entre los geógrafos posibilistas y los geógrafos deterministas en torno a la definición de "causa y efecto", los primeros de corte descriptivo y los últimos de corte causalista.

Por otro lado, la *explicación funcional* es una de las más comunes en los análisis geográficos, ya que en ella se han desarrollado ideas que han sido impuestas en el espacio ya sea en Europa o en América bajo premisas de la función que desempeña una ciudad, localidad o región para el avance económico explicadas por medio de la "función de lugares centrales de los geógrafos positivistas". Esta explicación del modelo funcional tiene como misión una explicación de la *función* que desempeñan los objetos tanto naturales como sociales y es clave resaltar en este apartado el concepto de región como un todo funcional de Malinowski (Leach, 1957, p. 136), según el cual la región se entiende como la suma de sus partes y a su vez tiene funciones que el geógrafo tiene que ver y descubrir (Harvey, 1969).

Una de las cosas que más han generado crítica dentro de esta concepción del funcionalismo es un total distanciamiento en términos mitológicos y filosóficos en lo que se refiere el fin de la explicación funcional; en este sentido, para ayudar en el entendimiento de este problema es clave resaltar que el funcionalismo metodológico descansa en aciertos, demostraciones empíricas y objetivos a través de hipótesis construidas previamente por el modelo de sistema causal lo cual le da valor a la interacción y retroalimentación de los sistemas complejos, mientras que el funcionalismo *a priori* descansa sobre supuestos que no aportan metodológicamente a la geografía en la construcción de un modelo de entendimiento a la realidad.

Ya por último el análisis de estos modelos explicativos descansa en un sistema, pero ¿Qué es un sistema para la geografía? Para los geógrafos, definir qué es un sistema es muy importante: "un sistema es un conjunto de elementos que se distinguen por atributo, conjunto de relaciones de los atributos y el conjunto de atributos y entorno" (Harvey, 1969). De esta manera, el sistema tiene que estar cerrado para su posterior análisis y realizar un proceso que viceversa de abstracción/análisis. Una vez explicado el concepto de sistema para geografía, es necesario resaltar que se desarrollaron en un intento de unificar el conocimiento y de distinguir sus elementos, se utilizó el concepto de isomorfismo y homorfismo para determinar la relación que tenían los elementos del sistema, de esta forma: Isomorfismo es cuando un elemento sirve a un segundo elemento y este tiene la posibilidad de regresar, mientras tanto el término homorfismo hace referencia a un objeto que al cambiar a otro no puede regresar o recibir retribución del segundo objeto.

Por último, la realización y aplicación de la teoría general de sistemas es propuesta como una manera de entendimiento del mundo real en todos sus aspectos mediante el manejo adecuado de modelos y de funciones necesaria; así, la teoría general de sistemas es *isomórfica*, lo que significa que es una relación ambigua de dos objetos en el sistema, de grado empírico deductivo por medio de la recolección de objetos y de una información previa y de la construcción de una serie de hipótesis dejando claro que es el modelo más cercano a la comprensión del mundo o cercana a este, pero con la gran ventaja de relacionar varios sistemas para tener una visión más clara de un fenómeno en específico. De este modo, la teoría de Von Bertalanffy de carácter empírico intuitivo y la de Masarovic de postura analítico-deductiva tienen varias visiones acerca de la construcción de conceptos sistémicos que son analizados en la teoría general de sistemas.

MODELIZACIÓN EN GEORREFERENCIACIÓN

La modelización en los sistemas de información geográfica (SIG) y su aplicación en la georreferenciación parte de la evolución tecnológica e intelectual que se originó en la mitad del siglo pasado gracias a los avances que se hicieron durante la carrera espacial que llevaban los Estados Unidos y la Unión Soviética; merced a este avance en la tecnología, se pasó de un proceso manual de elaboración de mapas a un proceso digital en donde se manejan los datos almacenados por medio de un software que permite manipular los datos y realizar su respectivo análisis (Gordillo, 1998).

De esta forma, el funcionamiento de los sistemas de información geográfica parte de la entrada de datos y su estudio en términos de la calidad de lo que representan; así mismo, la manipulación de estos hace pensar que se está en un proceso de análisis y procesos de salida de información ya analizada de estos datos. Un cambio importante posteriormente fue la aparición de los "sistemas de datos especiales", los que permitieron realizar un base de *datos relacionales,* entendiéndose como información superpuesta con el gráfico, en este caso el mapa definido; así, la aplicabilidad del SIG se amplió de tal manera que se desarrollaron mecanismos de almacenamiento y de recuperación eficientes provenientes de las herramientas de imágenes satelitales y sensores remotos (los dispositivos que brindan información capaz de ser manipulada en la elaboración de un mapa).

En este sentido, surgieron problemas en torno a la brecha del especialista y el usuario en términos de la complejidad de la realidad geográfica que se modela y los documentos salidos del desarrollo de esa aplicación (Gordillo, 1998), por lo cual el costo de realizar un modelo que recopile la información de los datos vector de carácter editable y ráster de un componente más tecnológico satelitalmente y no tan editable, ha desarrollado un encapsulamiento y abstracción de datos relacionándolos por medio de un método polimórfico de datos que son de características multioperables (Olaya, 2014), es decir, sus atributos pueden ser manejados por varias herramientas y software mediante el valor de algoritmos a los datos.

Siguiendo esta línea de explicación, sale la pregunta ¿cómo se modela en los sistemas de información geográfica? Es una tarea compleja, ya que la construcción de un modelo teórico que sirva para representar la realidad mediante la obtención de datos para luego ser manipulados y sobrepuestos sobre mapas lo limita en la cantidad de datos y de igual manera en sus análisis. En esta parte se entra en conflicto, ya que la realidad al ser finita es representada por medio de datos (numéricos para que el SIG pueda interpretarlos), los cuales son finitos, lo que deja claro que en el modelo no se toma todas las variables a representar, simplemente unos datos que sirven para un análisis pertinente (Olaya, 2014). De esta manera, la transformación de la realidad a una serie de datos cuantitativos pasa por un proceso de *modelización geográfico*, el cual nos da razón del comportamiento real; de igual forma, un *modelo de representación* de datos que traspase lo que la realidad manifiesta a una serie de identificaciones numéricas, y por último es un esquema de *modelo de almacenamiento* de estos datos.

Explicando de manera más detallada el modelo geográfico, este utiliza variables matemáticas con base en una función escalar la cual se puede ver claramente como la toma de temperatura, de precipitación o presión atmosférica como elementos de la geografía física las cuales sus valores se muestran por medio de caracteres cuantitativos. De igual forma se presenta bajo una función vectorial cuando le metemos variables como dirección y velocidad a las variables físicas del ambiente y que son representadas bajo la forma (x.y). Por su parte, otra manera de representación en este campo son las entidades discretas como esquema de espacios vacíos en el espacio que van siendo rellenados con variables que no necesitan valor número haciendo que su representación sea de carácter cualitativo, como las vías, ríos, ciudades, etc.

En los modelos de representación encontramos las formas de plasmar el espacio geográfico y sus atributos, de esta forma se representan mediante la aplicación de distintos datos o superposición de estos ya que la suma de información en la forma de representación genera mayor detalle partiendo de algo tan simple como una representación discreta de una entidad como una vía y una de variable matemática como la topografía en la que se encuentra esa vía (Olaya, 2014). En este proceso encontramos los modelos de representación como los ráster y los vectores, los cuales trabajan dependiendo del tipo de información que más se les ajuste; se deja claro que ambas pueden trabajar un mismo tipo de información.

De esta forma, el modelo ráster se basa en una división del espacio, algo así como un tablero de ajedrez y el modelo vector como una representación por medio de las figuras geométricas que representan las entidades. Cabe resaltar que existe cierta similitud en torno al carácter cualitativo del modelo vector y carácter cuantitativo del modelo ráster, ya que en las celdas de este último se pueden dar valores que son representadas bajo un patrón de colores (oscuro a valores altos y colores claros a valores bajos), además de presentar debidamente la superposición de imágenes de satélite Landsat para un estudio bajo esas condiciones de SIG. Mientras que por el otro lado el modelo vectorial la utilización de puntos, líneas y polígonos son formas de modelizar el espacio y de dar valores mediante una tabla de atributos lo cual hace que tenga esa variable cuantitativa (Olaya, 2014).

Por último, los modelos de almacenamiento que consisten en cómo pasar esas representaciones a modelos de almacenamiento de una manera más eficiente de un soporte digital a un computador, tienen que tener la función de no ocupar mucho espacio y de ser muy eficiente a la hora de utilizar sus datos (Olaya, 2014). De esta forma, el modelo ráster es el más pesado, ya que trabaja con bases de datos numéricas y con datos espaciales de los sistemas de información, así se puede trabajar en una forma de modelización muy bien estructurada dejando claro que hay elementos cuantitativos y cualitativos que pueden ser representados por medio de varias herramientas, además de contar con la superposición de información recopilada. En este sentido, los formatos de datos ráster y sus representaciones en los mapas digitales parten de que el contenido de estos formatos de recolección de información es muy similar en algunos aspectos, así como difieren en algunos otros, lo que hace que al final su modelo de almacenamiento sea más complejo que el otro por la cantidad y tipo de información que representa y esta guardada en su memoria.

MODELIZACIÓN EN SOCIOLOGÍA

Para entender la modelización en la sociología hay que tener presentes las nociones de causa y la noción de orden causal desde una explicación filosófica la cual ha ayudado en la formulación y análisis de los problemas sociales vistos y estudiados desde la sociología. Así, desde sus orígenes explicativos y demás, la relación causa efecto ha estado vinculada con las relaciones experienciales de cada ser humano en el transcurso de su vida, las cuales le ayudan a sustentar las relaciones con base en sucesos ya experimentados, según Piaget, en los niños, en donde la experiencia propia le proporciona al individuo las herramientas para entender la *continuidad* y el *cambio*, entendiéndolas como resultados de esa experiencia previa; así, podemos ver que en el trascurso de la vida de una persona los sucesos le proporcionan la experiencia necesaria para poder realizar las conjeturas de causación y cambio de un fenómeno social.

Por medio de esta aproximación se entiende que la modelización, entendida y estudiada por la sociología, pasa a través del registro de experiencias y de situaciones que nosotros recuperamos de la realidad, y así se entiende el análisis causa efecto como concepto fundamental dentro del análisis sociológico, en palabras de Rusell. Sin embargo, como ocuure en algunas de las ciencias sociales en su abordaje conceptual de la modelización, la sociología ha adoptado nuevos enfoques epistemológicos y metodológicos para la lógica de la investigación analítica por medio de la encuesta como herramienta, dejando a su vez la problemática la desproporción *teórica explicativa* la cual se fundamenta principalmente del conocimiento empírico, fundamental para el proceso de modelización en ciencias. Este alejamiento entre teoría social sin fundamentación empírica muestra resultados negativos a la hora de aplicar modelos que sumados a las demás ciencias dejan como un visible resultado una debilidad teórica a la hora de formular modelos o explicaciones a los fenómenos sociales sin una base empírica muy fuerte dejando varias preguntas acerca de la fundamentación teórica a la hora de enfrentar a la realidad García Ferrando (1985).

Vista ya la parte teórica e histórica de la causación y de la noción de causalidad como pieza fundamental en la explicación de hechos sociales, para la sociología es clave determinar cómo se modela un problema social en la realidad. En primera medida, se requiere aclarar que el sociólogo está interesado principalmente en el cambio o la relación social que se presenta en el mundo; para esto, no se basa en los fines del hombre, sino en el marco de interacciones y relaciones que el hombre crea y establece en sociedad. Es decir que no se podría hacer un análisis sociológico en totalidad si se toman en cuenta aspectos muy individualistas ya que entraría en cierta contradicción con su enfoque disciplinar, para esto centrar en el estudio de la sociedad es clave, rescatando sucesos personales los cuales son representados cuando estos llegan a la realidad crean en si una amalgama de relaciones con otros individuos y así generar las dinámicas sociales dignas del campo de estudio de la disciplina.

Con este propósito, los fenómenos sociales, el medio donde se recrean, son un entramado de realidad física y sociohistórica, lugar donde se establecen los fenómenos sociales de características históricas y físicas, ya que depende de un espacio donde desarrollarse y mutar, mientras en su componente histórica es la transformación de dicho fenómeno y como se ha representado a través del tiempo en el espacio. Aun así, en sociología los fenómenos se resisten a las explicaciones sencillas y abordajes aislados; por esta razón se tienen que abordar metodológicamente de manera muy amplia e incluyente. Un ejemplo de este concepto puede ser la explicación social del capitalismo en algunos países del mundo, ver las relaciones sociales por las cuales el capitalismo se pudo desarrollar muy profundamente en algunos países, mientras que en otros su desarrollo no fue tan profundo.

Para poder entender este modelo causal es necesario tener una teoría que lo pueda soportar y sustentar; de esta manera, la *teoría tipo ideal* ayuda en la especificación del factor desencadenante de las relaciones o interacciones de las experiencias sociales para el entendimiento de los fenómenos sociales. Al respecto, Mac Iver mantiene que el modelo podría ser de contrastar las teorías suponiendo un cambio o ajuste del modelo para poder llegar a las evidencias que requiere el investigador. De esta forma se cumple con el objetivo de diseñar un modelo experimental el cual mantenga las bases comparativas. Así, el sociólogo busca en primer lugar una explicación de lo que se quiere responder, es decir, una correcta interpretación de la realidad para llegar a su fin último y, en segunda instancia, la identificación de una situación donde no estaría presente el fenómeno en donde determinar una situación comparable podría ayudar en la aclaración de situaciones posibles.

Repasando un poco la concepción de la causalidad y del análisis causal dentro de la sociología como modelo de estudio de los fenómenos sociales, el sociólogo está imposibilitado en la realización de experimentos sociales y es de esta manera como se presenta este marco metodológico para poder vincular una buena teoría con la lógica causal y poder llegar a realizar una prueba universal de causación para poder hacer una reconstrucción social de los fenómenos sociales razón por la cual se fija mucho de la sagacidad del investigador, además del bagaje cultural e intelectual con que el sociólogo pueda establecer los criterios necesarios para poder llegar a una correcta lectura de la realidad por medio de la lógica de la causalidad en la sociedad. Ante esto, las ideas de Iver y Weber ayudan bastante en la explicación de la causalidad y de la formulación de modelos que ayuden a sustentar estas ideas en la realidad, además de brindar la inspiración científica que se necesita para poder ayudar en la construcción teórica donde se puedan realizar experimentos causales que creen una fuerte relación entre teoría y modelo causal en la realidad.

Para entender la forma de modelación de estos fenómenos causales es necesario ir directamente al autor que más ha desarrollado esta metodología para el desarrollo del entendimiento social tanto para sociólogos y economistas por medio de la *correlación y causación* de Herbet Simon con base en el análisis correlacional de causalidad como metodología de investigación social empírica. Ante esto, el trabajo realizado por simón está ligado directamente al análisis causal dentro de la sociología y en la econometría representada por medio de la modelización en donde se busca que la noción de causa pueda ser utilizadas por los investigadores sociales de una manera muy fácil y sencilla que pueda llevarla como un instrumento para poder enfrentarse de manera empírica y de sentido común al estudio relacional de variables sociales plasmadas en la realidad planteando de esta manera la nación de causalidad en el contexto teórico en las nociones científicas.

Para esto es necesario profundizar las diferencias y las vías por dónde van los dos conceptos de *causalidad* y de *correlación*, el establecer similitudes y sinergias es de vital importancia para en entendimiento científico y de su forma metodológica de desarrollo. Así, en primera medida se puede ver claramente que son nos definiciones separadas en donde la causalidad es establecida primeramente por la teoría en donde se busca una explicación formal del fenómeno. Y la correlación es la función donde se crean variables en base empírica, cuestión que ya se había hablado acerca del carácter empírico y de la destreza científica del investigador en donde se busca que esta pueda predecir y razón por la cual simón le da especial interés ya que el busca determinar cuándo una correlación de dos variables ofrece evidencia para una causalidad.

Para poder entender la idea de Simón, se presenta la siguiente gráfica en donde se toman en cuenta las variables exógenas y endógenas en donde mantienen factores no medidos que hacen influir en estas variables, manteniendo también una jerarquía entre variable exógena y endógena que se ven representadas en el fenómeno:

FIGURA 90.
ANÁLISIS Y MODELIZACIÓN EN SOCIOLOGÍA

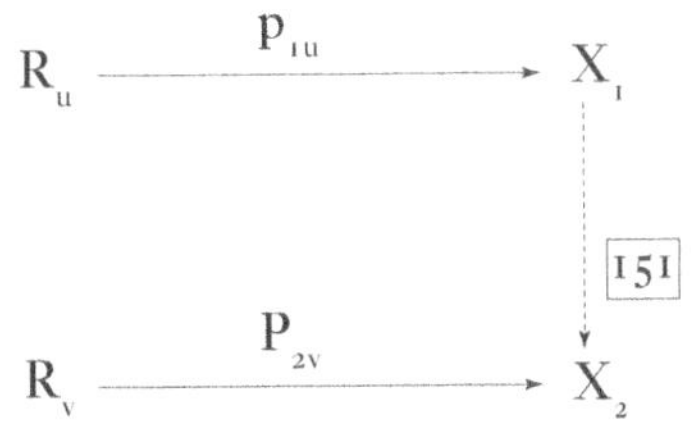

Referencia: García Ferrando, p. 151.

En palabras de García Ferrando (1985), para poder entender el modelo de Simón se dice que tanto las X1 como las X2 representan la variable endógena para la primera y la variable exógena para la segunda, en donde la exógena aporta cambios y situaciones a la primera, los cuales esta no puede medir. Por otro lado, cada variable, exógena o endógena, presentan *términos residuales* que no pueden ser medibles y que generan un impacto representados por P en el anterior modelo. De esta manera, se puede determinar la dirección en la que va la relación causal, que en este caso es de X1 a X2, donde ninguna de las variables que interfieren en estas dos se relacionan entre sí: Rv y Ru.

En las ciencias sociales, la problemática del aislamiento de variables es mucho más compleja por razones metodológicas de los investigadores, los cuales tienen el libre albedrío de escoger los límites de los fenómenos sociales que ellos quieren investigar, ya que estos límites no están muy bien representados espacialmente, y esto podría verse como una manera de sesgar la información histórica con la que se presenta la realidad. El imponer límites en un fenómeno tiene cierto orden de escala en el entramado histórico, ya que puede también desechar variables que interferirían en el fenómeno sesgando el proceso de causación, y así negar o limitar la información necesaria para la explicación del fenómeno social. Sin embargo, la experiencia previa juega un papel importante a la hora de definir los límites sociales del fenómeno, ya que define las variables relevantes necesarias para su entendimiento y desecha variables que aunque perjudiquen el proceso de modelización tendrán un impacto mínimo en la explicación del fenómeno; para esto se tiene que construir un modelo restrictivo *a priori* en donde se deje evidenciado que las cosas desechadas realmente no son importantes para el modelo ya más general con sus reglas y límites previamente establecidos.

Otro modelo que puede ayudar en la selección de variables para la investigación es el de Blalock, en el que se trata de conseguir información de una serie de variables las cuales nos aportan datos experiencialmente ya tenidos en cuenta, dejando atrás los datos residuales que no interfieren de una manera tan directa en el modelo; es decir que el modelo ya está previamente establecido para realizar las correlaciones, dado que mantiene una serie de experiencias muy fuertes (García Ferrando, 1985).

FIGURA 91.
ANÁLISIS Y MODELIZACIÓN EN SOCIOLOGÍA. MODELO DE GOLDBERG

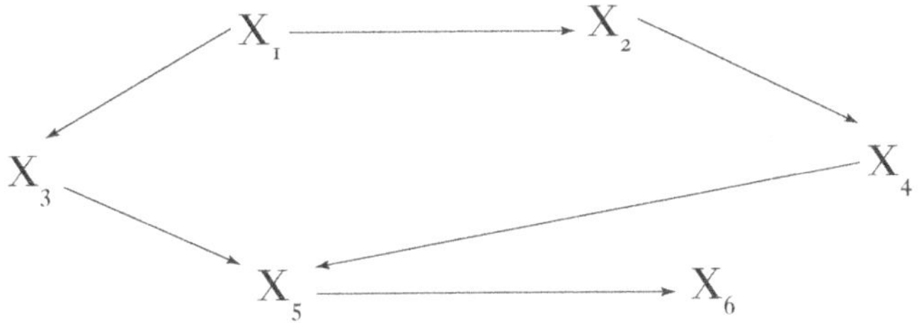

Referencia: García Ferrando, 1985, p. 155.

En este ejemplo se tienen como referencia las intenciones de votos de una familia, en donde X6 es la persona o proyecto político que se ha presentado en la contienda electoral, mientras que X1 hasta X5 son las personas miembros de una familia, los cuales conocen las intenciones de voto de los demás. Al no tener datos residuales, es mucho más sencillo determinar la correlación de las variables hasta poder llegar a determinar las afiliaciones y características sociológicas de cada variable y terminar en la intención de voto de X5 con X6, ya recogiendo las experiencias previas de características sociológicas y de afiliaciones del partidos de todas las demás variables. Como conclusión, de este modelo se podría decir que se puede mejorar aún más y obtener como resultado un modelo lineal que determine si es necesario tener la aplicación de una o más variables, aun formados supuestos previos que no necesiten de la manera de medición de intervalos y en donde no se hayan producido errores en la medición de dichas variables. Aun así, estos modelos de causalidad con restricciones entre variables no ofrecen al investigador una amplia gama de resultados provechosos.

Respecto de la modelización causal dentro de la sociología y otras ciencias que se apoyan en esta y sus herramientas matemática y estadística para enfrentar a los fenómenos sociales se pueden sacar varias conclusiones que van desde la forma en que se utiliza la causalidad en el estudio social hasta la distancia que existe entre la teoría y el modelo propiamente dicho, es decir que aún sigue habiendo distancias muy grandes entre el aspecto teórico al cual poder estar relacionado con esta forma de modelización, e inevitablemente su afectación en el estudio social, ya que implica tener una serie de limitaciones tanto teóricas como metodológicas que con un buen paso a paso y un gran bagaje científico se pueden reducir al máximo. Así, la postura inducciончita, que poco o nada se ha podido tratar en este texto, no tiene la relevancia necesaria para poder ser tenida en cuenta en los estudios de la causalidad en la sociología, mientras que un estudio abordado con base en la matemática dentro de la sociología puede suscitar interesantes resultados teóricos, quizá por el carácter cuantitativo fácil de medir y de relación ante una ley universal, la cual dejaría una gran amalgama de modelos de sociología inspirados en modelos de ecuaciones estructurales, por dar un ejemplo.

De igual forma, esta postura deja la puerta abierta para hacer modelos de base *apriorística*; se mencionó anteriormente la construcción de filtros donde se permitía descartar datos residuales que no interferían mucho en el modelo a causa de su baja interferencia de la realidad, además de dar un mayor contexto de cuáles modelos pueden ayudar en la explicación de ciertos fenómenos, y no mantener un modelos muy general, el cual en algunas situaciones podría generar un sesgo de información para cierto tipo de fenómeno que no corresponda con variables a las cuales este haya realizado este modelo. De igual forma, la contrastación de las características importantes de los datos en donde se puedan analizar bajo una representación empírica clave en todo proceso de modelización causal desarrollada por el investigador.

El investigador tiene la decisión de establecer los límites del fenómeno, por lo cual el bagaje intelectual le ayudará a comprender y a conocer hasta qué punto del fenómeno quiere indagar, además de los límites en términos de escogencia de datos que sirvan en el desarrollo del modelo. Todo esto se hace en procesos en que la validez y la aplicabilidad sean de garantía única para que el análisis causal se pueda servir plenamente en el avance del conocimiento sociológico. Simón ayuda en este aspecto aduciendo que los mecanismos causales en los fenómenos son de una tarea inductiva (García Ferrando, 1985), es decir, donde juegan las experiencias previas y del proceso de comparación, como se había dicho anteriormente, de contrastación de evidencia empírica. De acá nace la preocupación del investigador, ya que al verse inmerso en la construcción y previa delimitación de muchos factores él buscará que todo este desarrollo del modelo pueda ser interpretado a la luz del conocimiento científico acumulado, junto con la hipótesis construida *a priori*, dejando como resultado la dificultad no solo teórica sino metodológica en la elaboración de un proceso de modelización causal de los fenómenos que con el apoyo de la estadística busca ampliar el abordaje de este tipo de acercamiento a los fenómenos sociales dentro de la sociología y la econometría.

En aspectos más amplios, la sociología y las ciencias sociales en general, en palabras de Iver, se centran más en el *cómo*, ya que siempre han estado centradas especialmente en el *qué* y han dejado este campo totalmente abandonado, aun sabiendo que es el más interesante y el que más aportes a la sociedad y a la teoría misma les puede brindar. Así, el análisis estadístico puede proporcionar una verificación de hipótesis causales a las ciencias en general, como ya se dijo. La preocupación de la modelización causal radica en medir dentro de la producción, desarrollo y construcción de teorías en donde la *obtención* y *análisis* de datos están sumamente separados, y esto requiere un campo de acción urgente para poder unir estas dos variables de investigación a la teoría sociológica o a un modelo previamente establecido para la consecución de una buena herramienta que ayude al entendimiento social. Aun así, los proyectos que se han presentado, como el de Simón, solamente logran desarrollar un treinta o cuarenta de cien variaciones a las cuales planea realizar, dejando claro que el desarrollo de estos modelos tiene que ir en vías de ser más sustantivos haciendo más fuertes los indicadores fiables con las variables sociales, los cuales se han manejado en la técnica de encuesta.

Así se deja ver una de las debilidades de la modelización como metodología y su vinculación con la teoría, la cual radica en la falta de comunicación entre factores sociales cuantitativos y sus medios de representación cualitativa, además de la obtención de modelos específicos que no se pueden desarrollar tan generalmente, ya que implicarían en el investigador acotar información y datos que en algún momento pueden serle de utilidad. Además de que el investigador social requiere tener una gran visión ante teorías y categorías de análisis, debe desarrollar aún más la visión de los fenómenos sociales, detallando minuciosamente los objetos que están en ella y afinando el sentido de la vista y el tacto ante situaciones que, aunque se crean desconectadas totalmente de la teoría, pueden ser fundamentales.

TEORÍA DE SISTEMAS EN SOCIOLOGÍA

Entendiendo la lógica causal y de la casualidad en el estudio de la sociología ante los problemas sociales, la teoría general de sistemas aporta conceptual y metodológicamente por medio de las ciencias duras en lo que refiere a la concepción orgánica de la sociedad y del estudio interrelacionado de las partes con el sistema, además de las entradas y salidas de información dentro del sistema determinando el grado en que las sociedades estudian sus entradas y sus representaciones en el sistema social. Esta concepción también se ha desarrollado dentro de la geografía por medio del paradigma de la complejidad y del estructuralismo; en sociología también se podría ver por medio de las relaciones sociales, dejando de un lado el factor ambiental de las relaciones.

Así, la teoría general de sistemas iniciada por Bertalanffy en las décadas de los años 1930 y 1950 junto con otros teóricos, que se ha desarrollado en otras disciplinas, como biología, matemáticas, cibernética, teoría de la información, etc., ha desarrollado en sus campos de acción interesantes formas de pensar y de actuar según los intereses disciplinares de cada uno bajo las premisas de Bertalanffy como idea fundadora de la teoría de general de sistemas, la cual consiste en primer lugar en la integración de las diversas ciencias, tanto naturales como sociales, en donde esta integración se hace mediante la teoría general de sistemas como puente articulador a fin de dar una teoría exacta a las disciplinas no científicas, de modo que no se genere gran dificultad en su entendimiento. A partir de lo anterior se entiende la teoría general de sistemas como una forma de modelar la realidad, en donde el conjunto de elementos es proclive a la modificación y así afectar a todo el modelo en su funcionamiento, dando la oportunidad de igual forma a la hipótesis de la emergencia, la cual nos permite ver las interacciones entre elementos y sus consecuencias en el modelo. Entendiendo así todo el proceso teórico que trae consigo la teoría general de sistemas para todas las disciplinas, centrémonos en cómo se puede modelar un sistema social dentro de la sociología; para esto es clave entender y saber establecer y ordenar las categorías sociales dentro de este modelo científico (Parra, 1981).

Ante esto, hay que iniciar con una premisa la cual descansa en si se verían muy bien las realidades sociales y los vínculos de estas en algún tipo de sistema, responder si se pueden relacionar cada uno de sus elementos y si mantiene algún tipo de jerarquía e incluso determinar si se puede o no medir cada uno de sus elementos en totalidad, sabiendo que no se puede realizar esto por separado, ya que no coincidiría si se hace con la suma de sus partes. Una vez determinada la parte metodológica, es clave revisar lo pertinente respecto a la parte teórica de la teoría general de sistemas y su aplicación viable con los sistemas sociales. Entendiendo esto y llevándolo al plano de la realidad, sí se puede ver a la sociedad como un gran sistema en donde surgen varias cosas interesantes, pues en la sociedad se mantienen ciertas categorías en que existen y conviven sociedades grandes y pequeñas, además de un conjunto de relaciones entre las personas que conforman estas totalidades; en este sentido, se llega a situaciones de hipótesis en que se toman como variables el estatus de poder que tengan cierto tipo de personas, lo cual, sumado al medio influyente, puede estar relacionado con la consecución de ciertos fines para dichas personas, en palabras de Parra (1981). Con este ejemplo se muestran los complejos básicos de relaciones de las personas y la capacidad de cambio de esas relaciones en el sistema, lo que muestra el peso de objetos como el alto rango de ciertas personas y sus consecuencias en las personas de bajo poder dentro del sistema, que aunque no tengan poder representan un número muy significativo dentro de este sistema, y de esta forma se determinan relaciones de conflicto o de interés entre los grupos sociales que interfieren dentro del sistema y que pueden llevarlo a una situación de cambio dentro de sí.

Como una forma de entendimiento de los varios modelos de la sociología dentro de la teoría de sistemas encontramos una visión desarrollada por Parsons (Parra, 1981) en donde se mantiene un orden de jerarquías entre elementos, al igual que una agrupación de elementos los cuales no se pueden analizar ni comparar con cada uno de ellos; esto se tiene que hacer mediante un análisis grupal de estos elementos dándole una mirada más centralizada en cada una de sus partes y su respectivo análisis dentro de la sociedad. Este planteamiento deja una pequeña interrogante de la matematización de los sistemas sociales y de todo lo que influye en cada uno de sus elementos, relaciones y escala de estos grupos; así se puede pensar, en matemática, en la manera de relacionar datos cuantitativos y cualitativos para el respectivo análisis, y lograr buscar una comprensión de estos fenómenos sin desestimar que esto podría llegar a un reduccionismo del fenómeno al aplicar teorías de las ciencias naturales. De esa forma, se pueden ver como una metodología las ideas de Weber ante lo que denomina enfoque microsociológico, en el cual se mantiene la neutralidad valorativa, sumado con el sentido de la teoría ante el hecho social, es decir, las ideas sociales y sus representaciones en las relaciones ante los demás, en donde se trata de integrar estos pequeños hechos sociales y sus formas de entendimiento y comprensión por medio de la estadística que, como lo mencionamos, ayuda en la comprensión de fenómenos sociales con fundamento en modelos y bases iniciales de la causación.

En síntesis, podemos ver que la teoría general de sistemas se apoya y ayuda mucho en la explicación de fenómenos sociales dentro de sus formas de definición, aun sabiendo que se mantiene una cierta inclinación con base en explicaciones científicas de las ciencias naturales, y esto se debe a que los fenómenos sociales mantienen elementos que son muy impredecibles. En cambio, sus elementos tienen que ser analizados como un todo, así manejen teorías y variables que pueden ser de difícil entendimiento y utilización, por ejemplo, los factores históricos sociales que han modelados diferentes tipos de sociedad y de elementos que las componen y que dentro de sí manejan una gran red de relaciones medidas conforme al grado de afectación al sistema si estas llegan a ser separadas (Parra, 1981, p. 22).

REFERENCIAS

Abro, A. H., Klein, M. C. A., Manzoor, A. R., Tabatabaei, S. A. y Treur, J. (2015). Modeling the effect of regulation of negative emotions on mood. Biologically Inspired Cognitive Architectures, 13, 35-47. DOI: 10.1016/j.bica.2015.06.003

Ackoff, R. L. (2007). *El paradigma de Ackoff: una administración sistemática*. Editorial Limusa.

Alavez Ramírez, M., López Estrada, J. y Vargas de León, C. (2015). Un modelo matemático para el VIH/sida. Journal of Basic Sciences, 1(3), septiembre-diciembre 2015.

Aldas, J. (2013). *El análisis discriminante*. España: Universitat de Valencia.

Almarza, F. (s. f.). La Teoría del Caos. Modelo de interpretación epistémica e instrumento de solución: reconciliación entre ciencias y humanidades.

Anderse, P. K., Abildstrom, S. Z. y Rosthoj, S. (2002). Competing risks as a multistate model. Statistical Methods in Medical Research, 203-215.

Arana, J., Meilán, J. y Pérez, E. (2006). El concepto de psicología. Entre la diversidad conceptual y la conveniencia de unificación. Apreciaciones desde la epistemología. Revista Intercontinental de Psicología y Educación, 8(1), 111-142.

Armatte, M. (2006). La noción de modelo en las ciencias sociales. Empiria. Revista de Metodología de Ciencias Sociales, 33-70.

Arnau, J. (s. f.). Utilización de modelos matemáticos en psicología. Departamento de Psicología Experimental, Universidad de Barcelona.

Baggaley, R. F., Irvine, M. A., Leber, W., Cambiano, V., Figueroa, J., McMullen, H. y Griffiths, C. J. (2017). Cost-effectiveness of screening for HIV in primary care: a health economics modelling analysis. The Lancet HIV, 4(10), e465-e474. DOI: 10.1016/s2352-3018(17)30123-6

Banerjee, S. (2016). Spatial data analysis. Annu. Rev. Public Health, 37, 47-60.

Bayas, M. (1984). Modelos autorregresivos de análisis espectral. Quito, Ecuador: Escuela Politécnica Nacional.

Bermúdez, A., Gómez, D. y Salgado, P. (2014). *Mathematical models and numerical simulation in electromagnetism.* Cham: Springer.

Bertalanffy, L. (1961). *Teoría general de los sistemas.*

Black, M. (1967). *Modelos y metáforas.* Madrid: Tecnos.

Blum, R. y Tran, V. (2010). HIV with contact tracing: a case study in approximate Bayesian computation. *Biostatistics*, 11, 4, 644-660. DOI:10.1093/biostatistics/kxq022

Bonet, E. (s. f.). *Lenguaje.* Valencia: Universidad de Valencia. https://informatica.uv.es/estguia/ATD/apuntes/laboratorio/Lenguaje-C.pdf

Brandão, G. (2012). Acerca del concepto de sistema: desde la observación de la totalidad hasta la totalidad de la observación. *Revista Mad*, 26, 44-53, Universidad de Chile.

Brauer, F. y Castillo-Chávez, C. (2012). *Mathematical models in population biology and epidemiology.* Nueva York: Springer.

Brown, Sokal y Friedman. (2013). The Place of Mathematical Models in Psychology and the Social Sciences. *American Psychologist*, 69, 632-633.

Bueno Sánchez, E. (2003). *La investigación científica: teoría y metodología*. Universidad Autónoma de Zacatecas.

Calle Hurtado, C. (2004). *Evaluación de un modelo Probit y Logit para la evolución viral de los pacientes con VIH*. Guayaquil: Escuela Superior Politécnica del Litoral.

Cannas, S., Marco, D., Páez, S. y Montemurro, M. (s. f.). *Modelado de invasiones biológicas: dinámica poblacional y formación de patrones espaciales. Argentina.*

Carrasco, I. y Vivanco, M. (2011). ¿Sistemas dinámicos en ciencias sociales? *Revista de Sociología*, 169-191.

Carvajal, Á. (2013). *Teorías y modelos: formas de representación de la realidad*. Instituto Tecnológico de Costa Rica.

Castelvecchi, D. (2018). Reimagining of Schrödinger's Cat Breaks Quantum Mechanics—and Stumps Physicists. *Nature*, (561), 446-447.

Cervantes Gómez, L. (2015). *Modelización matemática: principios y aplicaciones*. México: Benemérita Universidad Autónoma de Puebla.

Cervantes, L. (2015). *Modelización matemática principios y aplicaciones*. Puebla: Benemérita Universidad Autónoma de Puebla.

Chaparro, G. (2008). No linealidad, complejidad y sistemas sociales. http://virajes.ucaldas.edu.co/downloads/virajes10_8.pdf

Cheney, E. y Kincaid, D. (2012). *Linear algebra*. Sudbury, MA: Jones y Bartlett Learning.

Chern, I. (2016). *Mathematical modelling and ordinary differential equations*. Taiwán: Department of Mathematics National Taiwan University. http://www.math.ntu.edu.tw/~chern/notes/ode2015.pdf

Dorado, I. y Díaz, J. L. (2018). Propuestas para la enseñanza de las matemáticas. En: Comité Latinoamericano de Matemática Educativa y Colegio Mexicano de Matemática Educativa (eds.), *Acta Latinoamericana de Matemática Educativa* (pp. 1151-1159). Coalco: Comité Latinoamericano de Matemática Educativa.

Echeverría, J. (1999). *Introducción a la metodología de la ciencia. La filosofía de la ciencia en el siglo XX*. Madrid.

Estrada, L. y López Estrada, J. (2012). *Matemáticas y Medicina* (pp. 19-45). La Habana.

Fernández, E., Goya, J. y Achinelli, F. (2013). Modelos de crecimiento y rendimiento. Universidad Nacional de La Plata: Curso Silvicultura: Unidad IV: Modelos de Crecimiento.

Flammarion, C. (1888). *L'Atmosphere: Météorologie Populaire*. París: Hachette.

Fresnadillo Martínez, M. J., García-Sánchez, E., García-Merino, E., del Rey, Á.M. y GarcíaSánchez, J. E. (2013). Modelización matemática de la propagación de enfermedades infecciosas: de dónde venimos y hacia dónde vamos. *Revista Española de Quimioterapia*, 26(2), 21-37.

Frigg, R. (s. f.). Models in physics. *Routledge Encyclopaedia of Philosophy*. http://www.romanfrigg.org/writings/Models_in_Physics_REP.pdf

Fuentes, S. (2011). *Regresión logística*. España: Universidad Autónoma de Madrid.

García Ferrando, M. (1985). Análisis y modelización causal en sociología. *Revista Española de Investigaciones Sociológicas*, 29.

García, R. (2006). *Sistemas complejos. Conceptos, método y fundamentación epistemológica de la investigación interdisciplinaria.*

Gibbs, P. y Hiroshi, S. (1997). *What is Occam's Razor?* University of California, Riverside. Department of Mathematics. http://math.ucr.edu/home/baez/physics/General/occam.html.

Gilbert, G. N. y Troitzsch, K. G. (1999). *Simulation for the social scientist.*

Gómez Chacón, I. M. (2011). *Modelización matemática en contextos tecnológicos*. Madrid: Universidad Complutense de Madrid.

Gómez-Chacón, I. M. (2011). *Modelización matemática en contextos tecnológicos* [ebook]. Madrid: Universidad Complutense de Madrid. http://www.mat.ucm.es/cosasmdg/cdsmdg/modelizaciones/modelizacion-1.pdf

Gordillo, S. (1998). Modelización de campos continuos en sistemas de información geográfica. Universidad Nacional de la Plata.

GRACIA, M. y CASTELLÓ, A. (2003). *Metáforas y modelos en psicología cognitiva.*

HARVEY, D. (1969). *Teoría, leyes y modelos en Geografía.* Madrid: Alianza.

HITON, L. (2017). *Gravity, orbiting objects, and planetary motion.* Nueva York: Cavendish Square Publishing.

HOMMEL, B. (2006). On the social psychology of modelling. *Neural Networks*, 19, 1455-1457. Department of Psychology, Cognitive Psychology Unit, Leiden University and Leiden Institute for Brain and Cognition.

IZQUIERDO, L. et al. (2008). Modelado de sistemas complejos mediante simulación basada en agentes y mediante dinámica de sistemas. *Empiria. Revista de Metodología de Ciencias Sociales*, 85-112.

JARRÍN, I., GESKUS, R., PÉREZ-HOYOS, S. y DEL AMO, J. (2010). Principales métodos de análisis en los estudios de cohortes de sujetos diagnosticados de infección por VIH. *Enfermedades Infecciosas y Microbiología Clínica*, 298-303.

JUÁREZ DE GALÍNDEZ, M., GIMÉNEZ, A., RÍOS, N. y BALZARINI, M. (2005). Modelación de crecimiento en Prosopis alba griseb empleando dos modelos biológicos. *Revista Quebracho*, 12, 34-42. Argentina.

KATIYAR, A. y KUMAR, N. (2010). *Engineering physics - I.* 3.ª ed. Nueva Delhi: University Science Press.

KILICKAP, E., YARDIMEDEN, A. y ÇELIK, Y. (2017). Mathematical Modelling and Optimization of Cutting Force, Tool Wear and Surface Roughness by Using Artificial Neural Network and Response Surface Methodology in Milling of Ti-6242S. *Applied Sciences*, 7(10), 1064.

KOHAN, N. (2008). Los sesgos cognitivos en la toma de decisiones. *International Journal of Pshychological Research.* ISSN: 2011-7922.

KOUPELIS, T. (2011). In Quest of the Universe. 6.ª ed. Ontario: Jones and Bartlett Publishers.

KUO, B. (1996). Sistemas de control automático. 7.ª ed. México: Pearson.

KUZNETSOV, Y. (1998). Elements of applied bifurcation theory. 2.ª ed. Nueva York: Springer.

LADRIÈRE, *J.* (1978). El reto de la racionalidad. La ciencia y la tecnología frente a las culturas.

LAMBERTI, P. y RODRÍGUEZ, V. (2007). Desarrollo del modelo matemático de Hodgkin y Huxley en neurociencias. Electroneurobiología, 15(4), 31-60. Cordoba, Argentina.

LEACH, E. (1957). On asymmetrical marriage systems. *American Anthropologist* 59, 343-344.

LEISER, E. (1992). Las matemáticas en la historia de la psicología. LLULL, 15, 49-62. Universidad de Berlín.

LEÓN SÁNCHEZ, M. A. y LINARES GUERRA, E. M. (2016). Aplicación de la regresión multinivel en la determinación de factores asociados a la adiposidad central en pacientes con VIH/SIDA. En C. Bouza Herrera, C. Castro López, J. García Rodríguez y M. Rueda García, Toma de decisiones en la salud humana, medio ambiente y desarrollo humano (pp. 16-27). España.

LEVI-STRAUSS, C. (1974). Antropología estructural. Barcelona: Paidós.

LOLIKA, P. O. y MUSHAYABASA, S. (2018). Dynamics and Stability Analysis of a Brucellosis Model with Two Discrete Delays. Discrete Dynamics in Nature and Society, 2018, 1-20. DOI: 10.1155/2018/6456107.

LÓPEZ, J. y GARCÍA, J. (2007). Modelado causal predictivo basado en redes bayesianas. *España: ResearchGate.*

MALAGÓN, G., MALAGÓN, A., MORALES, J. et al. (2014). Paradigmas en la investigación. Enfoque cuantitativo y cualitativo. México: Universidad Autónoma de Querétaro.

MALDONADO, C. y GÓMEZ, N. (2010). Modelamiento y simulación de sistemas complejos. Universidad del Rosario.

MARION, G. (2008). An Introduction to Mathematical Modelling [ebook]. Escocia. https://people.maths.bris.ac.uk/~madjl/course_text.pdf

MELLORS, J. W. (1997). Plasma Viral Load and CD4+ Lymphocytes as Prognostic Markers of HIV-1 Infection. Annals of Internal Medicine, 126, 946-954. American College of Physicians.

Mesa, Y. (2013). El modelo matemático como noción, concepto y categoría. Reflexiones desde la filosofía al campo de la modelación en educación matemática. http://bibliotecadigital.udea.edu.co/dspace/bitstream/10495/7040/1/YadiraMesa_2013_filosofiamatematica.pdf

Mora, X. (2017). Las ecuaciones de Navier-Stokes: ¿impredictibilidad incluso sin mariposas? Métode science studies journal, 93, 67-73. https://metode.cat/wp-content/uploads/2017/06/93ES-MONO-3-Navier-Stokes.pdf

Morera, M. y Llanos, A. (2013). Importancia de la modelización bayesiana espacio-temporal en el análisis de eventos en salud. Rev Costarr Salud Pública, 22(2), 83-84, julio-diciembre 2013.

Moreshwar, S. y Abasaheb, D. (2013). Essentials of physics. Delhi: PHI Learning Private. https://doi.org/10.1680/geot.1965.15.1.79

Morgenstern, N. R. y Price, V. E. (1965). The Analysis of the Stability of General Slip Surfaces. *Géotechnique*, 15, 79-93. https://doi.org/10.1680/geot.1965.15.1.79

Neumann, J. von. (1944). *Theory of Games and Economic Behavior. Princeton.*

NobelPrize.org. (2018). The Nobel Prize in Physics 1921. Nobel Media AB 2018. https://www.nobelprize.org/prizes/physics/1921/summary/

Olaya, V. (2014). *Sistemas de información geográfica*. http://bibliotecadigital.udea.edu.co/dspace/bitstream/10495/7040/1/YadiraMesa_2013_filosofiamatematica.pdf

Olney, J. J., Braitstein, P., Eaton, J. W., Sang, E., Nyambura, M., Kimaiyo, S. et al. (2016). Evaluating strategies to improve HIV care outcomes in Kenya: a modelling study. Lancet VIH, 3, e592-600.

Ortega, A. (s. f.). Curso básico de Fortran. Departamento de Estadística e Investigación Operativa, Facultad de Matemáticas, Universidad Católica de Manizales. http://www.cartagena99.com/recursos/alumnos/apuntes/Curso-Basico.pdf

Ortiz-Pulido, R. (2000). Análisis de rutas en biología: estadística para sistemas multicausales. Interciencia, 25(7), 329-336. Caracas.

PALUCKA, T. (2002). History of electron microscopy, 1931-2000. History of recent science and technology. https://authors.library.caltech.edu/5456/1/hrst.mit.edu/hrs/materials/public/ElectronMicroscope/EM_HistOverview.htm

PARDO, A. (2008). Apuntes de ciencia y método. Departamento de Humanidades Biomédicas, Universidad de Navarra.

PARRA LUNA, F. (1981). ¿Para qué sirve la teoría de sistemas en sociología? Revista Española de Investigaciones Sociológicas, (15). Centro de Investigaciones Sociológicas.

PELÁEZ, A. y MEJÍA, S. (2000). Conceptos básicos de modelación matemática y simulación computacional de sistemas biológicos. Una herramienta útil para la docencia y la investigación. Revista CES Odontología, 13(1), 51-55.

PORRAS, C. y SALINAS, J. (2011). Diseño de redes neuronales artificiales en neurociencias. Psicothema, 23(4), 738-744.

PRADO-GALBARRO, F. J., DEL-CURA-GONZÁLEZ, I., GARRIDO-ELUSTONDO, S., GAMIÑO-ARROYO, A. E., SÁNCHEZ-PIEDRA, C. y SARRÍA-SANTAMERA, A. (2017). Comparación de métodos para modelizar los factores asociados con los ingresos hospitalarios en casos incidentes de insuficiencia cardíaca. Revista Española de Salud Pública, 91, e201705034, 23 de mayo de 2017. http://scielo.isciii.es/scielo.php?script=sci_arttext&pid=S1135572720170001004O7&lng=es&tlng=es

Real Academia Española. Diccionario de la lengua española, 23.ª ed. [versión 23.3 en línea]. <https://dle.rae.es>

RODRÍGUEZ, R. (2007). Les équations différentielles comme outil de modélisation mathématique en Classe de Physique et de Mathématiques au lycée: une étude de manuels et de processus de modélisation d' élèves en Terminale S. Sciences. *Grenoble, Francia: Universidad Joseph Fourier Grenoble I.*

RODRÍGUEZ, R. (2010). Aprendizaje y enseñanza de la modelación: el caso de las ecuaciones diferenciales. Revista Latinoamericana de Matemática Educativa.

RODRÍGUEZ, R. y QUIROZ, S. (2012). Modelación y tecnología en ecuaciones diferenciales. Tecnológico de Monterrey: Asociación Nacional de Investigadores en el uso de la tecnología en educación matemática.

Rojas, A. (2004). La vivienda precaria urbana marginal y su relación con la salud de la población en el proceso de sustentabilidad. Un enfoque teórico para la estimación del riesgo y la vulnerabilidad. *Trabajo presentado en el I Congreso de la Asociación Latinoamericana de Población (ALAP), Caxambú, Minas Gerais, Brasil.*

Romaña, C., Emperaire, L. y Jansen, A. M. (2003). Enfoques conceptuales y propuestas metodológicas para el estudio de las interacciones entre el medio ambiente y la salud: aplicación a un programa de investigación sobre la tripanosomiasis americana. Cad. Saúde Pública Rio de Janeiro, 19(4), 945-953.

Rose, J. (2013). The Nobel Prize in Physics 2013. Popular Science Background: Here, at last! The Royal Swedish Academy of Sciences. https://www.nobelprize.org/uploads/2018/06/popular-physicsprize2013-1.pdf

Ross, L. (2014). Dynamical models and explanation in neuroscience. Philosophy of science, 82(1), 32-54.

Russell, B. (1949). Logical Positivism. Cambridge University. Actas del Primer Congreso Nacional de Filosofía, tomo 2. Argentina.

Sánchez, F. y Hernández, A. (2017). Autoregressive modelling of electroencephalographic signals for medical simulators. Investigación y desarrollo, 35(2). http://dx.doi.org/10.14482/inde.35.2.10164

Sánchez-Cordero, V., Peterson, T. y Escalante-Pliego, P. (2017). El modelado de la distribución de especies y la conservación de la diversidad biológica. Researchgate. Extraído de: https://www.researchgate.net/publication/230709853

Santiago, J. L. (2001). El modelo biocognitivo de la salud: de la psico-neuro-inmunología a la psicología biocognitiva. *Lima: Institute of Biocognitive Psychology.*

Shanno, N. C. (1950). The Mathematical Theory of Communication. *Urbana.*

Sierra Bravo, R. (1984). Ciencias sociales. Epistemología, lógica y metodología. *Madrid: Paraninfo.*

Smith-Crowe, K. y Warren, D. (2014). The Emotion Evoked Collective Corruption Model: The role of emotion in the spread of corruption within organizations. Organization Science, 25(4), 1154-1171. DOI: 10.1287/orsc.2014.0896

SOMMERVILLE, I. (2005). Ingeniería del software. Pearson Education Wesley. ISBN: 84-7829-074-5.

SPEIER, W., ONG, M. K. y ARNOLD, C. W. (2016). Using phrases and document metadata to improve topic modeling of clinical reports. Journal of Biomedical Informatics, 61, 260-266.

STODDART, D. R. (1967). Growth and structures of Geography, Transactions of Institute of British Geographers, 41, pp. 1-19.

SUTTER, P. (2018). Why Relativity's True: The Evidence for Einstein's Theory. Space.com. https://www.space.com/41020-putting-relativity-to-the-test.html

TAM, M. (2014). Computational optimization problems in social interaction and empathic social emotion. BMC Neuroscience, 15(Suppl 1), 35. DOI: 10.1186/1471-2202-15-S1.

TARIFA, E. (s. f.). *Teoría de modelos y simulación*. Facultad de Ingeniería, Universidad Nacional de Jujuy.

TARRIDE, M. (1995). *Complexity and complex system*. https://doi.org/10.1590/S0104-59701995000200004

TAYLOR, N. (2018). Einstein's Theory of General Relativity. Space.com. https://www.space.com/17661-theory-general-relativity.html

TAYLOR, R. (2011). *Attractors: Nonstrange to Chaotic*. SIAM Undergraduate Research Online, 4, 72-80.

TORRES, N. (s. f.). *Caos en sistemas biológicos*. Universidad de la Laguna.

TOURNIER, P., BONAZZOLI, M., DOLEAN, V., RAPETTI, F., HECHT, F., NATAF, F. et al. (2017). Numerical Modeling and High-Speed Parallel Computing: New Perspectives on Tomographic Microwave Imaging for Brain Stroke Detection and Monitoring. *IEEE Antennas and Propagation Magazine*, 59(5), 98-110.

UBIRATAN, D. (2009). Mathematical Modeling: Cognitive, Pedagogical, Historical and Political Dimensions. *Journal of Mathematical Modelling and Application*, 1(1), 89-98.

WITKER, J. y LARIOS, R. (1997). *Metodología jurídica*. Cap. III: Método científico y sus pasos. Universidad Autónoma de México. Tomado de https://archivos.juridicas.

unam.mx/www/bjv/libros/4/1932/1.pdf teoría de juegos http://www.redalyc.org/articulo.oa?id=59806604

YOUNG, H., FREEDMAN, R., FORD, A. y SEARS, F. (2009). Física universitaria. 12.ª ed. México: Pearson Educación.

ZEMELMAN, H. (s. f.). *Pensar teórico y pensar epistémico: los retos de las ciencias sociales latinoamericanas*. Ipecal.

PROCESOS PSICOLÓGICOS

EDITOR DE SECCIÓN:
CRISTIAN RINCÓN MENDIETA

SOBRE LOS PROCESOS PSICOLÓGICOS. UN CONTEXTO GENERAL

ROBERTO SUÁREZ ARIZA

El campo de la psicología se ocupa de manera sobresaliente acerca de los constructos abstractos (procesos psicológicos) que pudiesen hacer inteligible el repertorio de comportamientos de la especie humana y por extensión de otras especies animales complejas. Tales constructos abstractos pretenden dar cuenta de pautas o patrones y, una vez identificadas estas pautas o estos patrones, se pregunta si su alcance puede llegar a ser universal, es decir, si puede alcanzar el estatuto de ley natural o si, por el contrario, su alcance tiene algún tipo de restricción o de limitación; también se interrogan estos constructos abstractos en cuanto a cómo se generan, cómo se transforman o cómo se extinguen, así como qué papel juegan desde el punto de vista homeostático o adaptativo y si se pueden encontrar en otras especies. Al investigar estos constructos, y al buscar deliberadamente estas pautas, nos pueden inquietar ciertas preguntas. Por ejemplo, ¿debemos demandar de cualquier individuo humano considerado sano, a una determinada edad, la misma capacidad de concentración? ¿Cómo determinamos los rangos aceptables para la capacidad de memoria de los individuos? ¿Por qué privilegiamos las regularidades homogeneizadoras y no la variabilidad? ¿Hasta qué punto los procesos psicológicos pueden tener determinantes culturales? Estas y otras preguntas acerca de los procesos psicológicos tienen consideraciones teóricas, epistemológicas, metodológicas y técnicas que hacen que no se pueda dar una sola respuesta a estos interrogantes; por el contrario, debemos considerar diferentes tradiciones, modelos o perspectivas desde las que diferentes autores han abordado su estudio.

Por su parte, las neurociencias proveen conocimiento que tiene que ver con las correlaciones anatómicas y funcionales del sistema nervioso con los constructos psicológicos denominados procesos. Al respecto, se genera todo un debate en lo que tiene que ver con la filosofía de la mente, bien sea que se adopten posturas dualistas desde el punto de vista ontológico, o que se adopten posturas monistas, en particular de corte materialista, en un espectro que va desde perspectivas radicales eliminativas, que pretenden descartar lo mental en favor de lo cerebral, hasta posturas materialistas no eliminativas, que admiten que las propiedades de las entidades mentales dependen de las propiedades cerebrales, pero no se reducen a estas. Los estudios neurocientíficos buscan encontrar relaciones o resonancias entre los hallazgos fenomenológicos de los procesos psicológicos y los hallazgos en términos de actividad y conectividad neuronal. Se trata de dar cuenta, hasta donde es evidenciable, de la modularidad de los procesos de acuerdo con los hallazgos anatómicos y funcionales en cerebros humanos sanos, en otros casos a partir de lesiones fortuitas del sistema nervioso central, y en otros, con base en experimentación con modelos a partir de lesiones deliberadas o de estimulaciones selectivas. Cada vez se comprende mejor cómo es posible modular diferentes procesos psicológicos, con fundamento en manipulaciones de la química cerebral, que va desde el uso cultural tradicional de diferentes estimulantes y depresores del sistema nervioso hasta el uso médico de una creciente variedad de productos farmacológicos. También estamos empezando a comprender cómo se pueden manipular los procesos psicológicos a partir de psicocirugías ultraselectivas, del implante de dispositivos electrónicos, de exposiciones a entornos de realidad virtual o ampliada y de la estimulación magnética transcraneal.

Adicionalmente, la biología, desde una perspectiva evolutiva, pone en contexto los procesos psicológicos para que puedan ser comprendidos desde las estrategias adaptativas de supervivencia. Las propiedades del sistema nervioso muestran pautas evolutivas de transformación, de modo que, de acuerdo con las especies animales seleccionadas, se pueden compartir más o menos atributos susceptibles de ser catalogados como procesos psicológicos. Desde este punto de vista, cobra interés el estudio de correlaciones entre la dotación y expresividad genética de diversas especies y sus características comportamentales. Esto autoriza el estudio comparativo interespecie de distintos procesos psicológicos, así como los modelos experimentales animales que ayuden a entender los atributos funcionales humanos. La psicología evolucionista, por su parte, trata de entender las ventajas adaptativas de ciertos repertorios conductuales que pueden ser hasta cierto punto traducidos en conjuntos de procesos psicológicos. Los individuos de una especie animal pueden procesar información derivada del comportamiento de individuos de otras especies, lo que, a su vez, precipita un tipo de comportamiento. Podemos ver cómo, por ejemplo, ciertas especies de pájaros desparasitan la piel de algunos mamíferos, o cómo ciertos sonidos de alarma de un ave pueden afectar el comportamiento de otras especies que cohabitan el mismo territorio. A una escala mayor, la perspectiva ecológica trata de comprender cómo las combinaciones de comportamientos de diferentes especies impactan en sus oportunidades de adaptación y supervivencia. Lo anterior implica que hay ciertas propiedades psíquicas que se mantienen a lo largo de la evolución, que hace que diferentes especies se puedan de algún modo leer unas a otras, y de esta manera regular sus respectivas conductas.

Las ciencias sociales se ocupan, a su vez, de comprender las dinámicas y la importancia de los procesos psicológicos, en términos colectivos, sociales y culturales. Para ciertas perspectivas teóricas, las propiedades individuales se generan a partir de las interacciones colectivas, pero su apropiación y expresividad tienen aspectos idiosincráticos que permiten establecer la identidad de cada individuo. Para tales posturas, cobra interés el estudio de procesos como la atención compartida, la memoria colectiva, el lenguaje, la percepción compartida, la emoción colectiva, el aprendizaje grupal con distribución de roles, cuyas manifestaciones globales están más allá de lo que cada individuo particular pueda exhibir. Aquí no solo se tienen en cuenta las posibilidades biológicas del comportamiento, sino las modulaciones culturales, que seleccionan, por ejemplo, lo que se debe privilegiar como objeto de atención, de memorización o de comunicación. Podemos plantear, en este sentido, las dificultades inherentes a la tarea de traducción entre lenguas pertenecientes a culturas diferentes. En muchos casos se logran ciertas aproximaciones en la búsqueda de relaciones de equivalencia entre términos o expresiones de distintas lenguas, pero en otros casos la traducción se hace prácticamente imposible. La dimensión de lo social y de lo cultural nos plantea que los procesos psicológicos no existen y no se exhiben en sí y para sí, sino que están necesariamente situados y solo cobran sentido en tanto evidencien su capacidad de afectación, la cual necesariamente está mediada.

Los individuos encarnan atributos procesuales a partir de su inserción en instituciones sociales, de manera que muchas de las construcciones sociales permanecen más allá de la expectativa de vida de los individuos que se apropian de un bagaje cultural. La misma concepción de individuo o de sujeto obedece a pautas colectivas de concepción del mundo y de modos específicos de interacción. No parece ser, por ejemplo, que la concepción de hombre para los antiguos griegos sea la que corresponde al sujeto moderno.

Afirmar que todos los individuos de una especie tienen la capacidad universal de pensar no significa necesariamente que puedan pensar lo mismo.

Pasando a las ciencias computacionales, se diseñan programas que pudiesen emular procesos psicológicos en substratos no biológicos; o se estudian las propiedades de sistemas híbridos biotecnológicos e infotecnológicos. Los seres humanos siempre hemos dependido de prótesis tecnológicas para nuestra supervivencia; se podría afirmar que las herramientas son consustanciales al ser humano, y que no se puede concebir al *Homo sapiens* sin la concurrencia del *Homo faber*. Las herramientas no solo potencian las capacidades mecánicas del quehacer del hombre, sino que también potencian sus capacidades mentales. El advenimiento de la escritura permitió poner en exterioridad, y de modo perdurable, muchos de los atributos psíquicos que pueden ser exhibidos por los individuos, independientemente de su coexistencia o proximidad espacial. La invención de medios de transporte terrestre y marítimo permitió poner en contacto culturas disímiles y de esta manera relativizar los modos de organizarnos y de habitar el mundo. Las máquinas calculadoras y computadoras permiten ejecutar algoritmos con mayor eficiencia y con menor probabilidad de error. Los humanos que nacen en el siglo XXI resuelven cada vez más problemas prácticos con el uso de dispositivos de comunicación e información, así como con máquinas que pueden ejecutar tareas mecánicas. Cada vez más, los dispositivos con inteligencia artificial se vuelven más robustos e imprescindibles para afrontar la vida cotidiana.

La capacidad de estas máquinas para detectar señales, procesar y almacenar información rebasa con creces las capacidades humanas; algunos procesos suceden a velocidades para las cuales la capacidad de resolución del cerebro humano resulta completamente inútil. Confiamos plenamente en artilugios de inteligencia artificial para regular el tráfico de grandes ciudades, para escoger la mejor ruta con nuestro automóvil, para vaticinar el clima de los próximos días, para dinamizar los intercambios financieros y las fluctuaciones de los índices económicos en la bolsa de valores, para encontrar pautas y regularidades a partir de cantidades de datos astronómicos. Podemos caracterizar los comportamientos y las preferencias de millones de personas y de esta manera afectarlos en su toma de decisiones. La introducción masiva de dispositivos que pueden procesar algoritmos cambia de una manera profunda nuestros procesos psicológicos, tanto en el aspecto individual como en el colectivo. Son muchas las implicaciones éticas, políticas, psicológicas y económicas que deben ser investigadas, dados estos nuevos tipos de entornos mediados tecnológicamente.

Volviendo a la psicología, esta presenta constructos modulares para el estudio de los procesos, que de alguna manera resuenan con características arquitectónicas del sistema nervioso central, y verifica aquellos procesos que puedan ser comunes a varias especies, lo que también permite establecer procesos de alta complejidad presumiblemente exclusivos de los humanos. Debe entenderse esta modularidad como un asunto más de orden metodológico para su estudio, y no un asunto de orden ontológico. De hecho, la mente humana se concibe como una totalidad, producto de la interacción de sus diferentes componentes, y solo podemos evidenciar el papel de cualquier componente en particular a partir de lesiones, enfermedades o manipulaciones experimentales. Por otra parte, los llamados procesos psicológicos complejos implican la presencia de otros procesos considerados de menor complejidad o básicos. La atención supone un tipo de estado de conciencia; la memoria de trabajo supone atención; los procesos cognitivos suponen la atención, la memoria; los procesos motivacionales y emocionales matizan los demás procesos. Podemos triangular funcionalmente las dimensiones de lo cognitivo, de lo emocional y de la acción. Todas ellas se imbrican con diferentes pesos para la inmensa variedad de comportamientos que podemos evidenciar. Toda acción se planea y se ejecuta de acuerdo con un contexto cognitivo y emocional. Todo procesamiento de información tiene particularidades de acuerdo con el tono afectivo. Todo estado emocional provee matices específicos a los modos de procesar la información y a los modos de implementar las acciones. Pero adicionalmente, a pesar de las características particulares de cada individuo, lo que cuenta en muchas ocasiones es el modo en que podemos compartir formas de pensar, estados emocionales y acciones conjuntas. Nos esforzamos por ponernos en sintonía y por comprender nuestro papel en múltiples fenómenos colectivos. Nos preguntamos por cuál debe ser nuestro rol en diferentes situaciones y circunstancias. Nos preocupa el alcance de aceptación que pueda tener nuestro modo de percibir, de pensar, de sentir y de actuar. Por otro lado, no siempre tenemos claras nuestras ideas y nuestras emociones; no siempre sabemos justificar nuestras acciones. Tenemos entonces que no solamente los procesos psicológicos no pueden manifestarse de forma autónoma e independiente, no pueden reducirse estrictamente a cada individuo, sino que, además, parte del procesamiento psíquico sucede de modo inconsciente y escapa al presunto control de la voluntad.

A lo largo de esta introducción hemos tenido en cuenta que los atributos y el modo como se implementan y se evidencian los diferentes procesos tienen un componente social y cultural de peso sustancial. Fenómenos como el urbanismo, la globalización y las tecnologías de comunicación e información demandan intensidades y capacidades en aspectos como la atención, la motivación, la anticipación; por otra parte, se cuenta cada vez más con prótesis tecnológicas que ahorran esfuerzo de memoria y de algoritmos de operaciones matemáticas; los movimientos sociales de tipo político, económico y religioso desafían nuestra capacidad de juicio y raciocinio frente a la toma de decisiones y frente a dilemas morales. En tal sentido, aparecen campos de conocimiento, experimentación y reflexión con prefijos psico y neuro: atendiendo solamente al prefijo psico, tenemos, por ejemplo, la psicoeconomía, la psicopolítica, la psicoética, la psicoinformática y nuevas versiones de la psicosomática. Lo anterior apunta a que la mente también es un constructo conceptual muy complejo y que ontológicamente no hay ser sin contexto. Los procesos psicológicos no están simplemente instalados en cerebros, sino que se encuentran encarnados en sujetos, sujetos que a su vez no están dados por sí, sino que se constituyen en la interacción, la cual permite que simultáneamente emerjan sujetos y mundos.

En suma, se quiere brindar una aproximación a los procesos psicológicos desde una perspectiva sistémica con su espectro de escalamiento desde lo molecular hasta lo social y cultural, privilegiando la multiplicidad y la variedad de sus posibilidades de manifestación, que en últimas dan cuenta de distintos modos de individuación, modos que no son posibles sin el concurso de los colectivos.

Ahora, ¿qué papel juega el espacio del laboratorio para el fortalecimiento académico en lo que tiene que ver con el estudio y la comprensión de los procesos psicológicos?

A partir de algunas de las apuestas planteadas en el marco teórico de los procesos psicológicos, entendemos que el escenario académico definido como laboratorio ofrece un espacio de posibilidades para experiencias que buscan problematizar estos procesos. Más que dar por sentadas las propuestas teóricas de diferentes autores desde distintas perspectivas epistemológicas, se pretende interrogar al proceso en cuestión a partir de prácticas individuales y colectivas mediadas por instrumentos, por pruebas o por registros. Las experiencias problematizadoras brindan una oportunidad para fortalecer la denominada investigación formativa, esto es, habilidades relacionadas con los procesos de investigación académica, como son la capacidad de observación, la obtención de datos a partir de la observación o mediante el uso de herramientas o instrumentos, el procesamiento de los datos, la obtención de resultados y el análisis de estos. Estos ejercicios permiten poner a prueba los presupuestos teóricos que han sido estudiados y ayudan a entender sus alcances y sus limitaciones.

Cada práctica implementada en relación con los procesos psicológicos, no solo plantea desafíos para los intereses propios de la psicología, sino que también interroga a diferentes disciplinas sobre su quehacer; aquí cabe destacar la decisión por establecer un espacio interdisciplinar, no solo en el sentido que una práctica pueda ser realizada y analizada por estudiantes de diferentes programas en diferentes momentos, sino por la posibilidad de la concurrencia y el debate entre estudiantes de diferentes programas acerca de un fenómeno de interés que pueda ser expuesto en el ambiente de laboratorio; poder dar cuenta de la riqueza de una situación a partir de unas características biológicas, geográficas, históricas, antropológicas, sociales y culturales dadas; poder argumentar acerca de los sistemas de valoraciones y de creencias que están implícitas en diferentes estrategias de intervención a propósito de la práctica en cuestión; poder indagar sobre las correlaciones neuronales y biológicas que se pueden postular o establecer; poder controvertir sobre el impacto de las tecnologías que se implementan para modular, moldear o manipular dichos procesos, así como sobre el tipo de abstracciones conceptuales que se pueden construir con sus respectivas fortalezas y limitaciones.

Para el Laboratorio Interdisciplinar de Ciencias y Procesos Humanos (Linciph), de la Universidad Externado de Colombia, la apuesta fundamental se basa en la posibilidad de conocimiento amplio y complejo a partir de la experiencia compartida. En este sentido, las prácticas de laboratorio no buscan ser solo verificacioncitas de propuestas teóricas; se busca poner en tensión las propuestas teóricas a partir de prácticas con instrumentos, pruebas o máquinas problemáticos, tanto en su diseño como en su modo de utilización. Proponer que un conocimiento es objetivo por el hecho de que se genera a partir de escenarios experimentales o experienciales de laboratorio no implica de ninguna manera que sea un conocimiento neutral. El diseño de los instrumentos, las pruebas o los equipos de registro suponen una intencionalidad, así como su modo y circunstancias de uso. Cuando se diseña y se usa un instrumento o una herramienta, de alguna manera ya se sabe o se supone su efecto o lo que se quiere ver. Por eso resulta particularmente enriquecedor lo imprevisto: cuando no se obtiene el resultado deseado o cuando se obtiene un resultado incomprensible: ¿se trata de un error o se trata de una prueba que pone en entredicho una propuesta teórica?

El Linciph cuenta con instrumentos validados y estandarizados para valoraciones propias del ámbito de lo psicológico, principalmente en lo que tiene que ver con habilidades sensorio-motrices, percepción y cognición. Muchas de las valoraciones psicológicas que se realizan con estos instrumentos se efectúan en contextos de selección de personal en ámbitos organizacionales o en contextos de evaluación funcional de los sujetos, para determinar sus capacidades y sus limitaciones.

Si bien la intencionalidad con la que ha sido diseñado un instrumento privilegia la valoración de uno o algunos pocos procesos psicológicos, hay que tener en cuenta que la interacción entre un sujeto y un instrumento para llevar a cabo una tarea implica necesariamente la puesta en escena de muchos procesos combinados: atención, memoria de trabajo, comprensión de lenguaje, percepción, cognición, motricidad fina. Debemos establecer, para una tarea diseñada con el fin de valorar la habilidad motora, si el rendimiento de la prueba exige un grado de discriminación visual o auditiva, si estamos seguros de la comprensión verbal del sujeto cuando se le dan las instrucciones de la prueba, si el ambiente en el que se realiza la prueba tiene distractores o estresores importantes, es decir, debemos estar atentos al control de las variables que puedan interferir con la ejecución de la tarea.

De manera que la práctica de laboratorio está orientada no solo para dar cuenta de los diferentes procesos puestos en juego de acuerdo con la tarea, sino también para pensar acerca del diseño del instrumento, de las condiciones previas del sujeto que se expone a realizar la tarea, del ambiente en el que se realiza la práctica, de los diferentes factores que pueden alterar el rendimiento de la tarea, de la pertinencia social y cultural de la valoración que se hace con el instrumento, de las características ocupacionales para las cuales se seleccionan sujetos con el instrumento utilizado, de los desafíos físicos y mentales que implican los escenarios para los cuales se valoran los aspirantes a ser reclutados por diferentes organizaciones sociales, es decir, se busca un espacio de reflexión que abarque todas las escalas de análisis y comprensión posibles. Un sujeto puede mostrarse descollante en la realización de una tarea en condiciones de laboratorio, pero las condiciones reales pueden demandar otras capacidades y habilidades que no han sido valoradas, como la tolerancia emocional a la rutina o la tolerancia a la frustración; las habilidades sociales y comunicativas; la capacidad de liderazgo o de sumisión.

Las consideraciones anteriores justifican el diseño de guías para la práctica de laboratorio que correspondan a este amplio espectro de factores que deben ser pensados y debatidos. Por un lado, cada instrumento tiene una guía que invita a pensar su diseño, es decir, un ejercicio de ingeniería inversa que invita a considerar cómo fue pensado el instrumento, para qué fue pensado, por qué fue pensado de esa manera. Si bien cada instrumento está construido con unas intencionalidades bien definidas, se invita en la guía a pensar otros usos posibles del instrumento, o posibles modificaciones del mismo que permitan complejizar la valoración de la tarea. Adicionalmente, se invita a pensar qué aspectos, qué procesos, no alcanzan a ser valorados adecuadamente por el instrumento en cuestión, es decir, dar cuenta de las limitaciones de la valoración y del instrumento.

Todas las guías de instrumentos invitan a debatir acerca de las consideraciones sociales y culturales que legitiman el diseño y el uso del instrumento. Por ejemplo, las consideraciones de justicia y equidad para seleccionar personal. También se invita a dar cuenta de las ideologías que están detrás de dichas legitimaciones, por ejemplo, las características de los modos de producción y eventual explotación laboral, o las características de un modo de valoración que establece una frontera entre lo normal y lo patológico, o entre lo funcional y lo disfuncional.

Además del diseño de guías por instrumentos, el Linciph ha puesto a disposición de la comunidad académica de la Universidad Externado de Colombia, y en consonancia con la apuesta curricular de la Facultad de Ciencias Sociales y Humanas, guías de práctica orientadas para cada proceso psicológico en particular, esto es, memoria, aprendizaje, cognición, lenguaje, emoción, motivación y acción. Cabe resaltar, una vez más, que esta compartimentación obedece más a una estrategia metodológica que facilite el estudio de las propiedades de la mente, que a una apuesta de distinción ontológica, cuya autonomía e independencia resulta hoy difícil de defender y establecer.

Las guías por procesos constan de una introducción general a los procesos psicológicos, donde de manera sucinta se recalca la imbricación que existe entre todos los procesos psicológicos y que los organismos actúan como totalidades, pero con matices relacionados con oportunidades y restricciones del cuerpo y del entorno. Adicionalmente, en estas generalidades de los procesos, se le recuerda al estudiante la importancia de considerar las diferentes escalas a las que es posible abordar un proceso, desde la escala molecular, en la que lo genético y sus fenotipos en términos de biocomponentes tienen cabida, pasando por lo organísmico, donde se pone el acento en lo individual y psicológico, hasta llegar a la escala macroscópica o colectiva, en la que tenemos en cuenta los aspectos psicosociales del proceso en cuestión. No obstante, más que dar una descripción estratificada por escalas, se trata de comprender los flujos de afectación desde lo macro hacia lo micro o desde lo micro hacia lo macro. Por ejemplo, podemos estudiar la memoria desde su dimensión genética hasta su dimensión colectiva, pero debemos comprender cómo alteraciones de carácter genético pueden manifestarse como disfunciones en la capacidad de memoria individual, y esto a su vez conlleva implicaciones de orden psicosocial; o, a la inversa, cómo aspectos psicosociales como las condiciones que limitan las posibilidades de nutrición adecuada para los niños pueden impactar a escala celular y molecular para efectos del desempeño de la memoria individual y el éxito escolar. Por último, las generalidades de la guía recuerdan la importancia de la edad en cuanto al desarrollo ontogenético de cada uno de los procesos psicológicos.

Luego de las generalidades, cada guía considera cada uno de los procesos psicológicos en su dimensión biológica y en su dimensión psicosocial, para finalmente plantear las posibles tareas en el laboratorio que puedan poner en evidencia la función del proceso de interés. Las tareas planteadas están en relación con los posibles instrumentos, pruebas o registros disponibles en el Linciph, para seleccionar uno o algunos de ellos y llevar a cabo la práctica.

También, en consonancia con la propuesta curricular de la Facultad de Ciencias Sociales y Humanas de la Universidad Externado de Colombia, el Linciph ha diseñado guías de práctica que ponen en relación los procesos psicológicos con los seminarios centrales, que son espacios académicos comunes para todos los programas de la Facultad de Ciencias Sociales y Humanas durante el ciclo básico de formación, y que se consideran ejes estratégicos de formación interdisciplinar a partir de las tradiciones epistemológicas que han permitido generar conocimiento científico. Para el diseño de las guías se consideraron los seminarios centrales de segundo semestre (empirismo y positivismo), de tercer semestre (estructuralismo), de cuarto semestre (materialismo histórico) y de quinto semestre (nuevos paradigmas – complejidad). En este caso se diseña una guía genérica para cada seminario, en la que se selecciona un proceso psicológico que pueda ser estudiado desde cada una de las tradiciones epistemológicas citadas.

Cada guía consta de unas consideraciones preliminares a la práctica, en las que se recuerdan los aspectos fundamentales de la tradición epistemológica en cuestión. Estas consideraciones generales pueden estar complementadas por una lectura que da cuenta de un campo de aplicación de la tradición epistemológica de interés. Finalmente, se relaciona un instrumento, una prueba o un registro para que sea realizada una experiencia de laboratorio, pero en este caso no se analiza la tarea en sí, sino cómo aplica la tradición epistemológica a la tarea realizada. La mayoría de los instrumentos disponibles en el laboratorio, así como los equipos de registro fisiológico que dan cuenta de los cambios viscerales asociados a las emociones, se prestan para la tradición positivista del conocimiento. Las pruebas relacionadas con lenguaje se prestan para analizar la tradición estructuralista; los instrumentos para valorar percepción se adecuan para la tradición empírica; los equipos de modelación se prestan para un análisis de los nuevos paradigmas –complejidad (por ejemplo, pensar los procesos psicológicos en términos de teoría de redes)–; finalmente, los instrumentos para selección de personal para trabajos en ensambladoras, que implican sinergias entre procesos psicológicos, permiten una reflexión relacionada con el materialismo histórico.

Por último, otra actividad del Linciph en relación con los procesos psicológicos tiene que ver con el diseño, elaboración y pruebas con ayudas didácticas bajo el formato de objetos virtuales de aprendizaje (OVA). Estos productos pretenden agenciar espacios no presenciales de prácticas libres por parte de los estudiantes, para fortalecer la comprensión de los procesos psicológicos. Una consideración importante que se toma en cuenta para el diseño de los OVA tiene que ver con la pertinencia e importancia social de las situaciones planteadas en relación con las actividades a desarrollar. Esta importancia y pertinencia social es crucial para que el OVA constituya un recurso de aprendizaje significativo. También se busca que cada OVA involucre el proceso en cuestión desde diferentes escalas de análisis. Un OVA debe ser diseñado de tal manera que resulte un recurso no solo interesante, sino versátil, con muchas opciones de recorrido y de enlaces con lecturas y videos, de manera que cada usuario pueda hacer un uso selectivo de acuerdo con sus intereses y su disponibilidad de tiempo. El OVA no solamente debe aclarar conceptos fundamentales, sino que debe generar inquietudes y preguntas que eventualmente puedan impulsar esfuerzos investigativos, en la medida que apuntan a fenómenos relevantes y de actualidad, como pueden ser los efectos en términos de procesos psicológicos de los flujos migratorios forzados, del contagio emocional para la toma de decisiones a partir de información distribuida masivamente por medio de redes sociales y de medios de comunicación, de la construcción de identidades a partir de memorias mediáticas, de la construcción de esquemas mentales y de su puesta a prueba en diferentes situaciones que tienen que ver, por ejemplo, con discriminación social, exclusión o marginación. Los OVA también incluyen estrategias de autoevaluación para constatar los avances en el nivel de comprensión de fenómenos complejos en términos de procesos psicológicos.

Podemos ver cómo el Linciph apoya la formación en lo que tiene que ver con los procesos psicológicos, a partir de prácticas que resulten relevantes y significativas, en cuanto tienen resonancias claras y decididas con la apuesta interdisciplinar de la Facultad de Ciencias Sociales y Humanas y con el énfasis en la capacidad de apropiación conceptual y de investigación, a partir de la sólida comprensión de los paradigmas epistemológicos que legitiman el conocimiento científico.

UNA APROXIMACIÓN CONCEPTUAL A LOS PROCESOS PSICOLÓGICOS DESDE UNA PERSPECTIVA INTERDISCIPLINARIA

ROBERTO SUÁREZ ARIZA

La disciplina de la psicología ha tenido como uno de sus debates académicos centrales la caracterización de su objeto de estudio, debates que han estado animados por posturas epistemológicas diversas, cada una de las cuales ha ejercido, en un determinado momento, un papel hegemónico para diferentes corrientes o escuelas de pensamiento.

Una muestra de ello son las diferentes maneras en las que se pueden concebir los procesos psicológicos; según Parker (2007), existen posturas clásicas en donde estos procesos se concebían como posesiones individuales, que se desarrollaban y daban lugar a procesos cada vez más avanzados y complejos; sin embargo, actualmente autores como Bateson (1972), Varela (2000) y Parker (2007) han hecho evidente el carácter emergente de los procesos psicológicos, los cuales no son posesiones individuales, sino que se encuentran circulando en la interacción y en los contextos en los que se construyen. Pensar algo como propiedad emergente implica que ciertas propiedades en un sistema no existen sino a partir de cierto umbral de interacciones a una determinada escala, y que dichas propiedades no se pueden encontrar a escalas inferiores o por debajo del umbral de las interacciones requeridas. Para que se construya, digamos, un recuerdo, se necesita un organismo vivo con cerebro funcional que esté en relación con un entorno. ¿Cómo sabemos que existe el recuerdo? Solamente si disponemos de un proceso de reconstrucción que lo evidencie siempre y cuando el proceso de reconstrucción del recuerdo ocurra a la misma escala que dio origen a la constitución del mismo. De manera que si indagamos las propiedades de membrana de una neurona que se activó a propósito del fenómeno de registrar y almacenar la información, esto quizá tenga huellas de que ocurrió un proceso de memorización, pero no nos permite conocer el recuerdo en sí que fue retenido. Tampoco estudiar las propiedades de un sistema de redes neuronales o un complejo de activación genética o un complejo de expresión proteica nos permitirá saber el contenido del recuerdo almacenado. Un organismo dotado de cerebro, pero sin capacidades expresivas, tampoco podrá informarnos acerca de la capacidad de recuerdo o del contenido de un determinado recuerdo.

Ninguna de las propiedades de las partes componentes nos puede dar la clave del contenido de un recuerdo como propiedad emergente. Es posible que no exista un mecanismo exclusivo y único para la reconstrucción de un recuerdo. Puede que se dé toda una familia de experiencias relacionales que precipiten la reconstrucción de un recuerdo, así se maticen ciertas tonalidades en cuanto a las características de este. Un rostro se puede recordar o reconocer a partir de un umbral de configuración de características combinadas; no siempre será la misma combinación. Pensemos en la fotografía de un rostro supuestamente conocido que está cubierto por completo por un conjunto de fichas cuadradas de ciertas dimensiones. Pongamos que la fotografía está cubierta por 200 cuadrados. Juguemos a destapar de uno en uno los cuadrados, en una secuencia aleatoria, y ver cuántos cuadrados necesitan ser retirados para poder reconocer el rostro. Al retirar un solo cuadrado, y si cada cuadrado tiene un tamaño tal que solo descubre una porción muy pequeña de la fotografía, es posible que la información de esta única parte no permita reconstruir o reconocer el rostro. Pero no cualquier combinación de cuadrados retirados tiene los mismos resultados. Ciertas combinaciones dan más información que otras. De manera que con diferentes números de pasos en la secuencia de destapar las fichas logramos el umbral de identificación.

En ciertas patologías neurológicas se dan fenómenos de agnosia de rostros humanos. Los sujetos pueden describir acertadamente las características de cada una de las partes componentes del rostro, pero pierden la capacidad de reconocerlo. Esto quiere decir que el reconocimiento del rostro obedece a un efecto de conjunto más que a la sumatoria de las partes componentes. De otra manera sería imposible reconocer rostros de personajes en las caricaturas con una importante economía de los detalles. En ciencias naturales, el ejemplo clásico de propiedad emergente lo dio John Stuart Mill cuando consideró de manera separada el oxígeno y el hidrógeno, que tienen cada uno de ellos la propiedad de ser gases inflamables; pero cuando se relacionan de cierta manera el hidrógeno y el oxígeno para que emerja el agua, tenemos que esta adquiere propiedades muy diferentes a las de sus partes componentes en forma aislada, empezando porque el agua no es inflamable. Esto es, el agua adquiere propiedades emergentes.

Si pensamos los procesos psicológicos como propiedades emergentes, quiere decir que se constituyen a partir de relaciones, pero no solo relaciones en términos de componentes a escala celular u orgánica, sino también en términos de relaciones intersubjetivas. Pensemos en los niños con trastornos dentro del espectro autista: al parecer estos niños no pueden construir ciertos procesos de reconocimiento de estados intencionales de otros sujetos, lo que limita sus interacciones sociales y en esa medida no pueden compartir un mismo mundo con otros sujetos. Organizar el entorno, crear mundo, implica consensuar modos de expresividad coordinados y compartidos que paulatinamente son interiorizados.

De esta manera se diluye la dicotomía individuo/sociedad como entes claros y distintos, y se propone una concepción más fluida y dinámica que plantea una emergencia simultánea y de afectación biyectiva; un individuo nace y se desarrolla en medio de pautas e instituciones sociales ya establecidas; por ejemplo, nace en medio de una lengua ya constituida; cada individuo encarna y actualiza parcialmente una lengua, ya que la totalidad del repertorio lingüístico pertenece a la población global de hablantes que la comparten y ningún sujeto puede apropiarse de esa totalidad; sin embargo, son los sujetos, en la medida que utilizan el lenguaje, los que determinan la evolución de la lengua; es el repertorio efectivo que circula entre los sujetos el que determina qué palabras nuevas se incorporan, cuáles se mantienen de una generación a otra y cuáles entran en desuso.

Esta dinámica, a su vez, tiene subdinámicas, ya que grupos culturales determinados actualizan de manera diferente una misma lengua: palabras que han entrado en desuso para una colectividad permanecen vigentes para otras colectividades de la misma comunidad lingüística. También puede suceder que una palabra permanezca de una generación a otra, pero que cambie su significado o adquiera nuevas acepciones, incluso de carácter opuesto. Por ejemplo, la palabra 'revolución' fue inventada para dar cuenta de la regularidad del movimiento de los astros en el firmamento. Se sabía que se repetía una época del año, porque se repetía la posición relativa de los cuerpos celestes visibles. En este sentido, 'revolución' significaba, literalmente, volver a dar la vuelta. Esta palabra mantuvo esta acepción cuando se aplicó al movimiento rotatorio de motores mecánicos. Hoy en día se sigue caracterizando la actividad de un motor de un automóvil en términos de revoluciones por minuto. Pero esta misma palabra cobró una nueva acepción con motivo de rupturas radicales en los órdenes social, político y económico: hablamos de la revolución francesa, de la revolución industrial, de la revolución rusa, de la revolución informática. Curiosamente, esta nueva acepción invoca todo lo contrario a la repetición: es la interrupción, la no renovación, la no repetición de pautas ancestrales de modos de organización social, política y económica.

Si consideramos la mente como una propiedad emergente del cerebro o como una propiedad emergente de la relación de un organismo animado y su entorno, tenemos el desafío de caracterizar esta supuesta entidad. ¿Qué atributos posee? ¿Qué tipos de transformaciones le pueden ocurrir? ¿Se puede postular alguna necesidad o justificación para su aparición en la evolución? En todo esfuerzo teórico, el asunto es llegar a formular constructos abstractos que pretenden dar cuenta de pautas o patrones, y, una vez identificados, se pregunta si esas pautas o patrones son universales, cómo es que se generan, qué papel juegan, cómo se transforman o cómo se extinguen. Tamayo (2011) ha definido los procesos psicológicos como una serie de pasos o mecanismos que ocurren de manera regular –no necesariamente determinística– para alcanzar cambios en el comportamiento, la emoción o el pensamiento (p. 323); estos procesos son una manera de explicar los cambios del comportamiento, formulando una serie de hipótesis acerca del "estado" entre un organismo y su ambiente, y para el campo biológico y psicológico, cuestionamientos que tienen que ver con qué papel juegan desde el punto de vista homeostático o adaptativo y si se pueden encontrar en otras especies. Aquí también se plantean dinámicas fluidas entre los individuos y su entorno, en la medida que pertenecer a una cultura implica compartir modos de pensar, de recordar, de hablar, de afectarse anímicamente; cada individuo encarna parte de su bagaje cultural, pero a su vez adquiere propiedades que lo identifican como individuo; cada individuo encarna una originalidad biológica que matiza de manera particular el modo como adopta las pautas culturales y a su vez se hace partícipe de fenómenos colectivos que promueven transformaciones en dichas pautas culturales. Así, individuos o grupos de individuos pueden introducir novedades o modificaciones a las pautas heredadas, instaurando, por ejemplo, brechas intergeneracionales que determinan cuáles de esas pautas se mantienen, cuáles se modifican y cuales se atenúan o desaparecen. En ocasiones, algunas de las pautas no se extinguen, sino que entran en hibernación y son reactualizadas por generaciones posteriores que las encuentran nuevamente interesantes o importantes.

Como resultado de los debates generados, se han privilegiado dos posturas dominantes en psicología en cuanto a su objeto: por una parte, el estudio del comportamiento desde la perspectiva de su manifestación objetiva individual, y por otra parte el estudio de la mente o de lo mental, esto es, dar cuenta de los estados y procesos subjetivos.

Tomar el comportamiento o la conducta como objeto de estudio de la psicología tiene, como es bien sabido, una justificación epistemológica desde la tradición positivista, que sólo valida el conocimiento consensuado a partir de observaciones y de mediciones verificables. Esta postura implica una dicotomía entre el objeto a conocer y el sujeto que conoce. También se asume que el objeto por conocer está dado, y que la tarea es encontrar el camino que permite descubrirlo y caracterizarlo. Se adopta una cierta confianza en la información capturada por los sentidos, por lo que adquiere tanta importancia lo observable como criterio de legitimidad del conocimiento. Pero además la escala seleccionada de observación fundamental para el estudio y la investigación es el individuo. Por lo tanto, se asume de entrada, se naturaliza una supuesta autosuficiencia y autonomía e independencia de cada individuo, sin percatarse de las posibles ideologías que necesitan dar por sentados estos atributos. De hecho, para la teoría de la evolución, lo que cuenta como unidades pertinentes son las especies y no los individuos particulares. No todas las culturas centran el protagonismo de los fenómenos sociales en individuos autónomos y responsables, sino que conciben formas de yo colectivo, en el que el comportamiento de cada individuo ayuda a caracterizar, a valorar y a estimar a todo un grupo, familia o comunidad.

Desde el interés por el comportamiento, la psicología se pregunta por pautas o patrones de comportamientos innatos, y por las diferentes posibilidades de instaurar pautas o patrones de comportamientos adquiridos. Buena parte de estos conocimientos se generan a partir de diseños experimentales tanto en animales (en particular, mamíferos y aves) como en humanos. Sin embargo, los ambientes de laboratorio deben ser tan controlados que no ofrecen la riqueza de posibilidades para interactuar con el entorno como ocurre en los ambientes naturales. Uno podría decir que el repertorio de comportamientos que exhibe un animal está en parte restringido a las condiciones del diseño del ambiente experimental. Comparado con las ciencias naturales es un poco como contrastar las propiedades de los gases estudiados en condiciones ideales en contraposición con las propiedades de los gases estudiados en condiciones reales. En términos evolutivos no es pertinente postular algo así como comportamientos ideales o puros. Los comportamientos deben ser flexibles y deben resultar ser más o menos adecuados a las circunstancias del entorno.

Pero, que una disciplina opte por o defina un objeto de conocimiento como el comportamiento, no quiere decir que lo agote o que pueda pretender la exclusividad para dar cuenta del mismo. Por ejemplo, la biología tiene una respetable tradición en el estudio del comportamiento individual y colectivo de diferentes especies, tanto desde la perspectiva de la etología, como desde las perspectivas de la biología evolucionista y de la ecología. La numerosidad de las poblaciones, la proporción de individuos por sexo, la tasa de natalidad y de mortalidad, la duración de la gestación y del cuidado de las crías, la expectativa de vida, la distribución de los recursos para la supervivencia, la ubicación en una cadena trófica de flujo energético, la dinámica de periodos de proliferación y de extinción de especies, los requerimientos de migración, los cambios climáticos, las catástrofes planetarias, la deriva de las placas continentales, son algunos factores entre muchos otros, que regulan o modifican los patrones conductuales de individuos, demás, especies y de nichos ecológicos complejos. No existe el comportamiento en sí; lo que existe es el comportamiento relativo, el comportamiento situado. Ante todo, una pauta de comportamiento debe ser modulable, adaptable a las condiciones imperantes. Un felino hambriento puede tener a favor la dirección del viento y la posición de una posible presa que se muestra vulnerable; pero el momento del día puede imponer una temperatura que hace imposible el esfuerzo físico, motivo por el cual, a pesar del hambre, se reprime el comportamiento de persecución con fines de apresamiento.

Tradiciones epistemológicas de tipo histórico-hermenéutico y fenomenológico validan el conocimiento científico de los estados subjetivos de los individuos, a partir de diferentes formas de expresividad que exteriorizan y ponen de manifiesto esos estados internos. A partir del análisis e interpretación de esas formas de expresividad, se pueden formular hipótesis acerca de los mecanismos generativos y operativos de tales estados internos.

> Se podría proponer, por ejemplo, desde un punto de vista puramente conductual, que los procesos psicológicos son divisiones artificiales que representan espacios teóricos distintos, pero cuyas diferencias no son observables en la conducta de los sujetos [...] Desde nuestro punto de vista, por otro lado, la definición de un proceso psicológico requiere entender cuáles son las divisiones funcionales que existen en el procesamiento psicológico en la forma de módulos. (Corredor y Jiménez, 2011, p. 310)

Desde la perspectiva del estudio de la mente, aparece el vasto campo de la psicología cognitiva, o psicología de los estados subjetivos, en el que es válido plantear cuestionamientos relacionados con fenómenos, eventos, estados y procesos psicológicos. Estos cuestionamientos se consideran de manera predominante, otorgando centralidad al individuo o a lo individual desde la subjetividad (esto podría ser pensado como lo propio de lo psicológico); pero aun las posturas psicológicas más radicales comprenden que no es posible dar cuenta adecuada de lo individual y lo subjetivo ignorando el entorno o el contexto. Varela (2000) menciona al respecto que

> uno de los más importantes avances en ciencia en los últimos años es la convicción de que no podemos tener nada que se asemeje a una mente o a una capacidad mental sin que esté totalmente encarnada o inscrita corporalmente, envuelta en el mundo. Surge como una evidencia inmediata, inextricablemente ligada a un cuerpo que es activo, que se mueve y que interactúa con el mundo. (p. 2)

En otras palabras, se podría decir que solo es posible considerar lo individual o lo subjetivo, situado; pero, además de situado, considerado en el marco de dinámicas de transformación.

La psicología de la subjetividad se ocupa entonces de generar constructos abstractos (procesos psicológicos) que pudiesen hacer inteligibles los repertorios del mundo interior de los individuos de la especie humana. Estos constructos abstractos no parece que den cuenta de entidades diferenciadas, sino que más bien cumplen un papel metodológico que permite hacer comprensibles los atributos mentales, sus posibles variedades y su modo de aparición durante el desarrollo. A partir de capacidades, habilidades y expresiones exhibidas por los individuos, se trata de dar cuenta de los estados subjetivos y se proponen teorías que den cuenta de la manera como se generan, se organizan, se transforman y se afectan entre sí los procesos psicológicos. Indudablemente, en lo que tiene que ver con la especie humana, la posibilidad de comunicar estados subjetivos mediante recursos simbólicos, pero además poder correlacionar los estados subjetivos con el registro de cambios fisiológicos y hoy en día con imágenes funcionales cerebrales, provee una masa de información que permite postular modelos constitutivos y operativos de tales procesos.

Para la postulación de modelos comprensivos, el esfuerzo teórico conceptual, incluye la implementación de sistemas clasificatorios y eventuales organizaciones jerárquicas de los procesos psicológicos. Tenemos entonces, propuestas de clasificación de los procesos psicológicos en básicos o elementales y complejos o superiores. Tamayo (2011) menciona que esta clasificación se caracteriza por (a) los substratos biológicos, (b) su función adaptativa y (c) la descripción formal de los cambios en los estados del organismo y su ambiente (p. 323); en otras palabras, los criterios para hacer tal distinción, pueden basarse en aspectos biológicos evolutivos, de manera que podemos clasificar como básicos o elementales, aquellos procesos que compartimos los humanos con otras especies; o pueden basarse en el modo como se organizan los procesos, estableciendo relaciones de dependencia, de manera que los procesos básicos o elementales son independientes entre sí, y los procesos superiores o complejos dependen de la participación de los procesos básicos. Por ejemplo, los procesos complejos de pensamiento dependen de que estén presentes los procesos básicos de alertamiento, atención y memoria. Esta modularidad de los procesos resulta beneficiosa como estrategia metodológica para su estudio, pero, en cualquier caso, la mente humana funciona como una totalidad resultante de los modos como se interrelacionan sus componentes. Aquí de nuevo podemos considerar que la totalidad de la combinatoria de diferentes procesos da cuenta de propiedades emergentes en términos de capacidades a escala del organismo interactuando con el entorno. La capacidad se plasma una vez ciertas condiciones del entorno se articulan con ciertas condiciones del organismo. No toda superficie tiene propiedades adecuadas para expresar la capacidad de nadar, de patinar o de correr. No todo ambiente laboral tiene las propiedades adecuadas para que un sujeto pueda expresar sus capacidades creativas. No todo ambiente familiar tiene las propiedades adecuadas para que un individuo pueda expresar sus capacidades afectivas.

Pero cada proceso psicológico no representa una modalidad homogénea y definida de funcionamiento. Si ponemos por caso las emociones, tenemos repertorios emocionales evidenciables en muchas especies como ira, miedo, asco, hambre, saciedad. Pero hay grados de ira o de miedo y las emociones no tendrían sentido si no se vinculan con situaciones específicas. No se trata de exhibir la ira en sí, o el miedo en sí, sino que son patrones emocionales puestos en escena en relación con, y en consonancia con estados internos desencadenados por señales nerviosas y hormonales. Pero por otra parte las modalidades emocionales no son todas mutuamente excluyentes: podemos experimentar miedo y alegría, podemos experimentar estados emocionales ambivalentes; o podemos construir complejos emocionales relacionados con lo que llamamos estados subjetivos de vergüenza, celos, envidia, admiración, indignación, o enamoramiento. Además, podemos juzgar si la intensidad de tales complejos emocionales guarda proporción con las circunstancias. ¿Cuál es el umbral que permite juzgar los celos de una persona como desmedidos o patológicos? ¿Cuál es el umbral que permite juzgar que el enamoramiento de una persona por otra está fuera de toda proporción y se percibe como algo indeseable o incluso amenazante?

De manera análoga podemos experimentar estados subjetivos de evocación de hechos pasados, producto de complejos procesuales debidos a ensambles de diferentes tipos de memoria combinados con fragmentos diversos de imaginación y todo ello modulado por la emoción. Tenemos entonces diversas modalidades de memoria, pero no son evocaciones aleatorias y sin sentido, sino que siempre encuentran anclajes en relación con las experiencias vividas o con las anticipaciones que podemos establecer. Por eso podemos ser conscientes de las ilusiones mnésicas que se presentan en el frecuente fenómeno del *dejá vu*. Se genera una sensación de recuerdo que no se puede anclar a una experiencia pasada y que por lo tanto permite percatarse de la extrañeza que genera dicha ilusión. Mucho más problemático resulta el fenómeno de falsas memorias, en el que se asume como real un hecho que nunca ocurrió. El cerebro tiene capacidades sorprendentes para forzar la coherencia entre fragmentos dispersos de perceptos o de recuerdos. Se editan constructos mentales que llenan de manera adecuada los vacíos perceptuales o mnésicos con tal de darle mayor consistencia a las construcciones psíquicas. En últimas, el problema del cerebro no es definir un cierto grado de verdad acerca de sus producciones, sino de establecer si dichas producciones funcionan de manera tal que pueda tener efectos adaptativos. Muchas personas para fortalecer su autoimagen y el sentido de sus vidas, se figuran capacidades y características desproporcionadas que son desmentidas por las demás personas, pero que pueden jugar un papel importante en la estabilidad emocional.

Muchas veces los fenómenos, estados o eventos psicológicos considerados indeseables o desadaptativos son el resultado de combinatorias de procesos que han cambiado sus pesos o proporciones en el sistema psíquico. Por ejemplo, un fenómeno de atención exagerada y desproporcionada (hiperprosexia) o un fenómeno de atención deficitaria (hipoprosexia), pueden interferir con la capacidad de llevar a cabo procesos de análisis o de síntesis o con la posibilidad de procesos de pensamiento abductivo. Lo mismo puede considerarse de situaciones en las que se presentan capacidades desproporcionadas de retención y evocación de información (memoria) tanto por exceso como por defecto. Los estados emocionales extremos de miedo o de ira, pueden eclipsar la capacidad de raciocinio o la implementación de programas motores corporales o lingüísticos.

Pero también las combinatorias de los procesos psicológicos pueden cambiar sus pesos o proporciones en los estados de ensoñación durante la vigilia o durante el sueño. Podemos tener repertorios más o menos elaborados en nuestros sueños, con aspectos atencionales, cognitivos, emocionales y motrices. Aún no tenemos una respuesta robusta del papel evolutivo que puede tener la aparición de estos estados mentales de ensoñación en la que los procesos psicológicos se entrelazan de modos tan particulares, sin estar modulados por la captación de señales provenientes del entorno, como sucede durante la vigilia. Lo cierto es que se presentan en especies bastante evolucionadas como los mamíferos, que tienen una capacidad robusta de modificar y adaptar sus respuestas e iniciativas individuales y colectivas frente a entornos complejos muy cambiantes.

Lo cierto es que autores como Tamayo (2011) mencionan que los procesos psicológicos se imbrican unos a otros, lo que modifica las propiedades de los estados subjetivos. Para que la modularidad propuesta de los procesos psicológicos tuviera un estatuto ontológico, cada módulo debería exhibir plena autonomía, independientemente de lo que suceda con otros módulos, pero la evidencia muestra que tal autonomía modular no es posible: por ejemplo, encontramos procesamiento cognitivo y procesamiento lingüístico de las emociones, regulación emocional del pensamiento, afectaciones de las dimensiones cognitivas y emocionales derivadas de la actividad física, repercusiones de las emociones y la cognición sobre la percepción, de manera que lo que el sujeto experimenta, es el resultado de las interacciones entre los diferentes procesos, sin que se logre discernir claramente el papel definido, claro y distinto de cada uno de ellos. Tenemos disposiciones mentales complejas que se ponen a prueba en diferentes entornos con diferentes tasas de éxito. La modulación de tales disposiciones mentales se puede volver crucial, cuando la supervivencia depende de esfuerzos cooperativos en los que tenemos que reprimir o suprimir repertorios que atentan contra la eficacia de tales esfuerzos. Pensemos en el éxito de las campañas bélicas de las legiones romanas frente a los bárbaros. El éxito colectivo depende en no poca medida de las disposiciones mentales y físicas de cada uno de los legionarios, que a pesar de las lesiones y las adversidades deben mantener a toda costa la formación como única garantía para llevar a buen término la batalla. Pero dicha cohesión y determinación pueden a su vez depender de los atributos y la disposición mental de un líder que se vuelva objeto de admiración por su coraje y su fortaleza. El líder admirable funciona como un atractor para mantener en fase la arquitectura de la formación para el combate. Por eso resulta muchas veces catastrófica para la organización colectiva la muerte del líder en el campo de batalla, si bien a título personal lo puede llenar de gloria y de recuerdo perdurable.

Jiménez y Corredor cuestionan la autonomía modular de los procesos psicológicos, al afirmar que

> los modelos de la cognición que pueden ofrecerse desde una perspectiva modular inevitablemente fracasan en la explicación de muchos fenómenos interesantes sobre la conducta humana (*e. g.*, relación emoción-cognición). También consideramos que las descripciones modulares de la conducta son fragmentarias por naturaleza, y solo un ejercicio de integración puede recoger los hallazgos de la psicología modular y presentarlos en un marco coherente y general. En este sentido, es necesario repensar los planes de estudios y la agenda amplia de investigación de la psicología. Por un lado, se requiere investigación transversal que tenga como objetivo encontrar las relaciones existentes entre los procesos considerados hasta ahora como independientes. (p. 317)

Es difícil garantizar la supuesta neutralidad ideológica de los supuestos que se plasman en los modelos científicos. Si la modularidad de los procesos psicológicos es para algunos más una estrategia metodológica, otros podrían postular una realidad ontológica diferente para los pensamientos y para las emociones. Pero tal postulación como realidades ontológicas independientes, puede estar soportada eventualmente en prejuicios instaurados hondamente en los sistemas de creencias y de pautas culturales.

Para ilustrar esto último, consideremos la lucha mítica entre el bien y el mal que fundamenta las normas de muchas comunidades que comparten una religión. Para una determinada cosmovisión, el bien puede encarnarse en la capacidad de origen divino de raciocinio y deliberación, mientras que el mal puede encarnarse en el ímpetu y bestialidad demoníaca de las pasiones. Desde una perspectiva evolucionista, se podría postular que los repertorios de comportamientos más primitivos corresponden a la manifestación no controlada de las emociones, mientras que los repertorios más civilizados de comportamiento corresponden al producto de mesuradas y bien razonadas deliberaciones y toma de decisiones. Lo demoníaco encuentra resonancias con lo bestial y primitivo, mientras que lo divino encuentra resonancias con lo racional y mesurado. De allí podríamos pasar a considerar el encéfalo humano como un ensamblaje de un cerebro primitivo pasional y reptiliano con un cerebro más evolucionado, racional y dotado de capacidad lógica; pero además esos dos cerebros se encuentran en conflicto, de manera que el cerebro racional tiene como una de sus misiones el sometimiento y el control del cerebro pasional. Un cerebro está al servicio de la divinidad del alma, mientras que el otro cerebro está al servicio de la perversión diabólica. Finalmente, algunos podrían proponer que hay civilizaciones superiores en las que prima el pensamiento racional lo que se demuestra por sus costumbres, artes y ciencias, mientras que en el otro extremo hay tribus incivilizadas en las que priman pasiones bestiales, y que la misión de las civilizaciones superiores es sacar del estado salvaje a las tribus primitivas.

Con las anteriores consideraciones, no suena descabellado plantear la modularidad ontológica de los procesos psicológicos, particularmente en lo que se refiere a la cognición y a la emoción. Pero habría que ser muy cuidadosos para percatarnos de qué tanta ideología podría estar detrás de tales propuestas. Por su parte, hay que reconocer que sin duda hubo hallazgos anatomo-clínicos en la medicina que arrojaron evidencias a favor de la modularidad, que no tenían mucho que ver con prejuicios culturales. Especialmente se dio el caso de los hallazgos de Broca y de Wernicke en relación con la ubicación de áreas del cerebro dedicadas de manera selectiva al lenguaje. Pero estos hallazgos que invitan a pensar en la modularidad, encuentran matices frente a los estudios que dan cuenta del funcionamiento de redes neurales. El principal escollo está en no poder demostrar la independencia y autonomía funcional de los supuestos módulo; es imprescindible un modo de operatividad en red, para lo cual, en vez de módulos, debemos introducir la noción de nodos. El nodo por definición es relacional, si bien puede tener diferente peso funcional de acuerdo con su centralidad, de acuerdo con la tarea que se esté llevando a cabo.

Por su parte, las neurociencias, como campo interdisciplinar y transdiciplinar del conocimiento, brindan sus aportes para configurar otros marcos de inteligibilidad acerca del comportamiento.

Como ejemplo de importantes aportes para hacer inteligible el comportamiento y los procesos psicológicos desde las neurociencias, los trabajos de Caccioppo *et al.* (2000), Cosmides y Toby (2005) han permitido establecer correlaciones entre los atributos de las redes neurales y los atributos de la mente. Las propuestas científicas contemporáneas ponen de relieve una postura monista materialista, con una versión fuerte dada por el monismo materialista eliminativo, que pretende suprimir el concepto de estados mentales y sustituirlo por el de estados cerebrales, y una versión menos radical, no eliminativa, que sostiene que no puede haber estados mentales sin sus correspondientes estados cerebrales, pero que los atributos de lo mental no se pueden expresar literalmente en términos de los atributos de los estados cerebrales.

Estos avances neurocientíficos, realizados a partir de trabajos como los de Butman (2003) y Damasio (2006), han permitido identificar las estructuras anatómicas y las interconexiones que están involucradas en diferentes componentes funcionales, como son la acción, la percepción, la atención, la memoria, el aprendizaje, el lenguaje, la conciencia, las emociones, las motivaciones. Inicialmente se contó con evidencias científicas a partir de neurocirugías experimentales animales, de lesiones o enfermedades neurológicas en humanos, y con el advenimiento de nuevas tecnologías, se ha podido documentar la distribución funcional del sistema nervioso humano no lesionado mediante las llamadas imágenes funcionales, y se han diseñado técnicas neuroquirúrgicas ultraselectivas, bien sea por procedimientos de destrucción o por procedimientos de estimulación con electrodos, que muestran los efectos más o menos específicos dependientes de los sitios elegidos para las intervenciones. De esta manera se han podido cartografiar los subsistemas involucrados que dan cuenta de los distintos procesos psicológicos; sin embargo, es importante señalar que muchos de estos descubrimientos tienen vacíos o inconsistencias para localizar estos procesos:

> De alguna manera la neuroimagen funcional ha heredado la tradición de la localización de la función como objetivo máximo de estudio entre las relaciones entre cerebro y conducta. En consecuencia, después de más de 15 años de estudio de la cognición a través de la neuroimagen funcional creemos que no hemos conseguido superar los viejos conceptos sobre la estructuración de los procesos cognitivos y por tanto es el momento de hacer una pregunta básica: ¿son las técnicas de neuroimagen herramientas suficientemente efectivas para el estudio de la cognición? Nuestra cauta opinión nos llevaría a decir que son procedimientos necesarios ya que amplían nuestra perspectiva, pero todos ellos presentan limitaciones que dificultan enormemente la interpretación de los resultados. (Tirapu, 2011, p. 13)

Como se mencionó anteriormente, los conocimientos en neuroanatomía funcional tampoco han podido evidenciar estructuras modulares claramente diferenciadas para cada uno de los procesos psicológicos. Tenemos una gran red neural en la que se imbrican de manera compleja subredes, de modo que ciertas regiones anatómicas involucradas en procesos cognitivos de alto nivel como es la corteza de asociación prefrontal tienen una conectividad robusta y dispersa con todas las otras regiones, que están involucradas en percepción, memoria, emoción, motivación, lenguaje, motricidad. Estas conexiones pueden ser directas, o indirectas a través de neuronas encargadas de producir los neurotransmisores moduladores para todas las funciones del sistema nervioso central (Damasio, 2006). Tenemos que, dentro de la tradición localizacionista, en el campo de la neuropsicológica se han descrito las características clínicas de sujetos con alteraciones en cada uno de los lóbulos del cerebro. Encontramos entonces descripciones sindromáticas de lesiones del lóbulo frontal, del lóbulo temporal, del lóbulo parietal y del lóbulo occipital. Algunos de estos hallazgos muestran una distribución funcional asimétrica interhemisférica, es decir, que los hallazgos, por ejemplo, del síndrome frontal varían si se lesiona el lóbulo frontal izquierdo en comparación con si se lesiona el lóbulo frontal derecho. Sin embargo, con el advenimiento de mejores técnicas de imágenes diagnósticas, en particular con las técnicas que permiten destacar en las imágenes los tractos de sustancia blanca que interconectan diferentes porciones intrahemisféricas e interhemisféricas del encéfalo (tractografías), se ha podido documentar que los hallazgos clínicos que clásicamente localizaban lesiones de la corteza de asociación prefrontal (síndromes frontales) se podían presentar también en casos en los que las lesiones podían estar ubicadas por fuera del lóbulo frontal, por ejemplo, en el lóbulo parietal, en el lóbulo temporal, en el tronco encefálico o en el cerebelo. El estudio de las tractografías muestra que la clínica de los lóbulos frontales no solo se puede presentar por lesiones intrínsecas a este lóbulo, sino que puede aparecer por lesión de tractos que conectan el lóbulo frontal con las demás porciones del sistema nervioso central. Por ese motivo, se está empezando a cambiar el concepto de síndrome de lóbulo frontal (concepto anatómico y estructural) por el de síndrome de redes frontales (concepto dinámico y funcional). Sin duda, los aportes de la teoría de redes desde las matemáticas han ayudado para estas reconceptualizaciones clínicas del sistema nervioso central.

No debe sorprender, entonces, que la mayor parte de la superficie de la corteza cerebral humana se considere funcionalmente como corteza de asociación, y este nombre de corteza asociativa obviamente implica que no se puede establecer claramente una modularidad, si bien se han podido identificar, dentro de estas cortezas de asociación, regiones (nodos en lenguaje de teoría de redes) en las que se privilegian ciertos procesamientos, por ejemplo, los relacionados con la prosodia del lenguaje, que claramente está afectada por su conectividad con otros nodos relacionados con estados intencionales y emocionales. Lo que podemos concluir, entonces, es que la evidencia recogida de los estudios anatómicos y funcionales del sistema nervioso nos muestra una amplia variedad de estados subjetivos posibles, producto de diferentes combinatorias de activación de la red neural, y lo que hace que cada individuo se pueda tipificar mentalmente tiene que ver con el modo de actualizar estos diferentes estados. Cuando hay interés de dar cuenta de lo particular de cada individuo en cuanto a la activación cerebral, hay que tener en cuenta que los mapas funcionales encefálicos cambian en algunos aspectos con la experiencia y que, adicionalmente, podemos sintonizar o poner en fase aspectos de la activación cerebral de un individuo con la activación de cerebros de otros individuos, lo que se evidencia en fenómenos solidarios colectivos que se expresan en la empatía o en la comunicación verbal.

También encontramos que, durante los procesos de recuperación funcional después de una lesión cerebral, ocurren procesos de reorganización de la red neural, de manera que porciones de la red que no participaban es ciertas activaciones relacionadas con una determinada función pueden, al cambiar las relaciones de conectividad, participar en nuevas pautas de interconexiones, lo que se traduce en mejoría clínica de los déficits neurológicos. Esta propiedad plástica de la conectividad neuronal dificulta aún más la posibilidad de sostener la hipótesis de módulos discretos y específicos para los diferentes estados y procesos psicológicos. Adicionalmente, no podemos concebir un estado cerebral en el que simultáneamente no se activen múltiples subredes, lo que le confiere a cada estado cerebral un aspecto funcional en lo que tiene que ver con todos los constructos abstractos definidos como procesos psicológicos, tanto los básicos como los superiores.

Otro aspecto relacionado con las neurociencias tiene que ver con los avances en biología molecular, esto es, la comprensión de los atributos funcionales de la expresión genética y de los moduladores epigenéticos que subyacen al funcionamiento de las redes neurales. Heredamos un repertorio compuesto de variedades de genes distribuidos en la población, es decir, somos el producto de una combinación original a propósito de la deriva de variantes genéticas por linaje materno y por linaje paterno. Esto le confiere, a cada una de las moléculas que se expresan a partir de dichos genes, unas cualidades funcionales especiales, que a su vez van a incidir en ciertas pautas o patrones característicos de nuestros comportamientos y aprendizajes. Esto es, cada persona se va a identificar por un conjunto de rasgos mentales y físicos, que tienen correlación con una dinámica de la química cerebral y corporal.

En relación con lo anterior, se comprende cada vez mejor, la química cerebral, y el papel que juegan los neurotransmisores en términos de moléculas señalizadoras sintetizadas gracias a cadenas y redes de biosíntesis catalizadas por enzimas, y en términos de la caracterización de poblaciones de moléculas receptoras, así como de las variantes de moléculas recaptadoras y degradadoras. Es esta comprensión la que ha permitido el crecimiento del campo de la farmacología, y la capacidad de modular de modos cada vez más selectivos, diferentes procesos neurales que se traducen o correlacionan con procesos psicológicos. También a esta escala de lo molecular, se cuenta con la evidencia científica relacionada con la neuro toxicología recreativa, experimental, ocupacional y ambiental y los efectos que se presentan a corto plazo o a largo plazo y que afectan de manera particular algunos procesos psicológicos.

A la escala de lo molecular, podemos modelar redes de interacciones que integran el sistema nervioso con el resto del organismo.

La mente está encarnada en todo el cuerpo, ya que prácticamente todos los órganos dialogan mediante señales moleculares con el sistema nervioso central:

> La mente como enactivamente encarnada tiene dos consecuencias ya que, si la mente no está en la cabeza, ¿dónde diablo está? Este es precisamente el punto: es en este no-lugar de la codeterminación entre lo interno y lo externo; luego no podemos decir que está afuera o adentro. La otra consecuencia que se deriva de esto y que ha sido menos enfatizada, es que la mente es inseparable del organismo como un todo. (Varela, 2000, p. 4)

Nuestros procesos psicológicos pueden modularse a partir de lo que sucede en el sistema endocrino, como sucede con las variaciones de estados subjetivos relacionados con la pubertad, con el ciclo reproductor femenino o con la gestación. También, nuestros procesos psicológicos pueden modularse a partir de lo que sucede en el sistema digestivo: pensemos en los estados subjetivos relacionados con la sensación de hambre, con el ayuno prolongado, son la sensación de plenitud gástrica; pero incluso se ha podido documentar relaciones entre el tipo de microbiota que alojamos en el intestino con las predisposiciones para nuestros estados subjetivos. Otro ejemplo lo encontramos en relación con la actividad física, en la que el sistema muscular libera a la circulación señales moleculares que inciden en el funcionamiento del sistema nervioso, particularmente en lo que tiene que ver con los procesos psicológicos, pero a su vez, señales del sistema muscular pueden afectar la expresión molecular de otros tejidos periféricos, tejidos que a su vez secretan moléculas que llegan también por vía circulatoria al sistema nervioso central, formando redes de modulación química muy complejas.

De manera inversa, nuestros estados subjetivos impactan sobre el funcionamiento de otros órganos del cuerpo: consideremos cómo los tipos de estrés pueden alterar el funcionamiento de la piel, del estómago, del colon, del sistema inmunológico, del sistema cardiovascular. Las predisposiciones biológicas de tipo genético establecen territorios o sistemas de mayor vulnerabilidad frente a los estresores; pero luego las disfunciones ya instauradas en algunos órganos o sistemas desencadenan alteraciones funcionales en cascada sobre otros órganos y otros sistemas, lo que puede culminar en un colapso funcional global. Consideremos por ejemplo cómo podría estar distribuida la sensación de miedo asociada a un trastorno de ansiedad. Por un lado, hay todo un cambio en las proporciones químicas de los neurotransmisores cerebrales, en particular, los neurotransmisores moduladores de la actividad neuronal, como son la serotonina, la dopamina y la norepinefrina. Este desajuste de neurotransmisores se manifiesta en múltiples dimensiones funcionales del sistema nervioso central: cambios en los biorritmos relacionados con sueño y apetito, así como modificaciones en funciones cognitivas, en el deseo sexual, en la actividad física. Al mismo tiempo, hay cambios endocrinos, manifestados por incremento de la secreción de hormonas encargadas de respuestas del organismo ante los estresores: tenemos como protagonistas de esta respuesta endocrina la CRH, la ACTH, el cortisol y la adrenalina. Las acciones de estas hormonas cambian el trofismo de las redes neurales y el perfil metabólico del organismo, cambiando el balance energético: mayor concentración de lípidos circulantes, mayor concentración de glucosa sanguínea, incremento de las funciones catabólicas sobre las anabólicas, mayor estrés oxidativo, menor capacidad de reparación tisular, en fin, un proceso de deterioro progresivo de la calidad de nuestros tejidos y órganos. Los cambios neuroendocrinos también alteran las funciones del sistema digestivo, con cambios disfuncionales relacionados con sus pautas de motilidad, de secreción, de digestión y de absorción. Esto a su vez puede cambiar la población de la flora bacteriana, lo que a su vez afecta el estado funcional del intestino y secundariamente al sistema nervioso central. Lo anterior implica que se generan fenómenos de expresión de moléculas en red, en forma de cascadas de activación, que dentro de ciertos rangos pueden ser amortiguadas pero que, a partir de ciertos umbrales, ya no pueden ser amortiguadas y se produce una ruptura en el régimen funcional, dando lugar a fenómenos de amplificación.

De acuerdo con lo anterior, podemos comprender cómo prácticas sobre el cuerpo pueden modificar los procesos psicológicos: la percepción atenta y consciente del cuerpo, los tipos de dieta, el control consciente de la respiración, los masajes corporales, la relajación muscular, los efectos corporales con el cambio de clima o con la actividad física. En los ámbitos laborales, se ha demostrado que pausas activas con ejercicios de estiramiento muscular, o pausas para pequeñas siestas, pueden mejorar de modo significativo el rendimiento cognitivo y la estabilidad emocional. Lo contrario sucede en ambientes laborales con ritmos de producción exhaustivos, monótonos, sin pausas y sin posibilidad de promover y fortalecer vínculos afectivos. En un mundo para el que la generación de riqueza pasa por lo que se ha denominado capital cognitivo, en el que la creatividad y la innovación se constituyen en pilares para el desarrollo económico y social, las afectaciones a escala del organismo como un todo integrado, se vuelven objeto de atención y de preocupación. Para el caso de los periodos críticos de organización durante el desarrollo, debemos considerar las lesiones sufridas corporalmente, como se da en el maltrato infantil, y las repercusiones que van a tener en el moldeamiento de las redes neurales, repercusiones que se pueden traducir en trastornos psicopatológicos.

Pero el sistema nervioso no solamente se encuentra en red con el resto del organismo, sino que el organismo a su vez se encuentra en red con el entorno:

> Tendemos a creer que la mente está en el cerebro, en la cabeza, pero el hecho es que el ambiente también incluye al resto del organismo: incluye el hecho de que el cerebro está íntimamente conectado con todos los músculos con el esqueleto, los intestinos, y el sistema inmunitario, los flujos hormonales y así sucesivamente. Hace de todo el conjunto una unidad sumamente apretada. En otras palabras, el organismo como una red de elementos totalmente codeterminados determina que nuestra mente, sea, literalmente, inseparable, no sólo del ambiente externo, sino también de aquello que Claude Bernard denominó el milieu intérieur, el hecho de que no sólo estamos dotados de un cerebro sino de todo un cuerpo. (Varela, 2000, p. 4)

Es cada vez más claro que heredamos unas predisposiciones genéticas que les otorgan matices particulares a los modos como cada individuo va a implementar sus estados subjetivos. Desde la antigüedad se han identificado tipos de personalidad, de temperamentos que caracterizan a los seres humanos y también a individuos de otras especies (pensemos por ejemplo los temperamentos que caracterizan a las diferentes razas de perros). Autores como Caciopo, Sheridan y McClintock (2000) mencionan que el asunto no solo se debe a variaciones normales de genes distribuidas aleatoriamente en una población, sino a las probabilidades de expresión de dichas variaciones en diferentes combinatorias (lo que se conoce como la epigenética). Por eso en las poblaciones vemos espectros de manifestación de los procesos psicológicos, de manera que no vemos idénticos desempeños de los individuos supuestamente equiparables, en pruebas que dan cuenta de capacidades y habilidades relacionadas con los diferentes procesos psicológicos. Construimos rangos de aceptabilidad o normalidad para esos desempeños, rangos que en parte están determinados por las expectativas sociales, principalmente en cuanto a la funcionalidad se refiere. Esto trae como consecuencia el hecho de que en un mundo caracterizado por elevados índices de individualidad y de competitividad se valoren y se recompensen con creces solamente aquellos sujetos que, durante un lapso de su ciclo vital, muestren capacidades de desempeños extraordinarios, lo que deja a la mayoría de los individuos de una población en una condición de desvaloración y de menoscabo de la autoestima, con consecuencias muchas veces devastadoras en el plano físico y psicosocial. Muchos padres ejercen una presión exorbitante sobre sus hijos para que exhiban capacidades de superdotados; muchos empleadores ejercen a su vez una presión exorbitante sobre sus empleados para que superen cotas extraordinarias de producción o de ventas. Pero la realidad es que existe la suficiente variedad y diversidad biológica como para que se pretenda uniformizar las capacidades y los logros de los seres humanos. Únicamente la diversidad biológica garantiza un mayor chance de supervivencia cuando los cambios del entorno modifiquen el tipo de presión selectiva sobre las capacidades funcionales de los sujetos. Si imaginamos un cambio apocalíptico en el que tocara sobrevivir sin energía eléctrica en todo el planeta, seguramente los individuos mejor posicionados bajo condiciones de provisión de energía eléctrica no tendrían para nada garantizado, en ausencia de esa fuente de energía, su posicionamiento privilegiado.

Desde el punto de vista evolucionista, los individuos con ciertos perfiles funcionales son los que tienen mayor probabilidad de supervivencia y de reproducción. Debemos considerar que conservamos una memoria genética relacionada con las pautas funcionales exitosas que caracterizaron a los ancestros de nuestra especie durante aproximadamente 250.000 años. La mayor parte de este tiempo, el *Homo sapiens* moderno se caracterizó por un modo de vida nómada de cazador recolector, coordinando acciones cooperativas entre pocos individuos, afrontando retos adaptativos climáticos y ecológicos a medida que colonizaba vastos territorios del planeta. Para este modo de vida, se requirió desarrollar estados subjetivos con ciertas demandas cognitivas, emocionales y físicas: por ejemplo, un grado de atención y vigilancia del entorno para detectar oportunamente la presencia de amenazas o de eventuales presas. Un grado de impulsividad para defenderse de las acometidas de fieras o de otras hordas humanas. Unas habilidades sensorio-motrices para aprender la elaboración y el uso de herramientas. En estas condiciones, es indispensable que todos los individuos de la horda exhiban un perfil de capacidades y habilidades similar, ya que ese modo de vida y el número de individuos involucrados no permiten una clara división del trabajo.

> En otras palabras, la razón de por qué tenemos un grupo de circuitos en vez de otros es que, esos circuitos fueron mejores que otros circuitos alternativos para resolver los problemas que nuestros ancestros enfrentaron durante la historia evolutiva de nuestra especie. El cerebro es un sistema computacional construido naturalmente, cuya función es resolver problemas adaptativos de los procesos de información (como reconocimiento del rostro, interpretación de amenazas, adquisición del lenguaje o navegación). Durante el tiempo de evolución, estos circuitos fueron añadidos acumulativamente porque "razonar" o "procesar información" de una forma, incrementa la regulación adaptativa del comportamiento y la fisiología. (Cosmides y Toby, 1997, p. 9)

Pero en la medida que, hace un tiempo relativamente breve en términos evolutivos, se lograron asentamientos humanos gracias a la revolución agrícola, la numerosidad de las poblaciones humanas y las dinámicas propias de la vida sedentaria cambiaron de manera importante los estados subjetivos adecuados para esta nueva realidad de la especie y sometieron a presión selectiva el bagaje genético heredado. Autores como Cosmides y Tobby (1997) resaltan el hecho de que fue necesaria la invención de mitos que pudieran regular los comportamientos de grandes masas de individuos, que no podían tener conocimiento directo de todos con todos. Esto por supuesto requiere de una mayor demanda de recursos imaginativos y lingüísticos. La división del trabajo implicó que oficios definidos con demandas cognitivas, emocionales y sensorio-motrices muy específicas se transmitieran de padres a hijos y se formaran de esta manera linajes de expertos, con saberes acumulativos que permitieron perfeccionar técnicas exclusivas que pasaron a constituir un acervo cultural con habilidades y secretos propios del oficio. La demanda en cuanto al modo de regulación de los procesos psicológicos tuvo que cambiar pautas milenarias de cazadores recolectores, lo que se tuvo que plasmar en técnicas de pautas de crianza, técnicas de imposición de normas, técnicas de liderazgo. Todo esto implica poner a punto habilidades cognitivas, emocionales, motivacionales y actitudinales; el grado de impulsividad que, por ejemplo, resultaba adaptativa para el cazador recolector, se presenta ahora como problemática, cuando las pautas o patrones colectivos demandan más habilidades de cooperación y empatía.

Cosmides y Tobby (1997) mencionan que nuevas presiones adaptativas van a tener lugar luego de la revolución agrícola, cuando se presenten otras transformaciones a gran escala como la revolución industrial o la revolución informática. Y cada vez esto significa presiones selectivas para privilegiar ciertas modalidades de estados subjetivos con los respectivos procesos psicológicos. La división del trabajo se especializa cada vez más, el trabajo en equipo se vuelve cada vez más relevante, los tiempos de educación y adiestramiento se hacen cada vez más prolongados, la velocidad de la producción se incrementa exponencialmente, la dependencia entre diferentes grupos poblacionales se hace cada vez más intensa.

Pero, en relación con la revolución informática, la presión selectiva no solo es natural (genética) sino que se va volviendo también tecnológica (artificial). Las ciencias computacionales e informáticas se ocupan de diseñar algoritmos que permiten la ejecución de procesos análogos a los procesos psicológicos, en soportes maquínicos con materiales inorgánicos. Los avances más significativos se evidencian en máquinas programadas para aprender a partir de la experiencia, y se avanza en el propósito de perfeccionar máquinas con atributos análogos a los de los humanos (humanoides). Lo cierto es que las mentes humanas interactúan cada vez más, se apoyan cada vez más y dependen cada vez más de dispositivos informáticos y computacionales para resolver todo tipo de tareas y para establecer nuevos tipos de relaciones.

Otro aspecto a destacar tiene que ver con los acoples de cerebros (sujetos) con máquinas procesadoras, lo que permite, por ejemplo, experimentar realidades virtuales, un campo que hace pertinente la investigación de los procesos psicológicos generados a partir de sistemas híbridos biológicos e informáticos. Podemos modificar procesos psicológicos, por ejemplo, los aprendizajes emocionales desadaptativos llamados fobias, por medio de técnicas de desensibilización en realidades virtuales. Consideremos, por otra parte, la tecnología de la neurorretroalimentación (*neurofeedback*): un individuo interactuando con un computador puede condicionar la actividad eléctrica de su propio cerebro, lo que a su vez se traduce en modificaciones de sus estados subjetivos. Por ejemplo, un niño autista puede, mediante *neurofeedback*, condicionar la actividad eléctrica de su cerebro para que se incremente la presencia de ondas m, lo que se traduce en una mejoría para que el niño pueda entender los estados emocionales de otros seres humanos, y por lo tanto en su capacidad de interacción social. Algunos pacientes epilépticos pueden mejorar la manifestación eléctrica de su corteza cerebral, mediante procedimientos análogos a los descritos con los niños autistas. Eso implica que debe haber ciertas compatibilidades entre el procesador biológico y el procesador tecnológico. Algo debe permitir que los dos procesadores se pongan en fase para permitir tal interacción. Tendremos que estar atentos para investigar y aprender a partir de los modos híbridos de generar y transformar los procesos psicológicos mediados por tecnologías informáticas. Se posee suficiente conocimiento tecnológico como para esperar que cada vez más se sofistiquen los dispositivos que potencien nuestras capacidades en términos de procesos psicológicos, como son la memoria, la atención, los estados emocionales y los estados motivacionales. Sin duda estos avances desencadenarán debates éticos y filosóficos frente a posturas que han caracterizado la condición humana a partir de la creencia y la valoración del libre albedrío y del ejercicio de la voluntad.

Se han producido importantes avances en el perfeccionamiento de robots humanoides o animaloides, que puedan servir de compañía y puedan proveer cuidados especialmente a niños y a ancianos. La carga psíquica y social que implica el cuidado permanente, y el imbalance entre la oferta y la demanda entre cuidadores y personas necesitadas del mismo, hace que, sobre todo para el caso de los ancianos, los dispositivos robóticos sean importantes para proveer soporte material y mental, con la posibilidad de establecer vínculos afectivos significativos. Esto, sin duda, tiene efecto sobre los procesos psicológicos, y puede mitigar el deterioro cognitivo o el sufrimiento asociado al envejecimiento y la soledad. Esto implica que los dispositivos robóticos exhiban comportamientos a partir de los cuales se puedan inferir procesos cognitivos, emocionales, actitudinales que resuenen con los de los seres humanos. Es por eso que muchos humanoides y animaloides deben tener una forma que se asemeje a sus modelos biológicos, que tengan por ejemplo ojos y párpados, que tengan una voz lo más natural posible, que emitan mensajes significativos y que tengan sentido para generar una interacción conversacional.

Hasta ahora hemos considerado los procesos psicológicos como algo propio de los individuos, algo que los cerebros individuales y eventualmente máquinas individuales pueden implementar, ejecutar y modificar.

Sin embargo, algunas posturas teóricas proponen que el dominio de lo mental se instaura progresivamente y se organiza a partir de lo colectivo; estas perspectivas han sido ampliamente desarrolladas desde el enfoque de la psicología histórico-cultural y social. Los estados subjetivos se deben, desde esta perspectiva, a procesos de interiorización de fenómenos que emergen de las interacciones colectivas. Desde este punto de vista, los procesos psicológicos se constituyen a partir de las relaciones interindividuales, lo que invita a la investigación de cómo se dan estas relaciones y cómo es que pueden evidenciarse propiedades emergentes que a su vez afectan retroactivamente a cada uno de los individuos participantes. Tendríamos entonces la concepción de una mente expandida, una mente colectiva, en la que los recursos simbólicos cobran todo el protagonismo como componentes constitutivos del constructo que denominamos mente y de los procesos que allí tienen lugar. Por lo tanto, se coincide con Wertsch (1998) cuando menciona que para explicar las formas altamente complejas de la conciencia hay que ir más allá del organismo humano. No hay que buscar los orígenes de la actividad consciente y la conducta "categórica" en los plegamientos del cerebro humano o en las profundidades del espíritu, sino en las condiciones externas de vida. Por sobre todo, esto significa que hay que buscar esos orígenes en los procesos externos de la vida social, en las formas sociales e históricas de la existencia humana (p. 26).

Si consideramos el lenguaje, tenemos que su fundamento está en la convención acordada entre individuos; la realidad del lenguaje solamente puede establecerse en la interacción. Partimos de que los individuos acuerdan y comparten un repertorio que a su vez es un reservorio de entidades sonoras fonoarticuladas y tonales, entidades que constituyen un medio acústico; aquellos individuos expuestos de manera sistemática a dicho medio acústico adoptarán dichas entidades para efectos comunicativos y cognitivos que harán posible la coordinación de los comportamientos de poblaciones numerosas. Compartir estas entidades sonoras fonoarticuladas y tonales será un aspecto importante en la constitución de la identidad colectiva, en la implementación de mecanismos de protección y defensa basados en la detección de propios y extraños. Cada individuo susceptible de adoptar elementos de esta población de entidades acústicas deberá contar con dispositivos y mecanismos biológicos que hagan posible tal adopción: receptores auditivos, vías nerviosas auditivas, procesadores neurales dedicados al habla, mecanismos sensitivo-motores que permitan reproducir las entidades acústicas percibidas, sistemas de conectividad que permitan vincular los módulos neuronales dedicados al habla con los otros módulos neuronales dedicados a los perceptos y a los conceptos. De la misma manera, debemos considerar el lenguaje lecto-escrito, que, si bien ha aparecido y se ha masificado solo muy recientemente en la evolución, implica también módulos de procesamiento neural dedicados, no ya para los acoples acústico-motores, sino para acoples de tipo visomotor. Mover los ojos para recorrer espacialmente una distribución de entidades grafémicas o ideográficas y mover las manos con retroalimentación visual para reproducir dichas entidades grafémicas o ideográficas. Aquí también, de nuevo, se trata de convenciones acordadas entre individuos; su naturaleza es intersubjetiva, su origen es colectivo y solo los individuos expuestos de manera sistemática a tales codificaciones podrán adoptar el código para fines comunicativos y cognitivos. Pero algunos sustratos materiales que sirven de soporte a tales grafemas o ideogramas han podido persistir por milenios y de esta manera se ha podido implementar un proceso indefinido de acumulación de saberes.

Solo hasta fechas muy recientes los humanos inventaron tecnologías para almacenar los registros audiovisuales eventualmente para tiempos muy prolongados con intenciones comunicativas que trascienden los límites planetarios. El recurso simbólico del lenguaje permitió sobre todo dar cuenta de entidades abstractas que de otro modo no es posible ponerlas de manifiesto. Poder construir realidades que están más allá de la evidencia material o primaria que nos rodea constituye un salto evolutivo sin precedentes. Poder clasificar y agrupar los objetos en clases, abstraer propiedades y relaciones, establecer relaciones causa-efecto, imaginar fuerzas naturales o sobrenaturales que hagan comprensibles o inteligibles muchas de las manifestaciones de la naturaleza, es el producto de mentes que tienen recursos simbólicos compartidos para que puedan emerger estas producciones colectivas, sin las cuales no es posible coordinar los comportamientos y los procesos psicológicos en grandes poblaciones. Los llamados choques de culturas y civilizaciones no podrían dar lugar a configuraciones híbridas o amalgamadas, si no se pudieran establecer relaciones de afinidad o de equivalencia entre los recursos simbólicos.

Emparentadas con las entidades sonoras fonoarticuladas, tenemos entidades sonoras rítmicas y melódicas que también han requerido de módulos neurales especiales para su apropiamiento y procesamiento. Todas las culturas conocidas han inventado colectivamente instrumentos musicales y técnicas propias para privilegiar ciertas formas rítmicas y melódicas. Sin duda, muchos de los materiales que ofrece la naturaleza, de origen vegetal y animal, favorecen la construcción de instrumentos de percusión. La operatividad de tales instrumentos de percusión está asociada a la propiedad biológica de realizar movimientos alternantes con las extremidades y seguramente tiene resonancias con la percepción rítmica de los latidos del corazón. Mayores desafíos se encuentran frente a la invención de instrumentos de cuerda asociados a cajas de resonancia, o la invención de instrumentos de viento. Las formas rítmicas musicales implican pautas de ritmos cinestésico-motores con diferentes partes del cuerpo (danza). Desde la antigüedad, diferentes civilizaciones han encontrado en la música, en el canto y en la danza poderosos dispositivos para la modulación de procesos psicológicos, en particular las emociones. Participar en una danza refuerza los vínculos afectivos y la sensación de pertenencia a una comunidad. Permite alterar los estados mentales y eventualmente poder compartir estados especiales, extáticos, con o sin la ayuda de químicos exógenos. Pero solo muy recientemente los humanos han inventado recursos simbólicos para la lecto-escritura musical, y para registros audiovisuales, lo que permite la conservación de composiciones y ejecuciones musicales para tiempos futuros de manera indefinida.

Con la invención de instrumentos y de sistemas de notación musical, también se han podido potenciar procesos psicológicos de tipo cognitivo. Ya desde tiempos de Pitágoras, se encontraron correlaciones entre proporciones numéricas de las distancias a los extremos de las cuerdas relativas a un punto de compresión con la consecuente pulsación, y la configuración de las escalas tonales. De manera que, desde tiempos muy remotos, las matemáticas y la música han estado emparentadas. Ciertas relaciones numéricas aplicadas a las cuerdas dan cuenta de relaciones armónicas entre los diferentes sonidos. Mucho más elaborado es el esfuerzo por manifestar diferentes estados subjetivos en composiciones musicales. Y no solamente manifestarlos, sino contagiar esos estados subjetivos a los oyentes de tales composiciones. No es casualidad que hoy en día resurjan viejas prácticas culturales que se identifican como terapia musical o musicoterapia, sobre todo para modular estados emocionales. La música ha estado presente para ayudar a establecer estados colectivos apropiados para muchas de las empresas humanas, relacionadas, por ejemplo, con las ceremonias religiosas, las campañas bélicas, las jornadas agrícolas, las aventuras a través de los mares, las festividades asociadas a los ritmos estacionales que marcan a su vez ritmos en las faenas y en los oficios. Al igual que el lenguaje, podemos considerar la música una manifestación cultural de origen colectivo, que puede ser apropiada por los individuos que se expongan y se entrenen debidamente en tales capacidades y habilidades.

Pero las pautas o patrones de los fenómenos colectivos tienen matices de acuerdo a los entornos que habitan. Desde el punto de vista biológico, las poblaciones de una misma especie pueden adoptar características y comportamientos diferentes según el tipo de nicho ecológico en el que están inmersas. Por ejemplo, dos poblaciones de una misma especie pueden tener tamaños muy diferentes, lo que puede estar relacionado con la cantidad y calidad de alimento disponible. A estas variantes de poblaciones de la misma especie se les conoce como demes. Según Montealegre (2005), de la misma manera podemos pensar variantes de atributos y comportamientos de colectivos humanos, de acuerdo con el repertorio de recursos materiales y simbólicos disponibles localmente, y pasaríamos a considerar entonces las variantes culturales y subculturales.

Por ejemplo, en el caso de la percepción, tenemos universales biológicos propios de la especie, que determinan el rango de frecuencias que se pueden captar gracias a los dispositivos receptores expresados de acuerdo con las restricciones genéticas. Esto sin embargo no garantiza una misma manera de organizar la información a partir de dichas señales captadas. La forma en que categorizamos y clasificamos los colores tiene una cara biológica y una cara cultural. A respecto, Sánchez (2001) menciona que:

> El ser humano como sujeto semiótico, como sujeto capaz de producir e interpretar y negociar significados se forma como tal en la medida que se apropia activamente de los instrumentos semióticos producidos, dentro de la historia cultural de la humanidad. De forma tal que el desarrollo psicológico es indisociable de la vida en sociedad y de las interacciones del individuo con los otros de su grupo familiar y social. El sujeto enunciador, intérprete y negociador, el sujeto deliberante, dialógico se construye como tal en tanto se integra en las distintas redes de significado que constituyen el tejido social. El sujeto humano como sujeto cultural es alguien sujetado, normatizado por los contenidos de su cultura y es en el marco de esta sujetación que es posible hablar de autorregulación. (p. 31)

La percepción de algunas formas tiene que ver con modos de significación asignados culturalmente, lo que a su vez afecta la capacidad de atender a dichas formas, dada su valencia. La valencia, a su vez, afecta el repertorio emocional que puede acompañar la percepción, y el tipo de emoción desencadenada influye en la implementación de acciones reactivas o anticipatorias. Pensemos en lo que significa el dibujo de una línea corta horizontal superpuesta perpendicularmente a una línea más larga vertical y más cerca de su extremo superior. Su valencia será totalmente diferente para poblaciones no cristianas y para poblaciones cristianas. Tal dibujo podría ser exhibido en estandartes y animar a ejércitos para, si es necesario, dar su vida para defender sus creencias.

Dejar que la expresividad facial y corporal ponga de manifiesto nuestra afectación emocional puede ser muestra de integración a una colectividad o por el contrario puede ser interpretado como una muestra de debilidad que causa rechazo, discriminación o exclusión. Pero no manifestar o disimular de manera convincente los estados emocionales subjetivos no es algo fácil de dominar. Es muy difícil sentir una pasión realmente intensa e impedir al mismo tiempo cualquier indicio de manifestación en la superficie del cuerpo. Es más fácil volverse realmente insensible, de modo que el rostro impasible refleje lo que en verdad está sucediendo o, mejor, no está sucediendo en nuestro interior.

Vemos entonces que hay que explorar las dimensiones sociales y culturales de los procesos psicológicos, bien sean entendidas estas dimensiones como contextuales o moduladoras de los procesos, o bien como constitutivas de estos.

Pensemos, por ejemplo, en el modo como se constituyen y organizan los procesos psicológicos en una sociedad caracterizada por los fenómenos interrelacionados de política liberal, economía de mercado, urbanismo y medios de comunicación. Es en este contexto que cobra importancia la concepción de individuos libres, por lo tanto, responsables, con derechos civiles, educados, sanos, y con la posibilidad de transformar las condiciones sociales y económicas en las que nacieron. Todo esto supone innovaciones profundas si comparamos el tipo de sociedad contemporánea descrito, con las condiciones sociales en que se han desenvuelto los seres humanos la mayor parte de su historia. Para cada tipo de sociedad se modifican las demandas en términos de procesos psicológicos: capacidad de atención, percepción y organización del tiempo, cantidad de información para ser tenida en cuenta, niveles y ritmos de estrés, capacidad de anticipación, regulación de la impulsividad, del miedo y de la ira, fortalecimiento de estrategias de cooperación, capacidad de negociación, tolerancia a la frustración, regulación de la motivación, regulación de la actividad física, regulación del apetito, etc. Los modos como se presenten y se organicen los procesos psicológicos determinarán, por ejemplo, de acuerdo con las exigencias sociales, los problemas y los trastornos en el campo de la salud mental.

Un aspecto especial de índole social y cultural tiene que ver con el ámbito de las técnicas, que resultan, en todo caso, imprescindibles para los logros adaptativos de la especie humana. Si atendemos al hecho de que no tenemos evidencias de logros adaptativos humanos en ausencia de herramientas, debemos considerar así mismo que las herramientas, a su vez, participan en el moldeamiento de las mentes; de tal manera que autores como Luria y Vygotsky, citados por Montealegre (2005), mencionan que la actividad humana se origina en la actividad externa objetal; lo objetal se refiere a la acción práctica con los objetos. Aprendemos a percibir e interpretar estímulos mediados por artilugios ópticos, acústicos, aromáticos, cinestésicos;

modificamos el modo de organizar la información por medio de artilugios químicos o físicos; podemos diseñar artefactos o dispositivos que inducen fenómenos ilusorios o alucinatorios. Pero, sobre todo, podemos implementar técnicas de generación y distribución de recursos simbólicos, que impactan en el modo de significar e imaginar, reproducir y crear, tanto en el ámbito individual como en el colectivo. Según Montealegre (2005), todos estos artefactos y herramientas no solamente hacen parte del mundo 'real', sino que se interiorizan y toman significado cuando se integran como parte de la actividad humana.

Un aspecto relevante en relación con el uso de herramientas tiene que ver con el hecho de aprender a utilizar, como herramientas, distintas especies animales o a otros seres humanos. En el caso de los animales, debemos contemplar que solo muy pocas especies han podido ser objeto de domesticación. Esto quiere decir que la sintonización de procesos psicológicos entre humanos y otras especies no está, ni mucho menos, garantizada. Sin duda, la mejor sintonía que se ha podido establecer en términos de relaciones complejas interespecie se ha dado entre los humanos y los perros. Los grados de intercomprensión que se pueden alcanzar son sorprendentes, lo que se evidencia en la complejidad de las interacciones. Los perros pastores son un buen ejemplo, en el que la mente de cada perro debe comprender las acciones e intenciones de los humanos, el trabajo en equipo con otros perros y a la vez entender el comportamiento del rebaño, teniendo en cuenta las restricciones y oportunidades de movilidad que da el terreno sobre el que se practique la faena. Por otra parte, la comprensión entre los jinetes y los caballos permitió modificar de manera extraordinaria los sistemas de transporte, las estrategias de combate y los sistemas de correo con relevo de postas. En otro escenario, las técnicas de castración permitieron domeñar toros para efectos de la implementación de las técnicas de arado, lo que modificó el ritmo de producción de alimentos, y la consiguiente explosión demográfica humana. En general, la domesticación permitió definir tipos de dieta a escala global, creando un desbalance ecológico entre las especies seleccionadas por los humanos para la domesticación y las especies silvestres. Las especies susceptibles de domesticación fueron seleccionadas por los humanos, y el criterio de selección tuvo mucho que ver con los temperamentos y talentos de los animales, lo que remite de nuevo a propiedades relacionadas con los procesos psicológicos.

El ser humano pronto se dio cuenta de que se podían generar crías con nuevas propiedades si se sabía enrazar distintos tipos de animales de la misma especie o de especies afines. Surge así una deriva de evolución intencionada no natural, en la que aparecen, por ejemplo, nuevas razas de perros sobresalientes para tareas de cacería, perros dotados para la tracción de trineos, perros de compañía. De la misma manera, el hombre manipula los cruces de los equinos para que surjan las mulas, que transformaron drásticamente la eficiencia para labores de transporte de carga respecto de otros equinos, como caballos y asnos. También encontramos herramientas híbridas entre animales y artefactos mecánicos: una noria movida a tracción por un caballo o por un asno.

Podemos considerar, en suma, que los procesos psicológicos humanos no están simplemente instalados en cerebros, sino que se encuentran encarnados en sujetos; los sujetos, a su vez, no están dados por sí, sino que emergen gracias a las interacciones, las cuales están mediadas por herramientas y por técnicas; y finalmente, como producto de las interacciones mediadas, emergen simultáneamente sujetos y mundos.

SOBRE LA COMPRENSIÓN DE LOS PROCESOS PSICOLÓGICOS EN EL LINCIPH

CRISTIAN RINCÓN MENDIETA

En el marco de los procesos de construcción de conocimiento, todos los elementos disciplinares y multidisciplinares deben tener un lugar fundamental. La idea de pensar los procesos psicológicos dentro de la Facultad de Ciencias sociales y Humanas de la Universidad Externado de Colombia nos pone, necesariamente, en el escenario de considerar que todas las fuentes de conocimientos son válidas en tanto cuenten con la rigurosidad conceptual, epistemológica y práctica necesarias para dotar de validez o confiabilidad una forma de conocimiento. En ese sentido, la aproximación a la comprensión de uno de los niveles de lo humano, denominado procesos psicológicos, nos pone en el escenario de considerar cómo la historia de conformación de cada uno de estos tiene una dimensión contextual que los hace particulares como objeto de estudio dentro de la comprensión de lo humano.

Teniendo en cuenta la misión de conformación de la Facultad de Ciencias Sociales y Humanas como institución de educación superior dedicada a la enseñanza e investigación en ciencias sociales, con una concepción humanística, que desarrolla sus actividades dentro de una filosofía pluralista, abierta a todas las corrientes del pensamiento, ajena al dogmatismo (PAF, 2010), se da lugar a construir un espacio en el cual fenómenos de lo psicológico humano, como la memoria, el aprendizaje, la percepción, la emoción, la interacción social, la cognición y el lenguaje, como procesos en los que la dimensión ecológica de interacción biopsicosocial se da, debe entonces considerarse que dichos espacios aporten también en esa dirección, en la cual el dominio conceptual sobre cada uno de estos no es necesariamente propiedad de una disciplina.

Es así como en la facultad la idea de construir conocimiento parte necesariamente desde los abordajes y producciones de cada una de las corrientes disciplinares, con cada una de sus tradiciones epistemológicas y sus derivas tanto teóricas como conceptuales y metodológicas, pero con el firme propósito de llevarlas más allá, no solo en tanto las dimensiones de la realidad que por su misma naturaleza disciplinar puedan abordarse, sino, además, por los límites que puedan llegar a tener. En este sentido es donde se ubica el pensamiento de frontera ínter y transdisciplinar en el cual las lógicas complejas y de relación no lineal, sobre la comprensión de los procesos psicológicos, cobran sentido.

Particularmente, el Laboratorio Interdisciplinar de Ciencias y Procesos Humanos (Linciph) es entonces uno de los espacios de trabajo en el cual dicha concepción teórica conceptual toma forma. El laboratorio está consolidado como un espacio de constante construcción de conocimiento, que se enmarca dentro de las dinámicas de pensamiento de la Universidad y de la Facultad, en las que su función principal es la de apoyar y construir conocimiento aplicado que funcione de apoyo y base práctica para los distintos escenarios, tanto de formación académica como de investigación, consultoría y extensión.

Pensar los procesos psicológicos dentro del laboratorio requiere de entrada una consideración de lo global de cada uno de los procesos como fenómeno complejo, lo humano como escenario de interrelaciones dinámicas y contextuales, que en su ecología se agotan en el transitar del vivir de cada uno de los sujetos que lo componen; si bien la consideración de los sistemas propios en los que cada uno de los sujetos se ve históricamente y socialmente inmerso es una preocupación de primer nivel para la comprensión de varios de los procesos psicológicos, es en la articulación de distintas perspectivas disciplinares que se trata de abordarlos y comprenderlos, en el marco del sentido social, cultural y psicológico en los cuales realmente se dan, en la interacción con el entorno y con los otros como agentes activos dentro de este.

Por consiguiente, describir la idea de proceso y de lo psicológico es fundamental para construir una primera aproximación de lo que, en el laboratorio a través de la discusión y conversación de saberes, se ha delimitado como andamiaje teórico para la orientación del quehacer conceptual y práctico en el campo de procesos psicológicos.

Histórica y tradicionalmente, el abordaje con el cual se le ha dado sentido a cada una de las dimensiones de lo propio del psiquismo humano ha sido, sin lugar a dudas, propio de la disciplina psicológica, con las primeras preocupaciones de los antiguos griegos por el alma y su devenir en el comportamiento del hombre, hasta las ideas más actuales sobre el desarrollo del cerebro social en interacción. La idea de las cualidades particulares de lo humano ha sido un ferviente interés; sin embargo, desde el fallo contextual de la explicación del comportamiento a partir de los modelos positivos propios de la corriente cognitivo-conductual, la psicología ha sido necesariamente insuficiente para dar cuenta de lo que corresponde a los fenómenos propios dentro del pensamiento humano. Pensar la memoria, por ejemplo, fuera del marco relacional de sentido en el cual se centra, pensar la memoria fuera de los sistemas económicos en los cuales está inmersa, o considerar la memoria sin considerar las implicaciones neurobiológicas del fenómeno de recordar, son escenarios estériles para esta época y atemporales para el agotamiento de la comprensión del fenómeno.

Es así como la comprensión de lo que implica en variadas escalas y en niveles de realidad observable se vuelve clave en la empresa de comprender (sin el objetivo último de agotar) una dimensión de cada uno de los fenómenos propios de los procesos.

En consecuencia, la comprensión de un fenómeno, como proceso y como psicológico, debe responder a la idea de cognición que plantea Francisco Varela, en tanto el conocimiento mismo no es solamente un procesamiento de información, sino que por el contrario los procesos de construcción de conocimiento, enacción, deben propender a espacios en los que se construya un puente entre la ciencia que da cuenta de la mente y de la mente en la experiencia (Pascual, 2006); en este sentido, también la propuesta sociocultural aporta que es imposible separar las acciones humanas de los recursos materiales y humanos a los que las personas tienen acceso, con lo cual dar una explicación coherente y acertada sobre los procesos debe considerar dar cuenta de los contextos históricos y sociales relacionales en los cuales se dan y, por lo tanto, se aporta una idea fundamental que orienta la comprensión de los procesos dentro del laboratorio; el módulo que se compone por distintas dimensiones que denominamos proceso psicológico debe ser necesariamente extendido más allá del sujeto (Corredor y Jiménez, 2011).

Consecuentemente, la idea de esta aproximación a la comprensión de los fenómenos psicológicos debe llevar a la elaboración de una ruta pedagógica coherente que se articule con los lineamientos propios de los seminarios centrales dentro de la facultad, que se explican en profundidad en apartados posteriores. De modo general, cada uno de los seminarios centrales orienta la comprensión de una perspectiva epistemológica bajo la cual se abordan las distintas formas de construcción de conocimiento. Con lo cual, el reto del campo de procesos psicológicos en el escenario de la facultad se traduce en dar cuenta de cómo cada uno de los procesos puede ser abordado y comprendido desde una dimensión epistemológica distinta.

En relación con dicha propuesta pedagógica, el campo de procesos psicológicos cuenta con una serie de insumos, materiales, equipos y pruebas, que de manera directa son utilizados y aportan en el propósito de la formación académica de los usuarios del laboratorio. Es necesario considerar que la disposición de dichos equipos, pruebas y demás materiales se enmarca en la misma historia de conformación y consolidación del laboratorio como espacio dentro de la facultad.

Es importante mencionar que, para llegar a una comprensión de los procesos psicológicos dentro de la multidimensionalidad de elementos que los componen, la historia de desarrollo de lo disciplinar ha sido fundamental; en ese sentido, algunos de los principales aportes en dicha discusión son elementos fundamentales para enmarcar la concepción actual sobre aquellos.

Considerar cuál es la esencia de la explicación psicológica de los procesos es dar cuenta de la importancia de generar una división de estos como campos de estudio disciplinar, y dar cuenta de estas divisiones para poderlos comprender, requiere de una aproximación a la realidad de la actividad humana, en la cual se evidencian cada uno de los procesos como tipos separados de producción psicológica. Si desde una perspectiva netamente clásica de una de las corrientes psicológicas se tratara, se comprenderían los procesos como divisiones artificiales que representan espacios teóricos distintos. Pero sin embargo dichas clasificaciones en términos de lo conductual no son claramente distinguibles en las conductas de los sujetos. Otra aproximación sobre los procesos necesariamente tiene que recurrir a considerarlos como las divisiones funcionales dentro de cada uno de los módulos del procesamiento psicológico que los conforman (Corredor y Jiménez, 2011).

Por lo anterior, es preciso preguntar si los procesos psicológicos en sí mismos constituyen unidades de análisis válidas, que a su vez son representativos de una realidad psicológica subyacente y que dan cuenta en realidad y se amplía el espectro de comprensión de la organización y el funcionamiento de la mente de forma modular, con todas las implicaciones de esa comprensión (Corredor y Jiménez, 2011). Más allá de llegar a la determinación de que los procesos psicológicos son en esencia integrados en conjunto, vale la pena cuestionar si ellos son unidades útiles para propósitos pedagógicos y metodológicos, pero no elementos explicativos independientes.

Particularmente, tener una aproximación desde lo modular para la comprensión de los procesos psicológicos debe considerar que cuando se habla de módulos se entienden como un sistema de procesamiento enfocado en un dominio específico y en un tipo de información particular, cuyos funcionamientos y resultados no pueden ser alterados por resultados provenientes de otros sistemas (Fodor, 2000, citado en Corredor y Jiménez, 2011). Particularmente en psicología, la identificación de mecanismos, o módulos, como estrategias de investigación tiene una larga historia que se remonta hasta Platón y su división tripartita del alma. El advenimiento de la psicología de las facultades en el siglo XIX con Gall es una muestra fracasada de esta estrategia; mientras que los hallazgos de Brocca y la propuesta de sistemas de memoria de Atkinson y Shiffrin constituyen una muestra exitosa (Bechtel, 2008, citado en Corredor y Jiménez, 2011).

Teniendo en cuenta lo anterior, si se considera que un proceso psicológico es la consolidación del accionar de módulos de funcionamiento complementarios en términos de acciones, se tienen dos caminos posibles que son rastreables en la historia de la psicología; en el primero se recorre un camino en el cual dicha comprensión modular es claramente sistemática y secuencial, donde la restricción sobre cada uno de los componentes que deben aparecer es fundamental. En ese sentido, Fodor (1983, citado en Corredor y Jiménez, 2011) plantea que se debe considerar:

a) El *input*, o el conjunto de ítems de información que puede activar el módulo, y que se contrasta con otra información evocada en el curso del procesamiento de información.

b) La especificidad de dominio, que hace referencia a que un módulo recibe *inputs* de un solo tipo.

c) El encapsulamiento, en el cual operaciones internas del mecanismo no requieren información externa al módulo, en adición a la información del *input*.

d) Y las operaciones del mecanismo son inaccesibles, es decir, su operación no puede ser alterada por otros mecanismos.

Teniendo en cuenta dicha clasificación sistemática de los elementos propios que construyen un proceso psicológico, se puede considerar que la característica fundamental de esta forma modular de comprender los procesos es la encapsulación. Con lo anterior se puede considerar que, para la comprensión de lo disciplinar desde la psicología, los procesos psicológicos constituyen de manera concatenada una idea de mente como conjunto de módulos y como procesos centrales. En ese sentido, es pertinente utilizar algunos ejemplos que nos permitan comprender dicha modularidad.

Los módulos entonces son responsables por fenómenos tales como la percepción del color y el reconocimiento de caras; sin embargo, los procesos centrales, como la inferencia lógica consciente, requieren de la interacción de varios sistemas modulares interactuantes (Corredor y Jiménez, 2011). En contraposición a dicha comprensión de la emergencia de la mente como fenómeno modular, Cosmides y Tooby (1994) proponen una modularidad masiva desde la psicología evolucionista, en la cual la mente es exclusivamente un conjunto de módulos moldeados por la evolución para dar cuenta de problemas relevantes en nuestro pasado evolutivo. En esta lógica masiva de la modularidad, un ejemplo concreto sería la identificación de información inadecuada o inapropiada en el mensaje emitido por otro sujeto partícipe de una interacción particular, es decir, la identificación de mentiras en una información recibida.

Existen dentro de la psicología aproximaciones que no necesariamente se identifican con el encapsulamiento del modularismo; para determinar el desarrollo y ejecución de un proceso psicológico en particular, dichas versiones consideran que pueden existir versiones más suaves de las características necesarias para que se desarrolle un proceso, y que esas características o condiciones necesarias pueden variar independientemente de las propiedades de los componentes subyacentes. Cabe resaltar que esta última versión emerge como modularidad en cuanto se fragmenta en los dominios en los cuales se puede manifestar, por ejemplo, la emisión lingüística *vs.* la categorización (Corredor y Jiménez, 2011), o concretamente en situaciones en las cuales se ejecuta o planea una tarea, por ejemplo, la conexión y agotamiento semántico en una tarea de categorización. Con lo cual, según lo plantea Sternberg, 2001, la posibilidad de identificar los módulos de forma separada construye el escenario para hipotetizar separadamente sobre los componentes y sus implicaciones en el procesamiento, dando la posibilidad de modificaciones separadas.

En este punto es importante resaltar que la utilización de los módulos con objetivos comprensivos permite identificar en la psicología moderna la dimensión de lo denominado como proceso psicológico, y cómo esta depende de manera casi indiscutuble de todas las corrientes y modelos dentro de la disciplina con la identificación del o de los mecanismos partícipes que hacen posible el desarrollo del proceso psicológico.

Dicha discusión sobre los alcances y límites de la identificación modular en la comprensión de los procesos psicológicos aterriza necesariamente en la comprensión o la dimensionalidad que se le otorga a la mente, como objeto central no solo en la disciplina psicológica, sino que abarca una dimensión en lo humano que indiscutiblemente aparece en las consideraciones de varias de las disciplinas que procuran la comprensión de alguna de las dimensiones en lo humano. Para dicha construcción es fundamental la inclusión de dos dimensiones conceptuales: la primera denominada proceso y la segunda, mecanismo; al incluirlas se asume categorialmente que es posible una multiplicación infinita del número de módulos basados en la observación en situaciones de fenómenos únicos; por ejemplo, si existe un módulo para la comprensión fonológica, emergen posibilidades de preguntas hipotéticas del tipo ¿cómo se integra la información de dicho módulo con el módulo propio de la teoría de la mente?; a su vez, ¿cómo dicho módulo de teoría de la mente se integra con el módulo de identificación de información con contenido de mentira? Y por otro lado, y en otro nivel, surge la preocupación conceptual de determinar si dicha relación modular emerge como producto de una jerarquización, es decir, como una concatenación estructural propiciada por un módulo de nivel superior, por ejemplo, la interacción propia en la percepción y procesamiento del lenguaje. Lo cual, consecuentemente, pone en tema de consideración y en forma de pregunta el lugar por el cual se comienza la comprensión del proceso como módulo, es decir, por ejemplo, en el módulo de teoría de la mente, se comienza dicha comprensión desde las características del módulo de lenguaje, o bien se puede comenzar desde la comprensión del módulo de producción e identificación perceptual del sujeto emisor de información.

Con lo anterior, es posible pensar que dentro de dicha comprensión de los procesos psicológicos como modulares debería existir un escenario de investigación o teórico-conceptual, en el cual se logrará demostrar un camino en que se logrará la integración de los distintos módulos propios en un proceso; sin embargo, no es el caso. Lo anterior plantea un escenario de desafío para la disciplina psicológica en el sentido de propender a un camino en que la fragmentación de los procesos y el aislamiento relativo de lo circunstancial a cada uno no signifiquen una reedición de la psicología de las facultades, con el objetivo de no seguir un camino ya recorrido y con un fracaso seguro. Es decir, si el procedimiento propuesto dentro de la disciplina es de la observación específica de cada fenómeno, en la que existe o no un fenómeno o proceso psicológico por el conjunto de componentes que lo constituyen, la tarea de comprender de manera general la mente humana se va indeteniblemente al error (Newell, 1973, citado en Corredor y Jiménez, 2011). Sin embargo, el mejor escenario posible sugerido por varios teóricos de la disciplina es la comprensión en arquitecturas cognitivas.

De acuerdo con Sun (2004, citado en Corredor y Jiménez, 2011), una arquitectura cognitiva es la estructura esencial de un modelo cognitivo-computacional usado para el análisis de múltiples niveles y dominios de la cognición y la conducta, lo cual facilitaría la comprensión de la dimensión modular de los procesos. Esto, según la disciplina psicológica, puede llevar a pensar que un proceso psicológico consiste en la acción de un módulo, siempre y cuando este se pueda caracterizar en relación con una arquitectura cognitiva. Se podrían considerar varios ejemplos que caractericen o den cuenta de cómo la modularidad de los procesos es utilizada y de manera concluyente denota el carácter no funcional de la consideración modular. Considérense, por ejemplo, los efectos que el lenguaje tiene en los procesos de memoria, razonamiento y percepción (Fausey y Boroditsky, 2011, o Boroditsky, Fuhrman y McCormick, 2011; Dils y Boroditsky, 2010; Winawer *et al.*, 2007, citados en Corredor y Jiménez, 2011). Según Corredor y Jiménez, 2011, varios experimentos en esta línea muestran cómo las diferencias en razonamiento existen en las respuestas de hablantes nativos de diferentes lenguas. Específicamente, los experimentos muestran la influencia de la estructura, metáforas y palabras utilizadas en la lengua a la que la persona está expuesta sobre sus procesos de pensamientos. Por otro lado, en relación con los procesos de memoria se puede considerar que hablantes nativos del inglés recuerdan mejor los agentes causantes de eventos accidentales porque la estructura de este lenguaje requiere un procesamiento explícito del sujeto. En esa misma línea de ejemplos, la percepción en idiomas como el ruso se ve claramente afectada, o por lo menos en su tiempo de reacción, cuando el sujeto que percibe el proceso es de habla rusa; esto, por consecuencia de la existencia de diferentes palabras con las cuales se pueden nombrar diversas tonalidades en la escala del color azul. En síntesis, lo que pretenden mostrar estos ejemplos es que la independencia, por ejemplo, del lenguaje y otros procesos, como la percepción y la memoria, efectivamente no ocurre o emerge exclusivamente en el funcionamiento psicológico, lo cual pone en tensión la propia comprensión disciplinar que se tiene sobre los procesos.

Existen propuestas que consideran la modularidad, pero además comprenden que la integración y la dimensionalidad de las cualidades de lo mental no se agotan en la construcción de un modelo que le dé validez exclusivamente al mundo interno. Es así como dentro de la psicología un amplio sector sostiene que el comportamiento y las prácticas de las personas están íntimamente ligadas a los recursos materiales y simbólicos en los que estas se producen. Dichas concepciones están relacionadas directamente con tres perspectivas que integran tres dimensiones distintas sobre la comprensión de las habilidades en proceso de la mente humana.

La primera es la propuesta en la cual el eje central de todo proceso humano se desarrolla como producto de una cognición; sin embargo, dicha expresión de todo organismo vivo en lo humano tiene una particularidad de grado, y es la de representarse de manera distribuida, lo cual quiere decir que todos los fenómenos de la mente, bien sea como procesos o como productos, necesariamente tienen una relación con el contexto externo en el cual se dan. En ese sentido, los elementos que permiten la producción de un comportamiento cognitivo deben ser entendidos en su extensión, con lo cual la interiorización del mundo no solo es necesaria dentro del sujeto, sino que este debe articular, comprender y de alguna manera modelizar elementos externos a su yo particular, que sobrepasan la barrera de su identidad. Es así como la comprensión de fenómenos físicos externos, por ejemplo, el peso de un objeto al caer, la velocidad de un avión al aterrizar, la resistencia de un cuerpo en el agua, etc., requiere necesariamente una descripción, comprensión, modelación y manipulación físicas que son externas a los sujetos. Dicha propuesta tiene como principal exponente a Edwin Hutchins, quien incluso considera que todos los procesos son de carácter externo y la dimensión interna es particularmente menor, y que además solo se manifiesta en ocasiones particulares en las que por ejemplo un grupo de personas que comparten objetivos laborales comunes deciden y ponen recursos cognitivos comunes, por ejemplo, en un escenario de toma de decisión.

La anterior propuesta sobre la comprensión de lo cognitivo y su dimensión distribuida deviene particularmente en su dimensión epistemológica de una corriente denominada psicología histórico-cultural. Dicha corriente plantea que, a la base, todos los sujetos psicológicos deben ser comprendidos en las circunstancias y situaciones sociales y culturales en las cuales se encuentran, es decir, el sujeto como un fenómeno situado históricamente (Vygotsky, 1973). En este sentido, el sujeto es una construcción que tiene dimensiones dialécticas, entendidas estas como las relaciones de intercambio de sentido y significado estructural en las cuales se encuentran los sujetos y que configuran su organización psicológica interior. Por consiguiente, es imposible distinguir la naturaleza del sujeto de la naturaleza de las circunstancias en las que este se encuentra.

Finalmente, la tercera aproximación tiene una dimensión situada, según las ideas de Greeno, Collins y Resnick, 1996. Dichos autores consideran que la cognición necesita ser entendida en relación con los significados culturales e identitarios de las comunidades en las que se producen (Corredor y Jiménez, 2011). Dicha aproximación considera la importancia de la diferenciación de los fenómenos internos y externos en cuanto a su nivel de alcance y significación, puesto que considera que la comprensión de la realidad social de un contexto debe y solo puede ser entendida en la expresión cognitiva de los sujetos.

Independientemente de que las tres aproximaciones antes referenciadas tienen sus particularidades, las respuestas o producciones cognitivas de los sujetos son indistinguibles de los ambientes materiales o sociales en los cuales se da la acción humana. Corredor y Jiménez, 2011. Se considera de esa manera que las cualidades cognitivas de los sujetos representan una ruptura en la forma en la que tradicionalmente se comprende la relación entre, por ejemplo, el razonamiento y la emoción, suponiendo que el resultado o producto de cada uno de esos procesos es independiente. Dicho de otra manera, con la incorporación del contexto y de la historia social y material de los individuos, se adquiere una mirada o perspectiva ecológica en la cual los procesos resultantes se retroalimentan mutuamente con el contexto, movilizando elementos como la pertenencia, el significado y la identidad que cada sujeto atribuye a una relación cultural. Se rompen, entre otras cosas, la individualidad de los sujetos en tanto acción, puesto que la misma (la individualidad) está moldeada por las creencias y por las concepciones del individuo, pero solo en la consideración de que es miembro de un grupo social y de un contexto cultural.

Teniendo en cuenta lo anterior, dentro de la comprensión de los fenómenos psicológicos como coexistentes y codependientes de variables y condiciones no exclusivas del sujeto, se construye el escenario para que emerja una dimensión interdisciplinar sobre la comprensión de los procesos psicológicos. En ese sentido, Corredor y Jiménez, 2011, afirma que dividir al sujeto con propósitos analíticos no permite entenderlo en su complejidad, con lo cual dicha comprensión, que ha sido planteada desde la arquitectura organizativa de la relación de conjuntos modulares en los procesos psicológicos, adquiere un nivel de funcionalidad mayor. Y si respecto a dicha organización se consideran las ideas y postulados antes expuestos sobre lo social, lo cultural y los contextos de las acciones humanas que realiza cada individuo en su contexto, tendremos una comprensión más compleja en su multidimensionalidad sobre la expresión de los denominados procesos mentales.

El Linciph se apropia de eso teniendo en cuenta cómo se presentan los procesos desde perspectivas que no son exclusivas de la disciplinar. Si bien lo anteriormente referenciado da cuenta brevemente de la historia disciplinar en relación con los procesos psicológicos, que da lugar a que hoy en día se pueda dar el escenario de discusión sobre lo que implican los procesos, no es del todo acertado considerar que solo a partir de la misma se pueda evocar escenarios de investigación y construcción de conocimiento.

Como ha sido abordado en apartados anteriores, la representación de procesos como la memoria o las emociones tiene aproximaciones que rompen los límites de lo disciplinar; la construcción de la comprensión de la memoria social colectiva, por ejemplo, tiene profundos avances y construcciones tanto teóricas como metodológicas desde la antropología y la historia y la neurociencia, no solo como construcciones teóricas sino como campos de acción concretos en los que, por ejemplo, el fenómeno de la comprensión y la interpretación sobre las experiencias del pasado y el pasado reciente traza un camino de construcción de conocimiento en el entorno colectivo propio, pero no exclusivo, de la disciplina antropológica, por ejemplo. Se dota así, y teniendo en cuenta lo anterior, a la comprensión del proceso psicológico de la memoria de la dimensión no dentro del individuo en singular como unitario, sino que posicionan al objeto de comprensión de la memoria en lo temporal fuera de un sujeto individual, comprendiendo por ejemplo el tiempo pasado como un momento, una circunstancia no acabada y no cerrada, sino como un momento vivo presente en términos de la expresión del recuerdo colectivo (Bustamante, 2019), con el objetivo de conversar con los recuerdos en un momento presente otorgándole la posibilidad de problematizar su contenido y su significado, nuevamente, perdiendo de vista intencionalmente al sujeto para entender otra dimensión del proceso de lo recordable.

Desde la neurociencia se hace un llamado a las disciplinas, sobre la dimensión de la comprensión del comportamiento humano, a que se considere la importancia de incluir por ejemplo la comprensión de la dimensión neurobiológica que componen las arquitecturas mentales, de los módulos de los procesos (Tamayo, 2011). Al respecto, Salles, 2013, plantea que la neurociencia potencia dicha comprensión de arquitecturas modulares, al concentrarse en profundizar no solo en la comprensión de los procesos que tradicionalmente se denominaban como clásicos, sino que dicha comprensión integra la dimensionalidad de la relación entre expresiones comportamentales de primer nivel de complejidad, como pueden ser los comportamientos prosociales como la moral en su dimensión transescalar, lo filogenético, biológico molecular, los estructural funcional cerebral, lo ontogenético y social cultural.

En ese sentido, la neurociencia no solo integra el nivel disciplinar, sino que propone un escenario en el cual la consideración sobre la historia evolutiva del comportamiento de la especie, la consideración sobre los mecanismos biológico-moleculares de proteínas y neurotrasmisores, las divisiones funcionales sobre las distintas áreas del cerebro y sus implicaciones en el comportamiento, así como las experiencias neurogenéticas de cada sujeto en particular, tienen que ver con el contexto social, económico y cultural en el cual se desarrollan. La propuesta de considerar que dicha arquitectura compleja de lo humano se articula en ese sentido multidimensional, desagrega y sobrepasa la comprensión disciplinar.

Es así como un entendimiento cabal del funcionamiento de los procesos humanos no puede lograrse poniendo atención únicamente a los mecanismos neuronales por sí solos (Grande, 2009). Es importante considerar entonces que, como especie social, habitualmente vivimos en una mutua relación con otros miembros de nuestro grupo social próximo. En esos contextos en donde se expresan las cualidades de lo humano es fundamental considerar que los procesos que articulan dichas relaciones sociales se caracterizan por repertorios comportamentales como el cuidado paternal, la dominancia, la reciprocidad, los rituales y cortejos de apareamiento, cuidado y acicalamiento del otro, el cuidado y la defensa del grupo y una clara organización jerárquica (Grande, 2009). Teniendo en cuenta lo anterior, se vuelve fundamental la comprensión de las arquitecturas que posibilitan dichas interacciones sociales, por ejemplo, reconocer la presencia de sus congéneres, ubicar su posición y la de los demás en la jerarquía social, encontrar pareja, formar y conservar alianzas, mantener la reciprocidad del grupo y defenderlo, así como reconocer entender y anticipar las acciones de los otros, para reaccionar adecuadamente a ellas (Grande, 2009). Es en este sentido que la comprensión de las arquitecturas sobre las cuales se encuentran operando los procesos psicológicos debe suponer que el mundo de lo social (desde lo filogenético, lo cual nos permite expresar dicha sociabilidad, hasta las propias interacciones individuales) opera de manera concreta con esa dimensión de lo denominando interno. Desde la neurociencia social, se integra dicha comprensión sobre los elementos que permiten que socialmente dichas arquitecturas tomen forma; la cognición social se integra a la comprensión de dichas cualidades en lo humano que desde una perspectiva clásica eran denominados como procesos psicológicos.

Así, en esa propuesta de comprensión por arquitecturas la dimensión de expresión se ve claramente representada, si bien, como se ha mencionado en apartados anteriores, la comprensión de los elementos aislados ha facilitado la profundidad de su comprensión; por ejemplo, hablando de la memoria, considerar que estos elementos tienen substratos hormonales y fisiológicos; al respecto, algunos estudios han demostrado que los niveles de serotonina y de oxitocina pueden mediar la dominancia social, la agresión, la afiliación, el cuidado materno y los lazos sociales (Cozolino, 2006, citado en Grande, 2009). Sin embargo, la comprensión expuesta sobre estas dimensiones sociales de la interacción cae nuevamente en una lógica vertical, sin considerar que ese mundo biomolecular también se ve directamente moldeado por las condiciones económico-sociales en las cuales los sujetos y la poblaciones de sujetos se desarrollan; la historicidad expresada, por ejemplo, en las condiciones alimentarias o sanitarias en las cuales se expresa, las dinámicas temporales en las cuales se realizan sus actividades como modo de sustento, es decir, sus dinámicas de cronoactividad; por ejemplo, en términos de las condiciones óptimas en las cuales se debe dar el desarrollo infantil, se debe considerar que si un individuo con todo el repertorio de estructuras biológicas óptimas para su desarrollo no tiene una exposición efectiva a un entorno en el cual el lenguaje articulado se presente, el sujeto no desarrollará dichas características, a pesar de tener la potencialidad para hacerlo.

Si bien el ejemplo con el desarrollo del lenguaje podría pensarse que aplica solo para las primeras etapas de desarrollo, varias investigaciones de House, Lafis y Umberson (1988) mostraron que el aislamiento social puede ser un factor de riesgo para la morbilidad y la mortalidad por una variedad de causas, o que las consecuencias negativas del aislamiento para la salud son particularmente fuertes en los sectores más desprotegidos de la población, como las personas de la tercera edad y las de escasos recursos económicos (Grande, 2009).

Es en ese sentido que la consideración de la reciprocidad entre los niveles biológicos y sociales-culturales se vuelve fuertemente sugestiva como ruta de comprensión sobre la dimensionalidad de la expresión de los procesos psicológicos. Puesto que, entre otros encargos fundamentales, se concentra en la comprensión o el estudio de las bases biológicas de la cognición y la conducta social, en ese sentido podemos definir a la neurociencia social como el estudio interdisciplinario de los procesos neurobiológicos (nerviosos, endocrinos, inmunes) que nos permiten interactuar con el mundo social (Grande, 2009). Dicha comprensión sobre la neurociencia social plantea como ventana de oportunidad la posibilidad de integrar conocimientos propios de distintas disciplinas, combinando herramientas avanzadas de la neurociencia cognitiva, como las técnicas de neuroimagen y la neuropsicología, las técnicas neuroquímicas y las mediciones neuroinmunológicas, junto con la investigación en ciencias cognitivas y en ciencias sociales como la psicología social, la economía y las ciencias políticas (Grande, 2009).

Como parte de la comprensión de la neurociencia social sobre los procesos psicológicos, se puede decir que respecto de muchas de las discusiones planteadas a lo largo del presente texto, en términos de la propuesta sobre las arquitecturas en las que se genera una organización de los procesos, la neurociencia social plantea en sus desarrollos investigativos varios escenarios ejemplificantes sobre la forma de comprenderlos. Es así como Grande, 2009, propone una forma de entender los procesos psicológicos desde una propuesta que, aparte de la neurociencia social y que integra la concepción de las arquitecturas para cada proceso en una dimensión interdisciplinar, involucra todo un conjunto de arquitecturas neurocognitivas, que permiten considerar la siguiente categorización sobre los elementos que se integran en por ejemplo la percepción social:

- Percepción de rostros y cuerpos.
- Percepción de cuerpos en acción: el movimiento biológico.
- Comprensión de las acciones de los demás: el papel de las neuronas espejo.
- Representación de las mentes de los otros: la teoría de la mente.
- Entender las emociones ajenas.
- Autoconciencia: cómo nos reconocemos y entendemos a nosotros mismos.
- Autorreconocimiento facial.
- Sentido de agencia y sentido de pertenencia: el papel de la automonitorización.
- Autorreflexión.
- Autoconcepto.
- Memoria autobiográfica.
- Autorregulación.
- Arquitecturas para la interacción social:
  - Actitudes y prejuicios.
  - Relaciones sociales y rechazo social.

Teniendo como punto de referencia la discusión planteada desde la neurociencia social sobre una propuesta novedosa de categorización de los procesos psicológicos propios de un escenario interdisciplinar y que considere la complejidad de la expresión de las interacciones humanas, es importante considerar que la concepción que surja tanto en su comprensión como en su denominación debe migrar hacia un escenario en el que la complejidad de su comprensión sea adecuada, con lo cual, concebir desde la interdisciplinariedad los clásicamente denominados procesos psicológicos requiere pensar en una clasificación en la cual se consideren fundamentales los problemas de la medición y sus distintas escalas, el aprendizaje, la cognición, la memoria, el lenguaje, las emociones. Para el Linciph, en su proceso de búsqueda de consolidación de un escenario interdisciplinar, las anteriores fueron sin duda pilares fundamentes sobre los cuales se construye la propuesta multidisciplinar sobre la comprensión de los procesos como expresiones humanas. Cada uno de los procesos humanos descritos será abordado en profundidad en apartados posteriores de la presente obra.

Es así como el transitar por la comprensión desde lo disciplinar hacia lo multidisciplinar integrador ha llevado a que la comprensión de los procesos psicológicos desde el Linciph sea una forma particular de pensar las expresiones de las interacciones multinivel de los sujetos en sus contextos. En lo cual pensar la memoria, por ejemplo, no se agota en comprender cada una de las dimensiones en las que esta se codifica (desde lo biológico químico hasta lo cultural), sino lograr hilar los detalles profundos en los que social, cultural e históricamente la experiencia vivida se vuelve memorable y trasversalmente afecta todas las escalas de comprensión antes mencionadas. La consideración de todo lo descrito permite comprender fundamentalmente que los procesos desbordan la comprensión disciplinar y que la propuesta de la interdisciplinariedad de la neurociencia social, en la cual se articula perfectamente la comprensión de vanguardia sobre los procesos psicológicos en arquitecturas funcionales, nos permite propender a desarrollar y pensar puentes de comprensión metodológica para la comprensión de la dinámica relacional humana.

EL USO DE INSTRUMENTOS PARA LA COMPRENSIÓN DE LOS PROCESOS PSICOLÓGICOS. UNA APUESTA DIDÁCTICA

ROBERTO SUÁREZ ARIZA

El Laboratorio Interdisciplinar de Ciencias y Procesos Humanos (Linciph) cuenta con un importante recurso de instrumentos validados y estandarizados internacionalmente, para valoraciones propias del ámbito de lo psicológico, principalmente en lo que tiene que ver con habilidades sensorio-motrices, percepción y cognición.

El espectro de tales instrumentos abarca diferentes diseños de clavijeros (*peg board*), diferentes versiones de laberintos como el *auto tally maze* o el *Etch-a-sketch with Overlay*, la estrella trazadora, un instrumento para discriminación de pesos, otro para dar cuenta de la ilusión visual de Müller Lyer, un estereómetro de Michotte, un rotor de velocidad para ilusiones de movimiento, un casillero para flexibilidad del pensamiento, un kit de sensibilidad cutánea, un *color blindness test model* para la discriminación de colores, un *hand tool dexterity test model* para valorar motricidad y un *two arm coordination test* para valorar habilidades sensorio-motrices. Muchas de las valoraciones psicológicas que se realizan con estos instrumentos se efectúan en contextos de selección de personal en ámbitos organizacionales, o se utilizan para valoraciones funcionales en diferentes contextos organizacionales.

La interacción entre un sujeto y un instrumento para llevar a cabo una tarea implica necesariamente la puesta en escena de muchos procesos psicológicos combinados: atención, memoria de trabajo, comprensión de lenguaje, percepción, cognición, motricidad fina (Wertsch, 1988).

La movilización de recursos cognitivos, emocionales, actitudinales y sensorio-motrices a propósito del desempeño de un individuo mediado por un instrumento involucra un ensamblaje de elementos heterogéneos, lo que hace evidente la manifestación de una capacidad como propiedad emergente. De alguna manera, se quiere, por medio de la ejecución de una determinada tarea con el instrumento, medir la capacidad de un individuo en términos de eficiencia, esto es, realizar la tarea en el menor tiempo posible y cometiendo el menor número de errores. Cuando se realiza una práctica para medir la eficiencia que un sujeto manifiesta para una tarea, el estudiante expuesto a esta experiencia de laboratorio debe interrogarse acerca de las variables que pueden incidir en el rendimiento para dicha tarea. Y las variables tienen que ver con propiedades del sujeto, ensambladas con propiedades del instrumento y con propiedades de la tarea. También habría que considerar variables intervinientes que tienen que ver con factores del ambiente en el que se realiza la prueba y que pueden afectar su desempeño.

De manera que la práctica de laboratorio está orientada no solo para dar cuenta de los diferentes procesos puestos en juego de acuerdo con la tarea, sino también para pensar acerca del diseño del instrumento, de las condiciones previas del sujeto que se expone a realizar la tarea, del ambiente en el que se efectúa la práctica, de los diferentes factores que pueden alterar el rendimiento de la tarea, de la pertinencia social y cultural de la valoración que se hace con el instrumento, de las características organizacionales para las cuales se selecciona el personal con el instrumento utilizado, de los desafíos físicos y mentales que implican las actividades para las cuales se valoran los aspirantes a ser contratados o reclutados, es decir, se busca un espacio de reflexión que abarque todas las escalas de análisis y comprensión posibles.

Lo anterior justifica la construcción de guías para la práctica de laboratorio que correspondan a este amplio espectro de consideraciones para ser pensadas y debatidas. Por un lado, cada instrumento tiene una guía que invita a pensar su diseño, es decir, un ejercicio de ingeniería inversa. Si bien cada instrumento está construido con unas intencionalidades bien definidas, se invita en la guía a pensar otros usos posibles del instrumento, o posibles modificaciones del mismo que permitan complejizar la valoración de la tarea. Adicionalmente, se invita a pensar qué aspectos, qué procesos, no alcanzan a ser valorados adecuadamente por el instrumento en cuestión, es decir, dar cuenta de las limitaciones de la valoración y del instrumento.

Los instrumentos deben tener unas propiedades compatibles con propiedades del sujeto que los utiliza. Por un lado, tenemos aspectos estructurales del instrumento que tienen que ver con las características de los materiales empleados, de las formas y tamaños seleccionados, que van a incidir en su vigencia o tiempo de vida útil para que sirva como mediador de mediciones confiables. Pero, por otro lado, se tienen aspectos operativos, que pueden estar en un espectro entre la rigidez y la flexibilidad operativa, lo que muchas veces implica ceñirse a un protocolo de prueba, o, por el contrario, permite que cada usuario tenga opciones de personalización o adecuación de las características operativas.

Entonces, tenemos que, independientemente del instrumento utilizado para la práctica, siempre estará en tensión la problemática de la medición. A propósito de esta problemática, podemos considerar algunas características de la medición que, dependiendo de la prueba, entrarán a formar parte de los insumos para la reflexión y el debate. Vamos a resumir algunas consideraciones a partir de trabajos de Finkelstein (2009) y de Michell (2004).

Detrás de la aparente neutralidad de la operación de la medición, existen consideraciones de orden perceptivo y epistemológico que le otorgan a dicha operación diferentes significaciones y alcances.

Desde una perspectiva representacional, tenemos que el mundo real está constituido por objetos y eventos; podemos captar entonces atributos de tales objetos y eventos para representarlos por medio de símbolos mediante un proceso empírico objetivo que llamamos medición. Esta postura representacional tuvo su origen en la física y se propuso como paradigmática para todas las ciencias. Pero en las ciencias humanas, las observaciones no pueden ser neutrales y necesariamente están cargadas en favor de ciertos intereses, por ejemplo, intereses de clase social o intereses de género. Más aún, no siempre se puede dar cuenta de los mesurandos en la física, ya que la medición a veces no se realiza sobre observables, sino sobre los efectos que sufre un sistema cuando es perturbado.

Desde una perspectiva realista, se hace la distinción entre lo que es medido y el modo como es medido. Se considera que lo que se mide son atributos de las cosas, más que las cosas mismas, y que en el proceso de medición los números constituyen un descubrimiento en vez de una asignación.

Desde esta perspectiva, la medición tiene como intención establecer razones entre dos instancias de atributos cuantitativos: la magnitud medida y la unidad empleada. En el caso de una magnitud como la longitud, la medida de una longitud $\underline{a}$ relativa a una longitud $\underline{b}$ es la misma que la medida de la longitud $\underline{c}$ relativa a una longitud $\underline{d}$, si y solamente si para cualquier número natural $\underline{n}$, se tiene que: $\underline{a} = \underline{nb}$ si y solo si $\underline{c} = \underline{nd}$.

El requisito de que se mantenga la misma razón es más fundamental que la medición, ya que se puede mantener la equivalencia entre a/b y c/d aun si no existe un número natural $\underline{n}$ tal que $\underline{a} = \underline{nb}$ o tal que $\underline{c} = \underline{nd}$ (es decir, cuando la razón es inconmensurable). De manera que, desde la visión realista, las razones (conmensurables o inconmensurables) son ejemplos de números reales. Se identifican los números como relaciones de un determinado tipo, y en tal medida no requieren de ninguna categoría ontológica especial. Los números son relaciones espacio-temporales localizadas.

Se concluye desde la perspectiva realista que la medición sólo se puede basar en el hecho de que un atributo relevante posea una estructura cuantitativa.

Desde un punto de vista histórico podemos decir que la medición se originó con el conteo. En este sentido podemos dar cuenta de una medida de la cardinalidad que se puede llamar la numerosidad de una colección de objetos o eventos. Cada avance de la ciencia y de la tecnología, permitió paulatinamente dar cuenta de nuevos atributos o propiedades susceptibles de ser medidos, y a su vez se generó la necesidad de unificar las magnitudes y las unidades empleadas para poder tener un lenguaje común y poder comparar los resultados. Estos desafíos permiten que progresivamente se consolide un dominio inicialmente vinculado a la física que se denomina teoría de la medición y que va a privilegiar en un primer momento la perspectiva representacional.

Por medio de la medición accedemos a un universo simbólico para representar o describir el mundo. Afirmar que la medición es un proceso objetivo quiere decir que los símbolos asignados a la manifestación de una propiedad deben ser considerados en la medida de lo posible, independientes del observador. Y cuando se dice que la medición es un proceso empírico, invoca la necesidad de que se base en observaciones reales y no en solamente operaciones mentales.

Esta aproximación a la medición puede tener matices más o menos fuertes según se tenga una definición más o menos restringida de lo que es ciencia. La postura fuerte corresponde a una concepción restringida de lo que es la ciencia y que tiene por paradigma a la física. Esta postura exige que las representaciones simbólicas sean numéricas y que se tenga un cuerpo robusto de teorías bien consolidadas. La postura débil no exige que siempre necesaria la representación por números o cuerpos teóricos hegemónicos.

En cuanto a campos alejados de la física, un ejemplo importante de esfuerzos para poder realizar mediciones viene del campo de la psicología, en el que se considera fundamental poder comparar atributos como la inteligencia, los comportamientos y las emociones. También en el campo de la sensopercepción, aparece la necesidad de poder medir la percepción subjetiva de colores, sonidos, estímulos somáticos y olores.

Otro campo en el que se hace importante encontrar modos de medición es el de la educación. Elaborar pruebas lo más objetivas posible, para distintos tipos de conocimientos y habilidades, se fue convirtiendo en una necesidad cada vez más apremiante para la sociedad.

La medición cobró su respectiva importancia en el campo de la sociología, para dar cuenta de los estados y los cambios relacionados con escolaridad, pobreza, migración, violencia, estatus, tasas de natalidad y mortalidad, etc.

Indudablemente un campo en el que cobró una importancia predominante la medición es el de la economía, pero precisamente en este campo, la medición se problematiza de manera especial, dado que las cantidades que juegan en los modelos económicos, obedecen no sólo a mediciones propiamente dichas, sino también a juicios, presunciones o convenciones. Por ejemplo, está el problema de darle valor a atributos intangibles como el capital cognitivo, el prestigio, el riesgo o la utilidad, lo que representa grandes desafíos. Es necesario entonces, encontrar métodos para establecer escalas e indicadores confiables.

Mediciones análogas a la de utilidad se han establecido en el campo de la salud, particularmente la salud pública y la administración en salud.

De modo más tardío aparece la disciplina denominada lingüística cuantitativa, que tiene por objeto medir atributos léxicos, gramaticales, fonológicos de la comunicación natural entre los humanos.

Mucho más contemporánea es la tarea de medir los atributos de los sistemas de software.

Para cualquier tipo de operaciones de medición, se deben considerar conceptos centrales como confiabilidad, validez y generalización.

La confiabilidad tiene que ver con el hecho de que un procedimiento de medición dado produzca los mismos resultados cuando se repiten los ensayos.

La validez de un procedimiento de medición tiene que ver con el hecho de que lo que se mide represente lo que se quiere medir, es decir que es compatible con el concepto teórico del mesurando.

La generalización tiene que ver con que las mediciones efectuadas en una parte o muestra de la población pueden aplicarse a la totalidad de la misma.

Inspirados en consideraciones de Luca Mari, el estudiante debe tomar distancia de la operatividad en un ejercicio de medición y formularse preguntas orientadoras que pretenden dar cuenta de la multiplicidad conceptual de la medición.

Una primera pregunta tiene que ver con el hecho de si la medición puede caracterizarse de acuerdo con un proceso o procedimiento o si por el contrario debe caracterizarse por los resultados que produce. En el primer caso, para el procedimiento, por ejemplo, en el caso de mediciones cuantitativas, se debe tener presente la selección de la unidad de referencia que se adopta para efectuar la medición y establecer cuántas veces cabe la unidad de medición sobre el objeto a medir. De manera que la medición puede ser expresada por un número, número que expresa la relación entre la unidad de medición y lo que es medido (número racional). Para efectos de caracterización del resultado, el producto considerado es el número resultante del procedimiento. Hay que tener en cuenta la sutileza que está detrás de utilizar números racionales para dar cuenta de la medición de magnitudes continuas. Puede suceder que algunas propiedades no se puedan expresar mediante números racionales, lo que nos lleva al terreno de lo inconmensurable, lo que en el campo de las matemáticas dará la ocasión para la construcción de los conceptos de números irracionales y del conjunto de los números reales. Frente a lo inconmensurable queda la opción de expresar una propiedad ya no por medición directa, sino por medio de un cálculo a partir de algo que se pueda medir. El cálculo se puede expresar mediante un número irracional, es decir, un número que no se puede expresar como p/q. No podemos medir directamente el perímetro de una circunferencia, pero lo podemos calcular a partir de la medición de la longitud de su radio. Si simbolizamos el perímetro como P y el radio como r, tenemos entonces la siguiente fórmula para clcular el perímetro de una circunferencia cuyo radio mide 5 unidades de longitud. $P = 2\pi r$ donde π representa un número irracional que no se puede expresar como p/q. De manera que, para el cálculo propuesto, el perímetro de la circunferencia queda calculado así: $P = 2\pi 5$ $P = 10p$ unidades de longitud.

A partir de las propiedades del instrumento de medición tenemos la precisión del instrumento, y los errores de medición que dependen del instrumento se llaman errores sistemáticos. A partir del procedimiento de medición tenemos la exactitud; deberíamos, en cada oportunidad, tomar al menos tres veces la medida de algo y calcular el promedio de los resultados, para mejorar la exactitud. Los errores debidos al procedimiento que realiza el sujeto que mide se llaman errores aleatorios.

Una tercera pregunta apunta a reflexionar acerca de si los números son necesarios para expresar el producto de una medición o no. Por un lado, se puede considerar que la medición de magnitudes incluye cualquier método que permita poner en correspondencia recíproca una clase de propiedades y un conjunto numérico. Por otro lado, se puede considerar que la única característica decisiva de toda medición, es su representación simbólica, sean estos símbolos números o no. Desde este punto de vista las mediciones serían operaciones o procedimientos que permiten que las cosas del mundo puedan ser presentadas conceptualmente en términos simbólicos.

Una cuarta pregunta tiene que ver con el hecho de si se requieren actividades experimentales para realizar una medición o no. Aquí se presenta la posibilidad de que se conciba la medición como un conjunto de operaciones empíricas realizadas con dispositivos apropiados que interactúan con el sistema en el que se realiza tal medición, con el propósito de asignar valores numéricos a parámetros seleccionados del sistema. O alternativamente, se puede considerar la medición como la asignación de numerales a objetos o eventos de acuerdo con cualquier tipo de regla.

Desde el punto de vista filosófico, pedagógico y conceptual, es mucho más robusta la concepción de medición desde la perspectiva del proceso de medición, y no como la obtención de determinados resultados. Podemos preguntarnos si la medición es una estrategia para poner en evidencia una entidad que existe independientemente de la operación de medición, o si, por el contrario, es un ejercicio de asignación, es decir, la postulación de una entidad de acuerdo con la información derivada de la medición.

Estos cuestionamientos son muy pertinentes, en particular para las ciencias sociales. Cuando utilizamos estadísticos para dar cuenta de propiedades de poblaciones, podemos asumir que tales propiedades son entidades sólo existen en virtud de procesos algorítmicos que permiten postular constructos abstractos, por ejemplo, indicadores o índices, respecto de los cuales debemos decidir su estatuto ontológico. Esto se discutió a propósito de los procesos psicológicos. ¿Existen los procesos psicológicos como entidades naturales, o son solo una estrategia artificial de compartimentalización que eventualmente pueda facilitar la comprensión de las propiedades de los estados subjetivos? ¿A qué aluden las mediciones obtenidas mediante pruebas psicométricas, sociométricas o econométricas?

En la literatura científica con frecuencia encontramos estrategias de medición basadas en escalas e índices. En relación con las escalas e índices tenemos constructos definidos como una conceptualización que da cuenta de algo que no es directamente observable, y que requiere de un marco teórico para ser definido. Ejemplos de constructos de interés para las ciencias sociales pueden ser la calidad de vida, la aptitud académica, el desarrollo humano, el grado de inteligencia o la salud mental. Cuando en el ámbito académico nos encontramos con constructos, escalas, indicadores e índices, ¿estamos ante un conjunto homogéneo de dispositivos de medición? Tendremos que ser cuidadosos para establecer distinciones, y en esa misma medida, ajustar nuestra comprensión acerca de los alcances y significados de cada una de estas nociones.

Un indicador es la operacionalización de una variable o constructo. El indicador debe especificar las operaciones de medición necesarias para su cálculo empírico. Por ejemplo, la variable edad, puede tener como indicador el número de años cumplidos, o el número de meses cumplidos, dependiendo de la población estudiada.

El índice es un tipo especial de indicador; es una medida compuesta que relaciona variables o constructos de diferente naturaleza. Como ejemplo, está el índice de desarrollo humano de las Naciones Unidas, que relaciona tres constructos diferentes: educación, longevidad y poder adquisitivo. El constructo de educación tiene como indicadores la tasa de alfabetización y las tasas de matriculación; el constructo de longevidad tiene como indicador la esperanza de vida; el constructo de poder adquisitivo tiene como indicador el ingreso anual per cápita en dólares americanos.

La escala es una medida compuesta que relaciona variables de la misma naturaleza para medir constructos complejos. Algunos constructos complejos en psicometría tienen que ver con actitudes, valores, habilidades intelectuales y rasgos de personalidad. Ya que la escala mide un solo constructo teórico es apropiada para ser utilizada con propósitos diagnósticos en clínica. Para valorar la confiabilidad de una escala desde el punto de vista de la consistencia interna del instrumento, se utiliza el estadístico Alpha de Cronbach, el cual se usa para validar escalas, en tanto la escala es por definición unidimensional. Por lo tanto, no se debe utilizar el estadístico Alpha de Cronbach para medir la confiabilidad de un índice, ya que estos, por definición, combinan variables de diferente naturaleza.

Las escalas han sido objeto de clasificación, y tenemos por una parte las escalas conceptuales, que se caracterizan por cierto intervalo ordenado de valores numéricos (valores escalares), que pueden asignarse a las magnitudes medidas. Un ejemplo de lo anterior, lo constituyen las escalas Likert. Las escalas Likert establecen valores que permiten especificar el tamaño (cantidad) de una magnitud no métrica presentada. Es preciso hacer énfasis en el hecho de que las escalas Likert no permiten constatar que la equivalencia se mantiene para todos los sujetos, ya que no son numéricas en el sentido estricto: no asignan números, sino numerales. Con los numerales no se pueden realizar operaciones aritméticas o algebraicas. Lo anterior significa que las magnitudes de las escalas Likert son mensurables, pero no matizables. Ejemplos de magnitudes no métricas son la inteligencia, las sensaciones, las actitudes y las opiniones. En una escala Likert para la sensación de dolor, no podemos decir que un dolor ubicado en el numeral 10 es el doble de un dolor en el numeral 5. Las escalas conceptuales se diferencian de las escalas materiales; estas implican un objeto estándar, con el cual se pueda realizar una comparación objetiva. Como ejemplo tenemos las escalas térmicas que pueden seleccionarse cuando se construye un termómetro.

Tenemos, entonces, toda una serie de consideraciones de orden conceptual, ontológico, epistémico y tecnológico que están implicadas en el procedimiento de medición, que, para el caso del uso de instrumentos disponibles en el Linciph, tienen que ver con la valoración de capacidades y habilidades.

Todas las guías de instrumentos invitan a la debatir acerca de las consideraciones sociales y culturales que legitiman el diseño y el uso del instrumento. Por ejemplo, las consideraciones de justicia y equidad para seleccionar personal por medio de la aplicación de una prueba objetiva. También se cuestiona acerca de las posibles ideologías que están detrás de dichas legitimaciones y que hace que se naturalicen fenómenos que son de índole política o económica.

Una guía tipo, que ha sido diseñada para las prácticas en el Linciph con un instrumento, se muestra a continuación:

GUÍA DE LABORATORIO I

Una práctica de laboratorio, en este caso con el apoyo de un instrumento, debe ser aprovechada más allá de su valor instrumental. Considere que este es un escenario de aprendizaje, que moviliza recursos cognitivos y emocionales, con una intención que rebasa el aspecto verificacioncita y de estrategia puntual para que emerjan datos; adicionalmente, debe generar inquietudes, preguntas y debe impulsar la creatividad, por ejemplo, mediante la proposición de variantes de aplicación de la prueba.

INSTRUMENTO: CLAVIJERO

Este sencillo instrumento permite valorar la eficiencia para insertar las clavijas dispuestas en un recipiente, utilizando una sola mano y siguiendo una secuencia estricta, teniendo en cuenta que en uno de sus extremos la clavija tiene una forma que debe acoplarse a la forma de los agujeros del clavijero. Se requiere de un cronómetro para medir el rendimiento de la prueba y se debe tener en cuenta el número de errores cometidos.

Toda prueba requiere considerar las condiciones previas que puedan tener impacto en el rendimiento de la misma. En este caso podríamos por ejemplo considerar si el sujeto que realiza la prueba ya la ha ejecutado antes, cuántas veces, con qué intervalos, o si es la primera vez que la realiza; también podríamos indagar por los aprendizajes previos del sujeto en habilidades motoras, como saber interpretar un instrumento musical o saber digitar eficientemente un teclado.

Considere otros factores previos que pudieran incidir en el rendimiento de la prueba:

____

____

____

____

Por otro lado, las condiciones de aplicación de la prueba deben ser previstas y estandarizadas, para poder establecer comparaciones válidas. Tendríamos que ser cuidadosos por ejemplo con las condiciones de ambiente físico de la prueba: iluminación, temperatura ambiental (pensemos en unos dedos sudorosos por calor o temblorosos por frío), ventilación o ruido.

A parte de las consideraciones físicas ambientales, qué otra consideración piensa que deberían ser tenidas en cuenta durante la aplicación de la prueba:

____

____

____

____

Cuando los sujetos se someten a una prueba, suele haber cierta aprensión al sentirse evaluados y objeto de calificación, juicio o valoración. De alguna manera la prueba arroja información que puede afectar al sujeto de acuerdo a como se interprete y se use dicha información. Esto nos pone de presente la dimensión ética al aplicar pruebas a seres humanos. ¿Qué aspectos éticos considera que son relevantes para esta prueba?

____

____

____

____

Hasta las pruebas aparentemente más sencillas demandan una activación, modulación y coordinación de múltiples componentes biológicos y psicológicos, que pueden afectar con diferente peso el rendimiento en su ejecución. Esto cobra especial importancia cuando se quiere analizar qué aspectos habría que trabajar, corregir o reforzar con el fin de obtener mejores logros de desempeño.

A continuación, se proponen algunos componentes y algunas consideraciones relacionadas con la presente prueba con el clavijero (asegúrese de comprender el significado y la importancia de cada uno de ellos):

- Agudeza visual
- Percepción de la forma
- Percepción de la distancia
- Aprendizaje motor
- Propiocepción
- Sensibilidad táctil
- Sensibilidad a la presión

– Coordinación ojo-mano
– Postura
– Dominancia visual
– Dominancia manual
– Razonamiento espacial
– Atención
– Memoria de trabajo
– Funciones Ejecutivas
– Dimorfismo sexual cerebral
– Estrés
– Fatiga muscular
– Motivación
– Edad (Neurodesarrollo)

A partir del listado anterior se pueden diseñar diferentes variaciones de la prueba con el clavijero; a continuación, se presentan algunas opciones, pero se invita a que se piensen otras alternativas:

– Programar sesiones de entrenamiento con diferentes intervalos y comparar curvas de aprendizaje
– Comparar desempeños entre hombres y mujeres dentro de ciertos rangos de edad
– Comparar desempeños a diferentes edades
– Comparar la prueba con estresores medioambientales y sin estresores medioambientales
– Comparar la prueba sin fatiga previa y con fatiga previa
– Comparar la prueba con y sin bebidas estimulantes
– Comparar la prueba con y sin recompensas
– Comparar desempeño de mano dominante con mano no dominante

La prueba del clavijero discrimina las habilidades que diferentes sujetos pueden exhibir o la curva de aprendizaje de un mismo sujeto y esto muchas veces incide en decisiones que se toman en entornos laborales, por ejemplo, en lo que tiene que ver con la selección y el reclutamiento de trabajadores para diferentes actividades.

Lo anterior nos lleva a preguntar por el contexto social y cultural en el que se diseñó este instrumento y en el que se hizo pertinente esta prueba.

A continuación, se sugieren algunos temas de interés social y cultural:

– La organización del trabajo desde la perspectiva del fordismo.

– La organización del trabajo desde perspectivas del posfordismo.
– El reclutamiento laboral por méritos.
– La participación de la mujer en el mercado laboral.
– La consideración de las capacidades, habilidades y talentos como capital humano.
– El surgimiento y el campo de acción de la terapia ocupacional.

El desarrollo de una guía como la expuesta con el instrumento del clavijero invita a una apuesta didáctica desde el enfoque constructivista y de aprendizaje significativo, que implica una preparación y una sensibilización previa, en la que se motiva al estudiante a pensar los factores y las condiciones que pueden afectar una prueba de habilidades visuales, espaciales y sensorio-motrices como las que demanda este instrumento.

Analicemos cada uno de los componentes de la guía propuesta, su justificación y el posible papel del docente que actúa como agente facilitador del proceso de aprendizaje.

En primer lugar, se hace una presentación general a la práctica de laboratorio en donde se hacen explícitas algunas de las intencionalidades de la experiencia compartida en el escenario del laboratorio. Esta presentación puede ser complementada por comentarios o la evocación de situaciones interesantes que puedan servir de motivadores para que los estudiantes tengan elementos que ayuden a dotar de sentido las actividades que van a realizar. También es posible que los estudiantes hayan sido sensibilizados previamente con un material textual o audiovisual, lo que puede servir también de preámbulo motivacional. También hay que poner en relación la práctica de laboratorio a realizar con conocimientos previos adquiridos, lo que ayuda a que los estudiantes compartan con el docente la comprensión de la pertinencia de dicha práctica.

En seguida se propone un listado acerca de algunas propiedades y condiciones funcionales de los sujetos que van a ser sometidos a la valoración con el instrumento en cuestión. Aquí se pone de presente la variabilidad biológica y psicológica tanto desde el punto de vista interindividual como interindividual, que hace que el rendimiento de la prueba en un ensayo no pueda ser idéntico al rendimiento registrado en otros ensayos.

Como la prueba del clavijero implica una capacidad mínima de discriminación visual para poder distinguir las piezas de las clavijas, así como los orificios del tablero que en ocasiones tienen formas irregulares que deben ser acopladas a las formas de los extremos de las clavijas, hay que constatar que el sujeto que se someta a la prueba no tenga limitaciones visuales que puedan afectar su desempeño. No todos los sujetos son conscientes del grado de sus limitaciones visuales, hasta que no son examinados adecuadamente. Si el sujeto presenta vicios de refracción ocular, deberemos practicar la prueba con el uso de los lentes correctores apropiados.

La percepción de la forma constituye uno de los procesamientos primarios de la corteza cerebral visual, y si bien la inmensa mayoría de los sujetos no presenta alteraciones encefálicas que alteren esta función, no sobra constatar que el sujeto que se somete a la prueba puede describir adecuadamente la forma de los extremos de las clavijas y las formas de los agujeros.

La percepción de la distancia tiene relación con la disparidad de la posición de los ojos para que se puedan construir simultáneamente dos imágenes congruentes en cada una de las retinas para cada objeto observado. Evidentemente la prueba del clavijero implica calcular la distancia a la cual la mano que sostiene la clavija tiene que desplazarse para poder llegar hasta el agujero específico seleccionado. Sujetos que tengan importantes limitaciones en uno de sus ojos para la percepción visual (visión monocular), estarán en desventaja para poder calcular adecuadamente las distancias.

El aprendizaje motor tiene que ver con ajustes del procesamiento central que integran la propiocepción con las secuencias de movimientos que tienen un propósito definido. Las experiencias de aprendizaje motor de cada sujeto son diferentes por lo que el grado de habilidad motriz previamente adquirido antes de la prueba tendrá sin duda impacto en el desempeño. Algunos sujetos presentan dificultades para sus ejecuciones motoras por restricciones mecánicas de sus articulaciones o por alteraciones neurológicas que se manifiestan en el sistema motor (temblores y otros movimientos involuntarios).

La propiocepción es el tipo de sensibilidad que permite detectar la posición y el movimiento de los segmentos corporales. Los receptores de propiocepción están distribuidos en huesos, músculos esqueléticos y articulaciones, pero la densidad de los mismos puede variar, lo que implica umbrales de detección diferentes. En una prueba como la del clavijero, no es suficiente con ver el movimiento de la mano con la clavija hacia su destino, sino que mientras ocurre el movimiento, debe ocurrir una retroalimentación propioceptiva permanente. Lesiones en los tejidos que contienen los receptores de propiocepción pueden alterar el desempeño de la prueba.

La sensibilidad táctil implica la distribución de familias de mecanorreceptores en diferentes capas de la piel, que informan acerca de las características de las superficies de los objetos que son palpados. Asegurar un objeto entre los dedos, como puede ser una clavija, requiere de información acerca de su forma y su textura, que son atributos de su superficie. Una deficiente sensibilidad táctil se puede apreciar en sujetos que presentan engrosamientos importantes de la capa córnea de la piel, cicatrices, o alteraciones sensitivas de origen neurológico.

La sensibilidad a la presión en la piel depende de mecanorreceptores específicos, que informan acerca de la cantidad de esfuerzo muscular que se está aplicando. De acuerdo con la forma, el tamaño, el peso y la textura de los objetos que se pretenden mantener asidos, se debe ajustar el esfuerzo muscular que permite ejercer la presión adecuada. Esta capacidad de sensibilidad puede estar alterada por las mismas circunstancias que afectan la sensibilidad táctil.

La coordinación ojo-mano es una habilidad que requiere integración en el sistema nervioso central de aspectos motrices, visuales y espaciales. Esta coordinación juega un papel importante en la asertividad de los movimientos y en la comprensión de las relaciones espaciales para las interacciones entre las partes del cuerpo del sujeto y los objetos circundantes. Aquí se pueden observar diferencias dependiendo de las oportunidades de aprendizaje de tareas que requieren el afinamiento de esta coordinación.

La postura se define como la relación entre la posición del cuerpo y la acción de la gravedad. El sistema motor debe realizar los ajustes para sostener el peso propio del cuerpo y las cargas que se le puedan adicionar, teniendo en cuenta su distribución con relación a un centro de masa. La prueba del clavijero debe realizarse en posición sentada, pero puede haber alteraciones posturales en esta posición, lo que puede afectar la libertad de desplazamiento de algunas articulaciones. Pacientes con deformidades osteomusculares o con vicios posturales tendrán ejecuciones motoras diferentes que pueden incidir en la asertividad de sus movimientos. Con relación a la postura hay que tener consideraciones ergonómicas durante la ejecución de la prueba y que tienen que ver con el diseño de la silla (si tiene o no espaldar, si se puede ajustar su altura) y de la mesa sobre la que se dispone el clavijero en relación con el tamaño corporal del participante.

La dominancia visual tiene que ver con una asimetría en el mapeo cortical cerebral de cada una de las retinas. La retina de cada ojo tiene un área de representación cortical diferente, lo que hace que se pueda tener un mejor procesamiento de la información visual captada por uno de los ojos. Intuitivamente las personas tienden a usar preferencialmente su ojo dominante para actividades monoculares, por ejemplo, ver a través de un telescopio. La dominancia ocular juega un papel en la coordinación ojo-mano.

También presentamos una asimetría en cuanto a las habilidades de cada una de las manos. La mayoría de las personas prefieren claramente una mano para escribir o para realizar manipulaciones complejas. La mayoría de los seres humanos son diestros; el hecho de que el participante sea diestro o zurdo, afectará el rendimiento de la prueba dependiendo de la secuencia espacial para la inserción de las clavijas. Se debe invertir la secuencia de inserción en los zurdos, para que no se encuentren en desventaja frente a los diestros.

El razonamiento espacial nos permite entender y diferenciar las relaciones entre los objetos de acuerdo con su posición relativa. La inserción de las clavijas exige determinar una secuencia espacial ordenada de progresión de la tarea. Se pueden insertar las clavijas por filas o por columnas, siguiendo un sentido (por ejemplo, llenar los agujeros con las clavijas siguiendo una secuencia por filas desde la superior hacia la inferior, llenando cada fila de izquierda a derecha). Personas con lesiones del lóbulo parietal pueden tener alterado el razonamiento espacial y confundir derecha con izquierda o arriba con abajo.

La atención tiene que ver con la capacidad de focalizar ciertos estímulos para ser procesados en detalle, al mismo tiempo que se omiten otros estímulos. Se debe tener la capacidad de seleccionar los detalles que se van a atender, mantener el mismo foco de atención durante un determinado tiempo y poder cambiar de foco de atención. La capacidad de atención depende del grado de desarrollo del sistema nervioso, y de la adecuada conectividad entre los lóbulos frontal, parietal y occipital, siempre y cuando se tenga un nivel adecuado de activación de la corteza cerebral (alertamiento).

La memoria de trabajo, que también es conocida como memoria a corto plazo, está asociada con funciones ejecutivas y con la focalización de la atención. Esta memoria implica retener durante lapsos que van de minutos a horas, información que se necesita para continuar la secuencia de acciones que implica una tarea, recordando que parte de la tarea ya ha sido ejecutada y por lo tanto saber qué aspectos de la tarea están pendientes. La memoria de trabajo depende de la integridad de las redes que conectan con la corteza de asociación prefrontal. Para una tarea como la del clavijero, el sujeto debe recordar gracias a esta memoria, las instrucciones que fueron recibidas para realizar la prueba, y poner en relación estas instrucciones con la fase del desempeño que se está ejecutando. El cansancio, la deprivación de sueño, los fármacos depresores del sistema nervioso central o lesiones del lóbulo frontal son factores que pueden afectar este componente funcional cerebral que se necesita para la tarea con el clavijero.

Las funciones ejecutivas dependen típicamente de las redes que conectan con la corteza cerebral prefrontal, e implica la toma de decisiones de acuerdo con las características de una situación dada y teniendo en cuenta el contexto físico, social y cultural. Implica estar monitoreando los efectos que van teniendo nuestras actuaciones e implementar los ajustes o correcciones necesarios para aumentar la probabilidad de conseguir las metas propuestas. El sujeto que se somete a la valoración con el instrumento del clavijero debe entender que se encuentra en una situación en la que se espera su mejor esfuerzo y colaboración para realizar la prueba, y a medida que va desarrollando la tarea va monitoreando qué estrategias son adecuadas y cuáles no. Así mismo el sujeto tiene la capacidad para autoevaluar su desempeño y ser consecuente con la calidad de los resultados.

El dimorfismo sexual cerebral apunta a establecer diferencias significativas en las capacidades de cerebros masculinos comparados con cerebros femeninos. Se tiene evidencias de que las hormonas sexuales durante el neurodesarrollo producen efectos tróficos asimétricos que pudieran explicar la división de tareas por sexos, de acuerdo con las ventajas relativas propiciadas bien sea por los efectos de los andrógenos o por los efectos de los estrógenos. Algunos estudios sugieren que los humanos de sexo masculino en diferentes culturas, tienden a rendir mejor en tareas como el movimiento balístico (arrojar objetos y alcanzar un blanco), razonamiento espacial, razonamiento geométrico; por su parte, los humanos de sexo femenino de diferentes culturas tienen mejores desempeños en tareas que implican habilidad verbal, velocidad de percepción, coordinación ojo mano, motricidad fina. Para este caso de la prueba con el instrumento del clavijero, podría ser ventajoso tener habilidades en lo que tiene que ver con velocidad de percepción y coordinación ojo mano, así como la motricidad fina. Se esperaría eventualmente mejores desempeños en poblaciones de mujeres, comparado con poblaciones de hombres.

El estrés agudo puede interferir con la capacidad de atención, con la capacidad de la memoria de trabajo y en general con funciones de regulación de la corteza de asociación prefrontal. Durante los lapsos de elevados niveles de estrés, la activación del sistema nervioso simpático puede producir temblor y sensación de ansiedad, lo que evidentemente puede afectar el desempeño.

La fatiga muscular interfiere con el desempeño de secuencias motoras, incrementando la cantidad de errores que se cometen tanto con tareas de motricidad gruesa, como con tareas de motricidad fina. Adicionalmente, la fatiga muscular puede alterar la postura y la disposición cognitiva para seguir el desarrollo de la secuencia de la tarea a desarrollar.

La motivación depende de la anticipación de recompensas asociadas con el logro de determinadas metas. Tenemos mezclas de motivadores externos y motivadores internos que promueven la disposición para realizar la tarea y para darle prioridad a la misma por encima de otros asuntos pendientes que demandan también atención. En los mamíferos se ha identificado un circuito cerebral de recompensa, modulado con dopamina, que relaciona neuronas del tronco encefálico con neuronas del estriado ventral y con una porción de la corteza cerebral que se conoce como el cíngulo, y que hace parte de la red emocional que tradicionalmente se conoce como sistema límbico. Está bien establecido empíricamente, que personas bien motivadas suelen tener mejores desempeños en diferentes tareas, así como una mayor eficiencia para el aprendizaje.

Por último, la edad puede afectar el desempeño con el instrumento del clavijero, ya que muchas de las conexiones involucradas en lo que se ha descrito como factores que afectan la calidad de la ejecución de la prueba, maduran con diferentes ritmos a lo largo del neurodesarrollo, hasta el punto que las redes que conectan la corteza de asociación prefrontal y el cuerpo calloso que conecta los hemisferios cerebrales pueden requerir aproximadamente 25 años para conseguir su máxima maduración.

La siguiente parte de la guía de práctica de laboratorio propone variantes de la prueba que solo pueden ser comprendidas a partir de la consideración previa de muchos de los factores que pueden afectar su desempeño. Así mismo se invita a los estudiantes para que propongan otras variantes. Se pueden introducir variaciones para cada uno de los factores mencionados y de esa manera comparar la eficiencia del desempeño. Se puede plantear situaciones hipotéticas, por ejemplo, una en la que muchos aspirantes presentan puntuaciones similares de desempeño y que para poder seleccionar al mejor o solo a unos pocos destacados, es necesario incrementar la complejidad de la prueba. Para poder afrontar este desafío, los estudiantes tendrán que considerar las características del instrumento junto con los múltiples factores que intervienen en los sujetos de prueba.

Finalmente, la guía propone consideraciones contextuales de orden social y cultural que hace que prueba que se aplica sea posible y pertinente. Se proponen escenarios reales para los que es importante exhibir habilidades relacionadas con la prueba aplicada. En este caso se plantean situaciones laborales propias de operarios de ensambladoras industriales.

Una vez justificado el diseño de la guía para el instrumento del clavijero, a continuación, se presenta una sugerencia de una posible didáctica para poder realizar la práctica de laboratorio, basándonos en la guía propuesta. Una de las consideraciones que debemos tener en mente, es que las guías de laboratorio se pueden adaptar a los objetivos de aprendizaje o a las competencias que se pretende promover en los estudiantes. Por lo tanto, es muy importante una entrevista previa con el docente interesado en la práctica, para de manera conjunta, realizar los ajustes que se consideren pertinentes. Esto permite utilizar un mismo instrumento, teniendo en cuenta que las categorías de análisis de la práctica se podrán ajustar a los intereses de formación de las asignaturas de los diferentes programas de la Facultad de Ciencias Sociales y Humanas o de programas de otras facultades de la Universidad Externado de Colombia.

Se puede presentar, previo a la práctica del laboratorio, un material audiovisual en el que se muestre el ambiente laboral de una maquila, como las que se encuentran cerca de la frontera de México con los Estados Unidos, y se analicen las características del trabajo, las condiciones laborales, el hecho de que en su mayor parte las maquilas contratan operarias, mujeres con poca escolaridad, muchas de ellas madres cabeza de familia. Igualmente, se entrega la guía de la práctica para que sea analizada antes de llegar al laboratorio.

Lo anterior hace que el estudiante llegue con una serie de conceptos trabajados previamente, lo que le permite contextualizar la práctica que realiza en el laboratorio. Se puede invitar a los estudiantes a que pongan en escena una representación en la que un miembro del grupo actúa como aspirante a trabajar en una maquila, y se presenta a una oficina de reclutamiento laboral para presentar una prueba de habilidad con el clavijero y es atendido por otro estudiante del grupo que actúa como evaluador. La escenificación es una estrategia didáctica que moviliza importantes recursos cognitivos por parte de los aprendices y permite consolidar muchas de las ideas y conceptos preparados con anticipación.

En la preparación de la escenificación se le pide al grupo que discuta qué aspectos habría que tener en cuenta, desde la llegada del aspirante, hasta el momento en que vaya a ejecutar la prueba. Esto les permite entender la importancia de un adecuado recibimiento y una adecuada explicación acerca de la prueba que se va a aplicar, con el fin de descartar sesgos en el desempeño debido a factores ajenos a las habilidades que se pretenden explorar, por ejemplo, una inadecuada comprensión de las instrucciones o una indisposición física o emocional.

Luego se puede proponer a los estudiantes que analicen en la escenificación, si la postura que adopta el individuo que realiza la prueba, puede incidir en el rendimiento de la misma. Tendrán que comprender la importancia de la distancia a la que se ubique el instrumento, la altura de la silla y la altura de la mesa sobre la que se pone el instrumento y su relación con las características antropométricas del sujeto que se somete a la prueba. Así mismo deberán considerar cómo afecta la disposición espacial del sujeto y del instrumento en caso de que el aspirante tenga dominancia manual diestra o zurda. Los estudiantes deberán considerar que solo con condiciones experimentales en las que se controlen adecuadamente las variables intervinientes se podrán realizar comparaciones confiables y justas.

El siguiente paso, puede ser, que los estudiantes analicen la conveniencia de que el sujeto haga una prueba de ensayo con el instrumento, únicamente con la intención de verificar si las instrucciones fueron comprendidas adecuadamente, antes de realizar la prueba clasificatoria. ¿Sesgaría el ensayo la validez de la prueba? ¿Sería preferible repetir la prueba clasificatoria en caso de que se detecte una incomprensión de las instrucciones? ¿Tendría más objetividad descalificar al aspirante si no logra realizar adecuadamente la prueba en el primer intento, así sea por falta de comprensión de las instrucciones? Este tipo de discusiones fortalecen las consideraciones que debe tener todo diseño experimental, lo que de paso fortalece la formación para la investigación.

Luego vendría la ejecución de la prueba clasificatoria de acuerdo con las instrucciones. Los estudiantes deberán evaluar si el lenguaje utilizado para dar las instrucciones fue adecuado para las condiciones culturales y la escolaridad del aspirante. El estudiante que actúa como evaluador deberá indicar cuándo empezar y contabilizar el tiempo de ejecución de la prueba, y registrará el número de errores cometidos durante la misma. Realizará primero una prueba con la mano dominante y luego una prueba con la mano no dominante. Otros estudiantes harán el papel de aspirantes al trabajo y realizarán la prueba en las mismas condiciones.

Finalizadas las pruebas, se puede pedir al grupo de estudiantes que analicen el diseño del instrumento: los materiales con que está hecho, las dimensiones del tablero del clavijero, el número y tamaño de los agujeros y de las clavijas, la disposición de los agujeros con sus distancias relativas. El grupo de estudiantes deberá analizar la importancia de todas estas consideraciones en cuanto a los materiales y diseño del instrumento. Luego se puede pedir a los estudiantes que discutan posibles modificaciones en los materiales o en el diseño del instrumento, y las consecuencias que podrían tener las modificaciones propuestas.

Por otra parte, una vez finalizadas las pruebas, se puede pasar al análisis de los resultados. Los estudiantes tendrán que analizar todos los factores que pueden haber incidido en las diferentes puntuaciones de la prueba realizada con diferentes sujetos. Habrá factores que dependen del sujeto, factores que dependen del instrumento, factores que dependen de la característica de la prueba y factores que dependen del ambiente en el que se realiza la prueba. El análisis previo de la guía seguramente ayudará a identificar tales factores.

Posteriormente se puede pedir a los estudiantes que comparen sus respuestas en relación con las definiciones propuestas en la guía acerca de los factores que inciden en el desempeño de la prueba, y en relación con las preguntas propuestas, así como de los tópicos sugeridos de interés social y cultural.

El laboratorio se puede concluir con un análisis en forma oral o escrita acerca de la importancia de la práctica realizada y de las principales conclusiones. Aquí se puede constatar qué tanto el estudiante se ha apropiado de conceptos y de terminología adecuada, como evidencia del valor académico agregado de esta experiencia.

Se pone de presente, entonces, a partir de lo expuesto en cuanto al diseño de la guía y en cuanto a la estrategia didáctica de la puesta en escena de la práctica de laboratorio con un instrumento, que son muchos los aspectos que entran en consideración en relación con los procesos psicológicos.

En esta apuesta de aprendizaje por experiencia, en particular por experiencia relacionada con prácticas guiadas en el laboratorio didáctico, se pone en evidencia que toda experiencia moviliza en diferentes combinaciones todos los procesos psicológicos, que se pueden analizar tanto a nivel individual como a nivel colectivo. Por otra parte, permite analizar todas las consideraciones de orden experimental, cuando se trata de valorar y de comparar habilidades en las que se ponen en juego dichos procesos.

Un sujeto se puede relacionar con un instrumento de muchas maneras, de acuerdo con las experiencias previas que haya tenido con otros instrumentos que puedan tener una similitud con el que se pretende interactuar. Los modos de relacionarse tienen que ver en buena parte con los usos imaginados que se le pueden dar al instrumento de acuerdo con su diseño. Por ejemplo, un sujeto podría imaginar que el clavijero pudiese ser utilizado para jugar damas chinas. O que se pudieran usar las clavijas para representar diferentes formas geométricas. O que se pudieran disponer y utilizar las clavijas a manera de ábaco para hacer operaciones aritméticas.

Cuando se le explica a un sujeto la manera como se va a utilizar un instrumento, es decir, cuando se comparten las instrucciones de uso, se están explorando procesos psicológicos como el lenguaje utilizado en las instrucciones y la capacidad de comprender y de aplicar las reglas involucradas en un juego o en una actividad. Entre la recepción y comprensión de las reglas y su posterior aplicación, entra en juego la memoria de trabajo y la atención. Durante la ejecución de la prueba se valora adicionalmente aspectos relacionados con la percepción y las habilidades sensorio-motrices, así como con el razonamiento espacial. Por otra parte, las características del desempeño y el rendimiento de la prueba con el instrumento ponen en evidencia los tipos de emociones y motivaciones que entran en juego y que afectan los demás procesos que participan en conjunto.

Algunos de los procesos involucrados en la relación entre sujetos e instrumentos pueden mostrar un dimorfismo sexual en su desempeño. Por ejemplo, las mujeres suelen puntuar mejor que los hombres en tareas que implican velocidad de percepción y habilidades sensitivomotoras finas. Adicionalmente tenemos restricciones de orden biológico y que tienen que ver con la calidad de los tejidos involucrados en la tarea, particularmente, los músculos y las articulaciones en cuanto a lo motor, y por otra parte la calidad de los tejidos relacionados con la percepción, como puede ser la calidad de la visión, o la calidad de la piel.

Los instrumentos, por su parte, pueden ser imaginados y construidos de acuerdo con factores relacionados con las características sociales y culturales que permiten su aparición. Un instrumento de valoración como el clavijero, sólo tiene sentido para sociedades industrializadas en la que se requieren operarios para los ensamblajes, en la medida que contratar operarios sea más ventajoso que la consecución de máquinas ensambladoras de otras máquinas (robots). Por su parte, si se tratara de sociedades que basan su economía en la revolución informática, requerirá seguramente sujetos con determinadas habilidades cognitivas, más que sensorio-motoras.

Desde el punto de vista de la psicología evolucionista, el desarrollo mental de nuestra especie, siempre ha estado relacionado con el diseño, fabricación y uso de herramientas. Y siempre se ha dado la situación de que para fabricar una herramienta se requiere de otras herramientas, lo que supone una red de transformaciones materiales que van de la mano con transformaciones cognitivas. Se crea así un círculo virtuoso, en el que las habilidades cognitivas permiten el diseño y construcción de herramientas, y el uso de las herramientas permiten el desarrollo de habilidades cognitivas. La división del trabajo ha disociado las etapas de diseño, fabricación y uso de las herramientas. Cada una de estas etapas requiere sujetos entrenados y especializados de maneras diferentes, pero que tienen que ser complementarias y consistentes.

Para el caso de la investigación y la docencia, los instrumentos deben ser diseñados y fabricados de tal manera que garanticen la validez y la confiabilidad de los datos obtenidos. Tales instrumentos deben ser objeto de procesos de validación y estandarización para que se puedan comparar los resultados obtenidos en distintos laboratorios. En este sentido, en el laboratorio, la relación de los sujetos con los instrumentos, permiten la formación para adquirir habilidades y competencias relacionadas con actividades investigativas experimentales, habilidades que tienen que ver con cierta configuración de los procesos psicológicos. Se presenta entonces una situación circular, en la que se requieren habilidades mentales para comprender las mentes. Se requiere de la puesta en función de procesos psicológicos para poder estudiar y comprender los procesos psicológicos.

Por su parte, la apuesta pedagógica y didáctica en el laboratorio involucra conceptos derivados de las teorías del aprendizaje como proceso psicológico, en particular las teorías del aprendizaje de la corriente cognitivista. Está claro que las prácticas de laboratorio promueven el aprendizaje centrado en el estudiante, quien debe adoptar una actitud activa, participativa y deliberante, para movilizar sus recursos cognitivos y emocionales, de modo que permita el descubrimiento y la apropiación de nuevo conocimiento. La apropiación del nuevo conocimiento se debe poner en evidencia en términos de competencias y habilidades. Adicionalmente, las prácticas de laboratorio promueven el trabajo en equipo entre pares, lo que favorece la construcción y consolidación de ese nuevo conocimiento. Las prácticas didácticas, tanto de aula como de laboratorio y de campo, van adquiriendo cada vez mayor protagonismo, en la medida que la adquisición de la información se obtiene de manera cada vez más eficiente gracias a los dispositivos informáticos y a las tecnologías de la comunicación. Esto hace que el papel del docente sea cada vez más de guía, animador y asesor en el proceso de aprendizaje. Para tal fin, debe también imaginar e implementar ambientes de aula o de laboratorio en la que los estudiantes puedan ejecutar tareas interesantes y significativas para sus futuros desempeños en la sociedad. Situar el conocimiento trabajado en posibles escenarios reales en donde el aprendiz se puede ver como un actor social, es lo que determina que el aprendizaje sea significativo, esto es, que se pueda dotar de sentido a los saberes construidos.

La didáctica centrada en prácticas de aula y de laboratorio promueve la técnica de aprendizaje invertido. La inversión se da por el hecho de que, en las técnicas tradicionales de aula, el estudiante asiste a clase para recibir una información que previamente ha sido elaborada por el docente, por lo tanto, se tiene una única versión que, como toda versión, involucra las particularidades del modo de pensar y de ponderar el conocimiento que tiene el maestro, de acuerdo con los saberes instalados a partir de múltiples lecturas y experiencias. Con esta información recibida, el estudiante realiza fuera de aula tareas, que generalmente tienen que ver con análisis de situaciones y resolución de problemas.

El aprendizaje se invierte, si es el estudiante, fuera de aula, busca, selecciona, compara y combina información relacionada con un tema (es decir, realiza las funciones del maestro de preparación de clase en el esquema tradicional), y llega a la clase para discutir y trabajar con la información obtenida, para vislumbrar posibles escenarios de aplicación (es decir, lo que en el esquema tradicional corresponde con las tareas para hacer en casa). En este esquema invertido, el maestro modera las interacciones, está atento a corregir o a afinar asuntos relacionados con la construcción de conceptos, propone diversas situaciones de aplicación del saber que fortalezca tanto las capacidades cognitivas como la sensibilidad social. Todos los actores de este escenario de aprendizaje invertido, promueven capacidades y habilidades importantes para la vida, como son, los modos correctos de debatir y de tener confrontaciones de posiciones, de acuerdo con argumentaciones que tienen como referentes propuestas teóricas explícitas. Esto permite entender, que, en ciencias, no hay teorías acabadas o exclusivas, y que la potencia del pensamiento está en poder construir y comprender la realidad de diversas maneras. También se refuerza la idea de que las ciencias y las técnicas deben tener como uno de sus fines o propósitos fundamentales, aplicar los conocimientos para resolver los problemas que demanda una sociedad y de esta manera mejorar los modos de vida de los humanos; hoy en día, trabajar con este norte, implica considerar los problemas de manera sistémica y compleja, lo que justifica abordajes interdisciplinares y transdisciplinar.

Todas las consideraciones expuestas en relación con el aprendizaje invertido se plasman en el modo como se diseñan y se agencian las prácticas en el Laboratorio Interdisciplinar de Ciencias y Procesos Humanos.

REFERENCIAS

Aguilar, A. (s. f.). *Los métodos estructuralistas en algunas ciencias sociales*. http://www.inif.uce.ac.cr/recursos/docs/Revista%20de%20Filosof%C3%ADa%20UCR/Vol.%20XI/No.32/Los%20metodos%20estructuralistas%20en%20algunas%20ciencias%20sociales.pdf recuperado en 18/10/2016

Almeida-Filho, N. (2006). Complejidad y transdisciplinariedad en el campo de la salud colectiva: evaluación de conceptos y aplicaciones. *Salud Colectiva*, (2), 123-146.

Bateson, G. (1972). *Pasos hacia una ecología de la mente*. Nueva York: Chandler. ISBN: 950-724-700-9.

Burawoy, M. (1990). El marxismo como ciencia: desafíos históricos y desarrollo teórico. *American Sociological Review*, 55(6), 775-793. http://burawoy.berkeley.edu/Marxism%20As%20Science%20Spanish.pdf recuperado el 14-11-2016

Bustamante Danilo, J. (2019). Rompiendo el silencio. Aportes desde la antropología chilena al campo de estudios de la memoria. *Athenea Digital (Revista de Pensamiento e Investigación Social)*, 19(2), 1-25. https://doi.org/10.5565/rev/athenea.2191

Butman, J. (2003). Bases cognitivas de la conducta social humana. II Congreso Internacional de Neuropsicología en Internet. Tomado de www.serviciode.com/congreso/congress/pass/conference/Butman.html

Caciopo, J., Sheridan, G. y McClintock, M. (2000). Multilevel Integrative Analyses of Human Behavior: Social Neuroscience and the Complementing Nature of Social and Biological Approaches. *Psychological Bolletin*, 126(6), 829-843.

Carmonje, A. (s. f.) El estructuralismo. Seminario de Teoría de la Comunicación, Universidad Surcolombiana, Programa de Comunicación Social y Periodismo. https://carmonje.wikispaces.com/file/view/02+El+estructuralismo+-+A+y+M+Mattelart.pdf recuperado en 18/10/2016

Castañeda López, D. M. (2014). Objeto virtual de aprendizaje como estrategia para la enseñanza de la materia y sus propiedades en los estudiantes de grado 10.° (tesis de grado de magíster, Universidad Nacional de Colombia). http://bdigital.unal.edu.co/47544/1/8412518.pdf

Comte, A. (1999). *Discurso sobre el espíritu positivo*. Madrid: Biblioteca Nueva.

Corredor, J. y Jiménez, W. (2011). La modularidad y la realidad de los procesos psicológicos. *Revista Colombiana de Psicología*, 20(2), 309-319.

Cosmides, L. y Tooby, J. (1997). *Psicología evolutiva: a primer*. Center for Evolutionary Psychology University of California Santa Barbara.

Cosmides, L., Tooby, J., Fiddick, L. y Bryant, G. A. (2005). Detecting cheaters. *Trends in Cognitive Sciences*, 9, 505-506.

D´Alonzo, J. (2016). Tran Duc Thao: A Marxist Theory of the Origins of Human Language. *Theoria et Historia Scientiarium*, XIII. Ed. Nicolaus Copernicus University.

Delanda, M. (2002). *Intensive Science and Virtual Philosophy*. New York: Continuum.

Durango. (2015). *Las prácticas de laboratorio como una estrategia didáctica alternativa para desarrollar las competencias básicas en el proceso de enseñanza-aprendizaje de la química* (tesis de grado de magíster, Universidad Nacional). http://www.bdigital.unal.edu.co/49497/1/43905291.2015.pdf

El materialismo histórico de Karl Marx. (s. f.). http://mimosa.pntic.mec.es/~sferna18/materiales/pepe/10_marx.pdf

Finkelstein, L. (2009). Widely-defined measurement – An analysis of challenges. *Measurement*, 42, 1270-1277. DOI: 10.1016/j.measurement.2009.03.009

Flores, Caballero y Moreira. (2009). El laboratorio en la enseñanza de las ciencias: una visión integral en este complejo ambiente de aprendizaje. *Revista de Investigación*, 33(68), 75-112.

Fuchs, C. (2017). Raymond William's communicative materialism. *European Journal of Cultural Studies*, 20(6), 744-762.

Galvis Alba, A., Laitón Cubides, P. D. y Ávalo Azcárate, A. (2017). Prácticas de laboratorio en educación superior: ¿cómo transformarlas? *Actualidades Pedagógicas*, 69, 81-103. DOI: http://dx.doi.org/10.19052/ap.4085

Gamba y Moreno. (Noviembre, 2014). *La inclusión de objetos virtuales de aprendizaje en procesos educacionales*. Trabajo presentado en el Congreso Iberoamericano de Ciencia, Tecnología y Educación, de la Organización de Estados Iberoamericanos, Buenos Aires, Argentina.

Garavito, M. C. (2011). Cognición corporizada y *embodiment*. *Polisemia*, 11, 96-102. Uniminuto, Bogotá. ISSN: 1900-4648.

García-Sánchez, M., Reyes-Añorve, J. y Godínez-Alarcón, G. (2017). Las TIC en la educación superior, innovaciones y retos. *Revista Iberoamericana de Ciencias y Humanísticas*, 6(12). DOI: 10.23913/ricsh. v6i12.135.

GERMAIN, R. (2007). *"Critical" Political Economy, Historical Materialism and Adam Morton*. http://ic.ucsc.edu/~rlipsch/Pol272/Germain.pdf Recuperado el 14-11-2016

GRANDE GARCÍA, I. (2009). *Neurociencia social: el maridaje entre la psicología social y las neurociencias cognitivas. Revisión e introducción a una nueva disciplina*. http://basesbiblioteca.uexternado.edu.co:2165/login.aspx?direct=true&db=edsbas&AN=edsbas.BD2AE315&lang=es&site=eds-live&scope=site

HAUER, T. (2017). Structuralism and Postmodern Discourse. *Philosophy Study*, 7(4), 191-196.

Historical Materialism and Dialectics. (s. f.). http://www.sussex.ac.uk/webteam/gateway/file.php?name=8dialecticsmarx09&site=12

INFANTE JIMÉNEZ, C. (2014). Propuesta pedagógica para el uso de laboratorios virtuales como actividad complementaria en las asignaturas teórico-prácticas. *Revista Mexicana de Investigación Educativa*, 19(62), 917-937.

LIZARDO, O. (2010). Beyond the antinomies of structure: Levi-Strauss, Giddens, Bourdieu, and Sewell. *Theor Soc*, 39, 651-688. https://www3.nd.edu/~olizardo/papers/tas-methodological-structuralism.pdf

MANJARRÉS CHÁVEZ, J. (2017). Incorporación de prácticas de laboratorio para el desarrollo de la competencia científica explicación de fenómenos. (Tesis de grado de magíster, Universidad del Norte). http://manglar.uninorte.edu.co/bitstream/handle/10584/7670/130243.pdf?sequence=1

MARTÍNEZ, P. (2006). El enfoque enactivo en las ciencias cognitivas. *Ludus Vitalis*, XIV(26), 129-140. Departamento de Filosofía, Universidad de Málaga.

Metodología materialista para el análisis social. (s. f.). http://www.pim.edu.uy/files/2013/05/cuaderno-metodologia_2.pdf

MICHELL, J. (2004). *History and Philosophy of Measurement: A realist View*. 10th Imeko TC7 International Symposium. Saint-Petersburg, Russia.

MONTEALEGRE, R. (2005). La actividad humana en la psicología histórico-cultural. *Avances en la psicología latinoamericana*. ISSN: 1794-4724. Bogotá.

NORMAN, G. (2011). Chaos, complexity and complicatedness: lessons from rocket science. *Medical Education*, 45, 549-559.

Parker, I. (2007). *La psicología como ideología*. Madrid: Los libros de la catarata. ISBN: 978-84-8319-544-4.

Pascual. (2006, 1 de julio). Aproximaciónn a las diferentes perspectivas teóricas sobre la Teoría de la mente. *ScienceDirect*. https://www.sciencedirect.com/science/article/abs/pii/S021446030670208X

Petrilli, S. (s. f.). *Structure and Structuralism in Philosophy of Language and Semiotics*. http://sibaese.unisalento.it/index.php/segnicompr/article/viewFile/13131/11696

Rabanales, A. (1996). La estructura desde el punto de vista lingüístico. *Onomazen*, 1, 122-138. http://www.onomazein.net/Articulos/1/6_Tabanales.pdf

Salles, A. (2013). On the normative implications of social neuroscience. *Recerca*, 13, 29-42. https://basesbiblioteca.uexternado.edu.co:2327/10.6035/Recerca.2013.13.3

Sánchez, Y. (2001). Vygotsky, Piaget y Freud: a propósito de la socialización. *Enunciación*, 6, 29-34.

Simondon, G. e Ires, P. (2014). *Curso sobre la percepción*. Buenos Aires: Cactus.

Sućeska, A. (2016). Towards a Critique of the Dominant Philosophies of Language from a Historical-Materialist Standpoint. *Synthesis Philosophica*, 63, 193-214.

Tamayo, R. (2011). Una lista de control para definir los procesos psicológicos. *Revista Colombiana de Psicología*, 20(2), 321-327. Bogotá.

Tamayo, R. (2011). *A Checklist to Define the Psychological Processes*. http://search.ebscohost.com/login.aspx?direct=true&db=edsbas&AN=edsbas.2C4DAB0F&lang=es&site=eds-live&scope=site

Tirapu Estaros, J. (2011). Neuropsicología - neurociencia y las ciencias "psi". *Cuadernos de Neuropsicología / Panamericana Jornal of Neuropsicología*, 5(1), 11-24.

Trimble, J. (s. f.). Applying Historical Materialism to Promote Appropriate Technology. http://www.appropriatetech.net/files/Applying_Historical_Materialism_to_Promote_Appropriate_Technology.pdf

Vega, Hincapié y Toro-Villa. (2016). Laboratorios virtuales para la enseñanza de las ciencias. *Ventana Informática*, 35, 97-110.

Veytia, Lara y García Robelo. (2018). Objetos virtuales de aprendizaje en la educación superior. *Revista Eurasia*, 209-224. http://www.revistadefilosofia.org/79-10.pdf

Valdivieso, C. (2010). *Una breve introducción a la cognición social: procesos y estructuras relacionados*. Bogotá: Publicaciones Universidad Piloto de Colombia.

Varela, F. (2000). *El fenómeno de la vida*. J. J. Sáenz (editor). ISBN: 9789563060812.

Yanlin, C. y Daojin, S. (2014). *Ecological Criticism of Historical Materialism*. http://cscanada.net/index.php/hess/article/viewFile/5771/pdf_117

Wertsch, J. (1988). *Vygotsky y la formación social de la mente*. Barcelona: Paidós. [Versión original: Vygotsky and the social formation of mind, Cambridge: Harvard University Press, 1985].

PROCESOS SOCIALES

EDITOR DE SECCIÓN:
FABIÁN DAVID VARELA GÓMEZ

Procesos sociales es un campo de desarrollo que se plantea como una plataforma de conexión entre las inquietudes emergentes de los avances tanto del Laboratorio Interdisciplinar de Ciencias y Procesos Humanos (Linciph), en cuanto espacio que contribuye a la generación y articulación de conocimiento desde las ciencias de la vida, las ciencias de la mente y las ciencias de la complejidad, como de la Facultad de Ciencias Sociales y Humanas (FCSH), con su apuesta por ser una plataforma de formación profesional desde la interdisciplinariedad y la investigación en sus distintos programas. Es decir, implica la búsqueda de articulación entre las preguntas de las humanidades y la experiencia de trabajo que posibilita las ciencias de la vida.

En ese sentido, el campo de procesos sociales se articula a uno de los objetivos que se propone la facultad en su Proyecto Académico de Facultad (PAF), el cual es dar relevancia a los interrogantes, problemas e inquietudes que puedan surgir en las fronteras entre las ciencias sociales y otras áreas de las ciencias y/o recursos técnicos. Desde esta perspectiva, se abre entonces un universo de posibilidades que permiten acercar estos dos escenarios, laboratorio y facultad, en los cuales el campo de desarrollo empieza a generar una serie de iniciativas que, como trasfondo teórico, tiene la pregunta por lo social, por los procesos sociales como aquello que nos contiene, envuelve y atraviesa como sujetos.

La exploración central del campo se fue construyendo en dos direcciones fundamentalmente: la producción de conocimiento por medio del trabajo con metodologías de la investigación, como una inquietud acerca de las formas en las que se mueve el pensamiento en virtud de comprender la realidad, y las condiciones de posibilidad para pensar y construir comunidad, como una apuesta por comprender desde la conversación entre múltiples actores aquellos elementos que permiten la organización colectiva.

Si bien el esfuerzo de comprender los procesos sociales tanto en su expresión concreta en nuestras vidas como en su comprensión abstracta mediante la teoría parecen tareas de nunca terminar, este campo de desarrollo se ha propuesto avanzar en acciones concretas que permitan indagar en ambas direcciones. Los diálogos interdisciplinarios han ido configurándose como una plataforma potente para expandir estas reflexiones.

Por ejemplo, gracias a estas apuestas se logró consolidar el evento "Venga le digo" como un espacio autónomo de conversación, el cual giraba en torno a la pregunta sobre la construcción de comunidad, y en el cual se exploraron diferentes inicativas que permitían pensar ese *nosotros* como lo fueron las mujeres, zonas como el "Bronx" o la "L", o la cocina y todo lo que esta implica. Estos espacios, como se encontrará en este libro, fueron una de las grandes apuestas del campo de desarrollo y del laboratorio por poner en tensión aquellas preguntas de frontera entre diversos saberes, de las que precisamente habla el Proyecto Académico de Facultad (PAF).

Respecto a las metodologías de investigación, el campo lideró, por ejemplo, conversatorios en torno a la pregunta por la innovación en técnicas y metodologías de investigación, para los cuales se contó con el apoyo de las áreas de investigación del Centro de Investigación de Dinámicas Sociales (CIDS), las cuales exponían proyectos tanto de profesores como de estudiantes que reflejaran enfoques metodológicos, epistemológicos o analíticos que fuesen innovadores.

Estos espacios son tan solo un ejemplo de la gestión del campo frente a los retos e inquietudes que iban surgiendo en la convergencia entre los lineamientos de la FCSH y los objetivos del Linciph. No obstante, el mismo desarrollo del laboratorio y el campo como espacios entre el hacer y el pensar permitió que desde estas iniciativas se realizaran aportes teóricos a diversas preguntas; por ejemplo: ¿Cómo comprender lo social desde un laboratorio pensado para las Ciencias Sociales? ¿Cómo enfrentar los retos que supone la innovación en técnicas y metodologías de investigación social? ¿Cómo se expresa o se hace manifiesta esta *innovación*? ¿Cuáles son las posibilidades de construcción de comunidad entre diversos actores sociales que comparten un mismo espacio-tiempo? ¿Cómo comprender los distintos estatutos que evoca la memoria desde una perspectiva interdisciplinar?

Como se mencionó, la estructura de este manuscrito refleja el resultado de una serie de conversaciones como trabajo de campo, de distintas naturalezas, es decir, con varios de los actores invitados a participar (estudiantes, profesores, investigadores, jóvenes, etc.) en distintos espacios que fueron convocados por el campo de desarrollo y en los cuales se buscó abordar algunas de las preguntas planteadas.

El capítulo primero recoge las coordenadas de sentido y conceptualización desde las cuales trabajamos. Estas coordenadas están siempre actualizándose y siendo desafiadas por la comprensión de los distintos fenómenos del presente. La primera parte recoge el punto de inicio desde el cual se estableció el campo y la segunda y la tercera contienen reflexiones del trabajo desde distintos ángulos de mirada. Allí se recogen las preguntas que emergen desde los otros campos de desarrollo para la comprensión de los procesos sociales, así como las reflexiones de los estudiantes que nos acompañaron en las distintas tareas y que con sus aprendizajes también nutren nuestra perspectiva, pues muchas veces ellos tienen un papel protagónico en el desarrollo de nuevas iniciativas en el campo.

El capítulo segundo se dedica al trabajo de recolección y revisión de información respecto a las metodologías de investigación desde la pregunta por la innovación. Allí se ha desarrollado un estado del arte en relación con la bibliografía disponible y las tendencias que existen cuando nos aproximamos a dicha pregunta. Durante la revisión bibliográfica se identificaron dos grandes posturas generales: una puramente científica, ligada a los avances de carácter tecnológico y científico (postura técnico-científica), y otra que muestra la innovación como una parte integrante e influyente del desarrollo y el progreso humano, no en sentido científico o tecnológico, sino en cuanto al progreso económico, empresarial y social (postura del desarrollo). Finalmente, se vinculan también las inquietudes y repercusiones de esta pregunta en el trabajo desde las humanidades.

El capítulo tercero aborda las discusiones y reflexiones que tuvieron lugar a lo largo de los años 2017 y 2018 con relación al conversatorio "Venga le digo". Acá se presentan los avances logrados en dos perspectivas que reflejan el carácter mismo de este espacio: la primera, una discusión conceptual y teórica con distintos académicos invitados para reflexionar sobre la memoria, las huellas y sus improntas, sus condiciones de posibilidad y sus características; la segunda, una mirada categorial a las conversaciones suscitadas con distintos actores y agentes de la realidad social vinculados por problemáticas estructurales a partir de las preguntas por *cómo se configuran los lazos comunitarios, qué permiten, qué movilizan, cómo se transforman en posibilidades de encuentro.*

La presente sección recoge las experiencias del campo de desarrollo de procesos sociales durante cuatro años, por lo cual se espera sea una herramienta que sirva al lector para acercarse a las perspectivas de abordaje de interrogantes que surgieron en la interacción entre las disciplinas sociales y las ciencias de la vida, la mente y la complejidad. De igual manera, acerca al lector de una manera más íntima al proyecto del Laboratorio Interdisciplinar de Ciencias y Procesos Humanos y al trabajo que allí se adelanta, para entender la importancia de un laboratorio para lo social que permita ampliar los horizontes explicativos a distintos fenómenos que transcurren en la cotidianidad de los individuos.

FUNDAMENTACIÓN Y CONFIGURACIÓN DEL CAMPO DE DESARROLLO

DIANA MARCELA AGUDELO ORTIZ

FUNDAMENTACIÓN TEÓRICA DEL CAMPO DE DESARROLLO

Pensar en procesos sociales es un desafío para el Linciph no solo por la magnitud de lo que encierran estas dos sugerentes palabras, sino porque de alguna manera implican el desafío de desarrollar un espacio de laboratorio congruente con la propuesta de Facultad de nuestra casa de estudio, es decir, un espacio de carácter interdisciplinar orientado a apoyar la investigación social.

En cierta medida, hablar de procesos sociales implica hablar de todo, corriendo el riesgo de terminar hablando de nada. Es decir, hablar de procesos sociales podría abarcar todo el pensamiento de la teoría social desarrollada hasta el momento, la cual, en virtud de su magnitud y su diversidad, termina por desbordar las posibilidades de este ejercicio, que aunque no intenta ser exhaustivo (pues por lo demás supera incluso las posibilidades de un pregrado en cualquier disciplina), sí precisa ubicar algunas coordenadas del acumulado de las ciencias sociales como horizonte de trabajo y de posibilidad del campo mismo dentro del Linciph.

Así las cosas, hablar de procesos sociales implica hablar de la naturaleza misma de lo social, lo cual es inseparable del mundo de la vida humana. Individuos como sujetos y grupos enteros de personas en constante interacción son el corazón de cualquier intento por pensar lo social. Es decir, incluso allí en donde hay individuos actuando en soledad, solo es posible considerarlos como sujetos en la medida en que hacen parte de una cultura y de un grupo social más amplio, los cuales terminan sedimentando la base misma de sus estructuras cognitivas (Vygotsky, 1986; Wertsch, 1988). Con esto nos referimos a que los procesos de subjetivación tienen un carácter indiscutiblemente social, el cual termina por moldear incluso la expresión de las posibilidades orgánicas de cada individuo.

El sujeto es pues una suerte de unidad para pensar en lo social. Y, de hecho, recuperando un elemento que ya mencionamos, hablar de lo social es hablar de una forma de organización de la vida. Humberto Maturana (1990;

1996) se refiere a por lo menos dos dominios de existencia humana: un dominio orgánico y un dominio social, en el cual la mediación del lenguaje es fundamental, pues el mundo de lo social implica habitar en un mundo de significados construidos y compartidos entre los sujetos que lo configuran (Weber, 1944; 1993; Geertz, 1987; Cole, 1999).

Ahora bien, puede decirse que lo social como organización de la vida se expresa de distintas formas que constituyen cada una un ámbito de disputa y de desarrollo conceptual propio. Por ejemplo, la organización puede expresarse en relaciones de producción, las cuales, de acuerdo con Marx (1978), implican concebir la forma en la que los humanos obramos sobre la naturaleza, al tiempo que establecemos maneras de elaborar las relaciones que mantenemos con otros, en virtud de actividades de carácter productivo.

Es necesario también pensar sobre la organización política de la vida. En este punto es fundamental establecer que, si bien existen múltiples y controvertidas miradas y posturas sobre lo que constituye la política y lo político –que evidentemente rebasan las posibilidades de este documento–, quisiéramos resaltar y considerar primordialmente el juego de constitución permanente del mundo social como realidad, como el centro de la cuestión sobre lo político. Es decir, esa constante disputa entre lo instituido y lo instituyente a la que hace referencia Cornelius Castoriadis (1989), entendiendo lo instituido como el resultado de la imposición de un imaginario social que se hace sólido, mientras oculta su verdadero carácter de construcción permanente, lo cual constituye justamente la posibilidad y la disputa de los sujetos de incidir sobre su mundo, a pesar de que este se experimenta como algo dado.

Por su parte, otra expresión de organización tiene que ver con la cultura entendida como una construcción permanente de la intersubjetividad de acuerdo con la cual se construyen, disputan y entretejen significados que encuentran su fundamento en la cotidianidad de la vida humana, y que se puede evidenciar en lo que se hace, lo que se dice que se hace y lo que se piensa que se hace en un grupo social determinado (Geertz, 1987). En ese sentido, la cultura es una forma de entender la manera en la que se relacionan los discursos y las prácticas sobre nuestra propia actividad cotidiana.

Como vemos, estas tres formas de expresión de lo social como organización de la vida no son las únicas ni tampoco están estrictamente delimitadas, sino que, más bien, se mantienen en relaciones de co-determinación. Lo que resulta importante es reconocer que como formas de organización es posible ubicarlas en estructuras que corresponden a un espacio y un tiempo particular, y así también reconocer en ellas su carácter histórico.

El carácter histórico al cual se hace referencia se nos presenta como la conjugación de diferentes estructuras de larga, mediana y corta duración (Braudel, 1976) presentes, bien sea de manera directa e indirecta, en la vida de los individuos y en las relaciones que estos construyen en la cotidianidad. Esta dialéctica espacio-temporal, en la cual se expresa lo social como factor determinante de diferentes procesos, coyunturas, realidades, colectividades, etc., implica un diálogo entre las estructuras ya mencionadas –larga, mediana y corta duración– y entre los individuos que les dan voz a estas estructuras por medio de acontecimientos; la historia como ciencia (Braudel, 1986; Bloch, 2001; Simiand, 2003) al servicio del pensamiento social se plantea aquí como el interlocutor en este diálogo.

Así pues, los procesos sociales los identificamos en la complejidad que por sí mismos suscitan, como la transversalidad existente en las dinámicas cotidianas, ya sean individuales o colectivas, que definen la realidad en la que están inmersas o de la cual son producto.

Y así como es clave para nosotros hablar de lo social como organización de la vida en donde el sujeto es la unidad de cualquier sociedad, es indispensable para pensar los procesos sociales convocar la noción de estructuras como elementos que están en permanente co-construcción con los sujetos mismos. Esto quiere decir que las estructuras no existen por fuera de los sujetos que las construyen, al mismo tiempo que los moldean. Hablamos de una relación dialéctica, que representa movimiento y transformación constantes, dando lugar a la noción de lo inacabado y abriendo el espacio también a la incertidumbre.

Otra coordenada significativa para nosotros tiene que ver con la noción de totalidad, también ampliamente trabajada en la teoría social y que hace referencia particularmente a una forma de articulación entre agentes y estructuras, así como de contextos y dinámicas (Wallerstein, 1979; 1999; 2007). Más allá de una condición ontológica e inabarcable, la totalidad como categoría convoca una postura epistemológica para analizar la realidad (Zemelman, 2012).

Justamente analizar la realidad convoca una de las últimas coordenadas que queremos ubicar para pensar los procesos sociales, y tiene que ver justamente con su aprehensión a través de los procesos de construcción de conocimiento. Esto es, los procesos sociales implican a su vez el movimiento por el cual se los hace cognoscibles, y que es al mismo tiempo permeado por todas las formas de expresión de la organización de la vida de las que hemos hablado. Así las cosas, el acercamiento a la realidad y la construcción de conocimiento sobre los procesos sociales no es un ejercicio ingenuo, sino que ha estado por largo tiempo sometido a la construcción moderna según la cual la empresa científica constituía la única vía legítimamente autorizada para tal fin (Lander, 2000; 1994).

La construcción y producción de conocimiento sobre los procesos sociales no es de ninguna manera un asunto menor, ya que, por el mismo movimiento por el que ese conocimiento se reinstaura en el mundo de la vida, termina permitiendo, justificando y hasta validando prácticas de exclusión y no pocas veces de aniquilación de pueblos enteros, bien sea a través del uso de la violencia y el exterminio físico, o vía el "blanqueamiento", en el que la subjetividad de los sujetos queda colonizada hasta que se desea ser otro (Fanon, 1973; Dussel, 1994; Quijano, 2005; Maldonado-Torres, 2007).

No obstante, el reconocimiento de estas lógicas de subordinación de unas formas de conocer sobre otras ha permitido de cierta forma la visibilización y reivindicación de otros conocimientos que, a pesar de un prolongado sometimiento, se han mantenido en pie hasta nuestros días, haciendo posible caminos hacia una ecología de saberes y a alternativas para pensar la propia realidad, como las epistemologías del sur para nuestro caso (De Sousa, 2014; Zemelman, 1992).

Por último, consideramos pertinente insistir en que, al abordar la discusión sobre qué son los procesos sociales, tan solo arrojamos unas pinceladas sobre lo que creemos son los fundamentos o bases epistemológicas que proponemos tener en el momento de acercarnos a esta dimensión desde una intuición investigativa. Como científicos sociales, el recordar que estos procesos son caracterizados por individuos en sociedad que permanentemente están definiéndose a sí mismos en un mundo en constante cambio, nos permite acentuar sobre el carácter humanista de aquellas ciencias que buscan en lo social una herramienta de cambio.

UN CAMPO PARA LO SOCIAL: DIÁLOGOS ENTRE CAMPOS DE DESARROLLO

Una posibilidad para profundizar en el trabajo del campo es vincular las preguntas y discusiones que surgen en los demás campos de desarrollo sobre los procesos sociales y en general sobre "lo social", buscando generar debate en el marco de la apuesta interdisciplinar del Linciph y de la facultad.

En ese sentido, se realiza un diálogo que permita ampliar la comprensión de la dimensión social con relación a las apuestas metodológicas, teóricas y epistemológicas que realiza cada campo, alimentando a su vez los lineamientos considerados dentro del campo de procesos sociales y expuestos en el anterior apartado. De igual manera, se espera aportar a la discusión sobre cómo, entonces, el Linciph está entendiendo lo social desde las distintas posibilidades que construye cada uno de los campos que lo conforman.

¿QUÉ ES LO SOCIAL?

Hay que decir, en primer lugar, que al campo de Modelización le ha sido asignado el enfoque matemático, y esto es algo que ha sido planeado desde su creación. Ahora bien, ¿cómo se concilian las matemáticas con la discusión sobre lo social? Las matemáticas nos dicen cosas del mundo. En este orden de ideas el objetivo de la modelización es "dar cuenta de" esas cosas de las que nos pueden hablar las matemáticas. Ahora bien, el lenguaje matemático parecería estar reservado a decirnos cosas del mundo físico o abstracto, sin embargo, también puede "dar cuenta de" el mundo social. El objetivo de la modelización es evidenciar algo que está pasando. Se puede modelar un fenómeno que tenga implicaciones directas en lo social, como lo ha hecho el campo en más de una ocasión, por ejemplo, con las encuestas sobre movilidad.

"ABSTRAEMOS UN MUNDO"

Ahora bien, la modelización no va a abarcar absolutamente todas las dimensiones del fenómeno, como no lo hace ninguna disciplina. Modelar implica agrupar los datos que apuntan hacia una misma dirección para poder establecer una tendencia en el fenómeno estudiado, entre más variables de distinta índole se introduzcan en este agrupamiento más complejo va a ser el modelo y por tanto más exacto o cercano a la realidad. Sin embargo, es inevitable que variables o datos se queden por fuera, porque sería imposible establecer algún modelo en una realidad social en donde los factores influyentes en el fenómeno pueden extenderse hasta el infinito.

Por otro lado, la modelización que se aplica a la comprensión de lo social busca en estos fenómenos "regularidades", patrones que se repitan en la medida suficiente como para poder modelarlos, ubicarlos en una misma dirección, lo que permite hacer un modelo en una única dimensión. Aquí se encuentra otra dificultad: la realidad social es cambio y movimiento. Para una disciplina que trata de hacer un análisis sincrónico, de establecer un modelo con ciertos datos y variables, contemplar el movimiento significa una dificultad. Para esto ha surgido la diferencia entre modelos estáticos y dinámicos.

La posibilidad de usar modelos estáticos o dinámicos, o de tratar de abarcar todas las posibilidades, variables y datos posibles, está atada al sesgo o la intención del investigador, y aquí nos encontramos con otra dinámica interesante: los modelos también pueden ser (y son) subjetivos. El modelo no retrata la realidad integral y, en su totalidad, no puede hacerlo al igual que no puede hacerlo la teoría social ni cualquier otra disciplina, sino que más bien escoge los datos y las variables a tener en cuenta y trabaja con ellos, se escoge la realidad que se quiere modelar en función del modelo próximo a ser construido. En otras palabras, la modelización permite abstraer el mundo a analizar.

Aclaremos un aspecto problemático: estas tres limitantes –el no abarcar la totalidad de los datos y las posibilidades, la dificultad de construcción de un modelo dinámico y el grado de subjetividad del modelo a construir– suelen ser las dificultades a las que normalmente se enfrenta la modelización cuando trata de aplicarse a lo social, pero debemos tener en cuenta que no es como que las mismas ciencias sociales no hayan tenido que plantarles cara a los mismos obstáculos. Hacer teoría social también es modelar, y las ciencias sociales lo han hecho durante mucho tiempo.

LA VIDA COMO *CONTINUUM*

Los fundamentos conceptuales del campo evidencian que lo social es susceptible de ser abarcado desde infinitos puntos de vista, tanto en términos reales o empíricos como en términos teóricos. Sin embargo, en el marco del trabajo conjunto e integrado con los otros campos que conforman el laboratorio, al campo de desarrollo de Neurociencia Social le surgen preguntas respecto a la especificidad del trabajo que hacen los demás grupos de trabajo; cada uno de los campos desarrolla actividades, preguntas y escenarios muy diversos en relación con cómo pensar los procesos sociales. En ese sentido, los aportes teóricos y metodológicos del campo de neurociencia resultan sumamente enriquecedores; no obstante, también dentro del campo surge la pregunta por cuáles son los puentes, en doble vía, que se tejen entre los campos de procesos sociales y neurociencia social.

Para dar respuesta a esta pregunta, sirve como puerta de entrada un aspecto elemental del desarrollo del campo de neurociencia: aquello que llamamos *el cerebro social*. El apellido "social" tiene implicaciones muy fuertes tanto en la concepción de la neurociencia como en el trabajo que se hace a partir de ella. A continuación, un breve recuento histórico del surgimiento de esta interdisciplina.

La unidad de análisis fundamental de la neurociencia "básica" es el individuo. Esta es la población y hacia él está enfocada la metodología, como sujeto aislado. Sin embargo, empieza a surgir la necesidad de explicar no solamente el comportamiento individual sino también la interacción social de los sujetos; la forma como se relacionan entre ellos hace que la neurociencia se replantee.

A diferencia de su antecesora, que trataba de dar cuenta de los fenómenos a escala infra organísmica, la neurociencia social, que toma fuerza a partir de la década de los 90, empieza a dar cuenta de un fenómeno que desborda la capacidad explicativa de una única disciplina como lo era la neurociencia básica: la pregunta por la interacción. A partir de esto, las ciencias biológicas y las ciencias sociales empiezan a establecer puentes al tener un problema en común, y al entender que para dar respuestas sobre este problema es necesaria una perspectiva de trabajo interdisciplinar.

Es así como a finales de los años 90 se comienza a comprender que el cerebro es algo más que un órgano intracraneal: no existe solamente para mantener el cuerpo de un individuo en pie, sino que también es utilizado para interrelacionarse con otros sujetos, que tiene una especie de "prótesis social" y que se empieza a entender como un exo-cerebro (Bartra, 2014), es decir, que tiende hacia afuera de sí mismo y del cuerpo que gobierna.

Al comprender que el cerebro no solamente contiene elementos orgánicos, sistémicos y funcionales, sino que entra en interacción para comunicarse de diferentes maneras, es cuando puede hablarse de un "cerebro social".

El hecho de considerar a los cerebros en interacción es toda una revolución epistemológica en el interior de los cánones de la ciencia. Cuando se entiende al cerebro como un sistema abierto y funcional, se vislumbra que está distribuido en la interacción con los otros cerebros, y al hacernos la pregunta por este fenómeno de interacción se entiende que el cerebro opera no sólo en términos cognitivos (comunicarse con los demás individuos) sino también en términos emocionales y culturales. Se pasa pues a un entendimiento más simbiótico e integral del cerebro. Claro, hay algunos aspectos endógenos funcionales que son propios del individuo, pero esto es únicamente el motor y la base para permitir la interacción social, que es evidente en la vida cotidiana de las personas. La única manera para dar cuenta del funcionamiento y la operación de este cerebro social es lograr mapearlo y registrarlo en acción. La gran pretensión de la neurociencia social es registrar el cerebro en interacción sin aislar las condiciones sino en su medio natural. La neurociencia no ha llegado al nivel tecnológico necesario que le permita lograr este objetivo.

Sin embargo, previo a este nuevo horizonte que propone la neurociencia social en donde se articulan los procesos infraorganísmicos con el análisis de la interacción social, para la psicología era imposible conocer lo que pasaba dentro del cerebro como órgano: lo que la psicología se proponía estudiar eran los procesos visibles e identificables que estaban por fuera del individuo. La neurociencia social no solamente abre a las ciencias biológicas las preguntas sobre la interacción (y por tanto rompe la barrera disciplinar) sino que además parece dispuesta a encontrar un sustento empírico, biológico o infraorganísmico, de la interacción social.

Desde la perspectiva de las ciencias humanas, el punto de partida siempre había sido la naturaleza social del sujeto. La predisposición a la interacción social humana en las ciencias sociales es un axioma epistemológico fundamental que no necesita ser demostrado. Para estas ciencias no es posible ubicar cerebralmente la interacción social, incluso con la existencia de áreas y zonas del cerebro destinadas a funciones específicas. En esta tarea de buscar, rastrear, mapear o escanear en el cerebro cómo funciona biológicamente la interacción social, la neurociencia tiene un gran trabajo por hacer.

Ahora, para poder entender esta neurociencia social hay que anclarse a unos presupuestos teóricos y epistemológicos. Para poder hablar de un cerebro en interacción hay que tener una perspectiva eminentemente ecológica, es decir que hay unos *continuum* evolutivos que nos permiten dar cuenta de estos fenómenos. La concepción de *continuum* ecológico o evolutivo impide segregar las dimensiones del estudio separando, por ejemplo, lo humano de lo animal o lo biológico de lo cultural, lo cual, a su vez, nos lleva a una comprensión del cerebro como un entramado.

El caso del libro *El cerebro social* (Aponte, Martínez y Caicedo, 2016) pretendía dar cuenta de las violencias en el país desde las perspectivas antropológicas y sociológicas tradicionales, que han sido muy fuertes en este tema, y buscar integrarlas con otras formas de abordar el problema que permitieran explorar nuevos puntos de mira y otros factores igualmente influyentes sobre estas realidades. Eso implica una visión ecológica, amplia, integral sobre el problema.

Por otro lado, cuando se habla de *social* también se refiere, además del objeto de estudio, la teoría o la metodología, a que la neurociencia está integrada a las grandes dinámicas y fenómenos sociales que se dan en el espectro humano, y que tiene un impacto inmediato en estas. El campo de neurociencia social considera que, si se tiene este conocimiento multifactorial e interdisciplinar propuesto, se puede dar cuenta de estos fenómenos de una manera más completa (por qué somos corruptos, por ejemplo), e ilustrar a quienes toman las decisiones sobre política pública, generando así una transformación.

LO SOCIAL NO ES RESTRICTIVAMENTE HUMANO

En primer lugar, el campo de biología interaccionista se encarga de abordar lo social desde la perspectiva de la interacción social en relación con lo biológico. En este sentido, puede pensarse que el campo se encarga de la interacción social que está por fuera del registro o la manipulación consciente. Pensar, por ejemplo, en la determinación de niveles hormonales (como la oxitocina, la testosterona o el cortisol) es pensar en uno de los procedimientos más intrínsecos del ser humano, y cuya influencia directa sobre la interacción social no puede negarse.

Un alto nivel de oxitocina produce inmediatamente una mayor predisposición para la filiación social, y sin embargo ningún ser humano tiene control sobre su secreción hormonal. El cortisol tiene más o menos la misma reacción en relación con el estrés. La alfa amilasa, por ejemplo, tiene una relación directa con todo lo que tiene que ver con la regulación del sistema autónomo y de la frecuencia cardiaca, lo cual puede verse reflejado directamente en comportamientos prosociales. De la misma forma, la testosterona tiene repercusiones en una actitud de dominancia social o de agresividad.

Todos estos son ejemplos de procesos que no son conscientes o intencionalmente controlables, influenciados en su mayoría por factores externos, del entorno y no del sujeto (la calidad del sueño, las situaciones de estrés, etc.), lo cual implica rastrear un lenguaje de lo social que está por debajo de nuestra capacidad volitiva, de nuestra voluntad. En gran medida, el sujeto no es dueño de su propia sociabilidad.

Aunque, es verdad, esta no es una realidad absoluta. Existen mecanismos para modular todos estos procesos biológicos, que van desde medicamentos hasta la meditación. De alguna forma estas prácticas también son formas de controlar intencionalmente la sociabilidad y sus implicaciones biológicas, de "entrenar" sus predisposiciones. Aun así, no existe un botón de altruismo, por mucho que se intente controlar la predisposición social siempre estará atada a factores que se salen del control consciente humano.

Esto implica que el campo de biología interaccionista está ubicado en un espectro de lo social poco contemplado, que se aleja de la voluntad propia del ser humano y que se acerca más a los instintos o a la "red biológica" que conecta por igual a todos los seres humanos. Una especie de matriz hormonal común a cualquier cuerpo en cuya escala los factores sociales típicos como el contexto sociopolítico, la educación, la moralidad o las personalidades parecen difuminarse.

Entonces, lo anterior abre una pregunta fundamental: aquella red biológica también incluye otras especies, lo cual significa que lo que entendemos por interacción no es un proceso exclusivamente humano, y por tanto opera en el entramado de la vida de maneras diversas. En medio de la conversación surge la pregunta por estos "niveles de lo social"; el campo de biología interaccionista ubica su concepción de lo social en un nivel mayor, "subterráneo" en el sentido en que está por debajo de las cosas "socialmente" evidentes, una especie de base biológica que, aunque no determina los comportamientos de los sujetos, su influencia es innegable.

Esto nos lleva a pensar en un gran cambio de perspectiva de lo que es la biología, que tiende a considerarse como un foco para observar lo individual o lo microsocial: cada cuerpo está determinado por sus propios procesos biológicos y hormonales, y esto repercute únicamente en el individuo y en su entorno inmediato. A la luz de la discusión que llevamos a cabo, esta posición se desdibuja, y da paso a la concepción de una "mega-red", un lenguaje general que articula a cada uno de los individuos alrededor de ciertos términos biológicos comunes, sin necesidad de suprimir por completo los procesos particulares de cada cuerpo. En este sentido, la sociabilidad misma, no sólo en términos sociales sino también en términos biológicos, es un fenómeno de conexión que va más allá del individuo, que nos remite a un tema evolutivo y adaptativo y que podría leerse incluso bajo una óptica de fenómenos de masas. Los grandes movimientos sociales y multitudinarios deben tener mucho análisis biológico detrás que aún nadie se ha molestado en hacer.

Hablar de lo social desde la biología nos permitiría superar el prejuicio individualista como producto de lo social, convirtiéndose incluso en una superestructura con influencia directa en la vida individual y la predisposición para la interacción social de cada persona.

A la conversación se traen los planteamientos del psicólogo Lev Vygotski, para quien había una consideración, en términos de las fuerzas del desarrollo, en la que lo biológico siempre era una línea necesaria pero no suficiente, lo cual nos hace pensar que existen dos fuerzas del desarrollo humano que se distancian y que nos llevan a pensar que lo biológico nunca es social, y lo social o cultural nunca es biológico. Bajo estos términos, un fenómeno psicológico no puede entenderse si no se comprende primero cómo se desarrolló en la evolución de la especie, luego en la historia completa de la sociedad, y por último en la ontogénesis del sujeto. Lo social y lo biológico serían entonces dos líneas separadas del desarrollo humano, la primera más evidente que la segunda precisamente por su carácter inconsciente o involuntario (lo que está allí y lo que no). La discusión que se ha venido presentando desmiente un poco esta postura.

El debate se traslada hacia el concepto de percepción. Existe un concepto de percepción "cartesiano" o mecanicista, que consiste en una captación de información externa que entra al sujeto; una miniaturización del mundo externo. Esta concepción es representacional en el sentido en que se representa un mundo externo, y computacional en la medida en que es a partir de este modelo miniaturizado que se empiezan a conjugar ciertas cosas, y sobre el que se actúa. Ante esto, existen posturas alternativas que sostienen que percibir no se limita a recibir información como una esponja, sino que también es la vinculación misma con el entorno que se percibe, es integrarse al espacio compartido de todos. Hay, entonces, una relación directa de lo social con este debate: ¿cómo se entiende lo social? Como la miniaturización de unas relaciones externas, o más bien la acción del sujeto de ponerse a sí mismo en un lugar en medio de dichas relaciones. Lo social se convierte en un medio en el que nadamos.

Así pues, el hecho de "percibir" el mundo (el asimilar la información y también situarse en el entorno) es un acto social, y no es un privilegio restringido a los humanos. Lo social suele definirse en términos de lenguaje altamente estructurado o de la complejidad del discurso, sin embargo, vemos que lo social está más cercano al medio en el que nos desenvolvemos, el entorno en el que encontramos sentidos y hacemos conexiones, y eso hace que el concepto de "lo social" desborde las fronteras de nuestra especie. Si lo pensamos en este sentido las tramas de lo social se han jugado desde las eras ecológicas, que son muchísimo más antiguas que el lenguaje o el discurso humano, que nos remiten a tiempo "primitivos" en donde la función de "lo social" no era la individuación o la construcción de una personalidad en particular, sino la supervivencia para la cual era necesario ser parte de un grupo. Estamos hablando, entonces, de un registro o un espectro de lo social que se aleja de la visión antropocéntrica que se ha desarrollado durante mucho tiempo y bajo la cual se entiende tradicionalmente las interacciones sociales.

Un ejemplo de lo anterior puede ser la visión binocular. A diferencia de los animales que tienen visión periférica, la visión binocular permite superponer la misma imagen para así ganar la percepción de la profundidad, a costa de perder amplitud en el campo visual. Este puede ser el origen del hecho de que nuestra especie necesita más contacto social por un tema ancestral asociado a la vigilancia: la reducción del alcance del campo visual implica una mayor cantidad de puntos ciegos, que pueden suplirse asociándose con otros individuos para ampliar el rango de visión. Este es el punto de partida de otras teorías que consideran la sociabilidad como una ganancia colateral de otras cosas: el fuego hizo que los alimentos sean más blandos, lo cual atrofió la mandíbula, lo cual llevó a una lengua más delgada que produce más sonidos, lo que genera la posibilidad de aumentar la interacción fonética y que sería la semilla del lenguaje hablado estructurado.

El campo de la biología interaccionista se inclina más por una lectura "ecológica" de lo social. Los humanos compartimos poco con las abejas, pero no se puede negar la organización social de una colonia; la mirada ecológica de lo social permite evidenciar estas dinámicas, así como las conexiones que existen entre el pasado ancestral de la especie y las predisposiciones a la sociabilidad como los estímulos de ataque-respuesta o el contagio emocional, para el cual el reconocimiento de las expresiones faciales está "libreteado" en el cerebro. Ahora bien, no puede considerarse a estos factores "ecológicos" o evolutivos completamente disociados del mundo social actual. ¿Cómo es posible que el torturador torture sin sentir empatía? ¿Cómo el discurso puede socavar estas herencias primitivas que salen a la luz con una lectura ecológica de lo social?

"EL COMPUTADOR ES UNA MÁQUINA POTENTE Y ESTÚPIDA"

¿Cuáles son las limitaciones del proceso de modelar? ¿El trabajo con softwares especializados hace alguna diferencia al abordar lo social? Al menos en el campo, no necesariamente. El computador se constituye como una simple herramienta de trabajo, realmente potente en la medida en que puede almacenar y procesar una cantidad de datos enorme, lo que sería imposible para el investigador, de manera que no se niega la utilidad de la máquina en cuanto a facilidad y a ahorro de tiempo y de esfuerzo. Pero es verdad que el aprendizaje de la máquina no significa que pueda llevar a cabo los procesos por sí sola, no trabaja con datos que no le son proporcionados por el investigador. En este sentido, la máquina no potencia ni hace más exacta la comprensión de lo social, tan solo ayuda a almacenar y procesar información que deberá ser ordenada de alguna manera específica para que "dé cuenta de" el fenómeno que el investigador está abstrayendo y analizando.

HACIA LA PREDICCIÓN

El uso de software y computadora puede ser, entonces, un gran aporte técnico a la comprensión de lo social, pero ¿realmente la importancia de la modelización se limita a esto? Las facilidades técnicas apoyan un primer momento de la modelización que es la comprensión y entendimiento del fenómeno, pero esa es tan solo la primera mitad del proceso. La segunda parte es contemplar la capacidad de predicción y de intervención.

Por ejemplo, la investigación que se está llevando a cabo sobre las redes de corrupción no permite ver esto, ya que su punto de quiebre es el plebiscito y se quiere ver qué sucedió antes y qué sucedió después. Contemplar cómo se conectaban personas y cómo se tejían estas redes de relaciones, con la perspectiva de un antes y un después permite vislumbrar la evolución del fenómeno, su movimiento, su dirección. A partir de este punto de referencia el investigador puede preguntarse cómo podrían crearse nuevas redes, qué variables y aspectos las potenciarían o las modificarían (teniendo en cuenta el fenómeno que ya se ha modelado), cuáles son las principales variables influyentes o cómo afectaría la introducción de un nuevo dato o variable en específico a la red de corrupción. El comportamiento anterior del modelo puede hablar de cómo actuaría o cómo respondería a "estímulos" específicos.

Ahora bien, no puede asegurarse que la predicción sea una parte integrante de un proceso establecido, pues no todos los modelos lo permiten, puesto que no en todos los fenómenos se encuentran regularidades claras con la misma facilidad. Aquí entramos al problema de las escalas y los ángulos de observación: los fenómenos de mayor envergadura, que se contemplan desde escalas más amplias de observación, suelen tener regularidades más evidentes que los fenómenos "micro" en donde las variables y las influencias abundan y se atan a un sinnúmero de situaciones y dinámicas de una naturaleza totalmente diferente. De alguna forma esto justifica el trabajo del campo y de la modelización: encontrar regularidades, de algún modo, es una necesidad muy humana, es parte de la comprensión del mundo.

¿CÓMO DAR CUENTA DE LO SOCIAL POR MEDIO DE LA MEDICIÓN?

La pregunta por lo social en el campo de la medición en ciencias se inclina, principal pero no exclusivamente, a la pregunta por la instrumentación y la medición como un fenómeno social. Se parte del hecho que, aunque el campo no surge propiamente desde una dimensión social, plantea una discusión implícita en medio de los procesos de medición que inevitablemente conducen hacia la comprensión de aquello que se puede considerar un proceso social.

En ese sentido la propuesta del campo se fundamenta en aquello que es medible, evaluable, cuantificable, y las diversas formas que hay para hacerlo. Bajo esta perspectiva, si el objetivo del campo es la medición y esta es igual a cuantificar una realidad, el proceso de cuantificación es el que está sometido a unos paradigmas científicos que establecen la forma correcta de cuantificar y lo que debe ser cuantificado; se apuesta entonces a identificar esos paradigmas detrás de las formas de cuantificar, de interpretar una realidad, para así lograr crear un diálogo interdisciplinar que permita un abordaje mucho más amplio sobre la realidad y los fenómenos sociales.

Este último sentido del campo mencionado es el que permite también pensar un diálogo entre los demás campos de desarrollo, pues lo cuantificable y las formas de cuantificación son preguntas transversales a la labor del Linciph.

Un ejemplo claro del trabajo del campo se ve reflejado en el Diplomado en Diseño, Aplicación e Interpretación Contextual de Pruebas Psicológicas, en donde se plantearon ciertos elementos que resuenan con la pregunta por lo social. Por ejemplo, la instrumentalización o la prueba psicométrica no existen per sé. Implican un proceso que va más allá de poseer una herramienta para obtener algún tipo de información, considerando, según el caso, muchos elementos de contexto y de carácter social de la persona.

La prueba puede convertirse en un pretexto para hablar de lo social, pero claramente no es la única alternativa para acercarse a una información tan contextualizada. Son las preguntas sobre cómo se entiende al otro o cómo se interpreta lo que mido en relación con la información que me proporciona las dinámicas sociales en las cuales están insertos los individuos, las que dejan leer entre líneas el cómo el campo está pensado lo social. No se puede afirmar que una persona es "esto" simplemente porque lo dice el instrumento de personalidad aplicado al sujeto en situaciones controladas, que no son las condiciones cotidianas en las que el sujeto se desenvuelve. Es necesario el contexto, que incluye la forma en que se aplica una evaluación, el objetivo que persigue, la historia personal de la persona, sus contextos sociales de referencia, etc. El instrumento por sí mismo no da cuenta de todos estos fenómenos influyentes en la realidad que se está midiendo.

PROCESOS SOCIALES Y ESCALAS DE LA MIRADA

Lo social –o los procesos sociales– tiene que ver con la escala a la que se piense. Dentro del pensamiento antropológico o sociológico, la pregunta por lo social parece situarse al nivel de las instituciones: cómo aparece, cómo funciona, cómo evoluciona, cómo desaparece una institución a lo largo de la historia. Desde procesos psicológicos la pregunta se sitúa a una escala menos amplia, que tiene como referente principal (aunque no único) lo que se llama la psicología social: cómo las instituciones afectan al sujeto, y cómo el sujeto trata de buscar su ubicación en el mundo y su norte de vida en relación con las instituciones que lo restringen y que de alguna manera le dan un abanico limitado de posibilidades. Si bien no se deja a las instituciones de lado (puesto que estas son la expresión fundamental de "lo social" entendido como la interacción entre sujetos), el problema de la psicología social radica en el sujeto y no en la institución. La pregunta no es por qué la institución es como es o cómo podría ser de otra manera, sino cuál es el papel del sujeto individual en dicha institución. Luego, la psicología social requiere de un diálogo constante entre la dimensión micro del individuo y la dimensión macro de su entorno social, cultural e institucional.

Ahora bien, el sujeto no es constructor directo y solitario de este medio institucional en el que se mueve, de esta agua de la pecera en la que nada. El sujeto está anclado a este entorno, lo interioriza, pero su control se le sale de las manos puesto que está, aunque rodeándolo, a otra escala. La institución puede emerger de un colectivo de sujetos, pero una vez esta se consolida el sujeto pierde el control sobre ella y empieza a estar supeditado al entorno que él mismo creó, así este haya sido artífice de la aparición de la institución.

La metáfora de la pecera, que surgió durante la conversación con el campo de biología interaccionista, bajo esta perspectiva toma un rumbo diferente.

Primero, por las razones que acabamos de exponer: no es un medio libre, sino que hay resistencias (creadas por el mismo sujeto que nada en el agua). Segundo, porque evoca inmediatamente una pecera homogénea, cuando en realidad hay una gran cantidad de dinámicas en la pecera, las aguas pueden cambiar y afectar de maneras muy diversas a los habitantes que nadan en ella, existen vórtices y remolinos con grandes fuerzas de atracción, y en ella existen muchas dimensiones diferenciadas y relacionadas entre sí que, en caso de crisis, pueden provocar un efecto dominó que afectará al sujeto que nada en el agua y lo obligará a tomar decisiones. Toda la capacidad del individuo para movilizar sus concepciones, sus sentimientos o sus emociones se van a ver irremediablemente empujados y jalados por su medio macro. Existen resonancias directas entre lo que le pasa al sujeto y lo que le pasa a la institución. Se dice entonces que el sujeto no es constructor directo y solitario de este medio institucional en el que se mueve, de esta agua de la pecera en la que nada. El sujeto está anclado a este entorno, lo interioriza, pero su control se le sale de las manos puesto que está, aunque rodeándolo, a otra escala. La institución puede emerger de un colectivo de sujetos, pero una vez esta se consolida el sujeto pierde el control sobre ella y empieza a estar supeditado al entorno que él mismo creó, así este haya sido artífice de la aparición de la institución.

Ahora, si el contexto tiene repercusiones directas en el sujeto, ¿puede este invertir la relación e intervenir en su medio institucional? Al menos como individuo aislado, su capacidad de acción está limitada. Cuando el sujeto se asocia con otros tiene la posibilidad de transformar una institución. En este sentido, desde el campo de procesos psicológicos interesa ver cómo se agencian los procesos psicológicos de cada individuo en colectividad, cómo se asocian y se articulan para lograr entrar a jugar en igualdad de condiciones con su entorno. De ahí nace, por ejemplo, el problema del contagio o de la imitación.

Al menos en las ciencias naturales tiende a pensarse que, a escalas muy pequeñas, hay cosas que fluctúan que después pueden verse en una escala mayor. Pero esto no suprime el hecho de que la escala mayor ignore ciertas dinámicas que solo pueden ser amplificadas en escalas más pequeñas. El proceso no va en un solo sentido, lo micro también puede tener repercusiones en lo macro. Esto permite que, por ejemplo, las escalas muy pequeñas puedan empezar a saturarse, y esta saturación a amplificarse hasta llegar a una masa crítica lo suficientemente amplificada como para generar una nueva regularidad no tan evidente en un principio. La influencia es necesariamente en ambos sentidos. Los líderes políticos son un intento de amplificación de las expectativas individuales. ¿Puede haber entonces una jerarquía, o alguna escala dominante sobre la otra?

Ahora bien, hoy en día hay otros factores que influyen en esta dialéctica. La tecnología, por ejemplo, ha permitido que lo colectivo emerja en muchas más formas distintas a la mera asociación política en el sentido clásico de la palabra. No se han terminado de entender los patrones que gobiernan (si es que existen) las amplificaciones de las vidas individuales en la dimensión colectiva.

Parece existir entonces una contraposición entre los procesos psicológicos (individuales, de escala micro) y los procesos sociales (lo colectivo, de escala más amplia). Nace así una pregunta por las regularidades en contraposición con lo caótico a propósito de la discusión por la escala. Se puede pensar que existen regularidades o caos según la escala con la que se observe. Sin embargo, desde los procesos psicológicos hay que rescatar que la emergencia de esos patrones tiene también una temporalidad emergente: la capacidad de resolución y transformación de un sujeto ocurre a una velocidad tal que le permite una oportuna adaptación, mientras que las instituciones se mueven bajo otra temporalidad mucho más lenta, que en muchas ocasiones necesita de fenómenos transgeneracionales que no se comprenden sino en su propia escala de observación.

Por otro lado, también es evidente que, en el interior de cada uno de los procesos, sociales o psicológicos, macro o micro, existe la capacidad de sincronizar y de influir más allá de lo propio. Los individuos pueden generar resonancias entre ellos. Es posible encontrar cómo muchas de las acciones que un individuo en particular realiza (como fumar, o tener algunos hábitos alimenticios en particular) no afecta únicamente a ese individuo o a un colectivo pequeño (su red más cercana) sino que, remitiéndonos a las modelizaciones de la afectación de redes que tienen ciertos hábitos particulares de comportamiento, la afectación se extiende a individuos que está a tres niveles o más de distancia. De manera que esa resonancia que parece exclusiva de lo comunitario, de lo general o de lo colectivo, también aplica en una escala distinta. Si bien lo colectivo y lo social parece emerger como una figura particular que se distancia de lo individual, si se piensa desde el impacto que tienen las acciones de cada uno de esos individuos, no como una figura estática, efectivamente también existiría un impacto hacia los otros como si se tratara de una colectividad. El escenario de lo social y lo individual como dimensiones separadas se desdibuja.

LO SOCIAL DESDE LA EXPERIENCIA

Otra posibilidad que se abre para pensar lo social va de la mano con los distintos espacios prácticos que dentro del campo se propusieron, pues en ellos, inevitablemente, surgieron diferentes preguntas y reflexiones que hicieron eco en los objetivos de este. Sin embargo, muchos de estos interrogantes surgían precisamente de quienes acompañaba dichas actividades, es decir, el equipo de monitores que hace parte del LINCIPH, pues estos, en su labor cotidiana, tuvieron la oportunidad de relacionarse de una manera diferente con la apuesta por lo social que hace tanto el campo de desarrollo como el laboratorio.

En ese sentido, se propone un diálogo que permita a los monitores que hicieron parte del equipo del campo, algunos durante varios años, tomar vocería respecto al lugar que ellos, desde su experiencia, le dan a lo social y a la convergencia que el campo de desarrollo propone con sus distintas actividades.

LO SOCIAL, EL LINCIPH Y EL CAMPO DE DESARROLLO. UNA SOLA CONVERGENCIA

Reflexionar sobre cómo se vive lo social en el Linciph implica, primero, reconocer que este es un espacio pedagógico, el cual brinda y contribuye a generar conocimiento que integra componentes tanto teóricos como investigativos. Desde cada uno de sus seis campos de desarrollo, se hace un esfuerzo por integrar dinámicas sociales con procesos biológicos desde marcos de análisis más ámplios como lo son las ciencias de la complejidad, la ciencias de la vida y la ciencias de la mente, siguiendo la taxonomía propuesta en el mismo proyecto de Laboratorio; no obstante, estos esfuerzos se logran ver plasmados en las discusiones, prácticas e investigaciones en las cuales el Linciph participa.

Se estaría hablando entonces de que la característica principal del Linciph y su contribución está en la capacidad de integrar y armonizar las dos caras de la ciencia que tradicionalmente se oponen entre sí: las sociales y las biológicas, en donde se incluyen la estadística, la modelización, la física, entre otras. El laboratorio, entonces, se convierte en un espacio que le apuesta al conocimiento de frontera.

Por ejemplo, la versatilidad de este espacio le permite hacer desde conversatorios y trabajos en minga hasta registros neurofisiológicos. Cada una de estas "versatilidades", junto con las que hemos dejado pasar, contribuyen a la comprensión de lo social de manera específica, tratando de cubrir la mayor cantidad de flancos posibles dentro de los lineamientos establecidos, siempre en función de lo social, y esto se evidencia en el hecho de que los electroencefalogramas son utilizados en tanto herramienta para la comprensión de la toma de decisiones, o la modelización en tanto entendimiento de las redes de corrupción. De una u otra forma, la neurociencia y las ciencias de la vida no se desarrollan en el Linciph por sí mismas, no se entiende su funcionamiento si no tienen siempre como centro de sus investigaciones la comprensión de los procesos sociales.

Siguiendo lo anterior, ningún proceso investigativo entonces debe desconocer lo social como condición inseparable para el proceso de humanización. Reconocer nuestra condición humana implica dar cuenta de lo social, e ir por un análisis más completo que tenga presente la complejidad de la vida con otros. De esta manera, comprender diversos escenarios en los que se desarrolla la vida (individual, comunitaria, social, regional, etc) requiere descubrir relaciones de interdependencia y coexistencia, y procesos de índole política, económica, ideológica y cultural que se construyen en la cotidianidad.

De igual manera, estas formas de relacionarse entre individuos y los distintos procesos de diverso índole que los atraviesan, nos habla también de procesos biológicos, psicológicos y comportamentales, en los cuales se puede reastrear pistas sobre cómo tener una comprensión más holísitca de aquello a lo que nos referimos con lo *social*.

No podemos negar, sin embargo, que hay intensidades, y se ven reflejadas en los proyectos de cada campo. Algunos de estos tienen como punto de llegada lo social; para otros, como Procesos Sociales, es tanto la meta como el camino. En este orden de ideas, nuestro campo cuenta con una particularidad que la mayoría de los campos suelen pasar por alto, o que logran como un valor añadido a las investigaciones propias: pasamos de la comprensión a la construcción, y nos centramos en esta como campo de acción más que de investigación. Esto tiene implicaciones fuertes, que se traducen en proyectos y actividades que realizamos y que tienen un sello distintivo, acorde con los lineamientos que nos proponemos.

Por esta razón, desde nuestra experiencia como monitores del campo, podemos afirmar que procesos sociales es un campo que constantemente invita a la reflexión y al cuestionarse qué es aquello que entendemos como lo social y, más importante aún, cómo podemos acercarnos a un universo tan complejo, con tantas aristas, como lo es el espacio donde convergen los sujetos.

IRES Y VENIRES. DE NUESTRA FORMACIÓN DISCIPLINAR AL LABORATORIO, Y VICEVERSA

La Historia, el Trabajo Social, la Filosofía y la Sociología son disciplinas que constantemente han venido dialogando con aquello que consideramos el mundo de lo social. No obstante, estas disciplinas también han sido un interlocutor importante en los desarrollos del campo, pues los monitores que hacen parte del equipo, en su mayoría, vienen de estas disciplinas; es decir que su formación no solo ha dependido de la estructura curricular de cada uno de sus programas o de la apuesta interdisciplinar de la FCSH, sino que también se ha visto influenciada por el trabajo en el Linciph y en el campo de desarrollo a partir de las preguntas que han venido surgiendo en las fronteras entre las ciencias de la vida, las ciencias de la mente y las ciencias de la complejidad.

Así mismo, esta relación que se establece con los monitores se da también en sentido contrario, pues su formación disciplinar se convierte en interlocutor importante para las discusiones del campo de desarrollo, pues implican también una forma de problematizar lo social.

A propósito, desde el Trabajo Social la reflexión nos sitúa en un hecho central para esta disciplina: pensar en lo social es pensar en el interés del sentido colectivo. Es lograr reconocer desde un análisis crítico los entramados propios del sujeto en sociedad, es cuestionar todo lo que damos por hecho que pasa en el mundo. Al tener un análisis social desde una postura crítica y un posicionamiento ético-político, la apuesta por la igualdad y la justicia son el camino para el reconocimiento de los derechos humanos.

Es por esto que dentro de esta disciplina la investigación es relevante a la hora de darles respuesta a todos los fenómenos que se evidencian en la realidad social. De esta manera se van creando conocimientos que nos permiten reconocer y profundizar sobre la complejidad de la vida cotidiana de los sujetos con el objetivo de transformar sus condiciones de vida. Sin embargo, el Trabajo Social requiere fortalecer y consolidar más sus bases teóricas para así profundizar sobre el conocimiento que se necesita para complementar los distintos contextos de intervención; la investigación social es uno de los tantos enfoques que se proponen para alcanzar estos objetivos, y el laboratorio es un espacio que permite estas convergencias.

La mirada interdisciplinar que se da sobre la realidad social brinda bases teóricas y epistémicas que contribuyen a interpretar y entender, desde varios enfoques y disciplinas, la forma en que nos construimos como sujetos y en que se ha configurado nuestra sociedad. También, la formación en técnicas de investigación permite al trabajador social disponer de una serie de herramientas que se ajustan a los diversos intereses investigativos que pueden surgir tanto en la formación como en el quehacer diario de los profesionales.

Finalmente, el Trabajo Social también aporta una serie de discusiones que contribuyen a los lineamientos tanto del campo de desarrollo como del laboratorio en general, y es precisamente la importancia de pensar desde el hacer. Es decir, la capacidad que tiene esta disciplina de construir conocimiento mediante el diagnóstico e intervención de realidades sociales, muchas veces en condiciones de vulnerabilidad.

Por el contrario, la Historia nos sitúa en una discusión diferente, pues parte por la pregunta sobre qué tiene en común esta disciplina y un laboratorio en el cual se piensa, por ejemplo, la neurociencia social. Para la cual, más que una respuesta, se tiene una intuición: la labor del historiador no está relegada unicamente al archivo o al aula, sino que puede ser útil en tanto se resalta su condición de científico social.

Y es precisamente este carácter el que se potencia a partir de los proyectos y actividades que se llevan a cabo: ser científico social implica aportar a la construcción y comprensión de lo social desde alguna (cualquiera) de sus aristas, que bien pueden ser innumerables. ¿Cómo, entonces, contribuimos a este objetivo?

Como ya se había mencionado, la caracterísitca principal del Linciph es su contribución a pensar lo social desde un enfoque interdisciplinar que incluya las ciencias biológicas, las ciencias de la computación, las ciencias sociales, las ciencias físicas, entre otras. En ese sentido, se podría pensar entonces que, como campo de desarrollo, el preguntarse por lo social es tan solo un universo de la apuesta en general que hace el laboratorio, pero que a su vez invita a pensar en las distintas dimensiones de lo social cuando resuena con estas otras disciplinas.

El terreno de lo práctico es quizás lo que mejor permite visibilizar estas resonancias: el "Venga le digo" y los eventos con el programa de interacciones multiculturales, así como los talleres sobre la construcción visual de lo social y la alfarería, son los espacios más propicios para la construcción y visibilización de la comunidad a partir de ciertos focos comunes. Los eventos que se realizan en colaboración con las áreas de investigación del CIDS aportan nuevas perspectivas sobre la comprensión de lo social desde enfoques muy distintos. Por su parte, el trabajo que se realiza en cuanto a las técnicas y metodologías de investigación, es decir, todo lo que tiene que ver con el estado del arte sobre innovación en técnicas de investigación, las OVA que están en construcción, la revisión bibliográfica de metodologías de investigación, o el repositorio digital que al día de hoy se encuentra en proceso, nos permiten contribuir activamente a las discusiones sobre investigación social.

Construcción, comprensión e investigación de lo *social*. Poder sincronizar estos tres frentes en un único proyecto conjunto es un reto y un objetivo hacia el que aún estamos en camino.

Por último, frente a la pregunta ya formulada sobre qué tienen en común la historia y el Linciph como espacio pedagógico o, más específicamente, qué puede aportar un historiador a este proyecto, la respuesta adecuada sería que las barreras disciplinares que muchas veces se nos imponen se difuminan en la construcción colectiva, en las discusiones, en las conversaciones, en problematizar nuestra propia realidad, para así idear estrategias que nos permitan intervenir la realidad de los demás; el aporte entonces radica en la capacidad de diálogo interdisciplinar y en las distintas herramientas que ofrecen nuestras disciplinas para la comprensión de los individuos y sus sistemas.

Finalmente, la Filosofía también nos aporta un universo de comprensión que busca articularse a las discusiones del campo enmarcadas en la pregunta sobre ¿cómo comprender lo social?

Desde esta disciplina, la apuesta que se hace se centra en la experiencia como eje articulador, pues se reconoce que el mundo de lo social no es estático y siempre se encuentra en constante cambio, por lo cual se hace necesario comprender tanto a individuos como a sociedades y sus formas de pensar y organizarse en función de sus realidades inmediatas. Esto a su vez se transforma en diversas manifestaciones de ser y estar en el mundo, en lo cual es imperativo reconocer qué es aquello que nos permite construir comunidad o vínculos entre distintos actores.

Lo social entonces se traslapa, a partir de la experiencia, entre las distintas dimensiones que por sí mismo convoca. Por ejemplo, no se puede comprender a los individuos y sus formas de relacionarse si no se pregunta antes por las estructuras histórico-sociales que los determinan, o la cultura, o el sistema económico en el cual están inmersos, pero tampoco se pueden comprender si nos quedamos con esta mirada, pues estaríamos desconociendo aspectos biológicos o ecológicos que también median la experiencia y determinan tanto a los sujetos como a los sistemas sociales de los cuales hacen parte.

Esta simbiosis que se da entre un mundo, algunas veces abstracto, como es el de lo social y la experiencia en distintos escenarios, es un universo de posibilidades que tanto el Linciph como el campo de desarrollo permite pensar. Pues precisamente lo social, por su vastedad, se traduce en la convergencia entre diferentes saberes, técnicas, herramientas y metodologías que permiten tener un acercamiento menos sesgado sobre la realidad.

Por último, y para finalizar este breve escrito, como estudiantes en formación e integrantes del equipo de trabajo del Linciph consideramos que el abordaje de lo social solamente es posible pensarse desde la complejidad misma que suscita, y esta complejidad solo se puede entender desde el diálogo ínter, multi y transdisciplinar. Esta aproximación entre diferentes saberes, y las correlaciones que entre estos se dan, es la apuesta más importante que consideramos tiene el laboratorio y sus campos de desarrollo, pero en el mismo sentido, debido a su estructura, el hacer parte de campos disciplinares diferentes no nos exlcluye de las discusiones sobre la comprensión de lo social que se puedan dar, pues nuestros aportes también son significativos en función de cómo comprender, analizar y conversar con ese mundo, algunas veces tan intrincado, de lo social.

Apartado 2: Producir conocimiento ¿cómo, para qué? El problema de la innovación en técnicas y metodologías de investigación social

La innovación tiene detrás de sí un debate muy amplio, que es muy difícil rastrear desde sus inicios. En la academia, por ejemplo, constantemente se ha suscitado el problema de la innovación en la investigación, el cual tiene diversos supuestos lógicos y/o interpretaciones, así como posturas frente a lo que se considera *innovar*; por lo tanto, es necesario abordar varias miradas y encontrar aspectos claves que lleven a entender este debate y problemáticas emergentes. La innovación es una noción poli semántica, en constante construcción y deconstrucción. Pese a ello, no se puede relativizar la innovación como concepto o significado, por lo que es pertinente hallar líneas características que la puedan definir y encontrar los elementos existentes que hay detrás de la innovación en el establecimiento de un proceso investigativo. Lo anterior cobra importancia si se tiene en cuenta que la investigación es lo que permite una reflexión-acción en el sujeto; lleva a que se piensen y materialicen diversas teorías, metodologías y técnicas en la realidad.

Lo que se propone en este estado del arte es hacer un recorrido por las diferentes posturas existentes detrás de la noción de innovación evidenciando las lógicas y debates emergentes en torno a este concepto. Se profundizó, también, en la discusión de diversas posturas que pretenden entender qué es y cómo se gesta la innovación. Durante la revisión bibliográfica se identificaron dos grandes posturas generales: una puramente científica, ligada a los avances de carácter tecnológico y científico (postura técnico-científica); y otra que muestra la innovación como una parte integrante e influyente del desarrollo y el progreso humano, no en sentido científico o tecnológico, sino en cuanto al progreso económico, empresarial y social (postura del desarrollo). Dentro de esta última postura identificamos tres tendencias fundamentales: la innovación al servicio del progreso económico y empresarial (innovación en la empresa), la innovación al servicio del desarrollo a nivel nacional (innovación del Estado o país), y la innovación como una manera de abordar distintos problemas sociales en busca de nuevas soluciones (innovación en lo social). De la misma manera, se identificaron ciertos autores que establecen puentes entre las dos grandes posturas y que difuminan las barreras entre estas, abriendo la pregunta sobre si pueden ser partes integrantes del mismo discurso de progreso y desarrollo moderno. Abordamos también la discusión que existe entre el modelo de innovación lineal y el modelo de innovación compleja.

Así mismo, el debate por la innovación se trasladará hacia cómo se ha pensado la innovación desde la academia, y en especial en las humanidades, debate que a su vez pone en tensión diferentes elementos históricos, económicos, políticos, sociales y culturales que han permeado el desarrollo mismo de las disciplinas. Así pues, nos centramos en qué significa la innovación para las ciencias sociales y cómo se ha llevado a cabo esta en dos niveles: el conceptual o teórico, en donde se explora cómo ha cambiado la concepción de las ciencias sociales sobre el mundo y qué innovaciones ha tenido en cuanto a los paradigmas para conformarse en lo que es hoy; y el metodológico, en donde hacemos un paneo de diferentes técnicas de investigación que pueden ser consideradas como innovadoras en el marco de las ciencias sociales. Teniendo en cuenta lo anterior, el estado del conocimiento plantea diversas discusiones sobre el rol de las ciencias sociales y otras ramas del conocimiento frente a la investigación, y los nuevos paradigmas.

DISCUSIONES ALREDEDOR DE LA INNOVACIÓN: ¿QUÉ ES LO NUEVO?

La Real Academia de la Lengua Española (RAE) define el término 'innovar' como "mudar o alterar algo, introduciendo novedades", y el término 'innovación' como "creación o modificación de un producto, y su introducción al mercado". La palabra 'innovación' denota novedad, cambio, originalidad. El Banco de la República, recogiendo los aportes del Grupo Grileidi de la Universidad Distrital de Bogotá respecto a las características de la innovación aclara:

1. Lo nuevo: etimológicamente la palabra lo contiene; sin embargo, las discusiones alrededor de si lo nuevo es consustancial a la innovación lo han relativizado en tanto lo nuevo es efímero en el tiempo y pertenece a los contextos y quien lo vive como tal. Lo nuevo para nosotros puede no serlo para otros. De hecho, se ha definido innovación (Restrepo, 1991) como la transferencia de ideas que funcionaron en el pasado y fueron abandonadas o que no funcionaron y ahora hallaron condiciones favorables.

2. El cambio: algunos autores hablan de los cambios producidos por una innovación tanto en dimensiones externas (legales y organizativas) e internas (actitudes y comportamientos de las personas). A estos últimos les dan mayor importancia por ser los que verdaderamente posibilitan la interiorización por parte de los maestros de los principios que inspiran la innovación que se esté adelantando. Inherente al concepto de cambio está el ser deliberado, intencional y voluntario.

3. La acción transformadora: en tanto o mejora y equilibra el sistema o decide romper y crear un nuevo sistema.

4. El proceso: la innovación como opuesta a las prácticas pedagógicas tradicionales se constituye en la ruptura de las secuencias que establecen aquellas, pero de igual manera esas rupturas se suceden en el tiempo y con variedad en la intensidad como en la intencionalidad.

5. Y finalmente retomamos la idea de que a la innovación subyace procesos de resistencia en tanto la innovación representa la llegada de ideas nuevas y creativas y en ese sentido una salida al sistema.

Con lo mencionado por el Banco de la República sobre los cinco puntos relacionados con el concepto de la innovación, hay que decir que no se debe limitar esta noción a un solo punto de los descritos previamente. Es decir, la innovación se entiende como ideas consolidadas que tienen más cobertura, aceptación e injerencia en la sociedad en un tiempo-espacio establecido que en otro; cada proceso de innovación representa un cambio, así sea pequeño. Ahora, eso no quiere decir que necesariamente cuando hablamos de innovación se esté haciendo mella a procesos que rompen y crean nuevos sistemas, pues la innovación en varias ocasiones parte de lo ya construido, por lo que se puede hablar de acciones transformadoras que amplíen y mejoren lo que ya se ha consolidado.

Bajo estos parámetros, el Banco de la República, al acudir a investigaciones realizadas por el Instituto para la Investigación Educativa y el Desarrollo Pedagógico (IDEP), manifiesta que, desde los avances científicos y tecnológicos adelantados en la segunda mitad del siglo XX, se ha generado como consecuencia que la humanidad tenga que acoplarse cada vez más en los procesos de producción de conocimiento, con el objetivo que sea menos estrecha la distancia entre lo "nuevo" y lo "antiguo".

Por lo anterior, la innovación se entiende como algo que está en constante mejoramiento y linealidad. Bajo estos postulados se comprende que la realidad social se desenvuelve en un panorama que es más dinámico que estático. Por lo tanto, el innovar se debe relacionar a nuevas lógicas y sucesos recurrentes en el mundo. De este modo, los avances que se logren en algún campo de conocimiento establecido se pueden volver relevantes en un futuro, pues dichos avances forman un constructo que se puede mejorar cada vez más; en esto, según los lineamientos que muestra el Instituto para la Investigación Educativa y el Desarrollo Pedagógico (IDEP), estaría la lógica del innovar.

Bonilla (2012) propone nuevos elementos a este debate: asegura que el término 'innovar' varía dependiendo la época, autor u organización correspondiente. Lo que, para la OCDE, por ejemplo, es innovar en este momento puede que en el futuro no signifiquen innovación como tal.

Ahora bien, existe una tendencia de mostrar o, más bien, a relacionar la innovación con aspectos como los avances tecnológicos y socioeconómicos. Las definiciones de la RAE expresan esta distinción. La primera de ellas se refería a la novedad por la novedad, a los avances y al proceso de innovar como tal; la segunda, aunque no deja esto de lado, va más allá de que algo sea novedoso en sí mismo y afirma que la innovación implica una introducción de un producto al mercado. Trasciende hacia la innovación útil (económica, científica o socialmente). Se puede hallar una nueva perspectiva en torno a la noción de la innovación que se basa en la idea de cómo este concepto puede trascender a los aspectos científicos, generando nuevas incógnitas que son precisas de abordar, cuestionar y generar nuevas formas de conocer. Vega-Jurado, Fernández de Lucio y Gutiérrez Gracia explican la distinción que hace Schumpeter entre invención e innovación: "la primera está representada por la producción de un nuevo conocimiento y es generalmente el resultado de las actividades científicas, mientras que la segunda está asociada con la primera aplicación o explotación comercial del conocimiento" (2011, p. 1082).

Para este documento se va a retomar esta distinción entre la innovación útil científica y tecnológicamente y la innovación útil social y económicamente.

POSTURA TÉCNICO-CIENTÍFICA: LA INNOVACIÓN POR LA INNOVACIÓN

La innovación, en este primer momento, se encuentra siempre ligada a los avances que tienen lugar en líneas tanto tecnológicas como científicas. Siendo un proceso que está sujeto a un discurso de "progreso", que se hereda del carácter cientificista de la modernidad.

Vega-Jurado, Fernández y Gutiérrez (2011) identifican el concepto innovación como una serie de mecanismos que permiten ampliar el conocimiento científico. En ese orden de ideas retoman a Santiago Zorrilla Arena (1993) quien se refiere a esta noción como una construcción de "verdades en la sociedad" y que se edifican por intermedio de metodologías que socialmente se han catalogado como científicas. Innovar, en esta visión, significa explorar conocimiento que hasta el momento ha permanecido desconocido; pese a ello, innovar tampoco significa crear conocimiento científico partiendo de la nada, siendo válido investigar en campos epistemológicos que ya son conocidos y que, por lo tanto, se pueden ampliar según los diferentes interrogantes que determinado campo pueda generar; un ejemplo de esto son las diferentes ciencias inter y transdisciplinares que en último siglo han visto la luz y que, en últimas, son la respuesta a diferentes interrogantes que los campos disciplinares no pudieron resolver.

De esta manera se construye o se relaciona, tal y como lo dice Valverde, el concepto de innovación conjuntamente con la noción de investigación. En su escrito *reingeniería de negocios*, retoma esta problemática de la innovación, ligándola directamente a cómo se ha configurado la generación y reproducción en la sociedad por intermedio de la investigación, de tal modo que explica los siguientes tipos de investigación y desarrollo (I+D), que tiene repercusión en el innovar, retomando a su vez literatura producida por la OCDE (2003).

1. Investigación básica: "trabajos experimentales o teóricos que se emprenden principalmente para obtener nuevos conocimientos acerca de los fundamentos de los fenómenos y hechos observables, sin pensar en darle ninguna aplicación o utilización determinada". (OCDE, 2003)

2. Investigación aplicada: "trabajos originales realizados para adquirir nuevos conocimientos; sin embargo, está dirigida fundamentalmente hacia un objetivo práctico específico". (OCDE, 2003)

3. Desarrollo experimental: "Trabajos sistemáticos que aprovechan los conocimientos existentes obtenidos de la investigación y/o la experiencia práctica, y está dirigido en la producción de nuevos materiales, productos o dispositivos; en la puesta en marcha de nuevos procesos, sistemas y servicios, o en la mejora sustancial de lo ya existentes". (OCDE, 2003)

Es decir, según lo que nos dice Valverde, la innovación se puede aplicar mediante diversas tipologías ligadas al conocimiento, tales como: experimentos o descubrimientos sin ningún objetivo establecido; trabajos originales que quieren adquirir algún conocimiento y asimismo se quieren tener una práctica con este; y los que parten de un constructo ya establecido, que quieren complementar, mejorar o generar nuevos procesos en torno a lo investigado. El objetivo de esta innovación sigue siendo esencialmente la investigación y el conocimiento; no obstante, se consideran las posibles aplicaciones prácticas que estos desarrollos puedan tener en el futuro.

Además, podemos afirmar que la innovación no tiene solamente una forma de pensarse e implementarse, ni mucho menos que para hablar de innovación se están mencionando aspectos que salieron de la nada y que por lo tanto ningún sujeto lo había pensado antes. Más bien, como se ha dejado claro, es un proceso que se puede construir en un largo aliento, en el cual interactúan diferentes saberes, epistemes, metodologías y visiones de mundo.

POSTURA DEL DESARROLLO: LA UTILIDAD DE INNOVAR

La noción anterior de innovación se remite a los avances científicos y tecnológicos únicamente. Es, básicamente, el conocimiento por el conocimiento, la creación y el descubrimiento de cosas científicamente valiosas. Sin embargo, la mayor parte de quienes abordan y estudian el concepto de innovación se inclinan a afirmar que el avance tecnológico sin ningún tipo de aplicación en la sociedad no entra en la consideración de innovación, pues esta tiene una definición distinta, que implica una utilidad económica o social de la novedad, el descubrimiento y el redescubrimiento. Si retomamos la definición de Schumpeter que mencionamos antes, esta sería el segundo tipo de innovación; e igualmente nos estaríamos refiriendo a la definición de innovación según la RAE (en contraste con la definición de innovar) a la que también ya nos hemos referido.

Debemos, no obstante, hacer una diferenciación, en el interior de esta gran categoría, entre la innovación que es útil para el progreso económico y empresarial y la que está al servicio del progreso social y nacional.

LA INNOVACIÓN ÚTIL PARA LA EMPRESA

Joseph Schumpeter (1944), uno de los máximos exponentes de la innovación empresarial en el mundo del mercado, reconoce este concepto como una nueva función de producción empresarial, por lo que esta noción se liga directamente a la transformación de algún bien o servicio en el cual se quiera innovar. Este autor da un punto aparte de la concepción de la innovación de carácter tecnológico y científico, comenzando a pensar cómo el innovar puede influir en las empresas y en el mercado.

En torno a lo anterior, Valverde (2016) reafirma que la investigación científica tiene como finalidad el obtener conocimiento científico y tecnológico, pero va más allá en el análisis, pues hace referencia a que la innovación empresarial y tecnológica se adquiere en una interacción con el mercado, donde el innovar se transforma dinámicamente, acoplándose a los cambios significativos de la sociedad.

Juan Ignacio Palacio (2011) hace un análisis principalmente de dos tipos de innovación por intermedio de una concepción histórica y bajo factores que los anteriores autores parecían ignorar, como la estructura económica en un panorama empresarial, el cual divide en dos periodos: durante los postulados de los neoclásicos y después de los neoclásicos. Recordemos que el concepto de innovación es sumamente importante en el análisis económico desde los neoclásicos, quienes empiezan a considerar a las empresas como agentes fundamentales del desarrollo económico.

Para ello, Palacio toma algunos planteamientos de Schumpeter, pero aclara que para este la innovación depende únicamente del empresario, es decir, de la iniciativa privada. Por lo cual se puede considerar que no solo se innova respecto a los servicios o bienes que se prestan, sino también a procesos de producción, publicidad, y división y organización del trabajo con el único objetivo de conseguir una mayor rentabilidad. Aclara que la innovación "supone, más bien, tratar de maximizar beneficios a largo plazo buscando la mayor ventaja relativa posible mediante la constante innovación que es fruto de la iniciativa empresarial" (Palacio, 2011), mejorando de este modo la productividad que puede adquirir una empresa. En este orden de ideas, la innovación consiste en aprovechar "al máximo los recursos y capacidades disponibles [...] la competencia no conduce a que todos los competidores sean iguales y alcancen un mismo nivel de competitividad, sino que cada uno aproveche al máximo su diferente capacidad y trate constantemente de mejorarla" (Palacio, 2011).

Los neoclásicos, por su parte, consideran que la innovación tiene un carácter exógeno, donde depende ciertamente del ámbito científico. Afirman que la empresa debe estar en constante evolución dinámica y a su vez en competencia, pues de esta manera tiene la facilidad de acoplarse a nuevos contextos y a su vez a generar un mayor proceso de innovación (Palacio, 2011). La innovación no tiene lugar únicamente en el interior de la empresa, sino que también es un factor importante para generar procesos de competencia, monopolios, y en general buena parte de los fenómenos que tienen lugar en el mercado en donde muchas empresas son los agentes que actúan.

> Desde esta perspectiva el empresario es un agente pasivo, precio aceptante, que cuando hay competencia se ve obligado a adoptar la tecnología más avanzada (la que supone menos costes) para poder sobrevivir al mercado [...] Schumpeter vino simplemente a añadir que esos beneficios se podían conseguir mediante innovaciones que posibilitan una situación temporal de monopolio [...] hasta que las empresas logran adoptar esa nueva tecnología. (Palacio, 2011)

Lo anterior, tal y como lo acepta el autor, hace implícitamente que los "mejores", los más "competitivos", tengan derecho a obtener ciertos excedentes económicos; aspecto que trasciende en la vida social.

Esta distinción entre una innovación endógena y una exógena, que existe desde los neoclásicos y que retoma Palacio, es recuperada por Chesbrough (2009), citado por Valverde (2016), quien distingue la innovación según su forma de surgimiento:

1. Cerrada: dentro de una organización.
2. Abierta: organizaciones en un mundo diversificado; se integran a fuerzas del exterior, no pueden quedarse en su propia fuerza innovadora.

En esta línea empresarial surge el problema de la innovación para que una organización se acople a un panorama sociopolítico de modo integral. Donde es importante que se retroalimenten las organizaciones constantemente de aspectos que se consideran innovadoras en el exterior y así generar cierto sistema de competencia. En ese sentido, el Manual de Oslo plantea lo siguiente, según los tipos de innovación:

1. Innovación en producto / servicio: introducción en el mercado de nuevos productos o servicios. Incluye alteraciones significativas en las especializaciones técnicas, en los componentes, en los materiales (...).

2. Innovación en proceso: implementación de nuevos (o significativamente mejorados) procesos de fabricación, logística o distribución.

3. Innovación organizacional: implementación de nuevos métodos organizacionales en el negocio (gestión del conocimiento, formación, evaluación y desarrollo de los recursos humanos, gestión de la cadena de valor, reingeniería de negocio, la gerencia del sistema de calidad, etc.), en la organización del trabajo y/o en las relaciones hacia el exterior.

4. Innovación de la organización: implementación de nuevos métodos de la comercialización, incluyendo mejoras significativas en el diseño meramente estético de un producto o embalaje, precio, distribución y promoción (OCDE, 2003).

El Manual de Oslo, siguiendo las indicaciones de la OCDE, da entonces una plataforma para que las empresas u organizaciones apliquen estos tipos de innovación, pues se consideran una forma de mejorar las características del mercado, en la que cada agente debe desarrollar libremente sus condiciones de producción internas para poder adquirir un papel importante en el mercado y, así, mejorar la competencia.

A esta posición de la necesidad tanto de la innovación interna como externa, y el trabajo conjunto de estas para el verdadero desarrollo, se suman Vega-Jurado, Fernández y Gutiérrez (2011), quienes aclaran que el crecimiento económico depende cada vez menos de los factores tradicionales de producción (tierra, capital, trabajo). En vez de ello, se le asocia con la necesidad de generar y aplicar nuevos conocimientos. Es decir, un territorio necesita, además de adelantos científicos para desarrollarse como sociedad, una plataforma que permita el "introducir nuevas combinaciones en las actividades productivas" (2011).

Independientemente de cómo se manifiesta la innovación, es claro que es el motor que mueve el aparato económico capitalista, en donde las empresas son los actores principales. La innovación entonces no es un producto cercano solo a la investigación, sino también a un orden social vigente que permite que las nuevas tecnologías lleguen a transgredir los espacios en los que se vive. Esto a su vez permite pensar que campos como la administración de empresas, las ingenierías y diversas disciplinas que se encuentran en el marco de lo económico se desarrollen a través de estos parámetros. En el caso de la administración Schumpeter también alimenta esta visión con el concepto de empresa y de empresario innovador; así lo explica Montoya en su artículo:

> Según Schumpeter, la gente solo adquiere el carácter de empresario cuando genera o introduce innovaciones radicales y pierde tal carácter tan pronto como su innovación se masifica, se vuelve rutinaria, es decir, tan pronto como "pasa de moda". Se deduce, entonces, que para poseer el carácter permanente de empresario, debe ser un innovador constante, permanente. De igual manera, "empresa" no se le puede llamar a cualquier negocio, por el hecho de estar funcionando. Empresa es "la realización de nuevas combinaciones"; es decir, empresa es el proceso de innovación radical en sí mismo. (Montoya, 2004)

Sin embargo, en la realidad se producen otro tipo de dinámicas, que complejizan la cuestión de cómo funciona la innovación en el mercado y en el ámbito empresarial y económico en general:

> La globalización abre nuevas posibilidades de competir en los mercados. Acentúa la importancia del conocimiento y la innovación, pero mientras no se logre revertir el dominio de las grandes empresas es difícil que emerjan nuevos mercados y se imponga un modelo de crecimiento diferente. Las grandes corporaciones controlan los principales canales de distribución y los mercados financieros, lo que les ayuda a sostener la concentración de capital y restringir la competencia. (Palacio, 2011)

Es decir, no se hará mucha diferencia en controvertir los planteamientos que hicieron los neoclásicos, que a su vez han retomado los neoliberales, pues en la práctica se está forzando a la mayoría de las empresas productivas a competir por los precios, mientras que grandes corporaciones cada vez hacen menos actividades de producción. Es decir, el sistema económico hace que la innovación se comporte de una manera endógena, en términos de Palacio.

En consecuencia, la competencia con la lógica en que la innovación se centre en mejorar las cualidades de los bienes y servicios pasa a un segundo plano. Y es entendible, la mayoría de las empresas se articulan al sistema que ya está expuesto, y es el de generar excedentes económicos a un corto plazo. "Tras esa apariencia de progresiva competencia y bienestar se esconde una creciente concentración de capital, una menor competencia en los mercados globales controlados por unas pocas empresas y un deterioro de la calidad y diversidad de numerosos bienes y servicios" (Palacio, 2011).

Tenemos entonces que, recogiendo aportes de Palacio (2011), la idea de progreso es, más bien, efímera o tiene toda una lógica detrás que está implícita, donde el progreso se tiene que entender más allá de una división de trabajo o mecanización de cualquier proceso productivo, a través de la competencia y una capitalización creciente. Pero incluso si esto fuera cierto, existe en realidad una falta de competencia (monopolios, oligopolios) que determina las condiciones en el proceso productivo y, económico, y que influye en lo social (monopsonios u oligopsonios), limitando la competencia de las empresas a los precios. Acá se limita la innovación en la concepción neoclásica. En palabras de Palacio (2011), la competencia debe tener como factor relevante que no haya obstáculos para el proceso de innovación en cuestión.

Por su lado, Schumpeter (1944) propone dos tipos de innovación ligados al ámbito empresarial: uno que es el "incremental", en el que se mejora un producto de manera progresiva y gradual; el otro es la innovación "radical", que consiste en un cambio revolucionario generando nuevas alternativas, siendo procesos de cambio no espontáneos. Aunque el autor habla este aspecto en el sentido empresarial, se pueden relacionar estos postulados con distintos procesos que suceden en la realidad social, sobre el cómo suceden numerosos cambios en la cotidianidad o en el examinar las transformaciones que han dado lugar mediante un proceso brusco.

LA INNOVACIÓN ÚTIL PARA EL PROGRESO NACIONAL

La innovación útil en cuanto al desarrollo económico no se encasilla únicamente en el escenario empresarial. Esta es sumamente importante para el desarrollo de los Estados nacionales, tanto en materia económica como en lo que respecta a competitividad internacional, progreso social, políticas públicas, administración, etc. Hablar de la innovación útil para el Estado implica tomar la concepción de innovación empresarial y ponerla en un contexto nacional, regional o global, o, en otras palabras, en el marco del capitalismo mundial. La innovación se vuelve política de estado y plan de desarrollo nacional cuando un país es manejado bajo la lógica de una empresa.

Diferentes países e instituciones, siguiendo esta lógica del desarrollo a partir de la innovación, acoplaron los conocimientos fabricados para establecer sus postulados. Por ejemplo, la OCDE (2003) tiene toda una serie de instrucciones para desarrollar un conjunto de etapas científicas, tecnológicas, organizativas, financieras y comerciales, incluyendo las inversiones en nuevos conocimientos para que un país innove cada vez más. En ese sentido el innovar significa el aplicar conocimiento que hasta ahora parecía ignorado.

El modelo económico mundial vigente tiene una preocupación por modificar también las formas sociales y culturales en las que se desenvuelven los diferentes países, esta preocupación se ocupa también en términos de nociones como desarrollo y progreso que al encontrarnos en un mundo "globalizado y globalizante" tiende a unificar y a homogeneizar estos dos conceptos presentados anteriormente; desde esta perspectiva, la ciencia y la tecnología cumplen un papel importante. Es por esto que entidades como la Comisión Económica para América Latina y el Caribe (Cepal) plantean los conceptos de "innovación" "tecnología" y "desarrollo" interrelacionados para el buen vivir en los diferentes países:

> Las trayectorias tecnológicas son inseparables de las del empleo y la producción y es fundamental pensar en los tipos de innovación que atienden mejor en la región los tres objetivos de crecimiento económico, inclusión social y sostenibilidad ambiental planteados en los Objetivos de Desarrollo Sostenible y la Agenda 2030 para el Desarrollo Sostenible. La posición de cada país en la economía internacional depende de su capacidad para absorber conocimientos y acortar la brecha con la frontera tecnológica. (Cepal, 2016)

Bajo esta premisa de la importancia del modelo económico frente a la ciencia y la innovación, Joseph Alois Schumpeter cumplió un papel importante al describir dos términos relevantes como lo son "la innovación como causa del Desarrollo y el empresario innovador como propiciador de los procesos de innovación" (Montoya, 2004). Además, Schumpeter plantea una visión económica a partir no solo de los procesos sociales y naturales que como seres humanos vivimos, sino a las constantes innovaciones que se hacen alrededor de nuestras vidas.

> Este carácter evolutivo del proceso capitalista no se debe simplemente al hecho de que la vida económica transcurra en un medio social y natural que se transforma incesantemente y que, a causa de su transformación, altera los datos de la acción económica; este hecho es importante y estas transformaciones (guerras, revoluciones, etc.) condicionan a menudo el cambio industrial, pero no constituyen su móvil primordial. Tampoco se debe este carácter evolutivo al crecimiento casi automático de la población y el capital ni a las velocidades del sistema monetario, de todo lo cual puede decirse exactamente lo mismo que de las transformaciones del proceso capitalista. El impulso fundamental que pone y mantiene en movimiento a la máquina capitalista procede de los nuevos bienes de consumo, de los nuevos métodos de producción y transporte, de los nuevos mercados, de las nuevas formas de organización industrial que crea la empresa capitalista. (Schumpeter, 1996)

LA INNOVACIÓN ÚTIL PARA EL DESARROLLO SOCIAL

Pero, trascendiendo el espectro de la utilidad económica de la innovación, esta también toma un papel relevante al ser motor del desarrollo social. Se traduce en políticas públicas, en organización poblacional, en nuevas formas de distribución de la riqueza, en vías distintas y efectivas para mejorar la calidad de vida de un grupo social. La innovación también es un camino de resolución inmediata de los problemas sociales estructurales.

Siguiendo lo anteriormente dicho, la innovación puede ser interpretada como un aspecto a alcanzar mediante unos "pasos a seguir", por ejemplo, el que propone el Manual de Oslo y la Organización para la Cooperación y el Desarrollo Económico (OCDE), en que la innovación es un aspecto clave para que una nación progrese y se desarrolle.

La Comisión Europea, por su parte, propone algunos pilares universales, importantes en cualquier nación, por ejemplo, fomentar la salud de calidad, recrear modalidades que permitan una seguridad alimentaria, recrear innovación y medidas frente al cambio climático, entre otros aspectos.

Por otro lado, Bonilla (2012) hace una alusión, en un primer periodo, a la innovación técnica-científica en torno a la innovación social, donde se piensan mecanismos para dar condiciones de una vida más digna. Es decir, la innovación ya no parte únicamente de un desarrollo económico o de mercado, tal y como lo propone el Manual de Oslo, sino que se piensa en intervenir en aspectos de la vida social que se consideran problemáticos y que hasta ahora el conocimiento consolidado no ha podido solucionar.

Por lo tanto, cuando se habla de innovación social hay que tener presentes diversas variables que vale la pena analizar, que, en la dimensión que se le está dando a una categoría como la innovación, se traducen en la satisfacción de ciertas necesidades sociales, económicas, tecnológicas y científicas. La distinción de diversos tipos de valores ofrece un marco conceptual para analizar.

La innovación social, dentro de esta línea, tal y como se mencionó previamente, son aquellos objetivos que se pretenden satisfacer en relación con necesidades sociales en cuestión. Ante esto, la Cepal define la innovación social como "nuevos procesos, prácticas, métodos o sistemas para llevar a cabo procesos tradicionales o tareas nuevas que se hacen con participación de la comunidad y los beneficiarios" (Cepal, 2016).

En este sentido, la innovación social no solo se ocupa de avances tecnológicos o científicos; también se habla de la innovación en aspectos en donde se propenda el desarrollo comunitario. Ante esto, surgen postulados como, por ejemplo, que la innovación es una manera de dar una respuesta a los problemas que ha dejado la industrialización.

La innovación social son nuevas formas de hacer algo, entre personas y entre organizaciones, con el objetivo de mejorar relaciones y problemas existentes para que funcionen de una manera que no se haya planteado antes.

Ahora bien, es preciso ver cómo esta innovación ha dejado mella, por ejemplo, en la configuración de políticas públicas, y al ser esto un panorama muy grande, es importante centrarse en el caso colombiano.

Partiendo de los postulados del Banco Interamericano de Desarrollo (Villa y Melo, 2015), en el informe "Panorama actual de la innovación social en Colombia", donde se evidencia un procedimiento en términos de política públicas, y por ende en los planes de desarrollo, la innovación no se limita únicamente a los avances tecnológicos y científicos, sino que también tiene relevancia al buscar un desarrollo hacia sectores poblacionales, comunitarios y sociales. Pese a ello, es notable que este concepto de innovación, muy en la línea de los autores anteriormente mencionados, sigue una lógica de progreso, pero ese progreso puede ser entendido, por ejemplo, en mejorar las condiciones materiales de una sociedad, pero también en el enajenar una nación a ciertas directrices internacionales.

En torno a las políticas estatales de innovación social se ha venido trabajando en una agenda en torno a la innovación social, "atraídas por la favorabilidad política, social y cultural para el desarrollo de proyectos de innovación y/o emprendimiento social" (Villa y Melo, 2015).

> La diversidad de enfoques con que las diferentes instituciones abordan y trabajan la IS da lugar a un ecosistema amplio y variado. Algunas instituciones comprenden la IS como un quehacer más cercano a lo científico y tecnológico; otras a procesos de impacto social; otros la identifican exclusivamente con la superación de la pobreza extrema; otras la entienden como procesos de sostenibilidad, de participación, de co-creación; y, finalmente, otras abordan la IS como procesos de aprendizaje, y/o de gestión del conocimiento. (Villa y Melo, 2015)

La innovacón social, como herramienta para la superación de pobreza extrema en torno a los programas "Todos por un nuevo país 2014-2018" y "Prosperidad para todos" (2010-2014), está ligada a tecnologías de la información y la comunicación (TIC). De ahí se crea el Centro de Innovación Social (CIS), en colaboración con el Conpes, que trabaja para la superación de la pobreza extrema por intermedio de la ciencia, tecnología e innovación.

NNIS, el documento de política pública de la innovacón social (PPIS), reconoce cuatro factores transversales que inciden en la consolidación de un entorno favorable para la innovación social: (I) el marco institucional y de política pública, (II) los procesos de gestión del conocimiento, (III) las dinámicas culturales y (IV) los servicios de soporte a la innovacón social.

Con lo anterior se pretende que la innovacón social tenga como finalidad la creación de mejores soluciones a partir de procesos participativos y relaciones horizontales con las comunidades. Permitiendo generar confianza en estas para que sean conscientes de sus capacidades y conocimientos para liderar sus propios procesos de desarrollo y solventar sus propias necesidades. La innovación social, por ende, en esta discusión no sólo es algo del cientificismo, es necesario innovar metodologías, prácticas, técnicas que conlleven a un mejor bienestar de sectores poblacionales en cuestión.

Lo anterior deja analizar, entre líneas, otra visión de lo que se puede considerar innovación, puesto que si bien es importante la tecnología y producción científica de un país, también se está pensando en innovación en intervenciones sociales como un programa de huertas Caseras o cualquier programa que contribuya a la seguridad alimentaria y a la generación de ingresos de a distintas familias o el fomentar actividades de danza y música como medio de participación, memoria y expresión colectiva, y de generación de tejido social. Es decir, acá la innovación hace referencia a todo aquel aspecto que necesita un proceso de intervención, para mejorar la vida social en general: comunidades, familias, barrios, infraestructura, intervenciones según el ciclo vital de vida, etc.

A las iniciativas anteriormente descritas se suman aquellas lideradas por sectores privados, representados principalmente en fundaciones, cooperativas y empresas que, a través de la *responsabilidad social*, crean proyectos para intervenir determinados sectores de la sociedad con el objetivo de generar un impacto a diferentes escalas. No obstante, hay que llamar la atención sobre la actitud colonizadora que, por ejemplo, puede tomar empresas como las multinacionales petroleras a través de sus programas de responsabilidad social, lo cual trae como consecuencia impactos negativos para las comunidades intervenidas. De acuerdo a lo anterior, se hace necesario una construcción más holística en la comprensión de la realidad, donde cobra relevancia aplicar conocimiento de un modo diversificado. Un ejemplo de lo anterior lo enmarca Bonilla (2012), recogiendo a Mulgan (2006), el cual relaciona la innovación en torno a las necesidades que no han sido satisfechas; esto puede ser no solo en el sentido tecnológico, sino en problemáticas sociales como el racismo o problemas familiares. Acá el innovar hace un contraste o recoge un nuevo significado diferente al avance tecnológico, pues la innovación también se puede entender como la necesidad de ingeniar estrategias para afrontar diversas problemáticas sociales que hasta ahora no se han podido resolver o, por lo menos, reducir sus impactos.

CIENCIA Y TECNOLOGÍA AL SERVICIO DEL PROGRESO: PUENTES ENTRE LAS POSTURAS

La innovación, económica o socialmente útil, no está completamente separada de la producción de conocimiento científico y de los avances tecnológicos. Las posturas anteriormente expuestas no son contradictorias entre ellas, sino más bien complementarias. Cuando la innovación adquiere el carácter de útil atraviesa por una relectura de lo que es la producción de conocimiento. Implica, en pocas palabras, poner la ciencia y la tecnología al servicio del progreso tanto económico como social. Esto quiere decir que encontrar nuevas formas de organización de la producción, nuevos productos, nuevas y más efectivas políticas públicas, nuevas inversiones en el mejoramiento de la calidad de vida de las poblaciones siguen siendo, en buena parte, dependientes de los avances científicos y tecnológicos. Es imposible que una empresa renueve sus canales de producción sin una tecnología más avanzada con la cual reemplazar la antigua, de la misma forma en que es imposible invertir en infraestructura sin estudios del suelo o nuevas formas más eficaces de construir un edificio de viviendas o un transporte público, por ejemplo. Buena parte de la bibliografía consultada coincide en este punto, estableciendo así puentes entre ambas posturas.

El informe de la Comisión Europea (2014) titulado *Investigación e innovación* afirma que la investigación debe tener avances científicos, acompañada de cierta capacidad industrial, lo que permitiría cierto liderazgo mundial que a su vez impulse el desarrollo económico y social.

Morales (2008) y Palacio (2011) complementan lo dicho previamente, pues aclaran que la innovación técnico-científica tiene como objetivo mejorar la producción, pero que esto puede permear al tejido social; los avances técnico-científicos tienen impacto en planes de educación, justicia, profesionales, economía, comerciales y negocios internacionales. Bajo esta percepción, la discusión gira en el cómo esta innovación permea en la implementación de mejoras al bienestar, y no solo mediante una lógica mercantil. Es más, la innovación puede influir en, por ejemplo, la formulación de un plan de desarrollo nacional.

Por otro lado, autores como Vega-Jurado, Fernández y Gutiérrez (2011) han reivindicado la visión de la innovación con la creación de conocimiento, pero agregando que este conocimiento debe tener un *contexto de aplicación*.

En América Latina esta visión híbrida de la innovación ha tomado especial forma en cuanto a la función social de la tecnología y la ciencia, que han revolucionado las formas de entender y relacionarse con el mundo. Desde mediados del siglo XX, la influencia de la ciencia en la aplicación de nuevas tecnologías ha marcado no solo la vida de los seres humanos, sino también las formas en que se conocen, se entienden y se investiga. Es decir que la relación entre ciencia y tecnología está estrechamente unida en los últimos tiempos en términos teóricos, metodológicos y de difusión del conocimiento. Esta relación de la tecnología en la ciencia no es algo que se haya dado homogéneamente, ni solamente alrededor de unos campos de la ciencia; al contrario, su inmersión dentro de los espacios académicos ha sido muy variada y en términos de innovación en investigación ha tenido diversos resultados.

A partir de la Guerra Fría y con unas necesidades por innovar enmarcadas en técnicas computacionales que sean funcionales al ámbito militar, las formas en que se concibe la tecnología y las comunicaciones empiezan a cambiar; este no fue solo un avance, sino también para el acumulado de ingenierías, administración de empresas, relaciones internacionales, entre otras. Pero después del ambiente de guerra siguieron formándose necesidades importantes en la relación academia e innovación, ahora más, en un mundo interconectado que cada vez habla de manera más contundente de la *globalización*.

Desde esta relación, alrededor del mundo los gobiernos, centros de investigación y diferentes entes que se encargan de las ciencias y la investigación han planteado la necesidad de incluir dentro de sus estándares académicos lo que se conoce como CTI (ciencia, tecnología e innovación). Estas dinámicas han estado presentes en países con economías más estables y sistemas educativos más contundentes; sin embargo, la preocupación por hacer de la CTI una parte fundamental de las agendas programáticas en diferentes países, en este caso, por ejemplo, América Latina, va creciendo sustancialmente. Porta y Lugones se refieren a esta preocupación de la siguiente manera:

> Con un enfoque diferente al que las había caracterizado en sus orígenes, las políticas de Ciencia, Tecnología e Innovación (CTI) recuperaron desde mediados de la década de 1990 un lugar destacado en la agenda de los países latinoamericanos (Cimoli, 2009). Se introdujeron diversas modificaciones en los sistemas institucionales y en los organismos de regulación, definición y coordinación de políticas, a la vez que se incorporaron nuevos elementos para la promoción de la investigación científica y de la innovación tecnológica, en el sector productivo. Los organismos internacionales de crédito, en particular el Banco Interamericano de Desarrollo (BID), jugaron un importante rol, aportando asistencia técnica para el desarrollo e implementación de los programas respectivos y financiamiento para su ejecución. (Porta y Lugones, 2011)

En el caso de los países latinoamericanos, las políticas y los apoyos económicos en términos de la CTI han sido reducidos y casi siempre han venido desde el exterior; así mismo, muestran dificultades en costos y consecuencias en ámbitos sociales y medioambientales del territorio. Para el caso de Argentina, las políticas encaminadas hacia la CTI se vieron marcadas por: "un enfoque de demanda con preeminencia de políticas horizontales y un relativo desplazamiento de las políticas de carácter sectorial que habían prevalecido en el marco del 'Estado productor' y del modelo de sustitución de importaciones" (Porta y Lugones, 2011). Si analizamos el caso de Bolivia, podemos encontrar que la preocupación por la CTI ha sido bastante precaria, aunque en los últimos tiempos se ha intentado instaurar leyes como la de Fomento a la Ciencia y a la Tecnología y a través del Plan Nacional. Sin embargo, estos esfuerzos resultan aún muy cortos para las formas en que se están dando en otros países del mundo.

En Chile, por ejemplo, se ha creado la Estrategia Nacional de Innovación para la Competitividad; en este sentido, la Comisión Nacional de Investigación Científica y Tecnológica (Conicyt) pretende:

> Fortalecer y desarrollar nuestras capacidades de crear, adaptar y adoptar nuevos conocimientos y tecnologías, otorgando una alta prioridad al aumento de la inversión en Investigación y Desarrollo. En el marco de esta Estrategia, nuestra institución ha definido claramente su quehacer, orientándolo hacia el desarrollo de dos pilares estratégicos: el fomento a la formación de Capital Humano Avanzado y el fortalecimiento y desarrollo de la Base Científica y Tecnológica del país, respondiendo también a las necesidades de vinculación y colaboración internacional y de desarrollo de la ciencia y tecnología en cada una de las regiones del país. (Conicyt, 2008)

En el caso colombiano, el gobierno y las entidades privadas han sido quienes han abanderado los procesos y el desarrollo de la CTI. Existen a su vez instancias como Colciencias en las que se apoya el Estado para mantener vigentes políticas de CTI y a la vez tener presentes también investigaciones. En uno de los últimos análisis que se han hecho sobre la CTI en Colombia, el balance figura de la siguiente manera:

> El análisis que se hace de la situación actual de las actividades de CT+I en Colombia muestra que, no obstante, la tendencia creciente que a través de la anterior década exhibe el indicador de gasto en CT+I respecto al PIB, el mismo se encuentra prácticamente estancado desde el año 2004. Sin embargo, las cifras de financiamiento indican que el sector privado aporta alrededor de la mitad de los recursos para la CT+I, lo que evidencia la importancia estratégica que este sector tiene para las políticas públicas. (Perfetti, 2009)

El análisis muestra que en Colombia quien impulsa mayoritariamente la ciencia, la tecnología, la investigación y la innovación es el sector privado, mientras que las instituciones gubernamentales a cargo de estas mantienen un estancamiento no solo en términos de seguimiento y promoción, sino también económicos, que ocasionan que Colombia se encuentre en una constante crisis entre investigación, ciencia e innovación. En este caso es importante reflexionar sobre cuál es el papel del sector privado en las investigaciones y cuál es la principal motivación de Colombia en términos científicos.

Todas las instituciones anteriormente mencionadas se preocupan por el desarrollo científico y tecnológico siempre y cuando este represente alguna utilidad económica o social para el país.

DISCUSIÓN EN TORNO A LA INNOVACIÓN: LINEALIDAD Y COMPLEJIDAD

La sección anterior, sin embargo, aunque implícitamente, reproduce un tipo de innovación lineal. Toda innovación, motivada por problemáticas sociales, empieza en lo tecnológico, y luego se traduce a su utilidad económica y social. Su punto de partida y de llegada es lo social, pero la tecnología y la ciencia son el punto intermedio en donde realmente se produce el proceso de innovación. Esto implicaría una relación directamente proporcional entre, por ejemplo, la inversión en ciencia y tecnología, los avances que se hagan en estas áreas y la calidad de vida de las personas o los índices económicos de un país. Sin embargo, esta posición se pone en discusión, con varios autores que tratan de concebir la innovación como un proceso mucho más complejo y con muchas más variables que superan la secuencia de causalidad problema-innovación-utilidad.

Vega-Jurado *et al.* nos hablan de cómo el proceso innovador ha tenido ciertas transformaciones:

> Hasta los años setenta del siglo pasado se admitía que la innovación descansaba fundamentalmente en la aplicación de los conocimientos científicos y que el proceso de traducción de dichos conocimientos se desarrollaba de una forma lineal y secuencial a través de fases discretas, tanto en el plano temporal como institucional. Sin embargo, la no correspondencia entre los gastos en I+D y los resultados económicos de los países de la OCDE en dicha década llevaron a diferentes autores a considerar que los resultados en materia de innovación de una economía no son consecuencia directa de sus resultados científicos y a destacar la importancia que tienen otras fuentes de conocimiento en el proceso innovador, así como su carácter interactivo. (Vega-Jurado, Fernández y Gutiérrez, 2011)

Lo interesante de esta cita es que con estos autores encontramos un punto de quiebre dentro de la tipología y la noción del innovar, pues distingue esta forma lineal de entender la innovación, y pese a que pareciera estar muy en la línea de Schumpeter, el manual de Oslo, la OCDE u otros autores acá citados, logra dar otros significados a la noción de innovar desde un punto empresarial, pues abre el panorama de esta noción al entrar en discusión con otros elementos, como mercado, diferentes tipos de innovación no lineales y la influencia de aspectos socioculturales, todo esto sin desconocer la enorme relación e importancia que tienen los avances tecnológicos en la noción de innovación. Aun complejizando el concepto, pone en evidencia este carácter casi innato que se ha podido evidenciar en la innovación (o por lo menos una de sus características fundamentales) que tiene que ver con el modo de construcción continuo del conocimiento científico o académico y el mejoramiento ascendente de algún producto que se pretende vislumbrar en el medio económico o de mercado empresarial.

Así, Vega-Jurado, Fernández y Gutiérrez, al explicar el carácter lineal de la innovación, recogen a autores como Lundvall (2007), quien entiende la innovación como un proceso que requiere una introducción, difusión y uso, vinculándolo con los motores de los actuales procesos económicos.

En este panorama vale siempre recordar los planteamientos de Joseph Schumpeter, el cual propuso una relación directa entre la innovación y el crecimiento económico, donde estas nuevas innovaciones pueden adoptar cinco formas básicas:

a) La introducción de un nuevo producto.
b) La introducción de un nuevo proceso.
c) La apertura de un nuevo mercado.
d) La conquista de nuevas fuentes de suministro de materias primas.
e) Los cambios en la organización industrial.

En este sentido, tal y como lo explican Vega-Jurado, Fernández y Gutiérrez, Schumpeter distingue entre invención e innovación: "La primera está representada por la producción de un nuevo conocimiento y es generalmente el resultado de las actividades científicas, mientras que la segunda está asociada con la primera aplicación o explotación comercial del conocimiento" (2011). Esto permitió que en la década de 1950 diversos modelos teóricos presentaran la innovación en distintas fases que tenían como fin generar conocimiento.

Dentro de esas líneas, Busch refuerza la noción de innovación con el saber científico, pero, tal y como lo mencionan Vega-Jurado, Fernández y Gutiérrez, se hace referencia a que la innovación difícilmente puede ser la invención espontánea surgida de la mente de un individuo, "sino que representa, más bien, el producto de una línea de pensamiento" (2011).

Con lo anterior vemos en la innovación un debate sobre una noción que se aplica y construye de modo lineal, lo que quiere decir que a través de los años se va trabajando en un conocimiento, producto u otra base que se tiende a mejorar cada vez. Tal y como lo explican Vega-Jurado, Fernández y Gutiérrez:

> a) El proceso innovador tiene lugar a través del desarrollo de una serie de etapas sucesivas que siguen un flujo unidireccional sin retroalimentación con los pasos previos. Este proceso se desarrolla de manera progresiva a través del eje: investigación básica-investigación aplicada-desarrollo tecnológico-innovación-difusión.
>
> b) La fuente de las innovaciones proviene, por lo tanto, de los avances de conocimiento científico, el cual se transforma en teorías aplicables a nuevos productos y a la puesta en marcha de nuevos procesos.

> c) Esta transformación es fluida, pero tiene lugar en ámbitos diferentes. De esta forma, existe una clara división del trabajo a lo largo de toda la secuencia, en la que participan diferentes agentes que actúan atendiendo lógicas también distintas. (Vega *et al.*, 2011, p. 1083).

Es decir, según los planteamientos anteriores, el conocimiento científico y la innovación tienen una relación de dependencia: uno está sujeto a la otra. Para realizar alguna variable que se considere innovadora, primero debe estar sujeta a los avances que se den en la ciencia. El mismo autor afirma que esto está expresado en lógicas que recogen personas como Mansfield o Myres de la secuencia invención-innovación-difusión, en la que se ilustra esta dependencia ciencia-innovación.

Ahora bien, en un artículo de Kline y Rosenberg (1986) se realiza una crítica a este modelo lineal de innovación, pues aseguran que esta se desarrolla por medio de la aplicación del conocimiento disponible y que solamente cuando el conocimiento evidencia limitantes para resolver algún problema se recurre a la investigación básica. Esta idea sigue también la lógica de un conocimiento innovador continuo, dado en las mejoras incrementales de algún producto, que radican en la transformación del mismo. La innovación, según el aporte de estos autores, tiene un componente interactivo y complejo, donde la tecnología no es una base fundamental para generar conocimiento; en vez de ser un concepto lineal, más bien es un constructo que posee un conjunto de actividades que tienen lugar simultáneamente y que a su vez se retroalimentan e integran.

Tal y como lo dicen Vega-Jurado, Fernández y Gutiérrez, haciendo contraste con el modelo lineal:

> La innovación pasa a ser considerada un proceso colectivo y dinámico, que lleva a cabo la empresa a través de una relación activa con otros agentes e instituciones (científicas, industriales o gubernamentales), configurando lo que se denomina como un sistema de innovación. (2011)

Asheim (2005), siguiendo la línea anteriormente mencionada, distingue diferentes tipos de conocimiento que ayudan a comprender la innovación de un modo un poco más integral, como lo son los analíticos, sintéticos y simbólicos. Los analíticos se caracterizan por ser elementos esencialmente científicos que se especializan en hallar el qué de las cosas, predominando los procesos cognitivos, por lo tanto las instituciones que más requieren a este tipo de conocimiento son las empresas basadas en las ciencias, las farmacias o todo aquel espacio donde la innovación tecnológica sea frecuente. Los conocimientos sintéticos constituyen conocimientos de integración donde se combinan diferentes formas del saber existentes, como las ingenierías. El conocimiento simbólico hace referencia a crear nuevas alternativas o creación de nuevas ideas; gran parte de esta forma de conocimiento está relacionada con empresas culturales.

En este aspecto, la innovación no se limita a un carácter científico, pues se pregunta por cuestiones que hasta ahora parecen al margen de la producción académica, que son los problemas culturales o incluso artísticos.

PENSAR LA INNOVACIÓN EN CIENCIAS SOCIALES

En los anteriores apartados ya se ha hecho un análisis sobre qué significa innovar, qué relación hay con los contextos políticos, económicos, sociales y culturales, cómo se ha visto su desarrollo en dinámicas históricas y en diversos espacios territoriales, entre otras propuestas. Sin embargo, falta analizar detalladamente cómo las ciencias sociales y humanas se vienen entrelazando con el contexto mundial, con la ciencia y con la innovación. Para empezar a reflexionar sobre estos temas es importante preguntarse si las ciencias sociales innovan en relación con las dinámicas mundiales o si un cambio en el paradigma de estas ha hecho más viable abrir el espectro de la innovación en las técnicas de investigación de las diferentes disciplinas que la componen. En este orden de ideas, y por motivos prácticos, trataremos primero cómo han innovado las ciencias sociales en cuanto a la teoría y los paradigmas, y luego cómo lo han hecho en cuanto a la metodología y las técnicas.

EN LA TEORÍA: LA NECESIDAD INDUSTRIAL, EL POSITIVISMO Y LOS NUEVOS PARADIGMAS

Podríamos aventurarnos a hacer una pequeña "línea de tiempo" en la que se exprese vagamente cómo se han ido condensando las ciencias sociales y cómo se han venido conformando sus paradigmas y sus formas de entender el mundo social, qué cambios ha tenido y cómo se ve reflejada la innovación (en el sentido de lo nuevo) en estos. Podríamos diferenciar entre dos etapas primordiales de las ciencias sociales: una positivista y una "deconstruccionista" o que tiene que ver con nuevos paradigmas; agregaremos, sin embargo, un preludio que está relacionado con la necesidad industrial.

Dentro de la innovación en las ciencias sociales existe una etapa fuertemente influenciada por la Revolución Industrial, en la que al superar el trabajo artesano las máquinas adquieren cada vez más importancia. La innovación social se centró en aspectos que trajeran cada vez más producción. La sociedad era, más que todo, vista como una fuerza laboral en potencia, y la generación de conocimiento desde cualquier rama del saber estaba fuertemente basada en este entendimiento (Morales, 2008).

Ante esto surgen problemas y necesidades que requieren ser comprendidas, y en consecuencia, retomando a Wallerstein, que quizás sigue en parte los lineamientos que propone Morales, se suscitan varias áreas de conocimiento muy específicas para dar respuestas a esas incógnitas que comienzan a emerger y, si se quiere verlo así, se empieza a innovar en el conocimiento con temáticas en las que hasta el momento no se había profundizado, por ejemplo, las dinámicas de grupos poblacionales que no se consideraban "occidentales", la configuración de la sociedad occidental, la historia de la humanidad, los comportamientos de las tribus, las variables económicas, etc. Todos estos aspectos, desde la modernidad, dan como surgimiento disciplinas muy específicas, para que así mismo se comience a innovar en saberes, hasta el momento, poco abordados.

Durante los primeros años de su constitución en el campo académico primaba una mirada positivista dentro de las ciencias sociales, en las cuales los debates no se hacían esperar sobre la verdad, la objetividad y la cientificidad de todos los campos y espectros. Sobre este paradigma se empezó a crear una corriente encabezada por pensadores como Auguste Comte, y, bajo las dinámicas de las ciencias físicas, también se empiezan crear métodos de operación que fueran capaces de responder los afanes políticos, de construcción de Estados-Nación que se encontraban vigentes en ese momento.

A pesar de que los enfoques han cambiado a través de la historia incluyendo otros como el estructuralismo o el materialismo histórico, estos han conservado en su mayoría, las viejas formas de entender las ciencias sociales, mostrando así, a pesar de la diferenciación teórica, unas propuestas metodológicas que siguen siendo en gran parte de corte positivista. Sin embargo, en estos últimos tiempos, las formas de conocer, comprender e investigar en las ciencias sociales están abriendo paso sobre un nuevo paradigma que busca distanciarse del positivismo de una manera fundamental.

Desde la revolución del 68 y a partir de diversas dinámicas sociales, históricas y culturales, en la década de 1970 las ciencias sociales empiezan a pensar en una deconstrucción de los paradigmas que las han enmarcado en una corriente posestructuralista, permeando fuertemente no solo los debates teóricos de las ciencias sociales sino también el cómo y el para qué investigar.

En los últimos años del siglo XX entraron en un debate respecto a sus formas de acceder al conocimiento y en cuanto a sus corrientes metodológicas, planteando un panorama mucho más amplio frente a la concepción positivista de las diferentes disciplinas. En esta discusión muchas herramientas de la investigación social se pusieron en tela de juicio mostrando dos puntos: el primero que las ciencias sociales no son capaces de permear a ese acumulado de personas que no hacen parte de la academia; y segundo, que es un momento lleno de avances tecnológicos, de descolonización del saber y de los paradigmas que han sido hegemónicos en la investigación social.

Desde esta perspectiva, unos de los académicos más importantes alrededor de estas nuevas formas de entender las ciencias sociales son los decoloniales (Mignolo, 2007; Lander, 2016; Castro-Gómez, 2010) quienes, centrándose en la realidad de América Latina, cuestionan el papel de las ciencias sociales en el mundo de hoy. Sin embargo, se consideren o no decoloniales, hagan parte del acumulado de los pensadores de América Latina o del resto del mundo, los académicos de esta corriente posestructuralista entienden aún que las ciencias sociales como han sido concebidas deben entrar en una reorientación preocupándose por otras cosas y realizándose otras preguntas:

> En muchos aspectos, esos autores son convergentes, como en la ruptura con la noción de neutralidad de la ciencia. Santos (2009) pone énfasis a esa tesis al creer que la objetividad y el rigor metodológico científicos no significan neutralidad o imparcialidad. Morin (2010) explica que la misma ciencia que elucida, enriquece y liberta a la sociedad hace tres siglos, es la que "trae, al mismo tiempo, posibilidades terribles de subyugar. Ese conocimiento vivo es el mismo que produjo la amenaza de aniquilamiento de la humanidad [refiriéndose a

> las dos Grandes Guerras]" (Morin, 2010: 16). Bourdieu (1983), por su parte, al considerar a la ciencia como un campo social, la devela como un lugar de embates simbólicos, de disputa por capitales y posiciones. Decir que el campo científico es un lugar de embates es reconocer que los fines de la ciencia no son desinteresados. (Malcher y López, 2013)

En ese sentido, no solo las ciencias sociales en su constructo teórico deben manejar esas formas, sino también las técnicas que se utilizan para investigar y el mismo investigador debe estar siempre de la mano con una ética y una forma de acercarse y de entender las dinámicas existentes entre las relaciones sociales y los sentidos comunes existentes en todas las poblaciones:

> La búsqueda de una relación más equitativa entre investigador y sujetos-investigados está pautada también en la apertura de la ciencia para considerar la validez y la importancia de otros tipos de conocimiento (Santos, 2009) –como el tradicional, el popular (conocido como sentido común), el religioso– dialogando con ellos y generando nuevas asociaciones a partir de ese diálogo. Esos fundamentos pautan un contexto que Santos (2009) evalúa como un nuevo "paradigma del conocimiento prudente para una vida decente". (Malcher y López, 2013)

Lo anterior hace necesario tener en cuenta postulados como el de Anna María Fernández en su texto *Nuevas perspectivas en la investigación social hoy: anhelos, dificultades y posibilidades*, en donde evidencia que la investigación se encuentra en un constante choque entre el viejo paradigma y los nuevos paradigmas:

> En la actualidad nos encontramos en una suerte de frontera o bisagra en la investigación social, con un pie en el viejo paradigma y con el otro en las nuevas epistemologías y metodologías. Sin despreciar por ello las antiguas formas de investigar (Fernández Poncela, 2009) y considerando la proximidad de un cambio en las mismas en un horizonte no muy lejano, una transformación en paralelo a la que el planeta y la humanidad parece que vamos a dar. (Fernández, 2015)

En el marco de la innovación en la investigación social también hay un acumulado cultural que permea la forma en la que estudiamos los fenómenos de la sociedad. En los nuevos paradigmas de las ciencias sociales, la cultura juega un papel muy importante dentro de la investigación puesto que investigar también es investigarnos. Fernández afirma:

> Creemos que pensar es pensarse, hablar es hablarse y por lo tanto investigar no puede ser otra cosa que investigarse, los otros/as, el mundo, los objetos y las cosas, son sólo excusas burdas o refinadas, pues como ya empezamos a sospechar, el problema de investigación no nos necesita, somos nosotras/os quienes lo necesitamos. (Fernández, 2015)

Esta nueva concepción, no solo del mundo social, sino de la investigación como tal, implica también innovaciones metodológicas en cuanto a la concepción del sujeto investigador y el objeto observado. En estos nuevos paradigmas el sujeto tiene que ubicarse en una realidad proporcionada en referencia al objeto, es decir, comprender que el individuo está dentro del objeto; esto puede ser una de las diferencias de otras áreas de conocimiento en la que se separa sujeto-objeto para tener un conocimiento objetivo y científico. Acá, se acepta que existen unos capitales (cultura, economía, sociedad, etc.) que influyen la interpretación del sujeto a una problemática concreta, y que por ello pueden existir metodologías alternas que posibiliten una mejor comprensión de este, por ejemplo, la investigación acción participativa.

De esta manera, según Fernández, hay que crear plataformas para canales de comunicación en las que se pueda "dar opinión, expresarse, escuchar, reconocerse y compartir [...] la investigación social es mucho más de lo que creemos, de lo que nos han dicho, de lo que pensamos o sentimos, no es arte ni una aventura, vives en función de lo que ellos son" (Fernández, 2015). Es especialmente en este aspecto donde se construye innovación.

Otra cuestión importante qué se refiere a la innovación en ciencias sociales es la interdisciplinariedad y la transdisciplinariedad que desde el siglo XX ha tomado fuerza como la forma más integral y completa de abordar la realidad social. Recrear los canales de comunicación no se puede ejecutar desde una disciplina de manera aislada. La innovación, que va desde las Ciencias Sociales hacia otras ramas del conocimiento, debe apuntarle a un proceso que integre varias herramientas y disciplinas y así mismo tenga un impacto en la vida académica, investigativa y social.

En ese sentido, la innovación tiene varios retos, entre ellos, cómo generar unos escenarios más holísticos y amplios que integren diversos espacios epistémicos. Esto por supuesto tiene un carácter dinámico y es que los escenarios se van construyendo en un lapso establecido, y por tanto tienen más impacto unos avances o propuestas que otras espaciotemporalmente hablando. Lo que significa, desde esta visión, que la innovación en la investigación no se debe limitar meramente al reconocimiento de una "alteridad", lo cual es importante, sino que los canales de comunicación se deben construir desde la academia o desde los espacios investigativos ya constituidos, para así generar un lenguaje común para abordar la realidad. Es, pues, una crítica a lo que heredó la modernidad de la "híper-especialización" de las disciplinas, donde cada una construye conocimiento independientemente; hay que generar una nueva "savia" entre múltiples disciplinas.

EN LA METODOLOGÍA: NUEVAS TÉCNICAS Y HERRAMIENTAS

La investigación social, en su espectro técnico y procedimental, también ha pasado por numerosas innovaciones que han dado como resultado nuevas formas de acercarse a determinadas realidades sociales o de sistematizar la información. A tono con los cambios por los que atraviesa el mundo, con los nuevos fenómenos dignos de estudio que de estos cambios se derivan, y con la digitalización de la información, las técnicas de investigación son el sector donde más clara se ve la innovación. Exponemos, a continuación, buena parte de estas innovaciones en cuanto a la metodología.

1. ENCUESTA POR INTERNET

Las técnicas *online* se van perfeccionando, modificando según como se vaya transformando el hemisferio social, económico, cultural e incluso tecnológico. Ejemplo de esto son las encuestas *online*, las cuales surgen del modelo de la encuesta tradicional pero que, gracias a las diferentes herramientas de las cuales dispone internet, se ha innovado en la manera en que pueden producirse, aplicarse y procesarse los datos recogidos.

En torno a las encuestas *online*, estas tienen ciertas ventajas, como su relativa facilidad en la aplicación, ofreciendo posibilidades para la formulación de las preguntas, mientras que a su vez posibilitan un muestreo poblacional mucho más amplio. Pese a ello, surgen incógnitas en torno a esta técnica:

> ¿Es posible conocer el tamaño de la población? ¿Cuál es el grado de alfabetización de la población objeto de estudio, en función de los posibles modos de encuesta que pudiéramos utilizar? ¿Cuál es su idioma? ¿Y cuál estimamos que pueda ser su previsible grado de participación en la encuesta? ¿Existen restricciones geográficas en cuanto a la localización y el acceso a la población? ¿Tenemos claro quién debe responder a la encuesta? ¿Queremos conocer datos de carácter íntimo-personal? ¿Queremos conocer detalles muy concretos que quizá le exijan al encuestado recurrir a la búsqueda de documentación o a la realización de cálculos? ¿Es muy complejo el cuestionario? ¿Y su duración? ¿Hay que controlar la secuencia de las preguntas estableciendo múltiples filtros? ¿Las preguntas son muy largas y requieren de muchas explicaciones para contestarlas? ¿Hay que utilizar imágenes o vídeos? (Arroyo y Sábada, 2012)

En ese sentido, la encuesta online reduce costos en su aplicación y además da la posibilidad de acceder a una población más extensa, incluso accediendo a poblaciones difíciles de acceder, ya sea por su condición, circunstancias o ubicación del muestreo que se quiere acceder.

Un plus adicional que se puede generar es que esta técnica puede ayudar en temas de sensibilidad, confidencialidad ya sea a nivel social o personal, por ejemplo: sexualidad, enfermedades, situaciones personales, etc. La encuesta online puede generar una cierta sensación de anonimato de mayor grado. Además, se puede generar mejor efectividad en la respuesta de las preguntas, generando comandos en la encuesta online, que obliga al participante a responder todo el cuestionario para que pueda ser enviada y de igual manera toda respuesta queda debidamente registrada. Lo anterior genera mayor facilidad si se entiende que la encuesta se puede diligenciar en cualquier momento, en un periodo establecido.

2. ENCUESTAS *ONLINE* DE LIBRE ACCESO PUBLICADAS EN UNA WEB

No se debe ignorar, pese a lo anteriormente mencionado, que la encuesta *online* normalmente tiene un acceso limitado, pues para acceder a esta, comúnmente, es necesario un registro para realizar la encuesta y/o tener acceso del enlace de la encuesta; así se sabrán de mejor forma los datos de los participantes, o por lo menos un indicio de estos.

Se recomienda que el muestro de la población se haga acorde con el objetivo que quiere encontrar el investigador. Con los resultados se podrá realizar el análisis de la población de interés, teniendo una base cuantitativa que pueda trascender en lo cualitativo.

Se debe aclarar que esta técnica está en constante perfeccionamiento debido a los avances tecnológicos. Esto lo evidenciamos con las siguientes innovaciones:

1. Test para identificar 'mentirosos': este test identifica a las personas que responden al azar. Por ejemplo, en una tabla de variables podemos ver que hay entrevistados que siempre eligen bien sea el mismo código (la misma categoría de una variable) o el mismo patrón de respuesta: el encuestado puede elegir 1, después 2, luego otra vez 1, 2 y así durante toda la tabla de variables; o, alternativamente, siempre elige el código 1.

2. Pedestre test (© 2011 Synovate) (Test de velocidad de respuesta): Todos los sistemas de investigación online miden el tiempo que le lleva a cada encuestado completar la entrevista, así como el número de páginas de las que se compone el cuestionario. Para llevar a cabo este test se divide el número de minutos que le ha llevado al encuestado completar la encuesta entre el número de páginas que ha visto, con lo que obtenemos el número de segundos por página. Si éste es menor de 4 segundos, el entrevistado habría fallado en el test, ya que claramente en ese tiempo no habría tenido tiempo material de leer las preguntas.

3. Surrogacy test (© 2011 Synovate) (Test de identidad del encuestado): En la mayoría de los proyectos esperamos que la persona elegida en el proceso de diseño de la muestra sea la misma que va a responder a nuestro cuestionario, pero hay veces en las que, ya sea por desmotivación o porque el encuestado miente para poder cualificar en la encuesta con el fin de conseguir un incentivo, nos encontramos con que la persona que está completando nuestro estudio no es la persona deseada. Este test se aplica preguntando al entrevistado, tanto al principio como al final del cuestionario, cuál es su sexo y edad. Si no responde lo mismo en las dos tandas de preguntas diremos que esta persona habría fallado el test. Este test solo es aplicable cuando tenemos cuestionarios de más de 10/15 minutos de duración, para

que así el encuestado no recuerde los datos que nos ha dado al principio de la encuesta, y en estudios donde las variables sexo y edad son factores importantes dentro de nuestro diseño muestral. (Arroyo y Sábada, 2012).

3. LOS ANÁLISIS DE IMAGEN Y DE PERCEPCIONES SOCIALES

El análisis de percepciones e imágenes es una de las herramientas más utilizadas en las ciencias sociales. A pesar de que la imagen es muy utilizada en estudios tanto sociales como de mercado no se encuentra mucha literatura con respecto a esta temática.

Esta herramienta de percepción se ha aplicado a todo actor que tenga repercusión en la sociedad o esté inmerso en ella, es decir, todos los individuos, pues cada persona tiene una relación en el "ámbito del consumo, de la acción política, de los medios de comunicación o de la gestión de servicios de todo tipo, ofrecidos a consumidores, clientes, usuarios, ciudadanos o públicos en general" (Arroyo y Sábada, 2012).

La anterior herramienta para la investigación social también se ha tenido que ir adaptando según la dinámica social; desde el siglo XX los medios de comunicación social han amplificado cada vez más a todos los sectores de la sociedad, trascendiendo a la interacción interpersonal; a través de TV, radio, prensa o el masivo uso de internet que es relativamente reciente. Estos mensajes son unidireccionales por lo que cobra sentido profundizar cada vez más en la investigación de los significantes que les da el sujeto a estos mensajes.

Pero también a las técnicas de análisis de contenido, concebidas comúnmente como complementarias de las primeras, aplicadas a veces de forma exploratoria para preparar las diversas fases de la investigación demoscópica y/o para obtener una visión más amplia y precisa del poder mediador de la prensa, de la televisión (fundamentalmente) y a menudo también, en el área de marketing, de la publicidad, (contenida en esos u otros soportes) (Arroyo y Sábada, 2012). Lo anterior puede funcionar en estudios de mercado, tal y como lo demuestra la siguiente afirmación, al comparar diferentes rasgos de percepción que tiene un conglomerado de sujetos referente a una imagen o un objeto determinado:

> Para la determinación de un rasgo o un perfil característico de un objeto, no es la mejor estrategia preguntar aisladamente por los atributos de dicho objeto, sino preguntar por los de un conjunto amplio de objetos relacionados (pertenecientes a un mismo universo de objetos), sin que el entrevistado o informante sea consciente de que tenemos un único o principal interés por uno de estos. (Arroyo y Sábada, 2012)

De esta manera surge una técnica de matriz de imagen para tener un carácter comparativo de los objetos que se están analizando.

Pongamos, por ejemplo, un caso: que deseamos un análisis perceptual de razas de perros, dirigido a compradores potenciales de Madrid, mayor de edad. Podría enfocarse el estudio hacia las razas más vendidas en la actualidad, dada la enorme dispersión del universo de objetos. Aun así, se ha observado mucha dispersión en los datos de ventas/posesiones disponibles, o en la notoriedad de las razas, a juzgar por entrevistas abiertas previas, por lo que la selección de una muestra para representar el universo ha sido en este caso más difícil de lo habitual. Finalmente se ha optado por la selección de las 15 razas mostradas abajo. La redacción de la pregunta de encuesta fue la siguiente: (...) dígame, por lo que usted sepa o haya oído decir, qué razas de perros de esta lista se adaptan a cada una de las frases que a continuación le voy a leer. (Mostrar tarjeta de perros, leer frases una a una). (Arroyo y Sábada, 2012).

Para ello puede ser útil la técnica de "la aplicación del análisis factorial de correspondencias simple" (AFCS), instrumento que sirve para realizar un "análisis multivariante" (Arroyo y Sábada, 2012), aspecto que puede ser relevante en la investigación de mercados como en los estudios de opinión pública. Este tiene, al igual como se explicó anteriormente, el análisis comparativo de múltiples imágenes de percepción en cuestión, pero que tiene como ventaja la representación gráfica de interacciones en donde se recoge todas las respuestas, lo que permite comunicar los resultados de una manera global y de modo más sencillo; en segundo lugar, "permite la reducción y agrupación de los atributos de imagen de tal manera que se desvelan los principales ejes de discriminación de las diferencias perceptuales entre objetos, a menudo latentes" (Arroyo y Sábada, 2012). Esto permitiría cuantificar los ejes que el análisis revela, agrupando modalidades de respuesta relacionadas entre sí. Permitiendo conocer las diferentes percepciones en torno a un número determinado de objetos. Hay varios programas de software, de sencillo manejo, que permiten este tipo de análisis, como Barbwin, SPSS, SPAD, etc.

Pero el análisis de imágenes no solo responde a las necesidades de áreas como la sociología o la mercadotecnia, también resulta muy útil a la hora de hablar de técnicas más innovadoras en el campo de la historia, esto debido a que en el campo de la historia pareciera que las investigaciones se concentraran en las fuentes escritas como las de más objetividad y veracidad; sin embargo, en el siglo XX y más aún en los últimos años, las imágenes se han convertido en una manera de conocer el pasado.

Este análisis a partir de imágenes requiere que se realicen cierto tipo de divisiones: lo que podemos clasificar como: "el 'arte', elementos de rango no definido, como la arquitectura y la fotografía, y lo 'otro', incluidas ciertas categorías de artefactos y 'coleccionables'" (Gaskell, 1996). En este caso se pueden realizar varios tipos de análisis a la imagen, se puede hablar del conocimiento pericial, la canonicidad y, tal vez lo más importante, la interpretación; de esta manera, Ivan Gaskell afirma:

> Sin embargo, en el discurso académico esto no tiene mucho lugar; más bien, las líneas de batalla corren (en sentido amplio) entre la recuperación histórica (el intento por interpretar el material visual como probablemente fue en el momento de su realización, bien por su autor, bien por sus contemporáneos o bien por ambos) y diversos tipos de compromiso directamente crítico, a menudo irreconciliables. Entre éstos se cuenta en primer lugar el planteamiento que admite la posibilidad de un: acceso directo, intuitivo, a "personalidad artística" y al "proceso creativo" (con los que ya nos hemos encontrado en la sección dedicada al conocimiento pericial); en segundo lugar, un interés teóricamente comprometido y postestructuralista con la hermenéutica visual, y en tercero, un enfoque que la continuidad esencial del arte, de modo que el arte de cualquier periodo del pasado no podría entenderse al margen del contexto de su relación con la práctica actual en el arte y, por extensión, en cualquier medio visual. (Gaskell, 1996)

En el caso del análisis de imágenes hay que entender que no es una técnica innovadora como tal, pues se puede hablar de análisis iconográficos e iconológicos desde comienzos del siglo XX con la escuela de Warburg de la cual hace parte Erwin Panofski, quien es capaz de crear un método para el análisis de las imágenes mediante tres niveles:

> El primero de esos niveles sería la descripción preiconográfica, relacionada con el "significado natural" y consistente en identificar los objetos (tales como árboles, edificios, animales y personajes) y situaciones (banquetes, batallas, procesiones, etc.). El segundo nivel sería el análisis iconográfico en sentido estricto, relacionado con el "significado convencional" (reconocer que una cena es la Última Cena o una batalla la Batalla de Waterloo). El tercer y último nivel correspondería a la interpretación iconológica, que se distingue de la iconográfica en que a la iconología le interesa el "significado intrínseco", en otras palabras, los principios subyacentes que revelan el carácter básico de una nación, una época, una clase social. Una creencia religiosa o filosófica. (Burke, 2001)

Sin embargo, y a pesar de que la iconografía ha estado presente como una técnica para investigar los fenómenos sociales, en todo el siglo XX se dudó de su utilidad puesto que no se consideraba una fuente verídica ni objetiva; solo hasta finales de siglo XX, cuando el paradigma dentro de las ciencias sociales empieza a cambiar, se retoma de nuevo con la capacidad de mostrar cómo por medio de las imágenes se logra entender las ideas, mentalidades, actitudes, y en general lo cotidiano de la cultura en diferentes sociedades o en diferentes épocas. Es por esta razón que el análisis de imágenes no se puede considerar como una técnica innovadora pero sí como una técnica que durante los últimos años ha tenido innovaciones dentro de su forma y ha tomado gran fuerza y popularidad.

Del análisis de imágenes también se puede desprender el análisis que actualmente se ha tenido sobre el cine; a pesar de que también vacila entre lo objetivo y lo subjetivo, o de la duda por parte de algunos investigadores a la hora de demostrar veracidad, ha sido considerada por varios investigadores en los últimos años; en el caso de la historia menciona Burke:

> A pesar de esta dificultad, la historia filmada ofrece una solución muy atractiva al problema de convertir la imagen en palabras, al que ya nos enfrentamos al comienzo del presente libro [...]. Lo que el crítico americano Hayden White llama "historiofotia", definida como "La representación de la historia y de nuestras ideas en torno a ella a través de imágenes visuales y de un discurso fílmico", sería el complemento de la "historiografía". (Burke, 2001)

Sin embargo, el cine se convierte en una herramienta de otras disciplinas como la sociología, la antropología, la filosofía, la psicología, entre otras. En el caso de la sociología el cine es una herramienta importante puesto que las películas son representaciones de las sociedades, en el estudio de estas se ha creado una nueva de conectar sociología y cine para entender el hombre en las sociedades, Pierre Sorlin es uno de los sociólogos que ha tratado de forma contundente este tema. En el caso de la psicología también se utiliza el cine como una innovación en la investigación permitiendo no solo estudiar a quien crea las imágenes sino también a quien las percibe.

4. PARADIGMAS Y METODOLOGÍAS EMERGENTES EN INVESTIGACIÓN SOCIAL EN EL MARCO TECNOLÓGICO

Las ciencias sociales se han transformado en los últimos tiempos, esto entendiendo que el estudio de lo social es siempre dinámico. Por lo tanto, las ramas sociales se deben ir acoplando para poder comprender lo que sucede en la realidad. Es por lo tanto necesario reconocer, entre otras cosas, el profundo ciclo que se ha desarrollado mediante la tecnología, y cómo esto ha transcendido a las relaciones sociales.

> La genealogía del proceso que ha ido formando los pilares de esta sociedad hipertecnologizada no solo tiene que ver con la acumulación masiva de objetos técnicos sino con una serie de cambios culturales y sociales que ha permitido la apropiación y la incorporación generalizada de los mismos. El intento de etiquetar o bautizar el momento histórico ha dado Jugar a una ingente cantidad de términos y expresiones, nada neutrales y sutilmente diferentes, que buscan atrapar en un único concepto las dinámicas esenciales del modelo que despunta: Aldea Global, Sociedad de la Información, Sociedad Red, Sociedad Postindustrial, Sociedad del conocimiento, Informacionalismo, Postfordismo, Sociedad Digital, Cibersociedad, Sociedad on-line, Capitalismo virtual o cibercapitalismo, Globalización, etc. (Arroyo y Sábada, 2012)

En ese sentido, las innovaciones técnicas están redefiniendo ciertas prácticas de la investigación; tal y como lo dice la autora al citar a autores como Research Methods, están apareciendo "nuevas metodologías" en que se repiensa la investigación "clásica" y comienzan espacios que se le dejan a la innovación.

> Intentar pensar las condiciones de aplicación de las "técnicas online" nos dará la oportunidad de recapacitar y repasar decisiones muy mecanizadas y planteamientos que ya eran *a priori* de la práctica investigadora cotidiana que debe ser cuestionada al calor de nuevas maneras de producir datos y de construir objetos de investigación. Por ejemplo, ¿por qué desconfiar de una entrevista online debido a la mediación tecnológica? ¿Es que en una entrevista cara a cara no existen ya mediaciones previas (culturales, sociales, históricas, lingüísticas) que tampoco podemos siempre controlar? ¿Es que la investigación social se alimenta solo de la sinceridad y la franqueza? ¿Se puede analizar un discurso sin las variables sociológicas de quien lo produce? ¿Una muestra siempre tiene que estar localizada geográficamente? ¿Cómo seleccionar informantes sin la información sociodemográfica clásica?, etc. (Arroyo y Sábada, 2012)

5. INNOVACIONES TECNOLÓGICAS E INVESTIGACIÓN SOCIAL

Estas herramientas de innovación han perfilado técnicas concretas, como el análisis de imagen o la encuesta, incorporando paradigmas teóricos novedosos; pero lo construido está bajo una base de lo ya construido, limitando los nuevos modos para investigar.

Mientras las relaciones sociales se globalizan en torno al campo social, económico o cultural, es necesario gestar herramientas metodologías e incluso estrategias que permitan la investigación a objetos sociales y desterritorializados de una manera más rápida y efectiva. Teniendo en cuenta la necesidad de prontitud, equiparada el enorme universo que hay que investigar en el hemisferio global.

> En un espacio social crecientemente mediado técnica y comunicativamente, puede considerarse complicado el estudiar la situación de ciertos colectivos, regiones o países sin indagar en sus procesos de comunicación y uso tecnológico. Con relación a estos supuestos objetos de estudio punteros, que emergen súbitamente y deben ser abordados por instrumentos metodológicos adecuados, vamos a mencionar un par de ellos como formas paradigmáticas. (Arroyo y Sábada, 2012)

En esos procesos metodológicos se puede vislumbrar la innovación en el uso de las TIC en el activismo político y social en el caso de grupos étnicos específicos o pueblos nativos: "a partir del análisis de caso de un conflicto específico, se investiga la capacidad de expresarse culturalmente con los nuevos medios y así de construir una presencia identificable en Internet (visibilidad electrónica que es parte constitutiva de su visibilidad política) y haciéndose con un lugar dentro de las redes globales de un mundo multicultural" (Arroyo y Sábada, 2012).

En lo anterior podemos ver modos de representación que se realizan por medio de internet, en las, por ejemplo, "comunidades *online*" y sus manifestaciones ideológicas. Para ello, es realmente útil la etnografía virtual y así mismo analizar las redes virtuales que se tejen alrededor de esto.

Lo anterior tiene ciertas limitantes si se tiene en cuenta lo siguiente:

> De hecho, según Internet World Stats (http://www.internetworldstats.com), que analiza el número de usuarios en más de 240 países y regiones del mundo, la tasa de penetración mundial está en el 30,2 % (porcentaje de usuarios sobre población total), yendo desde un 78,3 % en Norteamérica a un 11,4 % en África (datos de marzo de 2011). Esto es, el universo tecnológico que habitamos no es un plácido paraíso de equidad y la llegada de nuevos aparatos técnicos puede incluso ahondar las asimetrías sociales. Las tres oleadas/generaciones de estudios sobre BD se han sucedido según el siguiente esquema: i) desigualdades en recursos económicos y acceso a los objetos técnicos, ii) desigualdades en conocimientos y velocidad de acceso y iii) desigualdades en las aplicaciones/usos/aprovechamientos del campo tecnológico. (Arroyo y Sábada, 2012)

Es decir, es realmente complejo aplicar estas técnicas de innovación en regiones que esta brecha digital es muy amplia, puesto que sería prácticamente nulo el acceso de internet a la población; en ese sentido se tendría que realizar un procedimiento de una manera más clásica, para realizar cierto registro y sistematización de la información.

6. MATERIALES VISUALES

Las imágenes han sido siempre un foco de análisis dentro de la investigación; ha existido una cultura visual a través de diversos medios de difusión (papiros, pinturas, fotografías, comics, etc.).

> Así, la fotografía estuvo vinculada desde sus orígenes a varios proyectos antropológicos, sociológicos y gubernamentales creados para objetivar e intentar cuantificar las diferencias entre personas, grupos y "razas" (Banks, 2010: 43). Una buena parte de los primeros proyectos basados en el uso de imágenes, surgen precisamente en los márgenes de la Academia, utilizándose frecuentemente para investigar y documentar el bienestar-malestar social, constituyéndose frecuentemente como imágenes-denuncia transformadas en instrumentos de crítica social. Se desarrolla, así, una pluralidad de publirreportajes de carácter social que, generalmente, eran encargados por revistas como Picture Post, Time, Lije, Fortune o NationalGeographic. Sobresale, por ejemplo, el estudio de Jacob A. (Arroyo y Sábada, 2012).

La novedad en este caso consiste en la posibilidad de complementar, a través de materiales visuales de distinto orden, los análisis que sobre determinado fenómeno, coyuntura o problemática se pueden realizar.

La innovación de la investigación social en este orden debe analizar qué sentido, lógica o esencia está sujeto los materiales visuales que reproduce y gesta la sociedad en lo cotidiano; detrás de ello existen ciertas representaciones en lo económico, cultural y social y quizás se logre vislumbrar un proyecto de sociedad. Esto permitiría ver los ajustes o desajustes de los valores que se están creando en una sociedad en concreto "surge la metáfora del espejo. Según esta, las imágenes no se caracterizan por abrir la posibilidad de mirar el mundo, sino que reflejan el punto de vista, los códigos culturales, los intereses, temores y afectos del sujeto que crea la imagen" (Arroyo y Sábada, 2012).

Esto puede ayudar a ramas de la antropología visual, que supone incorporar la imagen dentro del trabajo etnográfico. Lo que permitiría, por ejemplo, generar técnicas de videoanálisis donde se pueden realizar filmaciones en áreas cotidianas (familia, trabajo, ocio, etc.), en que se destaca el uso en el estudio de identidades, representaciones sociales, jerarquías de valoraciones.

7. TÉCNICAS CONVERSACIONALES

Estas se han transformado, existiendo la posibilidad, por ejemplo, de entrevistas virtuales, esto a través del chat, correo o aplicación de conversación audiovisual.

Acá entra el debate sobre cómo este tipo de técnicas puede permitir o aumentar cierto sesgo al entrevistador, a falta de la presencia física del entrevistador. Pese a ello esto permite "reducir el posible sesgo causado por la presencia/apariencia del entrevistador, agilizando asimismo el contacto (sin desplazamiento, minimizando costes temporales y económicos), pero reduciéndose, a su vez, a intercambios de mensajes de correo con formato pregunta-respuesta o a fragmentos de conversaciones cortas y apresuradas en un chat" (Arroyo y Sábada, 2012).

De igual manera, como en las encuestas, puede existir un obstáculo cuando se están tratando temas sensibles para el entrevistado: anorexia, muertes familiares, alguna enfermedad, etc. Entonces el investigador tiene el discernimiento de cuando aplicar este instrumento, según el espacio-tiempo estudiado. Pese a ello se tiene acceso a una población muy dispersa, dejando a un lado el clásico "muestreo clásico localizado", donde se limitaba el muestreo en su mayoría a un espacio determinado; el muestreo está relacionado más bien con el campo de la investigación y no tanto con la persona en sí y en eso se está innovando. Ahora, quizás lo anterior contraiga ciertas limitantes, pues a ciencia cierta no se sabe cuan conveniente es que no se sepa de dónde proviene la población como muestra o bajo qué estudios esto es conveniente y en cuáles no.

En ese sentido, quizás, el investigador limitará la observación que tienen del entrevistado y del entorno del que éste se encuentra. Incluso dentro de estas limitaciones comprende también el gestar un grupo de discusión: "Existe una clara ausencia de referencias no verbales (gestos, marcas personales, espacio, lenguaje corporal, etc.)" (Arroyo y Sábada, 2012).

El tipo de conversación tan telegráfico y escrito (oral-*offline vs.* literal-*online*), los nuevos estilos comunicativos: uso de emoticonos, longitud corta de las intervenciones, usos particulares de mayúsculas o colores, etc. Y, especialmente, es constante una ausencia de datos de los participantes que permitan tener un contexto de comprensión con una mayor cantidad de elementos ecológicos (variables sociodemográficas: edad, sexo, clase, etnia, etc.), con lo cual se dificulta la interpretación discurisva contextual y se restringe casi únicamente a un análisis de contenido (frente a un posible análisis sociológico de discurso más profundo) (Arroyo y Sábada, 2012).

8. ETNOGRAFÍA VIRTUAL

La tabla 14 establece un paralelo entre la etnografía clásica y la etnografía virtual, en donde se establecen los principales puntos que caracterizan cada una de estas técnicas de recolección de información. Importante resaltar que no se trata de mostrar que una es mejor de otra, simplemente de evidenciar las herramientas que la tecnología pone a disposición de los investigadores y que, de una u otra manera, facilita diferentes procesos.

TABLA 14.
COMPARACIÓN ENTRE ETNOGRAFÍA CLÁSICA Y ETNOGRAFÍA VIRTUAL

Etnografía clásica	Etnografía virtual
Fundamentalmente técnicas de observación participante (asistir y presenciar la vida pública de un grupo social)	Fundamentalmente técnicas de observación participante sin presencia física: "observación flotante" (asistir desde la distancia física a la vida online de un grupo social)
Objetos de estudio más habituales: grupos, comunidades, otras culturas (...) Participación del etnógrafo en la vida cotidiana de las personas, durante un periodo prolongado de tiempo recopilando todos los datos disponibles para la investigación.	Objetos de estudios más habituales: individuos comunicados o conectados ("Indígenas virtuales") códigos de comportamiento online, comunidades on-line, listas de correos, chats, blogs, redes sociales, etc.
Herramientas: mirada directa y lenguaje oral. "Banda ancha": riqueza de matices gestuales, tonales, de pronunciación, proxémicos y contextuales. Necesidad de trascripción, grabación o registro posterior en cuaderno de campo. Primacía de la presencialidad. Contacto cara a cara: vínculos fuertes entre observador y observado. El viaje como recurso de investigación, a la búsqueda del otro-objeto.	Herramientas: mirada por pantalla (interfaz visual) y lenguaje (escrito). En menor medida oral. Nuevos juegos de palabras. Usos de teclas y *timing* de tecleo, expresiones diferentes, etc. Canal de observación aparentemente reducido: pantalla o "narrow band width (banda estrecha)". Se puede disponer de todas las conversaciones guardadas al instante y transcritas. Contacto mediado técnicamente (por pantalla u otros interfaces): comunicación mediada entre sujeto y objeto (¿vínculos débiles?). Investigar sin moverse de casa: "desplazamiento experiencia".
Ejemplos: recorrer un barrio. También: pueblos, ciudades, vecindarios de la ciudad, fábricas, minas, granjas, tiendas, oficinas de negocios de todo tipo, hospitales, teatros de operaciones, prisiones, bares, iglesias, escuelas, institutos, universidades, agencias tribunales, tribunales de justicia, tanatorios, capillas funerarias, etcétera.	Ejemplo: recorrer un sitio web, participar en un foro sobre ciclismo rural, chatear en un canal de futbolistas retirados, reconocer y pasear un entorno virtual, etc. La etnografía virtual ofrece la posibilidad de '"presencia distante" (telepresencia) en espacios públicos casi ilimitados, en los que conocidos y desconocidos transitan y se dan cita de modo

Etnografía clásica	Etnografía virtual
	imprevisto y donde las interacciones tienen lugar de un modo informal
Espacios: físicos y proximidad física (co-presencia). Observación de trayectorias, de lugares de paso, de lógicas caminatorias, de lugares públicos compartidos, cte.	Espacios: intangibles y metáforas de espacios físicos: autopistas, navegación, portales, sitios web, red, sitios favoritos, home pages, etc.: campo virtual. Lugares (porción significada del espacio) y no-lugares (Augé). Las nuevas tecnologías disipan el concepto tradicional de distancia física y geográfica. No deja de haber espacio, son fenómenos sociales en un espacio no-físico sin presencia corporal. Ej.: un solo usuario puede tener un pseudónimo en un chat, estar conversando por Messenger con otro nombre, abrir una ventana de Skype con otro apodo y, simultáneamente, estar escribiendo en un blog
Registro: cuaderno de campo, grabadora de audio, grabadora de vídeo	Registro: textos, imágenes, o videos en forma digital
Tiempo: tiempos "clásicos" (día, noche, semana, año). Adaptación al calendario oficial.	Tiempos: ausencia de tiempos normales, no se rigen por parámetros acostumbrados (flujos temporales) Aparición de nuevas temporalidades, ejemplo: los tiempos de espera (de conexión, de descarga, mientras se escribe, etc.)

9. HERRAMIENTAS PARA EL ANÁLISIS ESPACIAL EN LA INVESTIGACIÓN SOCIOLÓGICA

OPENGEODA

Esto surge como modo de perfeccionar la información geoespacial, que es cada vez más importante en la vida cotidiana (uso de GPS, *smartphones*, etc.), necesaria para realizar análisis de la sociedad contemporánea, teniendo en cuenta el vínculo entre el espacio y las relaciones sociales.

A la vez se introducen algunos conceptos básicos, se estudian algunas herramientas que emplean estos análisis (generalmente relacionadas con los sistemas de información geográfica) y se detalla cómo utilizar dos de los principales programas (OpenGeoDa y Atlas.ti).

En este sentido, se hace una invitación a entender y aplicar la noción de autocorrelación espacial. Esta técnica nos permite comprobar "si la vecindad o distancia entre las unidades de análisis (en nuestro caso secciones censales) está relacionada de forma estadísticamente significativa con la distribución que presentan las variables que estamos analizando" (Arroyo y Sábada, 2012).

Se trata de dar, pues, unas aproximaciones de tipo cualitativo relacionadas con los espacios sociales, en donde se analice el concepto de lugar como aquel que es vivido, soñado y construido; existe una gran multiplicidad de lugares en torno a cómo el mismo espacio social se ha configurado. "La deriva es una práctica de investigación en la que el componente espacial cobra un protagonismo determinante. Consiste en pasear por el área de estudio dialogando con las personas y observando el espacio público" (Arroyo y Sábada, 2012).

De este modo se puede emplear la deriva para analizar el espacio sociourbano, desde perspectivas de diversos sectores poblacionales. Esta práctica presentaría ventajas frente a la entrevista a la hora de indagar la relación entre el "decir" y el espacio concreto, e incluiría dimensiones como la corporeidad, la afectividad, el comportamiento y el pensamiento concreto.

> OpenGeoDa es uno de los programas SIG que mejor se adapta a las características de la investigación sociológica: es un software libre y gratuito que podemos descargar desde GeoDa Center Por Geospatial Analysis and Computation (http://geodacenter.asu.edu/software). Es ligero y estable (se ejecuta directamente pues no necesita instalarse). Su uso es muy sencillo, en parte porque incorpora multitud de gráficos y estadísticos de uso común en la sociología combinados con nuevas funcionalidades específicas para el análisis espacial. Del mismo modo, el hecho de que todos los elementos (gráficos, mapas, bases de datos, etc.) estén vinculados permite una exploración intuitiva y rápida de los datos. Finalmente, la página del software cuenta con multitud de materiales para el autoaprendizaje: vídeos, presentaciones, workbooks y ficheros Shape gratuitos. (Arroyo y Sábada, 2012).

ATLAS.TI

La herramienta de análisis cualitativo Atlas.ti permite realizar análisis que correlacionen lo espacial con lo textual-narrativo por medio de la creación de memos o categorías que estén vinculadas a puntos localizados en los mapas; muestra, por ejemplo, los sentidos o significados que determinados individuos pueden tener sobre un lugar. Algunas de las herramientas que podemos encontrar en este software para el análisis espacial, según Arroyo y Sábada, son:

> Referenciar espacialmente otros documentos y citas mediante hiperlinks Generalmente [...] reside en referenciar espacialmente otros documentos y citas mediante hiperlinks. Con esta herramienta pueden conectarse las localizaciones del mapa con otros documentos primarios: citas en archivos de texto, imágenes completas o partes significativas, etc. [...] Crear Snapshots ("capturas") desde GE Atlas.ti permite capturar eficazmente las vistas de Google Earth [...] Con esta operación hemos georreferenciado los diversos materiales cualitativos. (Arroyo y Sábada, 2012)

Al respecto, Juan Carlos Caicedo, docente investigador de la Universidad Externado de Colombia, en una conferencia realizada en la Universidad Externado de Colombia mencionó la importancia de los referentes tanto cuantitativos como cualitativos en cualquier investigación social. Es decir, se pueden cuantificar las cualidades de un fenómeno social y así mismo en los aspectos métricos de un fenómeno social se puede sacar una serie de características.

En ese sentido, lo que propone es una invitación al análisis de la producción del lenguaje, en la que se puede hacer, por medio del Atlas.ti, un examen sobre cómo se gestan los aspectos estructurales del lenguaje.

En esto se retoma la teoría de redes, que sirve para analizar el lenguaje. Una red se construye mediante estructuras que tienen nodos que se interconectan entre sí. Los nodos son las cosas, y las conexiones son las interacciones: conceptos, cosas tangibles, ideas. A partir de ahí se pueden hacer métricas.

En efecto, cada palabra es un nodo, la cual se une con otra serie de palabras; con ello se arma una red compleja. La innovación trasciende en el sentido de que esta red semántica puede identificar personas con trastorno de esquizofrenia o con retraso cognitivo leve, solamente por mencionar un ejemplo. Lo anterior se puede hallar por medio de los relatos de los sueños de los participantes.

Esto se realiza con el software Atlas.ti. Juan Carlos Caicedo dio como ejemplo relatos de mujeres que decidieron abortar; a través de ello se establecen categorías conceptuales, en las que se crea redes y estas categorías conceptuales se conectan con otras redes. Esto permitiría diferentes niveles de complejidad, de disímiles interpretaciones disciplinares sobre el cómo pensamos las redes semánticas y así abordamos la realidad social.

Esto puede servir para sistematizar los aspectos métricos de una categoría de análisis. Es decir, se pueden encontrar redes de categorías conceptuales centrales, donde se examina, por medio de redes conceptuales, el número de veces que esa categoría se repite con otros nodos o redes semánticas. A esto Juan Carlos Caicedo lo divide en dos aspectos fundamentales: condiciones emergentes, en las que surgen categorías de análisis que el investigador no esperaba encontrar; y las categorías de lo recurrente, en las que se dirige el foco de análisis por su tendencia repetitiva en la red semántica. Todo lo anterior se estudia según el carácter métrico que se analiza en la red estructurada.

Se comenzó el debate en el dónde se está gestando la innovación; a lo que Juan Carlos Caicedo respondió que esto sirve como estrategias para exportar una red semántica a un lenguaje numérico, mediante un software (MatLab).

Al parecer, cuando hablamos de innovación en ciencias sociales, esta noción está muy ligada muchas veces en los avances tecnológicos en el hemisferio global y en el cómo la sociedad se acopla a estos. Las técnicas, pues, están avanzando hacia prácticas que permiten analizar estas dimensiones espacialmente situadas, como hemos visto con la autocorrelación espacial y las derivas.

Es decir, las aplicaciones informáticas pueden ayudar al desarrollo de las herramientas en función de las necesidades específicas de la investigación, sus objetivos y los excedentes y resultados que se quieren mostrar.

10. INVESTIGACIÓN Y SIMULACIÓN SOCIAL

En el marco de la innovación en la investigación en ciencias sociales, y de la mano con la renovación del paradigma de las disciplinas que hacen parte de estas, un factor que ha cobrado mucha fuerza es la posibilidad de juntar las ciencias sociales con las ciencias llamadas "exactas"; dentro de las diferentes corrientes de las ciencias sociales siempre ha habido una intención de enfrentar, separar y diferenciar las ciencias exactas de las ciencias sociales, mostrando más que todo divisiones en vez de soluciones conjuntas a los problemas de la vida y de la sociedad. En el caso de la modelización y de la simulación social, esta mirada de enfrentamiento se destruye para crear escenarios en los cuales la matemática, la física, la biología, entre otras, alimentan el trabajo de los sociólogos, los antropólogos, los psicólogos y en general de los científicos sociales.

La modelización en investigaciones sociales es pertinente en la medida que es capaz de construir modelos explicativos a través de ecuaciones matemáticas que facilitan el análisis de los fenómenos sociales; esta modelización puede ser utilizada en investigaciones sociológicas, antropológicas, demográficas, mostrando cuáles podrían ser los escenarios, proyecciones y posibles resultados de una investigación. En este caso, Arroyo y Sábada afirman:

> Algunos modelos explicativos van más allá de la representación verbal y se expresan mediante ecuaciones matemáticas, lo que facilita las tareas de análisis de su consistencia, su generalización y su justificación empírica (contrastación). Esto, de nuevo, suscita interesantes cuestiones epistemológicas y metodológicas: ¿Cómo manejar tales sistemas de ecuaciones cuando son analíticamente intratables debido a su extrema complejidad? ¿Cómo tratar con representaciones formales matemáticas de fenómenos que implican relaciones no lineales, o altamente sensibles a condiciones puntuales o contextuales? Habitualmente la solución pasa por 1) utilizar un conjunto de asunciones fundamentales del modelo extremadamente simplificadas, primando la manejabilidad matemática sobre la plausibilidad sociológica, al tiempo que 2) se defiende epistemológicamente la naturaleza esencialmente reduccionista y simplificada de cualquier modelo que represente un sistema. (Arroyo y Sábada, 2012).

Un ejemplo de la modelización en ciencias sociales puede ser dado en estudios sobre población. Por ejemplo, si se tienen tasas de natalidad y mortalidad de una población, se puede hacer una simulación de cómo crece la población o se disminuye en cinco, diez o quince años a partir de la modelización de los datos y con la ayuda de programas que sean capaces de crear el modelo. En el caso de la modelización en ciencias sociales, la lógica para poder llegar a esos modelos sería así:

> La lógica para desarrollar estos modelos es similar a la utilizada en el desarrollo de modelos estadísticos. A partir de la observación de fenómenos propios de un sistema social se construye una representación del mismo, en forma de modelo

> matemático (e.g., red), estadístico (e.g., ecuación de regresión) o informático (modelo de simulación). A partir de la observación del "comportamiento" del modelo, y de la comparación de sus "resultados" con observaciones empíricas del sistema social, se atribuye un nivel de validez al modelo (dependiendo del tipo de representación: "análisis" para modelos matemáticos, "estimación" para modelos estadísticos, o "ejecución" para modelos informáticos). A partir de los resultados obtenidos se pueden realizar modificaciones del modelo (inclusión/exclusión de variables independientes no significativas, o modificaciones del código informático, según sea el caso) y generar nuevos "resultados" de forma recursiva hasta que no se alcance ninguna mejora en términos de ajuste. A partir de la comparación del nivel de validez, o ajuste empírico, entre diversos modelos o versiones del mismo modelo se toma una decisión sobre cuál representa de forma más justificada los fenómenos sociales que se intentan representar. (Arroyo y Sábada, 2012)

En el marco de la modelización y simulación de los fenómenos sociales hay que tener en cuenta diversas modalidades, elementos y fases.

CONCLUSIONES

A partir de lo investigado podemos concluir que la innovación es un proceso transversal a las diferentes disciplinas existentes, bien sea alrededor de las ciencias sociales, de las ciencias de la vida o de las ciencias exactas. Las formas de entender el mundo se han ido transformando a partir de la transformación de la vida cotidiana. En ese sentido, la tecnología juega un papel muy importante; su inmersión desde la Guerra Fría hasta el día de hoy ha sido capaz de crear nuevas estrategias, técnicas y herramientas que facilitan y complementan los procesos productivos, investigativos, de desarrollo, entre otros.

En cuanto al estado del conocimiento, también se pudo evidenciar una gran relevancia de la innovación en la investigación ligada a un modelo económico vigente y a conceptos como el "desarrollo" y el "progreso"; es por esto que detrás de las ciencias, la innovación y el desarrollo se encuentran también muchos discursos económicos y políticos, desde los cuales podría evidenciarse un afán por promover, de manera más evidente, ciencias al servicio de la tecnología y el mercado, que ciencias de otro orden, como podrían ser las humanidades. Esto también evidencia que la innovación y las ciencias empiezan a jugar un papel muy importante en las agendas gubernamentales de diferentes países, pero de manera más evidente en países "periféricos" o mal llamados "en vías de desarrollo", puesto que existe un discurso desarrollista que establece los pasos, políticas y modelos que los países deben seguir para lograr posicionarse como actores relevantes en el mercado mundial. América Latina es uno de los ejemplos más relevantes durante este proceso.

Sin embargo, si bien las ciencias sociales parecen tener dificultades frente al panorama de las ciencias y el desarrollo, la innovación en las disciplinas que hacen parte de estas se ha centrado en un primer momento sobre el concepto de progreso y desarrollo, pero también por un cambio de paradigma que va por otro camino. El cambio de paradigma en las ciencias sociales ha posibilitado que las técnicas de investigación se transformen y que además sean capaces de hablar con los sujetos, que crean y desarrollan su historia. Esto ha posibilitado también creer en otras formas de avances y de desarrollos teniendo en cuenta los valores económicos, políticos, sociales y culturales desde espacios locales, más allá de teorías muchas veces unilaterales o eurocentristas. Estas nuevas formas de entender las ciencias sociales y la investigación también han permitido un acercamiento a los sujetos, unas relaciones entre las disciplinas que conforman estas ciencias y de manera muy valiosa una búsqueda por la transdisciplinariedad, en la que las ciencias sociales, las ciencias exactas y las ciencias de la vida se pueden juntar para crear formas mucho más complejas de entender el mundo.

Ahora bien, es complicado intentar resolver preguntas tales como ¿qué es la innovación?, ¿qué utilidad tiene? y ¿qué impacto tiene en la vida de los sujetos? Sin embargo, a partir del balance realizado en este estado del arte, se puede identificar un principio integrador cuando se piensa en la innovación, y es la capacidad que se tiene para resolver un problema. Ahora bien, los problemas pueden ser de diverso orden: de carácter político, económico o social, principalmente. No obstante, la capacidad que tienen los individuos de encontrar cada vez más respuestas que de una u otra manera solucionen o reduzcan el impacto de estas problemáticas, ya de por sí implica un proceso innovador, pues conlleva pensar estrategias diferentes para relacionarse tanto con los problemas como con los individuos que hacen parte de los entramados de aquellas.

En ese sentido, la innovación, más allá de responder a unos intereses, tiene la facultad de explotar las habilidades de los individuos y colectivos para encontrar respuestas y soluciones que aún no han sido pensadas o que lo fueron en un momento, pero no se consideraron útiles. Esto lo podemos evidenciar en las ciencias sociales mediante técnicas y metodologías que están en constante evolución y adaptación a las diferentes realidades sociales que hacen parte de la cotidianidad de los investigadores.

Para finalizar, el recorrido realizado nos plantea un reto como campo de desarrollo, y es el pensar la innovación en un laboratorio que acompaña la formación de estudiantes de ciencias sociales, por lo cual se apunta a dos espacios que consideramos esenciales en ese proceso de formación: la investigación, por medio de las áreas de investigación del CIDS, y la docencia, mediante ejercicios de capacitación, entrenamiento y reflexión. Este primer acercamiento a la innovación supone un marco de sentido para los encuentros y escenarios prácticos desde los cuales se podrá empezar a pensar la innovación como un complemento a las humanidades.

"Venga le digo" nace como un espacio abierto para el diálogo y la reflexión a propósito de lo que permite y convoca a hablar de comunidades en distintos contextos. El formato nació en 2017 con la intención de consolidar un espacio permanente de diálogo crítico y abierto, de carácter interdisciplinar, proponiendo diferentes perspectivas e invitados para la discusión y conversación colectivas, convocando a varias reuniones semestrales, abiertas a estudiantes, docentes e investigadores de la universidad, y a toda aquella persona interesada en participar en el espacio.

Una conversación que se planteó inicialmente entre los campos de procesos psicológicos y de procesos sociales para el abordaje de problemas como la memoria y lo que tiene potencia para configurarse como algo memorable, que progresivamente fue abriendo el paso a inquietudes acerca de las condiciones de posibilidad de pensar/gestar lo comunitario y lo que implica el estar juntos. Así nació este, como un espacio en construcción que permitiera el juntarse en torno a la problematización y los pliegues diversos de experiencias desarrolladas en distintos ámbitos de interés, lo que abrió el camino hacia el trabajo con perspectiva comunitaria desde el Linciph.

Aquí recogemos en un primer gran apartado las discusiones y conversaciones que se mantuvieron durante un poco más de un año a propósito de los distintos estatutos de una huella, las extensiones de las huellas y de lo que se convierte en memorable en el tránsito entre generaciones, y lo que permite el reconocimiento de un nosotros en distintos ámbitos, lo cual nos llevó a proponer como eje central para los encuentros del siguiente año el problema de las condiciones de posibilidad para construir comunidad en nuestro tiempo.

En virtud de las preguntas suscitadas por el estatuto de las huellas y de lo memorable, y del cómo se construye el nosotros en estas discusiones, la conversación estuvo oscilando entre los saberes tejidos por campos como la genética, la filosofía, la historia y las neurociencias, las artes y las industrias culturales, y las demás ciencias sociales y humanas, en su conjunto, tensionando la política como campo de disputa de la vida de sujetos colectivos e individuales.

DE LO QUE SE HACE MEMORABLE HACIA LA CONFIGURACIÓN COMUNITARIA O DEL ESTAR JUNTOS

Una inquietud fundante en el espacio de conversación del "Venga le digo" tenía que ver con cómo abrir los puentes desde nuestras experiencias disciplinares e interdisciplinares hacia la comprensión de los llamados procesos psicológicos como la memoria fuera del campo de la psicología, para profundizar en ellos desde las convergencias de las ciencias sociales y humanas. De ahí que la sesión inaugural rondara las inquietudes de lo que implica una huella y lo que puede llegar a ser memorable: para ello se contó con la siempre generosa participación de Roberto Suárez, Fabio Ballén, César Mario Gómez y la moderación de Marcela Agudelo.

Hablar sobre lo memorable abre la pregunta por el estatuto de una huella, desde su concepción material hasta la simbólica. Evocar el concepto de lo memorable implícitamente evoca la materialidad de algo, su temporalidad y su vitalidad. En ese sentido, lo memorable se vuelve consustancial al tiempo, pues se entiende como una serie de relaciones entre diferentes osciladores que determinan lo que es o no es memorable, lo que deja una huella.

Partimos de una perspectiva biológica que nos exhorta a la huella de la vida y el universo en nosotros, dichos osciladores se convierten en biorritmos que rigen el comportamiento humano, que abren paso a la concepción relativa axiomática del tiempo que se comprende como condición necesaria para gestar la memoria, la huella. Aquella huella, que en el milésimo marco que conocemos del universo, necesita de una materialidad que se transforma a partir de las interacciones, y por ello tiene marcas que se configuran como el estatuto de la huella que en sí misma y desde su gestación permite el rastreo y la reconstrucción histórica, pues se encuentra estando ahí y podemos acceder a estas marcas.

Ahora, si bien se reconoce este estatuto y condicionalidad de la huella en el tiempo y la materialidad, la vida también es repositorio de huellas y memorias que la configuran, por ejemplo, en el caso de la asimilación de los alimentos o la prueba para curas a enfermedades, en donde detrás existe una configuración por el estatuto de una memoria o huella de lo biológico no negociable.

Así mismo se encuentra el estatuto de la huella en lo cerebral, lo psíquico, lo neuro-psíquico y en la plasticidad sináptica, en donde las experiencias dejan marcas, se traducen en modelamientos de conectividad neuronal que pueden operar de manera consciente e inconsciente y que incluso se pueden presentar como marcadores somáticos. De ahí expresiones como "el cuerpo habla". En ese sentido, una huella siempre es un significante que se debe interpretar para saber qué provoca o evoca.

Se trata pues de un cerebro que está accionando y que a su vez el tomar la decisión sobre la acción se da gracias a la tensión entre los distintos tipos de huellas cognitivas conscientes y las huellas de la fantasía psicoanalítica inconsciente. Tensión que se expresa de forma somática en un cuerpo. Un cuerpo que habla a través de esa tensión entre la huella cognitiva y la pulsional que se manifiesta como un marcador somático. Se trata así mismo de estatutos conscientes e inconscientes que convergen en las huellas del cuerpo.

Por otra parte, existen hoy huellas de un carácter simbólico muy fuerte que tienen la posibilidad de contar con prótesis para la memoria en el marco de los avances tecnológicos. Esto si bien implica capacidades gigantescas de memoria, pone en tensión nociones como la de perdurabilidad, puesto que por más capacidad de almacenamiento que tengan los dispositivos, estamos lejos de que una USB o un chip sean comparables en la perdurabilidad de un papiro o de un petroglifo. Entonces, ¿cómo pensar el problema de la durabilidad de una prótesis de memoria para el colectivo?

Es por esta razón que cuando se habla sobre ¿qué es lo memorable? habría que mirar la huella a nivel material, a nivel biológico, a nivel psicológico y a nivel cultural, relacionadas a su vez por las temporalidades que son compatibles en cuanto a la velocidad de transformación de esas huellas, que simultáneamente entran en el campo de un juego inconsciente con las huellas colectivas, de lo memorable en lo colectivo. Y, todo ello, presente en las experiencias que tenemos sobre la vida como humanos lo cual a su vez implica dotar de sentido a la memoria.

Se abre el campo de la memoria en el marco de lo humano, de las experiencias vitales de los sujetos atravesados por eso biológico, universal, psicológico, etc., pero también los juegos de selección del recuerdo que inevitablemente es la otra cara del olvido en sus múltiples y diversas clases y formas, es decir, hablamos de la reconfiguración y construcción de la memoria misma en la fuerte y punzante tensión entre recuerdo y olvido que a su vez permite el cambio y la transformación en la misma. En esta medida el pasado se vuelve un concepto dinámico que se reconstruye de diversas formas, que permiten el recuerdo como una aproximación verosímil compuesta de fantasía siempre en medidas distintas de las cuales no podemos precisar ni saber mucho más allá de saber que allí están.

Hablamos pues de la reconstrucción, transformación y reconfiguración de un pasado en la medida en que podemos hacer memoria sobre él como un recorrido por algún trazo de nuestra experiencia en donde ese recordar se vuelve una forma de dar orden a nuestro estar en el mundo desde lo distintos ámbitos ya mencionados. Desde una condición humana de cuerpos que hablan y cuentan una historia a partir de una relación indisociable entre recordar y olvidar en la que se da luz y penumbra a ciertos aspectos de esa pincelada de experiencia en el mundo de la cual da cuenta ese cuerpo, con matices, iluminaciones y sombras que tienen una funcionalidad específica.

Sin embargo, ese sujeto de la memoria que por momentos se presenta como un demiurgo consciente de que puede elegir a voluntad qué ilumina y qué no, está también sometido a unas *restricciones de posibilidad*, puesto que la memoria no opera de manera aleatoria, sino que más bien, lo que sucede y lo que no, responde a un juego en el que sólo acontece lo que *puede* acontecer.

Se trata entonces de la comprensión de la huella como un parte resonante que tiene eco y rebota con distintas cosas que se encuentra, en donde la fuerte tensión entre memoria y olvido supera el plano de la construcción de la verdad para entrar en el plano de la reconstrucción de una memoria que movilice, que tenga efectos. Las huellas se dinamizan con las de los demás en encuentros fortuitos con las experiencias vitales de otros sujetos en los que también resuenan cosas.

Empero en el marco de esta discusión, de la imposibilidad de la predictibilidad, del resonar y de las oscilaciones de la memoria, se abre la posibilidad para pensar una muerte que no es definitiva. Se trata de esas huellas que resuenan después de tiempo de creerlas muertas, que aun pareciendo fósiles, gestan nuevos regímenes de visibilidad y comprensión en épocas distintas. Se hace pues imposible establecer o predecir la vitalidad de la huella, pues al configurarse como una parte que resuena no sabemos con qué ni cuándo va a resonar o cuándo lo dejará de hacer. Y a pesar de que ese resonar de ninguna forma es predecible abre preguntas sobre lo cognoscible, lo memorable y lo circulable.

Hablando entonces de lo que se constituye como memorable en un momento y contexto específicos se empieza a entrar en la inquietud de ¿cómo eso constituido como memorable opera en los espacios de convergencia de muchos sujetos? Por ejemplo, se habla actualmente de una época para dar el espacio a la memoria, para ordenar la experiencia sobre lo común al país evocando así la relación directa con cómo se construyen las sociedades a partir de las políticas de memoria y olvido. Para el caso colombiano se habla de una vuelta a los espacios de memoria, en donde no se sabe qué hacer con lo que produce destapar aquello que no sabemos si queremos recuperar o reordenar o buscarle el sentido, pues sería un encuentro de nuevo con lo que paraliza, con lo innombrable.

A su vez, y en el marco de la construcción colectiva, la memoria se convierte en constructora de la identidad, pues nos da cuenta de una particularidad que se cree cierta, bien sea propia o de una nación o colectividad. Se trata pues de una búsqueda de las huellas que nos particularizan como sociedad, como colectivos, como cultura, etc., dando así cabida a la pregunta de ¿qué pasa en un colectivo que a partir de diferentes tipos de huellas trata de generar una identidad?

Cuando se quiere indagar por quiénes somos, apelamos a modos de vivir, de pensar, de sentir, de comportarnos, convocando no a la memoria dinámica totalmente sino a una especie de memoria que está resonando permanentemente, que es latente. Situación que pareciera traslaparse a la identidad puesto que no se trata de algo dado si no es un esfuerzo por mantener relacionadas cosas que se transforman y que a pesar de ello sus resonancias se mantienen, y eso es a lo que nos referimos como identidad. Sin dejar pasar de largo que en esa búsqueda de aquella memoria latente para saber quiénes somos, el olvido también entra como una huella latente que puede jugar un papel determinante en esa reconstrucción. Que, a pesar de estar recluido en un yacimiento inconsciente, se hacen consciente para jugar no a reconstruir la huella original, sino para interactuar con otras huellas y resonar.

Esta pregunta por la reconstrucción de la memoria se traduce en poder tener una idea de quiénes somos, hasta dónde podríamos modificar o transformar nuestra experiencia dando cabida a la preservación de lo vital, siendo que también reconocemos la existencia de recuerdos que paralizan, cargados de dolor no procesado, que no permiten ese juego de resonancia y transformación. Las políticas sobre la memoria imponen un ordenamiento sobre la experiencia y la narrativa que la recoge y recupera en virtud de una lucha que reclama la legitimidad de un relato sobre otro. La memoria es, en este sentido, la otra cara del olvido. Darle luz a algo a través del relato implica una operación de selección, que deja siempre por fuera en la oscuridad muchos otros elementos.

Lo memorable se inserta en la lógica de la vida desde las resonancias con nuestra subjetividad y abre camino hacia la larga duración. En este sentido, sienta las bases para las preguntas acerca de la humanización, el papel de la narración en ello, la trazabilidad sobre la experiencia humana y aquello que es *susceptible* de ser recordado, y, aún más allá, problematiza la cuestión de lo que se configura como *digno* de ser recordado.

Siendo esto así, ¿por qué hacer memoria sobre el horror y el trauma? ¿Cómo trabajar con los olvidos que se configuran en huellas latentes de dolor que no dejan de resurgir? ¿Cómo trabajar con las amplificaciones temporales de las huellas y su relación con las políticas de memoria en América Latina? ¿Cómo se vincula todo esto con la memoria sobre lo cotidiano?

La memoria como ética implica hacer memoria de lo vivido, de lo sufrido, lo que pasa por el cuerpo y estremece la carne, lo que se goza y que es precisamente en donde la condición humana comienza a resonar, posibilita el reconocimiento de sí en las narrativas de otros. Es allí donde se puede superar las parálisis del dolor, si hay allí algo que conmueve, algo que resuena en clave de humanidad, de ser mujeres y hombres, padres e hijos, parejas y amigos. Se trata de una apuesta por sacar la memoria de la gran historia de la humanidad para ubicarla en la experiencia vital. Conmoverse y tocarse con la historia del otro puede abrir la puerta a una huella indeleble, para no pensar igual, para no sentir igual.

Ahora bien, ¿cómo decir algo importante sobre lo humano en tan cortos periodos de tiempo como el de la vida de un sujeto individual? Hablar de lo memorable es hablar de lo *cognoscible*, y en últimas lo memorable requiere una mirada, o al menos una pregunta por los circuitos del conocimiento, estos últimos como parte de dispositivos de memoria particulares de la sociedad en su conjunto. Y es que lo memorable, ligado a la posibilidad de movilizar y de conmover, configura un acto ético con las generaciones precedentes e invoca al futuro.

En ese sentido, convocar el pasado es un acto siempre presente, cargado de futuro. La preocupación por dejar huella se trata de una conciencia sobre la ausencia, sobre la posibilidad del olvido, del paso por el infinito universo que nos pone a pensar sobre ¿qué tipo de huella se quiere dejar?, ¿cómo rastrearla? y ¿para qué encontrarla? Es el momento presente el gestor de la actualización del sujeto y la pregunta por lo que se está siendo y dejando de ser, con la emocionalidad y todo lo que implica como humanos el reconocerse frente al cambio y la posibilidad de la desaparición en la inmensidad del universo.

La memoria en su acto selectivo implica siempre un ejercicio de priorización, de olvidos permitidos que surgen con aquella necesidad que constantemente se actualiza de dar sentido a la construcción subjetiva, y que se hace extensiva a la colectividad. La pregunta sobre qué y quiénes somos pasa por la búsqueda y el deseo de conocer lo que nos ha marcado de alguna manera, tener un rastro para saber quiénes somos, rastro que tiene una potencia poética que es condición de la huella como creación de una imagen a propósito de una ausencia, en el marco de un relato mucho más grande que el sujeto individual, que comprende múltiples escalas, desde el cosmos hasta lo humano en su condición molecular. Es en la inmensidad precisa de esta relación que se busca la huella del universo en nosotros, al tiempo que procuramos dejar algún vestigio de nuestro paso por el mundo.

No obstante, no es comparable la huella y la memoria del universo con la de una persona. El trabajo con la memoria sobre lo humano involucra lo simbólico, el significado en disputa que no solo da cuenta de lo que ha pasado, sino también de lo que no tiene que volver a suceder. La memoria no solo opera en la vuelta hacia atrás, es siempre acción presente, lo que nos permite el ahora, el vivir como individuos, como sociedad, como colectivo o comunidad.

Pero además la memoria está llena de futuro, es el estatuto de lo que está por venir en la historia de personas que han visto sus vidas atravesadas por una multiplicidad de hechos y relaciones que vuelven a nuestra conciencia para preguntarnos sobre las *políticas de la memoria*: ¿a quién quiere cobijar el futuro de los relatos construidos? ¿Existe acaso una interlocución con quien se habla y para quien se reconstruye la memoria a largo plazo?, ¿cómo cabe allí la pregunta por la *responsabilidad* de esos relatos con otras generaciones? O ¿se trata más bien de anunciarle a quien ha vivido dichas experiencias cómo sucedieron las cosas?, ¿cómo las debe recordar y cómo se le prohíbe olvidar?

Así, se hacen relevantes las preguntas por ¿quién es, entonces, el sujeto de la memoria?, ¿cómo lo atraviesa?, ¿qué implica su experiencia, su memoria, su vida? Llegando nuevamente al asunto de lo humano, la pregunta por lo inmanente a las condiciones de existencia y posibilidad en lo humano que, en el marco de estas conversaciones, se reducen a la apertura, a la condición de aprender, al estar abierto a la posibilidad de ser y aprender lo que sea que se quiera ser como humano. Y si bien esto puede sonar sublime y bello, tiene un precio que ha sido aquello que aqueja la mente humana y transversaliza muchas de nuestras dudas, y el precio de dicha apertura, de la supervivencia y la apertura en lo humano, es el salto entre lo memorable y el *cambio*.

Dicho salto enmarca la cuestión de la *permanencia*. La memoria, como se mencionó en los primeros párrafos, nos ha arrojado a múltiples formas de preguntarnos por lo humano, por la vida y por el universo, y en este punto nos arroja a la cuestión de los relatos que construyen permanencias a través del cambio, por lo que surgen lenta pero contundentemente preguntas por la congregación: ¿qué es lo que permite que se hable de un nosotros? ¿Qué lugar tienen en ello el reconocerse, el conmoverse por la narrativa de otro, el compartir recuerdos y experiencias que juntan y el encuentro de ciclos y experiencias vitales atravesadas por los mismos hechos?

La apertura a la construcción, al conocimiento, al aprender, es lo que está de fondo en esta condición de humanidad, que al desarrollarse con otros y en un contexto histórica y materialmente situado deviene relato, narrativa y memoria, que luego se vuelve moduladora en los sujetos, sus interacciones y realidades. Sin embargo, la apertura al encuentro de lo común entre muchos y el reconocimiento de un principio fundante del nosotros implica un viraje paradigmático. De lo memorable y el problema de la permanencia como fenómeno identitario colectivo, irrumpe el principio de distinción de lo aparentemente propio y lo extraño. Lo propio como ilusión incluyente abre así las puertas a la exclusión y la segregación por medio de la instauración de una noción de comunidad que no es más que la exacerbación de un gran individuo.

Así, nombrar el asunto de la comunidad responde a un contrasentido etimológico, no porque en el origen de las palabras esté la verdad, sino porque algo ha pasado para que en el lenguaje la noción de comunidad signifique todo lo contrario a lo que podría significar en su origen. Es el uso del lenguaje, y es lo que Esposito empieza a mostrar en el texto que se llama *Communitas*, que lo común se opone a lo propio, pero ¿por qué estamos acostumbrados a un "mal" entendido, a un contrasentido etimológico del uso de la palabra comunidad? Estamos acostumbrados a entender la palabra comunidad como lo propio de muchos, como algo que se comparte entre un grupo de gente que se asocia alrededor de permanencias que identifican como compartidas.

Cuando hablamos de la propiedad de algo, hablamos de las características de una cosa, y la palabra que usamos para hablar de propiedad en términos de pertenencia o de posesión es exactamente la misma, y viene de la misma raíz de lo *proprium* en latín; estamos acostumbrados a que la comunidad parte de algo que se tiene en común, nuestro modo de estar en el lenguaje está ligado a este campo semántico del tener, de la cosa, de la propiedad y, siguiendo a Esposito, paradójicamente empezamos a construir una noción, una manera de pensar sobre la comunidad que en realidad es pensar completamente lo opuesto a lo que ella podría ser, o a lo que podría ser llamado como comunidad, y en ese sentido la comunidad tal como la hemos pensado cotidianamente y aún remitida en nuestro lenguaje de ciencias sociales es esta hiperinflación del individuo.

Entonces la comunidad se piensa como una especie de metaindividuo hecho por una cantidad de cosas compartidas, algo que es igual o semejante a lo que el otro tiene, y, en ese sentido, el lenguaje va con el tener *algo que otro tiene para que sea un como yo*, y justo allí descubrimos que no está operando la comunidad, sino que ahí lo que está operando es la *inmunidad*. Se trata del asunto de lo inmunitario que tampoco aparece desligado del problema de la huella.

¿Quiénes son los excluidos, quiénes son los segregados? El asunto queda abierto siempre detrás de esta manera de entender la comunidad como lo propio de muchos, el asunto de cómo distinguimos aquello que no lo es.

Tras largas horas de conversación y de múltiples encuentros para construir lo que en estas páginas se intenta plasmar se halla la transversalización de la memoria a la esfera humana que parte desde la constitución del sujeto y su preocupación por su estadía en el universo. En la medida en que nos abrimos a la posibilidad de la memoria como ética y a cuestionar y problematizar quién es el sujeto de la memoria, entramos en el campo de preguntas sobre ¿cómo se construye el nosotros?, ¿por qué la gente se junta?, ¿qué es precisamente lo que permite pensar estos relatos del común que juegan en el campo de la memoria?, ¿cuáles son los lazos de lo común?, ¿qué diferencia la multitud de la comunidad? Si la comunidad excede al sujeto, ¿qué es lo común de la comunidad? y ¿quién es la voz de la comunidad?

Con la siguiente reflexión cerramos la recuperación de este año de conversaciones para dar paso a la transición de estas preguntas del salón a la experiencia, razón por la cual, todos los encuentros posteriores se realizaron con distintos invitados, tratando de tensionar desde múltiples perspectivas estas cuestiones: lo propio, lo extraño, lo posible, lo perdurable.

> Pertenecer a una comunidad ancestral, ser aceptado, estar integrado, portar la marca, esgrimir los estandartes, seguir los mandamientos, poner a prueba la fidelidad, tener el castigo y el infierno de lo eterno, garantizar la continuidad de la horda, la secta, el rebaño, la masa, los elegidos, defender la identidad con la espada de la dicotomía, cristianos - paganos, hombres - mujeres, adultos - niños, ricos - pobres, blancos - no blancos, negros - no negros, occidentales - orientales, civilizados - bárbaros, sanos - enfermos, nosotros - los otros.
>
> Luego de la comunidad tenemos la invención de la sociedad, se institucionaliza al sujeto más allá de toda marca, hay que dejar por su cuenta y riesgo al sujeto para que responda de sí mismo, para que se valorice, para que sea importante, para que sea ejemplar, eso o quedar como residuo de la sociedad, hacer parte de los desechables, los invisibles, los intocables, quedar aparte.
>
> De tarde en tarde se oye el ruido de los excluidos de la sociedad que padecen la nostalgia de la comunidad ancestral, se declara la guerra santa, se desempolvan las banderas, se desembalsaman los cadáveres, se desentierran las cimitarras, las guillotinas, las catapultas, los potos, las tinajas, para verter el aceite hirviendo, el nuevo santo, el nuevo mártir, el nuevo profeta, que no son otra cosa que las antiguas máscaras del más viejo teatro.
>
> Viene la tarea de repensar la comunidad, estar en comunidad para admirar soledades, para agrupar silenciados, exponerse a los encuentros para acercamientos mutuos, para ejercicio de desmasificación para dejar de ser ganado que pasta en la red, ganado que es promesa para el matadero de acontecimientos y anticipación de embutidos de información. Poder estar en la comunidad a la que no se pertenece, la que solo brinda albergue para poder abducirse algunas veces, para poderse ir por la tangente una vez deje de actuar la gravitación por la que siempre caemos a lo mismo, hacia lo inerte, hacia esa nada que responde al ¿qué ha habido de nuevo? (Roberto Suárez, comunicación personal, 2017).

CONSTRUIR COMUNIDAD COMO DESAFÍO PARA LOS PROCESOS SOCIALES EN COLOMBIA

A partir de la reflexión que significó esta primera etapa del "Venga le digo" en la cual se llega, como conclusión, a una serie de preguntas como ¿qué diferencia la multitud de la comunidad?, ¿cómo se construye el nosotros? y ¿qué es lo común de la comunidad?, el espacio se transforma para hacer de estas preguntas el eje de sus conversaciones. Se propone entonces una serie de espacios que permitiesen el diálogo entre distintos actores sociales de diversas comunidades para indagar sobre sus procesos de construcción de comunidad, teniendo como principal referente la experiencia de vida que cada uno de estos invitados podría aportar.

El eje central, como ya se mencionó, era la pregunta por la comunidad. No obstante, cada uno de los "Venga le digo" realizados tuvo una temática sobre la cual se convocaron diferentes experiencias que nos permitiesen explorar el sentido de comunidad que se construía desde estas plataformas.

El primer espacio se convocó a partir de la reflexión por lugares como el "Bronx" o la "L"[16] y la posibilidad de construir lazos comunitarios en estos. El segundo "Venga le digo" se realizó un 8 de marzo y tuvo como eje central a las mujeres, y los distintos escenarios de construcción de comunidad a partir de distintas problemáticas que las atraviesan. En el tercer "Venga le digo" se conversó sobre prácticas cotidianas de la alimentación y lo que ellas implican, como la producción, distribución, preparación y consumo. El cuarto "Venga le digo" se convocó en colaboración con el programa de Sociología de la FCSH y se desarrolló a partir de la pregunta por la resistencia y sus distintas dimensiones de posibilidad en el contexto coyuntural del país, sirviendo también como eje articulador de diferentes experiencias colectivas. El último "Venga le digo", que se realizó antes de la edición de este libro, se llevó a cabo en colaboración con el programa de Filosofía de la FCSH y giró en torno a la pregunta por la reconciliación, la construcción de

16 Sector adyacente a la plaza de Los Mártires, en Bogotá, el cual se convirtió en el principal centro de expendio y consumo de drogas después de la intervención a la calle el Cartucho a finales del año 1996.

paz y justicia, y las posibilidades que estos escenarios permiten para pensar lazos comunitarios desde colectividades artísticas, políticas y académicas.

Ahora bien, como ya se mencionó, cada uno de estos espacios presentó diferentes invitados para ser interlocutores de las experiencias que estábamos escudriñando a partir de la pregunta por la comunidad desde sus diferentes iniciativas. De igual manera, se realizaron convocatorias extendidas a estudiantes, docentes e investigadores tanto de la Universidad Externado como de otras instituciones para participar de estos conversatorios que poco a poco fueron consolidándose como un referente dentro de las apuestas del campo de desarrollo de Procesos Sociales y del Linciph.

REFERENCIAS

Ander Egg, E. (1996). *Introducción al trabajo social.* Argentina.

Arroyo Méndez, M. y Sábada, I. (2012). *Metodologías de la investigación social.* Madrid: Síntesis.

Asheim. (2005). *Regional innovation system policy.* Lund: Cicle, Lund University.

Bloch, M. (2001). *Apología para la historia o el oficio de historiador*; prefacio de Jacques Le Goff. México: Fondo de Cultura Económica.

Bonilla, N. (2012). *La innovación social como origen de la innovación científica-técnica y de la innovación económica-empresarial.* Bogotá: Universidad Militar Nueva Granada.

Braudel, F. (1976). *El Mediterráneo y el mundo mediterráneo de la época de Felipe II.* 2 volúmenes. México: Fondo de Cultura Económica.

Braudel, F. (1986). *La historia y las ciencias sociales.* Madrid: Alianza.

Brunet, I. y Pizzi, A. (2012). *Perspectivas de innovación y cambio técnico en Ciencias Sociales.* Venezuela: Universidad del Zulia.

Burke, P. (2005). *Visto y no visto. El uso de la imagen como documento histórico.* España: Cultura Libre.

CAMPOS, A. (2008). *Una aproximación al concepto de lo social desde el Trabajo Social.* file:///C:/Users/Acer/Downloads/Dialnet-UnaAproximacionAlConceptoDe-LoSocialDesdeTrabajoSoc-4929285.pdf

CARBALLEDA, A. (2004). *La intervención en lo social. Exclusión e integración en los nuevos escenarios sociales.* Paidos. https://www.margen.org/intervsoc/La%20 Intervenci%C3%B3n%20en%20lo%20social,%20Alfredo%20Carballeda%20 [Pag%201%20-%2019].pdf

CASAS, R., CORONA, J. y RIVERA, R. (2013). *Políticas de ciencia, tecnología e innovación en América Latina: entre la competitividad y la inclusión social.* México: Universidad Autónoma de México.

CASTORIADIS, C. (1989). *La institución imaginaria de la sociedad.* Barcelona: Tusquets.

CASTRO-GÓMEZ, S. (2010). *La hybris del punto cero: ciencia, raza e ilustración en la Nueva Granada (1750-1816).* Pontificia Universidad Javeriana, Instituto de Estudios Sociales y Culturales Pensar. http://search.ebscohost.com/login.aspx?direct=true&db=cat01307a&AN=cbue.238378&lang=es&site=eds-live&scope=site

CHESBROUGH, H. (2009). *Innovación abierta: nuevos imperativos para la creación y el aprovechamiento de la tecnología.* Barcelona: Plataforma.

COLE, M. (1999). *Psicología Cultural.* Madrid: Morata.

Comisión Económica para América Latina y el Caribe (Cepal). (2016). *Ciencia, tecnología e innovación en la economía digital: la situación de América Latina y el Caribe.* Santiago de Chile: Segunda reunión de la conferencia de ciencia, innovación y TIC de la Cepal.

Comisión Europea. (2014). *Investigación e innovación.* Luxemburgo: Oficina de Publicaciones de la Unión Europea.

Comisión Nacional de Investigación Científica y Tecnológica (Conicyt). *Conceptos básicos de ciencia, tecnología e innovación.* Santiago de Chile: Departamento de Estudios y Planificación Estratégica.

DE SOUSA, B. (2014). *Epistemologías del sur.* Madrid: Akal.

DUSSEL, E. (1994). *1492: el encubrimiento del otro: hacia el origen del mito de la modernidad.* La Paz: UMSA.

FANON, F. (1973). *Piel negra y máscaras blancas*. Buenos Aires: Abraxas.

FERNÁNDEZ, A. (2015). *Nuevas perspectivas en la investigación social hoy: anhelos, dificultades y posibilidades*. México: Universidad de Colima.

GASKELL, I. (1996). Writing (and) Art History: Against Writing. *The Art Bulletin*, n.° 78, 403-406.

GEERTZ, C. (1987). *La interpretación de las culturas*. México: Gedisa.

KISNERMAN, N. (1990). *Pensar en el Trabajo Social. Una introducción desde el construccionismo*. Argentina: Lumen.

KLINE, S. J. y ROSENBERG, N. (1986). *An Overview of Innovation*.

LANDER, E. (1994). *La ciencia y la tecnología como asuntos políticos: límites de la democracia en la sociedad tecnológica*. Caracas: Nueva Sociedad.

LANDER, E. (2016). *La colonialidad del saber: eurocentrismo y ciencias sociales: perspectivas latinoamericanas*. Ediciones Ciccus. http://search.ebscohost.com/login.aspx?direct=true&db=cat05988a&AN=uec.256319&lang=es&site=eds-live&scope=site

LANDER, E. y CASTRO-GÓMEZ, S. (2000). Ciencias Sociales: saberes coloniales y eurocéntricos. En: *La colonialidad del saber: eurocentrismo y ciencias sociales. Perspectivas latinoamericanas*. Buenos Aires: Clacso.

LLORENTE, E. (1997). El político en el siglo XXI. *Verbo*, n.° 353-354. http://www.fundacionspeiro.org/verbo/1997/V-353-354-P-331-358.pdf

LUNDVALL, B. (2007). National innovation Systems-Analyticak Concept and development tool. *Industry and Innovation Journal*, 14(1), 95-119.

MALCHER, M. y LÓPEZ, S. (2013). Construyendo una noción de comunicación de la ciencia. *Chosqui*, n.° 122, junio 2013.

MALDONADO-TORRES, N. (2007). Sobre la colonialidad del ser: contribuciones al desarrollo de un concepto. En: Castro-Gómez, S. y Grasfoguel, R. *El giro decolonial. Reflexiones para una diversidad epistémica más allá del capitalismo global*. Bogotá: Siglo del Hombre, pp. 127-167.

MARX, K. (1845). *Tesis sobre Feuerbach.* http://www.ehu.eus/Jarriola/Docencia/EcoMarx/TESIS%20SOBRE%20FEUERBACH%20Thesen%20ueber%20Feuerbach.pdf

MARX, K. (1978). *El capital. Crítica de la economía política.* (2 vols.). México: Grijalbo.

MATURANA, H. (1996). *El sentido de lo humano.* Santiago: Dolmen.

MATURANA, H. y VARELA, F. (1990). *El árbol del conocimiento: las bases biológicas del conocimiento humano.* Madrid: Debate.

MIGNOLO, W., JAWERBAUM, S. y BARBA, J. (2007). *La idea de América Latina : la herida colonial y la opción decolonial.* Gedisa. http://search.ebscohost.com/login.aspx?direct=true&db=cat05988a&AN=uec.237895&lang=es&site=eds-live&scope=site

MONTOYA, O. (2004). Schumpeter, innovación y determinismo económico. *Scientia et Technica*, año X, n.° 25.

MORALES, G. (2008). Innovación social: un proceso emergente en las dinámicas de desarrollo. *Revista de Fomento Social*, n.° 63, 441-444.

MULGAN, G. (2006). The process of social innovation. *Innovations*, 145(62).

Organización para la Cooperación y Desarrollo Económico. (OCDE). (2003). *Perspectivas económicas.*

OSORIO, J. (2015). El sistema-mundo de Wallerstein y su transformación. Una lectura crítica. *Argumentos*, vol. 28, n.° 77. http://www.scielo.org.mx/scielo.php?script=sci_arttext&pid=S0187-57952015000100007http://www.scielo.org.mx/scielo.php?script=sci_arttext&pid=S0187-57952015000100007

PALACIO, J. I. (2011). Estructura productiva, competencia e innovación. En A. Durán, *Ciencia e Innovación. Reflexiones en un escenario de crisis* (pp. 23-73). Madrid: Catarata.

PÉREZ, L. E. (2013). *Pensar en escuelas de pensamiento: una aproximación interdisciplinar.* Bogotá: Universidad de la Salle.

PERFETTI, J. (2009). *Ciencia, Tecnología e Innovación (CT+I).* Colombia: Corporación Andina de Fomento.

PORTA, F. y LUGONES, F. (2011). *Investigación científica e innovación tecnológica en Argentina. Impacto de los fondos de la Agencia Nacional de Promoción Científica y Tecnológica*. Argentina: Universidad Nacional de Quilmes.

QUIJANO, A. (2005). Colonialidad del poder, eurocentrismo y América Latina. En: *La colonialidad del saber: eurocentrismo y ciencias sociales. Perspectivas Latinoamericanas*. Buenos Aires: Clacso.

ROBERTSON, A. (1981). *Las innovaciones tecnológicas y su repercusión social*. Revista trimestral publicada por la Unesco, París, vol. XXXIII, 1981, n.° 3.

SAGASTI, F. (1988). *Conocimiento y desarrollo: ensayos sobre ciencia y tecnología*. Lima: Mosca Azul.

SCHUMPETER, J. (1996). *Capitalismo, socialismo y democracia*. Barcelona: Folio.

SIMIAND, F. (2003). Método histórico y ciencia social. *Empiria, Revista de Metodología de Ciencias Sociales*, n.° 6, pp. 163-202. http://revistas.uned.es/index.php/empiria/article/download/939/860

VALVERDE, M. (2016). *Reingeniería de negocios*.

VEGA-JURADO, J., FERNÁNDEZ DE LUCIO, I. y GUTIÉRREZ GRACIA, A. (2011). Ciencia e innovación: una relación compleja y evolutiva. *Arbor: Ciencia, Pensamiento y Cultura*, 18(752).

VILLA, L. y MELO, J. (2015). *Panorama actual de la innovación social en Colombia*. Banco Interamericano de Desarrollo.

VYGOTSKY, L. S. (1986). *Pensamiento y lenguaje: teoría del desarrollo cultural de las funciones psíquicas*. España: La Pléyade.

WALLERSTEIN, I. M. (1979). *El moderno sistema mundial*. México: Siglo XXI.

WALLERSTEIN, I. M. (1999). *Impensar las ciencias sociales: límites de los paradigmas decimonónicos*. México: Siglo XXI.

WALLERSTEIN, I. M. (2007). *Geopolítica y geocultura: ensayos sobre el moderno sistema mundial*. Barcelona: Kairós.

WEBER, M. (1944). *Economía y sociedad*. México: Fondo de Cultura Económica.

Weber, M. (1993). *Sobre la teoría de las ciencias sociales*. Madrid: Planeta.

Wertsch, J. V. (1988). *Vygotsky y la formación social de la mente*. Barcelona: Paidós.

Zemelman, M. H. (1992). *Los horizontes de la razón: uso crítico de la teoría*. México: El Colegio de México.

Zemelman, M. H. (2012). *Pensar y poder*. México: Universidad de Ciencias y Artes de Chiapas y Siglo xxi.

Zorrilla Arena, S. (1993). *Introducción a la metodología de la investigación*. México: Cal y Arena.

Editado por el Departamento de Publicaciones
de la Universidad Externado de Colombia
en junio de 2022

Se compuso en caracteres Ehrhardt Regular de 12 puntos
y se imprimió sobre Holmen Book Cream de 60 gramos
Bogotá (Colombia)

Post tenebras spero lucem

Made in United States
Cleveland, OH
05 November 2026

47661566R00424